污水处理工艺及应用

蒋克彬　徐兴　宋波　张鑫　编

中国石化出版社

内 容 提 要

本书在参考目前已有污水处理工艺技术规范、污水排放标准和有关污水治理工程文献的基础上，从应用角度系统介绍了污水提升系统、沉砂池、混凝沉淀、过滤、气浮、厌氧（水解）工艺、生化脱氮除磷、膜生物反应器、生物膜、氧化沟、消毒（脱色）、高级氧化技术等工艺，包括各工艺的适用条件、工艺设计要求、设计参数及应用等。书中配有大量的图片，增加内容的直观性，方便初学者更易理解工艺与技术。

本书可作为污水（水）处理行业入门人员的学习培训用书，也可以作为从事污染治理的技术人员、管理人员以及高等院校环境工程及相关专业学生的参考用书。

图书在版编目（CIP）数据

污水处理工艺及应用 / 蒋克彬等编．—北京：中国石化出版社，2022.3

ISBN 978-7-5114-6656-3

Ⅰ.①污… Ⅱ.①蒋… Ⅲ.①污水处理-研究 Ⅳ.①X703

中国版本图书馆 CIP 数据核字（2022）第 061019 号

中国石化出版社出版发行

地址：北京市东城区安定门外大街 58 号

邮编：100011　电话：（010）57512500

发行部电话：（010）57512575

http://www.sinopec-press.com

E-mail:press@sinopec.com

河北宝昌佳彩印刷有限公司印刷

全国各地新华书店经销

*

787×1092 毫米 16 开本 31.25 印张 784 千字

2022 年 3 月第 1 版　2022 年 3 月第 1 次印刷

定价：160.00 元

前　言

截至2021年底，国家生态环境部颁布或更新的有关污水排放标准达到60多项，涉及各行各业，这些标准的出台对污水治理措施、治理常规以及特征污染物提出了新的要求，也促进了污染治理技术及工艺的进步。同时，出台了多项涉及行业的工程治理技术规范，技术规范作为指导性文件，指导工业污水治理工程的建设与运行管理，规定了工业污水治理工程系统设计、施工、验收、运行与维护的技术要求。

目前大部分企业集中在工业园区，对于企事业单位排放的生产污水，园区都配套有污水集中处理厂。企事业单位排放的生产污水经过预处理后可以接管进入园区污水处理厂集中处理，但需要满足相关的行业排放标准以及园区接管标准要求，因此配套的末端治理措施是必要的。根据生态环境部2020年度、2021年度生态环境质量公报，2019年度全国环境统计重点调查的企业有78447家涉及排放污水，其中58047家共安装污水治理设施69200套，工业污水治理设施的总处理能力为1.7195亿m^3/d；2020年共有68150套治理设施，化学需氧量去除率97.3%，氨氮去除率98.3%。同时，随着经济的发展、生产技术的进步，通过生产环节的节水措施以及处理后的尾水实现回用或者在区域内综合利用，可以节约水资源，减少污水的排放量。

对于城市生活污水以及综合污水，截至2021年底，全国城市污水处理厂的污水处理处理能力为2.02亿m^3/d，2021年污水处理总量为584.6亿m^3，污水处理率为97.5%。2020年的统计数据显示，全国城市污水处理厂的污水处理处理能力为1.95亿m^3/d，2020年污水处理总量为559.2亿m^3，污水处理率为97.08%。全国城市污水处理厂污水执行的排放标准主要为《城镇污水处理厂污染物排放标准》(GB 18918)中的一级A，少数执行一级B。根据污水水质、排放标准的不同，所采用的工艺各式各样；同时一些新型的污水处理工艺如膜生物反应器、短程硝化等工艺也得到了应用与发展。随着国家城镇化的实施和经济的进一步发展，污水处理设施还将不断地建设和发展，COD、氮、磷以及相关特征污染物指标(TOC、各类重金属、三致物质等)排放标准将更加严苛，治理工程所采用的工艺深度、技术先进性也会相应提高。

我们国家及行业主管机构，也在根据具体情况不定期地制定并发布相关污染物治理先进工艺、技术和装备的规范、指南、目录等，指导行业进行技术创新，起到示范引领作用。如《国家鼓励的工业节水工艺、技术和装备目录》已经发布第一批、第二批及2021年版等，就是相关工艺、技术和装备在实际生产中推广应用成果的总结。由于处理工艺、技术和装备的优化、改进和提高，有效减轻了操作人员的劳动强度，提高了污水处理效果的稳定性，降低了运行成本。一些专门针对处理难度大的工业污水的处理技术得到了应用与推广，如各种深度处理工艺等。

近年国内污水处理技术得到了长足的发展，但由于具体工程设计要求的不同，所涉及的污水种类及具体水质的不同，即使同一处理工艺，其设计内容与运行情况不尽相同，甚至相去甚远，需要不断加以总结。本书是在参考现有污水处理工艺技术规范、污水排放标准和有关污水治理工程技术文献的基础上，从应用角度总结了污水提升系统、沉砂池、混凝沉淀、过滤、气浮、厌氧(水解)工艺、生化脱氮除磷、膜生物反应器、生物膜、氧化沟、消毒(脱色)、高级氧化技术等工艺，包括适用条件、工艺设计要求、设计参数及应用等，这些内容具有系统性，贴近实际，便于读者阅读参考。书中配有大量的图片，增加内容的直观性，方便初学者更易理解工艺与技术。

《污水处理工艺与应用》一书于2014年出版，本书是在此基础上进行修订。本次修订版的编写人员有蒋克彬、徐兴、宋波(宿迁市生态环境局)、张鑫。其中蒋克彬编写第一至三章，徐兴编写第四至六章，宋波编写第七至九章，张鑫编写第十至十二章。

由于编者水平和条件有限，书中可能存在错误或不准确的地方，敬请读者以及行业专家给予斧正！

编者

2022年3月

目　录

第一章　污水提升系统

本章主要阐述污水提升系统的主要组成部分、系统的设计与应用，包括泵以及与泵有关的附属设施等。

第一节　污水提升用泵

泵是污水处理系统的主要耗能设备之一，其能耗约占整个设备耗电量的30%以上。提升泵的高效运行与否，对污水处理厂的运行成本有着重要的影响。

一、用作污水提升泵的基本类型与相关标准

常用于污水提升的泵主要有离心泵、轴流泵、混流泵等类型，都属于动力式泵。

(一) 离心泵及分类

离心泵根据离心力原理设计，运行时，其高速旋转的叶轮叶片带动水转动，将水甩出，从而达到输送的目的。根据相关标准，离心泵的主要分类如下：

1. 按工作原理

可分为回转动力式泵。回转动力式泵属于依靠叶轮泵获得速度和压力将机械能转换为输送液体能力的泵，包括离心泵和旋涡泵。旋涡泵旋涡体结构示意图见图1-1。

2. 按压水室型

可分为蜗壳泵和导叶泵。蜗壳泵为叶轮排出的液体直接进入蜗状壳体的泵。导叶泵属于排出的液体直接进入导叶型扩散器的泵类。

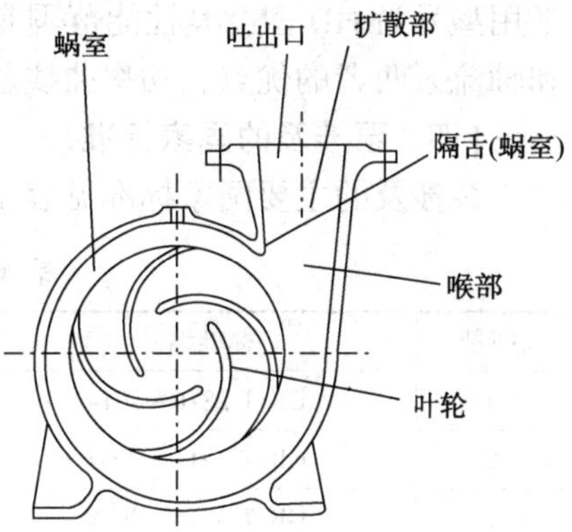

图1-1　旋涡泵旋涡体结构示意图

3. 按泵轴方向

可分为卧式、立式、斜式。卧式的泵轴为水平方向的结构；立式的泵轴为铅直方向的结构；斜式泵轴与水平面具有倾斜的结构。

4. 按壳体剖分形式

壳体剖分形式分为径向剖分和轴向剖分；径向剖分分为节段式、侧盖式。

5. 按级数

可分为单级(泵安装在一个叶轮的结构)和多级(泵的一个轴上安装两个或两个以上叶轮的结构)。

6. 按吸入方式

可分为单吸(叶轮仅一侧有吸入口的结构)和多吸[叶轮两侧都有吸入口或装入两个单级叶轮(背靠背)的结构]。其中单吸式的类型有卧式单级双吸泵、卧式轴向吸入离心泵、管道泵、屏蔽电泵；多吸式的类型有多级自吸旋涡泵、蜗壳式多级泵、卧式节段多级离心泵、立式筒式泵以及潜水电泵等。

7. 按支撑形式

可分为脚底支撑式和中心支撑式、管道式、共座式、分座式、可移式。

8. 按驱动方式

可分为直接连接式、齿轮传动式、液力耦合器传动式、皮带传动式、共轴式。

9. 按特殊结构

可分为液下式、筒式、双壁壳式、地坑筒式、抽出式、自吸式、潜液式泵、屏蔽电泵、磁力驱动泵。

10. 按轴向力平衡方式

可分为平衡鼓式、平衡盘式、自身平衡式、平衡孔式。

（二）轴流泵

轴流泵靠旋转叶轮的叶片对液体产生的作用力使液体沿轴线方向输送的泵，按泵的结构形式有立式、卧式、斜式及贯流式等。按叶片安装方式分有全调试、半调试、固定式。

（三）混流泵

混流泵是介于离心泵和轴流泵之间的一种泵型，就水泵的工作原理来说，混流泵是靠叶轮旋转时对水流产生的轴向推力和离心力的双重作用来工作的。从水流进出叶轮的方向来看，水沿轴向进入叶轮，沿斜向流出叶轮。按其结构形式来分，混流泵有蜗壳式与导叶式两种。从其外形和构造方式来看，蜗壳式混流泵与单级单吸离心泵相似；导叶式混流泵与轴流泵相近。混流泵的比转速高于离心泵，低于轴流泵，一般在300~500之间。它的扬程比轴流泵高，但流量比轴流泵小，比离心泵大。目前我国生产的混流泵，最大叶轮直径达6m，流量接近$100m^3/s$，最小的微型混流泵流量只有$0.007m^3/s$，扬程为2m。常用的卧式蜗壳式混流泵型号为HW型，其性能范围是：流量$50\sim450m^3/h$，扬程3~20m；立式导叶式混流泵常用型号为HD型，其性能范围是：流量$45\sim7970m^3/h$，扬程3~24m。混流泵兼有离心泵和轴流泵两者的优点，功率曲线较为平坦，高效区较宽广，适用范围广泛。

（四）泵涉及的国家标准

泵涉及的主要国家标准见表1-1。

表1-1 泵产品涉及的主要国家标准

序号	标准编号	标准名称
1	GB/T 2816—2014	井用潜水泵
2	GB/T 3214—2007	水泵流量的测定方法
3	GB/T 3215—2019	石油、石化和天然气工业用离心泵
4	GB/T 3216—2016	回转动力泵水力性能试验1级、2级和3级
5	GB/T 16907—2014	离心泵技术条件（Ⅰ类）
6	GB/T 5656—2008	离心泵技术条件（Ⅱ类）
7	GB/T 5657—2013	离心泵技术条件（Ⅲ类）
8	GB/T 5660—2013	轴向吸入离心泵底座尺寸和安装尺寸
9	GB/T 5661—2013	轴向吸入离心泵机械密封和软填料用空腔尺寸
10	GB/T 5662—2013	轴向吸入离心泵（1.6MPa）标记、性能和尺寸
11	GB/T 6490—2021	水轮泵
12	GB/T 7021—2019	离心泵名词术语

续表

序号	标准编号	标准名称
13	GB/T 9481—2021	中小型轴流泵
14	GB/T 12785—2014	潜水电泵试验方法
15	GB/T 13006—2013	离心泵、混流泵和轴流泵汽蚀余量
16	GB/T 13007—2011	离心泵效率
17	GB/T 13008—2010	混流泵、轴流泵技术条件
18	GB/T 9481—2021	中小型轴流泵

二、泵的主要参数

泵在实际应用中涉及的性能参数主要有流量、扬程、功率，此外还有转速和必需汽蚀余量、吸程、效率、比转数等。泵的主要性能指标也用这些主要参数来表示。

1. 流量

流量为单位时间通过水泵出口截面的液体量，一般采用体积流量，计量单位为 m^3/h 或 m^3/s。泵的流量取决于泵的结构尺寸(主要为叶轮的直径与叶片的宽度)和转速等。操作时，泵实际所能输送的液体量还与管路阻力及所需压力有关。由于能量的转换是在叶轮内进行的，因此只有经叶轮做功的高压液体全部送出去才使水泵充分发挥效益。实际上，水泵的转动部件叶轮和固定部件之间总是有空隙的，当叶轮四周的液体由高压侧沿间隙漏向低压侧面、未经泵出口截面流出就会产生负效益，所以实际产生效益的流量小于通过叶轮输送的理论流量。污水提升泵的流量范围一般为 $0.2\sim10000m^3/h$。

2. 扬程

单位质量液体通过泵获得的有效能量就是泵的扬程(即入口总水头与出口总水头的代数差)。通常用 H 表示，单位是 m，用于污水处理提升的泵的扬程一般为 10~100m。

3. 轴功率

泵在一定流量和扬程下，电机单位时间内给予泵轴的功称为轴功率，即轴将动力(电机功率)传给叶轮部件的功率。

轴功率跟联轴器有很大的关系，电机通过联轴器连接泵头内的叶轮，当电机转动时，带动联轴器，联轴器和泵头内的叶轮连接，进而带动叶轮旋转。因为有联轴器这个部件，因此电机功率就不能完全转化为叶轮转动的实际效率，所以轴功率小于电机功率(额定功率)。

4. 泵的效率

泵的效率不是一个独立性能参数，它可以由相关性能参数例如流量、扬程和轴功率按公式计算求得。反之，已知流量、扬程和效率，也可求出轴功率。

泵的总效率是反映泵耗能的主要指标，有关资料给出的泵总效率的计算公式(1-1)为：

$$\eta=\eta_h\times\eta_v\times\eta_m \tag{1-1}$$

式中 η——泵的总效率,%；

η_h——水力效率,%；

η_v——容积效率,%；

η_m——泵的机械效率,%。

$$\eta_h=\frac{H}{H_T} \tag{1-2}$$

式中　H——泵的实际扬程，m；

H_T——泵的理论扬程，m。

$$\eta_v=\frac{Q}{Q_T} \tag{1-3}$$

式中　Q——泵的实际流量，m^3/s；

Q_T——泵的理论扬程，m^3/s。

$$\eta_m=\frac{N_h}{N} \tag{1-4}$$

式中　N_h——叶轮传给水的全部功率，kW；

N——泵的轴功率，kW。

5. 汽蚀余量

是指在泵吸入口处单位重量液体所具有的超过汽化压力的富余能量。单位为 m，用 $(NPSH)_r$ 表示。发生汽蚀的主要原因是泵入口处的压力低于该压力下输送液体的饱和蒸汽压。提高离心泵抗汽蚀性能有下列措施：

① 提高离心泵本身抗汽蚀性能。

② 提高进液装置有效汽蚀余量。如减小吸上装置泵的安装高度；减小泵前管路上的流动损失，如在要求范围尽量缩短管路，减小管路中的流速，减少弯管和阀门，尽量加大阀门开度等。

6. 必需汽蚀余量

在规定的流量、转速和输送液体的条件下，泵达到规定性能的最小汽蚀余量。也就是泵达到规定性能所必需的压力，达不到此值就会发生汽蚀。其值由制造厂家提供，单位为 m。

7. 吸程(H_s)

即泵允许吸上液体的真空度，也就是泵允许的安装高度。

吸程=标准大气压-必需汽蚀余量-安全量，如某泵必需汽蚀余量为 4m，安全量为 0.5m，则吸程 $H_s=10.33-4-0.5=5.83$m。

8. 转速

泵的转动部分包括叶轮和轴，单位时间叶轮旋转的次数称为转速，以 n 表示，其单位为 r/min。泵由电动机直接带动时，与电动机转速相同；当经过传动装置驱动轴时，可按泵是最优运行工况选定转速。

泵的各个性能参数之间存在着一定的相互依赖变化关系，可以通过对泵进行试验，分别测得和算出参数值，并画成曲线来表示，这些曲线称为泵的特性曲线。每一台泵都有特定的特性曲线，由泵制造厂提供。通常在工厂给出的特性曲线上还标明推荐使用的性能区段，称为该泵的工作范围。

泵的实际工作点由泵的曲线与泵的装置特性曲线的交点来确定。选择和使用泵时，应使泵的工作点落在工作范围内，以保证运转经济性和安全性。此外，同一台泵输送黏度不同的液体时，其特性曲线也会改变。通常，泵制造厂所给的特性曲线大多是指输送清洁冷水时的特性曲线。对于动力式泵，随着液体黏度增大，扬程和效率降低，轴功率增大，工业上有时将黏度大的液体加热使黏性变小，以提高输送效率。

9. 泵的比转数

在离心泵中，常将比转数定义为：泵在最高效率下运转，产生扬程为 1m、流量为

0.075m³/s 所消耗的功率为 0.735kW 时所必须具有的转数。比转数较全面地反映了泵的特性，综合了泵的流量、扬程、转速三者之间的关系，是反映叶轮机械综合性能的指标。公式为：

$$N_s=3.65\frac{nQ^{1/2}}{H^{3/4}} \tag{1-5}$$

式中 n——转速，r/min；

Q——流量，m³/s；

H——扬程，m。

按比转数从小到大，泵分为离心泵、混流泵和轴流泵。不同类型的泵所对应的比转数如表 1-2 所示，低比转数泵意味着高扬程、小流量，高比转数泵意味着低扬程、大流量。

表 1-2 泵的类型与比转数

离心泵	混流泵	轴流泵
$30<N_s<300$	$300<N_s<500$	$500<N_s<1500$

一般来说，低比转数泵具有叶轮窄而长的特点，高比转数泵具有叶轮宽而短的特点；同时低比转数泵在零流量时轴功率小，高比转数泵（混流泵、轴流泵）零流量时轴功率大，因此前者应关阀启动，后者应开阀启动。

10. 工况点

性能曲线上表示泵实际运行状况的点，是扬程曲线和阻力曲线的交点。

11. 规定点

性能曲线上规定流量和规定扬程所确定的点。

三、泵的性能曲线图

1. 离心式泵

离心式泵实际使用的性能曲线图包含有 $Q-H$（流量-扬程）图、$Q-N$（流量-功率）图、$Q-\eta$（流量-效率）及 $Q-H_s$（流量-允许吸上真空高度）图等。每一个流量 Q 都相应于一定的扬程 H、轴功率 N、效率 η 和允许吸上真空高度 H_s。

如图 1-2 所示，水泵的性能曲线图上水平坐标表示流量，垂直坐标表示扬程。在流量与扬程（$Q-H$）曲线中，一般情况下，当扬程升高时流量下降，同时可以根据扬程查到流量，也可从流量查到扬程；效率曲线的特点是中间高，两边低，表明流量与扬程在中间段是效率最高，因此在选泵时要注意泵运行时的扬程与流量处于效率曲线最高附近；功率（轴功率）曲线中，功率一般随流量增加而增加，运行中

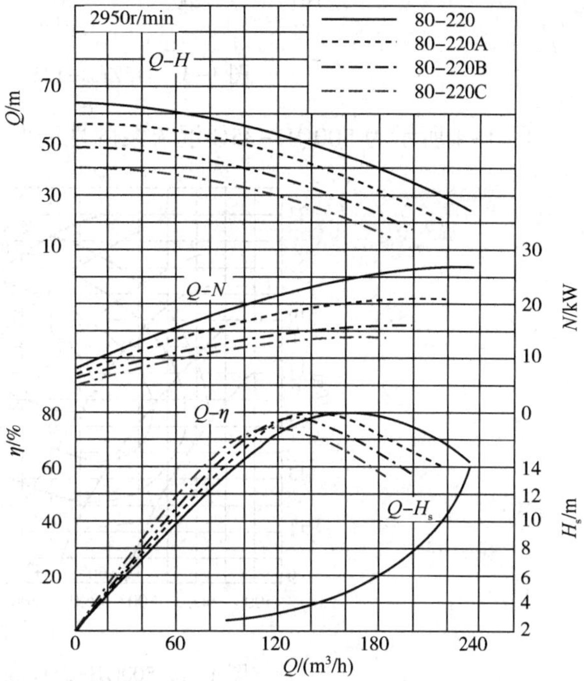

图 1-2 离心式泵性能曲线图

应注意轴功率不应超过电机功率；汽蚀余量曲线中，一般随流量增加而增加，要注意工作条件对汽蚀余量的要求。

2. 轴流泵、混流泵

图 1-3 所示为 315ZLB-125 轴流泵的性能曲线图，水平坐标表示流量 Q，垂直坐标表示扬程 H，图中 D 为叶轮直径，虚线表示电机功率，随着中心往外扩散的曲线为效率曲线。由图可知：①根据叶片安装角度的不同，泵所对应的流量、扬程不一样(一般随角度的增加，泵的流量、扬程也相应增大)；②随着中心往外扩散，效率逐渐降低，因此选泵时要注意泵运行时的扬程与流量，尽量处于效率曲线最高点附近，即图中的中心区域。

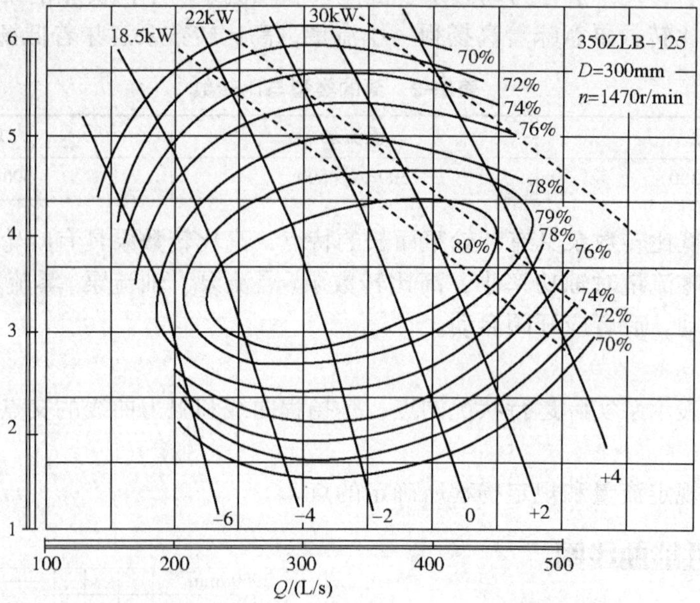

图 1-3　315ZLB-125 型轴流泵性能曲线图

图 1-4 所示为 500QH-35G 混流泵的性能曲线图。

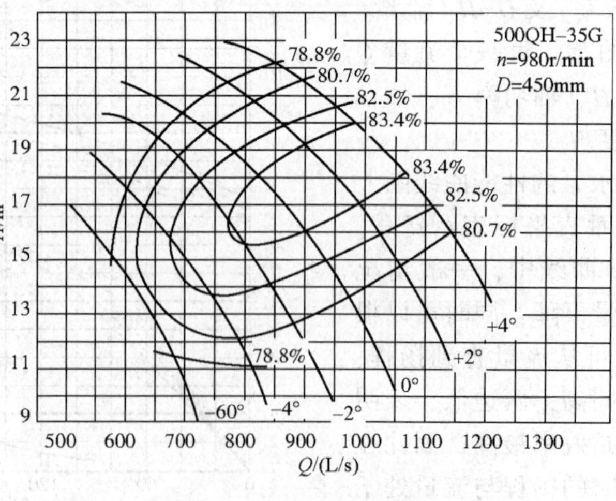

图 1-4　500QH-35G 混流泵的性能曲线图

四、泵叶轮结构型式

用于污水提升的泵属于无堵塞泵的一种，具有多种形式，如潜水式和干式，主要用于输送市政、企事业单位污水、粪便或含有纤维、纸屑等固体颗粒的液体，通常被输送介质的温度不大于 80℃。由于被输送的介质中含有易缠绕或聚束的纤维物，故该类泵的流道易堵塞，因此抗堵性和可靠性是污水提升泵优劣的重要因素。污水提升泵要提高抗堵性能，关键在于叶轮的结构型式。

叶轮由轮毂、叶片和盖板三部分组成，一般把叶轮的结构分为六大类：叶片式(开式、闭式)、旋流式、流道式(单流道和双流道)、螺旋离心式、轴流式、混流式。

1. 叶片式

(1) 开式、半开式叶轮

开式叶轮两侧均没有盖板，叶片通过筋板连接在轮毂上；半开式叶轮这种叶轮只有后盖板。开式、半开式叶轮见图 1-5。开式、半开式叶轮制造方便，当叶轮内造成堵塞时，容易实现清理及维修，但在长期运行中，在颗粒物的磨蚀下会使叶片与压水室内侧壁的间隙加大，从而使效率降低；并且间隙的加大会破坏叶片上的压差分布，不仅产生大量的旋涡损失，而且会使泵的轴向力加大，同时，由于间隙加大，流道中液体的流态的稳定性受到破坏，使泵产生振动。

图 1-5　开式及半开式叶轮

开式、半开式叶轮不适于输送含大颗粒和长纤维的介质，从性能上讲，该型式叶轮效率低，最高效率约相当于普通闭式叶轮的 92%左右，扬程曲线比较平坦。

(2) 闭式叶轮

叶轮的两侧均有盖板，盖板间有 4~6 个叶片，闭式叶轮见图 1-6。闭式叶轮正常效率较高，且在长期运行中情况比较稳定。采用该型式叶轮的泵轴向力较小，且可以在前后盖板上设置副叶片。前盖板上的副叶片可以减少叶轮进口的旋涡损失和颗粒对密封环的磨损，后盖板上的副叶片不仅起平衡轴向力的作用，而且可以防止悬浮性颗粒进入机械密封腔，对机械密封起保护作用。

该型式叶轮的抗堵性差，易被缠绕，不宜抽送含大颗粒、长纤维等未经处理的污水。

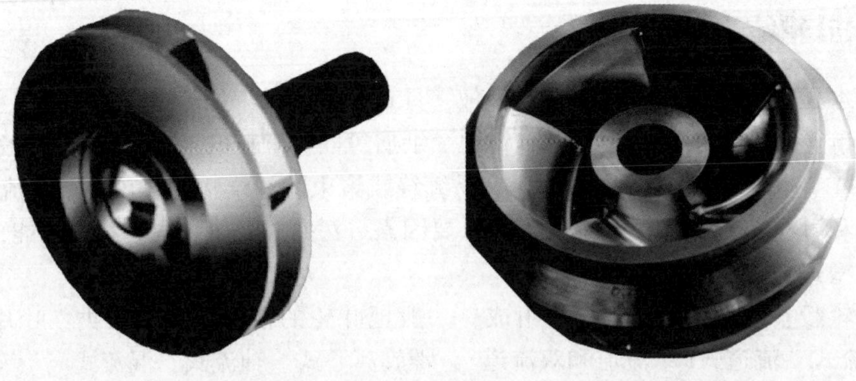

图 1-6　闭式叶轮

2. 旋流式叶轮

旋流式叶轮泵的吸入口和出口与泵的轴线均成直角，叶轮采用半开式结构，置于蜗室的一侧，叶轮前的蜗室流道十分宽敞，所以能输送带各种杂质的流体而不致堵塞，具有良好的通过性能；当叶轮旋转时，泵内产生强烈的轴向旋涡作用，使吸入腔内的介质连续不断地流入泵腔，叶轮和泵体无密封间隙，运行中不会因磨损而使泵的效率降低；该泵制造简单，成本低，实用性强。从性能上讲，该叶轮效率较低，仅相当于普通闭式叶轮的 70%左右，扬程曲线比较平坦。常见的旋流泵叶轮叶片有多种结构形式，主要有直叶片、斜叶片和弯曲叶片，见图 1-7。不同的叶片对泵的性能有一定的影响。

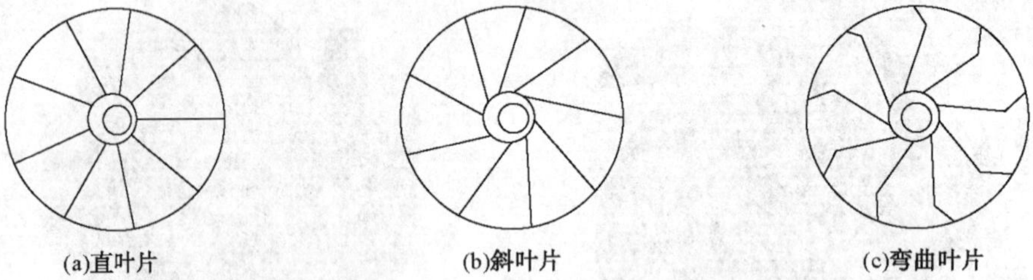

图 1-7　旋流式叶轮叶片示意图

弯曲叶片效率较高，但抗堵塞性差；斜叶片效率较差但抗堵塞性较好；直叶片抗堵塞性最好但效率比前两种差。旋流泵弯曲叶轮叶片及泵见图 1-8。

图 1-8　旋流泵弯曲叶轮叶片及泵图

3. 流道式叶轮

图 1-9　流道式叶轮图

流道式叶轮见图 1-9。该型式叶轮属于无叶片的叶轮，叶轮流道是一个从进口到出口的弯曲的流道，所以适宜于抽送含有大颗粒和长纤维的介质，抗堵性好。从性能上讲，该型式叶轮效率高，与普通闭式叶轮相差不大，但用该型式叶轮泵扬程曲线较为陡降，功率曲线比较平稳，不易产生超功率的问题；该型式叶轮的汽蚀性能不如普通闭式叶轮，适宜用在有压进口的泵上。

流道式叶轮可分为单流道式叶轮与双流道式叶轮两种形式。单流道式叶轮对输送物料的无损性好，无堵塞性能好，适于输送大颗粒长纤维物质，且耐磨性较好，但对平衡要求高，运行平衡性差；双流道式叶轮通过能力比单流道稍差，但因是对称流道，平衡性能好，运行平稳，适合于高扬程、大流量泵。

4. 螺旋离心式叶轮

叶轮的叶片为扭曲的螺旋叶片，在锥形轮毂体上从吸入口沿轴向延伸。该型叶轮的泵兼具有容积泵和离心泵的功能，悬浮性颗粒在叶片中流过时，不撞击泵内任何部位，对输送物的破坏性小。由于螺旋的推进作用，悬浮颗粒的通过性强，所以采用该型式叶轮的泵适宜于抽送含有大颗粒、长纤维、高浓度的介质。在对输送介质的破坏有严格要求的场合下具有一定的适用性。螺旋离心式叶轮及其结构示意图见图 1-10。

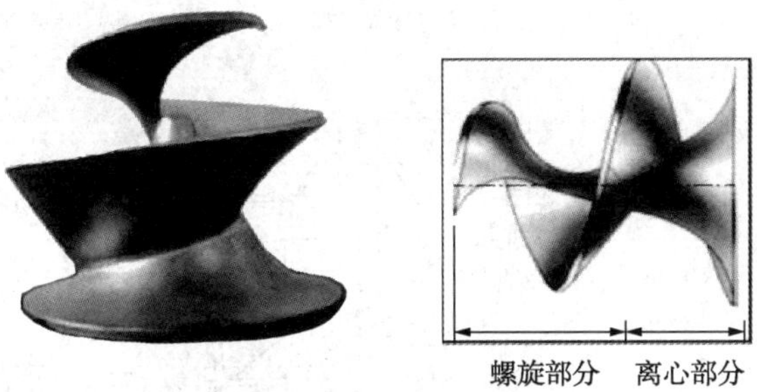

图 1-10　螺旋离心式叶轮及其结构示意图

5. 轴流式叶轮

叶轮一般由 2~6 片弯曲叶片组成，外形图见图 1-11。

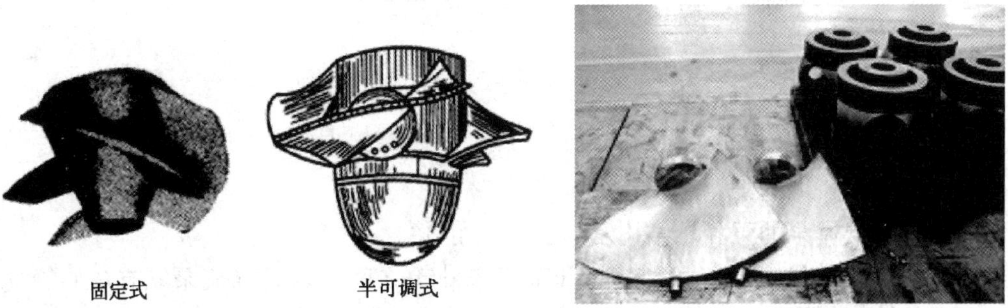

图 1-11　轴流式叶轮图

叶片的结构有固定的和螺旋角可以调节的两种。可调节叶片又有半调节式和全调节式的两种。固定式轴流泵的叶片和轮毂体是一体的，叶片的安装角度是不能调节的。半调式轴流泵的叶片是用螺母栓紧在轮毂体上，在叶片的根部上刻有基准线，而在轮毂体上刻有几个相应的安装角度的位置线，如-6°、-4°、-2°、0°、+2°、+4°等。在使用过程中，可以根据流量和扬程的变化需要，调整叶片的安装角度，确保水泵在区工作。但调节叶片安装角度，只能在停机的情况下完成。全调式轴流泵可以根据不同的扬程与流量要求，在停机或不停机的情况下，通过一套油压调节机构来改变叶片的安装角度，从而来改变其性能，以满足使用要求，这种全调式轴流泵调节机构比较复杂，一般应用于大型轴流泵站。

在轴流泵中，液体流经叶轮时，除有轴向运动以外，还随叶轮有一个旋转运动，液体流出叶轮后继续旋转，而这种旋转运动是不需要的。导叶的作用就是把叶轮中向上流出的水流旋转运动变为轴向运动，把旋转的动能变为压力能，从而提高泵的效率，导叶装置外形呈圆锥形或圆柱形，一般轴流泵中有 6~10 片导叶。图 1-12 为潜水轴流泵叶轮及结构示意图。

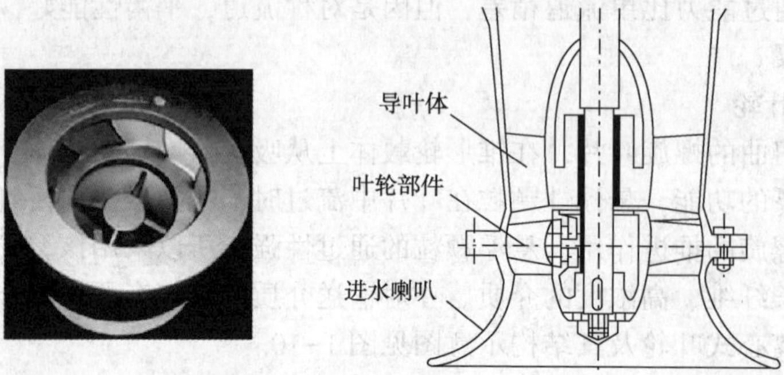

(a)固定式

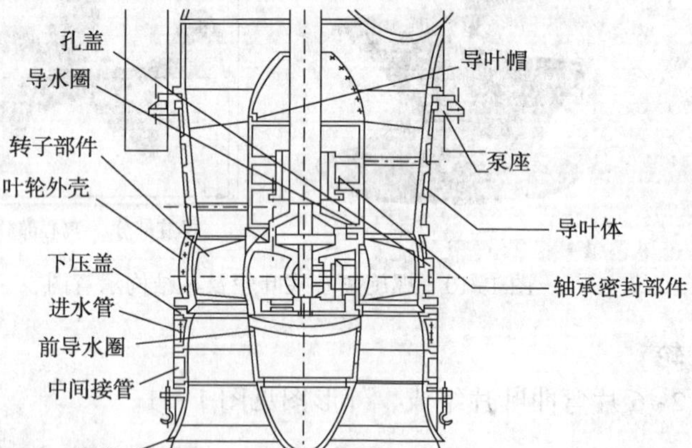

(b)全调式

图 1-12　潜水轴流泵叶轮及结构示意图

6. 混流式叶轮

导叶式潜水混流泵的泵叶轮结构示意图见图 1-13。

混流泵的叶轮形状介于离心泵叶轮和轴流泵叶轮之间，因此混流泵既有离心力又有升力，靠两者的综合作用，输送介质以大于90°的角度流通过管路将水提升。根据其压水室的不同，通常可分为蜗壳式和导叶式两种。与离心泵相比，其扬程较低、流量较大；与轴流泵相比，其扬程较高、流量较低。

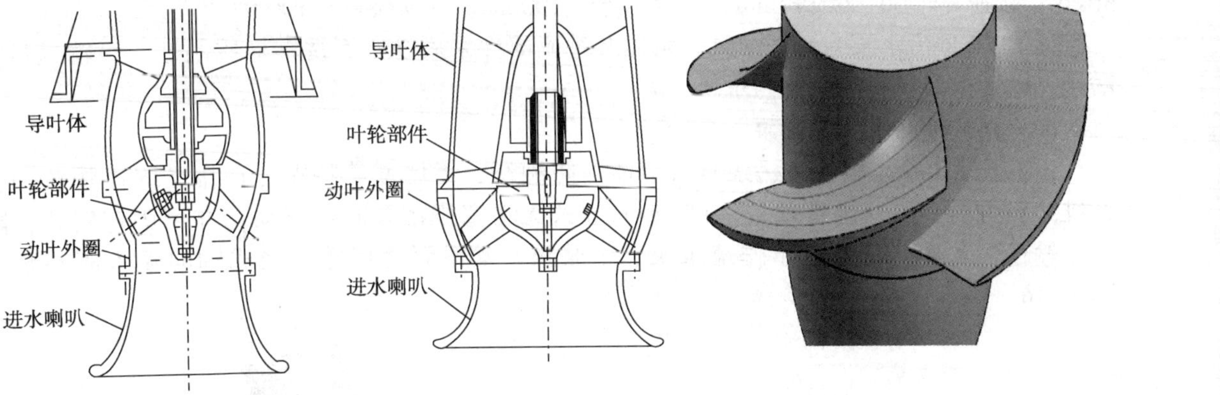

图 1-13　导叶式潜水混流泵叶轮示意图

五、污水提升泵类型

（一）离心污水泵

1. 单吸式的类型

包括卧式单级双吸泵、卧式（立式）轴向吸入离心泵、管道泵、屏蔽电泵等，都有使用。

（1）卧式单级双吸泵

卧式单级双吸泵是单级、双吸水平中开式离心泵，适应于工厂、城市、矿山、电站、农田、水利工程等领域。用于输送不含固体颗粒的清水或物理、化学性质类似于水的其他液体。单级双吸离心泵见图 1-14。

图 1-14　单级双吸离心泵

（2）卧式轴向吸入离心泵

如 PW、PWF 型污水泵是单级、单吸、悬臂式卧式轴向离心污水泵。泵吸入口为轴向水平方向，泵排出口可根据需要装成水平或垂直方向，主要由泵盖、泵壳、叶轮、轴封、轴、托架等零部件组成。轴封采用新颖的双端面机械密封结构形式，泵与电机安装在共同底盘上，通过弹性联轴器由电机直接驱动。卧式轴向吸入离心泵见图 1-15。该类泵具有节能、效率高、运行平稳、性能可靠、维修方便等优点。

其中 PW 污水泵为普通型泵，泵体为铸铁材质，可输送含有悬浮固体颗粒、长纤维物质及生活用污水；不适于吸送酸性和碱性以及含有多盐分的其他能引起金属腐蚀的化学混合物液体。相关泵的参数如下：流量 $Q=36\sim180\text{m}^3/\text{h}$；扬程 $H=8.5\sim48.5\text{m}$；电机功率 $N=4\sim30\text{kW}$；转速 $n=960\sim2950\text{r/min}$；口径为 65～100mm；介质温度≤100℃。

而 PWF 型污水泵为耐腐蚀泵，泵体及过流部件采用 304 不锈钢材质制造，可输送带有酸性、碱性或其他腐蚀性的污水。

（3）立式轴向吸入离心泵

LW 型直立式无堵塞排污泵具有节能、防缠绕、无堵塞等特点。在排送固体颗粒和长纤维垃圾方面，具有独特效果。LW 型直立式无堵塞排污泵既可移动，亦可固定安装，除适用输送污水外，还适用于作疏水泵、纸浆泵、灌溉泵之用等。立式轴向吸入离心泵见图 1-16。

图 1-15　卧式轴向吸入离心泵

图 1-16　立式轴向吸入离心泵

其特点有：

① 大流道抗堵塞水力部件设计，提高了污物通过能力；

② 合理设计，配套电机合理，效率高，噪声低，节能；

③ 机械密封采用单端面密封，材质为硬度耐磨耐腐碳化钨，具有耐用、耐磨等特点，可以使泵安全连续运行 8000h 以上；

④ 泵与电机直联同轴，属机电一体化产品，结构紧凑，性能稳定；

⑤ 占地面积小，无需建泵房，可节省大量基建费用；在电机风叶端加上防护罩，整机可置于室外工作。

其技术参数如下：流量 $Q=8\sim2600\text{m}^3/\text{h}$，扬程 $H=5\sim60\text{m}$，功率 $N=0.75\sim250\text{kW}$，转速 $n=580\sim2900\text{r/min}$，口径为 25～500mm，介质温度≤60℃。

图 1-17　管道泵

（4）管道泵

管道泵是采用国内外先进技术开发成功的一种高效节能排污泵，管道排污泵安装方便，用途广，即可作一般管道泵为高层建筑加压送水之用，又可输送含有颗粒纤维污水，除适用于输送污水外，还用作疏水，过滤冲洗、循环等用途。管道泵见图 1-17。

相关泵的参数为：流量 $7\sim4500\text{m}^3/\text{h}$，扬程 7～60m，管径 $\phi25\sim500\text{mm}$，输送介质温度范围为 0～40℃。

（5）屏蔽电泵

屏蔽泵是由屏蔽电动机和泵组成一体的离心泵，主要由泵体、叶轮、定子、转子、前后轴承及推力盘等零部件组成。其结构上没有动密封，只有在泵的外壳处有静密封，因此可以做到完全无泄漏，特别适合输送易燃、易爆、贵重液体和有毒、腐蚀性及放射性液体。屏蔽电泵见图 1-18。

2. 多吸式的类型

包括多级自吸旋涡泵、潜水电泵等。

（1）多级自吸旋涡泵

适用于高扬程、小流量、温度在-20~80℃清水及物理、化学性类似清水的无腐蚀、无颗粒液体，碱性无颗粒液体，无腐蚀性或卫生清洁的无颗粒液体的输送。多级自吸旋涡泵见图 1-19。

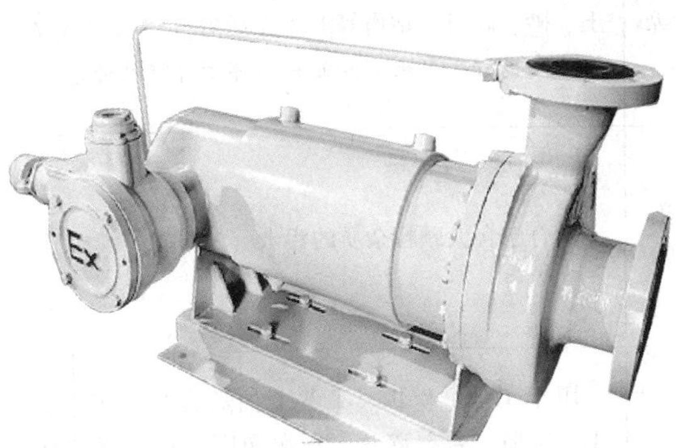

图 1-18　屏蔽电泵

图 1-19　多级自吸旋涡泵

（2）潜水电泵

潜水电泵是指泵体叶轮和驱动叶轮的电机都潜入水中工作的一种水泵。潜水电泵用的电动机有干式（电机全部密封）、半干式（电机的定子密封，而转子在水中运转）、充油式（电机内部充油以防水分侵入绕组）和湿式（电机内部充水，定子和转子都在水中运转）等类型。

Ⅰ. WQ/QW 型潜水污水泵

WQ/QW 型潜水污水泵是目前污水处理提升最常用的泵种。该系列潜水式污水提升泵具有节能、防缠绕、无堵塞、自动控制等特点。采用独特结构和新型机械密封，能有效地输送含有固体物和长纤维；与传统叶轮相比，该泵叶轮采用单流道或双流道型式，具有好的过流性，通过配以合理的蜗室，使得该泵效率高，泵在运行中无明显振动。潜水电泵见图 1-20。

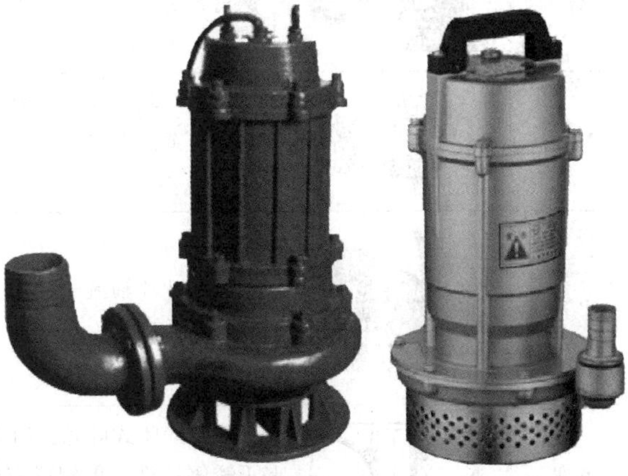

图 1-20　潜水电泵

其特点有：

① 污水泵采用单流道或双流道叶轮型式，提高了污物通过能力；

② 污水泵整体结构紧凑、体积小、噪声小、检修方便、节能；无需建泵房因而

减少了工程造价；

③ 污水泵密封油室内设置有高精度抗干扰漏水检测传感器，定子绕组内设置了热敏元件，对水泵电机自动保护。

其技术参数如下：泵排出水口径 50~600mm；流量 $Q=10\sim7000\text{m}^3/\text{h}$；扬程 $H=5\sim60\text{m}$；转速 $n=1450\sim2900\text{r/min}$；功率 $N=1.5\sim315\text{kW}$；可以通过固体颗粒直径为 20~145mm。

Ⅱ. 其他有关潜水电泵

Flygt 公司、Stallkamp 公司等为生产潜水泵的厂家，拥有比较齐全的潜水泵系列。其产品设计新颖，组件系统标准化，设备现代化，有关潜水电泵的种类与工程应用见表 1-3。

表 1-3　有关潜水电泵与工程应用

名称	叶轮结构型式	叶轮结构特点	工程应用
B 泵	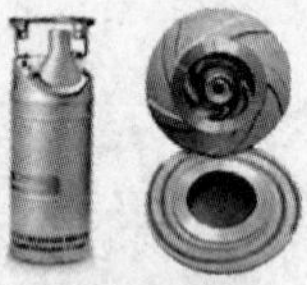	开式或半开式叶轮，抗磨材料制造，附有可调节的导叶及滤网	用于给排水或水喷射等，可以抽送含磨料如黏土、砂、碎石、钻屑等液体介质等。可满足大流量、高扬程、有限空间或易爆环境等特殊要求
C 泵		闭式叶轮，单流道或多流道。流道形状和大小利于降低阻塞	适合于含大颗粒杂质的污水
1D 泵		旋流式叶轮	用于工地、矿山、工业上抽送含长纤维、黏土、钻屑、岩石碎片、污泥和腐蚀性介质的污水，并可满足易爆环境排水的要求
F 泵		开式叶轮并带有 S 型切断器，具有抽送、切削和混合功能。可靠性好，效率高	主要用于农业上抽送液体粪，可以破碎干的固体，禾秆和其他长纤维物质，螺旋状的叶轮入口可以使吸入的稠厚粪肥送入泵中，共有四种规格
H 泵		开式或闭式流道式叶轮，抗磨材料制造	主要用于矿山、工地、岩洞、隧道和堤坝等地方抽送含有磨蚀性颗粒如钻屑、砂、碎石等的液体，吸入端采用可调节的橡胶覆层，利于在高效点运行
M 泵		开式叶轮，入口处附有一个切碎装置，由铬合金与不锈钢做成	M 泵有合金铸铁和不锈钢制成的切割装置，能将污水中杂质研磨成 5mm×15mm 颗粒，减少了堵塞；适用于有压力的污水系统
P 泵		可调叶片轴流式叶轮，具有高效节能的特点	主要用于农业、城市给排水及工业上抽送冷却水等，并可用于控制内河水道系统。可满足低扬程大流量的特殊需要，适合于抽送清水或轻度污染的水
R 泵	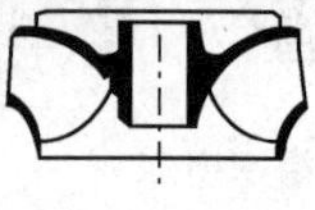	多叶片闭式叶轮，用铸铁或不锈钢铸造，单侧或双侧（双吸）进水	可满足高扬程大流量需要，流量达 $2000\text{m}^3/\text{h}$，扬程达 110m，适合于清水或轻度污染的水

续表

名称	叶轮结构型式	叶轮结构特点	工程应用
N 泵		半开式多叶片自清洁叶轮、后扫式导叶和蜗壳上的释放凹槽，使水泵能够在整个运行过程中维持高效。	最大流量 3600m^3/h；最高扬程 90m；介质温度最高 40℃；淹没深度最深 20m；适用于雨水、污水、污泥、冷却水、灌溉用水，具有良好的防堵塞性能和高效率
K 泵		除 1310 系列采用 C 闭式通道叶轮外，1315 以上系列均采用带有半开式叶轮	适合于市政、建筑和部分工业领域中的污水、污水、地表水和清水
TMP3 泵		标准型潜水泵	适合于畜禽粪尿的输送
TMHP3 泵		高压潜水泵	适合于畜禽粪尿的输送

（二）潜水混流泵与潜水轴流泵

1. 潜水混流泵

在叶轮轴面流道中，液体从进口轴向流入，流经叶轮从出口倾斜流出，具有这种叶轮的泵叫作混流泵。混流泵比转速 N_s 范围通常为 300～500，有的最高达到 1110；其口径为 100～1500mm，有的可达到 5000mm；扬程 3～30m，有的可达到 60m；流量 $Q=12.5\sim20000$L/s 或者更大；转速的范围为 100～2900r/min。

2. 潜水轴流泵

轴流泵是一种高比转速的水泵，其比转速 N_s 一般为 500～1000。近年来，轴流泵的比转速有提高的趋势，已研制出轴流泵水力模型比转速 N_s 为 2000 左右，甚至更高。轴流泵的特点是流量大，扬程低，轴流泵叶轮直径 $D=150\sim6000$mm，扬程 $H=1\sim20$m，流量 $Q=0.02\sim100$m^3/s。

潜水混流泵、潜水轴流泵的特点有：

① 驱动水泵的电动机采用潜水电机采用双重或三重机械密封，可以长期浸入水中运行。

② 电机与水泵构成一体，无须在安装现场进行耗工、耗时的电机、传动机构、水泵轴

线对中的装配工序，现场安装方便、快速。

③ 潜入水中运行，可以简化泵站的真土工及建筑结构工程，减少安装面积，节约工程造价。

目前许多污水处理厂的外回流泵使用潜水混流泵或潜水轴流泵产品，外回流泵是污水处理厂生物处理法工艺中的关键设备之一。导叶式潜水轴流(混流)泵见图 1-21。

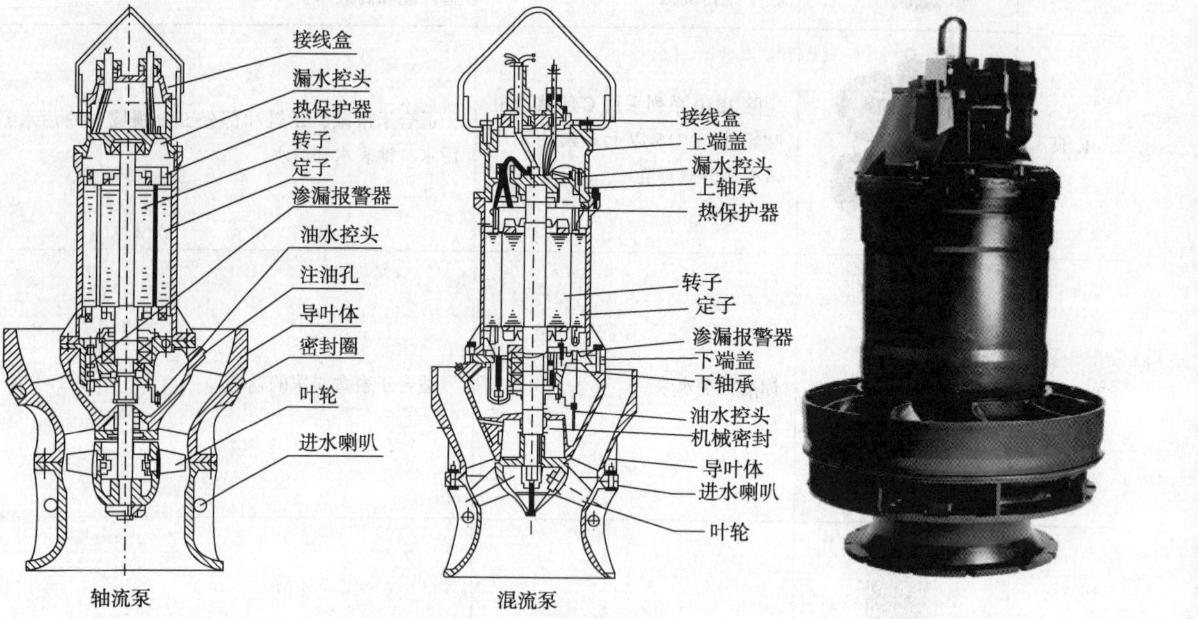

图 1-21　导叶式潜水轴流(混流)泵

有关潜水轴流泵性能参数见表 1-4，有关潜水混流泵性能参数见表 1-5。

表 1-4　有关潜水轴流泵性能参数

型号	流量/(m^3/s)		扬程/m		转速/(r/min)	电机功率/kW
	设计点	使用范围	设计点	使用范围		
QZ6.4-30	0.26	0.2~0.36	6.4	3.18~8.24	1455	30
QZ6.3-55	0.6	0.38~0.79	6.3	3.8~9.4	980	55
QZ4.3-55	0.75	0.5~0.9	4.3	2.35~6.5	980	55
QZ3.5-45	0.79	0.45~1.0	3.5	1.9~5.1	980	45
QZ3.6-55	1.02	0.7~1.2	3.6	2.5~5.5	730	55
QZ1.8-45	1.16	0.8~1.3	1.8	1.4~3.1	730	45
QZ9.2-155	1.3	0.8~1.4	9.2	5.1~11.3	740	155
QZ5-155	1.7	1.05~2.17	5	2.9~8.2	740	155
QZ4-132	1.85	1.2~2.2	4	1.9~6.5	740	132
QZ6.7-155	1.84	1.4~2.3	6.7	4.4~8.1	590	155
QZ3.7-130	1.7	1.2~2.2	3.7	2.2~6	590	130
QZ6.8-280	2.8	2.1~3.4	6.8	3.5~8.4	495	280
QZ4-180	2.72	1.9~3.3	4	2.8~6.6	495	180
QZ4.4-400	5.4	3.5~6.6	3.4	2.5~7.3	370	400

表 1-5　有关潜水混流泵性能参数

叶片安装角度	流量/(m^3/h)	扬程/m	转速/(r/min)	功率/kW		效率/%	叶轮外径/mm
				轴功率	电机功率		
−6°	2120.3	15.06	980	110.3	132	78.8	450
	2508.7	11.36		98.5		78.8	
−4°	2193.4	17.68		134	160	78.8	
	2864.2	12.23		118.3		80.7	
−2°	2392.9	19.42		160.6	185	78.8	
	3224.7	12.64		137.7		80.7	
0°	2552.2	20.35		179.5	200	78.8	
	3531	13.62		162.4		80.7	
+2°	2832.2	21.45		210	250	78.8	
	3843.9	14.87		191.9		80.7	
+4°	3080.2	22.11		235.3	280	78.8	
	4114.9	15.9		221		80.7	

3. 潜水混流泵(轴流泵)的安装方式

(1) 井筒式安装

潜水泵在垂直的井筒内起吊，井筒的下端有直径比筒径略小的座环，潜水泵落下后，在自重的作用下，其密封圈与座环压紧，而且水泵运行后在压力作用下越压越紧。潜水泵在井筒内连接后，没有地脚螺栓，可方便地将潜水泵安装后吊出。该安装形式除了有节省空间的优点，还具有维护简单，有利于保养的功能。也可利用钢制井筒或者预制混凝土井筒，建成全地下泵站，该安装形式适合城市给排水工程，其钢制井筒式安装示意图见图 1-22，混凝土预制井安装示意图见图 1-23，图中的字母对应不同设备型号的安装尺寸数据。

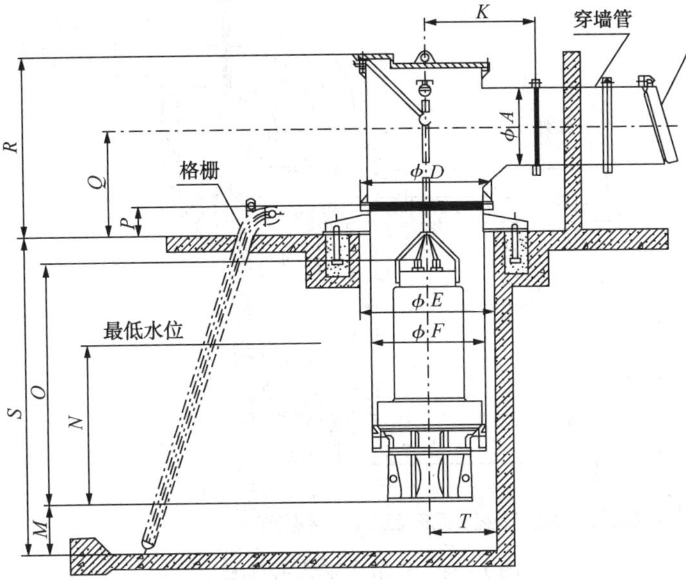

图 1-22　钢制井筒式安装示意图

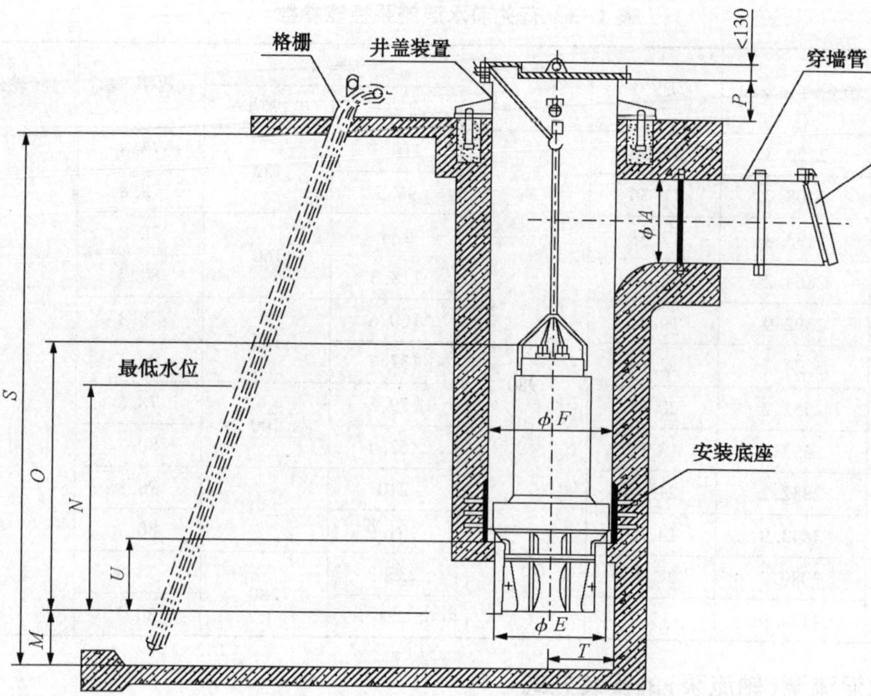

图 1-23　混凝土预制井安装示意图

（2）悬吊式安装

潜水泵本身没有安装底座，是通过泵的出水法兰被出水管悬挂在水中的，也就是通过固定出水管来悬吊潜水泵，出水管路一般布置在最低水面之上，使得潜水泵安装和检修均可在水上进行。悬吊式安装示意图见图 1-24，图中的字母对应不同设备型号的安装尺寸数据。

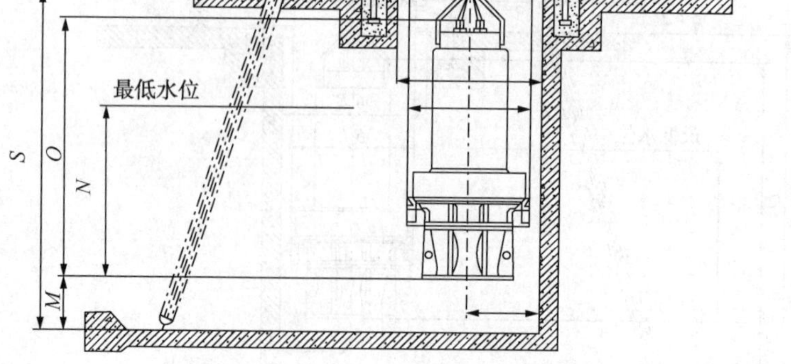

图 1-24　悬吊式安装示意图

（3）斜拉式安装

将潜水泵和出水管路安装在滑轨或者斜坡上的轨道导向，使得水泵机组能准确到达指定位置。斜拉式安装具有最少的土建工作量和最简单快速的安装优点，适合农业排灌和工业应用。

4. 其他形式的潜水混流泵（轴流泵）

如浮筒式的潜水混流泵（轴流泵）。浮筒式潜水轴流泵可用于工矿船、城市给排水、农田排灌、电站给排水之用。浮筒式的潜水混流泵（轴流泵）见图1-25。

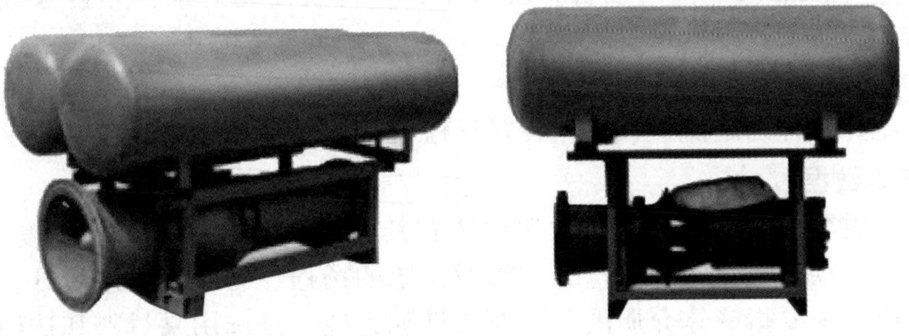

图1-25　浮筒式的潜水混流泵（轴流泵）

六、泵选型原则与方法

（一）选泵原则

（1）满足设计流量和设计扬程的要求，使所选泵的型式和性能符合装置流量、扬程、压力、温度、汽蚀流量、吸程等工艺参数的要求。

（2）水泵必须在高效区运行，在长期运行中平均效率最高。

（3）根据选定的水泵型号及台数修建泵站的总投资（其中包括设备投资和土建投资）最小，年运行费用最低。

（4）尽量选择标准化、系列化、规格化的新产品，型号不能过多，也不宜单一。

（5）便于安装、维护、运行和管理，有利于今后的发展。经济上要综合考虑到设备费、运转费、维修费和管理费的总成本最低。机械方面可靠性高、噪声低、振动小。

（6）其他选泵注意因素

① 因水泵常年运行，应使水泵的工况点落在水泵的最高效率段，可采用节能性优越的潜水泵，并配套选用变频调速装置，节约电能。

② 水泵可根据近远期结合的方式，预留发展位置或远期增大水泵的提升流量能力。尽量选用同一型号的，检修及维护都比较方便；水量变化较大时可采用大小泵搭配。水泵并联设置时，小流量时台数最好为一用一备，大流量且水量变化较大时，可采用两用一备，最多三用一备，避免因并联台数过多，降低机组效率。

③ 必须满足介质特性的要求。对输送易燃、易爆有毒或贵重介质的泵，要求轴封可靠或采用无泄漏泵，如磁力驱动泵、隔膜泵、屏蔽泵；对输送腐蚀性介质的泵，要求对流部件采用耐腐蚀性材料，如AFB不锈钢耐腐蚀泵，CQF工程塑料磁力驱动泵；对输送含固体颗粒介质的泵，要求对流部件采用耐磨材料，必要时轴封采用清洁液体冲洗。

④ 离心泵具有转速高、体积小、重量轻、效率高、流量大、结构简单、输液无脉动、性能平稳、容易操作和维修方便等特点。因此除以下情况外，应尽可能选用离心泵：

a）有计量要求时，应选用计量泵。

b）扬程要求很高，流量很小且无合适小流量高扬程离心泵可选用时，可选用往复泵。

c）扬程很低、流量很大时，可选用轴流泵和混流泵。

d）介质黏度较大（大于650~1000mm^2/s）时，可考虑选用转子泵或往复泵（齿轮泵、螺杆泵）。

e）介质含气量75%，流量较小且黏度小于37.4mm^2/s时，可选用旋涡泵。

f）对启动频繁或灌泵不便的场合，应选用具有自吸性能的泵，如自吸式离心泵、气动（电动）隔膜泵。

（二）泵的选型

泵的选型需要合理确定流量（Q）和装置扬程（H_e），可以从以下几个方面入手。

1. 列出基本数据

包括液体介质名称、物理性质、化学性质和其他性质，物理性质有温度、密度、黏度、介质中固体颗粒直径和气体的含量等，这涉及系统的扬程、有效汽蚀余量计算和合适泵的类型；而化学性质，主要指液体介质的化学腐蚀性和毒性，是选用泵材料和选用那一种轴封型式的重要依据。

2. 确定流量

流量是选泵的重要性能数据之一，它直接关系到整个装置的生产能力和输送能力。如设计院在工艺设计中能算出泵正常、最小、最大三种流量，选择泵时，以最大流量为依据，兼顾正常流量，在没有最大流量时，通常可取正常流量的1.1倍作为最大流量。

（1）固定流量

泵运行于某一流量范围。如正常运行工厂的污水泵，因日排水量比较恒定，水泵的流量也比较稳定，这种情况下，可按照泵铭牌所注 Q 作为流量参数。一般设计人员会习惯性地留有一定余量作为选型参数（Q_c），但这样做会造成不必要的能量浪费。一般情况下，泵铭牌所注 Q、H 值为设计值，而实际高效的运行范围一般为0.7~1.3Q，能满足用户短时大流量点运行的需要。

（2）变化流量

要求泵运行于某一流量范围，如在排水高峰时，有一峰值 Q_{max}，按设计规范就会将 Q_{max} 作为泵选型时所需的流量 Q 值，这样所选泵大部分时间都运行在小流量工况点，这种不合理的选型会造成以下几方面的浪费：①由于 Q 选择偏大，造成泵选型偏大，增加设备购置费用；②泵机组运行偏离高效区，造成运行费用的增加；③由于 Q 偏大，为了使泵能稳定运行于 Qc 点，只有减小出口调节阀的开度，人为增加水力损失。因此对于变化流量情况，根据实际运行的工程，取流量 $Q=Q_{max}/1.2$ 即可。

3. 扬程的确定

泵流量 Q 确定后，设计人员就能确定泵进出口管径，完成整个管路系统的布置，装置扬程 H_e 也能确定，H_e 与 Q 的特性曲线通式一般如式（1-6）所示。

$$H_e=H_a+S_kQ^2 \tag{1-6}$$

式中　H_a——流体通过系统的势能提升，即泵吸水口到泵出水口的高度差，m；

S_k——管路阻抗，对特定的管路此值为常数；

Q——泵的流量，m^3/h。

对一特定的管路，S_kQ^2 可以按照为管路沿程水头损失计算。管路系统的沿程水头损失大小可以按照参照以下方法计算。

（1）确定管道系统数据

包括泵吸水口到泵出水口的高度差、管径、长度、管道附件种类及数目。在设计和布置管道时，应注意如下事项：

① 合理选择管道直径，管道直径大，在相同流量下、液流速度小，阻力损失小，但价格高，管道直径小，会导致阻力损失增大，使所选泵的扬程增加，配备功率增加，成本和运行费用都增加，因此应从技术和经济的角度综合考虑。

② 排出管及其管接头应考虑所能承受的最大压力。

③ 管道布置应尽可能布置成直管，尽量减小管道中的附件和尽量缩小管道长度，必须转弯的时候，弯头的弯曲半径应该是管道直径的3~5倍，角度尽可能大于90°。

④ 泵的排出侧必须装设阀门（球阀或截止阀等）和止回阀。阀门用来调节泵的工况点，止回阀在液体倒流时可防止泵反转，并使泵避免水锤的打击。

（2）水头损失计算

① 选管径：根据流量和经济流速，初选管径，可按式（1-7）计算。

$$d=18.8\sqrt{\frac{Q}{v}} \tag{1-7}$$

式中 d——管道内径，mm；

Q——泵的流量，m^3/h；

v——管内经济流速，m/s，压力管道的经济流速一般为2~3m/s。

② 水头损失计算：管道沿程水头损失可按式（1-8）计算。

$$h_f=f\frac{Q^m}{d^b}L \tag{1-8}$$

式中 h_f——沿程水头损失，m；

L——管长，m；

Q——流量，m^3/s；

d——管道内径，mm；

f，m，b——与管材有关的参数。

也可以采用式（1-9）计算。

$$h_{沿}=\xi_{沿}\times L\times Q^2 \tag{1-9}$$

式中 $h_{沿}$——沿程水头损失，m；

L——管长，m；

$\xi_{沿}$——与管材有关的参数；

Q——流量，m^3/s。

管路水头损失也可根据表1-6估算。

表1-6 管路水头损失估算

<table>
<tr><th rowspan="3">实际扬程/m</th><th colspan="3">管径/mm</th><th>备 注</th></tr>
<tr><th><200</th><th>250~350</th><th>>350</th><td rowspan="5">管径在200mm以下时，管路水头损失包括底阀损失在内</td></tr>
<tr><th colspan="3">管路水头损失占实际扬程的比例/%</th></tr>
<tr><td>10</td><td>30~50</td><td>20~40</td><td>10~25</td></tr>
<tr><td>10~30</td><td>20~40</td><td>15~30</td><td>5~15</td></tr>
<tr><td>>30</td><td>10~30</td><td>10~20</td><td>3~10</td></tr>
</table>

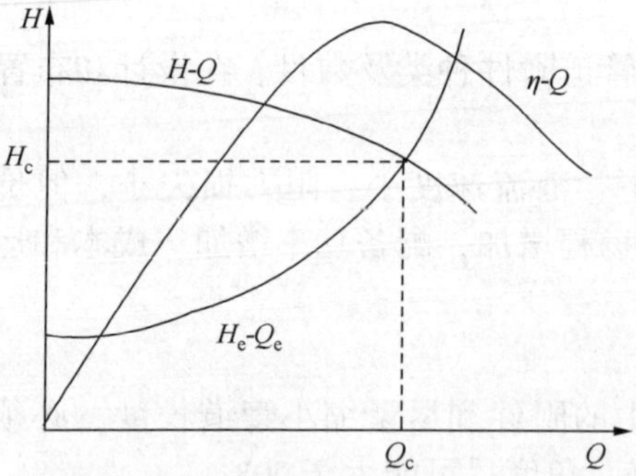

图 1-26 泵与管路特性曲线关联示意图

4. 泵稳定运行工况点确定

对于具体的一台泵，稳定运行时的工况点由泵性能曲线($H-Q$)与管路特性曲线(H_e-Q_e)决定，如图 1-26，两曲线的交点(Q_c、H_c)即为运转工况点。$H-Q$ 曲线由生产厂家提供，H_e-Q_e 曲线由具体的管路系统自形成，具有固定性，可根据 $H_e=H_a+S_kQ^2$ 计算。$\eta-Q$ 为泵的工作效率曲线，其上有一最高点为泵的最佳效率点，通常泵的工作点应位于泵的最高效率区域内，通常认为在最高效率的92%左右，泵才能高效运行。

选型参数 Q、H 确定后，用户可据此选用一种泵来满足使用要求。但实际选型时，会碰到这样的问题：样本中没有正好符合所需参数的泵，而有几种相近的规格可供选择。单纯就性能而言，选用一个最优规格，其参数 Q、H 应接近 $H-Q$ 曲线与 H_e-Q_e 曲线的交点。

(三) 泵的选取

确定了泵站的设计流量和设计扬程后，就可以利用有关技术图表，确定泵型号和规格。

1. 选择合理的水泵种类

拿潜水泵来说，潜水泵种类丰富，可以满足不同工况的使用要求，不同的使用场合可以选用不同类型的潜水泵，如常用潜水泵的适用场合如下：

① 潜水排污泵属于离心式水泵，适合小流量，高扬程，最高单级扬程低于 60m；

② 潜水轴流泵适合扬程为 110m，大流量的情况；

③ 潜水混流泵的扬程介于上述两种泵之间，扬程为 8~20m；

④ 潜水贯流泵适合扬程为 0.5~5m，超大流量的情况。

2. 使用水泵性能规格表选泵型

水泵厂在产品介绍中都提供了泵性能规格表，如表 1-7 所示。

表 1-7 泵性能规格样本表

型号	流量(Q)/(m^3/h)	扬程/h	功率/kW		效率/%	转速/(r/min)	必需汽蚀余量/m
			轴功率	电机功率			
IH125-100-250	120	90	47.4	75	63.2	2900	3.7
	200	80	58.1		77.5		4.5
	240	73	64.5		86		5.5
IH125-100-250A	112	78	40.3	75	53.7	2900	3.7
	186.5	69.5	48.35		64.4		4.5
	224	63.5	54.5		72.7		5.5

表中每一个型号的性能都有三行数据，一般设计流量和设计扬程应与性能表列出的中间一行的数值相一致，或是相接近，必须落在上、下两行的范围内，因为这个范围是水泵运转的高效率区域，选取这个型号的泵是符合实际需要的。

3. 使用水泵选型表选泵型

根据确定的设计扬程和设计流量，在选型表中，横表头查找出与设计扬程相符合或相接近的扬程数值；再在纵表头找出与设计流量相一致或相接近的流量数值，纵横相交于小方块，它标出了水泵的型号，初步选出泵型。但有时会出现两种泵型都满足设计要求，此时，可把这两种泵型作方案比较，进行技术经济分析，然后选定其中一个合适的泵型。这种选择水泵的方法简便快捷。

4. 使用水泵性能综合型谱图选泵型

水泵性能综合型谱图的作用是便于用户选择水泵。将需要选择的泵种的工作区域全部综合画在同一张图上，这就构成了水泵系列综合型谱图，该图绘制比较复杂，但使用方便。根据确定的设计流量和设计扬程，在型谱图上，首先在纵坐标上以设计扬程查找出符合扬程要求而流量不等的几种水泵，然后再在横坐标上以设计流量来确定选用哪一种水泵。如果设计流量较大时，单泵未能符合要求，可考虑多机作业，但应注意尽量采用相同型号的水泵，以利于施工安装、管理维修。

图 1-27 为某型号水泵性能综合型谱图，其横坐标为流量、纵坐标为扬程，左上角标的是转速。由图可知：每个泵型号在图上都有曲线所包含的一个区域面积，那么这个区域面积就表示此型号泵在高效区所适用的一个流量、扬程工作范围。例如：流量在 400m³/h、扬程为 50m、转速为 1480r/min 时所对应的泵型大致可确定为 150~450 型号。

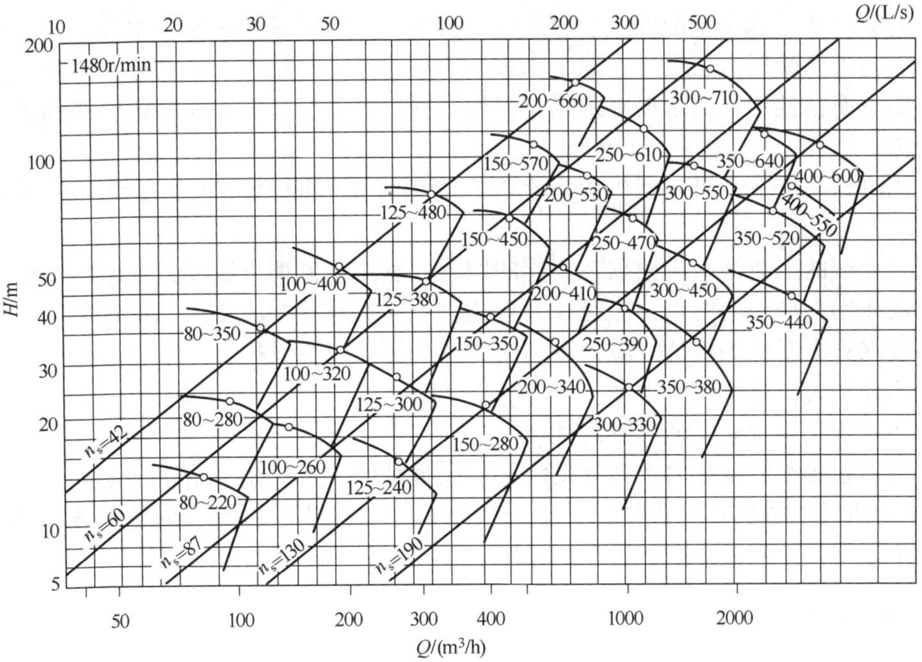

图 1-27　某型号水泵性能综合型谱图

具体选泵流程是：

① 根据泵站设计扬程，在该谱上找出扬程符合要求而流量不等的几种泵型。

② 根据泵站设计流量，初步确定几种泵型水泵（当单台泵流量不能满足时，可选用多台水泵）。

③ 为了进一步选定泵型，可根据上述初选的几种泵型性能从水泵性能的优劣、建站投资的大小、运行管理的方便与否等进行技术经济比较，最后选效率高、投资少、维护方便的水泵。

第二节　污水提升系统主要组成部分与应用

污水提升系统的主要组成部分包括收集管渠及配套设施、集水池、悬浮物拦截设施、泵房与泵机组、泵机组辅助设施、出水管渠与配套设施。

一、污水收集管网以及配套设施

对于城市污水收集管网与配套设施，设计规范中一般有如下规定：

(1) 排水管渠系统应根据城市规划和建设情况统一布置，分期建设。排水管渠断面尺寸应按远期规划的最大设计流量设计，并考虑城市远景发展的需要。

(2) 管渠平面位置和高程应根据地形、土质、地下水位、道路情况原有的和规划的地下设施以及施工条件等因素综合考虑确定。排水干管应布置在排水区域内地势较低或便于雨污水汇集的地带。排水管宜沿城市道路敷设，并与道路中心线平行，宜设在快车道以外。截流干管宜沿受纳水体岸边布置。管渠高程设计除考虑地形坡度外，还应考虑与其他地下设施的关系以及接户管的连接方便。

(3) 管渠材质、管渠基础形式、管道接口方式，应根据排水水质、水温、冰冻情况、断面尺寸、管内外所受压力、土质、地下水位、地下水侵蚀性和施工条件等因素进行选择。

(4) 输送腐蚀性污水的管渠必须采用耐腐蚀材料，其接口及附属构筑物必须采取相应的防腐蚀措施。

(5) 当输送易造成管渠内沉析的污水时，管渠形式和断面的确定必须考虑维护检修的方便。

(6) 工业区的工业污水应根据其不同的回收、利用和处理方法设置专用的污水管渠。经常受有害物质污染场地的雨水，应经预处理达到相应标准后才能排入城市管渠。

(7) 排水管渠系统的设计，应以重力流为主，不设或少设排水泵站。当无法采用重力流或重力流不经济时，可采用压力流。

(8) 污水管渠系统应保证其密封性。

(9) 为防止排水管渠在出水口处倒灌，应设置潮门、闸门或泵站等设施。

(10) 合流管道系统之间可根据需要设置连通管，必要时可在连通管处设闸槽或闸门。连接管及附近闸门井应考虑维护管理的方便。

二、调节池

(一) 原理和功能

无论是工业污水还是生活污水，水质和水量在24h之内都有波动变化。这种变化对污水处理设备，尤其是生物处理设备正常发挥其净化功能是不利的，甚至会造成破坏。同样，对于物化处理设备，水量和水质的波动越大，过程参数越难以控制，处理效果越不稳定；反之，波动越小，效果就越稳定。因此，应在污水处理系统之前，设置均质调节池，用以进行水量的调节和水质的均化，以保证污水处理的正常进行。此外，酸性或碱性污水可以在调节池内中和，短期排出的高温污水也可通过调节池平衡水温。

调节池设置是否合理，对后续处理设施的处理能力、基建投资、运转费用等都有较大的影响。因此污水处理设施中设置调节池的作用有：

(1) 提供对有机物负荷的缓冲能力，防止生物处理系统负荷的急剧变化。

(2) 控制 pH 值，减少中和作用中化学品的消耗量。

(3) 减小对物理化学处理系统的流量波动，使化学品添加速率适合加料设备的定额。

(4) 当工厂停产时，仍能对处理系统继续输入污水，保证系统的正常运行。

(5) 可避免或防止高浓度的有毒物质直接进入生物化学处理系统。

(6) 控制向市政系统的污水排放，以缓解污水负荷分布的变化。

(二) 调节池设置的有关规定

(1) 调节池的超高不应小于 0.3m。

(2) 调节池池壁应设置爬梯，底部应设集泥坑，池底应有不小于 0.05 的坡度坡向集泥坑。

(3) 设有盖板的调节池顶部应设置入孔和排气管。

(4) 调节池的结构可采用钢筋混凝土、钢结构和自然体等。有一定的抗渗性能和抗腐蚀性能，寒冷地区还应考虑抗冻性能。根据实际污水水质，有的需要做防腐设计；有的需要做防渗漏底层和铺设防渗漏设施。

(5) 调节池可兼作提升泵的吸水井；兼作隔油池时，应考虑涉重除油设施。

(6) 调节池的形状宜为方形或圆形，以利于完全形成混合状态。长形水池宜设多个进口和出口。

(7) 调节池中应设冲洗装置、溢流装置、排除漂浮物和泡沫装置以及洒水消泡装置。

(8) 为防止可沉降的固体物质在池中沉降下来和出现厌氧情况，调节池宜设混合和曝气装置。混合所需功率为 4~8W/m^3；穿孔管曝气量约为 0.01~0.015m^3空气/(min·m^2)池体的表面积。

(9) 调节池出口可设测流装置，以监控所调节的流量。

(三) 调节池的类型

调节池分为均量池和均质池。均量池主要起均化水量作用，也称为水量均化池；均质池主要起均化水质作用，也称为水质均化池。

1. 水量调节

水量调节池实际是一座变水位的贮水池，进水一般为重力流，出水用泵提升。其池中最高水位不高于进水管的设计高度，最低水位为死水位。水量调节池如图 1-28 所示，水量调节一般只需设置一个具有容积的水池，保持池的出水均匀即可。污水处理中单纯的水量调节有两种方式，一种为线内调节，进水一般采用重力流，出水用泵提升，池中最高水位不高于进水管的设计水位，最低水位为死水位，有效水深一般为 2~3m。

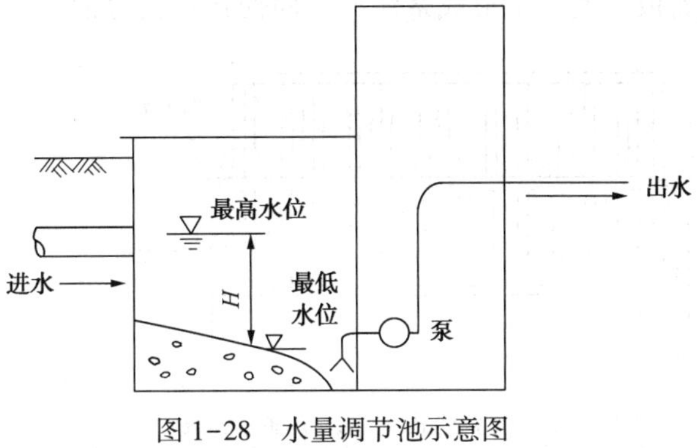

图 1-28　水量调节池示意图

另一种为线外调节，如图 1-29 所示。水量调节池设在旁路上，当污水流量过高时，多余污水用泵打入调节池，当流量低于设计流量时，再从调节池回流至集水井，并送去后续处理。

线内调节的优点是被调节水量只需一次提升，消耗动力小；缺点是调节池受进水管高度限制。

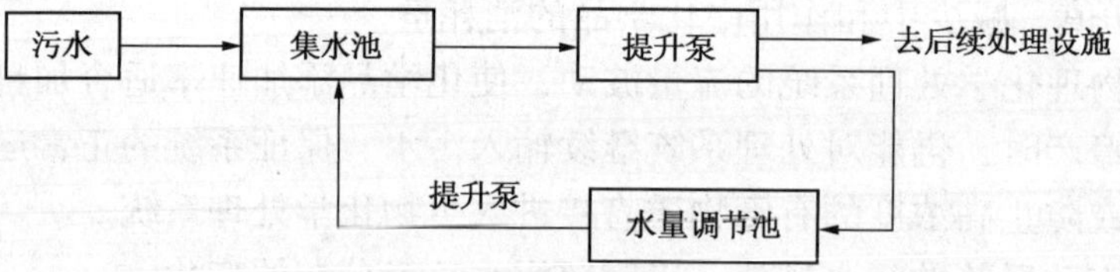

图 1-29　线外水量调节示意图

线外调节与线内调节相比，其调节池不受进水管高度限制，施工和排泥较方便，但被调节水量需要两次提升，消耗动力大。一般都设计成线内调节。

2. 水质调节

水质调节的任务是对不同时间或不同来源的污水进行混合，使水质比较均匀，避免后续处理设施承受冲击负荷。

水质均化池可分为两种类型，一种为既可均化水质也可均化水量的均化池，水力特征为完全混合型，可再分为连续运行和间歇运行两种；另一类型为只均化水质不均化水量的均化池，可再分为完全混合型和异程式两种均化池，异程式均化池的水位固定，因此只能均质；异程式均化池能使不同时间和不同浓度的污水进行水质自身水力混合，这种方式运行费用少，但池体或池内有关配置较复杂。

(1) 差流式

差流式是指进入调节池的污水，由于流程长短不同，使前后进入调节池的污水相混合，以均和水质。采用差流方式进行强制调节，使不同时间和不同浓度的污水进行水质自身水力混合，这种方式基本上没有运行费用，但设施较复杂。

① 折流墙式：如图 1-30 所示为一种折流式匀化池，配水槽设置在池上部，池内设置一定数量的折流板，污水通过配水槽上的孔口溢流至池内不同折流板间，从而使某一时间的出水包含不同时间内流入的污水，从而达到调节水质的目的。

② 上下折流式：如图 1-31 所示为一种常见的上下折流式匀质池。池内设置一定数量的隔板，使来水形成紊流，从而使污水充分混合。

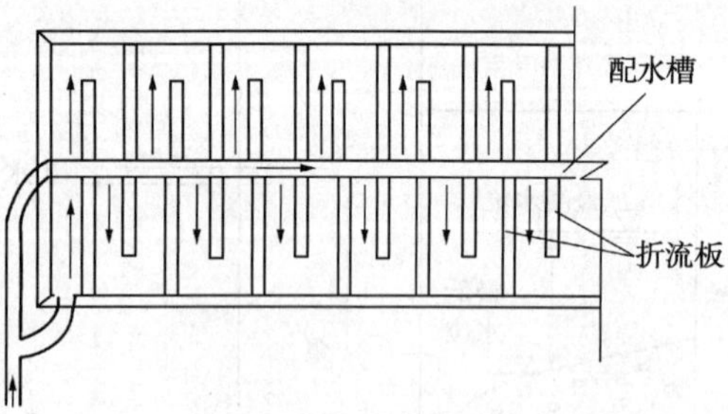

图 1-30　折流墙式水质调节池示意图

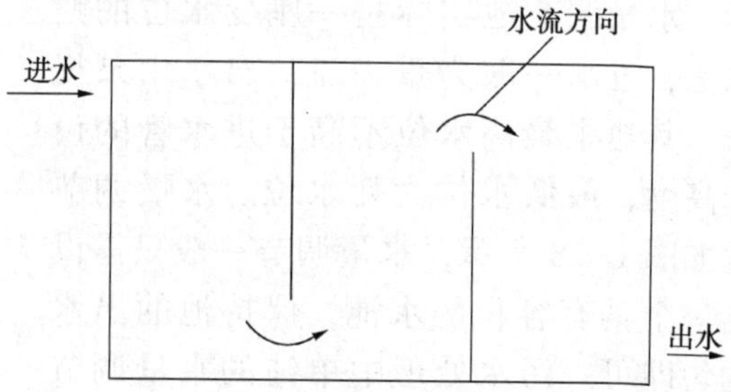

图 1-31　上下折流式水质调节池示意图

③ 对角线调节池：对角线调节池是常用的差流方式调节池的类型。对角线调节池的特点是出水槽沿对角线方向设置，污水由左右两侧进入池内，经不同的时间流到出水槽，从而使先后过来的、不同浓度的污水混合，达到自动调节均和的目的。

(a) 无隔墙式：无隔墙式对角线调节池见图 1-32。

(b) 有隔墙式：污水通过配水槽沿程配水，然后通过出水槽流出，出水槽可以设置在两端，也可以设置在池的其他各个部位。有隔墙式对角线调节池见图 1-33。对角线上的出水槽接纳的污水来自不同的时间，因此不同浓度的污水能得到有效混合。为防止池内污水短路，可以在进水槽周边设置挡流板。

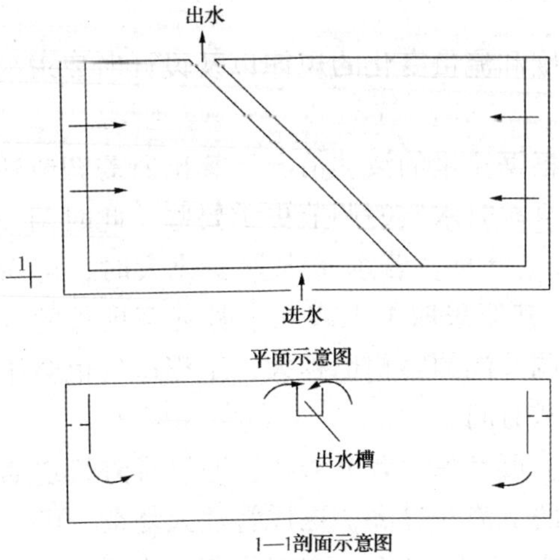

图 1-32　无隔墙式对角线调节池

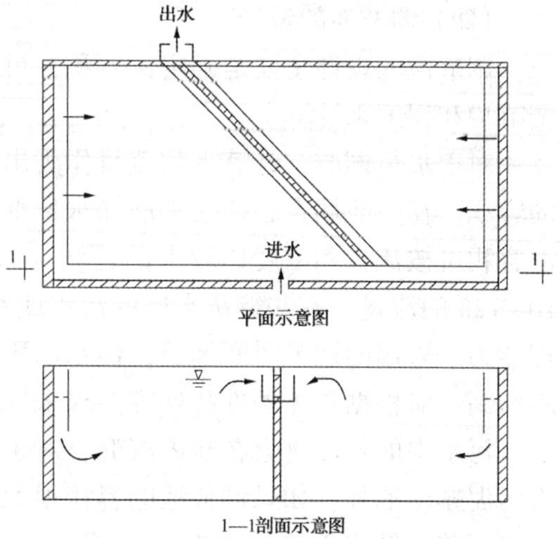

图 1-33　有隔墙式对角线调节池

如果调节池采用堰顶溢流出水，则这种形式的调节池只能调节水质的变化，而不能调节水量和水量的波动。如果后续处理构筑物要求处理水量比较均匀和严格，可把对角线出水槽放在靠近池底处开孔，在调节池外设水泵井，通过水泵把调节池出水抽送到后续处理构筑物中，水泵出水量可认为是稳定的；或者使出水槽能在调节池内随水位上下自由波动，以便储存盈余水量，补充水量短缺。

④ 同心圆调节池：同心圆调节池示意图见图 1-34。在池内设置同心圆折流隔墙，控制污水 1/4~1/3 流量从调节池的起端流入，在池内来回折流，延迟时间，实现充分混合、均衡；剩余的流量通过设在调节池上的配水槽的各投配口等量地投入池内前后各个位置，从而使先后过来的、不同浓度的污水混合。

(2) 外加动力调节

外加动力调节就是在池内采用外加叶轮搅拌、鼓风空气搅拌、水泵循环等设备对水质进行强制调节，它的设备比较简单，运行效果好，但运行费用高。外加动力调节示意图见图 1-35。

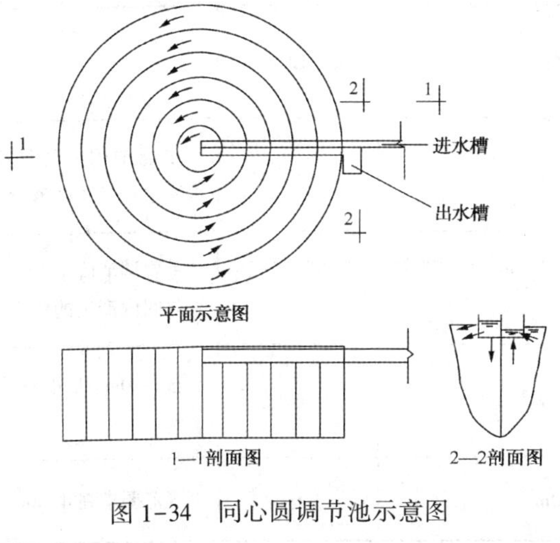

图 1-34　同心圆调节池示意图

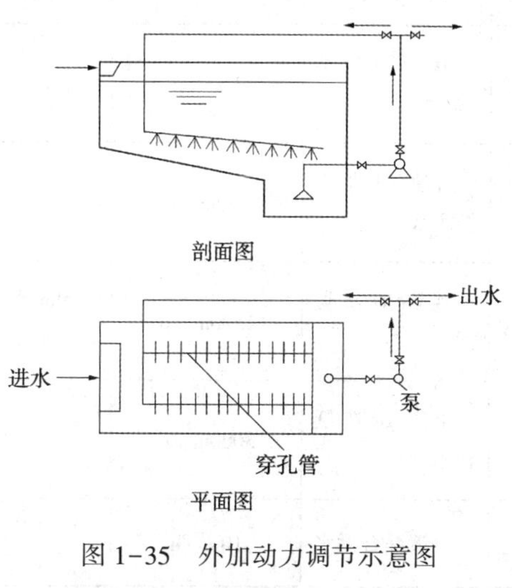

图 1-35　外加动力调节示意图

如果污水中含有易挥发性物质，则不宜使用空气搅拌，此时可以改用叶轮搅拌，但叶轮搅拌适宜于污水流量不大的情况。

（四）调节池的设计

调节池的设计主要是确定其容积，可根据污水浓度和流量变化的规律以及设计所要求的调节均和程度来计算。

对于水量调节，计算平均流量作为出水流量，再根据流量的波动情况计算出所需调节池的容积。在一般场合，往往水质和水量都要考虑，而且有时水质的调节更重要些，此时调节池容积可按流量和浓度比较大的连续 4～8h 的污水水量计算。若水质水量变化大时，可取 10～12h 的流量，有些特殊水质的污水或者排放方式，甚至采取 1 天或几个月甚至更长的处理能力。采用的调节时间越长，污水水质越均匀，但调节池的容积也越大，工程造价也会相应增高，应根据具体条件和处理要求来选定合适的调节时间。

污水中的悬浮物会在池内沉淀，对于小型调节池，可考虑设置沉渣斗，通过排渣管定期将污泥排出池外；如果调节池的容积很大，需要设置的沉渣斗过多，这样管理太复杂，可考虑将调节池做成平底，用空气搅拌，以防止沉淀，同时设置隔板。空气用量一般为 $1.5 \sim 3m^3/(m^2 \cdot h)$，调节池的有效水深 2～2.5m，纵向隔板间距为 1～1.5m。

表 1-8 给出了不同工业污水的有关调节池的设计参数。

表 1-8　不同工业污水调节池的设计参数

序号	污水类别	设计处理能力	调节池有关数据	停留时间/h	备　注
1	医院污水	$800m^3/d$	17.4m×4.4m×2.85m，有效容积 $125m^3$，有效水深 2.6m	3～5	
2	制糖工业污水	$18000m^3/d$	尺寸：$1430m^2$×4.7m，有效容积 $6006m^3$	8	
		$15050m^3/d$	共两座，每池的池容为 $12000m^3$	38	沉淀调节池，用于沉淀污水中(固体悬浮物)(SS)及泥沙，同时兼有调节水量和水解酸化的功能
3	食用油脂类污水	$72m^3/d$	$36m^3$	12	
4	含油食品加工类污水	$150m^3/d$	$50m^3$	8	砖混结构，调节污水水质水量及水解酸化
5	生猪屠宰类污水	$1500m^3/d$	9m × 25m × 4.5m，有效容积 $1000m^3$		主要调节晚上 8h 内屠宰时间内产生的污水
6	再生纸造纸污水	$3000m^3/d$	$840m^3$	6	按 $140m^3/h$ 设计，地下式
7	电镀综合污水	$10m^3/h$	$80m^3$	8	规范要求在 4～8h

续表

序号	污水类别	设计处理能力	调节池有关数据	停留时间/h	备注
8	焦化污水	$300m^3/h$	$2400m^3$	8	先经气浮处理后再进入调节池
9	啤酒污水	$250m^3/h$	尺寸：25m×25m×3.8m	8	
		$10500m^3/d$	建筑容积 $4200m^3$，有效容积 $3500m^3$，池有效深度 4.5m	8	预曝气，曝气量为 $1.5 \sim 3.0m^3/(m^2 \cdot h)$
10	白酒类污水	$41000m^3/d$	$41000m^3$	24	
11	生物工程类制药工业污水	$160m^3/d$	4m × 9m × 3.5m，有效容积 $120m^3$	18	
12	中药类制药工业污水	$18m^3/h$	5m×5m×3.5m(H)	4	
13	化学合成类制药工业污水	$6000m^3/d$	$2000m^3$	8	
		$10m^3/h$	6m×5m×4m，有效容积 $100m^3$	10	气水比为 3∶1
		$35m^3/h$	14m×6m×4m，有效容积 $280m^3$	8	
		$1200m^3/d$	8m×28m×5.5m(H)	20	空气搅拌，$2m^3/(m^2 \cdot h)$
14	发酵类制药工业污水	$200m^3/d$，$8.3m^3/h$	4.5m×2.0m×4.2m(H)	4	预沉淀用，表面负荷为 $1.0m^3/(m^2 \cdot h)$
15	纺织染整污水	$2880m^3/d$，$120m^3/h$	18m×10m×4.5m	6	预曝气
16	羽绒工业污水	$4000m^3/d$	$720m^3$	4	兼酸化处理
17	制浆造纸工业污水			大于 4(日最大时平均流量)	设置混合搅拌设施，$4 \sim 8W/m^3$；设置曝气装置：$4m^3/(m^2 \cdot h)$
18	养猪场污水	$75m^3/d$	$75m^3$	24	调节池前需要设置沉砂池
19	生活垃圾垃圾填埋场渗漏液	$25m^3/d$	$1200m^3$	48	
		$200m^3/d$	$25000m^3$	125	
		$40m^3/d$	$19000m^3$	475	
20	化学机械制浆 BCTMP 污水	$3740m^3/d$	732	4.7	
21	化工园区污水处理厂			12~24	

实际上，由于调节池池容受水质和水量两个方面的不均匀性共同影响，其复杂性超出了直观和经验方法所能确定的范围。

（五）实例

表 1-9 中给出一个企业一天内不同时间段的污水流量、污水水质数据，要求根据污水流量来确定调节池的容积，以调节流量及 BOD_5 变化。

表 1-9　企业小时污水流量与浓度数据表

时间	流量/(m^3/h)	BOD_5/(mg/L)	时间	流量/(m^3/h)	BOD_5/(mg/L)
0：00	1224	123	12：00	1828. 8	268
1：00	914. 4	118	13：00	1893. 6	282
2：00	576	95	14：00	1908	280
3：00	475. 2	80	15：00	1987. 2	268
4：00	475. 2	85	16：00	2052	250
5：00	504	95	17：00	2145. 6	205
6：00	576	100	18：00	2174. 4	168
7：00	914. 4	118	19：00	2052	140
8：00	1296	136	20：00	1987. 2	130
9：00	1605. 6	170	21：00	1706. 4	146
10：00	1706. 4	220	22：00	1483. 2	158
11：00	1735. 2	250	23：00	1339. 2	154
合计	12002. 4			22557. 6	

计算如下：根据表 1-9，得到一天的累计流量为 34560m^3/d，则小时平均流量 1440m^3/h。由于从上午 9：00 开始池中才有污水累积，因此从 9：00 开始计算，流量数据统计见表 1-10。

从表中可以看出，22：00 时调节池中的累积量最大为 6105. 6m^3/s，因此调节池的容积 V=6105. 6m^3。

三、集水池

对大、中型城市污水处理厂而言，因其服务区域大，区域内住宅、商店、办公楼、机关等不同类型建筑物的排水变化规律不同，有互补作用，再加上污水管网对水量水质的均衡作用，因此一般认为城市污水处理厂不设调节池，而是设置集水池。

1. 集水池容积要求

（1）污水泵站集水池的容积，不应小于最大一台提升泵 5min 的出水量。当泵机组为自动控制时，每小时开动水泵不得超过 6 次，其最小有效容积不应低于水泵机组 10min 出水量。

（2）合流污水泵站集水池的容积不应小于最大一台提升泵 30s 的出水量。

实际设计中，对于大型排水泵站，一般根据设计流量设 3~6 台泵，在确定了集水池容积后，由水位计分别确定各台泵启动的水位。大型水泵的功率很大，甚至可达 250~280kW，电气上一般实行降压启动，启动一台水泵至正常运行一般需用 20~70s。如果各个水位标高过于接近，当发生设计流量时，势必造成在极短时间内连续启动几台水泵，这对系统和安全运行显然是不利的，根据水泵的特点，建议每一水位的容积不小于设计流量 1min 的容积，

表 1-10　流量数据统计表

时间	流入量/(m^3/s)	平均流出量/(m^3/h)	单位时间池中累积流量/m^3	池中总累计量/m^3	总流量/m^3
9：00	1605.6	1440	165.6	165.6	1605.6
10：00	1706.4		266.4	432	3312
11：00	1735.2		295.2	727.2	5047.2
12：00	1828.8		388.8	1116	6876
13：00	1893.6		453.6	1569.6	8769.6
14：00	1908		468	2037.6	10677.6
15：00	1987.2		547.2	2584.8	12664.8
16：00	2052		612	3196.8	14716.8
17：00	2145.6		705.5	3902.4	16862.4
18：00	2174.4		734.4	4636.8	19036.8
19：00	2052		612	5248.8	21088.8
20：00	1987.2		547.2	5796	23076
21：00	1706.4		266.4	6062.4	24782.4
22：00	1483.2		43.2	6105.6	26265.6
23：00	1339.2		-100.8	6004.8	27604.8
0：00	1224		-216	5788.8	28828.8
1：00	914.4		-525.6	5263.2	29743.2
2：00	576		-864	4399.2	30355.2
3：00	475.2		-964.8	3434.4	30794.4
4：00	475.2		-964.8	2469.6	31269.6
5：00	504		-936	1533.6	31773.6
6：00	576		-864	669.6	32349.6
7：00	914.4		-525.6	144	33264
8：00	1296		-144	0	34560

根据设计流量及泵站内所设泵站的台数可以确定集水池的有效容积，一般为设计流量 5～10min 的容积。而对于企业内部的小型污水泵站，如果夜间的流入量不大，通常在夜间停止运行。在这种情况下，必须使集水池容积能够满足储存夜间流入量的要求。如工业企业在生产淡季时，总进水流量有时不足设计流量的 1/4，甚至断流，此时即使只启动一台泵，也会很快到达停泵水位。一段时间的小流量进水后又须启泵。频繁启动泵不仅会浪费电能，而且形成的水锤会对管路系统造成损害。在这种工况下，为减少水泵全停的情况，启泵水位可设在集水池容积一半的水位上，其启泵水位以下的容积应能满足单泵连续运行 30min 左右。

2. 集水池水位

(1) 合流污水泵站集水池的设计最高水位，应采用与进水管管顶相平；当进水管渠为压力管时，集水池的设计最高水位可高于进水管管顶，但不得使管道上游地面冒水。

(2) 集水池的设计最低水位可采用一台水泵流量相应的进水管水位，同时满足所选水泵吸水头的要求；自灌式泵房应满足提升泵叶轮浸没深度的要求。

(3) 集水池的有效水深为其设计的最高水位到最低水位，一般取 1.5~2m。

3. 配套设施要求

(1) 泵站集水池前应至少布置一道闸门，一般设置两道(工作闸门、检修闸门)，检修闸门在前，工作闸门在后，检修闸门可不需全部购置，但闸门槽必须预留，一般用平面闸门；进水闸的宽度选用引渠底宽，高度选用引渠深度，当高度较大时，可设胸墙，以减少闸门和启闭设备的高度和造价，闸门高一般取渠深的 1/3~1/2。

(2) 集水池水流均匀顺畅，集水池进口流速和水泵吸入口处的流速尽可能缓慢。

(3) 集水池内应设置格栅。进水管底与栅前流道应有 0.5m 以上的跌水，以弥补过栅水头损失。因安装及检修格栅需要，格栅底部前端距井壁尺寸应大于 1.5m。

(4) 集水池池底应设集水坑，倾向坑的坡度不宜小于 10%；集水坑的大小应保证水泵有良好的吸水条件。当集水坑使用带有喇叭口吸水管时，喇叭口一般朝下安设，其下缘在集水池中最低水位以下 0.4m，离坑底的距离不小于喇叭口进口直径的 0.8 倍，吸水管喇叭口边缘距离池壁不小于喇叭口进口直径的 0.75~1 倍，在同一吸水坑中安装几根喇叭口时，吸水喇叭口之间的距离不小于喇叭口进口直径的 1.5~2 倍。

(5) 集水池应设冲洗和清泥装置。

(6) 泵站应设置事故排放口和污水事故收集池。

四、泵站

污水泵站的类型取决于进水管渠的埋设深度、来水流量、泵机组的型号与台数、水文地质条件以及施工方法等因素。选择排水泵站的类型应从造价、布置、施工、运行条件等方面综合考虑。如一般情况下应采用正向进水，同时泵房应考虑改善水泵吸水管的水力条件，减少滞流或涡流。

(一) 合建式

1. 圆形泵站

合建式圆形污水泵站适合于中、小型水量，泵不超过 4 台。圆形结构受力条件好，便于采用沉井法施工，可降低工程造价，泵启动方便，易于根据吸水井中水位实现自动操作。缺点是：机器内机组与附属设备布置较困难，当泵房很深时，操作人员上下不便，且电动机容易受潮。由于电动机深入地下，需考虑通风设施，以降低机器间的温度。图 1-36 为合建式圆形污水泵站，装设卧式泵，自灌式工作。由于这种类型能减少泵房面积，降低工程造价，并使电气设备运行条件和工人操作条件得到改善，故在国内广泛采用。

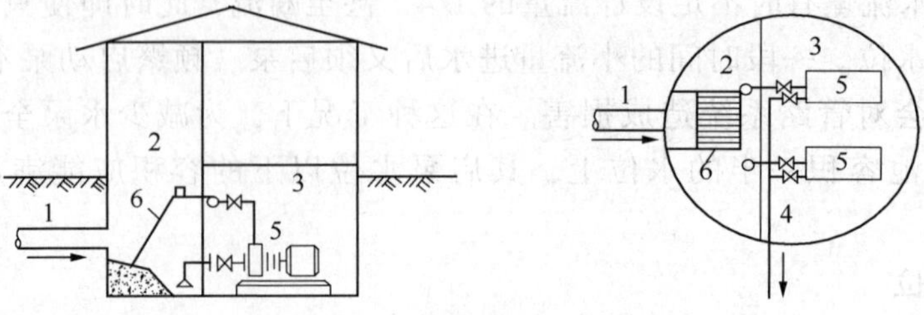

图 1-36　合建式圆形排水泵站

1—排水管渠；2—集水池；3—机器间；4—压水管；5—卧式污水泵；6—格栅

如果将此类型泵站中的卧式泵改为立式离心泵或轴流泵，就可避免上述缺点。但立式离心泵安装技术要求较高，特别是泵房较深，传动轴较长时，须设中间轴承及固定支架，以免泵运行时传动轴发生振荡。

2. 矩形泵站

图 1-37 为合建式矩形污水泵站，装设立式泵，自灌式工作。大型泵站用此种类型较合适。泵台数为 4 台或更多时，采用矩形机器间，在机组、管道和附属设备的布置方面较为方便，启动操作简单，易于实现自动化。电气设备置于上层，不易受潮，工人操作管理条件良好。缺点是建造费用高。但当土质差、地下水位高时，因不利施工，不宜采用。

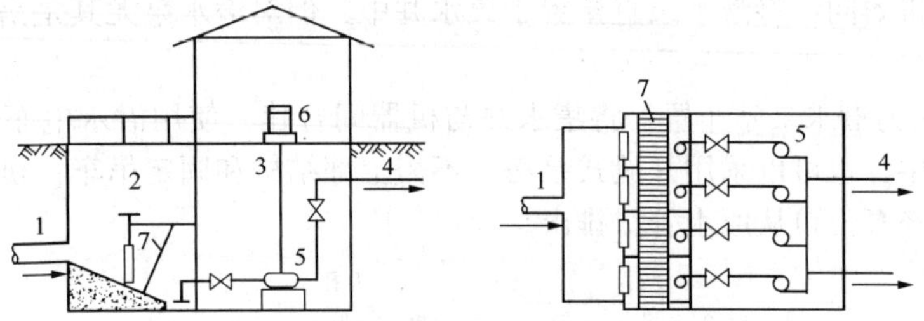

图 1-37　合建式矩形排水泵站

1—排水管渠；2—集水池；3—机器间；4—压水管；5—立式污水管；6—立式电动机；7—格栅

合建式污水泵站中，当泵的轴线标高高于集水池中的水位时(即机器间与集水池的底板不在同一标高时)，泵也要采用抽真空启动。这种类型适应于土质坚硬、施工困难、为了减少挖方量而不得不将机器间抬高的情况。

(二) 分建式

图 1-38 为分建式污水泵站。当土质差、地下水位高时，为了减少施工困难和降低工程造价，应将集水池与机器间分开修建，将一定深度的集水池单独修建，施工上会相对容易些。为了减小机器间的地下部分深度，应尽量利用泵的吸水能力，以提高机器间标高。但应注意泵的允许吸上真空高度不要利用到极限，以免泵站投入运行后吸水发生困难。因为在设计当中对施工时可能发生的种种与设计不符情况和运行后管道积垢、泵磨损等情况都无法事先准确估计，所以允许吸上真空高度适当留有余地是必要的。

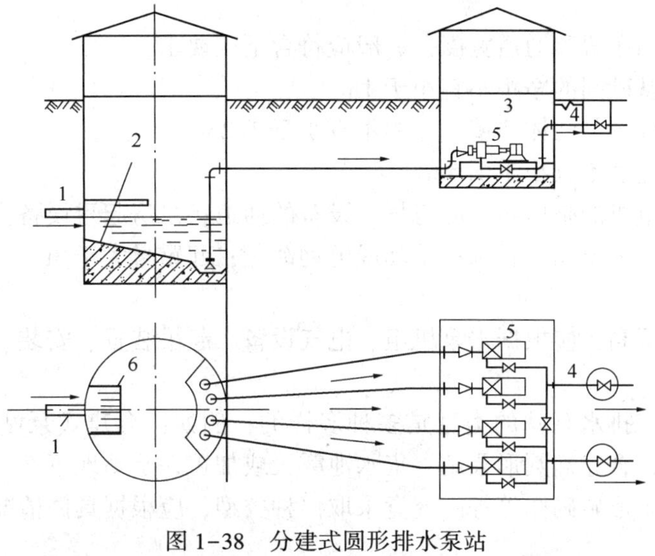

图 1-38　分建式圆形排水泵站

1—排水管渠；2—集水池；3—机器间；4—压水管；5—水泵机组；6—格栅

分建式泵站的主要优点是，结构上处理比合建式简单，施工较方便，机器间没有污水渗透和被污水淹没的危险。最大缺点是：要抽真空启动，为了满足排水泵站来水的不均匀，启动泵较频繁，给运行操作带来困难。

（三）潜水泵站

随着各种国产潜水泵质量的不断提高，越来越多的新建或改建的排水泵站都采用了各种型式的潜水泵，包括排水用潜水轴流泵、潜水混流泵、潜水离心泵等，潜水泵站最大的优点是不需要专门的机器间，将潜水泵直接置于集水井中，但对潜水泵尤其是潜水电机的质量要求较高。

图 1-39 所示为潜水泵站布置，将集水井与机器间合建，使用潜水电泵，将潜水泵机组直接置于集水井中，也可以采用开放式泵房，不需上部结构和固定吊车，机组结构紧凑，泵直接吸水，出水经泵出口从原水管口排出。

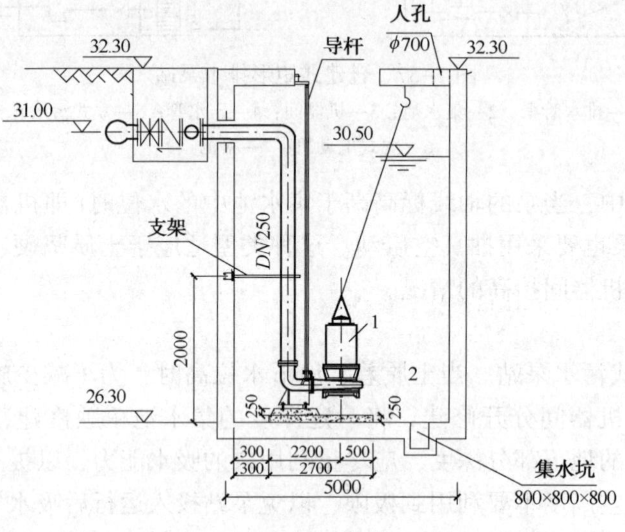

图 1-39　潜水泵站布置示意图

1—潜水泵；2—集水池或调节池

潜水泵房机组的布置和通道宽度，一般应符合下列要求：

（1）水泵机组基础间的净距不宜小于 1m。

（2）机组突出部分与池体墙壁的净距不宜小于 1. 2m，

（3）主要通道宽度不宜小于 1. 5m。

（4）有电动起重机的泵房内，应有吊运设备的通道；泵房起重设备应根据需吊运的最重部件确定。起重量不大于 3t，宜选用手动或电动葫芦；起重量大于 3t，宜选用电动单梁或双梁起重机。

（5）泵房各层层高，应根据水泵机组、电气设备、起吊装置、安装、运行和检修等因素确定。

在工程实践中，排水泵站的类型是多种多样的，例如：合建式泵站，集水池采用半圆形，机器间为矩形；合建椭圆形泵站，集水池露天或加盖，泵站地下部分为圆形钢筋混凝土结构，地上部分用矩形砖砌体等等。究竟采取何种类型，应根据具体情况，经多方案技术经济比较后决定。

根据设计和运行经验，凡泵台数不多于四台的污水泵站，其地下部分结构采用圆形最为经济，其地面以上构筑物的形式，应与周围建筑物相适应。当泵台数超过上述数量时，地下及地上部分都可采用矩形或由矩形组合成的多边形；地下部分有时为了发挥圆形结构比较经济和便于沉井施工的优点，也可以采取将集水池和机器间分开为两个构筑物的布置方式，或者将泵分设在两个地下的圆形构筑物内，地上部分可以处理为矩形或腰圆形。这种布置适用于流量较大的雨水泵站或合流泵站。对于抽送会产生易燃易爆和有毒气体的污水泵站，必须设计为单独的建筑物，并应采用相应的防护措施。

五、水泵机组与管道布置

（一）水泵配置要求

水泵的选择应根据设计流量和所需扬程等因素确定且符合下列要求：

（1）提升泵宜选用同一型号，台数不应少于 2 台，不宜大于 8 台。当水量变化很大时，可配置不同规格的水泵，但不宜超过 2 种；可采用变频调速装置，或采用叶片可调式提升泵。

（2）污水泵房和合流污水泵房应设备用泵，当工作泵台数不大于 4 台时，备用泵宜为一台。工作泵台数不小于 5 台时，备用泵宜为 2 台。

（3）选用的水泵应满足设计扬程时在高效区运行；在最高扬程与最低扬程的整个工作范围内应能安全稳定运行。2 台以上水泵并联运行合用一根出水管时，应根据水泵特性曲线和管路工作特性曲线验算单台水泵工况，使之符合设计要求。

（4）多级串联的污水泵站和合流污水泵站考虑级间调整的影响。

（二）泵的布置形式

污水泵一般从轴向进水，一侧出水，所以常采取并列的布置形式，泵常见的布置形式如图 1-40 所示。其中图 1-40(a)适用于卧式污水泵；图 1-40(b)及图 1-40(c)适用于立式污水泵。

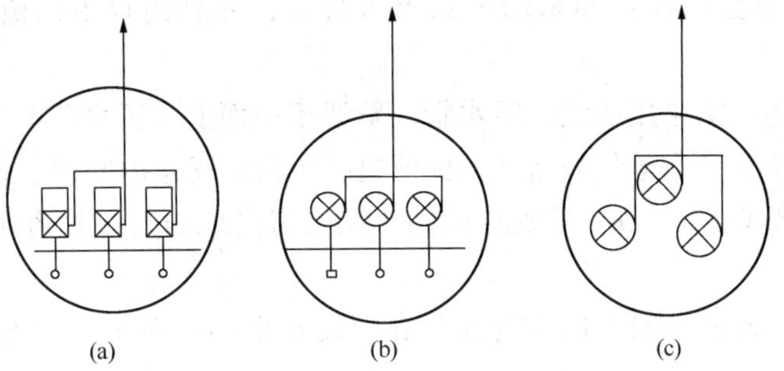

图 1-40　泵常见的布置形式

（三）管道的设计与布置

（1）每台泵应设置一条单独的吸水管，这不仅可以改善水力条件，而且可减少杂质堵塞管道的可能性。

（2）吸水管的设计流速一般采用 1～1.5m/s，最低不得小于 0.7m/s，以免管内产生沉淀。吸水管很短时，流速可提高到 2～2.5m/s。

(3) 吸水管进口端装设喇叭口的，其直径为吸水管直径的 1.3~1.5 倍，喇叭口安设在集水池的集水坑内。吸水管路在集水池中的位置和各部分之间的距离要求如图 1-41 所示。当泵房设计成自灌式时，在吸水管上应设有闸阀(轴流泵除外)，以方便检修。非自灌式工作的水泵，采用真空泵引水，不允许在吸水管口上装设底阀。因底阀极易被堵塞，影响水泵启动，而且增加吸水管阻力；如果泵为非自灌式工作的，应利用真空泵或水射器引水启动，不允许在吸水管进口处装置底阀，因为底阀在污水中易被堵塞，影响泵的启动，且增加水头损失和电耗。

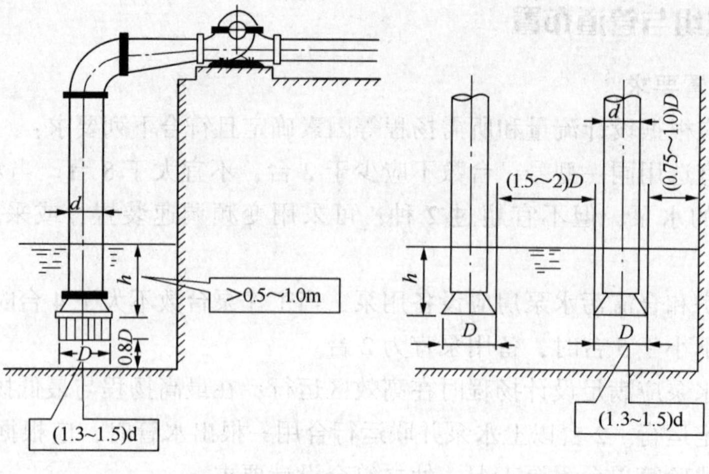

图 1-41　吸水管路在集水池中的位置及各部分间距示意图

(4) 压水管的流速一般不小于 1.5m/s，当两台或两台以上泵合用一条压水管而仅一台泵工作时，其流速也不得小于 0.7m/s，以免管内产生沉淀。各泵的出水管接入压水干管(连接管)时，不得自干管底部接入，以免泵停止运行时，该泵的压水管内形成杂质淤积。当两台及两台以上水泵合用一条出水管时，每台水泵的出水管上应设置闸阀，并且在闸阀与水泵之间设止回阀；如采用单独出水管口，并且为自由出流时，一般可不设止回阀和闸阀。

(5) 泵站内管道一般采用明装。吸水管一般置于地面上。压水管多采用架空安装，沿墙设在托架上。管道不允许在电气设备的上面通过，不得妨碍站内交通、设备吊装和检修，通行处的地面距管底不宜小于 2m，管道应稳固。在泵房内地面敷设管道时，还应根据需要设置跨越设施。

(6) 出水管道线路较长时，应在管线最高处设置排(补)气阀，其数量和直径应经计算确定。

六、污水泵站中的其他辅助设备

(一) 格栅

格栅是由一组平行的金属或非金属材料的栅条制成的框架，斜或垂直置于污水流经的渠道上，用以截阻大块呈悬浮或飘浮状的污染物。不同类型格栅的适用条件与特点见表 1-11。

表 1-11　不同类型格栅的适用条件与特点

设备名称	适用条件	特点
钢丝绳牵引式格栅除污机	主要用于雨水泵站或合流制泵站，拦截粗大的漂浮物或较重的沉积物，一般作粗、中格栅使用	(1)捞渣量大，卸渣彻底，效率高； (2)宽度可达 4m，最大深度可达 30m； (3)易损件少，水下无运转部件，维护检修方便，运行极其安全可靠
内进式鼓形格栅除污机	主要用于去除城市污水和工业污水中的漂浮物，集截污、齿耙除渣、螺旋提升、压榨脱水四功能于一体	(1)集多种功能于一体，结构紧凑； (2)过滤面积大，水头损失小； (3)清渣彻底，分离效率高； (4)全不锈钢结构，维护工作小，单设备价格相对较高
旋转式齿耙格栅除污机	主要用于城市污水和工业污水处理中截取并自动清除污水中的漂浮物和悬浮物，一般设在粗格栅之后，为典型的细格栅	(1)无栅条，诸多小齿耙相互连接组成一个较大的旋转面，捞渣彻底； (2)卸渣效果好； (3)齿耙强度高； (4)有过载保护措施，运行可靠
高链式格栅除污机	用于泵站进水渠，拦截捞取水中的漂浮物，以保护水泵正常运营，一般作中、细格栅使用	(1)水下无运转部件，使用寿命长，维护检修方便； (2)构造简单，运行可靠。适用水深不大于 2m
反捞式格栅除污机	用于泵站前，特别是泥沙沉积量较大的场合，拦截、捞取水中漂浮物，一般作粗、中格栅使用	(1)齿耙栅后下行，栅前上行捞渣，不会将栅渣带入水下，捞渣彻底； (2)当底部沉积物较多时，不会堵耙，避免造成事故
回转式格栅除污机	捞取各种原水中漂浮物，一般设在粗格栅之后，用作中、细格栅	(1)结构紧凑，缓冲卸渣； (2)耐磨损，运行可靠，可全自动运行
阶梯式格栅除污机	适用于井深较浅、宽度不大于 2m 的场合	(1)水下无传动件，结构合理，使用寿命长，维护保养方便； (2)可有效避免杂物卡阻及缠绕

有关格栅设计参数的规定如下：

(1) 格栅的栅条间隙要求粗格栅大于 40mm、中格栅 15~25mm、细格栅小于 10mm，栅条的间距一般随水泵类型不同而异。

(2) 栅前流速为 0.4~0.8m/s，过栅流速为 0.6~1m/s，过栅水头损失为 0.2~0.5m。

(3) 栅条的强度要求能够承受在完全被堵塞的情况下栅前后水位差为 1m 的水压力。

(4) 一般拦污栅与水平面成 70°~80°的倾角设置，最大倾角不宜超过 85°。

(二) 水位控制器

水位控制器的作用是通过机械式或电子式的方法来进行高低液位的控制，可以控制电磁阀、水泵等，从而实现半自动化或者全自动化。水位控制器根据选用不同的产品而不同，主要有以下几种方式：

(1) 通过电子式液位开关和搭配的水位控制器来控制控液，实现泵的开停自动化。

(2) 通过浮球开关来控制液位。

(3) 采用液位继电器。

为适应污水泵站开停频繁的特点，往往采用自动控制机组运行。图 1-42 为污水泵站中

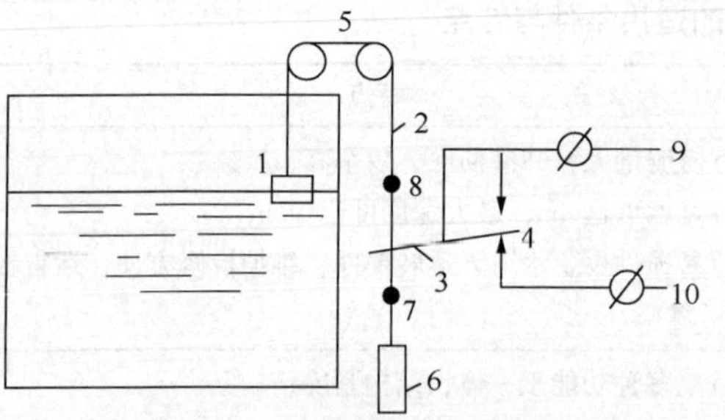

图 1-42　浮子水位继电器

1—浮子；2—绳；3—杠杆；4—触点；5—滑轮；6—重锤；7—下夹头；8—上夹头；9、10—线路

常用的浮子液位控制器工作原理。浮子置于集水池中，通过滑轮用绳与重锤相连，浮子略重于重锤。浮子随着池中水位上升与下落，带动重锤下降与上升。在绳上有夹头，水位变动时，夹头能将杠杆拨到上面或下面的极限位置，使触点接通或切断线路，从而发出讯号。当继电器接受讯号后，即能按事先规定的程序开车或停车。国内使用较多的有浮球液位控制器、浮球行程式水位开关、浮球拉线式水位开关。

除浮子液位控制器外，还有电极液位控制器，其原理是利用污水具有导电性，由液位电极配合继电器实现液位控制。与浮球液位控制器相比，由于它无机械传动部分，从而具有故障少、灵敏度高的优点。

（4）通过非接触式的液位开关，如超声波液位计来控制。

（三）计量设备

单独设立的污水泵站可采用电磁流量计，也可以采用弯头水表或文氏管水表计量，但应注意防止传压细管被污物堵塞。

（四）引水装置

污水泵站一般设计成自灌式，无须引水装置。当泵为非自灌工作时，可采用真空泵或水射器抽气引水，也可以采用密闭水箱注水。当采用真空泵引水时，在真空泵与污水泵之间应设置气水分离箱，以免污水和杂质进入真空泵内。

（五）反冲洗设备

污水中所含杂质，会部分地沉积在集水坑内，时间长了腐化发臭，填塞集水坑，影响泵的正常吸水。为了松动集水坑内的沉渣，一般在坑内设置压力冲洗管，如从泵压水管上接出一根直径为 50~100mm 的支管伸入集水坑中，定期将沉渣冲起，由泵抽走。也可在集水池间设一自来水龙头，作为冲洗水源。

某地铁车站采用了潜水排水泵，每台均配套一台反冲洗阀(即潜水电动冲洗阀门)进行泵坑自动清理。潜水电动反冲洗阀连接在各类潜水排污泵、排水泵的蜗壳上，其阀门为常开型。当泵启动时，阀门是开启的，泵的压力促使液流通过阀门强力喷射出来，冲向泵坑周边，产生激烈搅动的液流反复冲刷泵坑，淤泥及覆盖层污物被迅速冲散，搅拌成悬浮液流。约 1min 左右关闭阀门(阀门开、闭的时间可由各泵站按需自行设定)，淤泥、污物即随着液流一起排出泵坑。阀门按规定的时间周而复始地工作，使泵坑达到自动、高效、省力的清理目的，从而降低泵站的维护量和费用。

（六）排水设备

当泵为非自灌式时，机器间高于集水池。机器间的污水能自流泄入集水池，可用管道把机器间的集水坑与集水池连接起来，其上装设闸门，排集水坑污水时，将闸门开启，污水排放完毕，即将闸门关闭，以免集水池中的臭气逸入机器间内。当吸水管能形成真空时，也可在泵吸水口附近(管径最小处)接出一根小管伸入集水坑，泵在低水位工作时，将坑中污水抽走。如机器间污水不能自行流入集水池时，则应设排水泵(或手摇泵)将坑中污水抽到集水池。

第三节 污水提升泵站的设计及应用

一、立式污水泵站

(一) 设计依据

1. 基本数据

某污水处理厂污水平均流量 $Q=1.2$ 万 $m^3/d=0.1389m^3/s$，设计污水最大流量 $Q_{max}=1.2Q=0.167m^3/s$；用水泥管将污水引入泵站集水池；地面标高 41.80m。

2. 泵房

采用合建式圆形半地下建筑，自灌式启动。集水池、机器间底板的标高为 32m。集水池底板比进水管管底低约 3m。

3. 出水井

出水井距泵站 300m。出水井水面设计标高 47m。污水进水口中心标高 35.25m。集水池、机器间底板的标高同为 32m。集水池底板应比进水管管底低约 3m。

(二) 提升泵与附属设施基本情况

1. 泵的流量、扬程与泵的型号、数量

(1) 设计总流量 $Q_Z=0.167m^3/s$。

(2) 水泵静扬程(H_{st})= 出水井水面标高-污水进水口中心标高 = 47-32.25 = 14.75m。沿程管路水头损失按照静扬程的 20%计算，则水泵的扬程约在 18m 左右。

(3) 泵

选 3 台水泵，2 用 1 备，初步选用 150WL250-18-22 立式污水泵，其参数为：$Q=250m^3/h$，$H=18m$，$N=22kW$，每台泵的压水管都与主干管相接。

2. 集水池

集水池容积(V)采用 1 台泵 5min 的出水量，即 $V=21m^3$。集水池有效水深取为 2m，集水池面积设置为 $10.5m^2$。集水池前段设置机械格栅，格栅底座标高 34.25m，格栅工作平台标高 36.00m，格栅安装角度 70°。

3. 泵房

泵站井筒直径 8m，井筒壁厚 0.6m，井筒底板厚度 0.8m。集水池隔墙距井筒中心 1m。隔墙厚度 0.4m。

泵房的基本情况见图 1-43。

4. 吸水管及附件

吸水管采用 DN200mm 钢管，总长度 2m；吸水头起端设进水喇叭口，尺寸为 DN300mm×200mm；吸水管段设 DN200mm 手动闸阀一个，伸缩节一个，DN200mm 的 90°弯头一个(连接喇叭口与吸水管)；DN200mm×150mm 变径 90°弯头一个(连接吸水管与泵)。

5. 压水管及附件

根据泵出口口径，压水管采用 DN250mm 钢管，总长度 15m；柔性接头一个；DN250mm 大小的 90°弯头 2 个。

6. 输水管

输水管采用 DN350mm 钢管，管长度 $L=200m$。

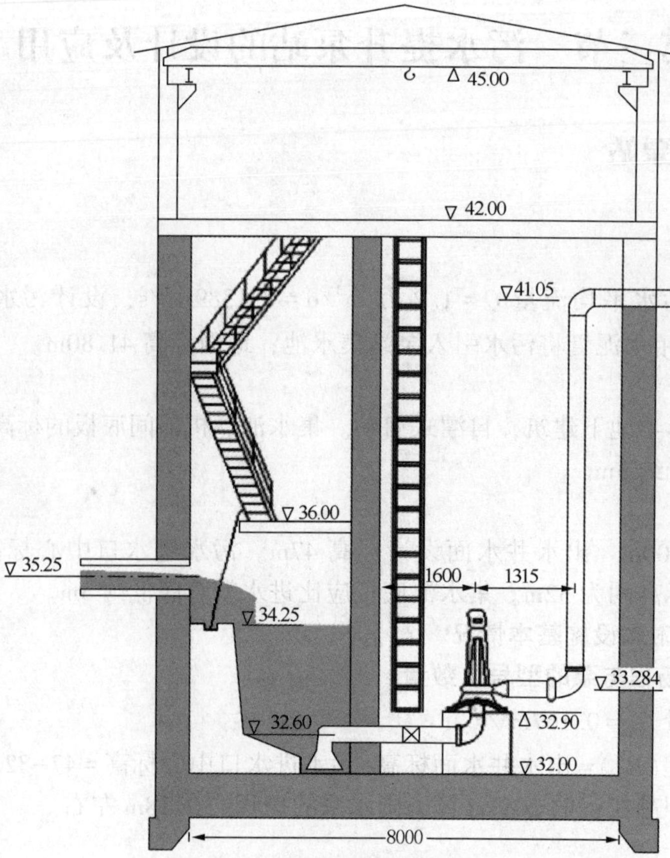

图 1-43 设计案例污水泵房高程图

（三）水泵扬程校核

沿程损失系数按照公式 $\lambda=0.021/d^{0.3}$ 估算。

1. 吸水管水头损失

$d=0.2\text{m}$，钢管，$Q=0.07\text{m}^3/\text{s}$，流速 $V=2.22\text{m/s}$，$\lambda=0.034$，吸水管长度 $L=2\text{m}$。局部损失系数：喇叭口 ζ_1 取 2.0；阀门 ζ_2 取 0.08；变径 90°弯头 ζ_3 取 0.9，90°弯头 ζ_4 取 0.9。吸水段沿程水头损失约为 1.243m。计算如下：

$$V=\frac{4Q}{\pi d^2}=2.2\text{m/s};$$

$$h_g=\lambda\ \frac{l}{d}\frac{V^2}{2g}=0.255\ \frac{V^2}{2g}=0.063\text{m}=12.8Q^2;$$

$$h_j=(\zeta_1+\zeta_2+\zeta_3+2\zeta_4)\frac{V^2}{2g}=4.78\ \frac{V^2}{2g}=1.18\text{m}=240Q^2$$

则 $h_s=h_j+h_g=1.243\text{m}$。

2. 压水管

压水管 $d=0.25\text{m}$，钢管，管长度 $L=8\text{m}$；流速 $V=1.42\text{m/s}$，$Q=0.07\text{m}^3/\text{s}$，$\lambda=0.032$；90°弯头 ζ_5 取 0.9；则压水段沿程水头损失约为 0.29m，计算如下：

$$v=\frac{4Q}{\pi d^2}=1.42\text{m/s};$$

$$h_g=\lambda\ \frac{l}{d}\frac{V^2}{2g}=0.11\text{m}=21Q^2;$$

$$h_j=2\zeta_5\ \frac{V^2}{2g}=1.8\ \frac{V^2}{2g}=0.18\text{m}=37Q^2;$$

$$h_g+h_j=0.29\text{m}$$

3. 输水管

输水管 $d=0.35$m，采用钢管，管长度 $L=300$m；流速 $V=0.72$m/s，$Q=0.07\text{m}^3/\text{s}$，$\lambda=0.029$，则管路沿程损失为 0.65m。计算如下：

$$h_s=\lambda\ \frac{l}{d}\frac{V^2}{2g}=0.65\text{m}=131Q^2$$

4. 水泵扬程校核

（1）水泵需要的扬程

根据计算，水泵扬程 $H=H_{ST}+\sum h_s=14.75\text{m}+1.243\text{m}+0.29\text{m}+0.65\text{m}\approx 17\text{m}$。

（2）水泵运行特征曲线

水泵的特征曲线由厂家提供，如图 1-44中给定的曲线所示。

（3）管路特性方程

根据以上计算，得到 $h_s=\sum h_g+\sum h_j=443Q^2$，则管路特性方程为

$$H=H_{ST}+h_s=14.75+443Q^2。$$

根据图 1-44，水泵运行特征曲线和管路特性曲线图的交点坐标 Q 约为 $0.073\text{m}^3/\text{s}$，扬程约为 17.3m，与所选泵的参数基本匹配，所选泵能处于高效运转区域，因此选取的泵基本合理。

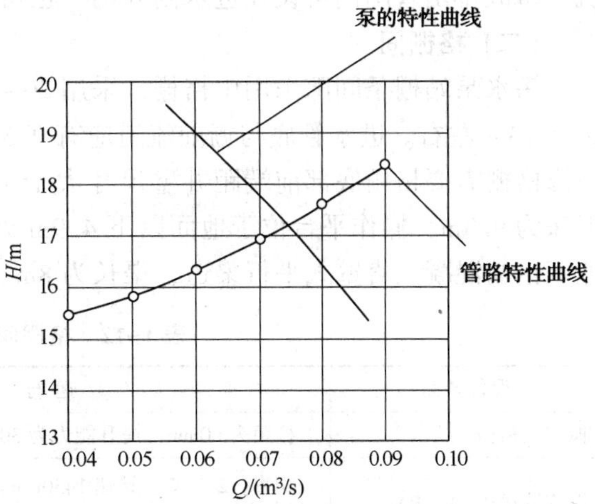

图 1-44　水泵运行特征曲线和管路特性曲线图

二、合建式圆形泵站

由于合建式圆形泵站能减少泵房面积，降低工程造价，并使电气设备运行条件和工人操作条件得到改善，故在我国仍广泛采用。如一污水合建式泵站共装机 13 台，雨水泵、污水泵在同一圆形泵室内。其中污水泵 4 台，为 CP3501/835 型潜水离心泵，其设计工作参数为：$Q=1.2\text{m}^3/\text{s}$，$H=11$m，$N=170$kW，$\eta=84.2\%$，污水泵常年运行，依来水量的大小开启不同台数；雨水泵 9 台，为 PL7121/965/500kW 的潜水轴流泵型潜水混流泵，其设计工作参数为：$Q=3.2\text{m}^3/\text{s}$，$H=10.2$m，$N=550$kW，$\eta=86\%$，雨水泵只在雨天运行。

满负荷工作时 9 台雨水泵和 4 台污水泵同时运行，泵站进水池为一圆形沉井（有效内径为 39m），雨水泵、污水泵以中心柱为圆心呈扇形布置，共用进水池。泵站进水管为 2 个尺寸为 3.2m×3.2m 箱涵。雨水污水合流，泵站出水管为 2 个 4.5m×2.2m～1.51m×2.2m 渐扩箱涵。其结构见图 1-45。

三、潜水泵站

设计参数：泵站的提升污水能力为 $6\text{m}^3/\text{s}$。

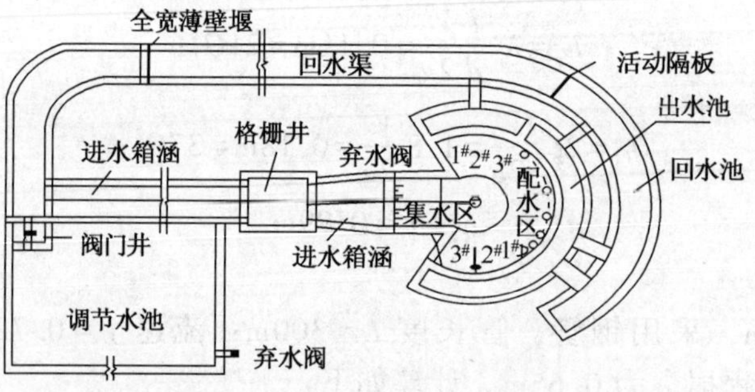

图 1-45　合建式圆形排水泵站结构示意图

（一）进水闸井

与格栅合建布置。为减少集水池沉泥容积，进水闸井沉底 0.6~1m，并考虑检修安装闸板及清泥工人下井的需要。闸井采用钢筋混凝土结构，闸门采用提板式铸铁闸门，配用启闭机。事故排出管闸门可设在进水闸井内，也可在进水闸井前的检查井设置。

（二）格栅间

污水泵站栅条间隙采用中格栅，采用 20~25mm，过栅流速一般采用 0.8~1m/s，水头损失 0.15m 左右。进水管底与栅前流道应有 0.5m 以上的跌水，以弥补过栅水头损失。安装及检修格栅需要格栅底部前端距井壁尺寸大于 1.5m。格栅间的平面尺寸为 8m×18m，地面以下深为 9.3m，操作平台位于地面以下 4.9m 处，属半地下式格栅间。建有三组栅渠，采用地下钢筋混凝土直壁式平行渠道，渠长为 8m、宽为 3m。主要装置及设备见表 1-12。

表 1-12　格栅间主要装置及设备

设备名称	运行参数	数量/台	产地
抓耙式格栅	栅距为 60mm，提升能力为 300kg	3	进口
螺旋输送机(A、B)	功率：2.2kW，转速 1430r/min，栅渣输送能力为 $6m^3/h$，直径为 280mm，长为 13000mm	2	进口
栅渣压实机	功率：5.5kW，转速 1385r/min，压实能力为 $6m^3/h$，直径为 400mm，长为 3000mm	1	进口
闸板(电动)	宽为 2.0m，高为 1.5m	6	进口
超声波液位仪	显示栅前、后水位	6	

（三）水泵间

水泵间的平面尺寸为 8.8m×18m，泵房深为 10.3m，操作平台在地面以下 4.9m 的位置，为半地下式潜水泵房。集水池为地下钢筋混凝土矩形水池，有效容积为 $310m^3$。配置有 5 台 ABS 潜水泵(4 用 1 备)，技术参数为：$Q=1.2m^3/s$，$P=160kW$，$H=100kPa$，$\eta=91.5\%$，在泵的出水管上(*DN*1000)均设有止回阀和电动蝶阀。在泵坑中配有一台超声波液位仪及两台音叉探头，以自动控制泵的开停及干运转保护。

在工艺管理中出现了一些问题：

① 因设计的总水位差较高(10m)而增加了能耗；

② 运行中存在着边台水泵的电流高于中间水泵的现象(约高出 10%~20%)，并不时会发生“喘振”及“汽蚀”现象，因此泵站进水扩散的流态不稳，存在旋流现象。

（四）出水渠

采用高型敞开式出水池（半地下式钢筋混凝土渠道），平面尺寸为18m×2.5m，地面以下深为4.9m，地面以上高为1.3m，出水渠中最高水位标高为5.0m；出水渠设有两个出口，一个出口以$4m^3/s$的流量将污水送往污水处理厂，另一出口在暴雨季节以$2m^3/s$（事故时为$6m^3/s$）的流量将污水排河；用3台电动闸门转换控制，中间闸板起分流隔离作用。

在运行管理中发现，由于出水池采用侧向出水而造成远离出口的边台水泵出水阻力大，运行电流高，有时甚至发生掉闸的现象。

（五）自动控制系统

泵站监控室控制系统由德国ABB公司的Sattcon35、Sattcon05可编程逻辑控制器（PLC）及MCC等自控设备组成，除自动控制系统运行外，还具有工况参数的采集与处理、修改模拟量设定点、报警及故障复位等功能。

（六）运行管理

1. 节能运行

① 生产中随时调整三道进水闸门，以尽量使进水量与出水量接近，这样每台潜水泵的运行都处于高效区，在节能的同时还延长了水泵的使用寿命。

② 尽量使潜水泵在允许的高水位（80%～90%的水位）下运行，这样就降低了泵坑水位与出水池水位的高差，增大了泵的出水量，在节能的同时消除汽蚀影响。

③ 当发现潜水泵的口环破裂或磨损造成泄漏间隙超过规定值（口环半径间隙应为叶轮口环外径的2.5%～3.5%）时，应及时更换或修理，这对提高泵效率非常有效。

2. 工艺改进

① 在进水涵箱内安装了一台超声波液位仪并与PLC相连接，这样就可以全天候监控进水方涵中的水位并通知上游泵站开、停泵，避免了下游泵站还没有开泵腾空管道，上游泵站就开车冲顶而出现跑冒的现象。

② 改进格栅，使栅距由原来的60mm变为30mm，有效地拦截了污水中的软物（如布条、麻绳等），从而保证了潜水泵的正常运行。

③ 在生产中采用均等打开三道进水闸门以均匀进水的方法，使三道进水水流的动能相互抵消，很好地消除了旋流，同时也使各水泵的工作电流差异变小，从而避免了“喘振”现象的发生。

第二章 沉 砂 池

污水在迁移、流动和汇集过程中不可避免会混入泥砂。污水中的泥砂如果不预先沉降分离去除，就会影响后续处理设备的运行。泥砂最主要的危害是磨损水泵、堵塞管网，干扰甚至破坏后续处理过程。

第一节 沉砂池概述

（一）沉砂池的作用

沉砂池主要用于去除污水中粒径大于0.2mm，密度大于2.65t/m^{3}的砂粒，以保护管道、阀门等设施免受磨损和阻塞。其工作原理是以重力分离为基础，故应将沉砂池的进水流速控制在只能使密度大的无机颗粒下沉，而有机悬浮物颗粒则随污水流过。

沉砂池一般设在污水处理厂前段、泵站和沉淀池前，作用为保护水泵和管道免受磨损，保证后续工艺的正常运行，缩小污泥处理构筑物容积。

（二）沉砂池的类型

目前国内外普遍采用的沉砂池包括平流式沉砂池、曝气沉砂池、旋流沉砂池（钟式和比氏）、多尔沉砂池等，竖流式沉砂池则很少在城市污水处理厂中使用。平流式沉砂池具有截留无机颗粒效果较好、工作稳定、构造简单、排砂方便等优点，在国内应用较多，但最大缺点是在截留的沉砂中夹杂有约15%的有机物，使沉砂的后续处理难度增加，同时对被少量有机物包覆的砂粒截留效果不好。曝气沉砂池通过曝气产生的上升流速作用，水流以螺旋状的流态行进，起到洗砂作用，提高了除砂效率和有机物分离效率，一般经过曝气沉砂池沉淀后的沉砂中有机物的质量分数低于10%，称为清洁沉砂。由于水量不断变化，实际运行中曝气量不可能随时调节，存在过量曝气问题。另外，运行时泡沫较多，夏季对空气污染较大。旋流沉砂池分为钟式沉砂池和比氏沉砂池两种。钟式沉砂池利用机械力控制水流流态和流速，加速砂粒沉淀并使有机物被水流带走；比氏沉砂池采用涡流原理，利用水力涡流使砂粒和有机物分开，达到除砂目的。

（三）沉砂池的排砂设备

排砂设备用于沉砂池，以收集和去除池底截留下来的密度大于水的砂、石等无机颗粒。排砂设备按排砂方式分为重力排砂和机械排砂两类：重力排砂方式一般见于平流式沉砂池，通过在砂斗上加排砂管和阀门进行排砂，通过配套使用贮砂池进行砂水分离。机械排砂方式有泵吸式排砂机、链板除砂机、抓斗除砂机，大、中型污水处理厂多采用机械排砂方式。泵吸式排砂机、链板除砂机一般用于平流式沉砂池和曝气沉砂池，多尔沉砂池除砂机用于多尔沉砂池；旋流沉砂池一般通过压缩空气气提或用砂泵从砂斗抽取两种方式。

第二节 沉砂池的设计

一、沉砂池设计的一般规定

(一) 池体选择

对于一座理想的沉砂池，最好在去除所有的无机砂粒的同时，将砂粒表面附着的所有有机组分分离出来，以利于砂粒的最终处置。因此，在进行沉砂池设计时主要考虑两方面问题：①如何通过合理的水力设计，使得尽可能多的砂粒得以沉降并以可靠、便捷的方式排出池外；②采用何种有效的方式，尽可能多地分离附着在砂粒上的有机物，将其送回到污水中。

平流沉砂池采用分散性颗粒的沉淀理论设计，只有当污水在沉砂池中的运行时间等于或大于设计的砂粒沉降时间，才能够实现砂粒的截留。由于实际运行中进水的水量及含砂量的情况是不断变化的，甚至变化幅度很大。因此当进水波动较大时，平流沉砂池的去除效果很难保证。平流沉砂池本身不具备分离砂粒上有机物的能力，对于排出的砂粒必须进行专门的洗砂。

曝气沉砂池的特点是通过曝气形成水的旋流产生洗砂作用，以提高除砂效率及有机物分离效率。有研究表明，当处理小于 0. 6mm 砂粒时，曝气沉砂池有着明显的优越性。对 0. 2~0. 4mm 的砂粒，平流式沉砂池仅能截留 33. 52%，而曝气沉砂池则有 65. 88%的截留效率，两者相差将近一倍。但对于大于 0. 6mm 的砂粒，情况恰恰相反，平流式沉砂池的除砂效率要远大于曝气沉砂池。这种差异说明进水砂粒中的不同粒径级配对于不同沉砂池除砂效率的影响不同。只要旋流速度保持在 0. 25~0. 35m/s 范围内，即可获得良好的除砂效果。尽管水平流速因进水流量的波动差别很大，但只要上升流速保持不变，其旋流速度可维持在合适的范围之内。曝气沉砂池的这一特点，使其具有良好的耐冲击性，对于流量波动较大的污水厂较为适用。

旋流沉砂池的特点是节省占地及土建费用、降低能耗、改善运行条件。但由于目前国内采用的旋流沉砂池多为国外产品，往往价格过高，其在土建造价上的节省通常会被抵消。

(二) 设计流量

设计流量应按分期建设考虑：

(1) 当污水为自流进入时，应按每期的最大设计流量计算。

(2) 当污水为提升进入时，应按每期工作水泵的最大组合流量计算。

(3) 在合流处理系统中，应按降雨时的设计流量计算。

(三) 除砂粒径

沉砂池按去除相对密度 $2.65\times10^3kg/m^3$、粒径 0. 2mm 以上的砂粒设计。

(四) 沉砂量与砂斗设计

(1) 城市污水的沉砂量可按 $15\sim30m^3/10^6m^3$(砂量/污水量)计算，其含水率为 60%，容重 $1500kg/m^3$，合流制污水的沉砂量应根据实际情况确定。

(2) 砂斗容积应按照不大于 2d 的沉砂量计算，斗壁与水平面的倾角不应小于 55°。

(五) 除砂方式

(1) 除砂一般宜采用机械方案，并设置贮砂池或晒砂场。排砂管直径应不小于 200mm。

（2）当采用重力排砂时，沉砂池和贮砂池应尽量靠近，以缩短排砂管的长度，并设排砂闸门于管的首端，使排砂管畅通和易于维护管理。

（六）沉砂池设置

（1）城市污水处理厂一般应设置沉砂池。

（2）沉砂池个数或分格数不应少于 2 个，并宜按并联设计。当污水量较少时，可考虑 1 格工作，1 格备用。

（3）沉砂池的超高不宜小于 0. 3m。

二、有关沉砂池的设计参数

（一）平流沉砂池

平流式沉砂池是常用池型，平面为长方形，污水在池内沿水平方向流动。平流式沉砂池由入流渠、闸板、水流部分及砂斗组成。图 2-1 为平流沉砂池工艺布置与实物图。

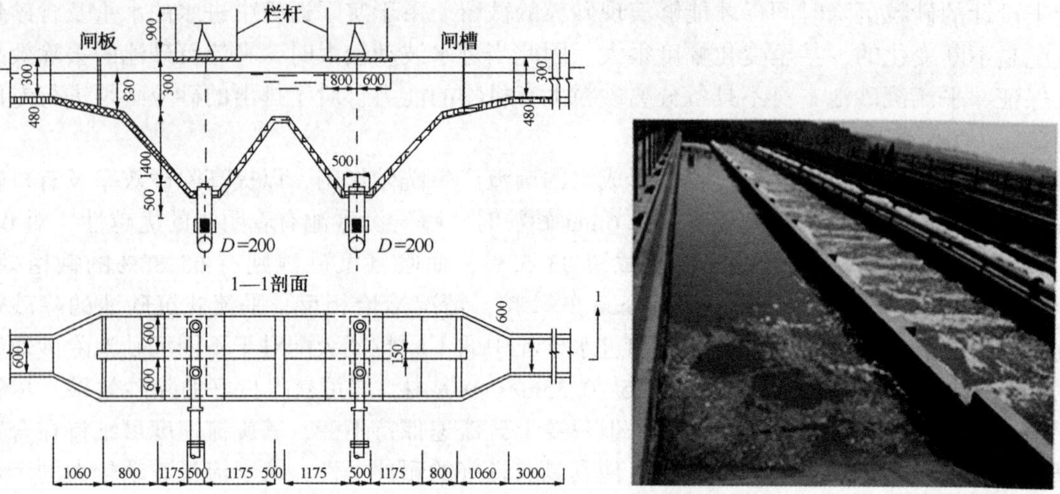

图 2-1　平流沉砂池工艺布置与实物图

汉斯、哈尔特曼等人在斯图加特污水处理厂的平流式沉砂池中，测得沉砂的砂粒径级配沿池长的变化规律，如图 2-2 所示。从此可以看出，粒径小于 0. 6mm 的细砂很容易被水流带出。由于实际运行中进水的水量及含砂量的情况是不断变化的，甚至变化幅度很大，因此当进水波动较大时，平流式沉砂池的去除效果很难保证。

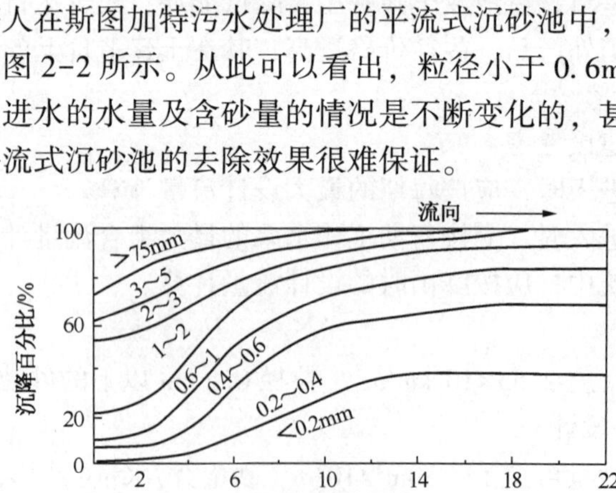

图 2-2　沉砂粒径级配沿池长变化曲线

平流式沉砂池本身不具备分离砂粒上有机物的能力，对于排出的砂粒必须进行专门的砂洗。平流式沉砂池设计数据如下：

(1) 最大流速 0.3m/s，最小流速 0.15m/s；

(2) 最大流量时停留时间一般为 30~60s；

(3) 有效水深一般为 0.25~1m；

(4) 每格宽度不小于 0.6m；

(5) 池底坡度 0.01~0.02。

(二) 曝气沉砂池

1. 工作原理

曝气沉砂池是一个长型渠道，沿渠道壁一侧的整个长度上，距池底约 60~90mm 处设置曝气装置，在池底设置沉砂斗，池底有 $i=0.1\sim0.5$ 的坡度，以保证砂粒滑入砂槽。为了使曝气能起到池内回流作用，在必要时可在设置曝气装置的一侧装设挡板。曝气沉砂池示意图见图 2-3。

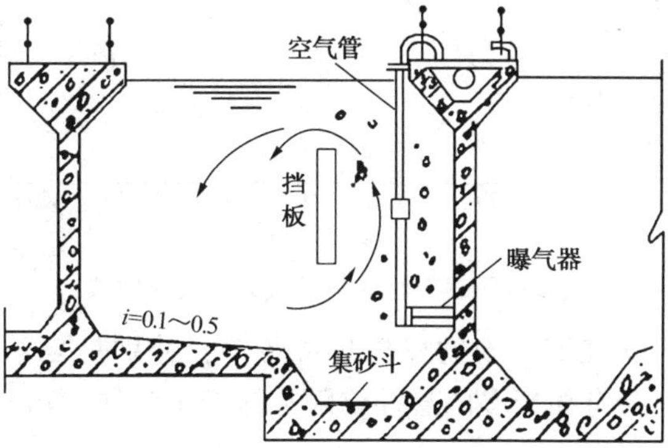

图 2-3　曝气沉砂池示意图

污水在池中存在着两种运动形式，其一为水平流动(流速一般取 0.1m/s，不得超过 0.3m/s)，同时，由于在池的一侧有曝气作用，因而在池的横断面上产生旋转运动，整个池内水流产生螺旋状前进的流动形式。旋转速度在过水断面的中心处最小，而在池的周边则为最大。空气的供给量应保证在池中污水的旋流速度达到 0.25~0.4m/s 之间，一般取 0.4m/s。

由于曝气以及水流的螺旋旋转作用，污水中悬浮颗粒相互碰撞、摩擦，并受到气泡上升时的冲刷作用，使黏附在砂粒上的有机污染物得以去除，沉于池底的砂粒较为纯净。有机物含量只有 5%左右。

从水流特性来看，曝气沉砂池的流态并非水平流，由于曝气产生的上升流速作用，水流以螺旋状的流态行进。德国海尔布隆污水处理厂曾在椭圆形曝气沉砂池中对不同流量的各种流速进行测定，结果见表 2-1。

表 2-1　椭圆形曝气沉砂池的流速测定

流量/(L/s)	水平流速/(m/s)	上升流速/(m/s)	旋流速度/(m/s)
1800(雨季最大)	0.25	0.25	0.35
600(晴天最高)	0.083	0.25	0.26
450(晴天平均)	0.062	0.25	0.25
300(晴天最低)	0.041	0.25	0.25

由以上数据可看出，只要旋流速度保持在 0. 25~0. 35m/s 范围内，即可获得良好的除砂效果。尽管水平流速因进水流量的波动差别很大，但只要上升流速保持不变，其旋流速度可维持在合适的范围之内。曝气沉砂池的这一特点，使得其具有良好的耐冲击性，对于流量波动较大的污水厂较为适用。

曝气沉砂池在运行中也存在着一定的问题。由于旋流速度在实际操作中难以测定，只能通过调节曝气量来控制，但气量调节却难以掌握。气量过大虽能将砂粒冲洗干净，却会降低细小砂粒的去除率；过小又无法保证足够的旋流速度，起不到曝气沉砂的作用。考虑到水量是不断变化的，气量却不可能随机调节，实际运行中很难将曝气量始终控制在合适的数值上，往往会存在过度曝气的问题，浪费能量。旋流速度与供气量的关系曲线见图 2-4。

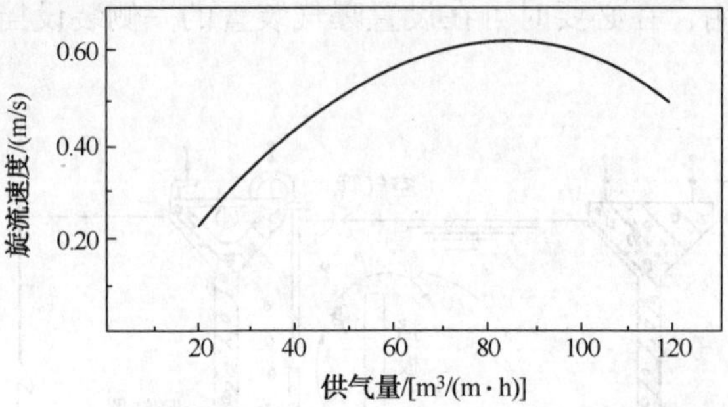

图 2-4　旋流速度与供气量的关系曲线

从操作环境看，由于曝气沉砂池的操作环境较差，特别是夏季对空气的污染较大。另外，如果不设消泡设施，会有相当多的悬浮物随泡沫带出池体而污染环境。

2. 特点

曝气沉砂池的特点是通过曝气形成水的旋流产生洗砂作用，以提高除砂效率及有机物分离效率。同时，污水中的油脂类物质在空气的气浮作用下能形成浮渣从而得以被去除，还可起到预曝气、脱臭、除油等多种的效果。

3. 构造

其构造是一个狭长形渠道，沿渠壁一侧的整个长度上设置曝气装置。为增强曝气推动水流顺旋作用，可在曝气器外测装设导流挡板，池底内设有集砂斗，池底以 0. 1~0. 5 的坡度坡向砂斗。图 2-5 为曝气沉砂池实物图。

图 2-5　曝气沉砂池实物图

4. 主要设计参数

(1) 水平流速可取 0. 08~0. 12m/s，一般取 0. 1m/s；

(2) 最大时流量污水在池内的停留时间为 2~4min，处理雨天合流污水时为 1~3min，如同时作为预曝气池使用，可停留时间为 10~30min；

（3）池的有效水深为 2.0~3.0m。池宽与池深比为 1~1.5，池的长宽比可达 5，当池长宽比达到 5 时，可考虑设置横向挡板；

（4）曝气沉砂池多采取多空管曝气，穿孔孔径为 2.5~6.0mm，距池底约 0.6~0.9m，每组穿孔曝气管应有调节阀门；

（5）所需曝气量：

① $1m^3$ 污水所需曝气量宜为 0.1~0.2m^3 空气；

② $1m^2$ 池表面积曝气量 3~5m^3/h，曝气沉砂池供气量可参照表 2-2。

表 2-2 单位池长所需空气量

曝气管水下浸没深度/m	最低空气用量/[m^3/(m·h)]	最大空气用量/[m^3/(m·h)]
1.5	12.5~15	30
2.0	11.0~14.5	29
2.5	10.5~14.0	28
3.0	10.5~14.0	28
4.0	10.0~13.5	25

（6）曝气沉砂池形状应尽可能不产生死角和偏流，进水方向应与池中旋流方向一致，出水方向与进水方向垂直，并宜设置挡板，防止产生短流。

5. 设计计算

（1）曝气沉砂池的总有效体积

总有效体积可按式(2-1)计算。

$$V=Q_{max}\times t\times 60 \tag{2-1}$$

式中 V——总有效体积，m^3；

Q_{max}——最大设计流量，m^3/s；

t——最大设计流量时的停留时间 min。

（2）池过水截面面积

池过水截面面积可按式(2-2)计算。

$$A=\frac{Q_{max}}{V_1} \tag{2-2}$$

式中 A——池过水截面面积，m^2；

Q_{max}——最大设计流量，m^3/s；

V_1——最大设计流量时的水平流速 m/s。

（3）池宽 B

池宽可按式(2-3)计算。

$$B=\frac{A}{h_2} \tag{2-3}$$

式中 A——池过水截面面积，m^2；

h_2——设计有效水深，m。

（4）池长 L

池长可按式(2-4)计算。

$$L=\frac{V}{A} \tag{2-4}$$

式中 V——总有效体积，m^3；

A——池过水截面面积，m^2。

(5) 每小时所需气量

每小时所需气量可按式(2-5)计算。

$$q=A\times d \tag{2-5}$$

式中 q——每小时所需气量，m^3/h；

d——每米池长每小时的气量，$m^3/(m\cdot h)$。

6. 国外曝气沉砂池设计参数

国外有关曝气沉砂池设计参考数据见表 2-3。

表 2-3　国外曝气沉砂池设计参考数据

资料来源	水平流速/(m/s)	停留时间/min	宽深比	曝气量	进水方向	出水方向
美国		1~3		16.7~44.6$m^3/(m\cdot h)$	在空气作用下直接形成旋流	与进水方向垂直，并在出口处考虑挡板
苏联	0.08~0.12		1~1.5	3~5$m^3/(m\cdot h)$	与沉砂池中水的旋流方向一致	淹没式出口
日本		1~2	2~3	1~2m^3/m^3		

(三) 多尔沉砂池

多尔沉砂池于 1984 年在美国产生，是根据浅池理论设计而成的一种传统型沉砂池，可除去水中大于 0.2mm 的砂粒及杂物。多尔沉砂池是一个浅的方形水池，池上部为方形，底部为圆形，如图 2-6 所示。其标准的系列由池径 3m×3m ~ 12m×12m，流量范围为 225 ~ 3700L/s，共分为 12 种规格。由于多尔沉砂池的集砂措施与沉砂的输出在同一结构体内，故工艺布置较为紧凑。多尔沉砂池示意图见图 2-7。其配套的旋转刮砂机见图 2-8。

图 2-6　多尔沉砂池

其处理流程为：进水经过整流器均匀分配进入沉砂池，然后通过溢流堰出水。沉砂池底的砂粒由刮砂机刮入排砂坑。砂粒用往复式刮砂机械或螺旋式输送器进行淘洗，以除去有机物。刮砂机上装有桨板，用以产生一股反方向的水流，将从砂上洗下来的有机物带走，回流到沉砂池中，而淘净的砂粒及其他无机杂粒由排砂机排出。

多尔沉砂池沉砂机理与平流式沉砂池类似，通常以表面水力负荷为设计参数，采用的池深很浅，通常池深小于 0.9m。多尔沉砂池虽然也采用重力沉砂的方式，但池形呈方形结构，不像平流沉砂池那样以水平流速控制砂粒的沉降，而是用单位流量的表面负荷作为主要的控制参数，实际流速较平流沉砂池低，因此流速更加均匀。一般来说，多尔沉砂池的水深不大于 0.9m，当表面负荷大约取

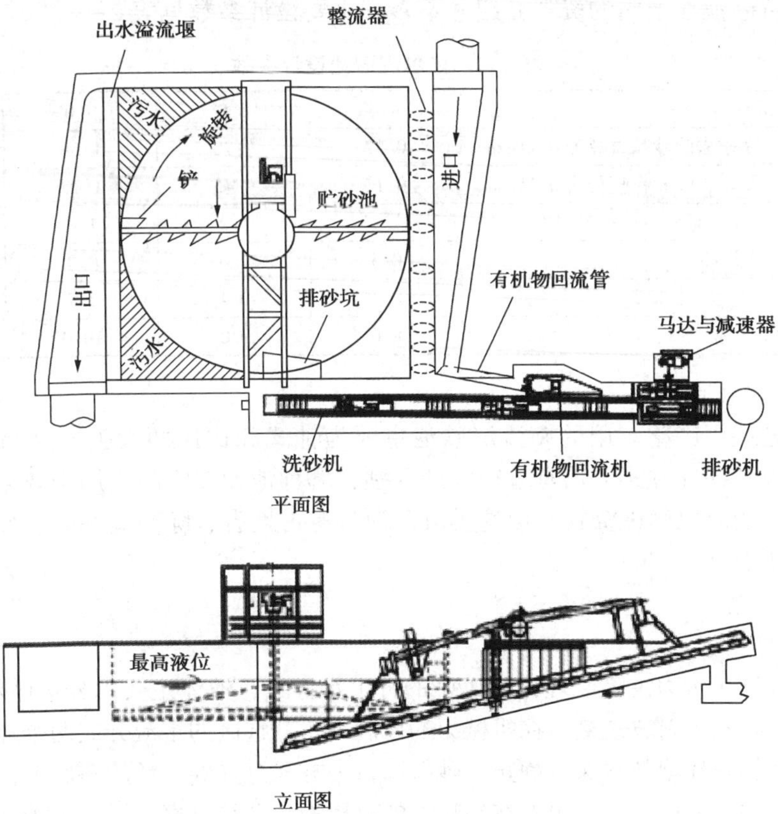

图 2-7　多尔沉砂池示意图

$18m^3/(m^2 \cdot h)$时，可去除 0.1mm 以上砂粒。多尔沉砂池的面积一般根据需要去除的砂粒直径和污水温度确定，见图 2-9。

图 2-8　多尔沉砂池旋转刮砂机

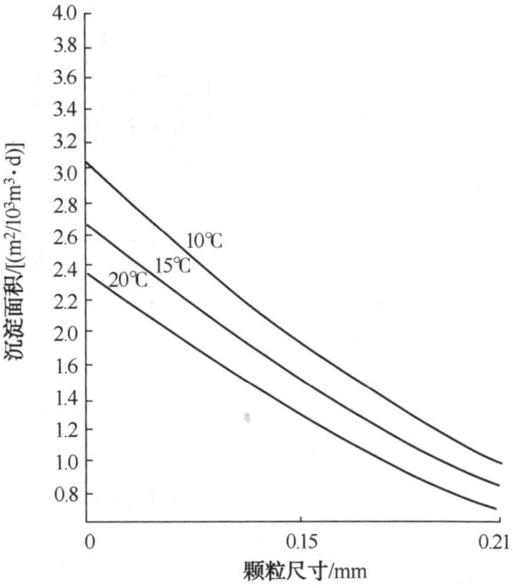

图 2-9　多尔沉砂池的面积与去除的砂粒直径和污水温度的关系

有关多尔沉砂池在国内的资料介绍并不多。主要设计参数见表 2-4。

表 2-4　多尔沉砂池设计参数

沉砂池直径/m		3.0	6.0	9.0	12.0
最大流量/(m^3/s)	要求去除砂粒直径为 0.21mm	0.17	0.70	1.58	2.80
	要求去除砂粒直径为 0.15mm	0.11	0.45	1.02	1.81
沉砂池深度/m		1.1	1.2	1.4	1.5
最大设计流量时的水深/m		0.5	0.6	0.9	1.1
洗砂机宽度/m		0.4	0.4	0.7	0.7
洗砂机斜面宽度/m		8.0	9.0	10.0	12.0

（四）旋流沉砂池

目前污水处理厂广泛应用的旋流沉砂池主要为钟式和比氏两大类。这两种沉砂池在池型、除砂机理以及提砂方式上均有着很大的区别，哪种池型在实际应用中效果会更好，目前国内仍无第一手的对比测试资料，但这类沉砂池具有占地省、除砂效率高、操作环境好、设备运行可靠等优点。

1. 钟式沉砂池

1）工艺介绍

钟式沉砂池利用重力沉降原理，为 270°的进出水方式，池体主要由分选区和集砂区组成，在两个分选区之间采用斜坡连接。在机械力的控制下，分选区的水流分成两个环，内环在叶轮推动下向上运动，外环则基本保持静止，砂粒以重力方式沉降到外环的斜底上，并顺斜坡滑入集砂区。在叶轮的推力作用下，附着在砂粒上的有机物与砂粒分离，返回水中。调整叶轮的转速，可达到最佳沉砂效果。钟式沉砂池示意图见图 2-10。钟式沉砂池实物图见图 2-11。

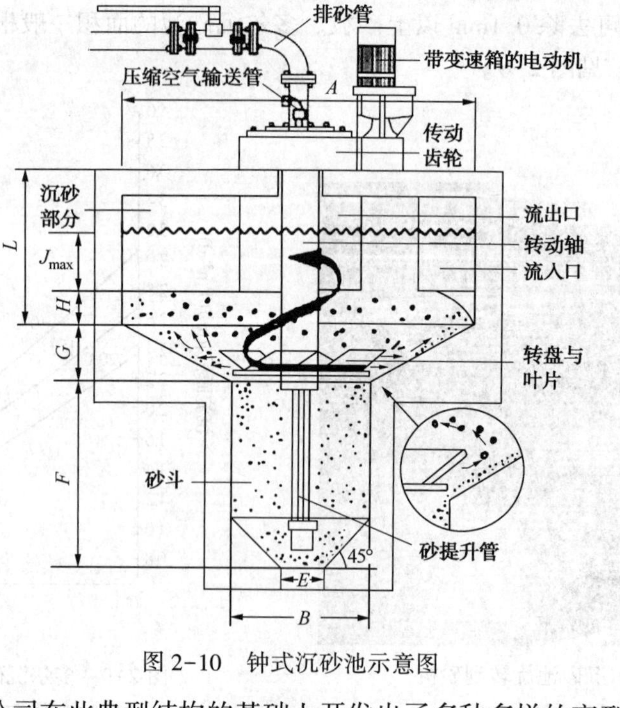

图 2-10　钟式沉砂池示意图

虽然不同的国外公司在此典型结构的基础上开发出了多种多样的变型，但其变化主要集中在斜坡的倾斜度及搅拌桨的形式上，就砂粒的沉降机理来说应当并无多大差别。

2）设计参数

（1）水力表面负荷约 200m^3/（m^2·h）；

（2）水力停留时间为 20～30s；

（3）进水渠道流速：

① 当流量在最大时的 40%～80%时，为 0.6～0.9m/s；

② 流量最小时，大于 0.15m/s；

③ 流量最大时，不大于 1.2m/s。

（4）进水渠道直段长度为宽度的 7 倍且不应小于 4.5m；

（5）出水渠道宽度为进水渠道的 2 倍；

（6）出水渠道与进水渠道夹角大于 270°。

图 2-11　钟式沉砂池实物图

3）主要结构尺寸参数

钟式沉砂池主要部分尺寸见图 2-12，主要结构的尺寸参数见表 2-5。

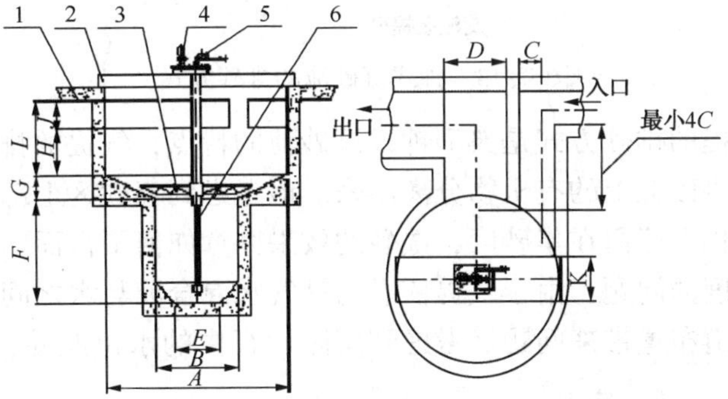

图 2-12　钟式沉砂池尺寸图

1—池体；2—工作桥；3—桨叶装置；4—传动装置；5—排砂设施；6—排砂管

表 2-5　钟式沉砂池主要结构尺寸表　　m

型号	流量/（L/s）	A	B	C	D	E	F	G	H	J	K	L
		上部内径	下部内径	进水渠宽	出水渠宽	锥底直径	锥高	附属构造物尺寸				
50	50	1.83	1	0.305	0.61	0.3	1.4	0.3	0.3	0.2	0.8	1.1
100	110	2.13	1	0.38	0.76	0.3	1.4	0.3	0.3	0.3	0.8	1.1
200	180	2.43	1	0.45	0.9	0.3	1.35	0.4	0.3	0.4	0.8	1.15
300	310	3.05	1	0.61	1.2	0.3	1.55	0.45	0.3	0.45	0.8	1.35
550	530	3.65	1.5	0.75	1.5	0.4	1.7	0.6	0.51	0.58	0.8	1.45
900	880	4.87	1.5	1	2	0.4	2.2	1	0.51	0.6	0.8	1.85
1300	1320	5.48	1.5	1.1	2.2	0.4	2.2	1	0.61	0.63	0.8	1.85
1750	1750	5.8	1.5	1.2	2.4	0.4	2.5	1.3	0.75	0.7	0.8	1.95
2000	2200	6.1	1.5	1.2	2.4	0.4	2.5	1.3	0.89	0.75	0.8	1.95

钟式沉砂池的排砂方式有气提砂、泵提砂等形式，如图 2-13 所示，推荐选用气提装置从集砂区排砂，第一个原因与砂泵很难做到质量过硬有关，砂泵寿命远不能与气动装置相比

（比氏特别强调自己开发的镍硬质合金砂泵有高耐磨性）；第二个原因可能是气提装置能方便地兼用于砂清洗过程，即气提前先用空气将砂冲散，使有机物分离。

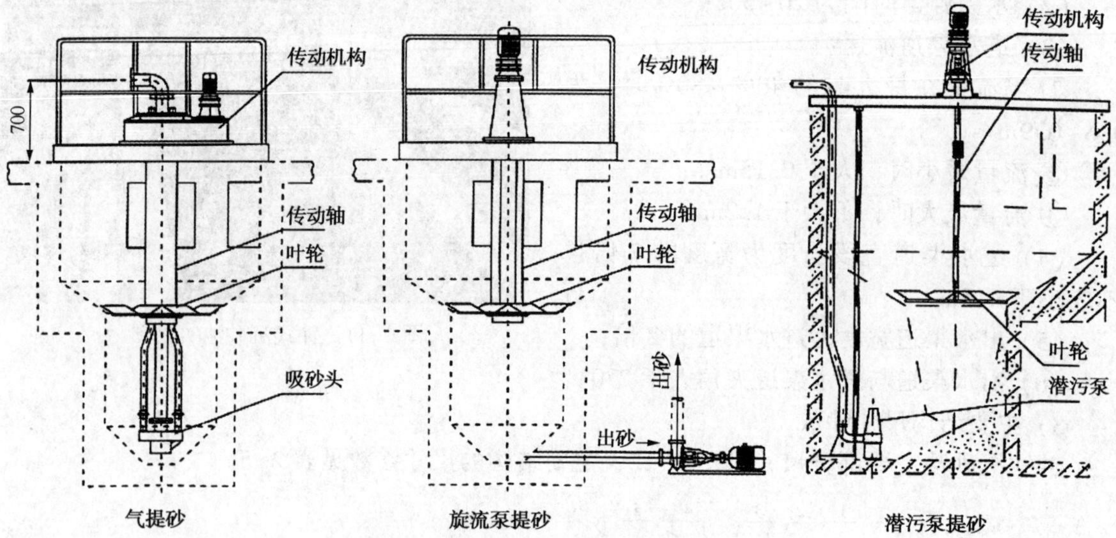

图 2-13　钟式沉砂池的排砂方式

通常推荐采用气提的排砂方式是典型钟式沉砂池的特点，气提的排砂方式优点是在气提之前可先进行气洗，将砂粒上的有机物分离出来。但考虑到集砂区上部的盖板，洗下来的有机物中的大部分估计仍会停留在集砂区，洗砂的效果究竟如何不得而知。气提方式一个不可避免的问题是提砂高度的问题，由于气提依靠的是气水混合液与水之间的密度差，其提砂高度较低，给工程中管道布置带来问题。考虑到实际运行中的水位波动，按最不利情况考虑，设计会受到很大限制。

4）应用

北戴河西部污水处理厂建设规模 7 万 m^3/d，细格栅与钟式沉砂池为合建式。格栅间分 2 格，配 SSF400 型阶梯式机械格栅 2 台，每台栅宽 1150mm，栅条间距 6mm，过栅流速 0.8m/s，电机功率 2.2kW。2 台细格栅配 CPS180 型无轴螺旋输送机 1 台，直径 300mm，长 4500mm，电机功率 1.5kW，设备由瑞典 HYDROPRESS 公司引进。钟式沉砂池 2 座，对称布置，直径 9m，有效水深 3.96m，桨叶直径 1500mm，电机功率 1.1kW，设备由奥地利 PURAQVA 公司引进。钟式沉砂池的沉砂采用 2 台 DT3085.182MT474 型提砂泵，提升沉砂至砂水分离器进行砂水分离，提砂泵单台流量 5L/s，扬程 6m，电机功率 1.4kW。设置 1 台砂水分离器，型号为 DS1000S，额定流量 9.7L/s，处理后的沉砂由无轴螺旋输送机送至砂槽，螺旋输送机电机功率 4.0kW，设备由奥地利 PURAQVA 公司引进。

2. 比氏沉砂池

1）概述

比氏沉砂池为 20 世纪 60 年代的产品，为圆形涡流式沉砂池的原型，主要利用水力自然形成的环流有效地除砂，其特点是分区之间没有斜坡过度。

进入池中的水流靠自身的动能作用在池内形成旋流，同时在轴向桨板的定速旋转驱动下，污水在池中部形成一个向上的推动力，使水流在垂直面上形成环流。在垂面环流和射流作用下，污水在沉砂池中以螺旋状前进，砂粒在环流的作用下被带入池中心，且速度逐渐变大，在上升力的作用下，附着在砂粒上的有机物被分离进入水中，砂粒则落入积砂区。整个过程中，砂粒在较长的时间内处于桨板旋转力的作用，对有机物的分离有利。比氏沉砂池的工作原理示意图见图 2-14。

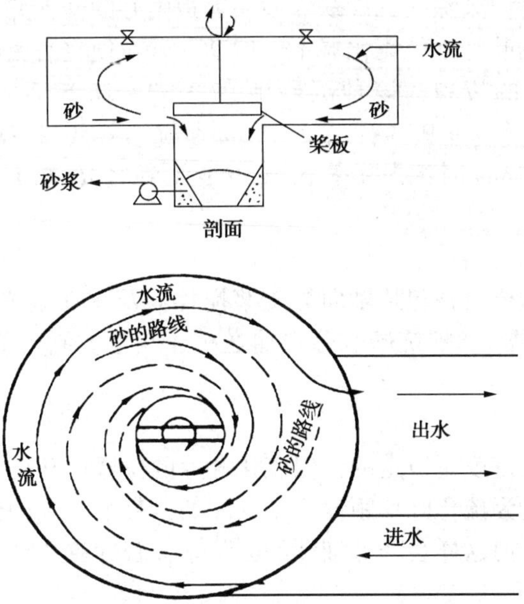

图 2-14　比氏沉砂池工作原理示意图

比氏沉砂池采用轴流式浆板定速运行，可调节有机物的分离效果，而对于池内的水平环流没有调节作用，因此进水流速是影响其处理效果的关键因素，理想的设计进水流速为 60%~80%设计流量时的流速，为 0.6~0.9m/s。

2）Pista 360°涡流沉砂池

Pista 360°涡流沉砂池采用 360°直进直出的方式，示意图见图 2-15。

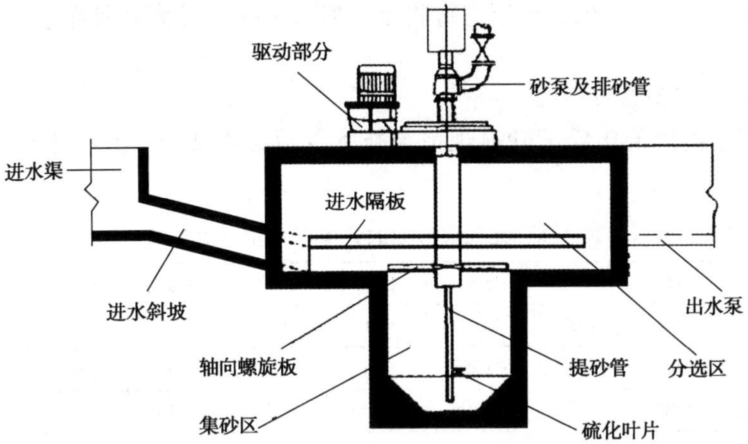

图 2-15　Pista 360°涡流沉砂池示意图

Pista 360°涡流沉砂池具有一条封闭的 15°倾角的进水渠。沉砂池进水以充满流进入，进水渠末端与沉砂池的分选区池底平接，可有效地保证已经在渠道中沉底的砂粒直接滑入沉砂池底。水流在分选区内回转 360°后，进入与进水渠同流向但位于分选区上部的出水渠道。进、出水口之间设置有一道弓形的水平隔板分隔以防止短流，减小了出水对分选区下部积砂区的影响，能有效防止已沉下的砂被重新带入出水之中的情况出现。同时进水、出水在流程上呈360°流线型分布，使得水流在分选区内部进行了360°回转，延长了旋流流程(比早期池型延长了90°的流程)，提高了除砂效果，同时也使得沉砂池整体的布置更加顺畅、简洁，进、出水的水力条件更好。去除的沉砂跌入砂斗盖板中心的开孔并存于砂斗内，为防止砂粒板结，桨板驱动轴下端的叶片砂粒流化器不停搅动，砂粒便定时由砂泵抽出池外。

根据S&L公司提供的资料，该种沉砂池在0.38～26.5万m^3/d的流量下，当粒径$d \geqslant 0.297mm$时，去除效率$\eta \geqslant 95\%$；当$0.211mm < $粒径$d < 0.297mm$，去除效率$\eta \geqslant 85\%$；$0.149mm \leqslant$粒径$d \leqslant 0.211mm$时，去除率$\eta \geqslant 65\%$；对粒径$d = 0.11mm$的细砂，去除效率$\eta$可达73%。

3）主要设备

典型的比氏沉砂池主要设备包括轴向螺旋桨搅拌器及驱动装置、砂泵、真空启动装置、流化叶片(涡流砂粒浓缩器)、螺旋砂水分离输送机、就地控制机等组成。以下介绍流化叶片与排砂系统设备。

(1) 流化叶片

流化叶片驱动部分的速度是恒定的，但流化叶片的位置可升高或降低。可同时有效去除砂粒及有机物的最佳位置为硫化叶片距池底75mm处，每个叶片的倾角为45°，若有机物较多则可适当将叶片降低，但这样会降低细砂的去除率；若砂粒及有机物的含量均较高，则可将叶片略为调高。

(2) 排砂系统

与钟式池通常采用的气提方式不同，比氏池采用真空启动的顶置砂泵排砂，这样提升高度可不受限制。考虑到砂粒磨损，比氏强调其砂泵叶轮所用镍硬合金的超强耐磨性能。但其寿命究竟如何，仍有待运行检验。这种提砂方式也同样存在一定的问题，由于砂泵采用真空启动的方式，系统真空度的保证就成了关键因素。早期的比氏池在砂泵出口采用蝶阀，由于磨损严重，易造成蝶阀密封不严，影响真空形成。目前改用一种囊阀替代早期的蝶阀，这种囊阀由橡胶制成，通过空压机的加压进行闭合。但从实际运行情况来看，抽真空方面有时仍存在问题。

4）比氏沉砂池有关参数

国内有关厂家给出的比氏沉砂池规格与技术参数见表2-6，有关池体尺寸见图2-16，供参考。

表2-6　比氏沉砂池的参考尺寸和驱动功率

型　　号	200	400	600	1000	2000	3000	5000	6000	8000
处理流量/(m^3/h)	200	400	650	1104	1900	3158	4750	6000	8000
表面负荷/(m/h)	70	110	135	151	180.3	169	200	200	214
沉砂池直径(A)/m	1.83	2.13	2.44	3.05	3.66	4.88	5.49	6.1	7.32
B/m	0.61	0.76	0.91	1.22	1.52	2.13	2.44	2.74	3.35
C/m	0.31	0.38	0.46	0.61	0.76	1.06	1.22	1.37	1.67
池深(D)/m	1.12	1.12	1.22	1.45	1.52	1.68	1.98	2.14	2.13
E/m	1.52	1.52	1.52	1.68	2.03	2.08	2.13	2.44	2.44
砂斗直径(F)/m	0.91	0.91	0.91	1.52	1.52	1.52	1.52	1.52	1.83

续表

型　　号	200	400	600	1000	2000	3000	5000	6000	8000
H/m	0.31	0.31	0.46	0.46	0.46	0.46	0.46	0.46	0.46
J/m	6.4	6.71	7.01	7.62	8.99	12.34	14.02	15.69	19.6
N/m	1.06	1.06	1.67	1.67	1.67	1.67	1.67	1.67	1.98
P/m	0.61	0.76	0.91	1.22	1.52	1.83	2.13	2.74	3.05
S/m	4.57	4.57	4.57	4.57	5.33	7.47	8.53	9.6	11.73
驱动设备功率/kW	0.56	0.86	0.86	0.75	0.75	1.5	1.5	1.5	1.5
桨板转速/(r/min)	20	20	20	14	14	13	13	13	12

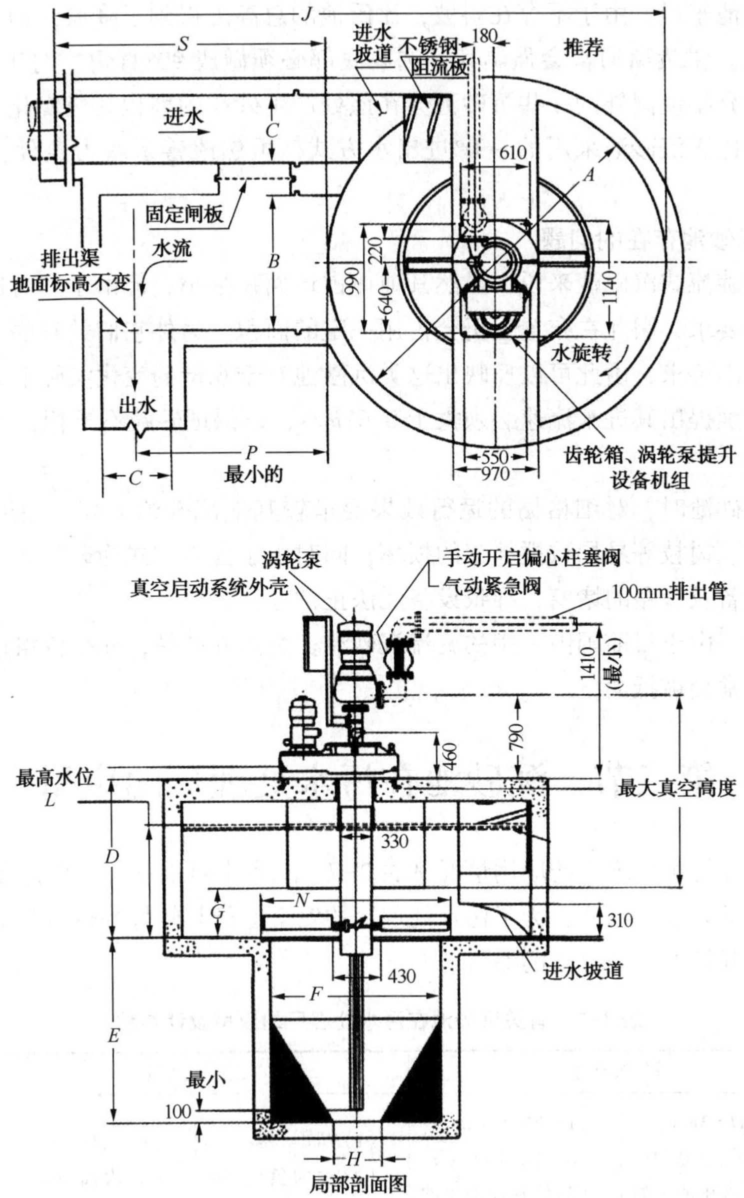

图 2-16　比氏沉砂池有关池体尺寸参数图

5）应用

国内采用的比氏池均为美国 Smith&Loveless 公司的产品。广州大坦沙污水处理厂、中山污水处理厂采用的是早期的池型；河南平顶山污水处理厂、上海浦东白龙港污水预处理厂采用的则是比氏的新池型。

控制池中螺旋桨的转速，从而控制螺旋状环流的速度，是保证圆形涡流式沉砂池除砂效率的关键。从国内各涡流沉砂池的运行情况来看，尽管螺旋桨的转速可调，但由于各污水厂进水水质的差异、具体工艺流程的不同、涡流沉砂池规格型号各异及进水水位和流速的变化，造成运行管理与操作人员不能及时确定最佳的运行参数，是导致该类沉砂池未能正常运行的主要原因。

相对于钟式池来说，由于不存在斜坡，比氏池的总高度得到了降低，但其土建施工的难度却比钟式池大。供货商通常会强调其分选区底部必须做成 90°直角，对于分选区底部 90°直角的做法，有介绍说国外的一些沉砂池会在该处产生砂粒的堆积甚至腐化，需要定期放空冲洗；而新一代比氏沉砂池采用的 360°进出水方式，虽然改善了水力条件，但其构造却更为复杂。

3. 旋流式沉砂池存在的问题

对于所有的旋流式沉砂池来说，虽然其池体占地面积很小，但由于其对进出水渠道的长度都有较严格的要求，因此在布置上仍会占用一定的面积。另外它们共有的一个特点是对进水流速有一个范围要求，由此可以反映出这类沉砂池对于水量的变化实际上有较严格的适用范围。如比氏特别提出其进水流速必须大于 0.61m/s，以保证砂粒不沉积，有时在污水厂初期时达不到。

采用此类沉砂池时，对细格栅的运行效果要求较其他沉砂池为高。如果格栅运行不正常，带入的布条、树枝等易导致搅拌桨的损坏；同时由于提砂方式为砂泵或气提，以上物体极易造成排砂设备及管路的堵塞，导致设备无法正常运行。

在造价方面，由于目前国内采用的旋流沉砂池多为国外产品，往往价格过高，其在土建造价上的节省通常会被抵消。

第三节　沉砂池在污水处理厂的应用

有关沉砂池在污水处理厂的应用情况见表 2-7。从表中可以看出，设计参数与实际运行控制参数有较大的差别，因此，为了污水处理厂的安全运行与较好的运行效果，在设计沉砂池时，应根据实际情况采用合适的参数。

表 2-7　有关沉砂池在污水处理厂的应用设计参数

池型	曝气沉砂池		比氏沉砂池		钟式沉砂池
设计参数	（1）HRT=3min； （2）气水比=0.14； （3）污水在池中的水平流速 V=0.16m/s	（1）HRT=2min； （2）气水比=0.17； （3）污水在池中的水流速 V=0.1m/s	（1）HRT=38s； （2）表面负荷 q=142m/s	（1）HRT=29s； （2）表面负荷 q=188m/s	（1）HRT=80s； （2）表面负荷 q=98m/s

续表

池型	曝气沉砂池		比氏沉砂池		钟式沉砂池
实际运行控制参数	(1) HRT=4.4min; (2)气水比=0.21; (3)污水在池中的水平流速 V=0.11m/s	(1) HRT=2.6; (2)气水比=0.23; (3)污水在池中的水平流速 V=0.08m/s	(1) HRT=160s; (2)表面负荷 q=34m/s	(1) HRT=76s; (2)表面负荷 q=70m/s	(1) HRT=90s; (2)表面负荷 q=88m/s
除砂量	0.16m^3/万 t 污水	0.1m^3/万 t 污水	0.07m^3/万 t 污水	0.13m^3/万 t 污水	0.13m^3/万 t 污水
使用范围	大、中型污水处理厂				

由于沉砂池处理效果好坏带来的影响通常是较为隐性和需要长期积累才会显现出来的，所以人们在沉砂池的设计上往往缺乏足够的重视；有时为了省事，往往做简单的套用。考虑到我国各地区的差异很大，这种简单的做法可能存在问题，提出如下建议：

(1) 曝气沉砂池虽然存在一定问题，但其对水量波动的适应性好，仍然有广泛的应用空间，且工艺上有去除油类、油脂的要求时，该池型是仅有的选择，设计时应特别注意曝气强度的控制。

(2) 考虑到流量波动对平流式沉砂池除砂效果的影响很大，采用时应考虑预留流量。

(3) 旋流式沉砂池具有较多的优点，但采用时应考虑以下因素：

① 细格栅的栅条间距应尽可能地小，以防止布条等物体的带入对叶轮及提砂装置造成影响；

② 由于水力停留时间短，对流速又有较严格的要求，对于后续无初沉池的处理工艺及水量波动大的场合需慎重应用；

③ 设计时水力布置尤为重要，并应注意流速的控制。

(4) 从池型来看，比氏沉砂池的处理效果优于钟式沉砂池，且造价上两者差别不大，而对于小型的旋流式沉砂池建议采用钢制池体，可以节省造价。从目前国内已投运的旋流式沉砂池来看，引进设备占大多数，这导致了造价的偏高。

第三章　混凝沉淀

混凝工艺对悬浮颗粒、胶体颗粒、疏水性污染物具有良好的去除效果；对亲水性溶解性污染物也有相当的絮凝效果。混凝工艺可用于城镇污水深度处理和工业污水的处理。本章介绍了混凝以及与混凝有关工艺的设计要点、沉淀池几种形式与设计要求。

第一节　药剂的投加与混配设备

一、药剂投加设备

（一）计量泵

污水处理中，需要添加或输送处理药剂到污水中，使药剂与污水中的某些污染物发生反应，以达到去除污染物的目的，这一过程一般由计量泵来完成。计量泵是一种流量可以在0~100%范围内无级调节、用来输送液体（特别是腐蚀性液体）、可以满足各种工艺流程需要的容积泵。污水处理常用的计量泵有电磁计量泵、机械隔膜计量泵、液压隔膜计量泵、气动隔膜泵、机械驱动柱塞计量泵等。

1. 泵的基本结构

计量泵的结构一般主要由驱动机构（电机）、传动箱、缸体三部分组成。其中传动箱部件由凸轮机构、行程调节机构、速比蜗轮机构组成；行程调节机构一般为调节手轮，通过旋转调节手轮来实行调节挺杆行程，从而改变膜片伸缩距离来达到改变流量的目的。也有是通过变频器调节电机转速来调节流量；远程控制的比较少，一般远程控制要根据实际距离设计控制方法。缸体部件由泵头、吸入阀组、排出阀组、膜片等组成。

2. 分类

根据泵头形式可分为柱塞式、活塞式、机械隔膜式、液压隔膜式等类型。根据驱动方式可以分为电磁驱动式、机械驱动式、气动式等类型。

3. 常用计量泵介绍

（1）电磁计量泵

电磁计量泵是利用电磁推杆带动隔膜在泵头内往复运动，引起泵头膛腔体积和压力的变化，从而引起吸液阀门和排液阀门的开启和关闭，实现液体的定量吸入和排出。电磁计量泵以电磁力为驱动力，为输送小流量、低压力管路液体而设计的一种计量泵，此类泵的功率、流量、扬程较小，具有结构简单、能耗小、计量准确以及调节方便等优点。电磁计量泵及外部结构示意图见图3-1、液端结构示意图见图3-2。

电磁计量泵的组成可分为三大部分，包括电磁驱动装置、信号发生器和液力端；电磁驱动装置是设备的核心，它根据输入信号的变化产生变化的电磁引力带动隔膜在泵头内往复运动，引起泵头膛腔体积和压力的变化，压力的变化引起吸液阀门和排液阀门的开启和关闭，实现液体的定量吸入和排出。电磁计量泵省却了电机和变速机构，使得系统小巧紧凑，是小量程低压计量泵的重要分支。电磁计量泵在实际应用中的安装方式与配件见图3-3。电磁计量泵的有关参数见表 3-1。

图 3-1　电磁计量泵实物图

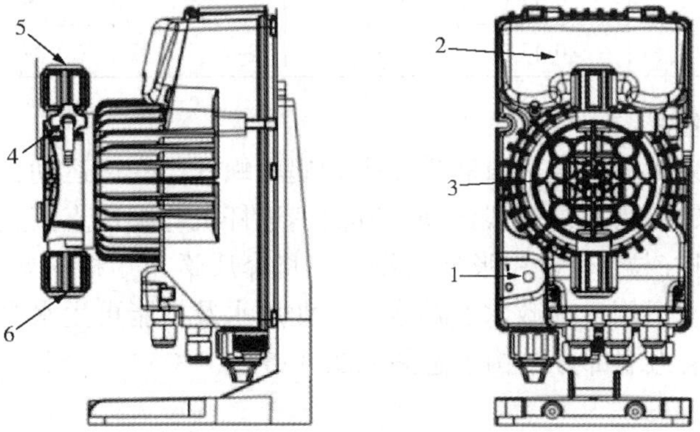

图 3-2　电磁计量泵液端结构示意图

1—电源开关；2—调节部位；3—泵头；4—排气阀；5—排液管接头；6—吸液管接头

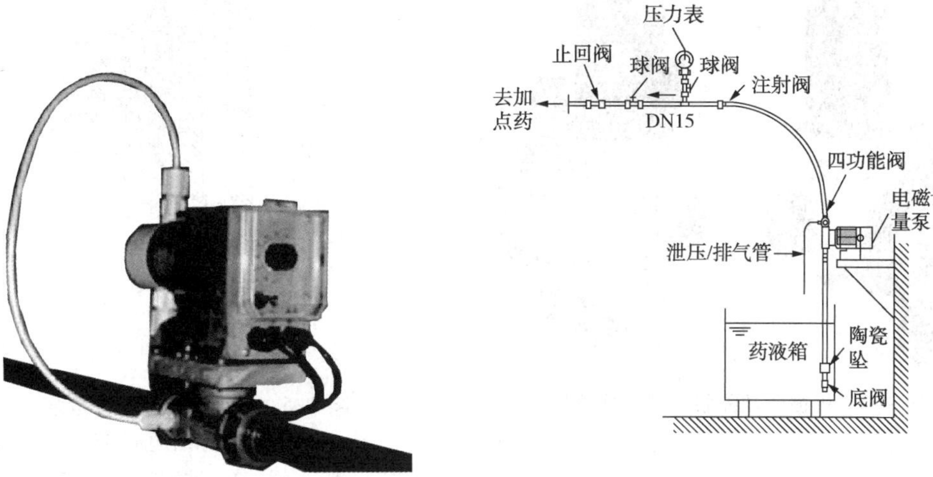

图 3-3　电磁计量泵在实际应用中的安装方式与配件图

表 3-1　电磁计量泵的有关参数

产品型号	流量/(L/h)	压力/MPa	冲程频率/(冲次/min)	电压/V	功率/W	连接管尺寸(内/外)/mm
0.5/12	0.5	1.2			35	
01/12	1	1.2			35	
3/8	3	0.8			46	
05/4	5	0.4			46	
07/4	7	0.4			46	
10/3	10	0.3	0~120	220	50	6/9
12/2	12	0.2			50	
14/2	14	0.2			50	
18/2	18	0.2			50	
20/1.2	20	0.12			50	
25/1.2	25	0.12			50	

（2）机械隔膜计量泵

机械隔膜计量泵采用电机通过直联传动带动蜗轮蜗杆作变速运动，并在曲柄连杆机构的作用下，将旋转运动转变为往复直线运动。其曲柄连杆机与膜片直接连接，工作时，曲柄连杆机往复运动时直接推(拉)动膜片张吸运作，并将介质送出。机械驱动隔膜计量泵由机械驱动装置和泵头组成，适用于市政水、污水、工业用水及树脂再生水等的处理。机械驱动隔膜计量泵见图 3-4，液力端部分结构示意图见图 3-5。

图 3-4　机械驱动隔膜计量泵实物图

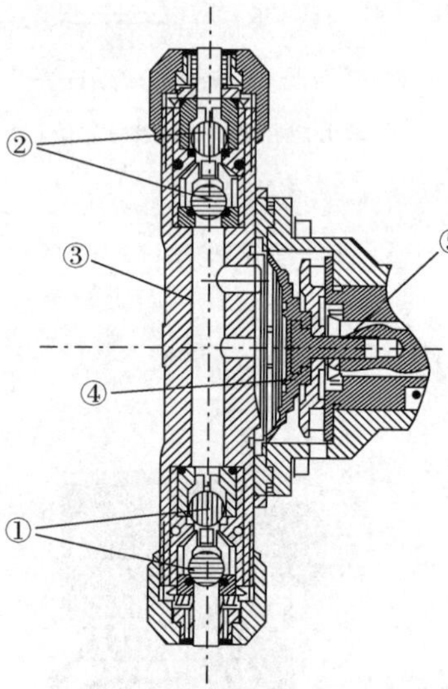

图 3-5　机械驱动隔膜计量泵液力端部分结构示意图

1—吸入阀；2—排液阀；3—泵头；4—隔膜；5—驱动部分

有关计量泵产品参数见表 3-2。

表 3-2 有关计量泵产品参数

型号	泵头规格	流量/(L/h)	压力/MPa	冲程频率/(次/min)
0080	40	82	1.0	36
0180		167		72
0250		237		102
0350		337		144
0450		416		180
0500	60	464	0.7	144
0600		583		180
0700	80	656	0.35	102
1000		946		144
1200		1200		180
1500	80	1500	0.3	180
1800		1800		215

(3) 液压隔膜计量泵

液压隔膜计量泵也叫柱塞隔膜计量泵，由机械驱动装置、液压传动系统和泵头组成，其隔膜为多层复合结构压制而成，是液压油和输送液体之间可移动的分割物。

液压隔膜计量泵工作原理是：泵的柱塞以一定的行程作往复运动，往复运动的柱塞首先造成工作腔中的液体(通常是油)的压力变化。当柱塞向前运动时推动液压油，液压油作用在隔膜上，产生的压力使输送介质通过出口止回阀排出。在吸入时，泵柱塞将油带出隔膜从而移动隔膜，将液体通过入口止回阀吸入，完成液体连续不断的输送。液压传动系统的引入，使计量泵能够应用于高压定量投加系统。液压驱动隔膜计量泵泵头结构示意图见图 3-6，实物图见图 3-7。

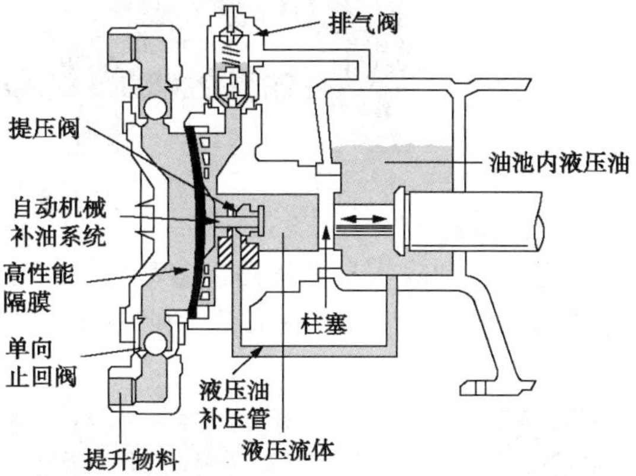

图 3-6 液压驱动隔膜计量泵泵头结构示意图

图 3-7 液压驱动隔膜计量泵实物图

有关液压驱动隔膜计量泵产品提供参数有：最大流量在2616L/h；最大吸入压力200kPa，最高排出压力25MPa；最大吸程在3m水柱；调节比为10∶1；功率在0.25～1.5kW；输送物料最高温度150℃；泵头材料有PVC、316SS、20#合金、哈氏合金；隔膜材质采用PTFE；控制方式有手动调节冲程长度、手动调节冲程长度及变频器调节冲程频率。电动冲程控制器调节冲程长度，接收4～20mA控制信号。

(4) 气动隔膜泵

气动隔膜泵是一种由膜片往复变形造成容积变化的容积泵；其利用压缩空气为动力，压缩空气通过气阀的控制交替驱动气动隔膜泵两端的膜片，使得膜片与进出口阀及泵体组成的密闭腔体发生容积变化，完成介质由进口到出口的输送。气动隔膜泵适合于计量各种腐蚀性液体，带颗粒的液体，高黏度、易挥发、易燃、剧毒的液体等；其缺点是输送压力不高，流量受出口压力影响大。气动隔膜泵外壳有塑料(偏四氟乙烯)、铝合金、铸铁、不锈钢等材质。隔膜泵根据不同液体介质，可分别采用丁腈橡胶、氯丁橡胶、氟橡胶、聚四氟乙烯等材料。气动隔膜泵见图3-8。

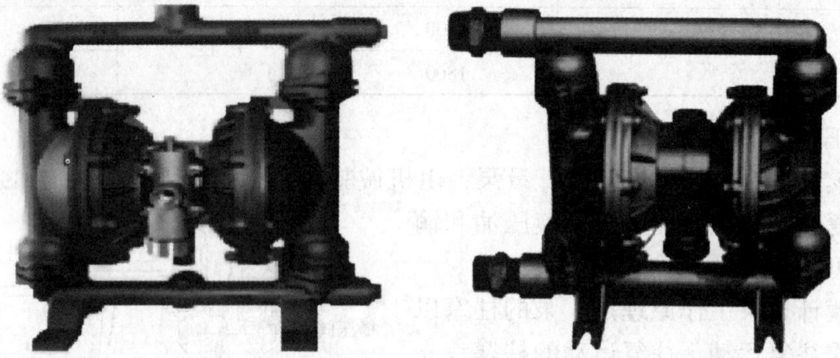

图3-8　气动隔膜泵实物

有关气动隔膜泵产品提供参数有：进出口径10～100mm；流量在0.8～30m^3/h；最大扬程50m；最大吸程在5m水柱；供气压2～7个大气压。

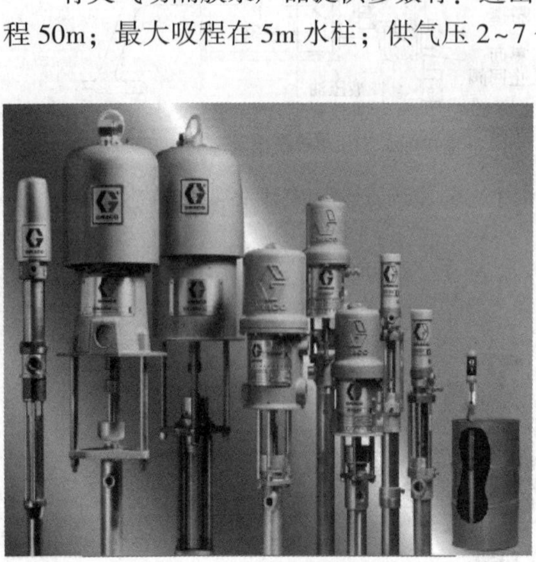

图3-9　机械驱动柱塞计量泵

(5) 机械驱动柱塞计量泵

机械驱动柱塞计量泵是较早使用的计量泵之一，分为有阀和无阀两种。柱塞式计量泵因其结构简单和耐高温高压等优点而被广泛使用。因被计量介质和泵内润滑剂之间无法实现完全隔离这一结构性缺点，在高防污染要求流体计量应用中受到诸多限制，已逐渐被隔膜计量泵所取代。但柱塞计量泵易于维护的特性和独特的高压性能，使其仍有一定的应用市场。机械驱动柱塞计量泵见图3-9。

相关机械驱动柱塞计量泵产品提供的参数有：单头最大流量在940L/h；最高排出压力在50MPa；调节比10∶1，稳态精度可达±1%；吸入提升高度可达2.5m水柱；介质温度的范围为-10~100℃。

4. 容积泵的工作特点

(1) 理论流量与管路特征无关，只取决于泵本身。

(2) 泵提供的压力只决定于管路特征，与泵本身无关。

(3) 泵的流量不能采用出口调节阀来调节，采用的方法有旁路调节、转速调节和行程调节。

(4) 泵的轴功率随排出压力的升高增大，效率也随之提高。

(5) 泵启动前需打开出口阀。

5. 选型

(1) 确定压力

所选取计量泵的额定压力要略高于所需要的实际最高压力，一般高出10%~20%。不要选择过高，压力过高会浪费能源，增加设备的投资和运行费用。

(2) 确定流量

所选取的计量泵流量应等于或略大于工艺所需流量。计量泵流量的使用范围在计量泵额定流量范围的30%~100%较好，此时计量泵的重复再现精度高。考虑到经济实用，建议计量泵的实际需要流量选择为计量泵额定流量的70%~90%。

(3) 确定泵头(液力端)材质

计量泵的具体型号规格确定后，再根据过流介质的属性选择过流部分的材质；若选择不当，将会造成介质腐蚀损坏过流部件或介质泄漏污染系统等，严重时还可能造成重大事故。

二、药剂混合设备

药剂的混合方式有泵混合、管式混合器混合和机械混合。不论采用何种混合方式，应根据所采用的混凝剂品种，使药剂与水进行恰当的急剧、充分混合，在很短时间内使药剂均匀地扩散到整个水体，也即采用快速混合方式。

1. 泵混合

将药剂溶液加入泵(各种污水提升泵)的吸水管中，通过水泵叶轮的高速转动以达到混合效果。采用泵混合方式一般应注意以下几个方面：

(1) 为防止空气进入水泵吸水管内，需加设一个装有浮球阀的水封箱；

(2) 不宜投加腐蚀性强的药剂，防止腐蚀水泵叶轮及管道；

(3) 水泵距处理构筑物的距离不宜过长，一般应小于60m。

2. 管式静态混合器

管式静态混合器是利用在管道内设置的多节固定分流板(这种混合器的内件是刚性的，可焊在壳体内)，使水流成对分流，同时又产生交叉旋涡起反向旋转作用，实现快速混合。目前市场上开发出很多种类的管式静态混合器。工作时，静态混合器的内件保持静止状态，流体通过混合器时依靠组装在管内的混合单元，使不同的流体在混合器内流动时受混合单元的作用，发生分流、合流、旋转等运动，促使每种流体都达到良好的分散，流体间达到良好的混合。但在不同的流体流动状态下，流体的混合原理有所差别：层流时，是利用“分割-位置移动-重新汇合”三要素对流体进行有规则而反复作用达到混合；湍流时，除以上三要素外，由于流体在流动的横断面上产生剧烈湍流，有很强的剪切力作用于流体，使流体再进一步被分割而达到混合。

在水处理过程中，管式静态混合器具有高效混合、节约用药、设备小等特点，它由一组组混合元件组成，而混合元件组数的确定应根据水质、混合效果而定。在选择管式静态混合器时，其管内流速应控制在经济流速范围内，当水流量较大所选管径大于500mm时速度范围可以适当地放宽。混凝剂的入口方式以较大的速度，射流进入混合器管道内为佳。实际应用中管式静态混合器的水头损失一般在0.4~0.6m范围内，条件允许时可将管径放大50~100m，可以减少水头损失。

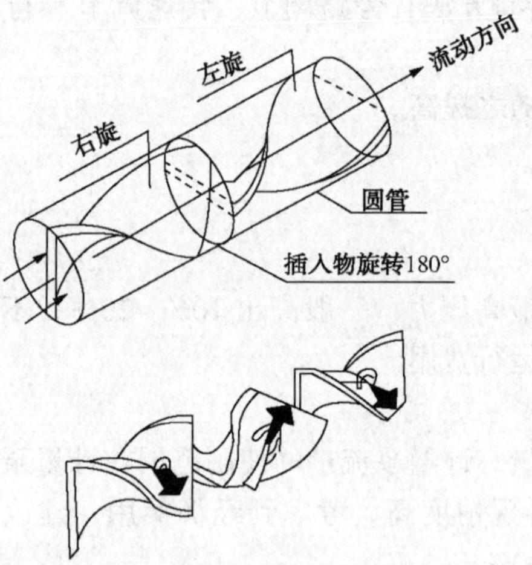

图3-10　凯尼斯型静态混合器示意图

管式静态混合器已有系列产品，在水处理中被广泛应用。

(1) 凯尼斯型静态混合器

凯尼斯型静态混合器由美国凯尼斯公司研制，它是由1根管子作托架，在管中装入一连串由薄金属板(或其他材料)交错地向左和向右扭转180°的螺旋片首尾成90°相接而成，元件间位置固定，元件的长径比在1.5~2。加药的污水经过静态混合器时，不断地被分割后又混合，从而达到混合的目的。图3-10为凯尼斯型静态混合器示意图，具体设备见图3-11。

凯尼斯型静态混合器用为数不多的元件就能达到好的混合效果，料流的混合度主要由元件的数量来决定，而与速度、黏度或压力基本无关，其对流体的分割混合作用关系式以$N=2^{(n+1)}$表示。管内通道形态使流体有4个基本运动：

图3-11　凯尼斯型静态混合器实物图

① 分割流体。首尾相接的2个元件相交90°，流体在此处被分割；

② 改变方向。每个元件由原平板扭转了180°，而成螺旋形，首尾相接的2个元件左右旋交错，迫使料流不断地改变方向；

③ 径向混合。由于每个元件都为螺旋形，能使进入管道中元件中心部位的料流向外壁迁移，又从外壁向中心移动，从而达到径向混合的效果；

④ 交换再混合。在每个元件连接处，其速度剖面被分割，最大速度变为最小速度，最小速度变为最大速度。所有的颗粒不断地改变相对速度，沿流动轴线与邻近的颗粒不停地再交换而再混合。

采用管式混合器应注意以下几个方面：

① 混合器的混合效果与管中液体流速及混合器节数有关，管中流速取1.0~1.5m/s，分节数为2~3段；

② 重力投加时，管式混合器投加点应设在文丘里管或孔板的负压点；

③ 投药点后的管内水头损失不小于 0.3~0.4m；

③ 投药点至管道末端絮凝池的距离应小于 60m；

混合设备的设计主要是进行混合器的计算、选型与混合水力参数的核算。

① 基本设计参数

处理流量 $Q=0.6\text{m}^3/\text{s}$，管道设计流速 $v=1.5\text{m/s}$。

② 管径与流速的确定

静态混合器设在进水管中，则 $D=\sqrt{\frac{4Q}{\pi V}}=0.71\text{m}$，实际采用管径为 800mm，管道中的实际流速 $v=1.2\text{m/s}$。

③ 混合单元数 N 的确定

混合单元数 N 按照公式 $N\geqslant 2.36V^{-0.5}D^{-0.3}$ 确定，则 $N=2.32$，取 $N=3$，三段混合单元串联使用。

④ 混合器长度 L 与混合时间 t

选用管径 800mm 的静态混合器，单个混合器长 1.6m，其总长 $L=4.8\text{m}$，则药剂在混合器中混合的总时间 $t=L/v=4.8/1.2=4\text{s}$。

⑤ 水头损失（h）

管道混合器水头损失系数按 $\zeta=1.43/D^{0.4}$ 估算。则沿程水头损失 $h=3\zeta\frac{v^2}{2g}=0.34\text{m}$。

⑥ 速度梯度 G 与 Gt 值校核

G 值按照公式 $G=\sqrt{\frac{\gamma h}{\mu t}}$ 计算。

式中 G——速度梯度，1/s；

γ——水的重度，$\gamma=\rho g$，N/m^3；

h——沿程水头损失，m；

μ——水的动力黏性，Pa·s，取 1.005×10^{-3} Pa·s；

t——水流在混合器中的混合时间，s。

则 $G=\sqrt{\frac{\gamma h}{\mu t}}=\sqrt{\frac{9800\times0.34}{1.005\times10^{-3}\times4}}=910\text{s}^{-1}$，处于 $700\sim1000\text{s}^{-1}$ 范围内，符合要求。

$Gt=910\times4=3640\geqslant2000$，符合要求。

管式静态混合器除了美国 Kenics 产品外，著名的产品还有 Komax 公司、Systems 公司、瑞士 Sulzer 公司、日本东利等公司设计的混合器。

（2）其他管道静态混合器

① SV 型管道静态混合器

混合器的 SV 单元是由一定规格的波纹板组装而成的圆柱体，它能使不同流体在三维空间内作 Z 字形流动，SV 型的混合效果较好，在处理中可以用于酸碱中和等环节。SV 型管道静态混合器见图 3-12。

② SX 型管道静态混合器

由交叉的横条按一定规律构成许多 X 型单元。其 X 型单元见图 3-13。

此外还有 SL 型管道静态混合器、SH 型管道静态混合器等也可以用于水处理中进行药剂的混合。

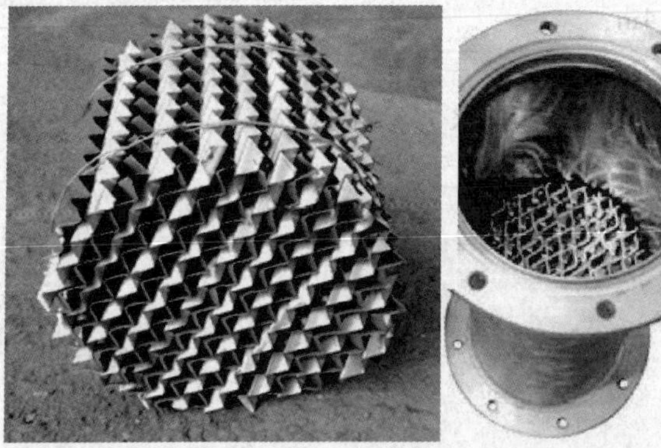

图 3-12　SV 型管道静态混合器

图 3-13　SX 型静态混合器 X 型单元图

3. 扩散混合器

扩散混合器由中国市政工程中南设计院研制出来的，示意图见图 3-14。其结构为：在混合器管内投药口处安装一个絮凝剂投配锥帽(喇叭扩散器)，与后段孔板组成一个阻流结构，从而实现增强管内水流紊动流态，使药剂溶液瞬时均匀扩散。其锥帽喇叭扩散面积为进水管断面积的 1/4，而孔板的孔口面积为进水管断面积的 3/4。这种装置用于给水处理厂，投药量可节省 10%~30%，且絮凝沉降性能好、能耗小、用材省、造价低，也可以用于污水加药混合。

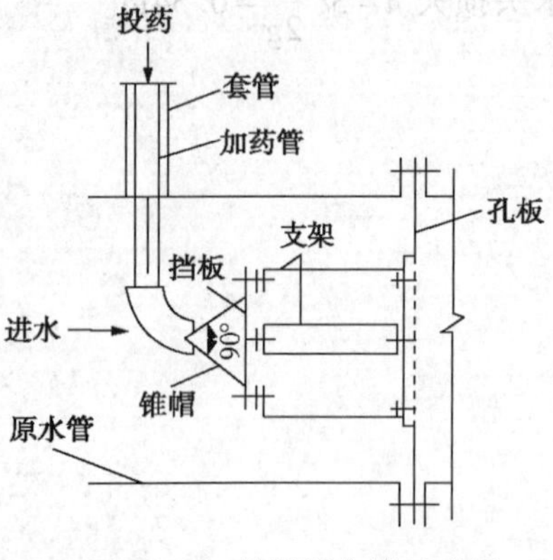

图 3-14　扩散混合器示意图

扩散混合器在使用时的有关要求如下：

① 一般进水管管径 400~800mm，最大可达 1200mm，长度大于 500mm；

② 药剂与进水在混合器内混合时间控制在 2s 以内，管中流速取 1~1.5m/s，分节数 2~3 段；

③ 投药点后的管内水头损失不小于 0.3~0.4m；

④ 投药点至管道末端絮凝池的距离应小于 60m。

4. 机械混合设备

机械混合装置一般有桨板式、螺旋桨式和透平式(空气搅动混合)几种形式。桨板式搅拌器结构简单，加工容易，适用于中小水量混合。

螺旋桨式混合设备是通过叶片搅拌来完成药剂混合过程的，螺旋桨式搅拌机适用于给水、排水工程中的混合池，反应池原水与各种药剂的混合及反应过程的搅拌，搅拌转数一般在 30~1400r/min。搅拌器的材质一般分为很多种，包括不锈钢、碳钢、碳钢衬胶。其叶片可以作旋转运动，也可以作上、下往复运动，目前国内多采用旋转方式，螺旋桨式可用于大水量混合。

机械搅拌一般认为效率高，不因水量变化而影响效果受到欢迎。也有资料认为，在反应池中，水流具有返混的现象，在返混的条件下，处于不同反应阶段的药剂混合在一起，打乱了反应的自然过程，使得返混反应器成为一种效率最差的混合设备；另外由于存在短路水流和水体的整体运动现象，使某一部分水中的药剂浓度高，另一部分低，而没有达到药剂充分混合的目的。

相关参数与设计：

(1) 混合搅拌强度与搅拌器功率

① 混合搅拌强度，常采用搅拌速度梯度 G 表示，可按(3-1)式计算，一般混合搅拌池的 G 值取 $500\sim1000s^{-1}$。

$$G=\sqrt{\frac{1000N_Q}{\mu Qt}} \tag{3-1}$$

式中 G——速度梯度，s^{-1}；

N_Q——混合功率，kW；

μ——水的动力黏度，Pa·s；

Q——混合搅拌池流量，m^3/s；

t——混合时间，s。

② 搅拌器功率，按式(3-2)计算。

$$N=nC_S\frac{\rho\omega^3LR^4\sin\theta}{8g} \tag{3-2}$$

式中 N——搅拌器功率，kW；

n——搅拌器桨叶数，片；

C_S——阻力系数，C_S取值为0.2~0.5；

ρ——水的密度，kg/m^3。

ω——搅拌器旋转角速度，rad/s；

L——搅拌器桨叶长度，m；

R——搅拌器半径，m；

g——重力加速度，$9.8m/s^2$；

θ——桨板折角，(°)。

③ 电动机功率，按式(3-3)计算。

$$N_A=\frac{KN}{\eta} \tag{3-3}$$

式中 N_A——电动机功率，kW；

N——搅拌器运行功率，kW；

K——电动机工况系数，连续运行时取1.2；

η——机械传动总效率,%，$\eta=50\%\sim70\%$。

(2) 搅拌池有效容积

搅拌池有效容积 V 按式(3-4)计算。

$$V=Qt \tag{3-4}$$

式中 V——有效容积，m^3；

Q——混合搅拌池流量，m^3/s；

t——混合时间，一般可采用10~30s。

(3) 搅拌池当量直径

当搅拌池为矩形时，其当量直径 D 可按式(3-5)计算。

$$D=\sqrt{\frac{4lB}{\pi}} \tag{3-5}$$

式中 D——搅拌池当量直径，m；

l——搅拌池长度，m；

B——搅拌池宽度，m。

(4) 搅拌器

搅拌器直径 d 按式(3-6)计算。

$$d=\left(\frac{1}{3}-\frac{2}{3}\right)D \tag{3-6}$$

式中 d——搅拌器直径，m；

D——搅拌池当量直径，m。

(5) 搅拌器外缘线速度

搅拌器外缘线速度取 2~3m/s。

第二节 混凝沉淀设计的有关要求

(1) 混凝处理工艺建设规模由处理水量确定，处理设计水量由工程最大水量确定，当处理污水量不大时(如 $Q<100m^3/h$)，混凝工艺可与沉淀或气浮合建。

(2) 混凝与絮凝处理工艺宜设置调节、隔油等预处理装置，后续工艺应设置沉淀、气浮池、过滤等工艺；当混凝与絮凝处理工艺构筑物与沉淀或气浮配合时，水流进入后续设备应以自流方式为首选。

(3) 混凝工艺应合理完成混凝反应的 pH 值，根据投药品种与投药量的不同会有较大差别，最佳 pH 值应根据现场调试确定；有条件时，pH 值控制应设置 pH 自动控制仪，并与加药计量泵耦合。

(4) 投加药剂的种类及数量应根据原水水质(pH 值、碱度、SS 等)、污染物性质(如相对分子质量、分子结构、密度、浓度、疏水性等)试验确定。

(5) 药剂混合设备的选择应根据污水量、污水性质、pH 值、水温等条件综合分析后决定，常用的混合设备有管式混合器、机械混合器、水泵混合装置等。投药设备及药剂混合设备应尽可能接近混凝工艺设施。

(6) 反应池类型的选择应根据污水水质、设计生产能力、处理后水质要求，并考虑污水水温变化、进水水质水量均匀程度以及是否连续运转等因素，结合当地条件通过技术经济比较确定。

(7) 所有混凝设备、连接管道及投配、搅拌机械均应设置必要的防腐措施。

(8) 当污水 SS 较高或投药量较大时，应在反应设备中设排泥装置。混凝工艺的泥水分离由后续沉淀或气浮设备完成。

(9) 原水中含有挥发性有害气体时应进行预处理。

第三节 混凝剂与助凝剂的投加、混合

一、混凝剂与助凝剂

(一) 常用混凝剂

1. 铝盐

包括硫酸铝、明矾、碱式氯化铝。当污水以破乳、电中和、脱稳为主要目标时，使用硫酸铝效果优于聚合混凝剂。碱式氯化铝的混凝效果与盐基度 B 关系密切。衡量聚合氯化铝

中 OH^- 的指标叫盐基度，盐基度是聚氯化铝产品的最重要质量指标之一，也是最重要的生产控制参数。盐基度高的碱式氯化铝，其混凝效果好，有关报道表明，提高聚氯化铝产品的盐基度，可大幅提高生产和使用的经济效益。盐基度从 65% 提高到 92% 后，生产原料成本可降低 20%，使用成本可降低 40%。

2. 铁盐混凝剂

包括硫酸亚铁、三氯化铁、聚合铁。

(1) 铁盐混凝剂在碱性条件下可与污水中的重金属离子产生共沉淀作用而去除。

(2) 铁盐混凝剂使用量应控制投加量及反应条件，否则易带残色。

(3) 三氯化铁腐蚀性强，不仅对金属有腐蚀，对混凝土也有较强腐蚀，使用中须有防腐措施。

(4) 硫酸亚铁在使用中一般须将二价铁氧化成三价铁，根据经验，只有当 pH>8.5，且水中具有足够碱度和氧存在时，应用硫酸亚铁絮凝才有较好效果。当水中溶解氧不足时，硫酸亚铁水解形成氢氧化铁胶体的过程较缓慢，此时可投加强氧化剂氯，直接将亚铁变为高铁。氯的用量为 $FeSO_4 \cdot 7H_2O$ 的 1/8，加氯量可按式(3-7)计算：

$$c=\frac{\alpha}{8}+\beta \tag{3-7}$$

式中 c——Cl_2 投加量，mg/L；

α——硫酸亚铁投量，mg/L，以 $FeSO_4 \cdot 7H_2O$ 计；

β——硫酸亚铁过投量，1.5~2mg/L。

(二) 常用助凝剂

助凝剂用于混凝过程完成后促进絮体混凝长大。常用高分子助凝剂有聚丙烯酰胺(PAM)、活化硅酸、骨胶等，其中最常见的是聚丙烯酰胺(PAM)。活化硅酸用于低温低浊水时有效，在混凝反应完成后投加，要有适宜的酸化度和活化时间，配制较复杂。骨胶一般和三氯化铁混合后使用。常用无机助凝剂有：氯(Cl_2)、生石灰(CaO)、氢氧化钠(NaOH)等。

1. 聚丙烯酰胺(PAM)使用的技术要求

(1) 贮存应考虑防冻措施，室内温度不低于 2℃。

(2) 使用前需先行水解，配制浓度<2%，处理效果与水解度有关，一般水解度宜控制在 30%~40%。

(3) 水解步骤与方法：溶解搅拌时间一般为 0.75~1h，加速搅拌可以提高溶解速度；水解时间 12~24h，适当投加 NaOH(控制 pH<10)有利于水解。

(4) 与常用混凝剂配合使用时，应视水中悬浮物浓度先投加铝铁盐混凝剂，混凝反应完成后再投加 PAM，否则药剂将发生胶体保护作用，影响混凝效果。

2. 氯的适用条件

(1) 当处理高色度水、破坏水中残存有机物结构及去除臭味时，可在投混凝剂前先投氯，以减少凝聚剂用量。

(2) 用硫酸亚铁作混凝剂时，加氯可促进二价铁氧化成三价铁。

3. 石灰的适用条件

(1) 用于补充污水碱度。

(2) 用于去除水中的 CO_2、调整 pH 值。

(3) 需增大絮凝体密度，加速絮体沉淀时。

（4）需增强泥渣脱水性能时。

4. 氢氧化钠的适用条件

用于调整水的 pH 值，但运行成本大，很少采用。

（三）混凝剂和助凝剂品种的选择及其用量

应根据污水混凝沉淀试验结果或参照相似水质条件下的运行经验等，经综合比较确定。常用的混凝剂宜按照表 3-3 采用。

表 3-3　常用的混凝剂及使用条件

混凝剂		水解产物	用途与适用条件
铝盐	硫酸铝 $Al_2(SO_4)_3 \cdot 18H_2O$	Al^{3+}、$[Al(OH)_2]^+$ $[Al_2(OH)_n]^{(6-n)+}$	（1）原理为压缩双电层，中和及降低胶体及乳化油、亲水性有机物表面电位； （2）混凝效果受 pH 值影响较大，适用于 pH 值高、碱度大的污水： ①破乳及去除水中有机物时，pH 值宜在 4~7 之间； ②去除水中悬浮物时，pH 值宜控制在 8~10； ③适用水温 20~40℃
	明矾 $KAl(SO_4)_2 \cdot 12H_2O$	Al^{3+}、$[Al(OH)_2]^+$、$[Al_2(OH)_n]^{(6-n)+}$	
铁盐	三氯化铁 $FeCl_3 \cdot 6H_2O$	$Fe(H_2O)_6^{3+}$ $[Fe_2(OH)_n]^{(6-n)+}$	（1）原理同铝盐。使用不受温度影响，絮体密实，沉淀效果好，用量比硫酸铝少； （2）对金属、混凝土、塑料均有腐蚀性； （3）亚铁离子在 pH 值为 8~10 范围内效果稳定。絮体形成较快，较稳定，沉淀时间短； （4）当污水 pH 值较低时，应配合使用含氯的碱性氧化剂氧化
	硫酸亚铁 $FeSO_4 \cdot 7H_2O$	$Fe(H_2O)_6^{3+}$ $[Fe_2(OH)_n]^{(6-n)+}$	
聚合盐类	碱式氯化铝 $[Al_2(OH)_nCl_n^{6-}]_m$ PAC	$[Al_2(OH)_n]^{(6-n)+}$	（1）无机高分子化合物，黏结架桥作用为主，受温度影响较小，吸附效果稳定； （2）pH 值适应范围宽，为 5~9，一般不必投加碱； （3）混凝效果好，耗药量少，出水浊度低，色度小，原水高浊度时尤为显著； （4）设备简单，操作方便，劳动条件好
	聚合硫酸铁 $[Fe_2(OH)_n(SO_4)_n^{6-}]_m$ PFS	$[Fe_2(OH)_n]^{(6-n)+}$	

二、混凝剂的投配系统

混凝剂的投加系统包括药剂的储运、调制、提升、储液、计量和投加等单元。混凝投加方式有泵前投加、水射器投加和计量泵投加，污水处理中常采用计量泵投加。混凝剂投配系统的设备、管道应根据混凝剂性质采取相应的防腐措施。

（一）药剂的调制

1. 药剂的调制方式

混凝剂的溶解和稀释应按投加量的大小、混凝剂性质，选用机械、水力或压缩空气等稀释搅拌方式。

（1）机械调制适用于各种药剂和规模，使用较普遍。搅拌叶轮可用电机带动，并根据需要考虑有转速调整装置；搅拌设备须采取防腐措施，尤其在使用铁盐药剂时。

（2）水力调制的溶解池压力水水压约为 0.2MPa。

（3）压缩空气调制适用于较大水量的污水厂中各种药剂的调制。

① 空气供给强度为：溶解池为 8~10L/($m^2 \cdot s$)，溶液池为 3~5L/($m^2 \cdot s$)；

② 空气管孔眼流速 20~30m/s，孔眼直径 3~4mm；

③ 压缩空气调制方法不适合于石灰乳液的搅拌。

2. 溶液池与溶解池

溶液池的作用是把浓溶液配成一定浓度的溶液；溶解池是把块状或粒状的药剂溶解成溶液。分别按式(3-8)、式(3-9)计算。

$$W_1=\frac{aQ}{417cn} \tag{3-8}$$

$$W_2=(0.2\sim0.3)W_1 \tag{3-9}$$

式中 W_1——溶液池容积，m^3；

W_2——溶解池容积，m^3；

a——混凝剂最大投加量，按无水产品计(mg/L)，石灰最大用量按 CaO 计；

Q——处理的水量，m^3/h；

c——溶液浓度,%，一般采用 5%~20%(按混凝剂固体重量计算)，或采用 5%~7.5%(扣除结晶水计)，石灰乳采用 2%~5%(按纯 CaO 计)；

n——每日调制次数，应根据混凝剂投加量和配制条件等因素确定，一般不宜超过 3 次。

(二) 调制设备

(1) 溶解池及溶液池底坡度不小于 0.02，池底应有排渣管，池壁须设超高，防止搅拌溶液时溶液溢出。

(2) 溶解池及溶液池内壁需进行防腐处理。一般内壁涂衬环氧玻璃钢、辉绿岩、耐酸胶泥贴瓷砖或聚氯乙烯板等，当所用药剂腐蚀性不太强时，亦可采用耐酸水泥砂浆。当采用三氯化铁时，不宜采用聚氯乙烯等遇热会引起软化变形的材料。

(3) 投药量较小时，亦可在溶液池上部设置淋溶斗以代替溶药池，使用时将药剂置于淋溶斗中，经水力冲溶后的药剂溶液流入溶液池。

(4) 溶液池可高架式设置，以便能重力投加药剂。池周围应有工作台，在池内最高工作水位处宜设溢流装置。

(5) 投药量较小的溶液池可与溶药池合并为一个池子。

(6) 聚丙烯酰胺溶液池必须设搅拌装置，搅拌转速一般为 10~15r/min。

(三) 药液的投加

1. 计量设备

为实现自动控制，可采用计量泵、转子流量计或电磁流量仪等。其设计要求如下：

(1) 泵及管道应采用耐腐蚀的材料。

(2) 投加设备宜采用计量泵；应用计量泵有以下要求应注意：

① 计量泵一般采用隔膜泵和柱塞泵。柱塞泵适用于投加压力特别高的场合，设计中可根据具体条件选用。目前大多给水处理厂采用柱塞计量泵或隔膜计量泵投加，其优点是运行可靠，并可通过改变计量泵行程或变频调节混凝剂投量，既可人工控制也可自动控制，污水处理厂也可以参照采用；

② 设计中计量泵应有预留备用，并尽量采用相同型号和规格的计量泵，并配备足够的易损件和备件；

③ 投加特殊药剂(碱、酸)应注意计量泵及系统配件材质的耐腐蚀要求；

④ 某些计量泵具有冲程频率反馈信号，可计算出实际加注流量，因此计量泵应与水质控制指标关联，自动调整加药量；

⑤ 溶液投配管配备必要的溶液过滤器，防止计量仪堵塞。

2. 药剂的投加方式

药液的投加方式有重力投加和压力投加。无论哪种投加方式，由溶解池到溶液池，到药液投加点，均应设置药液投加与提升设备，常用的药液投加、提升设备是离心泵和水射器。

（1）重力投加

重力投加方式是利用重力将药剂投加在水泵吸水管内或吸水井中的吸水喇叭口处，利用水泵叶轮混合。泵房离加药间较近的中小型污水处理厂采用这种办法较好。泵前重力投加示意图见图 3-15。

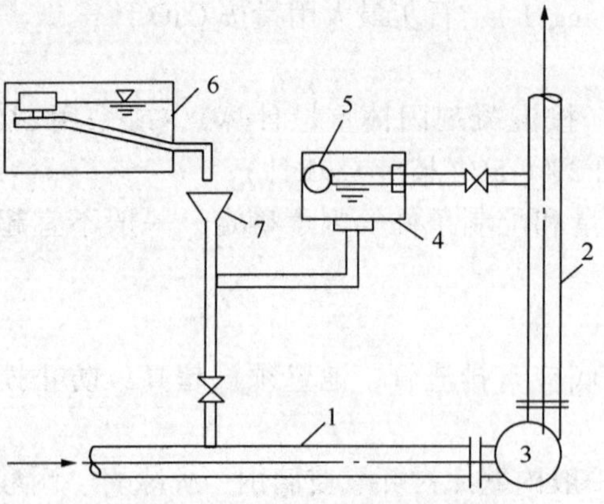

图 3-15 泵前重力投加示意图

1—吸水管；2—出水管；3—水泵；4—水封箱；5—浮球阀；6—溶液池；7—漏斗

（2）压力投加

压力投加方式是利用水泵或水射器将药剂投加到污水管中，适用于将药剂投加到压力水管中，或需要投加到高程较高、距离较远的构筑物内，有泵前投加与泵后投加方式。

① 泵前投加：药剂加注在水泵吸水管中或吸水喇叭口处，加药管安装位置与具体数据见图 3-16。目前加药大多数采用这种方式，主要优点是可利用水泵叶轮使药剂和原水得到充分混合，而且借助于水泵吸力吸入，容易加注。缺点是药剂对水泵有一定的腐蚀作用。

② 泵后投加：当提升泵离处理装置较远（约大于 500m）时，为防止过早反应导致结成

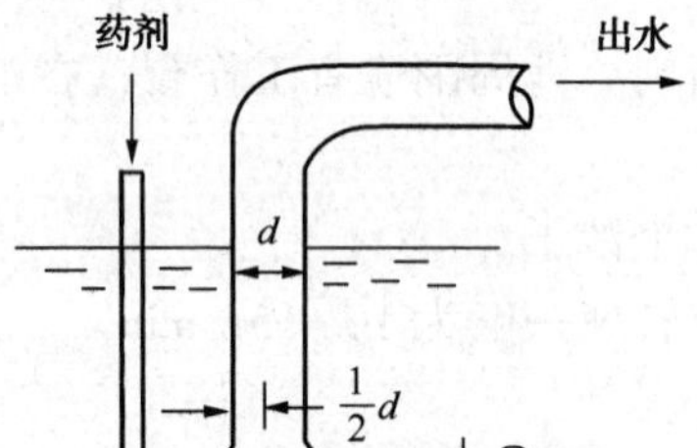

(a) 在吸水管喇叭口处投加(单位: mm)

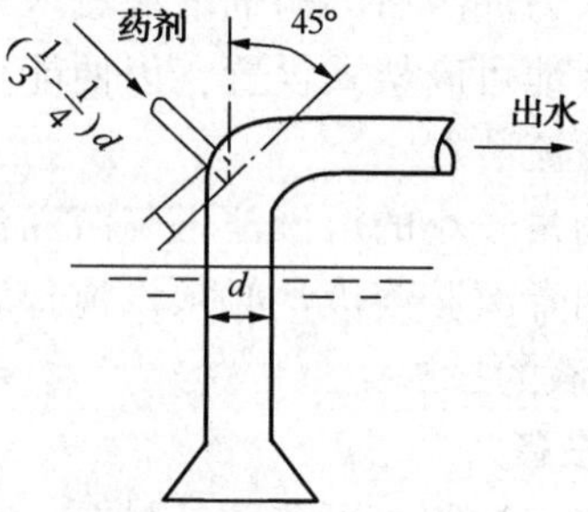

(b) 在吸水管上投加

图 3-16 泵前投加方式示意图

的絮粒在管道或进入沉淀池时破碎，从而影响处理效果，一般需要采用泵后投加。泵后投加位置一般在水泵出水压力管（见图 3-17）或沉淀池进口处。

泵后投加因投药点承压或无吸力，故需要用水射器或加药泵。其优点是不发生药剂对水泵的腐蚀。水射器投加示意图见图 3-18。水射器利用高压水（压力>0.25MPa）通过喷嘴和喉管时的负压抽吸作用，吸入药液到压力水管中，水射器投加应设有计量设备。一般污水输送管都有较高压力，故使用方便。

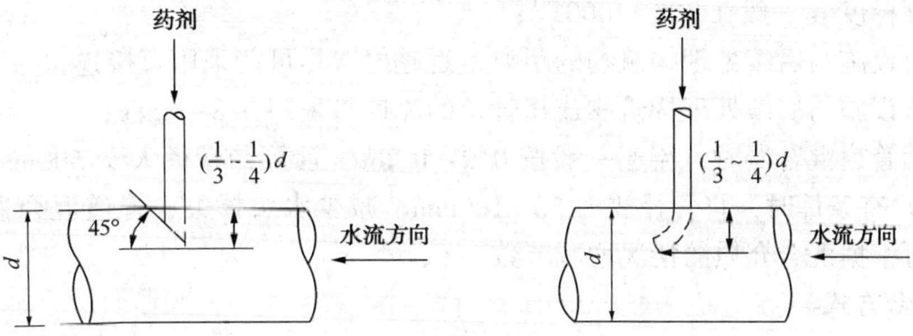

图 3-17　泵后投加方式示意图

（四）加药间及药库

1. 一般规定

加药间宜与药库合并布置，室外储液池、加药间及药库位置应尽量靠近投药点，并设置在通风良好的地段；药剂仓库和加药间应根据具体情况设置机械搬运设备。

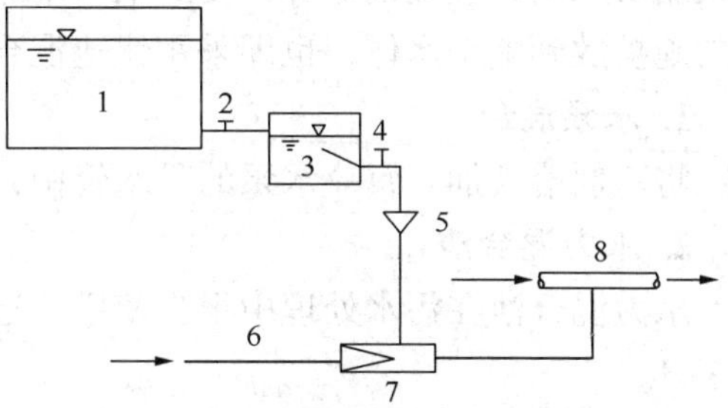

图 3-18　水射器投加示意图

1—溶液池；2—阀门；3—投药箱；4—阀门；5—漏斗；6—高压水管；7—水射器；8—污水进水管

2. 加药间布置

（1）加药间室内应设有冲洗设施，地坪应有排水沟。

（2）药液输送管材一般可采用硬聚氯乙烯等塑料管。

（3）溶液池边应设工作台，宽度以 1.5m 为宜。

3. 药库布置

（1）药剂的固定储备量可按最大投药量的 7～15d 用量计；

（2）混凝剂堆放高度一般采用 1.5～2m，当采用石灰时可为 1.5m，当采用机械搬运设备时可适当增加；

（3）必要时药库可设置电动葫芦或电动悬挂起重机等起重搬运设备；

（4）应有良好的通风条件，并应防止药剂受潮。

三、混合设施

混合是原水与混凝剂、助凝剂进行充分混合的工艺过程，混合的作用在于使药剂迅速均匀扩散于溶液中，以创造良好的水介和聚合条件，是进行混凝反应和沉淀的重要前提。混合过程要求在加药后迅速完成。

（一）混合设施的基本要求

完成凝聚过程的设备叫混合设施，它对于整个混凝过程有着十分重要的作用。混合设施必须满足以下要求：

（1）保证药剂均匀地扩散到整个水体；

（2）混合时间不宜过长；

（3）能使水体强烈搅动。

（二）混合设备的有关要求

（1）混合时间一般控制在 10～30s；

（2）速度梯度 G 一般在 $700 \sim 1000s^{-1}$；

（3）混合设施与后续处理构筑物的距离越近越好，尽可能采用直接连接方式；

（4）混合设施与后续处理构筑物连接管道的流速可采用 0.8～1m/s；

（5）采用管道混合器时，流速一般按 0.9～1.2m/s 计算，管径大于 500mm 的最大流速可达 1.5m/s。有条件时，将管径放大 50～100mm，减少水头损失；管道混合器组合可按三节考虑，也可根据混合介质的情况增减节数。

（三）混合方式

药剂的混合方式有水泵混合、管式混合器混合和机械混合。不论采用何种混合方式，都应根据所采用的混凝剂品种，使药剂与水进行恰当的急剧、充分混合，在很短时间内使药剂均匀地扩散到整个水体，也即采用快速混合方式。

1. 水泵混合

将药剂溶液加入每一水泵的吸水管中，通过水泵叶轮的高速转动以达到混合效果。

2. 水力混合池

水力混合池在污水处理中很少使用，适宜的条件下可以选用，其形式与设计要点总结于表 3–4。

表 3–4　水力混合池的形式与设计要点

	形式		特点和设计要点
1	隔板混合池	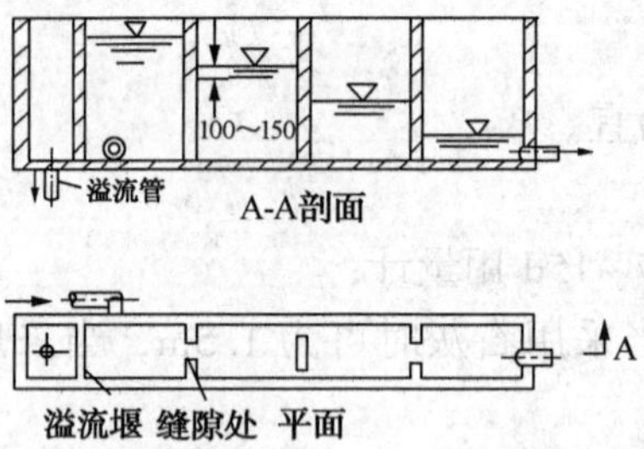	（1）利用水体的曲折行进所产生的湍流进行混合； （2）一般设计成有 3 块以上隔板的窄长形水槽，两道隔板间的距离为槽宽的 2 倍； （3）最后一道隔板后的槽中水深不应小于 0.4～0.5m，该处槽中流速按 0.6m/s 设计； （4）缝隙处的流速按 1m/s 设计，每道缝隙处的水头损失约为 0.13m，一般总水头损失在 0.4m 左右； （5）缝隙应设在淹没水深 0.1～0.15m 以下
2	跌水混合池	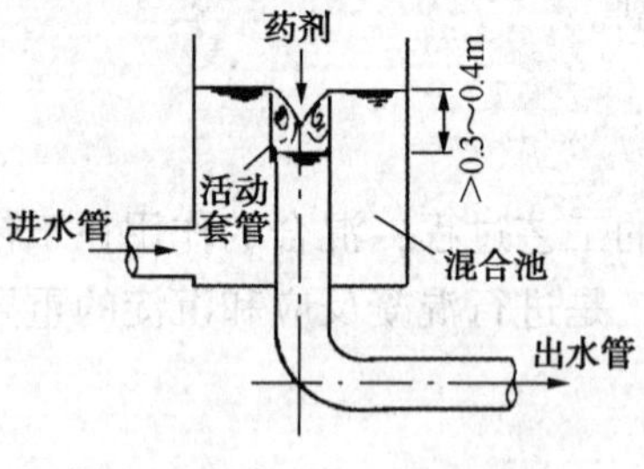	（1）利用水流在跌落过程中产生的巨大冲击达到混合的效果； （2）其构造为混合池的输水管上加装一活动套管，混合的最佳效果可由调节活动套管的高低来达到； （3）套管内外水位差至少应保持 0.3～0.4m，最大不超过 1m
3	水跃式混合池	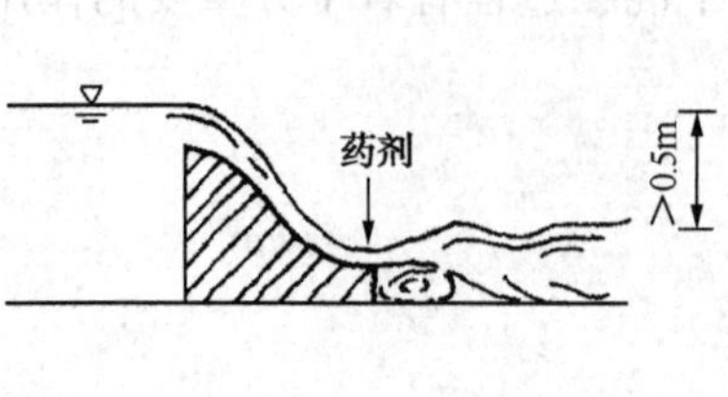	（1）利用 3m/s 以上的流速迅速流下时所产生的水跃进行混合，适用于有较多水头的大、中型污水处理厂； （2）上下游水头差至少要在 0.5m 以上

续表

形式			特点和设计要点
4	涡流式混合池	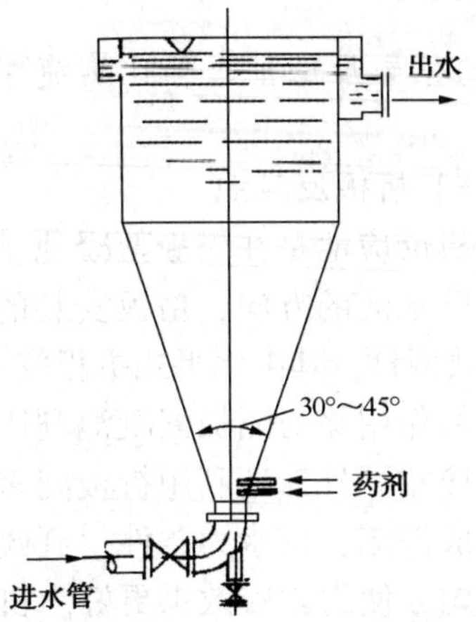	(1)适用于中小型水厂，特别适合于石灰乳的混合，其单池处理能力不大于1200~1500m^3/h； (2)其上部形状呈正方形或者圆形，下部成倒金字塔形或者圆锥形，中心角 α 为30°~45°； (3)进口处上升流速1~1.5m/s，混合池上部的上升流速为25mm/s； (4)停留时间≤2min，一般可采用1~1.5min

3. 其他设备

其他如管式静态混合器、扩散混合器、机械混合设备等，具体见本章第一节药剂混合设备的相关内容。

第四节　絮凝反应池的类型与设计

一、基本要求

(1) 反应流速一般按由大逐渐变小进行设计，为防止絮粒被破碎，应控制反应器内的流速。

(2) 反应池形式的选择和反应时间的采用，应根据污水水质情况和相似条件下的运行经验或通过试验确定。

(3) 反应池要有足够的反应时间。根据污水特性及反应池形式的不同，反应时间一般宜控制在15~30min之间。要有足够的反应时间(10~30min为宜)，并控制反应速度。对于低浊度、低碱度污水宜采用较大的 t 值；对粗分散、杂质含量高的污水宜采用较大的 G 值。

(4) 反应池的平均速度梯度 G 一般在20~70s^{-1}之间，GT 值达10^4~10^5，速度梯度 G 及反应流速应逐渐由大到小，G 可用式(3-10)计算。

$$G=\left(\frac{W}{\mu}\right)^{0.5} \tag{3-10}$$

式中　W——单位体积单位时间所消耗的功，kW；

μ——液体的动力黏滞系数，Pa·s。

(5) 反应池应尽量与沉淀池或者气浮池合并建造，避免用管渠连接。如确需用管渠连接时，管渠中的流速应小于0.15m/s，并避免流速突然升高或水头跌落。

(6) 为避免已形成絮粒的破碎，反应池出水穿孔墙的过孔流速宜小于0.1m/s。

(7) 反应池应采取相应排泥措施。

(8) 反应池可采用水力搅拌和机械搅拌，机械搅拌易于控制反应条件，应优先采用。采用水力搅拌的反应设备，其搅拌强度可由水流速度来控制，搅拌时间即水在反应设备中的停留时间，一般采用6~30min。

二、絮凝反应池的类型与设计

絮凝反应池包括折板絮凝反应池、网格(栅条)絮凝反应池、穿孔旋流絮凝池、机械搅拌絮凝反应池等形式。

图3-19　水平式折板安装图

(一) 折板反应池

折板反应池是在隔板絮凝池基础上发展起来的，按照水流的方向，格板安装的方式有水平式和竖流式两种，其中水平式折板安装图见图3-19。反应池的作用除与隔板絮凝池利用转折过程增加颗粒碰撞相同外，还利用折板间多次转折或缩放水流形成涡流，使水力条件得到改善，沿程能量消耗均匀，使得絮凝效果更好。目前，折板絮凝池已成为国内给水厂常用的絮凝工艺形式，也适用于水量变化不大的中、小污水厂。与隔板絮凝池相比，折板反应池存在安装维护困难、折板费用较高的缺点。

1. 竖流式折板絮凝池

工程中使用的竖流式折板絮凝池为多通道式。多通道是将絮凝池分为若干个分格，在每一个格子内放置若干折板，水流在每一格内折板间的通道上下或水平流动。多通道絮凝池结构示意图见图3-20。

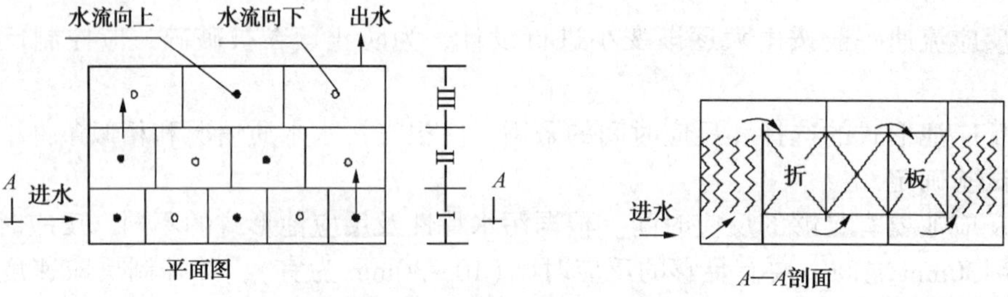

图3-20　多通道絮凝池结构示意图

1）组成

平折板絮凝池一般分为三段，由异波折板、同波折板、平板组成。图3-21为平折板絮凝池三段构成示意图，折板反应池实物图见图3-22。

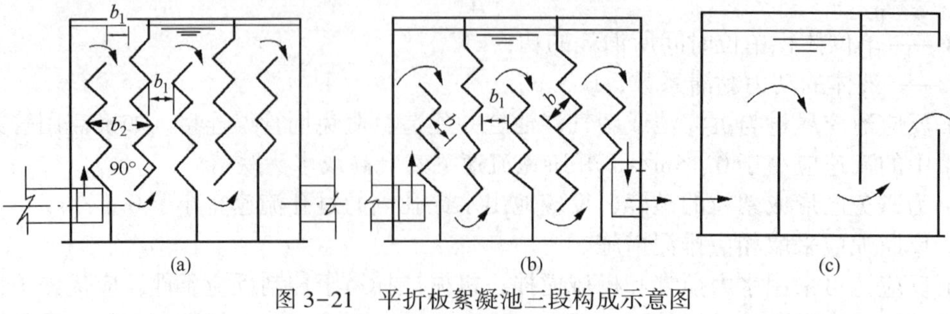

图3-21　平折板絮凝池三段构成示意图

图 3-22　折板反应池实物图

2）折板

（1）折板夹角

折板夹角一般有 90°和 120°两种。折板夹角不宜过大，过大会减少波折数，影响紊流强度；也不宜过小，夹角过小则泥不易滑动。实践表明折板夹角为 120°时运行效果较好。

（2）折板长度

折板长度与流程布置有关，但过大会增加结构厚度，折板长度可采用 0.8~1.5m。

（3）折板宽度（b）

在有效水深一定的情况下，折板的波折数取决于折板夹角和折板宽度，并影响液流的紊流强度。折板宽度小则波折数多，液流紊流强度大，折板块数也增多。折板宽度应随着絮凝体成长情况而沿程递减，宜采用 30cm、40cm、50cm 三种宽度，一般宽度 b 采用 0.5m。

（4）折板间距

当折板间距增大至一定距离时（约为 0.8m），折板边界效应将减弱甚至到可忽略，影响絮凝效果，故折板间距不宜过大，折板絮凝池单池设计流量也不可过大；而间距过小会造成清洗絮凝池不便。根据已有经验数据，异波折板间距 b_1 可控制在 0.3m 左右；同波折板间距 b_1 可控制在 0.4m 左右；平板直板间距可控制在 0.8m 左右。

（5）折板材质与安装

折板的材质有不锈钢板、塑料、钢丝网水泥板、铝板和轻质填料等，一般采用铝板、钢丝网水泥板。折板的安装方式有：嵌入池壁预留的凹槽、装入固定在池壁上的角钢槽、整箱安装等方式。

3）设计参数

竖流式平折板絮凝池设计需要考虑的参数有均速度梯度 G、反应停留时间 T、水流速度 V，根据各段板布置的形式，其设计采用 G 值、T 值及 V 值可参考表 3-3 给出的数据。

表 3-3　折板絮凝池 G 值、T 值及 V 值参考数据

布置形式		G/s^{-1}	T/s	V/(m/s)
第一段	异波折板	80~100	≥240	0.25~0.35
第二段	同波折板	50~60	≥240	0.15~0.25
第三段	平行直板	20~25	≥240	0.10~0.15

4）单格池容

单格池容按式（3-11）计算。

$$W=\frac{QT}{60n} \tag{3-11}$$

式中　W——单格池容，m^3；

Q——设计水量，m^3/h；

T——反应时间，取15~30min；

n——池个数。

5）折板反应池水头损失计算：

（1）异波段水头损失

① 渐放段总水头损失

渐放段总水头损失按式(3-12)计算。

$$h_1=n_1\xi_1\frac{V_1^2-V_2^2}{2g} \tag{3-12}$$

式中 h_1——渐放段水头损失，m；

n_1——渐放组合的个数；

ξ_1——渐放段阻力系数，取0.5；

V_1——峰速，0.25~0.35m/s；

V_2——谷速，0.1~0.15m/s；

g——重力加速度，$9.8m/s^2$。

② 渐缩段总水头损失

渐缩段总水头损失按式(3-13)计算。

$$h_2=n_1\left[1+\xi_2-\left(\frac{F_1}{F_2}\right)^2\right]\frac{V_1^2}{2g} \tag{3-13}$$

式中 h_2——渐缩段总水头损失，m；

n_1——缩放组合的个数；

ξ_2——渐缩段阻力系数，取0.1；

F_1——相对峰的断面积，m^2；

F_2——相对谷的断面积，m^2；

V_1——峰速，0.25~0.35m/s；

g——重力加速度，$9.8m/s^2$。

③ 转弯或孔洞的水头损失

转弯或孔洞的水头损失按式(3-14)计算。

$$h_3=n_2\xi_3\frac{V_0^2}{2g} \tag{3-14}$$

式中 h_3——转弯或孔洞的水头损失，m；

n_2——转弯个数；

ξ_3——转弯或孔洞处的阻力系数，上转弯 $\xi_3=1.8$，下转弯或孔洞 $\xi_3=3.0$；

V_0——转弯或孔洞处流速，m/s；

g——重力加速度，$9.8m/s^2$。

则异波段总水头损失可按式(3-15)计算。

$$H_1=h_1+h_2+h_3 \tag{3-15}$$

式中 H_1——异波段总水头损失，m；

h_1——渐放段水头损失，m；

h_2——渐缩段总水头损失，m；

h_3——转弯或孔洞的水头损失，m。

（2）同波折板水头损失

① 板间水头损失

板间水头损失可按式(3-16)计算。

$$h_1 = n_1 \xi \frac{V^2}{2g} \tag{3-16}$$

式中 h_1——板间水头损失，m；

n_1——板块组合个数；

ξ——板间阻力系数，取0.5；

V——板间流速=0.15~0.25m/s；

g——重力加速度，9.8m/s^2。

② 上下转弯水头损失

上下转弯水头损失可按式(3-17)计算。

$$h_2 = n_2 \xi_3 \frac{V_0^2}{2g} \tag{3-17}$$

式中 h_2——转弯或孔洞的水头损失，m；

n_2——转弯个数；

ξ_3——转弯处的阻力系数，上转弯 $\xi_3 = 1.8$，下转弯 $\xi_3 = 3.0$；

V_0——转弯处流速，m/s；

g——重力加速度，9.8m/s^2。

则同波段总水头损失可按式(3-18)计算。

$$H_2 = h_1 + h_2 \tag{3-18}$$

式中 H_2——同波段总水头损失，m；

h_1——板间水头损失，m；

h_2——转弯或孔洞的水头损失，m。

（3）平行直板水头损失

单一平行直板水头损失可按式(3-19)计算。

$$h = \xi \frac{V^2}{2g} \tag{3-19}$$

式中 h——板间水头损失，m；

ξ——转弯处阻力系数，$\xi = 3.0$；

V——平均流速，取0.1~0.15m/s；

g——重力加速度，9.8m/s^2。

$$H_3 = nh \tag{3-20}$$

式中 H_3——总水头损失，m；

n——180°转弯个数；

h——板间水头损失，m。

（4）折板反应池水头总损失

$$H = H_1 + H_2 + H_3 \tag{3-21}$$

式中 H——反应池的总水头损失，m；

H_1——异波段总水头损失，m；

H_2——同波段总水头损失，m；

H_3——平行直板段总水头损失，m。

6）实例

某工程设絮凝池 2 组，每组 2 格，每格设计规模 6. 25 万 m^3/d，平行对称布置，钢筋砼结构，采用 90°水平式折板，单格絮凝池尺寸为 $L\times B\times H=16m\times 11.25m\times 5.3m$，水深 4. 6～5m，有效容积 $728m^3$。絮凝池被分成相对折板、平行折板、平行直板 3 个絮凝阶段，絮凝流速分别为 0. 289m/s、0. 23m/s、0. 11m/s。

某水厂处理规模为 25 万 m^3/d，采用机械快速混合、竖流式相对折板絮凝池，絮凝剂为液体硫酸铝。混合池、絮凝池与平流沉淀池合建。其折板絮凝池布置如图 3-23 所示。

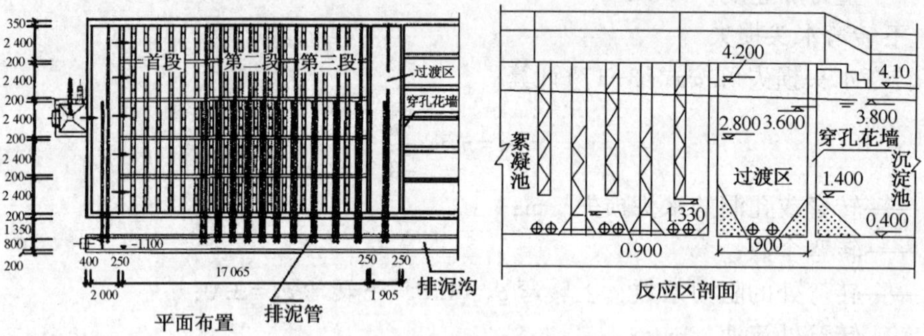

图 3-23 折板絮凝池布置图

其运行参数如表 3-6 所示。

表 3-6 折板絮凝池运行参数

名称	格数	水流峰速/(m/s)	长度/m	停留时间/min	水头损失/kPa	G/s^{-1}	GT 值
首段	11	0. 342	4. 785	4. 3	2. 51	97. 15	2.51×10^4
二段	14	0. 224	7. 14	6. 4	1. 54	62. 43	2.4×10^4
三段	7	0. 122	5. 14	4. 6	0. 15	22. 78	0.63×10^4
合计	32		17. 065	15. 3	4. 2		

2. 波形折板反应池

波形折板反应池是指利用在水池中设置波形折板扰流单元以达到絮凝所要求的紊流状态的反应池。水流在反应池内垂直上升与下落的过程中，速度在波峰与波谷之间发生变化，形成涡流，这些扰流单元增强了絮凝时的紊流状态，能使水体中的矾花颗粒实现充分的碰撞，其效果与传统折板相比具有较高的容积利用率和较小的扩散系数。波形板见图 3-24。

（1）波形折板反应池按竖流设计，采用平行波纹布置。波形折板规格及主要技术参数如下：

① 单板：波长 500mm，波高 100mm；

② 安装间距：波峰 30～60mm，波谷 230～260mm。

（2）波形折板反应池反应池设计成 3 个连续反应室，形成三级或絮凝。三级的容积设计为逐级成倍递增：$W_1:W_2:W_3=1:2:4$；平均流速成倍递减：$V_1:V_2:V_3=4:2:1$；设计

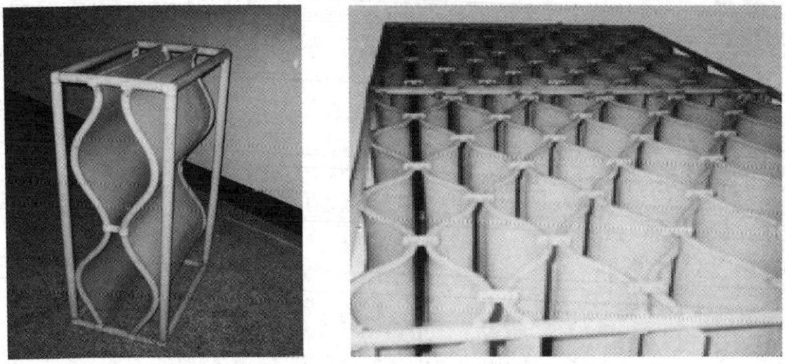

图 3-24　工程使用的波形板图

板间距分别为 100mm、200mm、400mm。

(3) 每个反应室波形板流程为 8~10m，波形板部分总流程为 24~30m。

(4) 波形折板竖流反应器每格流速由 0.25m/s 逐步递减至 0.05m/s。

(5) 反应室单位沿程水头损失相应由 30mmH_2O/m 递减至 5mmH_2O/m。反应室的总水头损失约为 30~35cm。

(二) 网格(栅条)反应池

网格反应池是在多格回流竖井设多层网格，网格数自进水端至出水端依次减少，网格布置之间的隔墙上下交错，当水流流经过网格时，相继收缩、扩大，形成涡旋，提高颗粒碰撞机会。网格(栅条)反应池具有结构简单、节省材料、水头损失小(0.1~0.15m)及絮凝效果良好等特点，应用广泛。工程使用的网格见图 3-25。

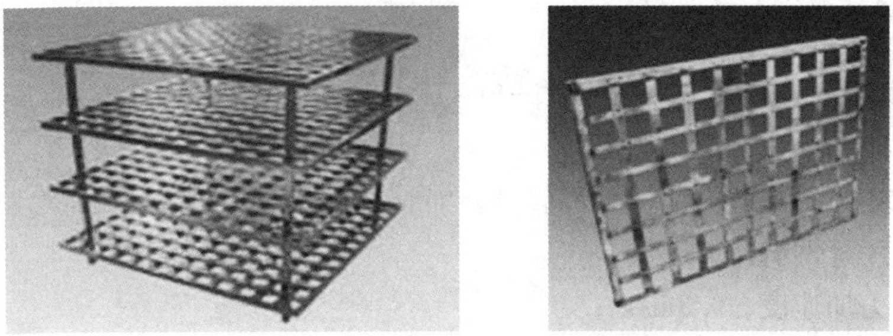

图 3-25　工程使用的网格图

1. 设计要求

(1) 网格反应池适用于小水量污水絮凝处理，可与沉淀池合建。

(2) 反应池分格数分成 8~16 格；可大致按分格数均分成 3 段，即前段、中段、末段；前段、中段、末段网格或栅条层数可分别为 16 层、10 层、4 层；上下两层间距为 60~70cm，每格的竖向流速前段至末段由 0.2m/s 到 0.1m/s 逐步递减。

(3) 网孔或栅孔流速，前段 0.25~0.3m/s，中段 0.22~0.25m/s，后段 0.10~0.22m/s。

(4) 絮凝反应时间：前段、中段、末段的絮凝反应时间分别为 3~5min、3~5min、4~5min。

(5) 格栅反应池需设排泥管，一般采用 *DN*150~*DN*200 的穿孔管，并安装快开排泥阀。

2. 网格反应池的计算

(1) 池体积

网格反应池池体积可按式(3-22)计算。

$$V=\frac{QT}{60} \tag{3-22}$$

式中 V——池体积，m^3；

Q——流量，m^3/h；

T——反应时间，min，15~20min。

(2) 池面积

池面积按式(3-23)计算。

$$A=\frac{V}{H'} \tag{3-23}$$

式中 A——池面积，m^2；

V——池体积，m^3；

H'——有效水深，m，一般取2~3m。

(3) 分格面积

按式(3-24)计算。

$$f=\frac{Q}{v_0} \tag{3-24}$$

式中 f——分格面积，m^2/s；

Q——流量，m^3/h；

v_0——竖井流速，m/s。

(4) 总水头损失

按式(3-25)计算。

$$H=\sum\xi_1\frac{v_1^2}{2g}+\sum\xi_2\frac{v_2^2}{2g} \tag{3-25}$$

式中 H——总水头损失，m；

ξ_1——网格阻力系数，前、中、后段分别取1.0、0.9、0.6；

v_1——各段过网流速，m/s；

g——重力加速度，$9.8m/s^2$；

ξ_2——孔洞阻力系数，取3.0；

v_2——各段孔洞流速，m/s。

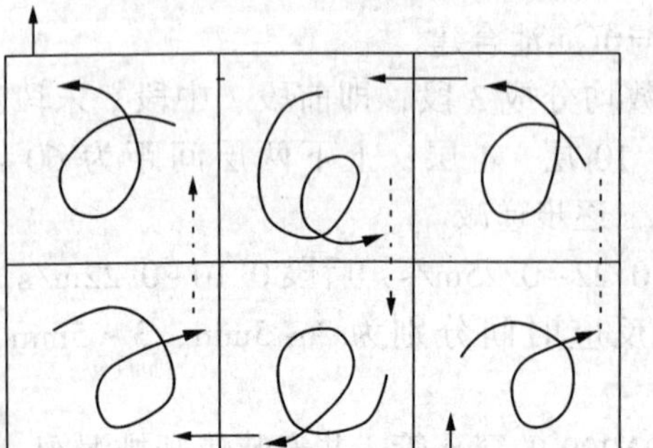

图3-26 穿孔旋流反应池

(三) 穿孔旋流絮凝池

穿孔旋流反应池是由若干方格组成，分格数一般不少于6格，各格之间的隔墙上沿池壁开孔，孔口上下交错布置，见图3-26。水流沿池壁切线方向进入后形成旋流。第一格孔口尺寸较小，流速最大，而后孔口尺寸逐渐增大，流速逐格减小，速度梯度G值也相应减小以适应絮凝体的成长。一般起点孔口流速宜取0.6~1.0m/s，末端孔口流速宜取0.2~0.3m/s，絮凝时间15~25min。穿孔旋流反应池优点是构造简单、施工方便、造价低，可用于中、小型水厂。但由于受流量变化影响较大，也存在着絮凝效果欠佳、池底容易产生积泥现象等缺点，在污水处理工程中一般不使用。

其设计参数如下：

（1）絮凝时间一般宜为 15~25min。

（2）絮凝池孔口流速应按由大到小的渐变流速进行设计，起端流速一般宜为 0.6~1.0m/s，末端流速一般宜为 0.2~0.3m/s。

（3）絮凝池每格孔口应作上下对角交叉布置。

（4）每组絮凝池分格数不宜少于 6 倍。

（5）应设置直径约 150~200mm 的穿孔排泥管，以便排泥和清洗。

（6）每格进、出水孔应靠近池壁布置，下孔应在积泥面以上，上孔应在最高水位 0.05~0.1m，孔口高度可取为宽度的 1.5~2 倍。

（四）机械反应池

机械搅拌絮凝池是通过叶片搅拌完成絮凝过程。叶片可以作旋转运动，也可以作上、下往复运动，目前我国多采用旋转方式。机械搅拌絮凝池分为卧轴式及立轴式两种，一般可采用多级串联方式，大型污水厂可采用分级搅拌方式。机械的叶片多采用条形桨板，也有网状形式。絮凝时间一般采用 15~20min，内设 3~4 挡搅拌机。机械絮凝池的优点是，絮凝效果良好，不受水量变化的影响，可适用于各种形式的沉淀池，机械反应池结构与示意图见图 3-27。

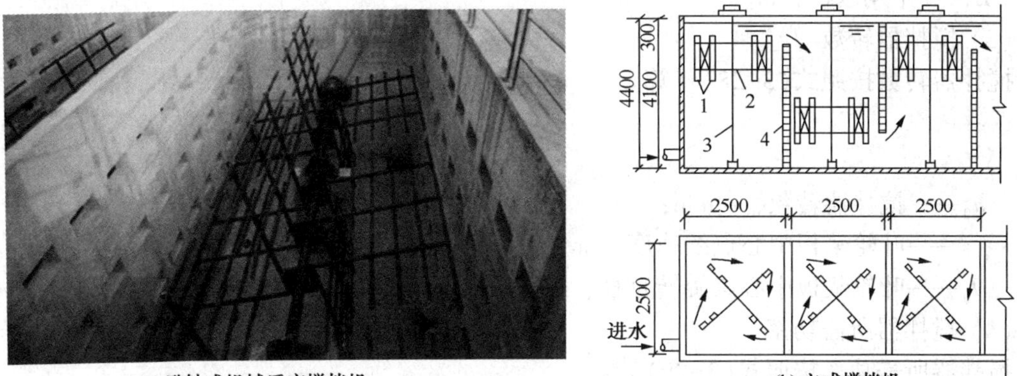

(a) 卧轴式机械反应搅拌机　　(b) 立式搅拌机

图 3-27　机械反应池图

1—叶片；2—连接杆；3—轴；4—隔板墙

1. 机械反应池设计基本要求

（1）反应池数一般应在三格以上。池内设相应挡数的搅拌器，搅拌器多用垂直轴。

（2）桨叶可为平板型、叶轮式，桨叶中心线速度 0.5~0.2m/s，各格线速度应逐渐减小。

（3）垂直轴式的上桨板顶端应设于池子水面下 0.3m 处，下桨板底端设于距池底 0.3~0.5m 处，桨板外缘与池侧壁间距不大于 0.25m。

（4）每根搅拌轴上桨板总面积宜为水流截面积的 10%~20%，不宜超过 25%，每块桨板的宽度为桨板长的 1/10~1/15。

（5）为防止水流短路，垂直轴式的应设置固定挡板。

（6）为了适应水量、水质和药剂品种的变化，宜采用无级变速的传动装置。

（7）单格宜建成方型，单边尺寸宜>800mm，池深一般为2.5~4m。池边应设平台检修。

（8）全部搅拌轴及叶轮等机械设备，均应考虑防腐。

2. 设计计算

（1）单格池容积

单格池容积按照式(3-26)计算。

$$W=\frac{QT}{60n} \tag{3-26}$$

式中 W——每池容积，m^3；

Q——设计水量，m^3/h；

T——反应时间，一般为15~30min；

n——池数，个。

（2）单格池长度

单格池长度按照式(3-27)计算。

$$L=\sqrt{\frac{W}{H}} \tag{3-27}$$

式中 L——单格池长度，m；

W——每池容积，m^3；

H——平均水深，m。

（3）搅拌器转数

搅拌器转数按照式(3-28)计算。

$$n_0=\frac{60v}{\pi D_0} \tag{3-28}$$

式中 n_0——搅拌器转数，r/min；

v——叶轮桨板中心点线速度，m/s；

D_0——叶轮桨板中心点旋转直径，m。

（4）搅拌器所需功率

搅拌器所需功率按照式(3-29)计算。

$$N_0=\sum_1^n\frac{pkl\omega^3}{8}(r_2^4-r_1^4) \tag{3-29}$$

式中 N_0——搅拌器消耗的功率，kW；

n——每个叶轮上的桨板数目，个；

ρ——污水的密度，kg/m^3；

k——系数，当 $1/(r_2-r_1)>1$ 时，$k=1.1$；

l——桨板长度，m；

ω——叶轮旋转的角速度，r/s；

r_2——叶轮外缘半径，m；

r_1——叶轮内缘半径，m。

（五）隔板絮凝池

1. 基本形式

隔板絮凝池形式有往复式隔板、回转式隔板或二者组合。回转式是在往复式的基础上加以改进而成。从反应器原理上看，隔板絮凝池接近于推移流，特别是回转式，往复式的180°转弯处的絮凝条件与廊道内条件差别较大。隔板絮凝池的形式见图 3-28。

(a) 往复式隔板絮凝池

(b) 回转式隔板絮凝池

图 3-28　隔板絮凝池的形式

2. 设计参数

（1）流速沿程递减，一般分 4~6 段；其起端流速控制在 0.5~0.6m/s，末端流速控制在 0.2~0.3m/s。一般可采用两种降速方法：隔板间距放宽、池底相平；隔板间距相等、从起端至末端池底逐渐降低；

（2）转弯处过水断面积为廊道的 1.2~1.5 倍，以减少局部水头损失，转弯处尽量做成圆弧形；

（3）絮凝时间：20~30min；

（4）隔板间距一般宜大于 0.5m，池坡 0.02~0.03，排泥管管径≥150mm；

（5）一般要求 G 为 30~60s^{-1}，Gt 为 10^4~10^5。

第五节　沉淀工艺

沉淀就是利用重力沉降将比水重的悬浮颗粒从水中去除的操作。沉淀是污水处理用途最广泛的单元操作之一，主要采用沉淀池。

一、沉淀池的分类与参数

（一）分类

按在污水处理流程中的位置，沉淀池主要分为初次沉淀池和二次沉淀池；根据池中是否设置填料，可分为无填料类沉淀池及有填料类沉淀池。

（1）初次沉淀池

城市污水中既含有分散颗粒又含有絮凝性颗粒。设计初次沉淀池的容量时，有效容积是表面负荷（过流率）和沉淀时间的函数。由于大多数沉淀池的池深为 3m 左右，虽然停留时间通常作为设计时的指标，但表面负荷也是一个有用的标志。用于生物处理前的沉淀池常采用 2h 的沉淀时间。当只采用初次沉淀处理时，常选用 3h。我国对于前者常采用 1~1.5h，对于后一种情况则为 1.5~5h。

（2）二次沉淀池

无填料二次沉淀池根据水流方向主要有竖流式、平流式、辐流式等三种形式，平流式、辐流式沉淀池主要用于大、中型城市污水处理厂。从生物滤池和曝气池带至二次沉淀池中的悬浮固体通常具有良好的凝聚性，因此竖流式沉淀池特别适宜。但它因有容量小、造价高、施工较困难等缺点，故使用也不广泛。近年来，应用较多的是平流式、辐流式沉淀池。而斜板(斜管)沉淀池一般用于小型污水处理厂以及给水厂。

初次沉淀池和二次沉淀池的比较见表 3-7。

表 3-7　初次沉淀池和二次沉淀池的比较

池型	适用条件	设计要点
初沉池	对污水中密度大的固体悬浮物进行沉淀分离	(1)考虑沉淀污泥发生腐败，设置刮、排泥设备，迅速排除污泥； (2)考虑固体悬浮物及污泥上浮，设置浮渣去除设备； (3)表面负荷以 25~50$m^3/(m^2 \cdot d)$为标准； (4)进水端考虑整流措施，采用阻流板、有孔整流壁、圆筒形整流板； (5)采用溢流堰。堰上负荷≤250$m^3/(m \cdot d)$； (6)长方形池，最大水平流速为 7mm/s； (7)污泥区容积：静水压排泥时，≤2d 污泥量；机械排泥时，≤4h 排泥量； (8)排泥静压≥1.5m
二沉池	对污水中以微生物为主体的、密度小的、因水流作用易发生上浮的固体悬浮物进行沉淀分离	(1)考虑沉淀污泥发生腐败，设置刮、排泥设备，迅速排除污泥； (2)考虑污泥上浮，设置浮渣去除设备； (3)表面负荷一般为 25~30$m^3/(m^2 \cdot d)$； (4)进水端考虑整流措施，采用阻流板、有孔整流壁、圆筒形整流板； (5)采用溢流堰，堰上负荷≤150$m^3/(m \cdot d)$，溢流设备的布置要防止污泥上浮流出而使处理水恶化； (6)长方形池的最大水平流速为 5mm/s； (7)需考虑 SVI 值升高引起的问题； (8)排泥静水压：生物膜法后≥1.2m，曝气池后≥0.9m

(二) 有关参数

沉淀池的参数包括有效水深(H)、沉淀时间(t)、表面负荷(q)，其关系见表 3-8。一般水深采用 2~4m，沉淀时间 2~4h。根据处理方法和污水流量，可按此表选择特定的过流率和停留时间。这时堰负荷通常应低于初次沉淀池中建议的堰负荷的最大值，以减小进入出水堰的水流速度。通常，在池壁内把出水堰建成两侧有堰的排水槽。

表 3-8　沉淀池有效水深 H、沉淀时间 t、表面负荷 q 的关系

$q/[m^3/(m^2 \cdot d)]$	沉淀时间 t/h				
	H=2.0m	H=2.5m	H=3.0m	H=3.5m	H=4.0m
72			1	1.17	1.33
60		1	1.2	1.4	1.6
48	1	1.25	1.5	1.75	2
36	1.44	1.67	2	2.33	2.67
24	2	2.5	3	3.5	4

二、无填料沉淀池类型和应用

无填料沉淀池按水流方向划分沉淀池，有平流式、辐流式、竖流式三种形式。每种沉淀池均包括五个区，即进水区、沉淀区、缓冲区、污泥区和出水区。沉淀池各种池型的优缺点和适用条件见表 3-9。

表 3-9　有关沉淀池池型的优缺点和适用条件

池型	优　点	缺　点	适用条件
平流式	(1)沉淀效果好； (2)对冲击负荷和温度变化的适用能力较强； (3)施工简易，造价较低	(1)池子配水不易均匀； (2)采用多斗排泥时，每个泥斗需要单独设排泥管各自排泥，操作量大；采用链带式刮泥机排泥时，链带的支撑件和驱动件都浸于水中，易锈蚀	(1)适用于地下水位高及地质较差地区； (2)适用于大、中、小型污水处理厂
竖流式	(1)排泥方便，管理简单； (2)占地面积小	(1)池子深度大，施工困难； (2)对冲击负荷和温度变化的适用能力较差； (3)造价较高； (4)池径不宜过大，否则布水不匀	适用于处理水量不大的小型污水处理厂
辐流式	(1)多为机械排泥，运行较好，管理较简单； (2)排泥设备已趋定型	机械排泥设备复杂，对施工质量要求高	(1)适用于地下水位较高地区； (2)适用于大、中型污水处理厂

(一) 平流沉淀池

利用悬浮颗粒的重力作用来分离污水中的固体颗粒的设备称为沉淀池。平流式沉淀池是使用最早的一种沉淀设备，由于它结构简单、运行可靠，对水质适应性强，故目前仍在采用。平流沉淀池的形式见图 3-29。

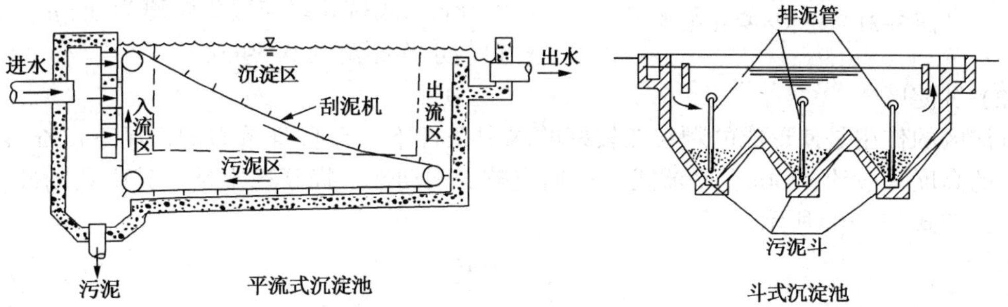

图 3-29　平流沉淀池的形式

1. 平流沉淀池的基本结构与要求

平流式沉淀池分为进水区、沉淀区、存泥区、出水区 4 部分。

(1) 进水区

进水区的作用是使流量均匀分布在进水截面上，尽量减少扰动。采取的措施是进行整流。进水区入口整流措施见图 3-30。包括溢流式入流方式，设置有孔整流墙，见图 3-30(a)；低孔式入流方式，底部设挡流板，见图 3-30(b)；淹没孔与挡流板的组合，见图 3-30(c)；淹没孔与有孔整流墙的组合，见图 3-30(d)。

在设计时，一般采用穿孔，为使矾花不易破碎，进水流速在 0.15~0.2m/s，洞口总面积也不宜过大，开孔面积为过水断面的 6%~20%，可有效地分散水流，见图 3-31。但必须注意穿孔墙与反应池出口距离不宜太小，以不小于 1.5~2.0m 为佳。如有条件，穿孔墙孔口最好做成锥形，即孔口前小后大，水流将能更好地扩展。

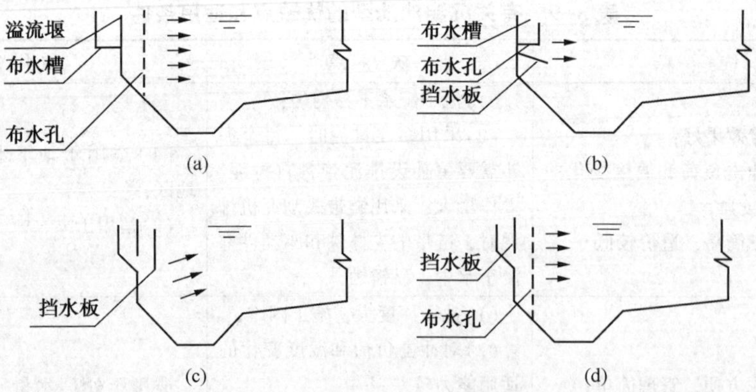

图 3-30 进水区入口整流措施

图 3-31 进水区穿孔花墙

如一絮凝池处理水量为 0.64m^3/s，与沉淀池之间采用钢筋混凝土穿孔布水花墙，墙长 14m，墙高 3.8m，有效水深 3.5m，超高 0.3m。穿孔墙上的孔口流速采用 0.15m/s，则孔口总面积为 0.64/0.15＝4.27m^2，每个孔口尺寸取 15cm×8cm，则孔口数为 4.27/(0.15×0.08)＝356 个。孔口布置成 9 排，每排孔口数为 356/9＝40，每排孔口间距为 0.18m，孔口与侧壁间距为 0.49m。上下各排孔口间距为 0.18m，底排孔口与底板距离为 0.5m，上排孔口与水面距离为 0.59m。

（2）沉淀区

沉淀区的作用是使形成的颗粒在较好的水力条件下，在自身重力的作用下沉淀并分离。沉淀区的高度一般约 3～4m，平流式沉淀池应减少紊动性，提高稳定性。其中紊动性指标为雷诺数，如式(3-30)所示。

$$Re=\frac{V\rho R}{\mu} \tag{3-30}$$

式中 V——沉淀池中的水平流动速度，m/s；

R——沉淀池的水力半径，m；

μ——水的动力黏度系数，Pa·s；

ρ——流体的密度，kg/m^3。

稳定性指标为弗劳德数，可按式(3-31)计算。

$$F_r=\frac{v^2}{Rg} \tag{3-31}$$

式中 V——沉淀池中的水平流动速度，m/s；

R——沉淀池的水力半径，m；

g——重力加速度，9.8m/s^2。

根据以上两式，能同时降低雷诺数和提高弗劳德数的方法只能是降低水力半径 R，措施是加隔板，使平流式沉淀池 L/B>4，L/H>10，每格宽度应在 3～8m。

一般认为，水流在平流沉淀池属于明渠流，水流应处于层流状态，即雷诺数控制在小于

500，可以用减小水平流动速度和沉淀池的水力半径来达到目的。然而及时采取以上措施，对大多数平流沉淀池而言，水流的雷诺数为4000~20000，实际上都处于紊流状态，有人认为过分强调控制雷诺数没有大的意义。

（3）出水区

通常采用的形式有溢流堰、三角堰、淹没孔口，见图3-32。溢流堰施工难；淹没孔口容易找平，孔口流速宜为0.6~0.7m/s，孔径20~30mm，孔口在水面下15cm，水流应自由跌落到出水渠。出水堰不仅可控制沉淀池内的水面高度，而且对沉淀池内水流的均匀分布有直接影响。沉淀池应沿整个出流堰的单位长度溢流量相等，对于初沉池一般为250m³/(m·d)，二沉池为130~250m³/(m·d)。锯齿形三角堰应用最普遍，水面宜位于齿高的1/2处。为适应水流的变化或构筑物的不均匀沉降，在堰口处需要设置能使堰板上下移动的调节装置，使出口堰口尽可能水平。堰前应设置挡板，以阻拦漂浮物，或设置浮渣收集和排除装置。挡板应高出水面0.1~0.15m，浸没在水面下0.3~0.4m，距出水口处0.25~0.5m。

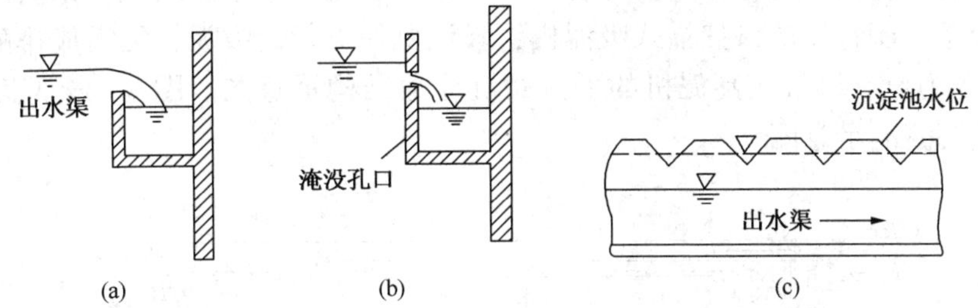

图3-32　出水区集水槽通常采用的几种形式

为了不使流线过于集中，应尽量增加出水堰的长度，降低流量负荷。目前我国增加堰长的办法如图3-33、图3-34。图3-33(a)为沿沉淀池宽度设置的集水槽、图3-33(b)为设置有平行集水支槽的集水槽、图3-33(c)为沿沉淀池长度设置的集水槽。

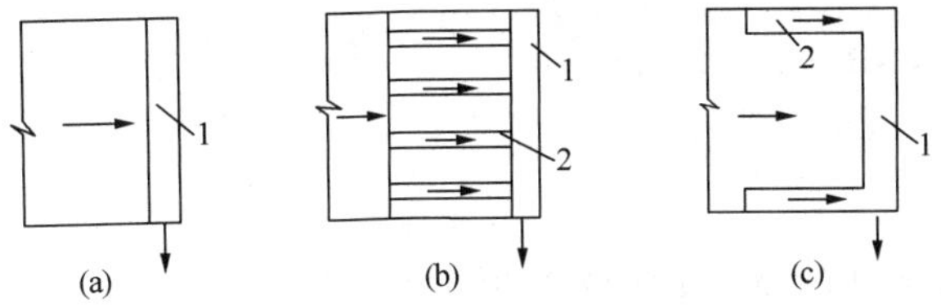

图3-33　设置集水支槽增加堰长示意图

图3-34　平流沉淀池集水支槽

目前基本上采用图3-33(b)型。指形槽增加了出水堰的长度，降低了堰负荷率，从而减小了无效沉淀区的体积。由于指形槽在一定的沉淀距离后即开始集水，此时一方面取得了池面已澄清的水，同时又使其后池内水体水平流速降低，相应延长了部分水体的停留时间。指形槽的溢流率是主要控制参数，目前溢流率采用500m³/(m·d)，有些给水厂设计数据采用的是300m³/(m·d)，效果也不会有明显的提高。所以在污水处理厂，平流沉淀池出水堰负荷也可以控制在300m³/(m·d)左右。

(4) 存泥区排泥措施

为保证出水水质，需要及时排出沉于池底的污泥，使沉淀池工作正常。排泥措施有泥斗排泥与机械排泥以及两者结合方式。

① 泥斗排泥

泥斗排泥可采用多斗形式，一般靠静水压力排泥，静水压力排泥时可采用穿孔管，当采用污泥斗排泥时，每个污泥斗均应设单独的闸阀和排泥管，方形污泥斗的斜壁与水平面的倾角宜为60°、圆形污泥斗的倾角宜为55°。当采用静水压力排泥时，初次沉淀池的静水头不应小于1.5m；二次沉淀池的静水压头在生物膜法处理后不应小于1.2m，在活性污泥法处理池后不应小于0.9m。

② 机械排泥

当采用机械排泥时，一般可以采用多种方式结合，如采用泵虹吸式机械排泥和穿孔管排泥相结合的形式，排泥管内也可增设冲洗管，解决排泥管易堵塞的问题。浮渣的收集与排除可一并结合考虑；还有如单口扫描式吸泥机，吸泥机往复行走吸泥，无需成排的吸口和吸管装置。图3-35为设有链带式刮泥机的平流式沉淀池结构示意图。图3-36为设有行车式刮泥机的平流式沉淀池示意图。

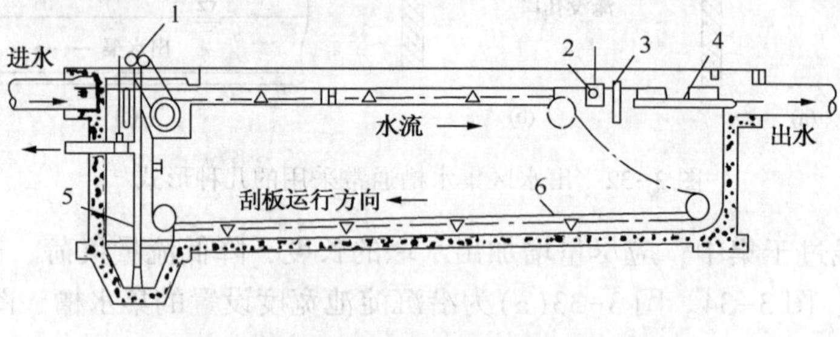

图3-35 设有链带式刮泥机的平流式沉淀池

1—驱动器；2—浮渣槽；3—挡板；4—可调节出水堰；5—排泥管；6—刮板

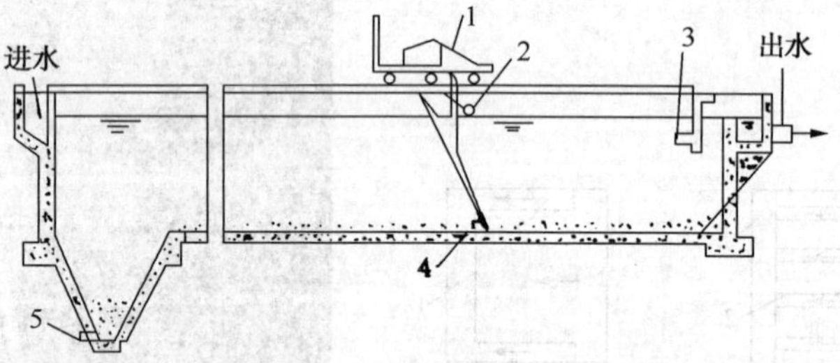

图3-36 为设有行车式刮泥机的平流式沉淀池示意图

1—驱动装置；2—刮渣板；3—浮渣槽；4—刮泥板；5—排泥管

2. 平流式沉淀池优缺点

① 处理水量大小不限，沉淀效果好；对水量和温度变化的适应能力强；平面布置紧凑，施工方便，造价低。

② 进、出水配水不易均匀；多斗排泥时，每个斗均需设置排泥管(阀)，手动操作，工作繁杂，采用机械刮泥时容易锈蚀。

3. 平流式沉淀池适用范围

适用于地下水位高、地质条件较差的地区，大、中、小型污水处理工程均可采用。

4. 平流式沉淀池设计方法与设计要点

(1) 设计方法

我国现有平流沉淀池设计方法有三种：按水平流速和沉淀时间设计；按悬浮物去除的百分率设计；按表面负荷率设计。一般按照表面负荷率设计与计算沉淀时间。

(2) 设计要点

① 池数或分隔数一般不少于 2；

② 沉淀时间一般为 1~3h，当处理低温低浊水或高浊度水时可适当延长；沉淀时间国外一般为 2~4h，我国停留时间多为 1~2h。选择较长的停留时间可以节约药剂，提高沉淀后的水质，并有足够的调节余地，抗冲击负荷能力较强。停留时间短可以节省基建投资，减少占地面积。

③ 沉淀池内平均水平流速一般为 10~25mm/s；

④ 有效水深一般为 3~3.5m，超高为 0.3~0.5m；

⑤ 池的长宽比应≥4，每隔宽度或导流墙间距一般采用 3~8m，最大为 15m，当采用虹吸式或泵吸式行车机械排泥时，池子分格宽度还应结合桁架的宽度(8m、10m、12m、14m、16m、18m、20m)；

⑥ 池长深比应≥10；

⑦ 进水区采用穿孔花墙配水时，穿孔墙距进水墙池壁的距离应≥1~2m，同时在沉淀面以上 0.3~0.5m 处至池底部分的墙不设孔眼；

⑧ 采用穿孔墙配水或溢流堰集水，溢流率≤500m^3/(m·d)；

⑨ 雷诺数一般为 4000~15000，弗劳德数一般为 10^{-4}~10^{-5}。

5. 平流式沉淀池运行数据

平流式沉淀池的运行数据见表 3-10。

表 3-10 平流式沉淀池的运行数据

项目	运转指标			规范规定指标
	最大	最小	平均	
停留时间/h	2.0~4.0	0.69~0.88	1.96	1~3
水平流速/(mm/s)	35.2~45.1	4.05~8.55	15.3	5~20
沉淀池深度/m	3.9~5.1	2.75	3.26	3~4
沉淀速度/(mm/s)	0.87~1.10	0.126~0.36	0.54	
表面负荷/[m^3/(m^2·d)]	101.5	18~38	49	
雷诺数(Re)/10^4	13.5~5.44	0.48~2.08	3.6	
弗劳德数(Fr)/10^{-5}	8.55~4.25	0.086~0.39	1.63	

6. 影响平流式沉淀池沉淀效果的因素

(1) 水流状况的影响

主要为短流的影响，产生的原因有：

① 进水的惯性作用；

② 出水堰产生的水流抽吸；

③ 较冷或较重的进水产生的异重流；

④ 风浪引起的短流；

⑤ 池内存在的导流壁和刮泥设施等。

(2) 凝聚作用的影响

由于实际沉淀池的沉淀时间和水深所产生的絮凝过程均影响了沉淀效果，实际沉淀池也就偏离了理想沉淀池的假定条件。

(二) 竖流式沉淀池

1. 结构

竖流式沉淀池又称立式沉淀池，是池中污水竖向流动的沉淀池。池体平面图形为圆形或方形，水由设在池中心的进水管自上而下进入池内(管中流速应小于 30mm/s)，管下设伞形挡板，使污水在池中均匀分布后沿整个过水断面缓慢上升，悬浮物沉降进入池底锥形沉泥斗中，澄清水从池四周沿周边溢流堰流出。堰前设挡板及浮渣槽以截留浮渣保证出水水质。池的一边靠池壁设排泥管(直径大于 200mm)，靠静水压将泥定期排出。竖流式沉淀池有圆形、正方形的。为了池内水流分布均匀，池径一般采用 4~7m，不大于 10m，沉淀区为柱形，污泥斗倒锥形。图 3-37 为竖流式沉淀池结构示意图。

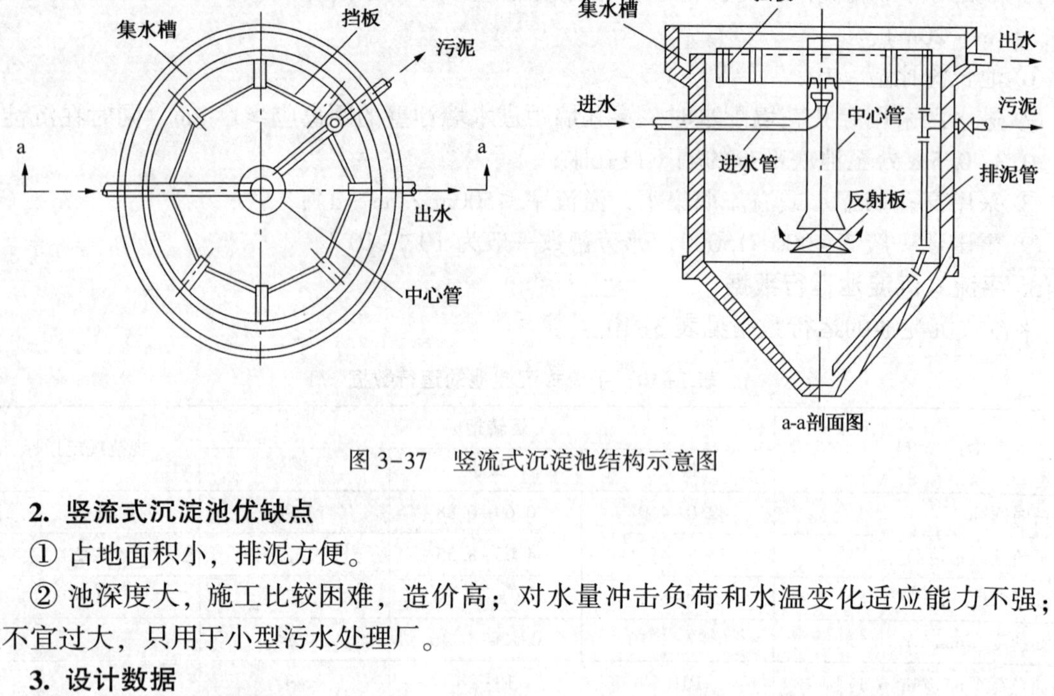

图 3-37　竖流式沉淀池结构示意图

2. 竖流式沉淀池优缺点

① 占地面积小，排泥方便。

② 池深度大，施工比较困难，造价高；对水量冲击负荷和水温变化适应能力不强；池径不宜过大，只用于小型污水处理厂。

3. 设计数据

(1) 池直径或正方形边长与有效水深的比值≤3，池直径一般采用 4~7m。

(2) 当池直径或正方形边长<7m 时，澄清水沿周边流出。当直径≥7m 时，应设辐射式集水支渠。

(3) 中心管内流速不大于 30mm/s。

(4) 中心管下口的喇叭口和反射板要求：

① 反射板板底距泥面≥0. 3mm；

② 反射板直径及高度为中心管直径的 1. 35 倍；

③ 反射板直径为喇叭口直径的 1. 3 倍；

④ 反射板表面对水平面的倾角为 17°；

⑤ 中心管下端至反射板表面之间的缝隙高为 0.25~0.5m；缝隙中心污水流速在初次沉淀池中不大于 30mm/s，在二次沉淀池中不大于 20mm/s。

中心管下口的喇叭口和反射板要求如图 3-38 所示。

⑥ 排泥管下端距池底不大于 0.2m，管上端超出水面不小于 0.4m；

⑦ 浮渣挡板距集水槽 0.25~0.5m，高出水面 0.1~0.15m，淹没深度 0.3~0.4m。

⑧ 水力停留时间 t 为 1.5~2h。

(三) 辐流式沉淀池

辐流式沉淀池是活性污泥法处理污水工艺过程中的理想沉淀设施，适用于一沉池或二沉池。

1. 基本形式

根据进、出水的布置方式可分为以下几种主要的形式：

1）中心进水周边出水

（1）中心进水周边出水辐流式沉淀池结构

中心进水周边出水辐流式沉淀池结构示意图如图 3-39 所示。

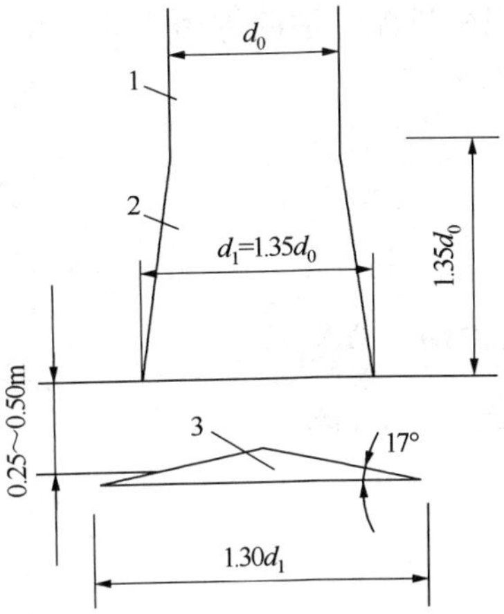

图 3-38　中心管下口的喇叭口和反射板要求

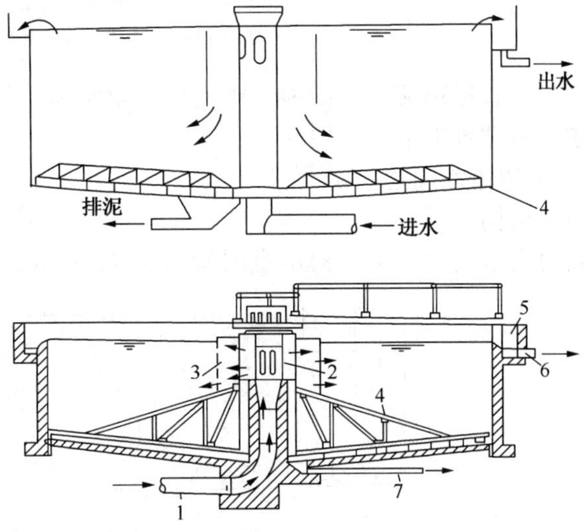

图 3-39　中心进水周边出水辐流沉淀池

1—进水管；2—中心管；3—穿孔挡板；4—刮泥机；5—出水槽；6—出水管；7—排泥管

（2）应用

① 基本情况

乌鲁木齐市河东污水处理厂中沉池采用中心进水周边出水辐流式沉淀池，池直径 47m，中心转动排泥。为使布水均匀，进水管设穿孔挡板，穿孔率为 10%~20%，出水堰采用三角堰，堰前设挡板，拦截浮渣，单池设计流量 1896m^3/h，表面负荷 0.97m^3/(m^2·h)，沉淀时间 2h，有效水深 2m，池边水深 4m，边高 0.5m。北京市高碑店污水处理厂二沉池是水深为 4m、直径为 50m 的辐流式中心进水周边出水圆形二沉池，共 24 座，采用桥式刮吸结合虹吸式静压排泥，连续运行的排泥方式。配套的回流污泥泵房 4 座，采用进口螺旋桨式潜水泵共 16 台，剩余污泥泵采用潜污泵共 12 台。

② 存在的问题

中心进水方式存在污泥难絮凝，且易冲击或扰动池底；机械维修，配水条件差等缺点。

2）周边进水中心出水

周边进水中心出水结构示意图如图 3-40 所示。

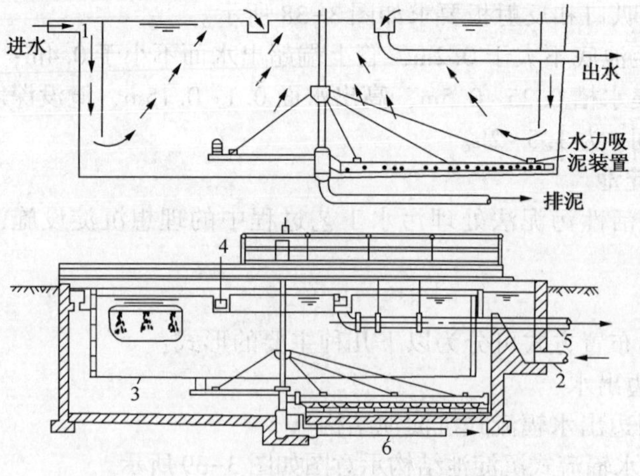

图 3-40　周边进水中心出水辐流沉淀池

1—进水槽；2—进水管；3—挡板；4—出水槽；5—出水管；6—排泥管

对于大直径辐流式沉淀池，中间设置出水堰，阻碍刮吸泥机排泥，清除浮渣困难。中间出水堰的清理维护十分不便。

3）周边进水周边出水

（1）结构

周边进水周边出水结构示意图如图 3-41 所示。

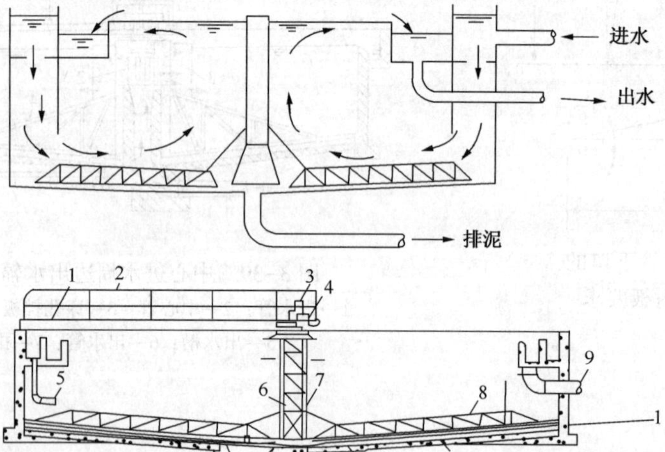

图 3-41　周边进水周边出水辐流沉淀池

1—过桥；2—栏杆；3—驱动器；4—转盘；5—进水布水管；6—中心支架；7—桁架；8—耙架；9—出水管；10—排泥管；11—刮板；12—可调节的橡皮刮板

（2）中进周出与周进周出沉淀池的比较

① 沉淀区的流态：二次沉淀池进水为活性污泥混合液，悬浮物固体 MLSS 的质量浓度在 3000~4000mg/L 或更高，远高于池内的澄清水。由于二者间的密度差、温度差而存在二次流和异重流现象。中进周出和周进周出两种不同池型内的混合液流态各不相同。

在中进式沉淀池中，活性污泥混合液从池中心进水管以相对较高的流速进入池内，形成涡流，经布水筒逐渐下降到污泥层上，再沿沉淀区中部向池壁方向流动并形成环流。其中分离出的澄清水部分溢流入出水槽，部分在上面从池边向池中心回流；密度大的混合液则在下面从池边向池中心流动，形成了反向流动的环流。这种环流不利于沉淀，限制了池子的水力负荷。

而在周边进水周边出水沉淀池中，密度流的方向与中心进水式相反。混合液经进水槽配水孔管流入导流区后经孔管挡板折流，下降到池底污泥面上并沿泥面向中心流动，汇集后呈一个平面上升，在向池中心汇流和上升过程中分离出澄清水，并反向流到池边的出水槽，形成大环形密度流，污泥则沉降到池底部。因此，周进周出沉淀池的异重流流态改变了沉淀区的流态，有利于固液分离。周边进水周边出水沉淀池流态示意图如图 3-42 所示。

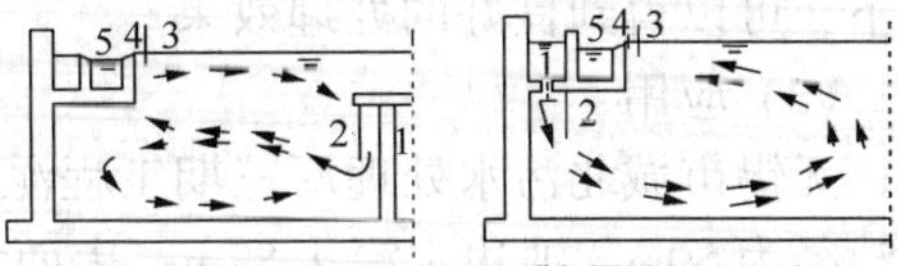

图 3-42　中进周出与周进周出沉淀池流态示意图

1—配水孔(配水孔管)；2—挡水裙板；3—浮渣挡板；4—出水堰板；5—集水槽

② 容积利用率：异重流现象在中进式沉淀池中会形成短流，部分容积没有得到有效利用，池子的实际负荷比设计负荷大得多。而周进式由于大环形密度流的形成，容积利用率要高得多。对应进、出水槽位置的不同，中心进水与周边进水沉淀池的容积利用率各不相同，详见表 3-11。

表 3-11　辐流式沉淀池容积利用率

进水槽位置	出水槽位置	容积利用率/%
中心进水	周边出水	48
周边进水	$R/4$ 处	85.7
	$R/3$ 处	87.5
	$R/2$ 处	79.7
	池周 R 处	93.6

③ 导流筒：中进式中心导流商内的流速相对较高，常在 0.1m/s 以上，水流向下流动的动能大，易冲击底部污泥，活性污泥在其间难以形成絮凝、澄清作用。而周进式由于池周长，过水断面大，进水流速小得多。流速小，雷诺数和弗劳德数都比中进式小，雷诺数小，惯性作用小；弗劳德数小，黏滞力作用大，这些都有效地促进了筒内流态向层流发展，产生同向流，促使活性污泥下沉。同时，由于活性污泥层的吸附澄清作用，混合液中的污泥颗粒不断与悬浮层中的活性污泥碰撞、吸附、结合、絮凝，产生良好的澄清作用，提高了沉淀效果。

④ 二沉池其他部件的设置：

a. 单向环流配水。理论上采用双向环槽配水可减少渠道断面，但工程中很难保证双向对称分流，一旦发生偏流，误差会更大，采用单向环流配水更可靠。另外，配水槽内的刮渣板随吸泥机单向旋转，双向配水不利于配水槽内撇渣；

b. 配水槽与集水槽。配水槽和集水槽沿池周布置，两槽合建，共底共壁，配水孔管中心，挡水裙板，出水堰环与池周同心，保证进出水均匀；

c. 进水区挡水裙板。挡水裙板延伸至水面下 1.5m 处以保证良好的澄清絮凝效果；

d. 除渣。浮渣集中在配水渠道的小块面积上，通过安装在撇渣设备竖臂上的叶片刮集，驱动配水渠末端的浮闸堰门排除；

e. 排泥。排泥设备选用中心传动单管吸泥机。吸泥机转动方向与进水形成的水流方向一致，搅动池底污泥和带走轻的活性污泥絮体的可能性亦较小。吸泥管断面由池边到池中心逐渐放大，可保证污泥在吸泥管内流速均匀，防止孔口堵塞及污泥在管内沉积。

周进周出辐流式沉淀池与传统的中心进水式相比，具有较大的有效容积、高溢流率、较好的水力稳定性、最大范围进水面、进水渠道表面撇渣等优点，在保证配水均匀稳定性的前提下，可以得到良好的处理效果。

（3）应用

无锡市城北污水处理厂三期工程泥水分离系统采用周边进水周边出水辐流式沉淀池，设计池径为50m，池边水深4.87m，表面负荷$q_{max}=1.38m^3/(m^2\cdot h)$，沉淀时间3h。池内安装全桥式中心传动吸泥机1台。为确保配水均匀，防止固体物质在进出水渠内的沉积，保持水流在渠内的等速流动，采用变断面的进出水渠及变化的配水孔口尺寸和间距。进水渠宽1067mm减缩至427mm，相应的出水渠宽由427mm渐扩至1067mm，配水孔口尺寸为165mm，间距为700~1800mm不等。

2. 辐流式沉淀池设计要点

设计要点如下：

（1）池直径与有效水深之比6~12。

（2）坡向泥斗的底坡≥0.05。

（3）池径≥16m。

（4）液面负荷≤$2.5m^3/(m^2\cdot h)$。

（5）沉淀时间一般为1.5~3h。

（6）池径小于20m，一般采用中心转动的刮泥机，其驱动装置设在池子中心走道上。池径大于20m时，一般采用周边传动的刮泥机，其驱动装置设在外缘，如图3-43、图3-44所示。

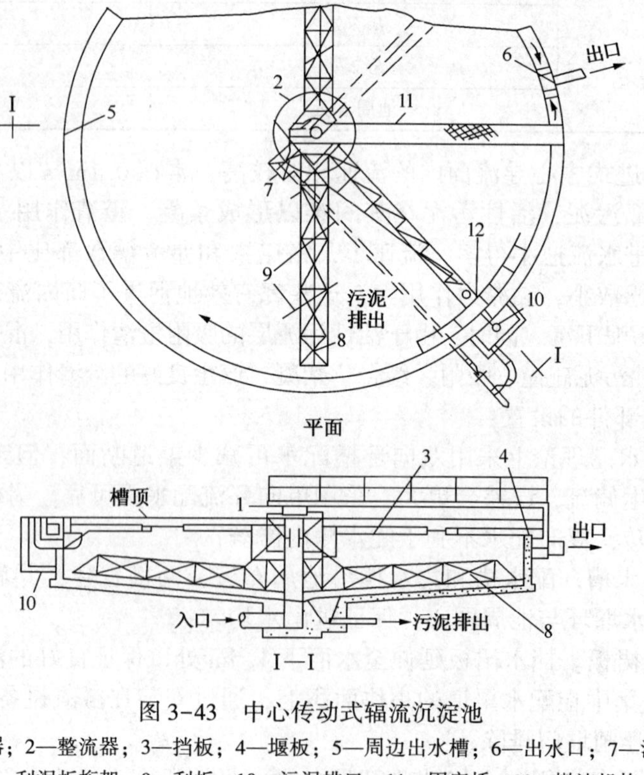

图3-43　中心传动式辐流沉淀池

1—驱动器；2—整流器；3—挡板；4—堰板；5—周边出水槽；6—出水口；7—污泥斗；8—刮泥板桁架；9—刮板；10—污泥排口；11—固定桥；12—撇渣机构

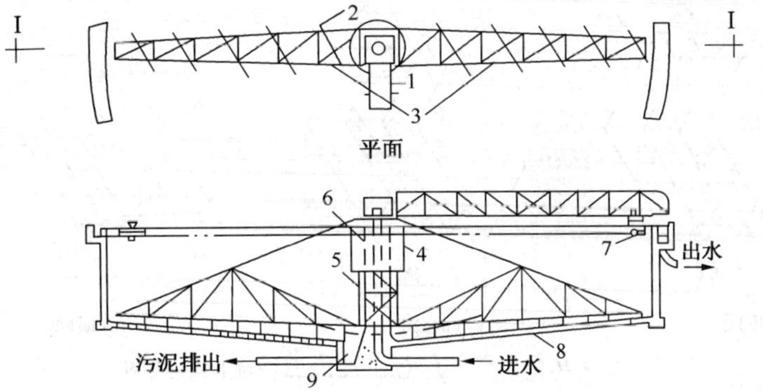

图 3-44　周边传动式辐流沉淀池

1—步道；2—刮板；3—刮板悬臂；4—整流筒；5—中心架
6—支撑台；7—驱动器；8—池底；9—泥斗

（7）刮泥机的旋转速度一般为 1～3r/h，外周刮泥板的线速不超过 3m/min，一般采用 1.5m/min。

（8）在进水口的周围应设置整流板，整流板的开口面积为过水断面积的 6%～20%。

（9）浮渣用浮渣刮板收集，刮渣板装在刮泥机桁架的一侧，在出水堰前应设置浮渣挡板，如图 3-45 所示。

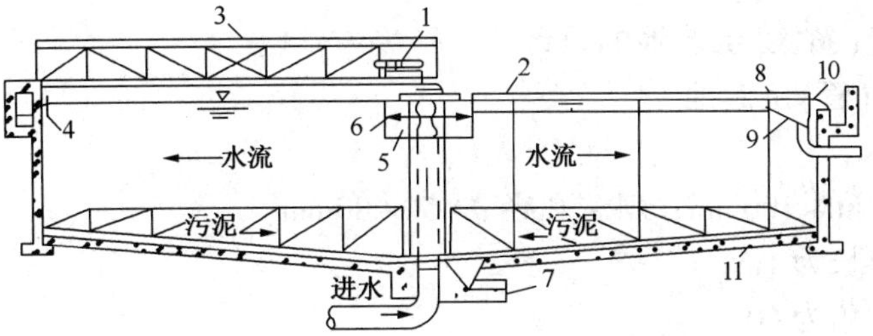

图 3-45　辐流式沉淀池(刮渣板装在刮泥机桁架的一侧)

1—驱动器；2—刮板；3—桥；4—浮渣挡板；5—转动挡板；6—转筒；
7—排泥管；8—浮渣刮板；9—浮渣箱；10—出水堰；11—刮泥板

（10）非机械刮泥时，缓冲层高 0.5m。机械刮泥时，缓冲层上缘宜高出刮泥板 0.3m。

三、斜板(斜管)沉淀池

(一) 基本形式

斜板(斜管)沉淀池是根据浅池沉淀理论设计出的一种高效组合式沉淀池，因其在沉降区域设置许多密集的斜管或斜板填料使水中悬浮杂质在斜板或斜管中进行沉淀而得名。斜板(斜管)沉淀池根据水流与污泥在填料中的流向不同分为异向流、同向流、横向流三种形式，其示意图见图 3-46。斜管与斜板沉淀池的结构也包括进水与配水区、沉淀区、出水区、污泥区四个部分。目前在实际工程中应用较多的是异向流斜板(斜管)沉淀池，其结构示意图见图 3-47。

(二) 斜板、斜管形式

为了充分利用沉淀池的有限容积，斜板、斜管设计成密集型几何图形，其中有正方形、长方形、正六边形和波形等。实际应用中，采用斜管较多，斜管一般采用正六边形和波形。

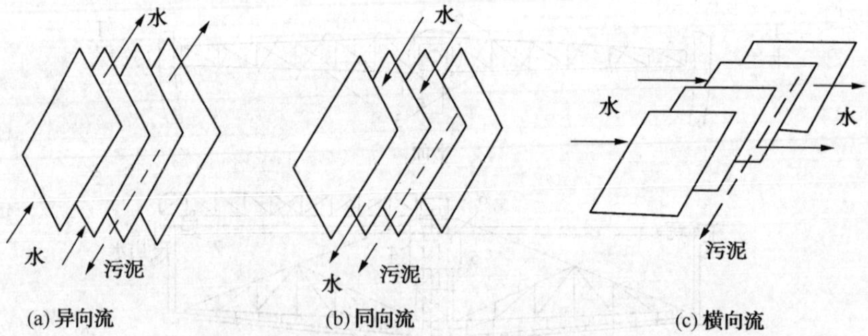

图 3-46　斜管与斜板沉淀池三种流向形式图

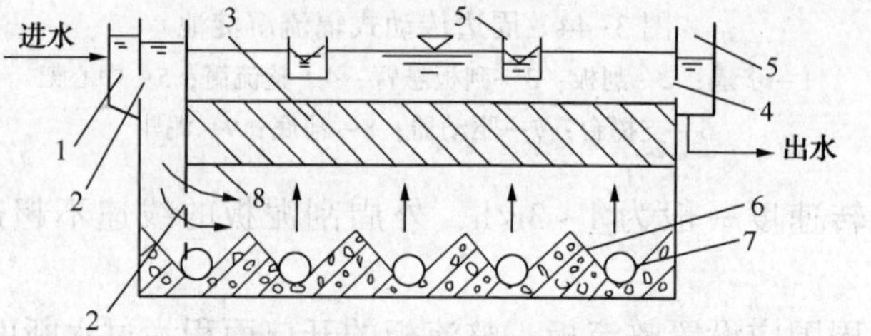

图 3-47　异向流斜板(斜管)沉淀池结构示意图

1—配水槽；2—整流墙；3—斜管或斜板；4—淹没孔；5—集水槽；

6—泥斗；7—排泥管；8—斜管或斜板支架

(三) 有关斜管(斜板)沉淀池的设计

1. 异向流斜板(管)沉淀池

(1) 设计要求

① 斜板净距为 80~100mm；斜管孔径 d=50~80mm；

② 斜板(管)斜长为 1m；

③ 斜板(管)倾角为 60°；

④ 斜板(管)区上部水深为 0.7~1.0m；

⑤ 斜板(管)区底部缓冲层高度为 1.0m。

(2) 设计参数

① 斜管沉淀池的池数应根据处理能力确定，一般不少于 2 个；

② 表面负荷：初沉池、沉淀池 2~3m^3/(m^2·h)；活性污泥法后的二次沉淀池 2~3m^3/(m^2·h)；生物膜法后的沉淀池 2~4m^3/(m^2·h)；根据处理能力与表面负荷可确定沉淀池所需的面积；

③ 水力停留时间一般为 1.5~2.5h；根据水力停留时间与处理能力可确定(指在斜管以及斜管上部的清水区部分的有效高度；

④ 进水段的配水流速宜控制在 0.02~0.05m/s，根据处理能力与配水流速确定沉淀池的池宽 B；

⑤ 采用斜板时斜板净距为 80~100mm；斜管孔径一般为 50~80mm，用于污水处理时，一般选大值；

⑥ 单个的斜板、斜管的斜长在 1~1.2m；

⑦ 根据实际情况，斜板或斜管可分 1~2 层布置，斜板、斜管的倾角为 60°，一般向进水一端倾斜布置；

⑧ 斜板、斜管区底部配水区高度不宜小于 1m；

⑨ 斜板、斜管区上部清水区高度为 0.7～1m；池超高不少于 0.3m；

⑩ 泥斗高度在 1～1.5m，泥斗容积可按照药剂投加量与污水中 SS 去除量核算；

⑪ 在池壁与斜板的间隙应有挡流板，以防止水流短路；

⑫ 进水方式一般采用穿孔墙，出水一般采用多槽出水；采用多排孔管集水时，孔眼应在水面以下 2cm 处，防止漂浮物被带走；

⑬ 斜板、斜管沉淀池应设置斜管、斜板冲洗设施。

(3) 斜流沉淀池在污水处理中的应用

斜流沉淀池具有沉淀效率高、停留时间短、占地少等优点，在给水处理中得到比较广泛的应用。在污水处理中，在选矿水尾矿浆的浓缩、炼油厂的含油污水的隔油等已有较成功的经验，在印染污水处理和城市污水处理中也有应用。

2. 侧向流斜板沉淀池

1) 有关设计参数与要求

当前，侧向流斜板沉淀池在有的水厂得到应用，得到的结论可以供污水处理参考使用。

① 颗粒沉降速度和液面负荷是斜板沉淀池设计的主要参数，它们的设计取值与原水的水质、水温及其絮粒的性质、药剂品种等因素有关，根据东北院的设计和长春、吉林等地水厂的运行经验，其颗粒沉降速度一般为 0.16～0.3mm/s；表面负荷为 8～10$m^3/(m^2 \cdot h)$，寒冷地区宜取低值；斜板内的水平流速一般采用 v=10～20mm/s；

② 侧向流斜板可以是单层或多层的，斜板一般多层重叠，框架式固定，可提高沉淀池的容积利用率；

③ 国内侧向流斜板沉淀池的板距一般采用 80～100mm，常用 100mm；

④ 为了使斜板上的沉泥能自然而连续地向池底滑落，斜板倾角大多采用 60°；

⑤ 为了保证斜板的强度及便于安装和维护，单层斜板长度不宜大于 1m；

⑥ 底部与侧面需要设置阻水板的布置。

2)斜板类型

应用的有翼型斜板与流波形斜板，如图 3-48 所示。

图 3-48　侧向流沉淀池翼型斜板与流波形斜板图

(1) 波形斜板

侧向流波形斜板沉淀工艺固液分离效果较好，除了侧向流固有的水流与沉泥下沉方向垂直互相干扰小的特点外，还在于斜板的波形结构为板间水体中絮体的继续絮凝提供了条件，同时沉泥容易在波形板的波谷中聚集，因为水和板面对沉泥下滑的阻力属黏滞性阻力，与接触面积的大小成正比。波形斜板形成的下滑泥束具有较小的接触界面，因而阻力均较小，这样相对较小的下滑力就可使泥束在波谷中下滑和从波形板组中排除。侧向流波形斜板在水厂和有关的污水处理厂有应用实例。

(2) 翼型斜板

① 翼型斜板的流态：翼型斜板是在常规斜板的基础上改进而来的，是水处理中常用的一种具有高效沉淀效果的斜板形式。当水平流入斜板时，水全部通过翼片，并在翼片与斜板之间的部分区域内形成主流区和旋流区，同时也会在槽格内形成环流。有关资料给出的流态形式示意图见图 3-49。包括以下三部分：第一部分为主流区(沉淀区)，水流为平行的层流；第二部分为涡流区(交换区)；第三部分为两翼板间区格内的环流，称旋流区(分离区)。因为有无数旋流和环流作用的存在，因此翼型斜板对颗粒物有较高的去除效果。

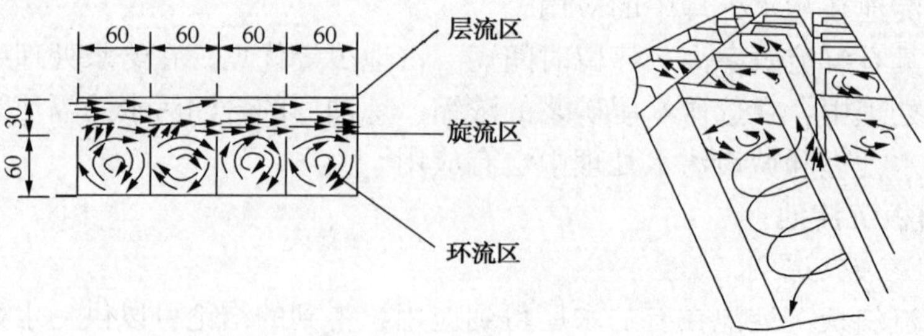

图 3-49　翼型斜板的流态形式示意图

② 翼型斜板池的有关要求：

a. 布水：水在流翼片斜板沉淀池中是水平流动的，为使反应池配水均匀，应采用花墙和缝隙布水墙等方式布水。在翼片斜板区前端，设立前过渡段。

b. 集水：沉淀池上层出水浊度低，下层出水浊度高；由于异重流的影响，上层水平流速低，下层水平流速高。所以沉淀池出水应采用上层集水或中上层集水方式。在翼片斜板区的后端，设立后过渡段。

c. 层间的衔接：各层翼片斜板之间的衔接应达到使上层翼片斜板的沉淀物滑落在下层翼片环流区内的斜板上，以防止落在流速高的主流区内，影响出水水质。

d. 阻水板：在翼片斜板区与沉淀池侧面墙壁之间应设立阻水板，防止原水形成股流穿透，影响出水水质；斜板区底部与沉泥区之间也应设立阻水板，防止原水形成股流穿透，将沉淀物冲出影响出水水质。

e. 翼片斜板的深度与层数：有实验指出，水深愈大，翼片斜板区的出水浊度越大，而且呈指数规律增加。因此选用翼片斜板区的高度不宜超过 3m，翼片斜板的层数不大于 3 层。

③ 翼型斜板的设计，翼型斜板的设计要点如下：

a. 表面负荷为 $10\sim14m^3/(m^2\cdot h)$，寒冷地区宜取低值；斜板内的水平流速 v 一般采用 7~10mm/s；无斜板主流区域在 25~35mm/s；

b. 翼片斜板的长度一般为 1~2m，沿池深方向呈人字形转折布置 2~3 层。当进水的浊度高时，选用斜板的长度宜短，折数可相应增加；翼片斜板安装倾角一般为 60°；

c. 翼片斜板沉淀池的高度由翼片斜板高度、集泥区高度以及超高组成。斜板区的高度一般在 2.6m 左右，由三层构成。斜板下集泥区高度一般在 1.5m，超高在 0.5m；

d. 沉淀池的进口端一般需要设孔或栅缝配水墙，其流速应控制在 0.1m/s，配水墙距斜板的距离在 0.5~2m；

e. 沉淀池的出水一般设出水槽，出水槽的形式有锯齿形三角堰、淹没孔口、穿孔集水槽等；出水区宽度应控制在 1~1.4m；

f. 两侧无效区、积泥区部分要封死不许进水，以防短流；板上部要高出水面。

应用中的翼型斜板池见图 3-50。

3. 同向流斜板沉淀池

同向流斜板沉淀池的泥水同时从上部流入，同向流向下部，但清水流到沉淀区底部后仍然需要回到沉淀池水面，一般在不同倾角的斜板连接处设强制集水装置即集水支渠，清水经斜板连接处的集水支渠汇集到集水总渠流入到出水区。在沉淀斜板的下面，为了布置横向的集水支渠并稳定泥的流动，需要设置一段滑泥斜板，因此斜板组件由沉淀斜板和滑泥斜板两部分组成。同向流斜板沉淀池组成示意图见图 3-51。

图 3-50　翼型斜板池图

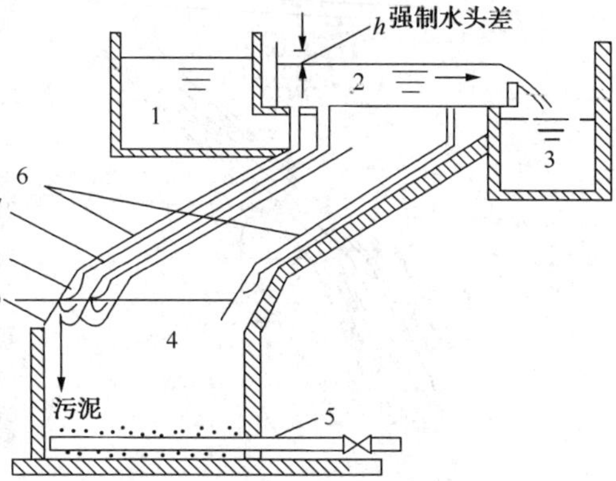

图 3-51　同向流斜板沉淀池组成示意图

1—进水区；2—出水区；3—总出水槽；4—污泥沉淀区；5—排泥系统；6—斜板；7—集水总渠；8—集水支渠；9—滑泥板

同向流斜板沉淀池适用于浑浊度低于 200 度的原水。同向流斜板沉淀池难以在工程上应用推广，是因为同向流斜板沉淀池不能很好解决泥水分离的问题，清水不能有效稳定地收集，清水收集管常被堵塞，加之造价昂贵，施工困难。但是同向流斜板沉淀池由于沉淀过程中泥流和水流方向相同，这样有助于泥的下滑，不会像异向流斜板沉淀池那样一旦流速过大会引起泥水扰动，因此同向流斜板沉淀池可以大大提高表面负荷，其表面负荷比异向流斜板沉淀池高 3~5 倍。另外斜板组内水流速度较高，还可以克服异向流斜板(管)沉淀池斜板组内部存在的积泥问题。有关资料给出的同向流斜板沉淀池设计时采用的数据如下：

(1) 斜板间的间距一般采用 35mm。

(2) 斜板的上部为沉淀区斜板，斜板长度 L 为 2.0~2.5m，安装倾斜角为 30°~40°；板内流速控制在 15~20mm/s。沉降速度控制在 0.3~0.6mm/s。采用单片塑料板组装时，板厚 1.5~2mm。

(3) 斜板的下部为排泥区斜板，斜板长度不小于 0.5m，倾斜角为 60°。同向流斜板沉淀池内沉淀段斜板的长度一般为 2~2.5m，滑泥段斜板的长度为 0.5m，斜板的板距从沉淀效率的角度考虑越小越好，但从施工安装及排泥角度考虑不宜太小，一般采用的斜板间距为 35mm。由于泥水同向，水流必然也起到将沉泥向下推动的作用，所以沉淀斜板的倾角可以小一些，一般为 30°~40°；滑泥斜板的倾角则为 60°。

(4) 沉淀区的净表面负荷一般为 30~40$m^3/(m^2 \cdot h)$。

(5) 斜板的肋板间距为 200~300mm。肋板间距应按板材强度以及雷诺数 $Re \leqslant 500$ 来控制，并用弗劳德数 Fr 复核，$Fr \geqslant 10^{-5}$。

（6）集水支渠是同向流斜板沉淀池的关键部分之一，它既要收集上层已沉淀分离的清液，又不能干扰沉淀的污泥。集水支渠有多种形式，常用的有管式和带分离板的下部开孔集水装置。

① 管式：管式集水装置及其沉淀池见图 3-52。其集水管用 *DN*20mm 塑料管，管与管的间距为 200mm，在斜板转角处设置集水渠。集水管插入渠内的深度≥100mm，集水渠下部收水缝隙宽≥10mm，上、下部收水面积比值≤85：15，板间沉泥下滑缝宽≥20mm。

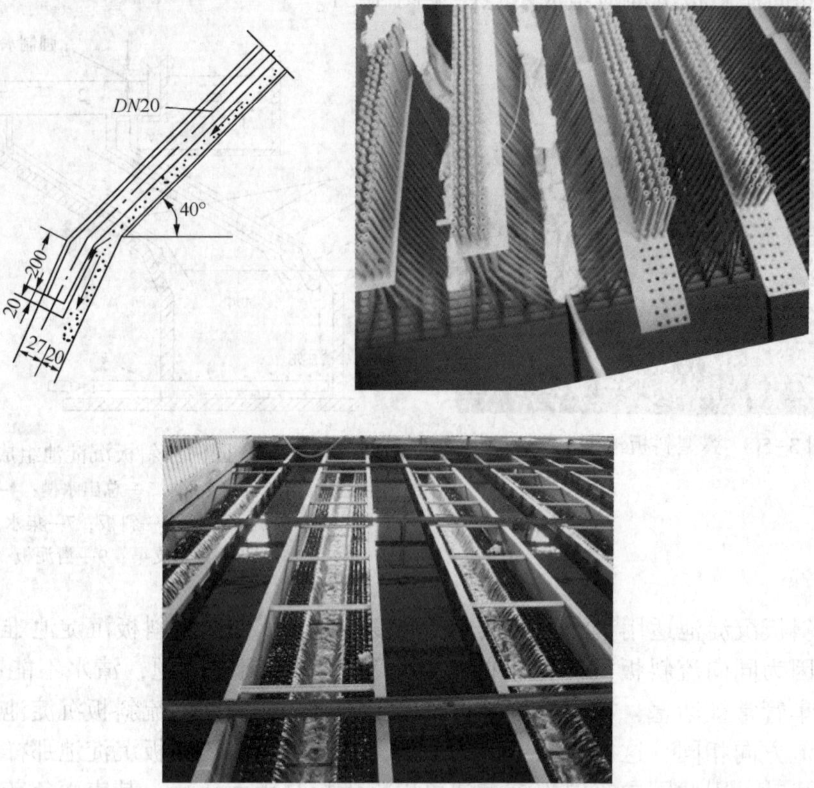

图 3-52　管式集水方式沉淀池

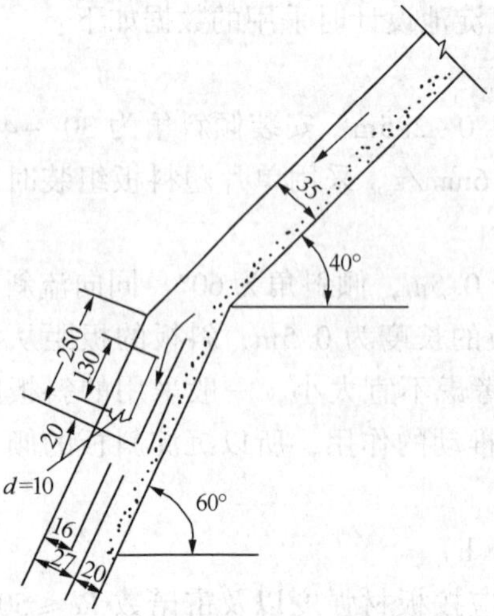

图 3-53　带分离板的下部开孔集水装置示意图

② 带分离板的下部开孔集水装置：带分离板的下部开孔集水装置示意图见图 3-53。集水装置尺寸为 130mm×16mm 的矩形集水渠，下部开 10mm 孔。在矩形集水渠的外面设有分离板，使澄清水由分离板与集水渠之间的通道从集水渠底部孔眼进入。

（7）设置有集水总渠的沉淀池，其集水总渠的集水距离按照 0.6～1.5m 设置；总渠内水流速度为 0.8～1m/s。

（8）强制出水水头按照 0.1～0.15m 设置。

（9）排泥可以采用机械排泥；如池较深，可采用穿孔管排泥，需配备高压水冲洗系统。

第四章　过　滤

过滤是一种将悬浮物在液体中的固体颗粒分离出来的工艺。其基本原理是在压力差的作用下，悬浮液中的液体透过可渗性介质(过滤介质)，固体颗粒为介质所截留，从而实现液体和固体的分离。本章主要阐述滤料和砂滤池相关内容。

第一节　滤　　料

滤料的行业标准有《水处理用滤料》(CJ/T 43)、《水处理用人工陶粒滤料》(CJ/T 299)等。

一、纤维球滤料

纤维球滤料是由纤维丝扎结而成的，它与传统的钢质颗粒滤料相比，具有弹性效果好、不上浮水面、孔隙大、水头损失小、耐酸碱、可再生等优点；在过滤过程中，滤层空隙沿水流方向逐渐变小，滤速快，截污能力大，适用于直接过滤的过滤设备，用于电力、油田、化工、冶金、电子等行业的高标准用水以及循环水、旁滤水、污水的回收与利用。其物理、化学性能数据见表4-1，纤维球滤料见图4-1。

表4-1　纤维球滤物理、化学性能数据

项　　目	数　　据	项　　目	数　　据
密度/(kg/m^3)	1.38	滤速/(m/h)	20~85
充填密度/(kg/m^3)	60~80	载污量/(kg/m^3)	6~10
比表面积/(m^2/m^3)	3000	球径/mm	15~25、25~30
孔隙率/%	96	球体外观	白色球状椭圆状
常用规格/mm	0.5~1.0、0.5~0.8、0.6~1.2、0.8~1.6、1.0~2.0、2.0~4.0		

二、陶粒滤料

根据CJ/T 299《水处理用人工陶粒滤料》，水处理陶粒滤料是指用黏土、粉煤灰、页岩等材料为主要原料，经破碎、配方，成形后经高温烧成陶质的颗粒产品。陶粒表面坚硬，呈球形颗粒状，具有发达的微孔和大比表面积、孔隙率高，从而截污能力强、滤速高。

图4-1　纤维球滤料

陶粒滤料主要特点如下：

① 颗粒圆、均匀、表面粗糙、多微孔、内部孔隙发达，比表面积大，从而生物菌附着能力强，繁殖快、挂膜效率高，低温低浊条件下去除氨氮效果好，工作周期长，周期产生量大。

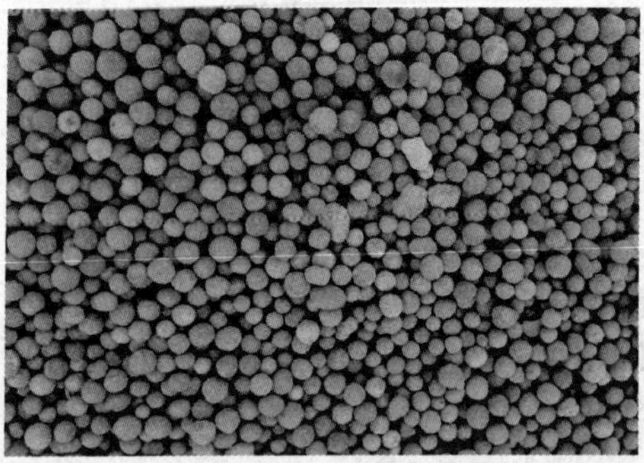

图 4-2　陶粒滤料

② 堆积密度小，轻度大，从而反冲洗能耗低，水头损失小，清洁料水头损失仅为150mm/m。

③ 截污能力强，一般为9~13kg/m。

④ 滤速高，一般为15~20m/h，最高可达35m/h。

⑤ 反冲洗耗水量低，仅为石英滤料的30%~40%。

⑥ 化学性能稳定，抗酸碱能力强，使用寿命长。

陶粒滤料见图4-2，其物理、化学性能见表4-2、表4-3，主要用途见表4-4。

表 4-2　陶粒滤料主要物理指标

项　目	指　标	项　目	指　标
外观	近似球形，深褐色或灰褐色，粗糙多微孔	盐酸可溶率/%	<2
粒径范围/mm	0.5~2，1~3，3~5，4~6，6~8，8~10	磨损率/%	<2.2
表观密度/(g/cm^3)	1.4~1.65	抗压强度/MPa	>4
堆积密度/(g/cm^3)	0.8~1.1	灼烧减量/%	<0.15
空隙率/%	≥30	不均匀系数K60	≤1.40
比表面积/(cm^2/g)	≥4×10^4	溶出物	不含对人体有害的微量元素

表 4-3　陶粒滤料化学成分

成分	SiO_2	Al_2O_3	Fe_2O_3	CaO	MgO	K_2O+Na_2O	其他
含量/%	62.1	16.23	6.84	3.26	2.04	3.22	6.31

表 4-4　陶粒滤料主要用途

规格/mm	适用范围
Φ0.5~2	适用于BAF-N池或BAF-DN、BAF-P池。适用于城市污水脱氮处理，也可用于给水工艺中对微污染水体的预处理和工业水过滤
Φ1~3	适用于BAF-N池或BAF-P池。适用于城市污水脱氮除磷深度处理，也可用于给水工艺中对微污染水体的预处理和工业水过滤
Φ3~5	适用于城市污水处理厂二级处理后深度处理回用，一般可用做BAF-N池填料，也可用于工业水过滤
Φ4~6	适用于城市污水生化处理
Φ6~8	适用于城市污水生化处理或工业污水粗过滤
Φ8~12	适用于城市污水生化处理中承托层或工业水过滤

三、火山岩滤料

火山岩滤料，其主要成分为硅、铝、锰、铁、镁、镍和钼等几十种矿物质和微量元素，表现为不规则颗粒，颜色为红黑褐色，多孔质轻，颗粒粒径可根据不同要求生产。火山岩滤料在物理微观结构方面表现为表面粗糙多微孔，这些特点特别适合于微生物在其表面生长、繁殖，形成生物膜。火山岩滤料外观见图 4-3。

(a)粒径1～3mm　　(b)粒径3～6mm

图 4-3　火山岩滤料

（1）用途

火山岩滤料使曝气生物滤池不仅能处理市政污水，以及可生化的有机工业污水、生活杂排水、微污染水源水等，也可在给水处理中取代石英砂、活性炭、无烟煤等用作过滤介质，同时还可以对经过污水处理厂二级处理工艺后的尾水进行深度处理，其处理出水达回用水标准后可作中水回用。

（2）滤料在化学微观结构方面的表现

① 微生物化学稳定性。火山岩生物滤料抗腐蚀，具有惰性，在环境中不参与生物膜的生物化学反应。

② 表面电性与亲水性。火山岩生物滤料表面带有正电荷，有利于微生物固着生长，亲水性强，附着的生物膜量多且速度快。

③ 对生物膜活性的影响方面。作为生物载体，火山岩生物滤料对固定的微生物无害、无抑制性作用，实践证明不影响微生物的活性。

（3）火山岩生物滤料在水力学方面的表现

① 空隙率。内外平均孔隙率在 40%左右，对水的阻力小，同时与同类滤料相比，所需滤料少，同样能达到预期过滤目标。

② 比表面积。比表面积大、开孔率高且惰性，有利于微生物的接触挂膜和生长，保持较多的微生物量，有利于微生物代谢过程中所需的氧气与营养物质及代谢产生的废物的传质过程。

③ 滤料形状与水的流态。由于火山岩生物滤料是无尖粒状，且孔径大多数比陶粒要大，所以在使用时对水流的阻力小，节省能耗。

（4）火山岩生物滤料的化学成分及性能

火山岩生物滤料主要化学成分见表 4-5，主要性能参数及选型分别见表 4-6 和表 4-7。

表 4-5　火山岩生物滤料主要化学成分

成分	SiO_2	Al_2O_3	Fe_2O_3	FeO	CaO	MgO	K_2O	Na_2O	Ti_2O
含量/%	53.82	16.89	9.08	1.12	9.36	2.46	2.30	2.55	0.06

表 4-6 火山岩生物滤料物理性能参数

性能指标	检测结果	性能指标	检测结果
堆积密度/(g/cm^3)	0.7~0.9	抗压强度/MPa	5.08~7.2
表观密度/(g/cm^3)	1.6~1.8	抗剪切强度/MPa	3.9~4.75
堆积孔隙率/%	50~70	年摩擦损耗率/%	<2~5
粒内孔隙率/%	15~20	挂膜时间/h	27
灰分/%	<0.1~0.5	盐酸可溶率/%	0.62
溶出物	不含有害溢出物	外观	多孔饱满颗粒

表 4-7 火山岩生物滤料规格与选型

等级	适用水质及应用工艺	规格/mm	重要参数
优级(A 型)(疑难污水或恶臭气体专用系列)	(工业污水)流化床工艺	0.5~1.5	(1)堆积孔隙率≥60%; (2)可使用比表面积(14~35)×$10^6 m^2/m^3$ (3)堆积密度 650~750kg/m^3; (4)年摩擦损耗率<2%; (5)灰分<0.1%
	(工业/市政污水)BAF/快滤池/过滤罐	1~3 3~5 4~6	
	(给水)生物预处理/(工业/市政污水)反硝化生物滤池	6~8	
	(工业污水)医药污水专用	8~12 20~30	
	(工业污水)焦化污水、印染污水专用; (恶臭气体)生物处理专用	10~20(12~25) 20~30 30~50	
中高级(B 型)(较难处理水质与气体)	(工业污水)流化床工艺	0.5~1.5	(1)堆积孔隙率≥50%; (2)可使用比表面积(7~14)×$10^6 m^2/m^3$; (3)堆积密度≥700~800kg/m^3; (4)年摩擦损耗率<3%; (5)灰分<0.3%
	(工业/市政污水)BAF/快滤池/过滤罐	1~3	
	(工业/生活/市政污水)BAF/快滤池/过滤罐	3~5 4~6	
	(给水)生物预处理/(工业/市政污水)反硝化生物滤池	6~8	
	(工业污水)焦化污水、印染污水专用	10~20(12~25) 20~30 30~50	
普通级(C 型)(普通工业/生活污水)	(普通工业/生活污水)流化床工艺	0.5~1.5	(1)堆积孔隙率≥40%; (2)可使用比表面积 5~10m^2/g; (3)堆积密度≥750~850kg/m^3; (4)年摩擦损耗率<5%; (5)灰分<0.5%
	(普通工业/生活污水)BAF/快滤池/过滤罐	1~3 3~5 4~6	
	(普通给水)生物预处理/(工业/市政污水)反硝化生物滤池	6~8	
	河道、人工湿地、河床、园林绿化、屋顶绿化等除氨氮工程	10~20(12~25) 20~30 30~50	

四、沸石

目前有天然斜发沸石滤料和活化沸石滤料两种。

天然沸石大部分由火山凝灰岩和凝灰质沉积岩在海相或湖相环境中发生反应而形成，为铝硅酸盐类矿物，外观呈白色或砖红色，属弱酸性阳离子交换剂。如经人工导入活性组分，使其具有新的离子交换或吸附能力，吸附容量可相应增大。天然沸石主要用于中小型锅炉用水的软化处理，以去除水中的硬度，从而减少锅炉内水垢的生成。在污水处理中，可用于去除水中的磷以及铅、六价铬等重金属，失效后的沸石可用于浓盐水逆流再生后重复使用。

活化沸石是天然沸石经过多种特殊工艺活化而成，其吸附性能强，离子交换性能好，不仅能去除水中的浊度、色度、异味，而且对水中有害重金属如铬、镉、镍、锌、汞、铁离子等的去除有效，另外还对去除水中的各种微污染物和其他有害物质包括水中铁、氟等有效。因此活化沸石是工业给水、污水处理及自来水过滤的新型理想滤料。其化学成分及性能见表4-8、表4-9。

表4-8　沸石滤料主要化学成分

成分	SiO_2	Al_2O_3	K_2O	CaO	Fe_2O_3	MgO	Na_2O	吸氨量
含量/%	70	14	3.5	2.2	1.5	1.3	1.3	115mmol/100g

表4-9　沸石滤料的性能

项　目	参数值	项　目	参数值
密度/(g/cm³)	1.8~2.18	全交换工作容量/(mg/g)	2.2~2.5
堆密度/(g/cm³)	1.4	滤速/(m/h)	4~12
空隙率/%	≥50	粒径/mm	视工程要求而定，一般为0.5~20
比表面积/(m²/g)	300~500	磨损率/%	0.04
泥含量/%	0.02	破损率/%	0.5
盐酸可溶率/%	小于0.10	水浸出液	不含有毒物质
粒径规格/mm	1~2、2~4、4~8、8~16、16~32、32~64、64~128、128~256		

沸石的技术指标如下：

(1) 吸附性能。比表面积可达122~355m^2/g；对SO_2的吸附容量为47~58.2mL/g。

(2) 阳离子交换性能。NH_3-N交换容量为150mmol/100g，最低109mmoL/100g，一般或平均127.58mmoL/100g。K^+交换容量：最高为18.75mmoL/100g，一般或平均13.19mmoL/100g。

(3) 催化性能。沸石具有较大的比表面积，有较好的晶化性能，经甲苯歧化催化试验证明，改性后的沸石制作甲苯歧化催化剂是可行的，对二甲苯异构化都具有较高的催化活性。

(4) 耐酸耐热性能。耐酸性能：在90℃保温4h，盐酸浓度为1mol/L时沸石没破坏；盐酸浓度为2mol/L时沸石部分破坏。耐热性能：在250℃时，晶格略有变化；500℃时，晶格基本破坏；750℃时，晶格完全破坏；实践证明，其晶格破坏温度为250~500℃，灼热时间为4h。

图 4-4　贝岩陶粒滤料

五、贝岩陶粒

贝岩陶粒又称膨胀贝岩，是以黏土质贝岩、板岩等经破碎、筛分，或粉磨后成球，烧胀而成。贝岩陶粒按工艺方法分为：经破碎、筛分、烧胀而成的普通型贝岩陶粒；经粉磨、成球、烧胀而成的圆球形贝岩陶粒。具有比重小、机械强度高、耐冲耐磨损、节省能耗，生物稳定性、化学稳定性及热力学稳定性好，抗冲击符合能力强、耐低温、易挂膜等优点。贝岩陶粒滤料的外观见图 4-4，其物理、化学性能见表 4-10。

表 4-10　页岩陶粒主要技术指标

指标名称	数　值	指标名称	数　值
容重/(t/m^3)	0.65～1.1	浊度去除率/%	>85
密度/(t/m^3)	2.4～2.6	截污量(kg/m^3)	13
孔隙率/%	65～78	耐压强度/MPa	40
磨损破碎率/%	<5	形状系数	1.5～2.5
渗透系数/(cm/s)	1.0～4.5	比表面积/(cm^2/g)	>1000
常用规格/mm	0.5～1；1～2；2～3；2～4；3～5；4～8；5～10；10～20；40～80		

六、轻质塑料滤料

（1）泡沫颗粒滤珠

泡沫颗粒滤珠(EPS 发泡塑料滤珠)是可发性聚苯乙烯颗粒加入石油液化气而发泡制成的珠状白色小球，微孔发达，比表面积大，具有很强的吸附能力。其堆密度 80～100kg/m^3，孔隙率约 50%。泡沫滤珠其本身具有重量轻、比表面积大、吸附能力强、不破碎、孔隙率高、滤速快、脱污能力强、滤料均匀、使用寿命长等优点。如将其覆盖于压力综合净水器的上部，当浑浊度 500mg/L 原水经过这种泡沫塑料颗粒过滤层过滤后，出水浊度可降低到 5mg/L。使用该种泡沫颗粒滤珠，可以把水质净化中的混凝、澄清和过滤三道工序在一个容器内完成。由于简化工艺流程，可以直接供应水塔和用户，目前主要用于中小型给水设备，也用于内河船舶给水系统。

（2）微孔塑料过滤介质

包括微孔塑料过滤板以及微孔塑料过滤管、微孔棒等形状。微孔板、微孔管或棒型过滤介质一般是采用经烧结成的聚乙烯 PE 或 PVC 制作而成，其毛细孔孔道细而弯曲，过滤精度可达到 0.5μm。

图 4-5　聚苯乙烯泡沫滤料

聚苯乙烯泡沫颗粒滤料外形见图 4-5，表 4-11 列出了可发性聚苯乙烯泡沫颗粒滤料(EPS 发泡塑料滤珠）及其他塑料过滤材料性能、规格。

表 4-11　塑料滤料材料数据

滤料名称	规　　格	物理化学性质
聚苯乙烯泡沫颗粒滤料	粒径：0.5～1.0mm、0.6～1.2mm、0.8～1.2mm、0.8～1.6mm、1.0～2.0mm、2.0～4.0mm、4.0～8.0mm、10～20mm	堆密度 80～100kg/m^3；孔隙率约 50%；耐温度<80℃；间断使用温度<100℃
微孔聚乙烯过滤板	方形板：长度 1700mm×宽度 1200mm，厚度视尺寸确定； 圆形板：Φ50～1200mm，厚度视尺寸确定	耐温度≤80℃； 过滤精度约 0.5～160μm； 适用腐蚀液体的过滤
微孔聚氯乙烯过滤管	外径×内径×长度/mm： 31×15×1000；31×20×1000； 38×20×1000；38×15×1000； 50×20×1000；65×30×1000； 85×45×1000	过滤精度：0.22μm、0.5μm、1μm、3μm、5μm、10μm、20μm、30μm、40μm、50μm、100μm、15μm； 耐温：80℃

七、无烟煤滤料

（1）加工与使用

无烟煤滤料采用优质无烟煤为原料，经精选、破碎、筛分等工艺加工而成。无烟煤滤料具有以下特点：化学性能稳定，不含有毒物质，耐磨损，在酸性、中性、碱性水中均不溶解；颗粒表面粗糙，有良好的吸附能力；孔隙率大（>50%），有较高的纳污能力；质轻，所需反冲洗强度较低，可节省反冲洗用水及电能。

无烟煤滤料同石英砂滤料配合使用，可以提高滤速，增加单位面积出水量，提高截污能力，是降低工程造价和减少占地面积最有效的途径，广泛用于化工、冶金、热电、制药、造纸、印染、食品等行业的水处理过程中。

（2）选择无烟煤滤料的要求

无烟煤滤料在过滤过程中所起作用直接影响着过滤的水质，选择必须达到以下要求：

① 机械强度高，破碎率和磨损率之和不应大于 3%（按重量计）；

② 化学性能稳定，不含有毒物质，在一般酸性、中性、碱性水中均不溶解；

③ 粒径级配合理，比表面积大；

④ 粒径范围：小于指定的下限粒径不大于 3%（按重量计），大于指定的上限粒径不大于 2%（按重量计）。

（3）产品规格与技术指标

常用规格：0.8～1.2mm、0.8～1.8mm、1～2mm、2～4mm 等，无烟煤滤料技术参数见表 4-12。

表 4-12　无烟煤滤料技术参数

项　　目	参　　数	项　　目	参　　数
碳含量/%	≥80	盐酸可溶率/%	≤3.5
密度/（g/cm^3）	1.4～1.6	磨损率/%	≤1.4
容重/（g/cm^3）	0.95	破碎率/%	≤1.6
泥含量/%	≤4	空隙率/%	47～53

八、石英砂

石英砂滤料有《水处理用石英砂滤料》(CJ/T 43)，适用于生活饮用水过滤用无烟煤滤料、石英砂滤料、高密度矿石滤料、砾石承托料和高密度矿石承托料。用于工业用水过滤的这三种滤料和两种承托料可参照执行。

石英砂是一种坚硬、耐磨、化学性能稳定的硅酸盐矿物，其主要矿物成分是 SiO_2，可高达 99%。石英砂的颜色为乳白色或无色半透明状，莫氏硬度 7，性脆无解理，贝壳状断口，油脂光泽，相对密度为 2.5~2.7，其化学、热学和机械性能具有明显的异向性，不溶于酸，微溶于碱溶液，熔点 1750℃。目前，生产石英砂采用的原料有两种：

(1) 利用天然的河砂、海砂，分筛而成。优点是就地取材、造价低；缺点是因受水的侵蚀时间过长，强度降低、磨损率与破损率高、使用周期短、机械强度差。这些缺点是影响滤速的首要因素。

(2) 利用天然石英矿床，经破碎、分筛、精选而成，具有密度大、机械强度高、颜色纯正的优点，适用于生活饮用水过滤、循环水处理以及污水的回收利用。

石英砂常用的规格有：0.5~1.0mm、0.6~1.2mm、1~2mm、2~4mm、4~8mm、8~16mm、16~32mm。

九、磁铁矿滤料

磁铁矿滤料是三层滤料滤池的必备材料，具有过滤速度快、截污能力强、使用周期长等特点。其规格参数表 4-13。

表 4-13 磁铁矿滤料技术参数

项目	参数	项目	参数
密度/(t/m^3)	4.5	莫氏硬度/度	6
含硫率/%	0.26	泥含量/%	<2.5
磨损率/%	0.04	破碎率/%	≤0.05
Fe_2O_3含量/%	70	堆密度/(g/cm^3)	2.95
铁含量/%	20~40	不均匀系数	≤1.8

十、锰砂滤料

采用天然锰矿石经机械破碎、水洗、多次筛分加工而成，外观呈褐色，表面粗糙。锰砂密度大，硬度高，不易磨损与破碎，化学性能稳定、不含有毒物质，是一种很强的氧化剂。

天然锰砂中含有 MnO_2，是 Fe^{2+} 氧化成 Fe^{3+} 的良好催化剂。对于生活饮用水、地下水除铁、除锰有独特的效果，常用于除铁除锰的过滤装置。

锰含量(以 MnO_2 计)不小于 35%的天然锰砂滤料，既可用于地下水除铁，又可用于地下水除锰；锰含量为 20%~30%的天然锰砂滤料，只宜用于地下水除铁；锰含量低于 20%的则不宜采用。锰砂滤料的技术参数见表 4-14。

表 4-14 锰砂滤料的技术参数

MnO_2含量/%	密度/(g/cm^3)	堆密度/(g/cm^3)	磨损率/%	破碎率/%	泥含量/%
25~45	3.6	2	<1.2	<1.0	<2

常用规格：0.5~1.0mm、1~2mm、2~4mm。

十一、果壳滤料

果壳滤料采用植物果壳为原料，经破碎、抛光、蒸洗、药物处理和多次筛选加工而成。可采用的植物果壳有核桃壳、椰子壳等。果壳滤料具有耐磨、抗压、不在酸碱性水中溶解、不腐烂、不结块、易再生、较强的除油性能等优点，被广泛运用在各种污水处理(特别是含油污水)中。果壳滤料是取代石英砂滤料来提高水质、大幅度降低水处理成本的新一代滤料。果壳滤料的有关技术参数见表4-15。

表4-15　果壳滤料的有关技术参数

项　目	参　数	项　目	参　数
油去除率/%	90~95	反洗强度/[$m^3/(m^2 \cdot h)$]	25
悬浮物去除率/%	95~98	水冲洗压力/MPa	0.32
滤速/(m/h)	20~25	每年补充比例/%	5~10
密度/(g/cm^3)	1.5	堆密度/(g/cm^3)	0.8
常用规格/mm	10~1、0.8~1.2、1.2~1.6、1.6~2.0		

1. 特点

(1) 具有多孔和多面特性，截污力强，油和悬浮物去除率高；

(2) 具有多棱性和不同粒径，形成深床过滤，增强了除油能力和滤速；

(3) 具有亲水不亲油和适宜的密度，易反洗，再生力强；

(4) 硬度大，且经特殊处理不易腐蚀，不用更换滤料，每年只补充少量，可节省维修费用和维修时间，提高利用率。

2. 滤料用途

(1) 油田含油污水处理：去油和悬浮固体；

(2) 其他工业含油污处理：去油和悬浮固体；

(3) 工业用水处理：去除水中悬浮固体，提高水质。

十二、活性炭

活性炭是一种非常优良的吸附剂，它是利用木炭、竹炭、各种果壳和优质煤等作为原料，通过物理和化学方法对原料进行破碎、过筛、催化剂活化、漂洗、烘干和筛选等一系列工序加工制造而成。活性炭具有物理吸附和化学吸附的双重特性，可以有选择的吸附气相、液相中的各种物质，以达到脱色精制、消毒除臭和去污提纯等目的。

1. 活性炭吸附性

(1) 微孔及吸附比表面积

吸附性质是活性炭的首要性质。活性炭具有像石墨晶粒却无规则地排列的微晶，在活化过程中微晶间产生了形状不同、大小不一的孔隙。按国际纯粹与应用化学联合会(IUPAC)方法分：微孔小于1.0nm、中孔1~25nm、大孔大于25nm。活性炭微孔的孔隙容积一般只有0.25~0.9mL/g，孔隙数量约为1020个/g，普通活性炭的比表面积在500~1700m^2/g间，具有很强的吸附性能，也有高达3500~5000m^2/g的。这些孔隙特别是微孔提供了巨大的表面积。

活性炭几乎95%以上的表面积都在微孔中，因此微孔是决定活性炭吸附性能高低的重要因素。中孔的孔隙容积一般约为0.02~1.0mL/g，表面积最高可达几百平方米，能为吸附物提供进入微孔的通道，又能直接吸附较大的分子。大孔的孔隙容积一般约为0.2~0.5mL/g，表面积约0.5~2m^2/g，其作用一是使吸附质分子快速深入活性炭内部较小的孔隙中去；二是作为催化剂载体，作为催化剂载体时，催化剂只有少量沉淀在微孔内，大都沉淀在大孔和中孔之中。

（2）碘值

碘值又称碘吸附值，是衡量活性炭吸附性能最常用的指标之一，在活性炭生产、销售、研发中广泛应用。一般用测量碘值来判断活性炭活化程度的高度、微孔的多少和产品质量的好坏，整体来说活性炭的碘值越高价越贵。平常认为碘值越高，代表活性炭的吸附值越大，活性炭质量越好。有监测数据表明，活性炭的碘值和比表面积的关系如下：碘值700mg/g，比表面积900m^2/g；碘值800mg/g，比表面积1000m^2/g；碘值900mg/g，比表面积1100m^2/g；碘值1000mg/g，比表面积1200m^2/g；碘值1100mg/g，比表面积1350m^2/g。

2. 影响活性炭吸附的主要因素

由于活性炭水处理所涉及的吸附过程和作用原理较为复杂，因此影响因素也较多，主要有活性炭的性质、水中污染物的性质、活性炭处理的过程原理以及选择的运转参数与操作条件等。

（1）活性炭的性质

用于水处理的活性炭应有三项要求：吸附容量大、吸附速度快、机械强度好。活性炭的吸附容量除其他外界条件外，主要与活性炭比表面积有关，比表面积大，微孔数量多，可吸附在细孔壁上的吸附质就多。吸附速度主要与粒度及细孔分布有关，水处理用的活性炭，要求过渡孔(半径20~1000A)较为发达，有利于吸附质向微细孔中扩散。活性炭的粒度越小吸附速度越快，但水头损失要增大，一般在8~30目范围较宜，活性炭的机械耐磨强度，直接影响活性炭的使用寿命。

（2）吸附质(溶质或污染物)性质

同一种活性炭对于不同污染物的吸附能力有很大差别。

① 溶解度。对同一族物质的溶解度随链的加长而降低，而吸附容量随同系物的系列上升或分子量的增大而增加。溶解度越小，越易吸附，如活性炭从水中吸附有机酸的次序是按甲酸→乙酸→丙酸→丁酸而增加。

② 分子大小与化学结构。吸附质分子的大小和化学结构对吸附也有较大的影响。因为吸附速度受内扩散速度的影响，吸附质(溶质)分子的大小与活性炭孔径大小成一定比例，最利于吸附。在同系物中，分子大的较分子小的易吸附。不饱和键的有机物较饱和的易吸附。芳香族的有机物较脂肪族的有机物易于吸附。

③ 极性。活性炭基本可以看成是一种非极性的吸附剂，对水中非极性物质的吸附能力大于极性物质。

④ 吸附质浓度。吸附质的浓度在一定范围时，随着浓度增高，吸附容量增大。因此，吸附质(溶质)的浓度变化，活性炭对该种吸附质(溶质)的吸附容量也变化。

（3）溶液pH值

溶液pH值对吸附的影响，要与活性炭和吸附质(溶质)的影响综合考虑。溶液pH值控制了酸性或碱性化合物的离解度，当pH值达到某个范围时，这些化合物就要离解，影响对这些化合物的吸附。溶液的pH值还会影响吸附质(溶质)的溶解度，以及影响胶体物质吸附质(溶质)的带电情况。由于活性炭能吸附水中氢、氧离子，因此影响对其他离子的吸附。活性炭从水中吸附有机污染物质的效果，一般随溶液 pH 值的增加而降低，pH 值高于 9.0 时，不易吸附，pH 值越低时效果越好。在实际应用中，应通过试验确定最佳 pH 值范围。

(4) 溶液温度

因为液相吸附时，吸附热较小，所以溶液温度的影响较小。吸附是放热反应。吸附热越大，温度对吸附的影响越大。另一方面，温度对物质的溶解度有影响，因此对吸附也有影响。用活性炭处理水时，温度对吸附的影响不显著。

(5) 多组分吸附质共存

应用吸附法处理水时，通常水中不是单一的污染物质，而是多组分污染物的混合物。在吸附时，它们之间可以共吸附，互相促进或互相干扰。一般情况下，多组分吸附时分别的吸附容量比单组分吸附时低。

(6) 吸附操作条件

因为活性炭液相吸附时，外扩散(液膜扩散)速度对吸附有影响，所以吸附装置的型形式、接触时间(通水速度)等对吸附效果都有影响。

十三、曝气生物滤池布水布气用滤砖

曝气生物滤池布水布气用滤砖包括双层配水配气 V 形滤砖、W 形气水分布滤砖等形式，见图 4-6。

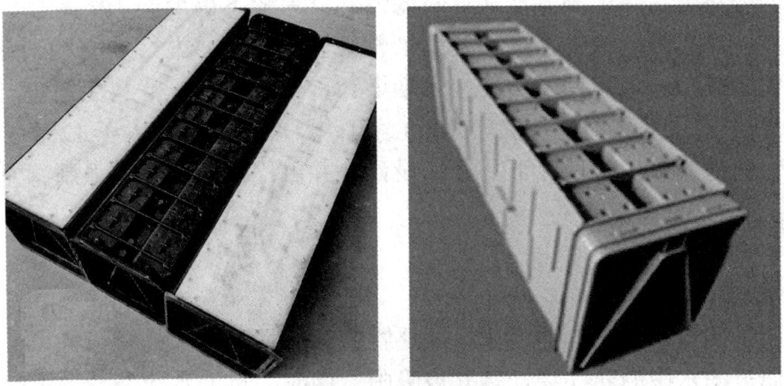

V形

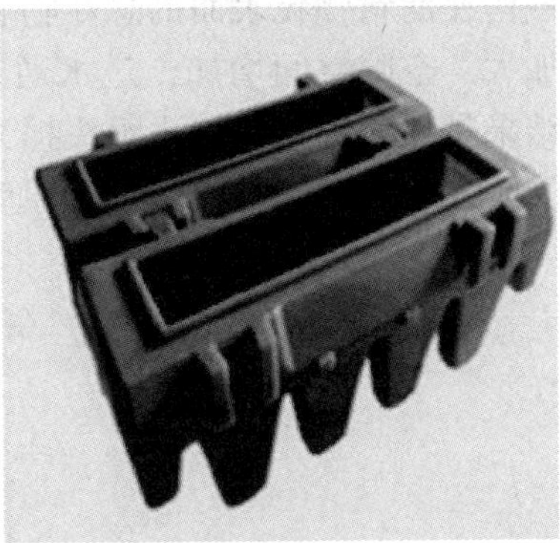

W形

图 4-6　反硝化深床滤池布水布气用滤砖

（1）V 形滤砖

V 形滤砖的材质为 HDPE，抗压强度和耐冲击强度高；矩形外形，滤砖纵向两端有卡扣可以相互连接，两侧和底部密封。其上部分布均匀的气水口，具有双层配水系统，通过内部的倒 V 形开孔隔板将内腔分为一级分配腔和二级补偿腔。通过一次配水腔后的反冲洗水在二次配水腔内根据压力差产生逆向补偿，从而使整个滤池过滤面积上的整体反冲洗水、气压力均匀。此类砖的反冲洗支气管仅需铺设一排，反冲洗气、水从滤砖底部进入。

（2）W 形滤砖

W 形也采用 HDPE 材质，内部填充混凝土，保证分布块的抗压性；外壳两侧有压扣锁紧结构，可以保证反冲洗时的稳定性以及布水均匀性。块与块之间留有开口空隙，其底部的 W 形结构形成的腔体一方面使过滤的水流通过，另一方面池底分布有独立的反洗布气支管，气水先在腔内混合，再从分布块之间的空隙流出，达到均匀布水布气的目的。

第二节 砂滤池工艺组成及主要设计参数

一、滤池设计的一般规定

（1）滤池的单格面积应根据滤池形式、生产规模、操作运行、滤后水收集及冲洗水分配的均匀性，通过技术经济比较确定。

（2）滤池的分格数：除无阀滤池和虹吸滤池外，一般不得少于 4 格。

（3）滤料：应有足够的机械强度和抗腐蚀性能、能就地取材、价廉、外形接近于球状，表面比较粗糙而有棱角，可采用石英砂、无烟煤和重质矿石等。滤料层厚度(L)与有效粒径(d_{10})之比：细砂及双层滤料过滤应大于 1000，粗砂及三层滤料应大于 1250。

（4）滤速：滤池应按正常情况下的滤速设计，并以检修情况下的强制滤速校核。

二、滤料

1. 滤料的特性

滤料的作用是截留悬浮物，滤料截留悬浮物依靠的是颗粒间的范德华力、库仑力和表面张力，这些力使过滤水中的悬浮物迁移并被吸附。同时，过滤水流在滤层中的流动及在滤料颗粒间的水流剪力则具会使被截留在滤料颗粒表面的悬浮物剥落的可能，并由此产生水头损失。滤料粒度增大，空隙尺度加大，空隙空间增加，过水通道尺度大，过滤水流阻力减弱，水头损失增量将得以延缓，其结果是：达到特定终止水头损失时的过滤周期得以延长，产水量得到增加。日本一学者给出的公式表明了滤料粒度、空隙度和水头损失之间的关系，如式(4-1)所示。

$$H = K(LV\mu/\rho g\psi^2 d^2)(1-\varepsilon)^2/\varepsilon^3 \tag{4-1}$$

式中 H——过滤水头损失，m；

K——系数；

L——滤料层厚度，m；

V——滤速，m/s；

ρ——水的密度，t/m^3

g——重力加速度，9.8m/s^2

ψ——滤料球形度；

d——滤料粒径，mm；

ε——滤层空隙度，%；

μ——水的动力黏度，Pa·s。

式(4-1)定性地表示了滤料粒径大小、空隙度大小对过滤过程的影响，即滤料粒径增加、水头损失减小、过滤周期势必延长、产水量增加。随着滤料粒径的加大，虽然能更多地发挥下层滤料的截留作用，但同时也对穿透深度带来影响，即在其他条件等同时，粒径越粗，穿透深度也越大，导致冲洗会越困难。

2. 滤料层形式

根据滤池进水水质以及对出水水质的要求，滤料的滤层可采用单层均质的形式，也可采用多层形式。

(1) 单层均质滤料

从20世纪60年代起，法国和苏联开展了粗滤料过滤技术研究。法国开发的V型滤池，通常石英砂滤料粒径范围 $d_{min} \sim d_{max}$ 为0.9~1.35mm，也可扩至0.7~2.0mm，层厚在0.95~1.50m之间。美国在20世纪80年代有人采用无烟煤滤料作为水厂滤料，有效粒径 d_{10} 达1.5mm，不均匀系数 K_{60} 为1.5、层厚1.8m；采用石英砂作为水厂滤料，有效粒径 d_{10} 为1.7mm、不均匀系数 K_{60} 为1.5、层厚1.8m。和国外的情况相比，国内给水工程中所用的滤池滤层较薄、粒度较细。我国设计规范有关单层滤料过滤只规定了石英砂，粒径范围 $d_{min} \sim d_{max}$ 为0.5~1.2mm、层厚0.7m。

(2) 多层滤料

国外采用的双层滤料组成比较见表4-16。

表4-16 国外采用的双层滤料组成比较

国家	滤料	粒径/mm		有效粒径/mm		K	滤层厚/mm
		d_{min}	d_{max}	d_{10}	d_{80}		
美国	煤	0.8	3.0	0.9		$K_{60}=1.3$	450
	砂	0.4	0.8	0.45		$K_{60}=1.5$	200
苏联	煤	0.8	1.8	0.55	1.1	$K_{80}=2$	400~500
	砂	0.5	1.25	0.4	0.8	$K_{80}=2$	600~700
法国	煤			0.8~2.5			400
	砂			0.4~0.8			400

国内有关的设计规范给出的多层滤料的设计参数如表4-17所示。

表4-17 国内多层滤料设计参数

滤料种类	滤料组成				正常滤速/(m/h)	强制滤速/(m/h)
	粒径/mm		不均匀系数 K_{80}	厚度/mm		
双层滤料	无烟煤	$d_{min}=0.8$ $d_{max}=1.8$	<2.0	300~400	10~14	14~18
	石英砂	$d_{min}=0.5$ $d_{max}=1.2$	<2.0	400		

续表

滤料种类	滤料组成				正常滤速/(m/h)	强制滤速/(m/h)
	粒径/mm		不均匀系数 K_{80}	厚度/mm		
三层滤料	无烟煤	$d_{min}=0.8$ $d_{max}=1.6$	<1.4	450	8~12	20~25
	石英砂	$d_{min}=0.5$ $d_{max}=0.8$		230		
	重质矿石	$d_{min}=0.25$ $d_{max}=0.5$		70		

三、承托层

承托层的作用是防止过滤时滤料从配水系统中流失，而冲洗时起一定的均匀布水作用。承托层可用天然卵石或碎石，按颗粒大小分层铺成，当滤池采用大阻力配水系统时，其承托层宜按表 4-18 的数据。

表 4-18 大阻力配水系统承托层材料、粒径与厚度

层次(自上而下)	材 料	粒径/mm	厚度/mm
1	砾石	2~4	100
2	砾石	4~8	100
3	砾石	8~16	100
4	砾石	16~32	本层砾石顶面应高出配水系统孔眼 100mm

四、冲洗系统

冲洗的目的是使滤层在短时间内恢复工作能力，冲洗方法一般采用水流自下而上的反冲洗，有时也辅以表面冲洗。

(一) 滤池冲洗方式的选择

应根据滤料层组成、配水配气系统形式，通过试验或参照相似条件下已有滤池的经验确定，或按表 4-19 选用。

表 4-19 冲洗方式和程序

滤 料 组 成	冲洗方式、程序
单层粗砂级配滤料	水冲或气冲+水冲
单层粗砂均匀级配滤料	气冲+气、水同时冲+水冲
双层煤、砂级配滤料	水冲或气冲+水冲

(二) 冲洗参数要求

冲洗参数包括冲洗周期、冲洗强度、冲洗历时和滤层膨胀率等。

1. 冲洗周期

冲洗周期采用 24~36h。

2. 单水冲洗强度与历时

单位面积滤层上所通过的冲洗水量称为冲洗强度。对于单层砂滤池，单水冲洗滤池的冲洗强度及冲洗时间宜按表 4-20 采用。

表 4-20　水冲洗强度及冲洗时间(水温 20℃时)

滤料组成	冲洗强度/[L/(m^2·s)]	膨胀率/%	冲洗时间/min
单层粗砂级配滤料	12~15	45	5~7
双层煤、砂级配滤料	13~16	50	6~8

3. 气水冲洗强度及冲洗时间

气水冲洗强度及冲洗时间可采用表 4-21 提供的数据。

表 4-21　气水冲洗强度及冲洗时间

滤料种类	先气冲洗		气水同时冲洗			后水冲洗		表面扫洗	
	气强度/[L/(m^2·s)]	时间/min	气强度/[L/(m^2·s)]	水强度/[L/(m^2·s)]	时间/min	水强度/[L/(m^2·s)]	时间/min	水强度/[L/(m^2·s)]	时间/min
单层细砂、级配滤料	15~20	3~2				8~10	5~4		
双层煤、砂级配滤料	15~20	3~2				6.5~10	5~4		
单层粗砂、均匀级配滤料	13~17	2~1	13~17	3~4	4~3	4~8	3~2		
	13~17	2~1	13~17	2.5~3	5~4	4~6	3~2	1.4~2.3	全程

4. 滤层膨胀率

在强大的自下而上的水流冲击下，滤层会逐渐膨胀起来。滤层膨胀后所增加的厚度与膨胀前的厚度之比称为滤层膨胀率。滤层膨胀率对冲洗效果影响很大。在一定的膨胀率下，悬浮于上升水流中的滤料颗粒通过相互碰撞和摩擦洗去砂粒表面的污泥。当膨胀率小，则滤料颗粒间的碰撞摩擦概率减少，而导致清洗不彻底；膨胀率过大，严重时会造成滤料随水流失。生产实践表明，单层砂滤料的膨胀率以 45%为宜。

(三) 冲洗系统设计

冲洗的方式一般有以下形式：单独用水反冲洗、气水反冲洗、固定式表面冲洗的水反冲洗等。

1. 单独用水反冲洗

单独用水反冲洗必须设冲洗水泵或冲洗水塔(箱)。

(1) 水泵冲洗

采用水泵冲洗时，需考虑有备用措施。冲洗水泵的流量及扬程分别由式(4-2)、式(4-3)计算：

$$Q = qf \tag{4-2}$$

$$H = H_0 + h_1 + h_2 + h_3 + h_4 + h_5 \tag{4-3}$$

式中　Q——水泵出水量，L/s；

q——冲洗强度，L/(m^2·s)；

f——单个滤池面积，m^2；

H——水泵所需扬程，m；

H_0——洗砂排水槽顶与吸水池最低水位高差，m；

h_1——吸水池与滤池间冲洗管的沿程水头损失与局部水头损失之和，m；

h_2——孔口平均水头损失，m；

h_3——承托层水头损失，m；

h_4——滤料层水头损失，m；

h_5——富余水头，m，一般取 1m。

（2）水箱（水塔、水柜）冲洗

采用水箱（水塔、水柜）冲洗时，水箱中水深不宜超过 3m，水箱应在滤池冲洗间歇时间内充满，并应有防止空气进入滤池的措施。水箱的容积可采用一次冲洗水量 1.5 倍，水箱底部高于洗砂排水槽顶的高度，可按公式（4-4）计算。

$$H_0 = h_1 + h_2 + h_3 + h_4 + h_5 \tag{4-4}$$

式中　H_0——排水槽顶与水箱最低水位高差，m；

h_1——冲洗水箱至滤池大阻力配水系统间的水头损失，m；

h_2——孔口平均水头损失，m；

h_3——承托层水头损失，m；

h_4——滤料层水头损失，m；

h_5——富余水头，m，一般取 1m。

2. 气水反冲洗

冲洗用空气宜采用鼓风机直接供给，经技术经济分析后认为合理时，也可采用空气压缩机-贮气罐组合供气方式。

（1）鼓风机直接供气

① 先气后水冲洗时，鼓风机出口处的静压力应为输配气系统的压力损失和富余压力之和，即：

$$H_A = h_1 + h_2 + 9810Kh_3 + h_4 \tag{4-5}$$

式中　H_A——鼓风机出口处的静压，Pa；

h_1——输气管道的压力总损失，Pa；

h_2——配气系统的压力损失，Pa；

K——系数，1.05～1.10；

h_3——配气系统出口至空气溢出面的水深，m；

h_4——富余压力，Pa，取 4900Pa。

② 采用长柄滤头气水同时冲洗时，按式（4-6）计算。

$$H_A = h_1 + h_2 + h_4 + h_5 \tag{4-6}$$

式中　H_A——鼓风机出口处的静压，Pa；

h_1——输气管道的压力总损失，Pa；

h_2——配气系统的压力损失，Pa；

h_4——富余压力，Pa，取 4900Pa；

h_5——气水室中的冲洗水水压，Pa。

按式（4-11）计算时，还应复核。

（2）空压机串联储气罐供气

空压机串联储气罐供气时，空压机容量可按式（4-7）计算求得。

$$W = \frac{(0.06qFt - VP)K}{t} \tag{4-7}$$

式中 W——空压机容量，m^3/min；

q——空气冲洗强度，$L/(m^2 \cdot s)$；

F——单个滤池面积，m^2；

t——单个滤池设计气冲时间，min；

V——中间储气罐容积，m^3；

P——储气罐可调节的压力倍数；

K——漏损系数，取1.05~1.10。

V型滤池利用部分滤前水在滤池冲洗时对滤池砂面进行横向扫洗，横向水流将悬浮在水面和砂面间的杂质推向洗砂槽排出。

3. 固定式表面水反冲洗

有的滤池还配备有固定式表面水反冲洗设施，固定式表面水反冲洗的设计计算如下：

（1）冲洗水头一般取0.2MPa；

（2）穿孔管孔眼流速可按需要决定，也可参考式(4-8)计算确定。

$$v_2 = \frac{q \times 10^3}{\varphi} \tag{4-8}$$

式中 v_2——穿孔管孔眼流速，m/s，一般为6~8 m/s；

q——表面冲洗强度，$L/(m^2 \cdot s)$，一般为2~3$L/(m^2 \cdot s)$；

φ——穿孔管孔眼总面积与滤池面积之比，宜采用0.03%~0.05%，当q采用低值时，φ必须采用低值；当q采用高值时，φ也须采用高值。

（四）冲洗污水的排出

冲洗污水的排出采用冲洗排水槽或者排水渠，冲洗排水槽的设计要求如下：

（1）冲洗排水槽平面总面积一般不大于单个滤池面积的25%，否则，会影响上升水流的均匀性；

（2）相邻两槽的中心间距一般为1.5~2.0m，间距过大，难以排水均匀；

（3）槽内水面以上一般要有7cm左右的保护高，以保证冲洗污水自由跌水进入排水槽；

（4）排水槽的污水应自由跌水进入排水渠，以免引起壅水现象；

（5）每单位槽长的溢入流量应相等，故施工时冲洗排水槽口应力求水平，误差限制在2mm内。

五、滤池常用冲洗配水系统

配水系统的作用是使冲洗水在整个滤池平面上均匀分布，过滤时也能均匀收集滤后水。常用配水系统有大阻力系统和小阻力系统两种。大阻力配水系统是指通过减小进水管孔面积，达到增加配水系统的水头损失，以消除承托层、滤料层阻力以及配水压力不均的影响的一种布水方式。小阻力配水系统是相对于大阻力配水系统而言，进水管孔开孔率一般在1.0%~1.5%。

（一）大阻力配水系统

1. 大阻力配水系统布置

大阻力配水系统一般采用管式配水系统，由铸铁管或钢管构成，由于铸铁管和钢管易锈蚀，也有用陶瓷管代替的。大阻力配水系统示意图如图 4-7 所示。

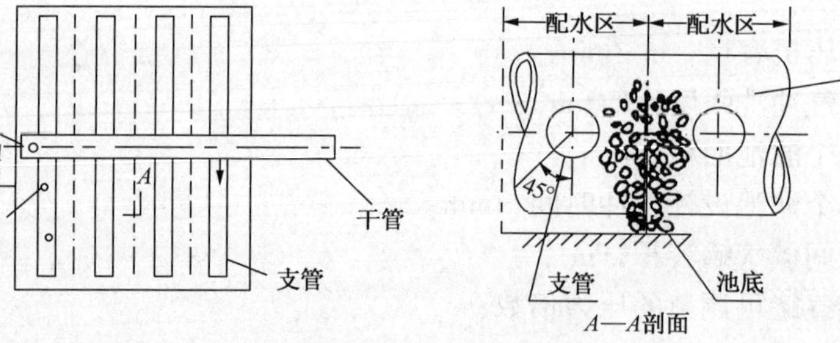

图 4-7　管式大压力配水系统示意图

当滤池面积较大，也就是干管直径过大时，就会出现两个缺点：①支管在池底上过高，所以池子必须加深，承托层也必须加厚，引起造价的增加；②干管所占的池子的部分过宽，而这部分池子的面积不能按支管布置配水孔的要求采配水。为了解决这一问题，有的设计在干管顶适当加装一些配水滤头，如图 4-8(a)所示；中等及大面积的滤池，采用如图 4-8(b)布置方案。

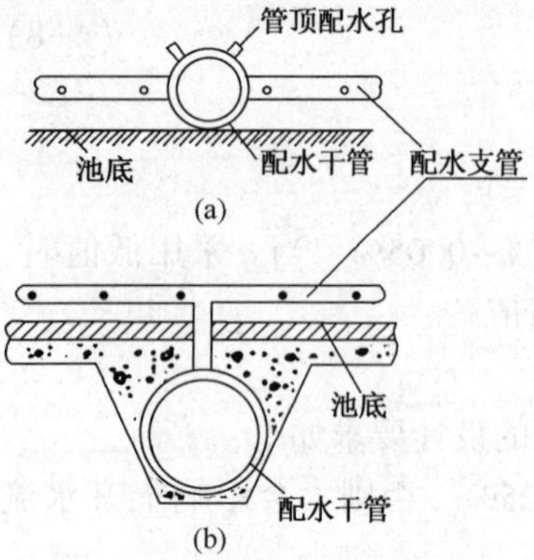

图 4-8　管式大阻力配水系统干管与支管的布置方式

2. 大阻力配水系统的特点

（1）配水均匀性好；

（2）结构复杂、管道容易结垢；

（3）孔口水头损失大，因而要求反冲洗水压高。

3. 大阻力配水系统设计要点

（1）干管截面积与支管总截面积比为 1.75~2.0；

（2）配水干管进口处的流速为 1~1.5m/s；

（3）干管顶上宜设排气管，排出口需设在滤池水面以上，排气管直径为 40~100mm；

（4）干管大于 300mm 时应设滤头、管嘴布水；

（5）支管长度与直径比小于 60；

（6）支管中心距为 0.2~0.3m 布置；

（7）配水支管进口处的流速为 1.5~2.0m/s；

（8）孔眼总面积与滤池面积之比宜为 0.2%~0.28%；配水支管孔眼出口流速为 5~6m/s；

（9）水头损失一般为 3~4m；

（10）反冲洗强度为 12~15L/(m^2·s)。

4. 大阻力配气系统的设计

大阻力配气系统的设计计算宜采用下列参数：

（1）干管和支管进口处的空气流速采用 10m/s 左右；

（2）孔眼空气流速采用 30~35m/s，孔眼间距 70~100mm；孔眼布置呈 45°向下交错排列；

（3）大阻力配气系统的压力损失可按式(4-9)计算：

$$h = 1.5V^2 \tag{4-9}$$

式中　h——空气通过大阻力配气系统的压力损失，Pa；

V——孔眼空气流速，m/s。

5. 管式大阻力配水系统水头损失

(1) 孔口的平均水头损失 h_1

孔口的平均水头损失计算时，可采用式(4-10)计算。

$$h_1 = \frac{1}{2g}\left(\frac{q}{10\mu\beta}\right)^2 \tag{4-10}$$

式中 h_1——孔口平均水头损失，m；

q——冲洗强度，$L/(m^2 \cdot s)$；

g——重力加速度，m/s^2；

μ——流量系数，宜取 0.65；

β——孔眼总面积与滤池面积之比，采用 0.20%~0.28%。

(2) 承托层水头损失 h_2

承托层水头损失 h_2 可采用式(4-11)计算。

$$h_2 = 0.022H_1 q \tag{4-11}$$

式中 h_2——承托层水头损失，m；

H_1——承托层厚度，m；

q——冲洗强度，$L/(m^2 \cdot s)$。

(3) 滤料层水头损失 h_3

滤料层水头损失 h_3 可采用式(4-12)计算。

$$h_3 = \left(\frac{d_1}{d} - 1\right)(1 - m_0)H_2 \tag{4-12}$$

式中 h_3——滤料层水头损失，m；

d_1——滤料的相对密度；

d——水的相对密度；

m_0——滤料膨胀前的孔隙率(石英砂为 0.41)；

H_2——滤层膨胀前厚度，m。

则管式大阻力配水系统水头损失 $H=h_1+h_2+h_3$。

(二) 小阻力配水系统

1. 小阻力配水系统的几种形式

大阻力配水系统的优点是配水均匀性较好。但结构较复杂，孔眼水头损失较大，冲洗时动力消耗较大，管道容易结垢，增加检修的困难。小阻力系统可避免上述缺点，反冲洗水头只需 1m 左右，但配水均匀性较差，宜用于小型处理厂。小阻力配水系统常见的形式有：钢筋混凝土穿孔(或缝隙)板、整体浇筑滤板等。

(1) 钢筋混凝土穿孔板

对于钢筋混凝土穿孔板，开孔比一般为 2%~3%。板上铺两层尼龙网，上层为 30~40 目，下层为 16~20 目，滤料直接放在其上，也可在孔板上直接铺卵石层后铺滤料层。钢筋混凝土与滤头小阻力配水系统图见图 4-9。

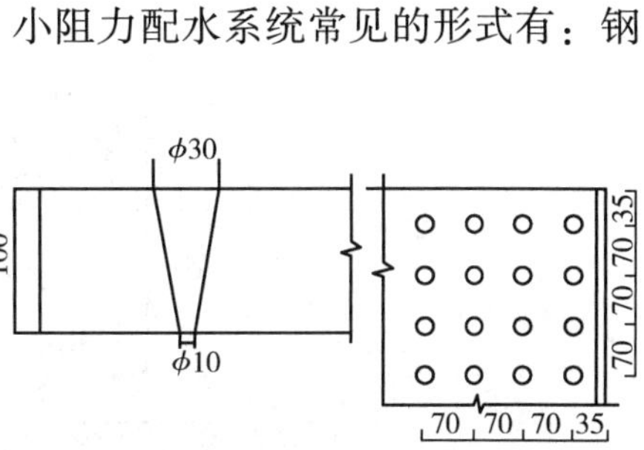

图 4-9 钢筋混凝土滤板小阻力配水系统示意图

在水处理工艺中，过滤中的反冲洗是使滤池得以恢复过滤能力的关键环节，其配水系统则是核心部位。尤其是气水反冲工艺，其配水布气的均匀程度不仅直接影响滤池的反冲效果，同时影响运行效率和运行费用。而气水反冲工艺中，配水布气均匀的关键是滤头的平整度。其核心是控制滤杆中进气孔和滤缝水平度。而钢筋混凝土穿孔板等小块滤板，一般很难直接控制滤杆进气孔水平度，只能强调滤板的平整度。因此《滤池气水反冲设计规范》中规定小块滤板单板控制水平小于±2mm，整池水平度小于±5mm。实际上，平板式浇筑小块滤板保证平整度难度较大，立模式浇筑小块滤板存在着滤板自身结构强度不均匀的弊病。

（2）整体浇筑滤板

整体浇筑滤板和可调节滤头是气水反冲滤池配水布气系统的进步，其突破了传统滤头将滤杆和滤帽连成一体、依靠小块滤板的水平度来间接控制滤头水平度的落后手段，将滤帽和滤杆设计为分体式，滤杆可以上下移动，调整高度，因而可以直接精确调节滤杆上的进气孔在同一水平面上。整体浇筑滤板具有：①操作方便、设备可靠、能有效提高反冲均匀性，优化反冲效率；②模块化设计、施工难度小、能适应任何类型滤池。实际中，ABS 制作成的凹凸形模板可实现整体浇筑。

① 滤头

滤头的种类有（长、短柄）蘑菇形、梅花形、塔形和圆柱形，均采用 ABS 工程塑料制成。滤头滤帽按流量分为 0.25t/h，0.5t/h，1t/h 等；按接柄长分为长柄、中柄、短柄三种；按外形可分为塔形、半球面形、梅花形、碟片形等；按接口有外丝、内丝两种。长柄滤头常用于滤池气水反冲洗配水系统；短柄滤头应用于单水反冲洗，重力式、压力式滤罐及离子交换滤床等水处理设备的过滤装置。滤池常用的滤头见图 4-10。滤头小阻力配水配气系统示意图见图 4-11。

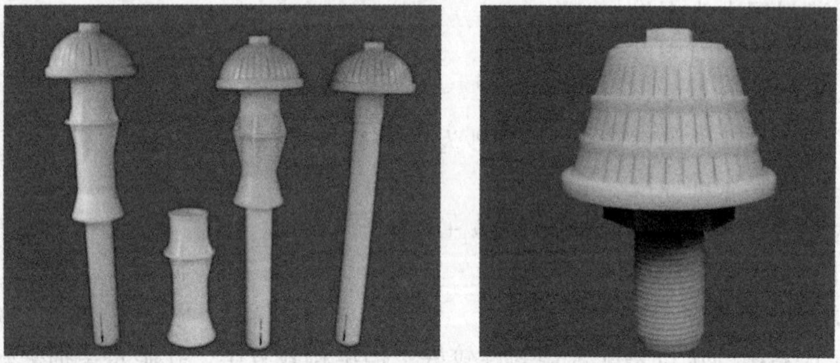

图 4-10　滤池常用的滤头

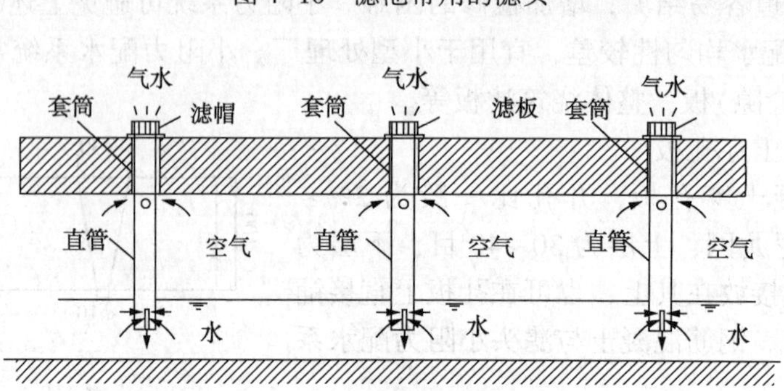

图 4-11　滤头小阻力配水配气系统示意图

② 整体浇筑滤板

整体浇筑滤板一般采用水泥预制板或 ABS 材质制作，能紧密连接滤池，密封后与滤池主体结构连为一体，具有不变形、承载强度高、抗曲线性能好、施工便利等特点。滤板开孔比约 1.5%左右，滤头布置数一般为 48~60 个/m^2，整体浇筑滤板包括混凝土预制滤板、塑料滤板等，见图 4-12；常用滤板数据见表 4-22。

混凝土预制滤板

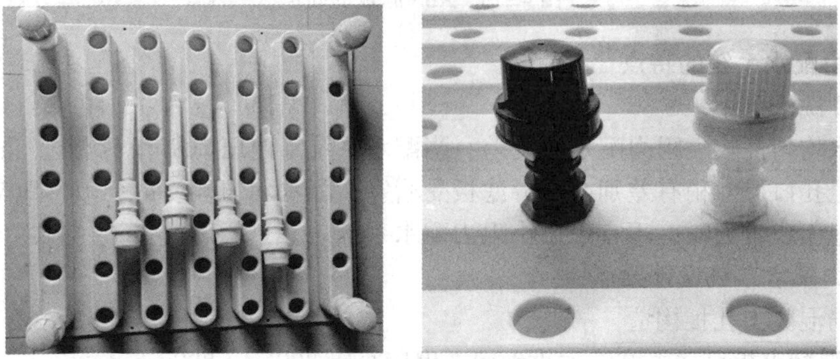

ABS预制滤板

图 4-12　整体浇筑滤板

表 4-22　常用滤板数据表

滤板尺寸/mm	配套滤头类型	滤头数/个	使用场所
960×960×100	BAF 长柄	36	生物滤池
960×960×100	BAF 长柄	42	生物滤池
960×960×100	双流速滤头	36	快滤池
960×960×100	双流速滤头	42	快滤池
980×980×100	BAF 长柄	42	生物滤池
980×980×100	BAF 长柄	49	生物滤池
980×980×100	双流速滤头	49	快滤池
980×980×100	双流速滤头	56	快滤池
1040×1040×100	BAF 长柄	49	生物滤池
1040×1040×100	BAF 长柄	63	生物滤池
1040×1040×100	双流速滤头	56	快滤池
1040×1040×100	双流速滤头	64	快滤池

整体浇筑滤板的接缝之间必须严密、可靠，不得漏气漏水。整体浇筑滤板铺放前，需用

水准仪检查支承梁面标高值，其差错小于±2mm；对于 ABS 滤板，在滤板安装好后，固定方式可采用钢筋骨架与池壁或滤梁预埋钢筋联接为一体，见图 4-13。滤头安装前，先把套管预先埋入滤板内，安装并调好后，滤板上表面应平整，每块板的水平误差一般不大于 1mm；滤板与滤池边或滤梁有缝隙的地方以及滤板接缝可用混凝土或者 903 聚合物水泥砂浆进行嵌压和填实，并确保整个池内板面的误差一般不大于 5mm。

图 4-13　ABS 滤板的固定

2. 小阻力配水系统的特点

（1）反冲洗水头小；

（2）配水均匀性较大阻力配水系统差，当配水系统室内压力稍有不均匀，滤层阻力稍不均匀，滤板上孔口尺寸稍有差别或部分滤板受堵塞，配水均匀程度都会敏感地反映出来；

（3）滤池面积较大时，不宜采用小阻力配水系统。

3. 小阻力配水系统设计要点

（1）钢筋混凝土孔板构造

① 钢筋混凝土板尺寸由滤池大小确定，但应小于 800mm×800mm；

② 孔眼开孔率在 1%左右；

③ 孔眼流速为 1. 0～1. 5m/s；

④ 孔板厚一般为 100mm；

⑤ 孔板上铺 1～2 层孔径为 30～40 目的尼龙网；

⑥ 配水室高度大于 0. 4m；

⑦ 承托层厚 200～300mm；承托层粒径为 2～16mm。

（2）钢格栅构造

① 每块钢格栅尺寸一般为 980mm×980mm；

② 框架高 70mm；

③ 栅条钢筋直径为 12mm，净距 12mm。

（3）木格栅构造

格栅高为 80～100mm；栅条厚为 15～20mm；栅条宽可为 20mm；缝隙宽为 3～5mm。

（4）长柄滤头配气配水系统

应按冲洗气量、水量，并根据下列数据通过计算确定：

① 配气干管进口处的流速为 10～15m/s；

② 配水(气)渠配气孔出口流速为 10m/s 左右；

③ 配水干管进口端流速为 1. 5m/s；

④ 配水(气)渠配水孔出口流速为 1～1. 5m/s 左右。

(5) 要求配水(气)渠顶上宜设排气管，排出口需设在滤池水面以上。

(6) 配水系统要求能均匀地收集滤后水和分配反冲洗水；并要求安装维修方便，不易堵塞，经久耐用。

4. 小阻力配水系统水头损失

(1) 孔眼水头损失

水通过配水系统的孔眼时，水头损失按式(4-13)计算。

$$h=\frac{1}{2g}(q/\alpha\beta)^{2}\times10^{-6} \tag{4-13}$$

式中 h——水流通过配水系统的水头损失，m；

g——重力加速度，m/s^2；

q——冲洗强度，$L/(m^2 \cdot s)$；

α——流量系数；流量系数 α 应试验确定，无试验数据时，可参考表4-23选用；

β——开孔比，$\beta=\frac{配水孔眼总面积}{过滤面积}$。

表4-23 流量系数 α 值

形 式	α	形 式	α
滤头	0.8	钢筋混凝土栅条	0.6
缝式圆形栅条	0.85	孔板	0.75
木栅条	0.6	滤球	0.78

一般情况下，小阻力配水系统的开孔比宜保持在1%左右，例如快滤池采用单层孔板，开孔比=1.03%，反冲洗强度 $q=15L/(m^2 \cdot s)$，$\alpha=0.75$，由式(4-13)得 $h=0.189m$。

(2) 长柄滤头水头损失

冲洗水通过长柄滤头的水头损失和冲洗空气通过长柄滤头的压力损失可按产品实测资料确定。

第三节 砂滤滤池与滤池的设计

一、普通快滤池

普通快滤池滤料一般为单层细砂级配滤料或煤、砂双层滤料，冲洗采用单水冲洗，冲洗水由水塔(箱)或水泵供给。普通快滤池的结构示意图见图4-14。

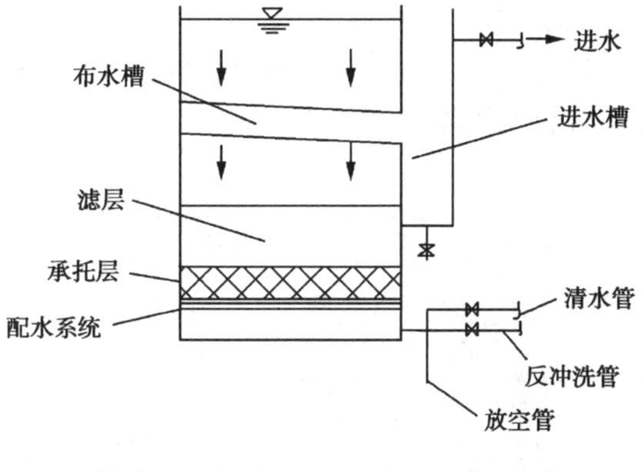

图4-14 普通快滤池的结构示意图

(一) 适用条件

(1) 一般适用于大、中型水厂，为避免冲洗不均匀，单池面积不宜超过 $50m^2$；

(2) 可与平流沉淀池或斜管沉淀池组合使用；

(3) 普通快滤池高度包括承托层、滤

料层、砂面上水深以及超高，一般总高度在3.2～3.6m。

（二）滤池的一些要求

（1）滤料粒径可根据需要做出调整，粗粒滤料可达1.2～2.0mm，冲洗强度亦应作相应调整。有条件时可改造为气水联合冲洗；

（2）根据污水性质需选择耐腐蚀滤料，如多孔陶粒、瓷砂等；

（3）处理含金属离子或荷ζ电位较高粒子的污水，可设活性炭滤层来提高处理效果；

（4）反冲洗水力分级大，砂粒不均匀系数（K_{80}）应尽可能小，以免滤池水头损失增大；

（5）宜采用大阻力配水系统；

（6）滤层表面以上的水深宜采用1.5～2m；

（7）普通快滤池设计过滤周期为12～24h；

（8）滤池底部宜设有排空管，其入口处设栅罩，池底坡度约为0.005；

（9）配水系统干管末端一般装排气管，管径为32～40mm，排气管伸出滤池顶处应加截止阀；

（10）$DN \geqslant 300$ 的阀门及冲洗阀门一般采用电动阀或气动阀；

（11）每格滤池应设水头损失计及取样管；

（12）密封渠道应设检修人孔。

（三）快滤池设计要求与参数

1. 滤料与滤速

滤料与滤速的设计参见表4-16、表4-17。

2. 滤池

（1）滤池总面积 F

滤池总面积按式（4-14）确定：

$$F = \frac{Q}{v(T_0 - t_0)} \tag{4-14}$$

式中 F——滤池总过滤面积，m^2；

Q——设计水量，m^3/d；

v——设计滤速，m/h；

T_0——滤池每日工作时间，h；

t_0——滤池每日冲洗过程的操作时间，h。

（2）滤池个数

滤池个数一般不少于两个。滤池个数多，单池面积小，配水均匀，冲洗效果好，滤池总面积和格数可参见表4-24采用。

表4-24 滤池总面积和格数

水厂规模/（m^3/h）	滤池总面积/m^2	格数	单格面积/m^2
<240	<30	2	10～15
240～480	30～60	2～3	15～20
480～800	60～100	3～4	20～25
800～1200	100～150	4～5	25～30
1200～2000	150～250	5～6	30～40
2000～3200	250～400	6～8	40～50
3200～4800	400～600	8～10	50～60

(3) 单池尺寸

单个滤池面积按式(4-15)计算：

$$f = \frac{F}{N} \tag{4-15}$$

式中 f——单个滤池面积，m^2；

F——滤池总面积，m^2；

N——滤池个数。

(4) 滤池的形状

可为正方形或矩形，滤池长宽比见表4-25。

表4-25 滤池长宽比要求

单个滤池面积/m^2	长：宽
≤30	(1:1.5)~(1:2)
>30，一般不大于100	(1:2)~(1:4)
当采用旋转式表面冲洗时	(3:1)~(4:1)

(5) 滤池布置

① 当滤池个数大于6个小时，宜用双行排列；

② 单个滤池面积大于$50m^2$时，可考虑设置中央集水渠。

(6) 管(槽)流速

进水管流速0.8~1.2m/s；出水管流速1.0~1.5m/s；冲洗水管流速2~2.5m/s；排水管流速1.0~1.5m/s。滤池管道直径的选择可参考表4-26。

表4-26 滤池管道直径的选择参考

单池面积/m^2	10	15	20	25	30	40	50
过滤水量/(m^3/h)	80	120	160	200	240	320	400
进水管/mm	150	200	250	250	300	300	400
冲洗水管/mm	150	150	200	200	200	250	250
清水管/mm	150	200	250	250	300	300	400
排水管/mm	150	200	200	250	250	300	400

二、双层滤料滤池

双层滤料滤池一般采用普通快滤池布置方式。

(一) 双层滤料及滤速

双层滤料及滤速选择见表4-16、表4-17。含短纤维及黏性污染物的污水，不宜用双层滤料滤池，以免反冲洗不易清洗干净。

(二) 最大粒径的选择

根据反冲洗后两层滤料交界面控制混杂程度的要求，最大无烟煤粒径与最小砂层的粒径比：

$$\frac{d'_{max}}{d_1} = K\frac{d_1 - 1}{d_2 - 1} \tag{4-16}$$

式中 d'_{max}——最大无烟煤粒径，mm；

d_1——最小砂层粒径，mm；

K——不均匀系数，一般采用 1.25~1.5；

d_1——砂的相对密度，无资料时可取 2.65；

d_2——无烟煤的相对密度，无资料时可取 1.82。

（三）洗砂排水槽顶距滤层表面高度

洗砂排水槽顶距滤层表面高度可按式(4-17)计算。

$$H = e_1H_1 + e_2H_2 + 2.5x + \delta + 0.075 \tag{4-17}$$

式中 H——洗砂排水槽顶距滤层表面高度，m；

e_1——砂层膨胀率，e_1=40%~50%；

H_1——砂层厚度，m；

e_2——无烟煤膨胀率，一般取 50%~60%；

H_2——无烟煤厚度，m；

x——洗砂排水槽槽宽的一半，m；

δ——洗砂排水槽槽底厚度，m。

三、翻板滤池

翻板阀滤池源于瑞士苏尔寿公司，因其反冲洗排水阀板在工作过程中可以在 0°~90°间翻转而得名。翻板滤池具有截污量大、过滤效果好，反冲洗后滤料洁净度高等诸多优点，并且滤池结构简单、投资省，在国内逐渐得以推广应用，翻板滤池见图 4-15。

图 4-15 翻板滤池图

翻板阀滤池的配水系统属于小阻力配水系统，采用独特的上下双层配气配水层形式，由横向配水管、竖向配水管和竖向配气管组成。这种独特的结构特点使得翻板阀滤池获得较其他类型滤池更均匀的配水配气性能。翻板阀滤池的反冲洗方式也与其他类型气水反冲洗滤池不同，翻板阀滤池采用闭阀冲洗方式，冲洗过程分为：气冲+气水联冲+单独水冲，无论气水冲还是水冲，都不向外排水，整个反冲洗阶段结束后，静止数十秒后再排水，因此翻板阀滤池基本不会出现滤料流失现象。

（一）翻板滤池的主要特点

（1）滤料、滤层可多样化选择

根据滤池进水水质与对出水水质要求的不同，可选择单层均质滤料或双层、多层滤料，亦可更改滤层中的滤料。一般单层均质滤料采用石英砂(或陶粒)；双层滤料为无烟煤与石英砂(或陶粒与石英砂)；当滤池进水水质差，如原水受到微污染、含有机物较高时，可用颗粒活性炭置换无烟煤等滤料。

(2) 滤料流失率比其他滤池低

对于翻板滤池来说，由于它具有以下设计特点，因此滤料流失率比其他滤池低。

① 排水舌阀的内侧高于滤料层 0.15~0.20m；

② 排水舌阀是在反冲洗结束，滤料沉降 20s 后再逐步开启。从而保证轻质滤料不至于通过排水舌阀(板)流失。

(3) 滤料反冲洗净度高、周期长及容污能力强

翻板滤池反冲洗的水冲段(第三阶段)强度达 15~16L/(m^2·s)，使滤料膨胀成浮动状态，从而冲刷和带走前两阶段(气冲段、气水冲段)洗擦下来的截留污物和附在滤料上的小气泡。一般经两次反冲洗过程，滤料中截污物遗留量少于 0.1kg/m^3，从而使翻板滤池的运行周期延长。通常情况下，翻板阀滤池的过滤周期为 36~72h(滤前水浊度按 5NTU 计)。

(4) 出水水质好

有关资料表明，当进入滤池的浊度<5NTU 时，双层滤料滤池的出水水质可达 0.2NTU 的概率为 95%，出水水质小于 0.5NTU 的概率为 100%。

(5) 反冲洗水耗低、水头损失小

翻板滤池的水冲强度[15~16L/(m^2·s)]、滤料膨胀率(可高达 40%)与普通快滤池相近，但它的水冲时间短(共 2 次，每次 2.2min)，反冲洗周期长(进水浊度 5NTU 时，反冲洗周期 36~72h)，故反冲洗水耗量少，一般约为 3~4.5m^3/m^2，相应的反冲泵耗电量也较小。根据运行情况，滤层厚 1.5m，滤速为 9m/h 时，滤料层产生的水头损失约为 0.35~0.40m。

(6) 双层气垫层，保证布水、布气均匀

滤池在底板上、下形成两个均匀的气垫层，从而保证布水、布气均匀，避免气水分配出现脉冲现象，影响反冲洗的效果。

(7) 气水反冲系统结构简单，施工进度快

翻板滤池气水反冲系统主要有以下几种形式：拱形穿孔管布水布气系统和滤板滤头布水布气系统。

① 拱形穿孔管布水布气系统

拱形穿孔管布水布气系统包括配水配气渠以及滤池底板上部横向拱形穿孔管和下部纵向布水布气管等。

A. 配水配气渠

滤池的配水配气渠与滤池土建结合布置，一般沿每格滤池长的方向设置在地板中间下凹形成一条矩形渠道，滤池的配水配气总管从管廊的一端接入渠道中，将反冲洗水、气输送至每格滤池。如长 9.6m×宽 7.6m 的滤池，可以设置一个长 9.6m、深 1.2m、宽 1.2 的配水配气渠，见图 4-16。

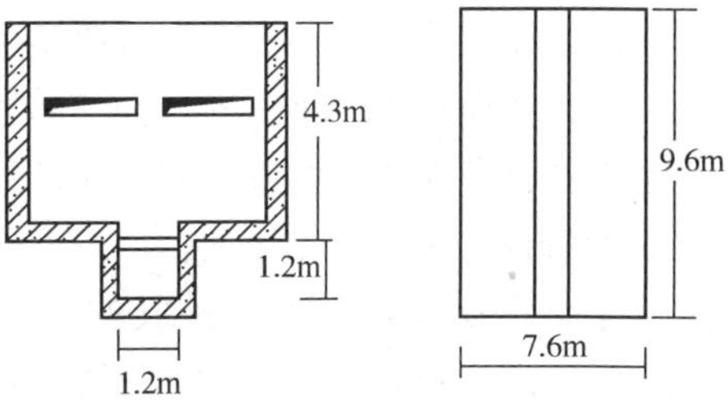

图 4-16　配水配气渠设置示意图

B. 拱形穿孔管布水布气系统

拱形穿孔管布水布气系统见图 4-17。

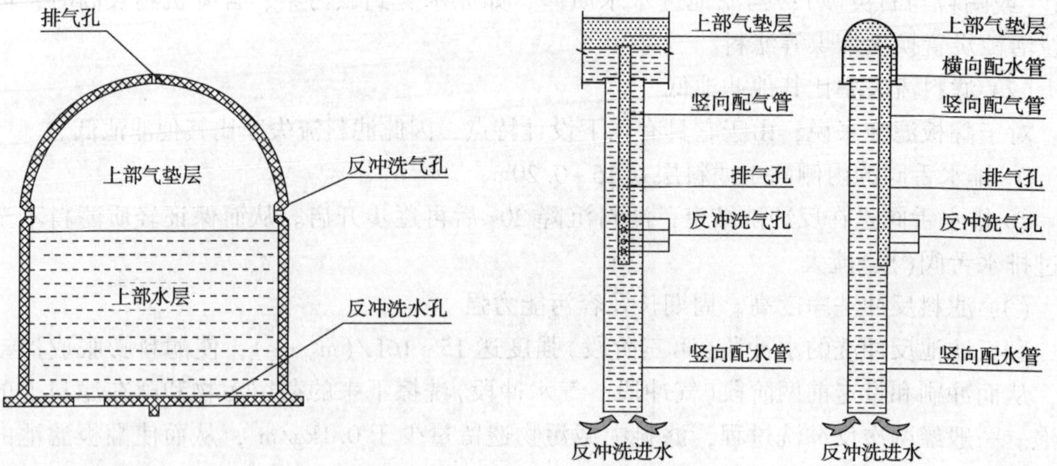

图 4-17　翻板滤池拱形穿孔管示意图

a. 配水横管。

配水横管横断面为上圆下方，上部圆形部分为配气空间，下部方形部分为配水空间。在圆形和方形部分结合处设置配气孔（一般 3.5mm），在底部设置配水孔（一般 13mm）。为了在单独水冲时排除横管上部的积气，在横管顶部设置排气孔。配水横管一般采用 PE 材质，安装时用膨胀螺栓和压片固定在滤池底板上，配水横管沿配水配气渠两侧均匀对称布置。如长 9.6m×宽 7.6m 的滤池，每格滤池可以沿配水配气渠两侧布置 84 根配水横管，每根长 3.73m，横管之间的间距为 110mm。配水横管实物图见图 4-18。

图 4-18　配水横管实物图

b. 竖向配水配气管。

竖向配水配气管和横向配水管相配套，每一根竖管对应一根横管。竖向配水管和配气管焊接在一起。其中配水管上下两端敞开，上端伸入配水横管 10mm，下端伸入冲洗总渠的水层中；配气管上端开孔并与横管的反冲洗气孔平齐，下端封闭，在竖管侧面开设进气孔。另外为了在单独水冲时排除反冲洗总渠上部的气层，竖向配气管在靠近反冲洗总渠顶部处开设一排气孔。竖向配水配气管采用不锈钢材质，安装时先用定位板定位，之后放置在预埋的托板上，二次浇灌固定在反冲洗总渠的顶板上。

配水横管以及配水竖管应能保证布水均匀；配气管的管径与开孔设计应保证管内气垫层的形成、保证均匀分布在过滤层的滤料中，并避免大气泡反冲洗。如长 9.6m×宽 7.6m 的滤池，设置一个长 9.6m、深 1.2m、宽 1.2m 的配水配气渠。每格滤池可以沿配水配气渠分两排均匀的布置 84 根竖向配水配气管，并列一排的两根立管间距在 750mm，并与横管配套。立管总长约 1m，配水立管水流速度一般控制在 1~1.5m/s，管径选择在 DN100 左右。配气的立管的气速控制在 10~15m/s 左右，管径选择在 DN30 左右。开孔比以及孔径应满足规范的要求。

拱形穿孔管布水布气系统施工简单，但投资较高。翻板型滤池横管与竖向配水配气管安装图见图 4-19。

图 4-19　翻板型滤池横管与竖向配水配气管安装图

② 滤板滤头布水布气系统

可以采用长柄滤头整体滤板作为布水布气系统，该系统施工精度相对要求高，但投资低。

(二) 翻板滤池设计参数

计算与普通快滤池相似，主要设计参数取用如下：

(1) 过滤速度：当进水浊度≤5NTU，滤速取 6~10m/h。

(2) 滤层厚度：一般用 1.5m 厚。当采用双层滤料时，陶粒：厚 800mm，粒径 1.6~2.5mm；石英砂：厚 700mm，粒径 0.7~1.2mm。

(3) 过滤水头损失：一般取 2m，相应的双层滤料滤池的纳污率为 2.5kg/m^3。

(4) 反冲强度：气冲强度约为 17L/(m^2·s)，相应冲洗速度最小为 60m/h；水冲强度为 15~16L/(m^2·s)，相应冲洗速度 54~57.6m/h。

(5) 反冲时间与单位耗水量、耗气量：

① 单气冲：历时 2min，单耗气 16~18L/(m^2·s)；

② 气水联合冲：历时 4~5min，耗气 10~15L/(m^2·s)、耗水 8~10L/(m^2·s)；

③ 水冲：历时 2.5min，单耗水 15~16L/(m^2·s)。

(6) 自控系统设计

自控系统设计对于翻板滤池运行自控程序设计显得很重要，尤其在滤池反冲洗时段尤为重要，一般设定为：

① 当水头损失达 2m 时，关闭进水阀门，滤池继续过滤；

② 待池中水面降至近滤料层时(约高 15cm)，关闭出水阀门；

③ 开反冲进气阀门，松动滤料层，摩擦滤料的截污物，强度为 15~16L/(m^2·s)；

④ 历时 2min 后，再开反冲进水阀门，此时气冲强度仍为 15~16L/(m^2·s)，水冲强度为 3~4L/(m^2·s)；

⑤ 历时 4.5min 气水混冲后，关闭反冲进气阀门。同时开大反冲进水阀，使水冲强度达到 15~16L/(m^2·s)；

⑥ 经 2~2.5min 高强度水冲后，关闭反冲进水阀门，此时池中水位约达最高运行水位；

⑦ 静止 20s 后开启反冲水排水舌阀(板)，先开 50%开启度，然后开 100%开启度进行排水；

⑧ 一般在 60~80s 内排完滤池中的反冲洗水，关闭排水舌闭(板)。重复程序，再反冲洗一次。一般通过两次反冲洗后，滤料中含污率低于 0.1kg/m^3，并且附着在滤料上的小气

池也基本上被冲掉。然后开启进水阀门，待池中水位达一定高度时，开出水阀门，进入新一轮过滤周期。

翻板型滤池的排水方式为序批式排水，即冲洗过程中不排水，阶段性冲洗完成后再排除冲洗污水。其控制排水的设备为翻板控制阀(排水舌阀)，实际工程一般采用气动翻板阀，阀板可按50%和100%两个开度分别打开，如图4-20所示。由于冲洗过程不排水，冲洗后先静止沉淀20~30s再排水，此时剥落的污泥颗粒仍呈悬浮状态，而膨胀后的滤料已回落原位，从而减少滤料的流失。

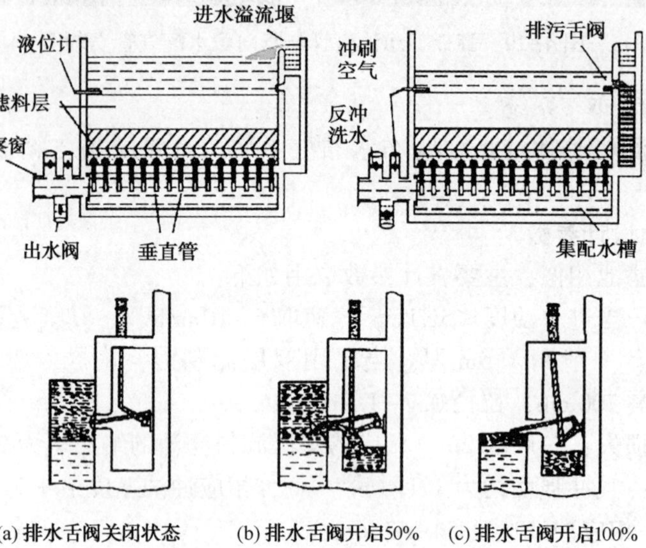

图4-20　翻板滤池工作状态示意图

(三) 设计中应注意的问题

(1) 由于翻板滤池冲洗时有低强水冲(气水联冲)和高强水冲(单水冲)两种，其冲洗强度的差别较大(高强约为低强的4~5倍)，因此冲洗水泵的选型需综合考虑两种不同工况下的流量与扬程的搭配；

(2) 由于滤池冲洗流量较大，冲洗管路的计算应重视，管径过大会增加管路以及阀门的造价，管径过小则会增大冲洗水泵的阻力，需综合比较后确定；

(3) 由于翻板型滤池采用单侧布置翻板阀进行反冲洗污水排放，考虑到排水距离的问题，其滤池平面设计时，垂直翻板阀方向的池体不宜太长；

(4) 污水处理应适当提高设计过滤水头，预留将来加厚滤层的空间。

(四) 工程实例

1. 污水尾水深度处理

(1) 滤池

设计规模为10万 m^3/d，翻板滤池1座，设计滤速为9m/h，共8格，单格面积 $68m^2$，平面尺寸为10×6.8m，滤池总高度为4.05m，其中承托层厚度0.45m，滤料层厚度1.5m，滤料层上水深1.5m，超高0.6m。滤料采用无烟煤+石英砂双层滤料，其中无烟煤厚度0.8m，粒径1.6~2.5mm，石英砂厚度0.7m，粒径0.7~1.2mm。承托层采用砾石+粗砂，砾石粒径8~12mm，占承托层体积的2/3，粗砂粒径3~5mm，占承托层体积的1/3。布水布气采用滤板滤头布水布气系统，反冲洗气强度为 16L/(m^2 · s)，气水共冲时，反冲洗水强度为 3.6 L/(m^2 · s)，单独水冲时反冲洗水强度为 16L/(m^2 · s)。反冲洗总时间为 8.5min，先气冲 2min，然后气水共冲 4.5min，然后再水冲 2min，静置 20s 后打开翻板舌阀排水，60~80s 内排完反冲洗水。

(2) 反冲洗

设反冲洗泵房 1 座，平面尺寸 43.0×11.0m，反冲洗水泵、反冲洗鼓风机、均设置在该泵房内。反冲洗泵房内设反冲洗水泵 5 套，其中 3 套大泵，2 用 1 备，2 套小泵，1 用 1 备，单套大泵 $Q=1958m^3/h$，$H=12m$，$N=132kW$；单套小泵 $Q=881m^3/h$，$H=8.0m$，$N=75kW$；反冲洗罗茨风机 3 套，2 用 1 备，单套 $Q=32.7m^3/min$，$H=5.5m$，$N=55kW$。设吸水井 1 座，平面尺寸 19.2×4m，反冲洗水泵从吸水井吸水。

2. 净水厂

某净水厂工程规模 45 万 m^3/d。翻板滤池设计参数与运行参数如下。

(1) 设计参数

共设 4 个单独净水系列，每系列设 6 格翻板滤池，共 24 格。单格设计水量为 $805m^3/h$，过滤面积为 $116m^2$，设计滤速为 7m/h，强制滤速为 7.3m/h，恒水位等速过滤，以过滤水头或时间控制滤池气水反冲洗。

滤池总高度为 4.20m，其中清水区高度为 1.3m，超高为 0.95 m，双层滤料层厚为 1.5m，上层无烟煤(粒径为 1.4~2.5 mm)厚为 0.7m，下层石英砂(粒径为 0.7~1.2 mm)厚为 0.8m；卵石滤料承托层厚为 0.45m，其中粒径 3~5mm 的厚为 0.2m，粒径 8~12mm 的厚为 0.25m。反冲洗排水采用翻板阀门，布水布气采用滤板滤头布水布气系统，出水调节阀为电动阀门，其余选用气动阀门。

(2) 运行数据

当过滤水头或时间达到设定值时即进行反冲洗，目前运行按时间控制。冲洗前先关进水阀，待池内水位降至滤料层以上 0.2m 时，关闭出水调节阀，开始冲洗。气水反冲洗分为三个阶段：

① 单独气洗。打开鼓风机及进气阀进行气洗，强度为 16.7L/(m^2 · s)，历时 3min。

② 气水联合冲洗。打开反冲洗水进水阀及冲洗水塔出水旁通阀，进行气、水联合冲洗，其中气洗强度为 16.7L/(m^2 · s)，水洗强度为 3.5L/(m^2 · s)，历时 4min。

③ 单独水洗。关闭鼓风机、进气阀及水塔出水旁通阀，打开水塔出水主阀，进行单独水冲洗，强度为 15.8 L/(m^2 · s)，历时 3min。当池内水位达到最高水位时，停止进水冲洗，静沉 20s 后开始排水，翻板阀先开启 50%排水，5~10s 后再 100%打开，水位降至滤料层面时停止排水，重复水洗至水位达到最高水位，停止进水冲洗，同样静沉后排水，水位降至滤料层面时停止排水，开启反冲洗进水阀，水位升至滤池有效水深的 60%后，反冲洗停止，开始正常过滤。

(五) 翻板滤池应用中应注意的问题

(1) 保证滤料的各种参数符合设计标准；

(2) 在污水深度处理中，可能悬浮物超过设计标准，因此翻板滤池设计宜采用相对较小的滤速和反冲洗周期；

(3) 进入滤池来水的 SS 应控制在 20mg/L 以下；

(4) 翻板滤池每次反冲洗应彻底，当按正常程序进行反冲洗不能够将滤料冲洗干净时，应及时采取措施进行强制反冲洗以确保滤料冲洗干净，以保证下一过滤周期的正常运行，同时也可以有效避免滤料板结现象的发生；

（5）反冲洗排水宜设置反冲洗缓冲池，以减小反冲洗瞬时排水对整个处理系统的冲击。

四、V型滤池

1. 原理

V型滤池是法国德格雷蒙(DEGREMONT)公司设计的一种快滤池，V型滤池因两侧(或一侧也可)进水槽设计成V字形而得名，适用于大、中型水厂，目前在我国普遍应用。

V型滤池一般采用较粗、较厚的均匀颗粒的石英砂滤层，V型滤池提升了过滤及反冲洗的自动化控制，另外由于采用了不使滤层膨胀的气、水同时反冲洗兼有待滤水的表面扫洗，明显提升了滤池的反冲洗效果，改善V型滤池过滤能力的再生状况，从而增大滤池的截污能力，降低了滤池的反冲洗频率，具有出水水质好、滤速高、运行周期长、反冲洗效果好、节能和便于自动化管理等特点。

滤池的主要工艺结构由一般由4部分组成：进水系统、过滤系统、反冲洗系统、反冲洗扫洗系统和排水系统。V型滤池结构示意图见图4-21，V型滤池图见图4-22。

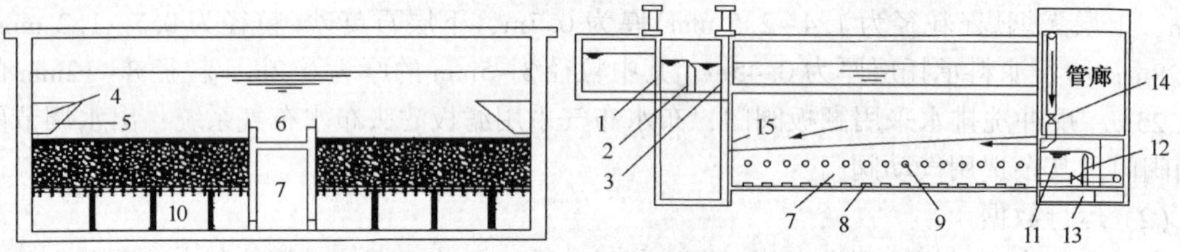

图4-21　V型滤池结构示意图

1—进水气动阀；2—堰口；3—侧孔；4—V型槽；5—布水小孔；6—排水渠；7—气水分配渠；8—配水方孔；9—配气孔；10—底部空间；11—水封井；12—出水堰；13—清水渠；14—进气阀；15—排水阀

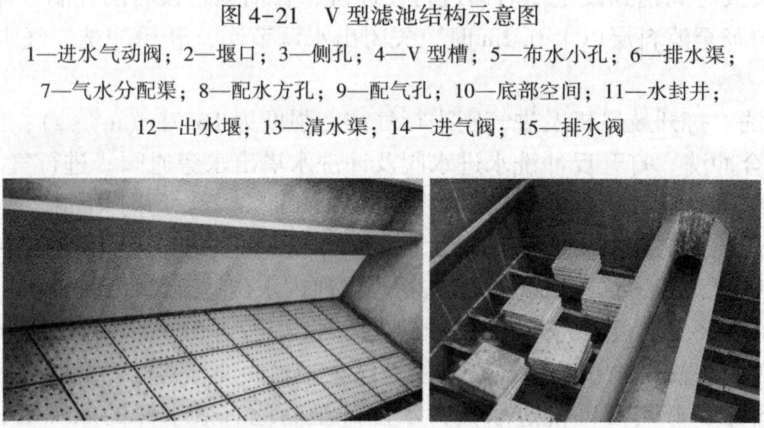

(a) V型滤池采用的滤板　　(b) 没有安装滤板之前的V型滤板

图4-22　V型滤池实物图

2. 工艺特点

V型滤池是一种气水反冲洗快滤池，其主要特点有：

（1）采用均质滤料，滤层的纳污能力得到增强；

（2）在水冲洗过程中引入气洗和横向表面扫洗，可以快速地将杂质排入污水槽中，从而减少冲洗时间，冲洗水量大大减少；

（3）反冲洗时，滤料处于微膨胀状态，可减少滤池深度；

（4）采用V型槽进水，布水均匀。

3. 适用范围

（1）大中水量污水处理；

（2）城市污水处理厂除氮脱磷深度处理；

（3）工业污水处理回用工艺；

（4）进水SS小于10~15mg/L。

4. 设计要求

（1）滤层表面以上水深不应小于1.2m；

（2）两侧进水槽的槽底配水孔口至中央排水槽边缘的水平距离宜在3.5m以内，最大不得超过5m；表面扫洗配水孔的预埋管纵向轴线应保持水平；

（3）水槽断面应按非均匀流满足配水均匀性要求计算确定，其斜面与池壁的倾斜度宜采用45°~50°；

（4）进水系统应设置进水总渠，每格滤池进水应设可调整高度的堰板；

（5）反冲洗空气总管的管底应高于滤池的最高水位；

（6）长柄滤头配气配水系统的设计，应采取有效措施，控制同格滤池所有滤头、滤帽或滤柄顶表面在同一水平，其误差不得大于±5mm；

（7）冲洗排水槽顶面宜高出滤料层表面500mm；

（8）V型滤池的布置可分为单排及双排布置；就单池而言，可分为单格及双格布置。当滤池的个数少于3个时，宜采用单排布置，超过4个采用双排布置。单池内的分格布置一般采用双格对称布置。

5. 设计数据及要点

（1）滤速与滤料的选择：V型滤池的滤速可达7~20m/h，一般为12.5~15.0m/h，滤速的选择也可参考表4-17；滤料采用单层加厚均粒滤料，粒径一般为0.95~1.35mm，允许扩大到0.7~2.0mm，不均匀系数在1.2~1.6或1.2~1.8之间。

（2）过滤周期一般采用24~48h。

（3）滤池个数及单池尺寸。

① 滤池个数。滤池个数的确定应作技术经济比较。无资料时，可参考表4-27选用。

表4-27　V型滤池个数与面积参数选用

滤池总过滤面积/m^2	滤池数/个	滤池总过滤面积/m^2	滤池数/个
小于80	2	250~350	4~5
80~150	2~3	350~500	5~6
150~250	4	500~800	5~8

② 单池尺寸。单格滤池的宽度一般在3.5m以内，最大不超过5m。无资料时，可参考表4-28。

表 4-28　V 型滤池尺寸及面积

宽度/m	长度/m	单格面积/m^2	双格面积/m^2
3.5	8.6~14.3	30.0~50.0	60.0~100.0
4.0	12.5~16.3	50.0~55.0	100.0~130.0
4.5	12.2~17.8	55.0~80.0	110.0~160.0
5.0	14.0~20.0	70.0~100.0	140.0~200.0

（4）进水及布水系统。

① 进水总渠过水流量按强制过水流量设计，渠内流速 0.8~1.2m/s；根据强制过水流量和渠内确定总渠的断面面积；进水总渠一般沿滤池宽度方向平行设置。

② 配水堰设置于进水总渠，堰顶高度根据设计允许的超负荷要求确定。

图 4-23　V 型滤池配水堰与配水渠图

③ 配水堰的堰板宜设计为可调式，以便调节单池进水量，使各池进水量相同。V 型滤池配水堰与配水渠见图 4-23。

④ 进水孔一般应有两个，即主进水孔及扫洗进水孔。主进水孔一般设气动或电动闸板阀，表面扫洗孔也可设手动闸板。

⑤ 单元滤池配水渠进水起点流速为 0.8~1.2m/s。

⑥ 进水槽的底面应与 V 型槽底平，不得高出。

⑦ V 型槽在滤池过滤时处于淹没状态。槽内设计始端流速不大于 0.6m/s。V 型槽底部的水平布水孔内径一般为 20~30mm，过孔流速 2m/s 左右，孔中心标高比排水堰顶高 2~4cm 为宜。

（5）冲洗水排水系统设计。

① 排水槽宽可按式 $B=0.9Q^{0.4}$ 计算（Q 为每格水冲与表冲水量）。

② 排水槽底板以≥0.02 的坡度坡向出口；底板底面最低处应高出滤板底约 0.1m，最高处高出 0.4~0.5m；排水槽内的最高水面宜低于排水槽顶面 50~100mm。排水槽底层为配气配水渠，两者的宽度宜一致。

③ 滤池冲洗时，排水槽顶的水深（堰顶水深）可按式（4-18）计算：

$$h_1=\left[\frac{(q_1+q_3)B}{0.42\sqrt{2g}}\right]^{\frac{2}{3}} \tag{4-18}$$

式中　h_1——排水槽顶的水深，m；

q_1——表面扫洗水强度，L/(m^2·s)；

q_3——水冲洗强度，L/(m^2·s)；

B——单边滤床宽度，m；

g——重力加速度，m/s^2。

④ 排水槽中应设置余气排放系统，以避免水洗以及过滤中产生气阻，余气排放管管径为 40~65mm，余气排放阀采用气动阀。

⑤ 排水渠设在与管廊相对的一侧，槽出口设置电动或气动闸阀。

（6）配气配水系统设计。

① V 型滤池宜采用长柄滤头配水。配气配水渠进气干管管顶宜平渠顶，冲洗水干管管底宜平渠底。配气配水渠断面尺寸的确定应满足以下条件：进口处冲洗水流速一般≤1.5m/s；进口处冲洗空气流速一般≤5m/s。断面尺寸应和排水槽及气水室相配合，并能满足施工要求。

② 气水室。

配气孔顶宜与滤板板底相平，有困难时，可低于板底，但高差不宜超过 30mm。过孔流速为 15m/s 左右，通常预埋 UPVC 管，配气孔平面配置时应注意避开滤板梁。配水孔底应平池底，孔口流速为 1.0~1.5m/s 左右。支承滤板的滤板梁应垂直于配气配水渠，且梁顶应留空气平衡缝，缝高 20~50mm，长为滤板长的一半，布置在每块滤板长度的中间部位。气水室宜设检查孔，检查孔可设在管廊侧池壁上。滤池的配水孔、配水管见图 4-24。

图 4-24　配水孔、配水管图

对于 V 型滤池气冲管路，其管内底标高一定要高于滤池设计液面标高，以避免反冲洗管路、反冲洗风机进水。

③ 滤头。

a. 开孔比。开孔比 β 应在 1.2%~2.4%之间。

b. 滤头个数。一般滤池面积布置 30~50 个/m^2。

c. 滤头水头损失。冲洗水通过长柄滤头的水头损失，按产品的实测资料确定。冲洗空气通过长柄滤头的压力损失，按产品的实测资料确定。冲洗水和空气同时通过长柄滤头时的水头损失，按产品实测资料确定，无资料时可按式(5-19)计算其水头损失增量。

$$\Delta H = 9810n(0.01-0.01V_1+0.12V_1^2) \qquad (5-19)$$

式中　ΔH——气水同时通过长柄滤头比单一水通过长柄滤头时的水头损失增量，Pa；

n——气水比；

V_1——滤柄中的水流速度，m/s。

④ V 型滤池冲洗水的供应宜用水泵。水泵的能力应按单格滤池冲洗水量设计，并设计备用机组。

⑤ V 型滤池冲洗气源的供应宜用鼓风机，并设置备用机组。

反冲洗时按气水反冲洗强度选用风机和水泵，一般罗茨风机选用 2 用 1 备，水泵选用 2 用 1 备。风机静风压一般 2.5~3.5m，按冲洗时滤池水面高程为依据，反冲洗水泵的扬程一般不大于 8~10m。

⑥ 管(渠)设计流速宜参照表 4-29。

表 4-29　管(渠)参照流速

名　称	进水总渠	出水总管渠	冲洗水输水管	冲洗空气管	排水总渠
流速/(m/s)	0.7~1.0	0.6~1.2	2.0~3.0	10~15	0.7~1.5

⑦ 滤板的厚度为 100mm，混凝土强度应达到 C30，滤板平整度不大于 1/100。对角线误差不大于 1/100，套管垂直度误差不大于 1/10。进水系统跌差一般在 0.2m。在进水总渠要设置溢流堰，溢流堰一般比运行水位高 0.13~0.15m。滤板可选用预制板，造价省，施工简便。整体浇筑造价高，施工复杂。不论预制滤板，还是整体浇筑滤板的平整度都是有严格要求的，单池一般不能大于±2mm，单格一般不超过±5mm，单块滤板平整度不大于±1mm。施工时要做好板缝的处理，不得漏气。

⑧ 一般 V 型滤池都设置有水封井，水封井可以设置在总出水渠上。水封井出水堰标标高一般与滤池滤料顶面相同，这样能防止出现负水头过滤。

⑨ 滤池阀门一般采用气动阀。气动阀门应采用常开式，防止停电时阀门自动关闭；气动阀气源要求干燥，气源管路上应设干燥器，气源管路材质建议采用不锈钢 S316L，避免气源管路锈蚀，影响气动阀开、关的灵活性。

图 4-25 处理能力为 10000m^3/d 的 V 型滤池平面布置与剖面图，图中列出了单元滤池的有关数据。其中：①DN500mm 总进水管；②$B\times H=200$mm×200mm 进水闸门；③DN200mm 溢流管；④$B\times H=200$mm×200mm 反冲水排水阀门；⑤V 型槽进水孔口；⑥DN700mm检修孔；⑦DN50mm 排气管；⑧上为 DN50mm 进气孔，数量 64 个；下为 $B\times H=75$mm×75mm 进水孔；⑨上为 DN350mm 反冲洗进气管，下为 DN400mm 出水管以及反冲用水管。

6. 计算

（1）过滤池的尺寸要求与面积见表 4-28。

（2）滤头个数

滤头个数可按式(4-20)、式(4-21)计算。

$$n=\beta\frac{f}{f_1} \tag{4-20}$$

$$n_1=\frac{n}{f}=\frac{\beta}{f_1} \tag{4-21}$$

式中　n——单池滤头个数；

β——开孔比，宜取 1.2%~2.4%；

f——单池过滤面积，m^2；

f_1——每个滤头缝隙面积，m^2，宜取 0.00025~0.00065m^2；

n_1——每平方米滤板滤头个数，宜取 30~55 个/m^2。

（3）滤池高度

$$H=H_1+H_2+H_3+H_4+H_5+H_6+H_7 \tag{4-22}$$

式中　H——滤池高度，m；

H_1——气水室高度，m，宜取 0.7~0.9m；

H_2——滤板厚度，m，宜取 0.1m；

H_3——承托层厚度，m，宜取 0.1~0.3m；

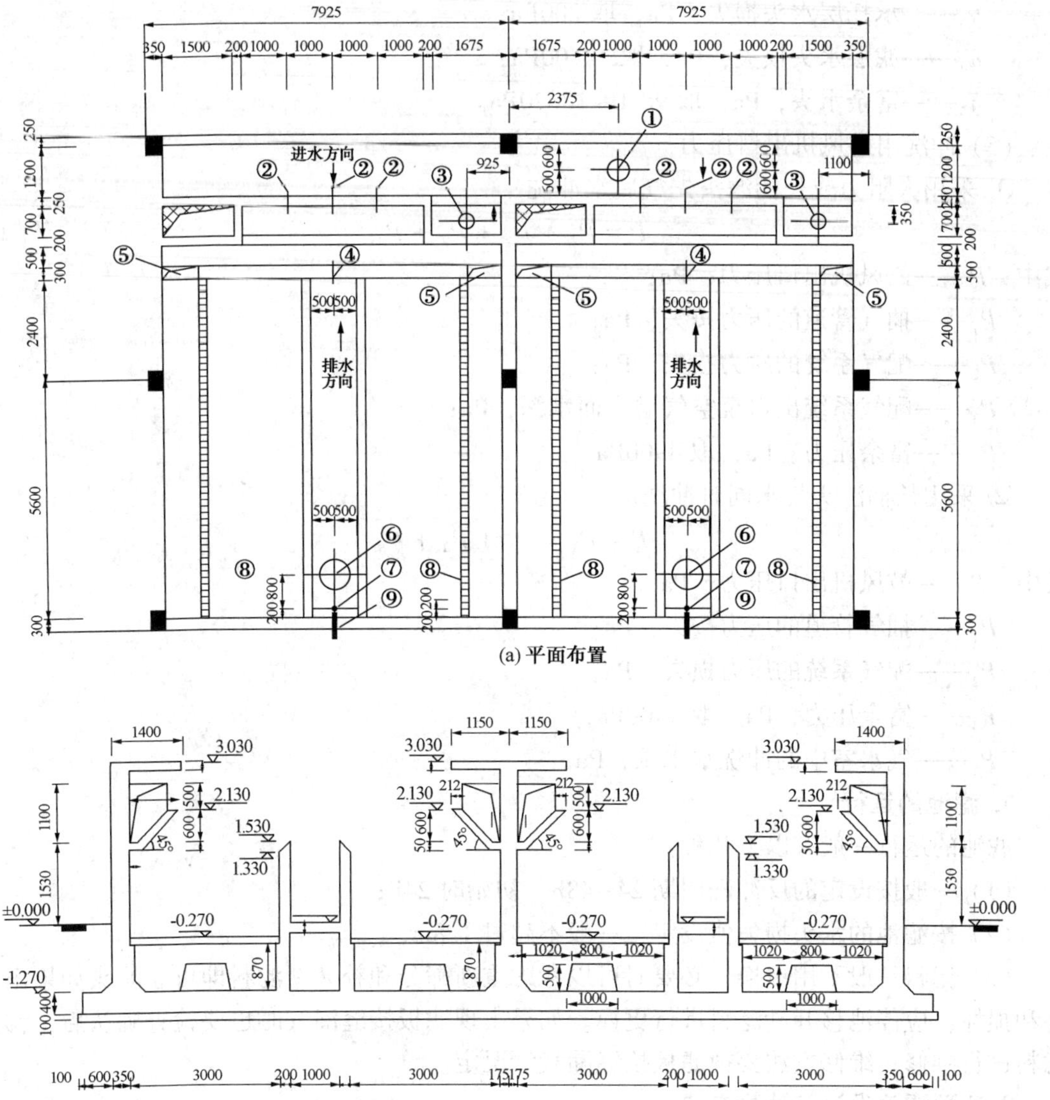

(a) 平面布置

(b) 剖面图

图 4-25　处理能力为 10000m³/d V 型滤池有关数据图例

H_4——滤料层厚度，m，宜取 1.1~1.2m；

H_5——滤层上面水深，m，宜取 1.2~1.5m；

H_6——进水系统跌差，m，(包括进水槽、孔洞水头损失及过水堰跌差)，宜取0.3~0.5m；

H_7——进水总渠超高，m，宜取 0.3m。

(4) 冲洗水泵扬程

$$H_p = 9810H_0 + (h_1 + h_2 + h_3 + h_4 + h_5) \tag{4-23}$$

式中　H_p——所需水泵扬程，Pa；

H_0——反冲洗排水槽顶与吸水池最低水位高差，Pa；

h_1——水泵吸水口至滤池输水管道的总水头损失，Pa；

h_2——配水系统水头损失，主要是滤头的水头损失，Pa；

h_3——承托层水头损失，Pa，取 200Pa；

h_4——滤层水头损失，Pa，取 14700Pa；

h_5——富余水头，Pa，取 9810~18620Pa。

（5）冲洗用鼓风机出口压力

① 采用大阻力或长柄滤头先气后水冲洗

$$P = P_1 + P_2 + P_3 + P_4 \tag{4-24}$$

式中 P——鼓风机出口压力，Pa；

P_1——抽气管道的压力按失，Pa；

P_2——配气系统的压力损失，Pa；

P_3——配气系统出口至空气溢出面水深，Pa；

P_4——富余压力，Pa，取 4900Pa 。

② 采用长柄滤头气水同时冲洗

$$P = P_1 + P_2 + P_4 + P_5 \tag{4-25}$$

式中 P——鼓风机出口压力，Pa；

P_1——抽气管道的压力按失，Pa；

P_2——配气系统的压力损失，Pa；

P_4——富余压力，Pa，取 4900Pa；

P_5——气水室中的冲洗水水压，Pa。

7. 滤池的运行

滤池的运行一般有以下几种：

（1）一般按设定的反冲洗周期 24~48h，初始时 24h；

（2）按滤池的水头损失值设定，一般不超过 1.8m；

（3）滤料一般不用更换，必要时可以考虑重新筛分和补充新滤料即可。滤头如果出现堵塞和损坏，应停池移开砂滤料进行更换。如果出现滤板接缝漏气时也要检查确认后，移开砂滤料进行维修。维修方法要视滤板接缝漏气情况定。

8. V 型滤池设计与计算方法

根据有关资料，汇总了 V 型滤池池体主要结构部分的设计与计算方法，供参考。

（1）设计参数

设计案例采用的设计参数见表 4-30。

表 4-30 设计案例采用的设计参数

序　号	名　称	符　号	单　位	参　数
1	设计净产水水量	Q	m^3/d	78000
2	滤速	v	m/h	8
3	气冲冲洗强度	$q_{气1}$	$L/(m^2 \cdot s)$	15
4	气水冲段气冲洗强度	$q_{气2}$	$L/(m^2 \cdot s)$	15
5	气水冲段水冲洗强度	$q_{水2}$	$L/(m^2 \cdot s)$	8
6	水冲冲洗强度	$q_{水3}$	$L/(m^2 \cdot s)$	8

续表

序号	名称	符号	单位	参数
7	反冲横扫强度	$q_{表}$	$L/(m^2 \cdot s)$	2
8	强制滤速	v	m/h	9~12
9	冲洗周期	T	h	24
10	冲洗周期		次/d	1
11	气冲冲洗时间	$t_{气1}$	min	3
12	气水冲洗时间	$t_{气水2}$	min	7
13	水冲冲洗时间	$t_{水3}$	min	5
14	冲洗共计历时	t	min	15

(2) 池体

案例池体计算采用的计算公式与计算值见表4-31。

表4-31 案例池体计算采用的计算公式与计算值

序号	名称	符号	计算公式	单位	计算值	备注
1	池体工作时间	T'	$T'=24-24\dfrac{t}{60T}$	h	23.75	未计初滤水排放时间
2	滤池总面积	F	$F=\dfrac{Q}{VT'}$	m^2	410.52	
3	滤池分格					
3.1	单元滤池池长	$L_{单}$		m	15	
3.2	单元滤池池宽(单格)	$B_{单}$		m	3.5	
3.3	单元滤池面积(双格)	F'	$F'=L_{单}\times 2B_{单}$	m^2	105	
	单元滤池数	n	$n=F/F'$	座	4	
4	设计过滤滤速	v		m/h	8	
5	校核强制滤速	v'	$v'=n\times v/(n-1)$	m/h	10.67	
6	滤池高度的确定(未考虑承托层，承托层一般按照0.1m计算)					
	滤池超高	H_5		m	0.3	
	滤层上水深	H_4		m	1.5	
	滤料层厚	H_3		m	1.2	采用单层石英砂滤料，有效粒径：0.9~1.35mm，$K_{80}=1.35$
	滤板厚	H_2		m	0.1	
	滤板下布水区高度	H_1		m	1	
	滤池总高	H	$H=H_1+H_2+H_3+H_4+H_5$	m	4.1	

续表

序号	名称	符号	计算公式	单位	计算值	备注
7	水封井设计	为保证滤池正常过滤时池内的液面高出滤料层，水封井出水堰顶标高应与滤料层相同				
7.1	水流通过清洁滤料层的水头损失	ΔH	$\Delta H=180\frac{K_v}{g}(\frac{1-m_0}{m_0^3})^2(\frac{1}{kd_0})^2H_3v$	cm	15.06	清洁滤料层的水头损失经验值 30
7.1.1	水的运动黏度	K_v		cm^2/s	0.0101	
7.1.2	重力加速度	g		m/s^2	9.8	
7.1.3	滤料空隙率	m_0			0.5	
7.1.4	与滤料体积相同的球体直径	d_0		cm	0.1	
7.1.5	滤层厚度	H_3		m	1.2	
7.1.6	滤速	v	8m/h	m/h	7.992	
7.1.7	滤料颗球度系数	k			0.8	
7.2	过滤时，长柄滤头的水头损失	h		cm	22	采用长柄 滤头小阻力配水系统，滤头安装数量一般 49 个/m^2
7.3	反洗完开始过滤的水头损失	$H_{开始}$	$\Delta H+h$	cm	52	
7.4	水封井平面尺寸	$l_{封}$		m	2	
		$b_{封}$		m	2	
7.5	水封井堰底板低于滤池底板高度	H_6		m	0.3	
7.6	水封井出水堰总高	$H_{封}$	$H_{封}=H_6+H_1+H_2+H_3$	m	2.6	
7.7	反洗完开始过滤时，滤池液面高于滤料表层的高度	$H_{开始}+h_{封}$	cm	68		
7.7.1	水封井出水堰堰上水头	$h_{封}$	$h_{封}=(\frac{Q_{单}}{1.84b_{堰}})^{2/3}$	cm	16	
7.7.2	单座滤池过滤水量	$Q_{单}$	$Q_{单}=(vF')/3600$	m^3/s	0.234	

(3) 反冲洗管渠系统

案例反冲洗管渠系统计算采用的计算公式与计算值见表 4-32。

表 4-32 反冲洗管渠系统设计计算公式与计算值

序号	名称	符号	计算公式	单位	计算值	备注
1	反冲洗最大供水量	$Q_{反水}$	$Q_{水}=3.6q_{水3}F'$	m^3/h	3024	
				m^3/s	0.84	
2	反洗时，表面扫洗供水量	$Q_{表扫}$	$Q_{表扫}=3.6q_{表}\times F'$	m^3/h	756	
				m^3/s	0.21	

续表

序号	名称	符号	计算公式	单位	计算值	备注
3	反冲洗配水系统断面的计算					
3.1	反冲洗配水干管（渠）的流速	$v_{水干}$		m/s	1.5	
3.2	反冲洗配水干管（渠）的截面积	$A_{水}$	$A_{水}=Q_{反水}/v_{水干}$	m^2	0.56	
3.3	反冲洗配水干管管径	DN	$DN = 2000\sqrt{\frac{A_{水}}{\pi}}$	mm	840（取900）	反冲洗水由配水干管输送至气水分配渠
3.4	反冲洗配水配水方孔流速（配水至滤池底部布水区）	$v_{水支}$		m/s	1	一般为1~1.5
3.5	反冲洗配水方孔截面积	$A_{水支}$	$A_{水支}=Q_{反水}/v_{水支}$	m^2	0.84	
3.6	气水分配渠两侧配水方孔布置数量	$N_{水}$		个	60	每边设30个，间距0.5m
3.7	单个配水方孔（或配水支管）断面	$A_{小}$	$A_{小}=A_{水支}/N_{水}$	m^2	0.014	
3.8	配水方孔尺寸			m	0.12×0.12	
4	反冲洗用气量的计算					
4.1	反冲洗最大用气量	$Q_{气}$	$Q_{气}=3.6q_{气}F'$	m^3/h	5670	
				m^3/s	1.575	
4.2	配气干管（渠）的流速	$v_{气干}$		m/s	5	
4.3	反冲洗配气系统断面的计算					
4.4	配气干管（渠）的截面积	$A_{气干}$	$A_{气干}=Q_{气干}/v_{气干}$	m^2	0.315	
4.5	配气干管管径	DN	$DN = 2000\sqrt{\frac{A_{气干}}{\pi}}$	mm	620（取650）	反冲洗气由配水干管输送至气水分配渠
4.6	配气支管流速	$v_{气支}$		m/s	10	配气至滤池底部布水区，配气支管紧贴滤板下缘
4.7	配气支管截面积	$A_{气支}$	$A_{气支}=Q_{气}/v_{气支}$	m^2	0.158	
4.8	气水分配渠两侧配气孔布置数量	$N_{气}$		个	60	每边设30个，间距0.5m
4.9	单个配气孔（或配水支管）断面	$A_{气}$	$A_{气}=A_{气支}/N_{气}$	m^2	0.00263	
4.10	配气方孔直径	$d_{气}$	$DN = 2000\sqrt{\frac{A_{气}}{\pi}}$	mm	58（取60）	
4.11	单个配气孔配气量	$Q_{气孔}$	$Q_{气孔}=Q_{气}/N_{气}$	m^3/h	95	
5	气水分配渠的断面设计		按气、水同时反冲洗情况设计			
5.1	气水同时反洗时反洗水的流量	$Q_{反水}$	$Q_{反水}=q_{水2} * F'/1000$	m^3/s	0.84	
5.2	气水同时反洗时反洗气的流量	$Q_{反气}$	$Q_{反气}=q_{气}\times F'/1000$	m^3/s	1.575	
5.3	气水分配渠的断面积	$A_{气水}$	$A_{气水}=Q_{反水}/v_{水干}+Q_{反气}/v_{气干}$	m^2	0.88	

(4)滤池管渠

滤池管渠的设计采用的计算公式与计算值见表4-33。

表4-33 反冲洗管渠系统设计计算公式与计算值

序号	名称	符号	计算公式	单位	计算值	备注
1	气水分配渠					
1.1	气水分配渠宽	$b_{配起}$		m	0.6	
1.2	气水分配渠高	$H_{配起}$		m	1.5	
1.3	气水分配渠宽	$b_{配末}$		m	0.6	
1.4	气水分配渠高	$H_{配末}$		m	1	
1.5	气水分配渠起端断面积			m^2	0.9	
1.6	气水分配渠末端断面积			m^2	0.6	
2	排水槽					
2.1	排水槽顶端高出滤层顶面	h		m	0.5	
2.2	排水槽起端高	$H_{起}$	$H_{起}=H_1+H_2+H_3+h-H_{配起}$	m	1.3	
2.3	排水槽末端高	$H_{末}$	$H_{末}=H_1+H_2+H_3+h-H_{配末}$	m	1.8	
2.4	排水槽排水能力校核					
2.4.1	排水槽超高	$H_{排槽超}$		m	0.3	
2.4.2	排水槽宽	$b_{排槽}$		m	0.6	
2.4.3	排水槽槽内水位高	$h_{排槽}$	$h_{排槽}=H_{起}-H_{排槽超}$	m	1	
2.4.4	排水集水槽湿周	X	$X=b+2h$	m	2.6	
2.4.5	排水槽水流断面	$A_{排槽}$	$A_{排槽}=b_{排槽}\times h_{排槽}$	m^2	0.6	
2.4.6	排水槽水力半径	R	$R=A/X$	m	0.23	
2.4.7	排水槽粗糙系数	n			0.013	
2.4.8	排水槽底坡	i	$i=(H_{末}-H_{起})/L_{单}$		0.0333	
2.4.9	排水槽水流速度	$v_{排槽}$	$v_{排槽}=\frac{R^{\frac{2}{3}}i^{\frac{1}{2}}}{n}$	m/s	5.24	
2.4.10	排水槽过流能力	$Q_{排槽}$	$Q_{排槽}=v_{排槽}\times A_{排槽}$	m^3/s	3.14	
2.4.11	实际排水量	$Q_{反}$	$Q_{反}=Q_{反水}+Q_{表}$	m^3/s	1.05	1.05<3.14
3	进水管渠					
3.1	进水总渠	四座滤池分成独立的两组，每组进水总渠过水流量按强制过水流量设计，流速0.8~1.2m/s				
3.2	进水总渠流速	v		m/s	取1.0	
3.3	强制过水流量	$Q_{强}$	$Q_{强}=\frac{Q}{2(n-1)}$	m^3/s	0.451	
3.4	进水总渠水流断面面积	$A_{进总}$	$A_{进总}=Q_{强}/v$	m^2	0.451	
3.5	进水总渠断面宽	B		m	1.0	
3.6	进水总渠水面高	H		m	取0.5	
4	宽顶堰	为保证进水稳定与均匀性，进水总渠后，每座单元滤池设宽顶堰一处				
4.1	堰宽	$b_{宽顶}$		4m		

续表

序号	名称	符号	计算公式	单位	计算值	备注
4.2	堰上水头损失	$h_{宽顶}$	$h_{宽顶}=\left(\frac{Q_{强}}{1.84b_{宽顶}}\right)^{\frac{2}{3}}$	0.16m		
5	配水渠	每座滤池设相应的配水渠				
5.1	渠宽	$b_{配渠}$		m	0.5	
5.2	渠高	$H_{配渠}$		m	1	
5.3	渠长	$L_{配渠}$	$L_{配渠}=2\times B_{单}+b_{排槽}$	m	7.6	
5.4	渠水面高	$h_{配渠}$		m	0.6	
5.5	渠流速	$v_{配渠}$	$v_{配渠}=Q_{强}/(2b_{配渠}\times h_{配渠})$	m/s	0.9	要求0.8~1.2m/s，符合
5.6	渠过水能力校核					
5.7	渠水力半径	$R_{配渠}$	$R_{配渠}=b_{配渠}\times h_{配渠}/(2h_{配渠}+b_{配渠})$		0.2	
5.8	渠水力坡降	$i_{配渠}$	$i_{配渠}=\left(\frac{nv_{渠}}{R^{\frac{2}{3}}}\right)^2$		0.00117	
5.9	渠粗糙系数	n			取0.013	
5.10	渠水面降落量	$\Delta h_{渠}$	$i_{配渠}\times L_{配渠}/2$	m	0.0045	
5.11	渠最高水位		$h_{配渠}+\Delta h_{渠}$	m	0.601	0.601<1，符合
6	单座滤池进水孔	每座滤池由进水侧壁可设3个进水孔，其中两侧进水孔口在反冲洗时关闭；中间进水孔设手动调节闸板，反冲洗时不关闭，供反洗表扫用水。				
6.1	孔口总面积	$A_{孔}$	$A_{孔}=\frac{Q_{强}}{0.8\sqrt{2gh}}$	m^2	0.4	
6.2	孔口两侧液面差	h		m	0.1	
6.3	中间孔口流量	$Q_{中孔}$		m^3/h	756	$0.21m^3/s$
6.4	中间孔口面积	$A_{中孔}$	$A_{中孔}=A_{孔}\times Q_{表}/Q_{强}$	m^2	0.19	
6.5	中间孔口宽	$B_{中孔}$		m	0.4	
6.6	中间孔口高	$H_{中孔}$		m	0.5	
6.7	单个侧孔面积	$A_{侧孔}$	$A_{侧孔}=(A_{孔}-A_{中孔})/2$	m^2	0.105	
6.8	侧孔口宽	$B_{侧孔}$		m	0.3	
6.9	侧孔口高	$H_{侧孔}$		m	0.35	

(5) V 型槽

出水孔孔径取2.5mm，间距0.15m，每槽设100个孔。V型槽的设计计算公式与计算值见表4-34。

表4-34　V型槽的设计计算公式与计算值

序号	名称	符号	计算公式	单位	计算值	备注
1	V型槽槽底表扫水出水孔孔径	$d_{表孔}$		m	0.025	
2	单侧V型槽出水孔数量	$n_{表孔}$		个	100	
3	单侧V型槽出水孔总面积	$A_{表孔}$	$A_{表孔}=\frac{\pi d_{表扫}{}^2}{4}\times n_{表孔}$	m^2	0.0491	

续表

序号	名称	符号	计算公式	单位	计算值	备注
4	V 型槽出水孔低于排水槽堰顶高度	h'		m	取 0.15	
5	表扫时 V 型槽内水位高于滤池反冲洗时的液面	$h_{v槽}$	$h_{v槽}=(\frac{Q_{表水}}{1.6A_{表孔}})^2/2g$	m	0.36	
6	单格滤池反冲洗流量	$Q_{反单}$	$Q_{反单}=(Q_{反水}+Q_{表扫})/2$	m^3/s	0.525	
7	反冲洗时排水槽堰上水头	$h_{排槽}$	$h_{排槽}=(\frac{Q_{反单}}{1.84L_{单}})^{\frac{2}{3}}$	m	0.07	
8	V 型槽垂直高度	$H_{排槽}$		m	取 0.8	
9	V 型槽倾角			°(度)	45	
10	反洗时 V 型槽顶高出池内液面的高度		$H_{排槽}-h_{排槽}-h'$	m	0.58	
11	反洗时 V 型槽顶高出槽内液面的高度		$H_{排槽}-h_{排槽}-h'-h_{v槽}$	m	0.22	

V 型滤池在我国的水厂应用加多，实际运行效果良好，在污水处理厂也有应用。该滤池具有优质过滤和有效冲洗所必需的全部特征，对其进行总结，在消化吸收其技术的基础上不断改进是非常有益的。在结合生产运行实际，我国在滤速控制设备的研制、气水反冲洗的进一步优化等方面努力探索，积累了许多宝贵的经验。

第四节　其他过滤工艺

一、转盘过滤器

转盘过滤属于一种深度过滤技术，能够有效截留几个微米的颗粒物，滤布转盘过滤器主要用于冷却循环水处理、污水的深度处理，适合于城市污水处理厂工程提标改造和污水回用领域。当处理冷却循环水时，一般当进水 SS≤80mg/L 以下时，出水水质 SS≤10mg/L，过滤后可循环使用；用于污水的深度处理时，可设置于常规活性污泥法、延时曝气法、SBR 系统、氧化沟系统、滴滤池系统、氧化塘系统之后，主要功能有：①去除总悬浮固体；②结合投加药剂除磷；③结合投加药剂去除重金属等。滤布转盘过滤器用于过滤活性污泥终沉池出水，当设计进水 SS 不大于 30mg/L(最高可承受 80~100mg/L)，出水 SS 可小于 5mg/L。

(一) 类型

根据进水的形式可分为内进水与外进水转盘过滤器，其中内进水的为半浸没式，外进水的为全浸没式。图 4-26 为内进水形式，图 4-27 为外进水形式。

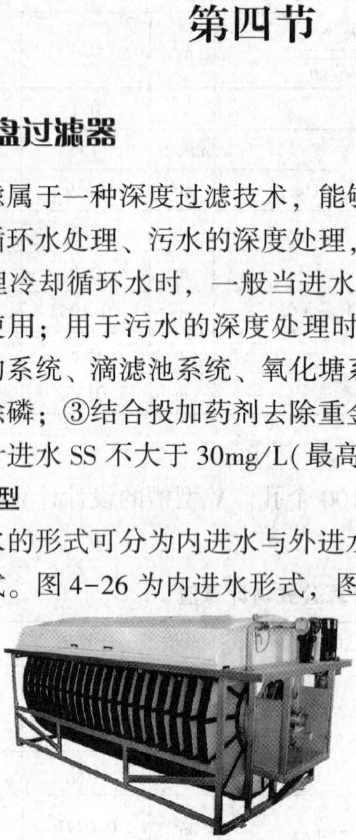

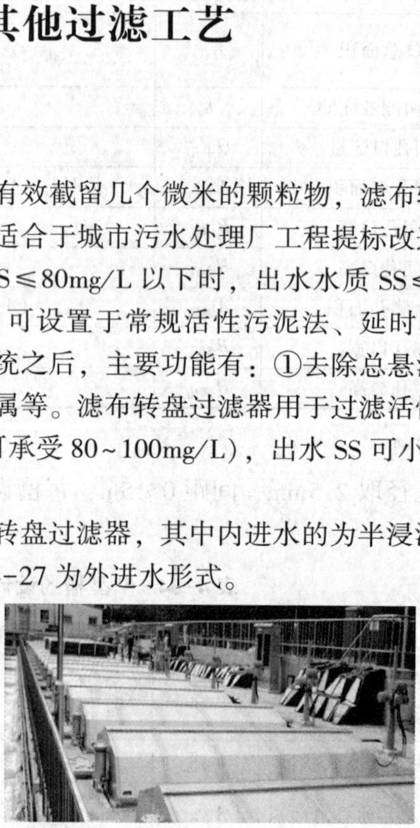

图 4-26　内进水转盘过滤器

图 4-27　外进水转盘过滤器

（二）结构

转盘过滤器主要由过滤转盘、抽吸装置、排泥系统等组成。

1. 过滤转盘

滤布转盘过滤系统由用于支撑滤布、垂直安装于中央集水管中的平行过滤转盘串联组成，一套装置的过滤转盘的单片转盘数量一般为 6~20 个，每个过滤转盘由多个易拆装的扇形小片组成。滤布安装于扇形小片上，材料一般为防腐材料，包括有不锈钢、树脂、纤维等。过滤材料的孔径规格一般在 10~100μm。应用在污水处理厂提标改造的滤布(过滤材料)一般选用 10μm。过滤用材料见图 4-28。

不锈钢　　树脂　　纤维

图 4-28　过滤转盘使用的过滤材料类型

（1）不锈钢丝

用不锈钢丝编织的滤布实际上就是一种超细格栅，一般间隙极不均匀，其号称间隙为 10μm，实际上其间隙在显微镜底下检测达 30μm 以上。由于其间隙达 30μm 以上且不均匀，所以内进水的设备用于过滤效果差。不锈钢过滤材料见图 4-29。

图 4-29　不锈钢过滤材料

(2) 纤维绒毛

采用聚酯和腈纶纤维混纺，疏水性能好，抗拉强度高，耐磨性好。绒毛厚度在13~15mm，其孔径为10μm，能形成3~5mm的有效过滤厚度，可使固体颗粒在有效过滤厚度中与过滤介质充分接触并实现截获。在运行中，虽有高压水进行冲洗，也会滋生微生物附着在滤布表面，影响过滤效果。聚酯纤维滤布见图4-30。

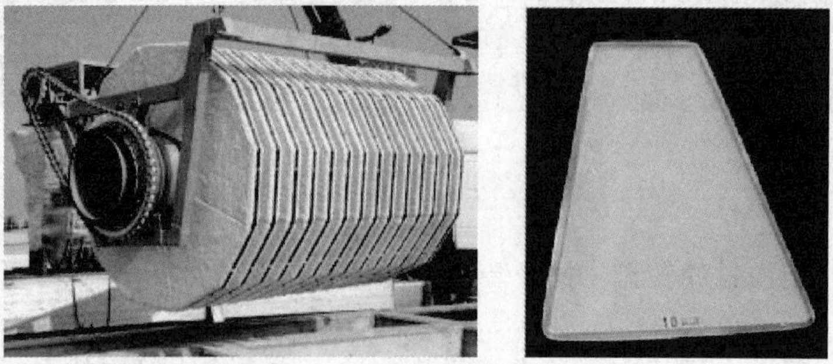

图4-30 聚酯纤维滤布

聚酯纤维滤布支撑体见图4-31。

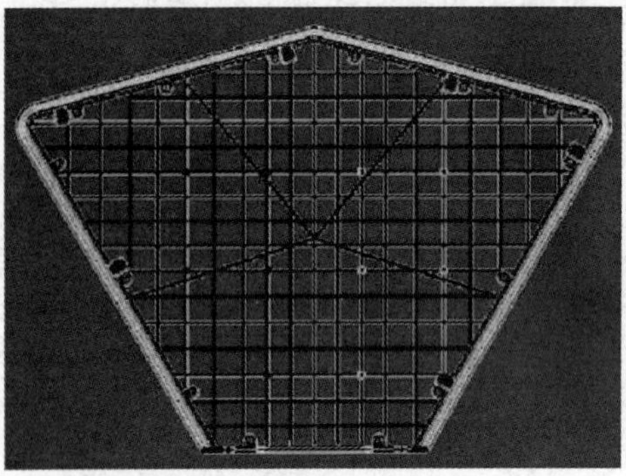

图4-31 聚酯纤维滤布支撑体

2. 抽吸装置

由抽吸泵、吸盘及阀门组成。

3. 反冲洗及排泥系统

(1) 反冲洗系统

由一套反冲管道、反冲泵、反冲洗吸污装置、排泥阀组成。反冲洗系统可根据过滤水头自动冲洗或定时反冲洗，同时可以手动进行反冲洗操作。反冲洗泵一般采用离心泵。

(2) 排泥系统

包括反冲洗吸污装置、排泥电动球阀、法兰连接；阀开关信号反馈至控制系统，排泥泵与抽吸泵一般为同一泵。

(三) 运行方式

1. 外进内出式转盘过滤器

外进内出式转盘过滤器由一系列水平安装的旋转过滤盘组成，每个过滤转盘由偶数的扇形过滤板组合而成，转盘上装有可拆卸的滤布。

(1) 过滤

污水重力流进入滤池，滤池中设有布水堰。滤布采用全淹没式，污水通过滤布外侧进入，过滤液通过中空管收集，重力流通过出水堰排出滤池。整个过程为连续式。

(2) 清洗

过滤中，部分污泥吸附于滤布外侧，逐渐形成污泥层。随着滤布上污泥的积聚，滤布过滤阻力增加，滤池水位会逐渐升高。池内液位的变化通过压力传感器进行实时监测，当池内液位到达清洗设定值(高水位)时，PLC可启动反抽吸泵，抽吸泵负压抽吸滤布表面，吸除滤布上积聚的污泥，过滤转盘内的水自里向外被同时抽吸，对滤布起反清洗作用。清洗期间，滤池可连续过滤，过滤转盘以0.5r/min的速度旋转，以利于污泥在池底的沉积。

(3) 排泥系统

纤维转盘滤池下设有斗形池底，以利于池底污泥的收集。经过一设定的时间段，PLC启动排泥泵，通过池底穿孔排泥管将污泥排出。

(4) 特点

① 耐冲击负荷，适应性强；

② 过滤滤速高可达 $15m^3/(m^2 \cdot h)$，反冲洗的同时可连续过滤；

③ 有效过滤面垂直摆放，附属设施少，可以减少占地面积；

④ 水头损失小，一般为 0.05~0.2m；

⑤ 系统运行自动化，维护简便，滤盘更换时间短。

2. 内进水形式转盘过滤器

(1) 过滤

水由滤布内侧向外流出，流入到清水槽，水中的细小颗粒在滤布的内侧聚积；过滤状态下设备处于静止状态。

(2) 反冲洗

当污水中颗粒在滤布内侧，逐步形成污泥层。随着滤布上污泥的积聚，水流过滤盘的速度就被减缓，滤盘内的水位逐渐上升，当上升到一定程度时，将触发液位传感器发出信号并启动转鼓转动，同时反冲洗泵启动。反冲洗用水为过滤器本身的滤出水，冲洗分离出来的杂质在过滤器内部反洗水收集槽得到收集，然后在重力作用下通过排污管排出。

(3) 特点

① 转盘过滤器在反冲洗的同时，过滤正常运行；反冲洗的次数和时间可调；

② 被反冲洗下来的污染物被单独排出，不会对过滤原水造成污染。

(四) 两种转盘过滤器的比较

(1) 外进水方式

处理效果一般比较稳定；故障率低，事故恢复能力强。

(2) 内进水方式

① 一般反清洗效率低，反洗不彻底，需要定期人工清洗；内进水转盘滤池反冲洗方式为高压水喷洗，因此需要水泵的压力很大，反冲洗水泵功率是同处理量外进水过滤设备的5~10倍；反洗频率是外进水转盘滤池反洗频率的10~30倍，其耗电量和耗水量要大于外进水转盘。

② 内进水转盘滤池单盘有效过滤面积小，占地面积大于外进水类转盘。

(五) 设备选型

在设备选型时，应考虑污水处理厂出水 SS 的要求，SS 浓度直接影响设备选型与出水水质。

(六) 工程应用实例

无锡梅村污水处理厂提标改造 3 万 m^3/d 污水过滤处理工程设 2 座型号 NTHA-16 型滤布转盘滤池，占地面积 $76m^2$。主要设计参数为：进水水质 SS≤20mg/L，出水 SS≤5mg/L，浊度≤3NTU，滤速≤$15m^3/(m^2 \cdot h)$，单盘有效过滤面积为 $5.2m^2$，水头损失内部为 0.3m；反冲洗泵 $Q=30m^3/h$，$H=9m$，$N=2.2kW$；旋转驱动电机 0.75kW。运行期间，当进水 SS 平均浓度在 14mg/L 左右时，出水 SS 平均浓度在 4mg/L 左右。设备净尺寸为：长 1.5~5.8m，宽 2.6~2.8m，高 3.5~3.6m，过滤器设置在矩形池内。

二、精细过滤器

精细过滤器一般用于特定行业的液体过滤处理，也可以用于处理污水。目前市场上精细过滤器有很多类型的设备，如线缠绕式精细过滤器、聚丙烯纤维毡折叠式精细过滤器、微孔塑料滤芯精细过滤器等。

(1) 线缠绕式精细过滤器

其滤件是由纺织纤维纱精密缠绕在多孔骨架上，控制滤层缠绕密度及滤孔形状而制成不同过滤精度的滤芯，具有优良的深层过滤效果和良好的化学相溶性，过滤精度为 0.5~100μm。

(2) 聚丙烯纤维毡折叠式精细过滤器

其滤件是由聚丙烯超细纤维毡经折叠而制成的滤芯。具有处理大、过滤效率高、阻力小、无纤维脱落等特点，过滤精度 0.1~100μm。

(3) 微孔塑料滤芯精细过滤器

其滤件是由高分子量聚乙烯烧结成型，具有刚性好、重量轻、空隙率高、可反冲洗再生、无毒、耐腐蚀的优点。过滤精度 0.5~100μm。

三、纤维球过滤器

纤维球过滤器是清华大学 20 世纪 90 年代初开发的水过滤器。可广泛应用于电力、石油、化工、冶金、造纸、纺织、食品、饮料、自来水、游泳池等各种工业用水和生活用水及其污水的过滤处理。纤维球过滤器的主要优点是原水通过滤层的滤速高，最佳滤速为 25~30m/h，当滤速为 30m/h 时仍可保证稳定的出水水质。

原水由过滤器上部进入设备，经过过滤层将水中颗粒、胶状物等悬浮物质截留于过滤层中的上部，经过滤层由下部流出，在进水 SS 不大于 80mg/L 时，可保证出水 SS 小于 5mg/L，以确保后续处理装置(如离子交换器)的稳定运行。根据具体情况，纤维球过滤器可并联使用，也可串联使用。纤维球过滤器的工作步骤分为正常产水和反冲洗。

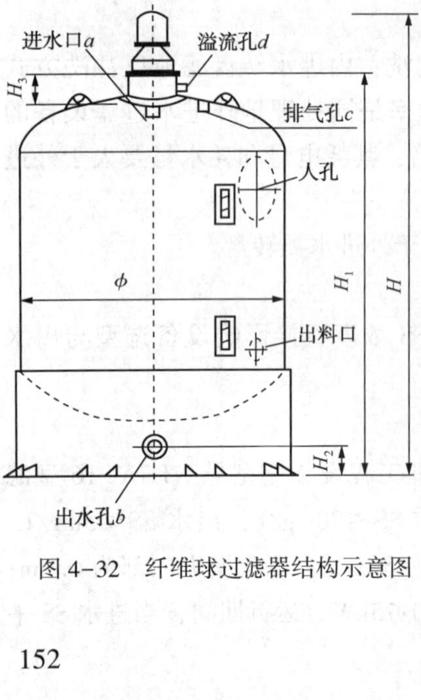

图 4-32 纤维球过滤器结构示意图

滤料一般采用涤纶纤维球滤料，如直径为 3m 的纤维球过滤器体内一般填充 1.2m 高涤纶纤维球作为过滤层，涤纶纤维球滤料具有柔性好、密度小、可压缩和空隙率大的特点，过滤时受工作压力、上层截泥和滤料自重的影响，形成上松下密的理想滤层分布状态，纤维球的特点有：比表面积和孔隙率较大、反冲洗容易、耐磨损、化学稳定性强、易于再生。纤维球过滤器结构如图 4-32 所示，表 4-35 为有关企业生产的纤维球过滤器技术参数。

表 4-35　维球过滤器技术参数

型号	处理量/(m^3/h)	功率/kW	进水口管径 a/mm	出水孔管径 b/mm	排气孔口管径 c/mm	溢流孔管径 d/mm	直径 ϕ/mm	H/mm	H_1/mm	H_2/mm	H_3/mm
QXL-800	15	4	*DN*50	*DN*50	*DN*32	*DN*15	800	3597	2866	250	420
QXL-1000	20	4	*DN*65	*DN*65	*DN*32	*DN*15	1000	3764	3000	220	450
QXL-1200	30	4	*DN*80	*DN*80	*DN*32	*DN*15	1200	4098	3280	220	480
QXL-1600	60	7.5	*DN*100	*DN*100	*DN*32	*DN*15	1600	4364	3480	200	480
QXL-2000	90	15	*DN*125	*DN*125	*DN*32	*DN*15	2000	4629	3645	210	450
QXL-2400	130	18.5	*DN*150	*DN*150	*DN*40	*DN*15	2400	5137	3970	210	500
QXL-2800	180	22	*DN*200	*DN*200	*DN*40	*DN*15	2800	5407	4170	200	530
QXL-3000	210	22	*DN*200	*DN*200	*DN*40	*DN*15	3000	5507	4270	200	550

表 4-36 为有关企业生产的纤维球过滤器运行参数。

表 4-36　纤维球过滤器运行参数

性能项目	具体指标	性能项目	具体指标
单台处理能力/(m^3/h)	15~210	悬浮物去除率/%	85~96
过滤速度/(m/h)	30	反洗强度/[$m^3/(m^2 \cdot min)$]	0.5
设计压力/MPa	0.6	反洗历时/min	20~30
阻力系数/MPa	≤0.3(串联) ≤0.15(并联)	周期反洗水量比/%	1~3
工作周期/h	8~48	截泥污量/(kg/m^2)	6~20
粗滤(并联)	进水 SS≤100mg/L，出水 SS≤10mg/L，10μm 粒径的 SS 去除率≥95%		
二级串联	进水 SS≤100mg/L，出水 SS≤2mg/L，5μm 粒径的 SS 去除率≥96%		

四、叠片式过滤器

(1) 组成

叠片过滤器和其他过滤器一样，由滤壳和滤芯组成。滤壳材料一般为塑料、不锈钢与涂塑碳钢，形状各异；滤芯形状为空心圆柱体，空心圆柱体由很多两面注有微米级正三角形沟槽的环形塑料片组装在中心骨架上组成。每个过滤单元中，被弹簧和水压压紧的叠片形成无数道滤网，总厚度相当于30层普通滤网，不同等级的叠片式过滤芯见图 4-33。

图 4-33　不同过滤等级的叠片式过滤芯

对于全自动叠片过滤器来说，反冲洗由电子控制装置控制，可使用时间间隔和压力差控制反冲洗的所有步骤。一旦设定完毕，即可长期使用。自动反冲洗过滤器在不中断工作的情况下，在数秒内完成整个自动反冲洗过程。由设定的时间或压差信号自动启动反洗时，反洗阀门改变过滤单元中水流方向，过滤芯上弹簧被水压顶开，所有盘片及盘片之间的小孔隙被松开，位于过滤芯中央的喷嘴沿切线方向喷水，使盘片旋转，在水流的冲刷与盘片高速旋转离心力作用下，截留在盘片上的物体被冲洗出去，因此用很少的冲洗水量即可达到很好的清洗效果。冲洗完成后，反洗阀门恢复过滤位置，过滤芯上弹簧再次将盘片压紧，回复到过滤状态。叠片过滤器工作状态与反冲洗状态示意图见图 4–34。

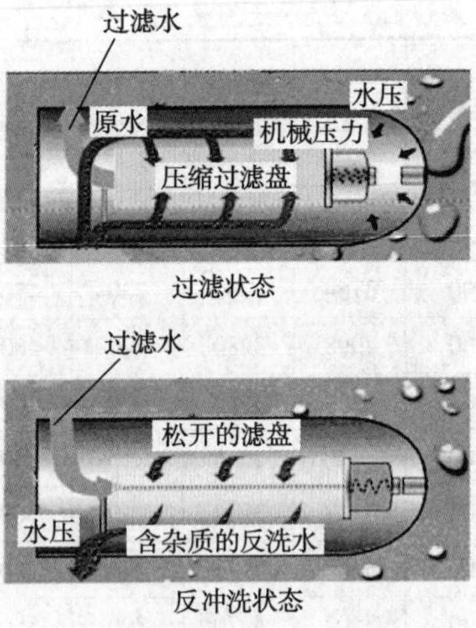

图 4–34　叠片过滤器工作状态与反冲洗状态示意图

（2）应用

全自动叠片过滤器在发达国家的应用已相当普遍，因其能够在相当苛刻的使用条件下精确稳定地工作并很少需要维护，而被广泛用于灌溉、污水处理与再生、市政供水、自来水厂、大型发电厂、化工企业以及应急过滤处理情况等领域。全自动叠片过滤器采用模块化设计，可按过滤单元进行多种组合使用，一个反冲洗控制器可控制一个或多个站，以满足不同应用场合的需要。反冲洗控制器操作简单，可根据压差，时间或两者组合对过滤器或工作站进行全面控制。叠片过滤器模块化工作站见图 4–35。

图 4–35　全自动叠片过滤器模块化工作站

（3）过滤精度的选择

选择合理的过滤精度，对保证过滤器在工作中发挥应有的作用有着重要意义，只有选择合理的过滤精度才能满足后序的水质要求，表 4–37 为常见的几种过滤用途所采用的过滤精度。

表 4–37　常见的几种过滤用途所采用的过滤精度

过滤的应用	过滤精度/μm
优质供水预处理	20、50
生活饮用水预处理、各种生产工艺用水、喷嘴保护	50、80、100、130
循环水过滤、给水处理预过滤	80、100、130
各种灌溉用水	100、130、200、400
中水处理、污水处理	130、200、400

第五章　气浮设备

气浮是向水中通入或设法产生大量的微细气泡，形成水、气、颗粒三相混合体，使气泡附着在悬浮颗粒上，因黏合体密度小于水而上浮到水面，实现水和悬浮物分离，从而在回收污水中的有用物质的同时又净化了污水。气浮可用于不适合沉淀的场合，从而分离接近于水和难以沉淀的悬浮物。

第一节　气浮设备及应用

气浮工艺有很多种，根据微细气泡产生的方式可分为分散空气气浮法、电解气浮法、溶解空气气浮等形式。

一、分散空气气浮法

分散空气气浮法是靠高速旋转叶轮的离心力所造成的真空负压状态将空气吸入，成为微细的空气泡而扩散于水中。气泡由池底向水面上升并黏附水中的悬浮物一起带至水面。达到固-液分离的目的。形成的浮渣不断地被缓慢旋转的刮渣板刮出池外。水流的机械剪切力与扩散板产生的气泡较大(直径达1mm左右)，不易与细小颗粒和絮凝体相吸附，反而易将絮体打碎，因此，散气气浮不适用于处理含颗粒细小与絮体的污水。散气气浮设备气浮时间一般约为30min，溶气量达0.51m^3/m^3(气/水)。污水处理常用的形式是叶轮气浮。

1. 叶轮气浮基本原理与应用

叶轮在电机的驱动下高速旋转，在盖板下形成负压吸入空气，污水由盖板上的小孔进入，在叶轮的搅动下，空气被粉碎成细小的气泡，并与水充分混合成水气混合体，经整流板稳流后，在池体内平稳地垂直上升，进行气浮。形成的泡沫不断地被缓慢转动的刮板刮出槽外。叶轮直径一般多为200~400mm，最大不超过600~700mm。叶轮的转速多采用900~1500r/min，圆周线速度则为10~15m/s。气浮池充水深度与吸气量有关，一般为1.5~2m，不超过3m。叶轮与导向叶片间的间距也能够影响吸气量的大小，实践证明，间距超过8mm将使进气量大大降低。叶轮气浮设备构造示意图见图5-1。使用的叶轮气浮的叶轮转子与定子设备见图5-2。

叶轮气浮式污水处理装置在油田污水处理中应用最广泛，它具有以下优点：

(1) 溶气量大。叶轮气浮式污水处理装置的溶气率多数都在600%以上，为全流加压式溶气气浮率的50倍；

(2) 停留时间短、处理速度高。叶轮气浮装置的总停留时间仅为4~5min，而溶气气浮的停留时间则为20~30min；

(3) 除油效率高，造价低。四级叶轮气浮式污水处理装置的除油效率相当于或高于单级溶气气浮装置，而造价仅为后者的60%；

(4) 适应于处理油田污水，适应油田来水含油量的变化。如美国Wemco公司生产的叶轮气浮式污水处理装置，当来水含油71000mg/L时，可保证出水含油小于10mg/L。

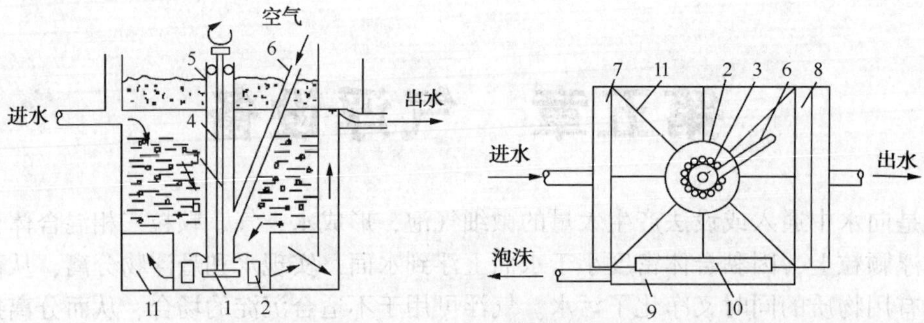

图 5-1 叶轮气浮构造示意图

1—叶轮；2—盖板；3—转轴；4—轴套；5—轴承；6—进气管；7—进水槽；8—出水槽；

9—泡沫槽；10—刮板；11—整流板

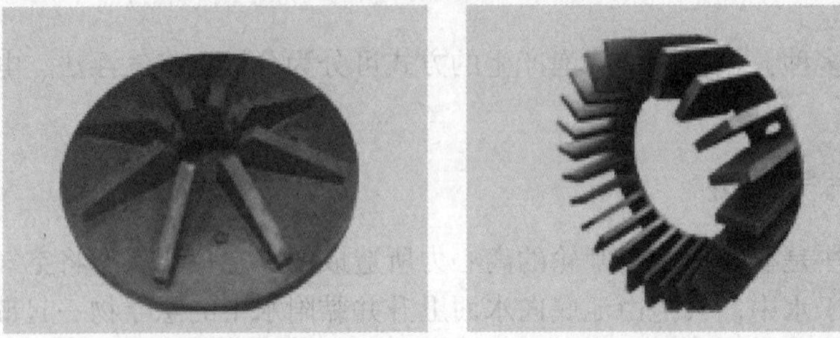

(a) 转子　　(b) 定子

图 5-2 叶轮气浮的叶轮转子与定子设备

目前国外在含油污水处理中广泛应用了叶轮浮选技术，苏联给水排水设计院的油田含油污水处理定型设计中采用了叶轮浮选技术，美国油田含油污水处理中大部分都采用叶轮浮选法，我国中原油田、河南油田、胜利油田等含油污水处理站引进的全套处理设施，也都采用了叶轮浮选机，且这几年其在炼油厂污水处理装置中的应用也有不断推广的趋势。该技术关键设备为高效涡凹气浮机，主要用于去除污水中的悬浮物、油类物质、COD、BOD 等。

布气气浮设备适用于处理水量小、污染物质浓度高的污水。其优点是设备简单，易于实现。但其主要的缺点是形成的气泡粒度较大，一般都不小于 0.1mm，这样，在供气量一定的条件下，气泡的表面积小；而且由于气泡直径大，运动速度快，气泡与被去除污染物质的接触时间短，这些因素都使叶轮气浮达不到高效的去除效果。

2. 叶轮气浮池工艺设计

(1) 主要设计参数

① 叶轮直径 $D=200\sim400$mm，最大直径不宜超过 600mm；

② 叶轮转速 $\omega=900\sim1500$r/min，圆周线速度 $u=10\sim15$m/s；

③ 叶轮与导向叶片的间距应小于 7~8mm；

④ 气浮池水深一般为 $H=2\sim2.5$m，不宜超过 3m；

⑤ 气浮池应为方形，单边尺寸不宜大于叶轮直径 D 的 6 倍。

(2) 气浮池工艺设计

叶轮气浮池工艺设计见表 5-1。

表 5-1　叶轮气浮池工艺设计

设计项目	计 算 公 式	参 数 说 明
气浮池总容积	$W=\alpha Qt$	W——气浮池总容积，m^3； α——系数，一般取 1.1~1.2； Q——处理污水量，m^3/min； t——气浮分离时间，min，一般为 20~25
气浮池总面积	$F=\frac{W}{h}$ 其中 h 按公式 $h=\frac{H}{P}$ 计算； H 按 $H=\varphi\frac{u^2}{2g}$ 计算	F——气浮池总面积，m^2； W——气浮池总容积，m^3； h——气浮池的工作水深，m； H——气浮池中的静水压力，kPa； ρ——气水混合体的密度，kg/L，一般为 0.7； φ——压力系数，其值等于 0.2~0.3； u——叶轮的圆周线速度，m/s； g——重力加速度，m/s^2，取 9.8
气浮池数	$n=\frac{F}{f}$	n——池数(或叶轮数)，个； F——气浮池总面积，m^2； f——单台气浮池面积，m^2；
叶轮气浮池长	$l=\sqrt{f}=6D$	l——叶轮气浮池边长，m； f——单台气浮池面积，m^2； D——叶轮直径，m
叶轮吸入的水气混合体量	$q=\frac{Q\times 1000}{60n(1-\beta)}$	q——叶轮吸入的水气混合量，L/s Q——处理污水量，m^3/min n——池数，个； β——曝气系数，根据试验确定，一般可取 0.30
叶轮转速	$\omega=\frac{60u}{\pi D}$	ω——叶轮转速，r/min； u——叶轮的圆周线速度，m/s； D——叶轮直径，m
叶轮所需功率	$N=\frac{pHq}{102\eta}$	N——叶轮所需功率，kW； ρ——气水混合体的密度，kg/L，一般为 0.7kg/L； H——气浮池中的静水压力，kPa； q——叶轮吸入的水气混合量，L/s； η——叶轮效率，等于 0.2~0.3

3. 叶轮气浮的改进形式

(1) 涡凹气浮

涡凹气浮机是一种主要用于去除工业或城市污水中的油脂、胶状物及固体悬浮物而设计的新型污水处理设备，系统主要由曝气装置、刮渣装置和排渣装置组成，其中曝气装置主要是带有专利性质的涡凹曝气机，刮渣装置主要由刮渣机和牵引链条组成，排渣装置主要为螺旋推进器，如图 5-3 所示。涡凹曝气系统结构示意图见图 5-4。

图 5-3　涡凹气浮机

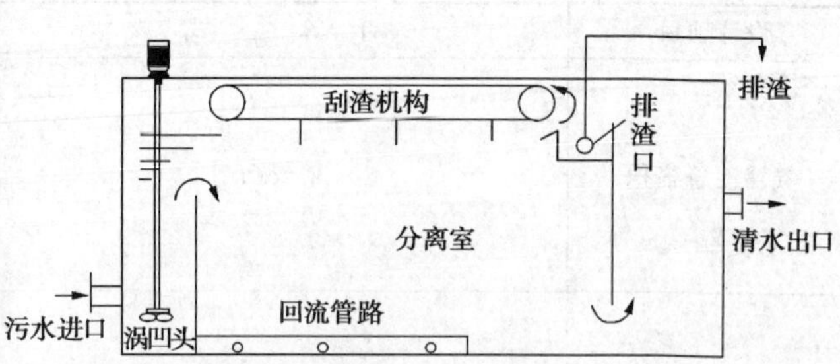

图 5-4　涡凹曝气系统结构示意图

其工作原理为：溶气设备由电机带动高速旋转(旋转速度一般控制在 1000~3000r/min)，利用底部扩散叶轮(该叶轮的叶片为空心状)的高速转动在水中形成一个负压区，使液面上的空气沿着“涡凹头”的中空管进入扩散叶轮释放到水中，并经过叶片的高速剪切而变成小气泡，小气泡在上浮的过程中黏附在絮凝体上，而形成新的低密度絮凝体，靠水的浮力将水中的悬浮物带到水面，然后靠刮渣装置除去浮渣。

其工艺流程如下：经过预处理后的污水流入装有涡凹曝气机的小型曝气段，涡凹曝气机底部散气叶轮的高速转动在水中形成一个真空区，从而将液面上的空气通过抽风管道输入水中，由叶轮高速转动而产生的三股剪切作用把空气粉碎成微气泡，空气中的氧气也随之溶入水中；固体悬浮物与微气泡黏附后上浮到水面，并通过呈辐射状的气流推动力将其驱赶到刮泥机附近。刮泥机由电机-齿轮传动装置驱动，齿轮传动装置装在槽的一边；刮泥机沿着整个槽的液面宽度移动，将漂浮的固体悬浮物刮到倾斜的金属板上，再将其从气浮槽的进口端推到出口端的污泥排放管道中。污泥排放管道内水平安装有螺旋输送器，将所收集的污泥送入集泥池中；螺旋输送器通常也由刮渣机的马达一同驱动。净化后的污水经由金属板下方的出口进入溢流槽，溢流堰用来控制整个气浮槽的水位，以确保槽中的液体不会流入污泥排放管道内。开放式的回流管道从曝气段沿气浮槽的底部伸展，涡凹曝气机在产生微气泡的同时，也会在有回流管的池底形成一个负压区，这种负压作用会使污水从池底回流至曝气段，然后又返回气浮段，这个过程确保了 30%~50%左右的污水回流，即整套系统在没有进水的情况下仍可工作。涡凹扩散叶轮见图 5-5。

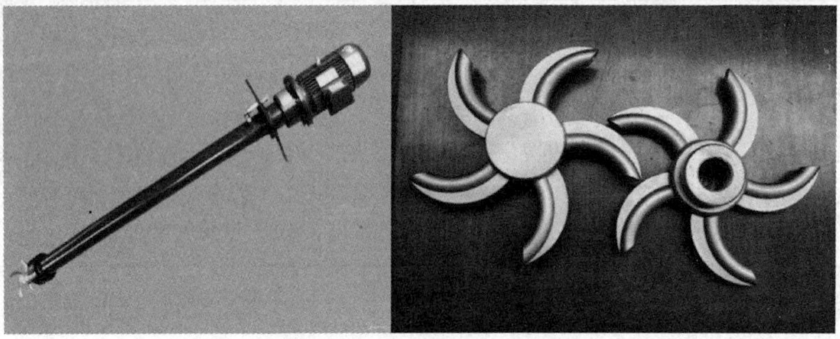

图 5-5　涡凹扩散叶轮图

与溶气气浮(DAF)相比，涡凹气浮工艺具有以下优点：

① 节省投资。涡凹气浮系统通过涡凹曝气机来产生微气泡，不需要压力容气罐、空压机、循环泵等设备，因而设备投资少，占地面积小，处理量 $200m^3/h$ 的 CAF 系统占地面积

仅为 36.15m^2。

② 运行费用低。涡凹气浮的耗电量仅相当于溶气气浮的 1/10~1/8，节约运行成本约 40%~90%。处理量 200m^3/h，仅耗电 5.435kW，而溶气气浮耗电高达 65kW。涡凹气浮系统没有复杂设备，自动化程度高，人工操作及维修工作量极少。

③ 处理效果显著。涡凹气浮产生的微气泡是溶气气浮的 4 倍，SS 去除率可超过 90%；通过投加合适的化学药剂，对 COD 和 BOD 的去除率可达 60%以上；而溶气气浮对 COD 及 BOD 的去除率只能达 35%左右。CAF 系统还能促进硫化物的氧化，减少污水中的含硫量。

尽管该法设备具有很多的优点，但也有很多的缺点：

① 需要严格控制进气量。产生的气泡较大，且水中易产生大气泡。大气泡在水中具有较快的上升速度，巨大的惯性力不仅不能使气泡很好地黏附于絮凝体上，相反会造成水体的严重紊流而撞碎絮凝体。所以涡凹气浮要严格控制进气量。

② 动力消耗大。尽管溶气气浮比溶气气浮有了很大的提高，取消了溶气罐等附属设备，但是气泡的产生依赖于叶轮的高速切割，以及在无压体系中的自然释放，气泡直径大、动力消耗高，尤其对于高水温污水的气浮处理，涡凹气浮处理效果难如人意。表 5-2、表 5-3 为国内企业给出的 CAF 涡凹气浮设备规格型号。

表 5-2　JTAF 型号涡凹气浮设备规格型号

型　号	处理能力/(m^3/h)	功率/kW	外围尺寸(L×B×h)/m
JTAF-5	5	2.5	2.44×0.93×1.26
JTAF-10	10	3.5	3.05×1.23×1.26
JTAF-20	20	4.6	4.57×1.23×1.26
JTAF-35	35	5	6.00×1.52×1.26
JTAF-50	50	5.5	5.33×1.8×1.26
JTAF-75	75	6.6	6.55×2.41×1.83
JTAF-100	100	8	7.71×2.41×1.83
JTAF-150	150	11.5	11.13×2.41×1.83
JTAF-200	200	15.5	15.09×2.41×1.83
JTAF-320	320	15.7	15.09×3.05×1.83
JTAF-400	400	17	16.60×3.5×1.83
JTAF-500	500	21	20.60×4.4×1.83

表 5-3　IAF 型号涡凹气浮设备规格型号

型　号	处理水量/(m^3/h)	外围尺寸(L×B×h)/m	总功率/kW	曝气机数量/台
IAF-5	5	2.5×1.0×1.3	2.0	1
IAF-10	10	3.0×1.3×1.4	2.0	1
IAF-20	20	5.0×1.3×1.4	2.0	1
IAF-30	30	6.0×1.3×1.7	3.0	1
IAF-40	40	7.0×1.6×1.7	3.0	1
IAF-50	50	7.0×1.8×1.7	3.0	1
IAF-75	75	7.0×2.5×1.7	3.0	1

续表

型　号	处理水量/(m^3/h)	外围尺寸($L×B×h$)/m	总功率/kW	曝气机数量/台
IAF-100	100	8.0×2.4×1.7	3.0	1
IAF-125	125	10.0×2.4×1.7	3.0	1
IAF-150	150	12.0×2.4×1.7	3.0	1
IAF-200	200	15.0×3.0×1.7	5.4	2
IAF-250	250	16.0×3.2×1.7	5.4	2
IAF-320	320	18.0×3.2×1.7	8.1	3
IAF-400	400	18.0×4.5×1.7	10.3	4
IAF-500	500	23.0×4.5×1.7	10.3	4
IAF-600	600	23.0×4.8×1.8	12.5	5
IAF-700	700	27.0×4.8×1.8	12.5	5
IAF-800	800	28.0×5.5×1.8	15.0	6

从上述表中的参数可以看出，同一处理规模的CAF涡凹气浮设备，不同企业的设备参数有差别，处理效果有可能不同，选择时应加以考量。

实际工程中，涡凹气浮的主要参数有：停留时间15～20min；表面负荷5～10m^3/(m^2·h)；池中工作水深不大于2m，池的长宽比要求不小于4。

(2) 旋切气浮

旋切式气浮机是利用旋切叶轮在电机的驱动下高速旋转，离心力将叶轮内空气高速甩出，产生雾化气泡，在叶轮内形成负压，从进气管吸入空气，污水从罩板上的小孔进入，在叶轮的搅动下，空气被粉碎成细小的气泡，并与水充分混合后被导向叶片甩出，再经整流板稳流后，在池体内平稳地垂直上升，形成气浮。微细气泡将水中的悬浮物质黏附，形成密度小于水的浮体上浮水面分离，从而完成水的净化过程。旋切式气浮属于引气扩散气浮，它与溶气气浮、喷射引气气浮、多级扩散气浮及电解气浮机理相同，因而同样具有广泛的应用前景。其最大的优点是形成的气泡直径与溶气气泡直径相近，但其能耗却小得多。而且不需要空压机、溶气罐、减压释放器等设施，占地面积小，基建投资也不大。MAF-A型旋切式气浮机示意图如图5-6所示。旋切式气浮机使用的叶轮设备见图5-7。

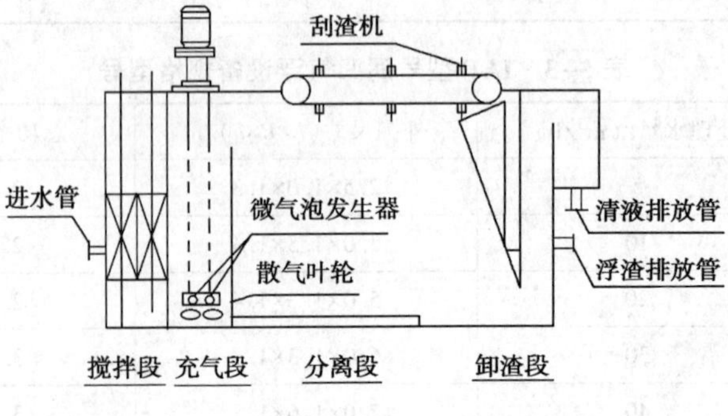

图5-6　MAF-A型旋切式气浮机示意图

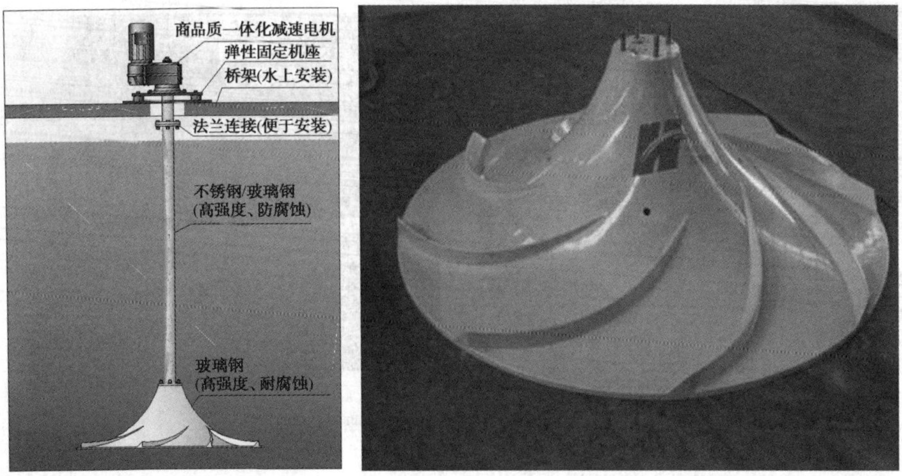

图 5-7　旋切式气浮机叶轮设备图

二、电解气浮器

1. 原理

电解气浮处理污水的原理是，在电解槽中装有正负相同的多组惰性电极板。污水在直流电的作用下，在正极会释放出氧气，在负极会释放出氢气。污水中的微小油滴和悬浮颗粒黏附在气泡上，随其上浮而得到净化。电解时产生的气泡很小，具有很大的比表面积，密度也小，因此，污水电解产生的气泡截获微小油滴和悬浮颗粒的能力比溶气气浮、叶轮机械搅拌气浮要高，并且相应的浮载能力也大，容易将油滴和悬浮物与水分离。同时，电解时还发生一系列电极反应，有电化学氧化及还原等作用，具有降低BOD及COD、脱色、脱臭的功能，阴极还具有沉积重金属离子的能力。

电解气浮采用电极有钛板、钛镀钌板、石墨板等电极。电解气浮装置形式分竖流式及平流式，竖流式主要应用于较小水量的处理，竖流式电解气浮装置的示意图见图 5-8。平流式电解气浮装置见图 5-9。

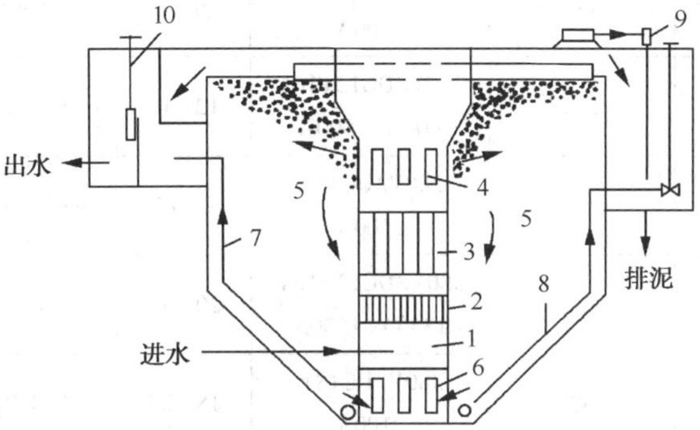

图 5-8　电解浮上法装置的示意图

1—入流室；2—整流栅；3—电极组；4—出流孔；5—分离室；
6—集水孔；7—出水管；8—排泥管；9—刮渣机；10—水位调节器

图 5-9　平流式电解气浮装置

2. 设备

目前市场上有成套的电解气浮设备供选用，见表 5-4。

表 5-4　电解气浮机选型

型号规格	处理量/m^3	停留时间/min	电源配制	功率/kW	外形尺寸 ($L \times B \times H$)/m	材质	
						箱体	电极
DF-JX-A-005/T	0.5	60	380V/DC12V300A	1.5~2.5	1.7×0.7×2.1	碳钢、亚克力	钛合金
DF-JX-B-005/T	0.5~1	120	380V/DC12+16V 260A+330A	3~5	3×0.7×2.1	碳钢、亚克力	钛合金
DF-JX-A-01/T	1	60	380V/DC12V400A	2~3	1.7×0.7×2.3	碳钢、亚克力	钛合金
DF-JX-B-01/T	1~2	120	380V/DC12+16V 350A+450A	3.6~7	3×0.9×2.3	碳钢、亚克力	钛合金
DF-JX-A-02/T	2	60	380V/DC12V 750A	4~6	2.6×0.9×3.2	碳钢、亚克力	钛合金
DF-JX-B-02/T	2~4	120	380V/DC12+16V 650A+750A	9~13	4.9×0.9×3.2	碳钢、亚克力	钛合金
DF-JX-A-03/T	3	60	380V/DC12V 1000A	6~9	3×0.9×3.5	碳钢、亚克力	钛合金
DF-JX-B-03/T	3~6	120	380V/DC12+16V 900A+1000A	12~18	6.5×0.9×3.5	碳钢、亚克力	钛合金
DF-JX-A-04/T	5	60	380V/DC12V 1500A	9~13	4×0.9×3.5	碳钢、亚克力	钛合金
DF-JX-B-04/T	5~10	120	380V/DC12+16V 1350A+1500A	20~30	7.6×0.9×3.5	碳钢、亚克力	钛合金
DF-JX-A-05/T	8	60	380V/DC18V 2100A	18~25	5.3×0.9×3.5	碳钢、亚克力	钛合金
DF-JX-B-05/T	8~16	120	380V/DC16+20V 1800A+2000A	32~46	10×0.9×3.5	碳钢、亚克力	钛合金
DF-JX-A-06/T	12	60	380V/DC18V 3000A	25~35	5.7×1.1×3.5	碳钢、亚克力	钛合金

续表

型号规格	处理量/m^3	停留时间/min	电源配制	功率/kW	外形尺寸 $(L\times B\times H)$/m	材质	
						箱体	电极
DF-JX-B-06/T	12~24	120	380V/DC16+20V 2800A+3000A	32~46	11×1.1×3.5	碳钢、亚克力	钛合金
DF-JX-A-07/T	16	60	380V/DC18V 4000A	32~50	6.5×1.1×3.5	碳钢、亚克力	钛合金
DF-JX-B-07/T	16~32	120	380V/DC16+20V 3800A+4000A	63~95	12.3×1.1×4.5	碳钢、亚克力	钛合金
DF-JX-A-08/T	20	60	380V/DC20V 5000A	45~65	8.2×1.1×4.5	碳钢、亚克力	钛合金
DF-JX-B-08/T	20~40	120	380V/DC16+20V 4800A+5000A	79~115	16×1.1×4.5	碳钢、亚克力	钛合金
DF-JX-A-09/T	25	60	380V/DC20V 6000A	55~80	9.3×1.2×4.5	碳钢、亚克力	钛合金
DF-JX-B-09/T	25~50	120	380V/DC16+20V 5800A+6000A	95~140	18×1.2×4.5	碳钢、亚克力	钛合金

注：A 系列适用 COD 2000~5000mg/L，B 系列适用 COD 5000~10000mg/L。

3. 用途

高难度污水处理；多环、杂环物质的处理；生化工艺前期处理，提高污水的 B/C 比。

4. 电解气浮装置工艺设计

(1) 电解气浮有关设计的规定

① 极板厚度 6~10mm(可溶性阳极根据需要可加厚)，极板间净距 15~20mm；

② 电流密度一般应小于 150~200A/m^2；

③ 澄清区高度应在 1~1.2m，分离区停留时间 20~30min；

④ 渣层厚度应控制在 0.1~0.2m；

⑤ 单池宽度不应大于 3m。

(2) 电解气浮装置工艺设计

电解气浮装置工艺设计见表 5-5。

表 5-5　电解气浮装置工艺设计

设计项目	计算公式	参数说明
电极作用表面积	$S=\frac{EQ}{i}$	S——电极作用表面积，m^2； E——比电流，(A·h)/m^3； Q——污水设计流量，m^3/h； i——电极电流密度，A/m^2；电极作用表面积计算公式中 E 、i 参数，应通过试验确定，也可按表 5-6 取值
电极板块数	$n=\frac{B-2l+1}{\delta+e}$	n——电极板块数，个； B——电解池的宽度，m，当处理水量 Q=50~100m^3/h 时，B 取 1.5~2m； l——极板面与池壁的净距，mm，取 50~100； δ——极板厚度，mm，取 6~10； e——极板净距，mm，取 15~20

续表

设计项目	计算公式	参数说明
单块极板面积	$A=\frac{S}{n-1}$	A——单块极板面积，m^2； S——电极作用表面积，m^2； n——电极板块数，个
极板长度	$L_1=\frac{A}{h_1}$	L_1——极板长度，m； A——单块极板面积，m^2； h_1——极板高度，m，取1.0~1.5
电极室长度	$L=L_1+2l$	L——电极室长度，m； L_1——极板长度，m； l——极板面与池壁的净距，mm，取50~100
电极室总高度	$H=h_1+h_2+h_3$	H——电极室总高度，m； h_1——极板高度，m，取1.0~1.5； h_2——浮渣层高度，m，取0.2~0.3； h_3——保护高度，m，取0.3~0.5
电极室容积	$V_1=BHL$	V_1——电极室容积，m^3； B——电解池的宽度，m，当处理水量 $Q=50\sim100m^3/h$ 时，B 取1.5~2m； H——电极室总高度，m； L——电极室长度，m
分离室容积	$V_2=Qt$	V_2——分离室容积，m^3； Q——污水设计流量，m^3/h； t——气浮分离时间，min，取20~30
电解气浮池容积	$V=V_1+V_2$	V——电解气浮池容积，m^3； V_1——电极室容积，m^3； V_2——分离室容积，m^3

表5-6 不同污水的 E、i 值

污水种类	$E/[(A\cdot h)/m^3]$	$i/(A/m^2)$
皮革、毛皮污水	300~600	50~100
化工污水	100~400	150~200
肉类加工污水	100~270	100~200
人造革污水	15~20	40~80
印染污水	15~20	100~150
含 Cr^{6+} 污水	200~250	50~100
含酚污水	300~500	150~300

三、加压溶气气浮法

压力溶气气浮(DAF)是国内气浮技术中应用比较早的一种技术，适用于处理低浊度、高色度、高有机物含量、低含油量、低表面活性物质含量或具有富藻的水，广泛用于造纸、印染、电镀、化工、食品、炼油等工业污水处理。相对于其他的气浮方式，它具有水力负荷高、池体紧凑等优点。但是它的工艺复杂，电能消耗较大，空压机的噪音大等缺点也限制着它的应用。

(一) 加压溶气气浮的方式

根据污水中所含悬浮物的种类、性质、处理水净化程度和加压方式的不同，基本方法有全流程溶气气浮法、部分溶气气浮法、部分回流溶气气浮法三种。

1. 全流程溶气气浮法

全流程溶气气浮法是将全部污水用水泵加压，在泵前或泵后注入空气。在溶气罐内，空气溶解于污水中，然后通过减压阀将污水送入气浮池。污水中形成许多小气泡黏附污水中的乳化油或悬浮物而逸出水面，在水面上形成浮渣。用刮板将浮渣连排入浮渣槽，经浮渣管排出池外，处理后的污水通过溢流堰和出水管排出。图 5-10 为全流程溶气气浮法工艺流程图。

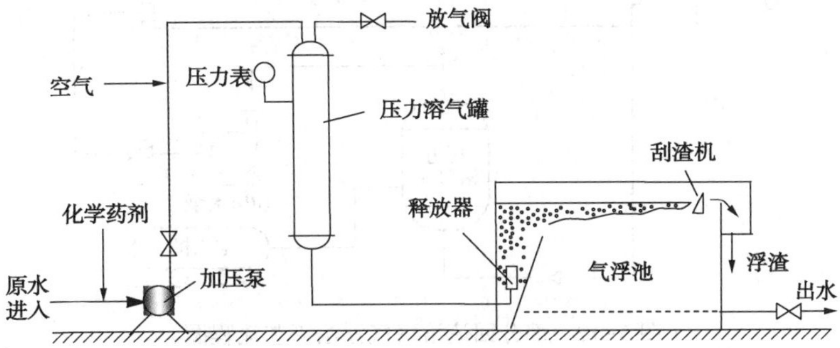

图 5-10　全流程溶气气浮法工艺流程图

全流程溶气气浮法的优点：溶气量大，增加了油粒或悬浮颗粒与气泡的接触机会；在处理水量相同的条件下，它较部分回流溶气气浮法所需的气浮池小，从而减少了基建投资。但由于全部污水经过压力泵，所以增加了含油污水的乳化程度，而且所需的压力泵和溶气罐均较其他两种流程大，因此投资和运转动力消耗较大。

2. 部分溶气气浮法

部分溶气气浮法是取部分污水加压和溶气，其余污水直接进入气浮池并在气浮池中与溶气污水混合。其特点为：较全流程溶气气浮法所需的压力泵小，故动力消耗低；压力泵所造成的乳化油量较全流程溶气气浮法低；气浮池的大小与全流程溶气气浮法相同，但较部分回流溶气气浮法小。图 5-11 为部分进水加压溶气气浮法工艺流程图。

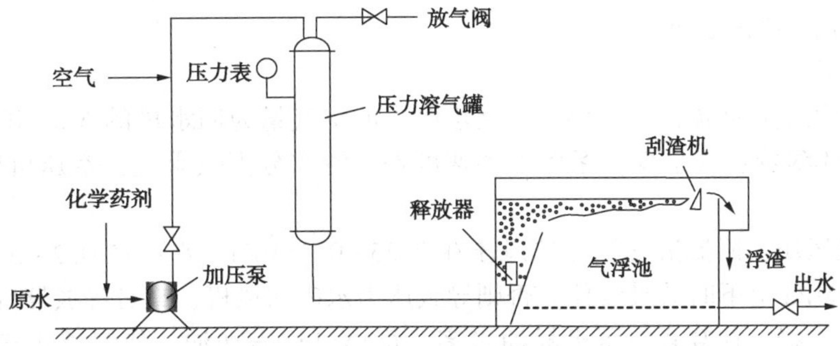

图 5-11　部分进水加压溶气气浮法工艺流程图

3. 部分回流溶气气浮法

部分回流溶气气浮法是取一部分除油后出水回流进行加压和溶气，减压后直接进入气浮池，与来自絮凝池的污水混合和气浮。回流量一般为污水的25%~100%。其特点为：加压的水量少，动力消耗省；气浮过程中不促进乳化；矾花形成好，出水中絮凝也少；气浮池的容积较前两种流程大。为了提高气浮的处理效果，往往向污水中加入混凝剂或气浮剂，投加量因水质不同而异，一般由试验确定。图5-12为部分回流溶气气浮法工艺流程图。

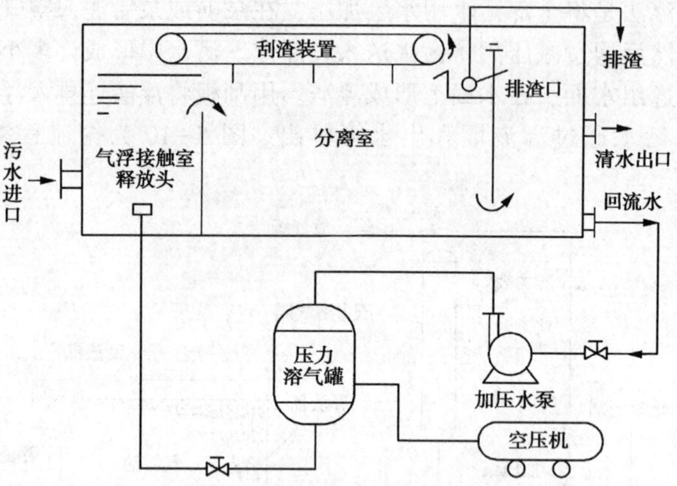

图5-12　部分回流溶气气浮法工艺流程图

现代气浮理论认为部分回流加压溶气气浮节约能源，能充分利用浮选剂，处理效果优于全加压溶气气浮流程。而回流比为50%时处理效果最佳，所以部分回流加压溶气气浮工艺是目前国内外最常采用的气浮法。

（二）加压溶气气浮的组成

主要由溶气系统、溶气释放器、气浮池三个部分组成。

1. 溶气系统

1）溶气系统的组成

对于气浮设备来说，溶气系统气浮设备的最主要的组成部分。用空压机供气方式的溶气系统是目前应用最广泛的压力溶气系统，加压溶气气浮系统一般包括了加压溶气泵、空压机、溶气罐及其他附属设备等。

（1）回流泵

可采用立式多级离心泵。

（2）空压机

① 空压机风量：回流溶气气浮工艺要求溶入的空气量为回水量的6%~10%，风量不宜过小，否则絮体附着空气量少，絮体上浮速度慢，渣水分离效果差，空压机风量安全系数1.2~1.5。

② 空压机风压：回流溶气气浮选风压在0.25~0.35MPa，水压在0.2~0.3MPa，风压、水压差在0.05MPa上下时效果较佳。否则导致压力水串入风机，或者释放器冒大气泡。

③ 空压机选择：往复式空压机耗油过多，每小时均需加油，使气浮中气路带油过多，并且气量气压脉动。而螺杆空压机由于正常运行时不消耗润滑油，气路中不带油，且气量气压恒定，噪音小，因而更适用于作为压力溶气气浮的风源。但如果维护不当，造成机器故

障，仍然会影响气浮。

（3）溶气罐

① 溶气罐结构：压力溶液气罐是影响溶气效率的关键设备。压力溶气罐的作用是使水与空气充分接触，促进空气的溶解。外部由进水口、进气口、排气安全阀接口、视镜、压力表接嘴、排气口、液位计、出水口、人孔等组成，如图 5-13 所示。

② 溶气罐形式：溶气罐的形式有很多种，如隔板式、花板式、填充式、涡轮式，填充式溶气罐示意图如图 5-14 所示。

其中以罐内填充填料的溶气罐效率最高。因其装有填料可加剧紊动程度，提高液相的分散程度，不断更新液相与气相的界面，从而提高溶气效率。填料有各种形式，研究表明，阶梯环的溶气效率最高，可达 90% 以上；拉西环次之；波纹片卷最低，这是由于填料的几何特征不同造成的。

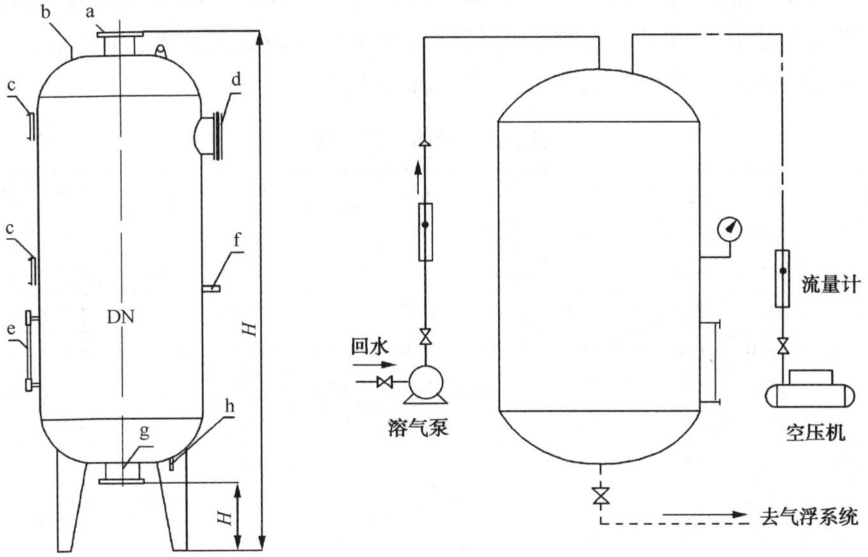

图 5-13　溶气罐结构示意图

a—进水管；b—进气管；c，d—人孔；e—液位计；f—放空管；g—出水管；h—放空管

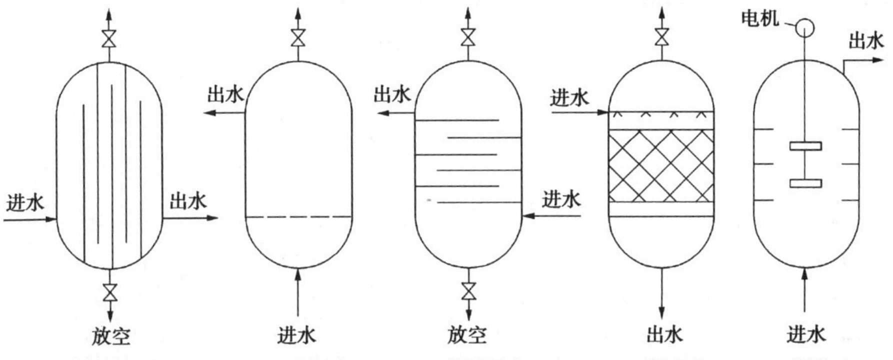

图 5-14　溶气罐形式示意图

③ 影响溶气罐因素：影响填料溶气罐效率的主要因素为：填料特性、填料层高度、罐内液位高、布水方式和温度等。

④ 设计参数：填料溶气罐的主要工艺参数为：

用气量：一般按 40~60L/m^3 污水量设计；

过流密度：2500~5000m^3/(m^2·d)；

填料层高度：0.8~1.3m；

污水在溶气罐内停留时间：应根据罐的型式确定，一般宜为 1~4min，罐内应有促进气水充分混合的措施；

液位的控制高度：0.6~1.0m(从罐底计)；

溶气罐承压能力：大于 0.6MPa；

溶气罐工作压力：0.3~0.4MPa；

溶气罐应设安全阀，顶部最高点应装排气阀。溶气水泵进入溶气罐的入口管道应设除污过滤器；溶气罐底部应装快速排污阀；溶气罐应设水位压力自控装置及仪表。

有关企业提供的技术参数分别见表 5-7、表 5-8。

表 5-7 罐体主要参数

型号	流量/(m^3/h)	罐直径/mm	罐总高H/mm	压力范围/MPa	进水管	出水管	进气口	放气口	液位计	压力表	安全阀	人孔/mm
TR-2	3~6	φ200	2550	0.2~0.5	DN40	DN50	M15	M15	DN15	M15	DN20	—
TR-3	7~12	φ300	2580	0.2~0.5	DN65	DN80	M15	M15	DN15	M15	DN20	—
TR-4	13~19	φ400	2680	0.2~0.5	DN80	DN100	M15	M15	DN15	M15	DN20	—
TR-5	20~30	φ500	3000	0.2~0.5	DN100	DN125	M15	M15	DN20	M15	DN20	—
TR-6	31~42	φ600	3000	0.2~0.5	DN125	DN150	M15	M15	DN20	M15	DN20	DN450
TR-7	43~58	φ700	3180	0.2~0.5	DN125	DN150	M15	M15	DN20	M15	DN20	DN450
TR-8	59~75	φ800	3280	0.2~0.5	DN150	DN200	M15	M20	DN20	M15	DN20	DN450
TR-9	76~95	φ900	3330	0.2~0.5	DN200	DN250	M15	M25	DN20	M15	DN20	DN450
TR-10	96~118	φ1000	3380	0.2~0.5	DN200	DN250	M15	M25	DN20	M15	DN20	DN450
TR-12	119~150	φ1200	3510	0.2~0.5	DN250	DN300	M15	M25	DN20	M15	DN20	DN450
TR-14	151~200	φ1400	3610	0.2~0.5	DN250	DN300	M15	M25	DN20	M15	DN20	DN450
TR-16	201~300	φ1600	3780	0.2~0.5	DN300	DN350	M15	M25	DN20	M15	DN20	DN450

表 5-8 压力溶气罐配套设施

阶梯环填料			空压机					回流泵		
规格	填料高度/mm	填料体积/m^3	型号	气量/(m^3/min)	最大压力/MPa	功率/kW	数量	型号	流量/(m^3/h)	扬程/m
Φ25	1000	约 0.03	Z-0.036/7	0.036	0.7	0.37	1 台	CDL4-7	4	56
Φ25	1000	约 0.07	Z-0.036/7	0.036	0.7	0.37	1 台	CDL12-5	12	50
Φ25	1100	约 0.14	Z-0.036/7	0.036	0.7	0.37	1 台	CDL20-4	20	47
Φ25	1400	约 0.27	Z-0.08/7	0.08	0.7	0.75	1 台	CDL32-40-2	32	46
Φ50	1400	约 0.40	Z-0.08/7	0.08	0.7	0.75	1 台	CDL42-30-2	42	52
Φ50	1500	约 0.58	Z-0.12/7	0.12	0.7	1.1	1 台	CDL65-30-2	65	46
Φ50	1600	约 0.80	Z-0.12/7	0.12	0.7	1.1	1 台	CDL65-30-1	65	53

续表

阶梯环填料			空压机					回流泵		
Φ50	1600	约 1.02	Z-0.14/7	0.14	0.7	1.5	1 台	CDL85-30-2	85	52
Φ76	1700	约 1.33	Z-0.21/7	0.21	0.7	2.2	1 台	CDL120-20	120	40
Φ76	1800	约 2.03	Z-0.21/7	0.21	0.7	2.2	1 台	CDL150-30-2	150	49
Φ76	1900	约 2.92	V-0.36/7	0.36	0.7	1.1	1 台	CDL85-30-2	85	52
Φ76	2100	约 4.22	W-0.52/7	0.52	0.7	4	1 台	CDL150-30-2	150	49

⑤ 设计参数与计算：溶气罐设计参数与设计计算见表 5-9。

表 5-9　溶气罐设计参数与设计计算

设计项目	计算公式	参 数 说 明
压力溶气罐直径	$D_d = \sqrt{\dfrac{4 \times Q_r}{\pi I}}$	D_d——压力溶气罐直径，m； Q_r——溶气水量，m^3/h； I——单位罐截面积的水力负荷，对填料罐一般选用 100~200 $m^3/(m^2 \cdot h)$
溶气罐高度	$H = 2h_1 + h_2 + h_3 + h_4$	H——溶气罐高度，m； h_1——罐顶、底封头高度，m（根据罐直径而定）； h_2——布水区高度，一般取 0.2~0.3m； h_3——贮水区高度，一般取 1.0m； h_4——填料层高度，当采用阶梯环时取 1.0~1.3m；
溶气罐 体积与复核	$V_d = \dfrac{\pi D_d^2}{4} \times Z$ $V_d = Q_r \times t_d$	V_d——溶气罐体积，m^3； D_d——压力溶气罐直径，m； H——溶气罐高度，m； Q_r——溶气水量，m^3/h； t_d——溶气水在溶气罐内停留时间，min。当无填料时 $t_d = 3 \sim 4$min；当有填料时 $t_d = 2$min。溶气罐 D_d、Z 应同时满足以上公式的要求

2）溶气系统的回流比和需气量

溶气系统的回流比和需气量是关系到溶气系统合理性和气浮装置正常运行的关键参数。

（1）气固比的确定

确定回流比和需气量，首先要确定气固定。气固比就是溶气水中经减压释放的溶解空气总量与原水带入的悬浮固体总量的比值。气固比的选用涉及设备、动力及出水水质等诸多因素。合适的气固比（α）应该达到释气量足以浮起原水中的全部悬浮物的要求，气固比与悬浮颗粒的疏水性有关，约为 0.005~0.06，通常由试验确定。当无资料时，用式（5-1）计算。

$$\alpha = \frac{Q_g}{QS_a} = \frac{\gamma C_s (fp - 1) R}{1000 S_a} \tag{5-1}$$

式中　α——气固比；

Q_g——气浮池所需空气量，kg/h；

Q——气浮池处理水量，m^3/h；

S_a——污水中悬浮物浓度，kg/m^3；

γ——空气容重，g/L；

C_s——在一定温度下，一个大气压时的空气溶解度，mL/(L · atm)；

f——加压溶气系统的溶气效率，f 为0.8~0.9；

p——溶气压力，绝对压力，atm；

R——回流比或溶气水回流比,%。

（2）回流量 Q_r 的确定

当气固比 α 确定后，由式(5-1)可得出式(5-2)：

$$R = \frac{Q_r}{Q} = \frac{1000\alpha S_a}{\gamma C_s(fp - 1)} \tag{5-2}$$

（3）空压机需气量 V 的确定

根据亨利定律，推导出需气量 V 的公式为：

$$V = \frac{10^{-3} S_1 K(fp - p_0) Q_r}{\gamma V} \tag{5-3}$$

式中 V——需气量，m^3/h；

S_1——空气裕量系数；

K——标准状态下的空气溶解度，29.3mg/L。

由以上推理，可以得出以下计算顺序：由出水SS的要求和出渣含固率的要求确定气固比；由原水SS的含量和溶气水溶气压力确定回流比；由亨利定律确定需气量。

（4）溶气系统设计实例

① 设计参数：设计温度50℃，设计流量 Q=900m^3/h，悬浮物含量SS=1000mg/L，40℃时空气密度 γ=1.092g/L，40℃空气溶解度 C_s=14.2mL/L，空气裕量系数 S_1 取1.5，溶气罐效率 f 取=0.8，溶气罐压力 p=4atm(绝对压强，0.405MPa)，悬浮物排放要求SS<100mg/L。

② 确定气固比：根据经验值，α 取=0.016。

③ 确定回流比：

$$R = \frac{Q_r}{Q} = \frac{1000\alpha S_a}{\gamma C_s(fp - 1)} = 0.47$$

则回流量 Q_r=423m^3/h。

④ 确定需气量 V：

$$V = \frac{10^{-3} S_1 K(fp - 1) Q_r}{\gamma} = 37m^3/h。$$

气量确定后，根据 V 选定空压机。

⑤ 性能技术参数：主要性能技术参数见表5-10。

表5-10　主要性能技术参数

项　　目	参　　数	数　　量
处理量	900 m^3/h	
空压机	3W-1.6/10B	1台
溶气水泵	IS200-150-400(90kW)	2台
溶气罐	有效停留时间2min，直径2m	设填料
絮凝搅拌电机	XLD4-3-1/11(3kW)	1台
助凝搅拌电机	XLD5-7.5-1/17	1台
PAC加药泵	单螺杆泵G25-1	1台
PAM加药泵	单螺杆泵G35-1	1台

2. 溶气水减压释放装置

溶气水释放装置的功能是将压力溶气水减压，使水中的气体以微气泡的形式释放出来，并能迅速、均匀地与水中的颗粒物质黏附。溶气水减压释放设备一般要求微气泡的直径20~100μm。溶气释放器产品很多，其中效果较好的一般都有以下特点：在释放器的入口处水流方向会突然改变(常为90°)；在喷嘴处能实现瞬间压降；释放器口径不超过2.5mm；水在释放器中的停留时间<1.5ms；离开释放器的水流速度逐渐变小，同时能与挡板发生撞击。根据有关资料，国外使用较多的是宽流道释放器，结构示意图如图5-15所示。

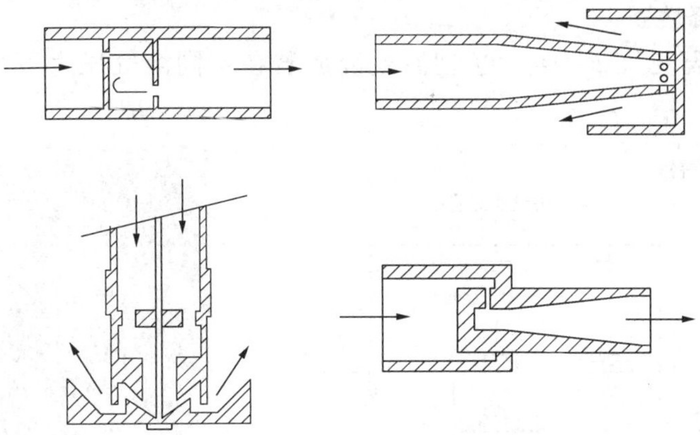

图5-15 宽流道释放器结构示意图

国内使用较多有减压阀以及有关专用释放器。其中减压阀主要有截止阀，实际运行中可能会出现每个阀门流量不同，气泡合并现象，阀芯、阀杆、螺栓易松动情况，运行不稳定，效果不好。专用释放器在国内应用较多的有TS型、TJ型和TV型三种，为专利产品。

(1) TS型溶气释放器

TS型溶气释放器见图5-16。TS型溶气释放器有多种型号，它们在不同压力下的流量和作用范围见表5-11。TS型溶气释放器在使用时易堵塞、单个释放器出流量小、作用范围较小。

图5-16 TS型溶气释放器

表5-11 TS型溶气释放器在不同压力下的流量和作用范围

型号	不同压力下的流量/(m^3/h)					作用直径/mm
	0.1MPa	0.2MPa	0.3MPa	0.4MPa	0.5MPa	
TS-Ⅰ	0.25	0.32	0.38	0.42	0.45	250
TS-Ⅱ	0.52	0.70	0.83	0.93	1.00	350

续表

型号	不同压力下的流量/(m³/h)					作用直径/mm
	0.1MPa	0.2MPa	0.3MPa	0.4MPa	0.5MPa	
TS-Ⅲ	1.01	1.30	1.59	1.77	1.91	500
TS-Ⅳ	1.68	2.13	2.52	2.75	3.10	600
TS-Ⅴ	2.34	3.47	4.00	4.50	4.92	700

TS 型溶气释放器应用示意图见图 5-17。

(2) TJ 型溶气释放器

TJ 型溶气释放器见图 5-18。TJ 型溶气释放器在不同溶气压力下的流量及作用范围见表 5-12。

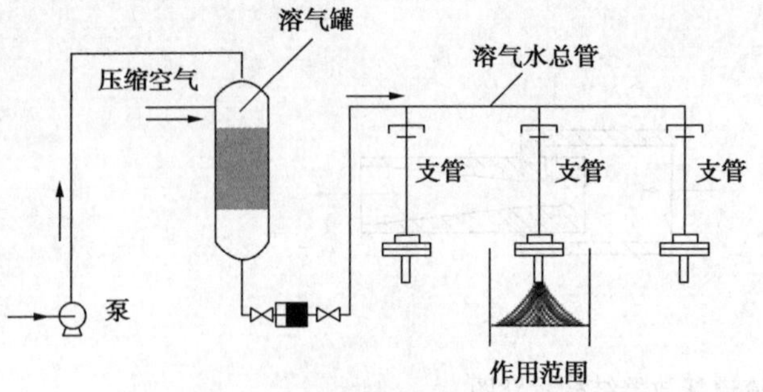

图 5-17　TS 型溶气释放器应用示意图

图 5-18　TJ 型溶气释放器

表 5-12　TJ 型溶气释放器在不同溶气压力下的流量及作用范围

型号	规格	不同压力下流量/(m³/h)								作用直径/mm
		0.15MPa	0.20MPa	0.25 MPa	0.30MPa	0.35 MPa	0.40MPa	0.45MPa	0.50MPa	
TJ-I	8×Φ15	0.98	1.08	1.18	1.28	1.38	1.47	1.57	1.67	500
TJ-II	8×Φ20	2.10	2.37	2.59	2.81	2.97	3.14	3.29	3.45	700
TJ-III	8×Φ25	4.03	4.61	5.15	5.60	5.98	6.31	6.74	7.01	900
TJ-IV	8×Φ32	5.67	6.27	6.88	7.50	8.09	8.69	9.29	9.89	1000
TJ-V	8×Φ48	7.41	8.70	9.47	10.55	11.11	11.75	–	–	1100

TJ 型溶气释放器单个释放流量和作用相对于 TS 型释放器的范围要大。TJ 溶气释放器应用见图 5-19。TJ 型释放器也可以倒装，不管释放器正装或倒装，水射器及其控制闸门都应装在便于操作处，一般厂家规定每只水射器容许接 8~10 只 TJ 型释放器。

(3) TV 型溶气释放器

TV 型溶气释放器见图 5-20。TV 型溶气释放器在不同溶气压力下的流量及作用范围见表 5-13。

表 5-13　TV 型溶气释放器在不同溶气压力下的流量及作用范围

型号	规格/mm	不同压力下流量/(m³/h)								作用直径/mm
		0.15 MPa	0.20 MPa	0.25 MPa	0.30 MPa	0.35 MPa	0.40 MPa	0.45 MPa	0.50 MPa	
TV-I	ϕ150	0.95	1.04	1.13	1.22	1.31	1.4	1.48	1.51	400
TV-II	ϕ200	2.00	2.16	2.32	2.48	2.64	2.8	2.96	3.12	600
TV-III	ϕ250	4.08	4.45	4.81	5.18	5.54	5.91	6.18	6.64	800

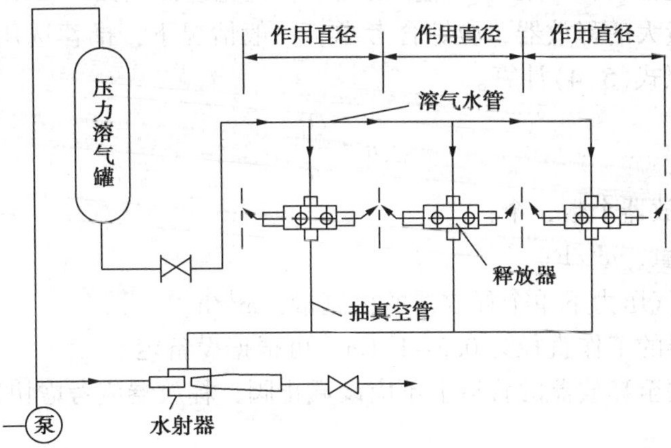

图 5-19　TJ 溶气释放器应用示意图

图 5-20　TV 型溶气释放器

TV 型溶气释放器释出的微气泡密集，直径在 20~40μm，其单个释放器释放的流量和作用范围较大；堵塞时可用压缩空气使下盘移动，清除堵塞物；TV 型溶气释放器应用见图 5-21。

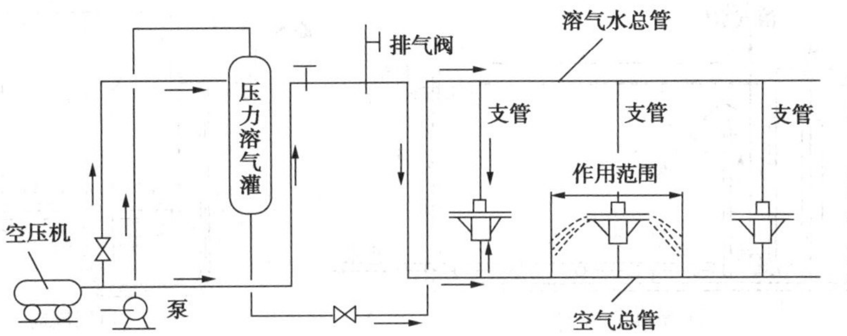

图 5-21　TV 型溶气释放器应用示意图

(4) 溶气释放器的设计

释放器前管道水流速度在 1m/s 以下，出口流速以 0.4~0.5m/s 为宜，工作压力为 0.2~0.5MPa。

释放器有多种规格，在一定的回流量情况下，究竟选择只数多、水量小的释放器，还是选择只数少而出流量大的释放器，应综合考虑。一般情况下，推荐选用多个小释放器为佳。溶气释放器个数按照式(5-4)计算。

$$n=\frac{Q_r}{q} \tag{5-4}$$

式中 n——溶气释放器个数，个；

Q_r——溶气水量，m^3/h；

q——选定溶气压力下单个释放器的出流量，m^3/h。

一般单个释放器的工作直径为0.3~1.1m，可根据设备定。

溶气水由溶气罐至释放器的管道上不应设截止阀，释放器应考虑快速拆卸装置。

3. 气浮池

气浮池有平流式和竖流式两种形式，如图5-22所示。

(1) 平流式气浮池

平流式气浮池如图5-22(a)所示。污水从池下部进入气浮接触区，保证气泡与污水有一定的接触时间，污水经隔板进入气浮分离区进行分离后，从池底集水管排出。浮在水面上的浮渣用刮渣设备刮入集渣槽后排出。优点是池身浅，造价低廉，构造简单，管理方便。缺点是分离区容积利用率不高。其基本参数如下：

① 平流式气浮池的有效水深通常为2~2.5m，一般以单格宽度不超过10m，长度不超过15m为宜；

② 污水在反应池中的停留时间与混凝剂种类、投加量、反应形式等因素有关，一般为5~15min。为避免打碎絮体，污水经挡板底部进入气浮接触室时的流速应小于0.11m/s。污水在接触室中的上升流速一般为10~20mm/s，停留时间应大于60s；

③ 污水在气浮分离室的停留时间一般为10~20min，其表面负荷率约为6~8 $m^3/(m^2 \cdot h)$，最大不超过10$m^3/(m^2 \cdot h)$。

平流式气浮池优点是池身浅、造价低、构造简单、运行方便。缺点是分离部分的容积利用率不高。

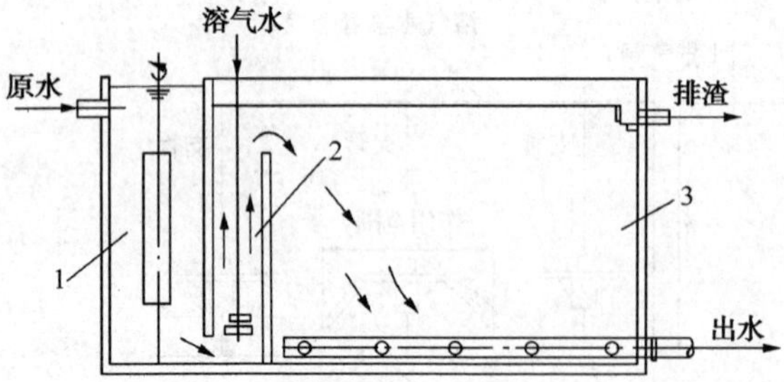

(a) 平流式

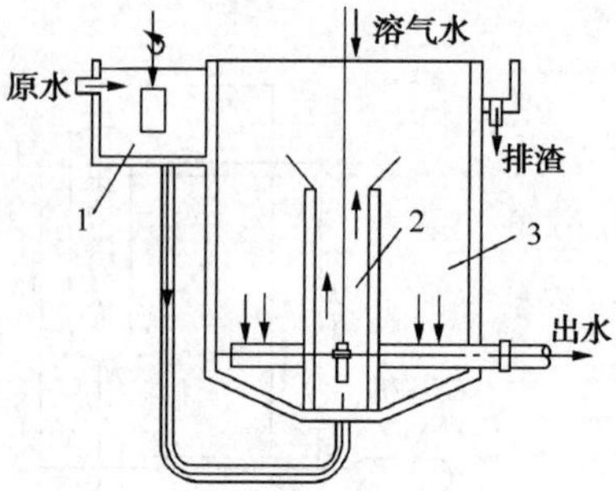

(b) 竖流式

图5-22 气浮池示意图

1—反应池；2—接触室；3—分离室

(2) 竖流式气浮池

竖流式气浮池如图5-22(b)所示。这种形式的气浮池的优点是接触区在池中央，水流向四周扩散，水力条件比平流式好；缺点是与反应池较难衔接，容积利用率较低。竖流式气浮池基本工艺参数与平流式气浮池相同。有经验表明，当处理水量大于 150~200m^3/h，废水中的可沉物质较多时，宜采用竖流式气浮池。

竖流式气浮池池高可取 4~5m，长宽或直径一般在 9~10m 以内。中央进水室、刮渣板和刮泥耙都安装在中心转轴上，依靠电机驱动匀速旋转。

四、加压溶气气浮池工艺设计

1. 设计要求

根据《室外排水设计规范》，气浮池可采用矩形或圆形。矩形气浮池的设计应符合下列要求：

（1）气浮池应设置反应段，反应时间为 10~15min；

（2）每格池宽不大于 4.5m，长宽比为 3~4；

（3）有效水深为 2.0~2.5m，超高不小于 0.4m；

（4）污水在气浮池分离段停留时间不大于 1.0h；

（5）污水在池内的水平流速不大于 10mm/s；

（6）气浮池端部应设置集渣槽；

（7）池内应设刮渣机，刮沫机的移动速度宜为 1~5m/min。

2. 工艺设计

加压溶气气浮池工艺设计见表 5-14。

表 5-14　加压溶气气浮池工艺设计

设计项目	计算公式	参数说明
浮池所需空气量	$Q_g=\dfrac{\gamma QRa_e\psi}{1000}$	当有实验资料时，采用此公式计算； Q_g——气浮池所需空气量，kg/h； γ——空气容重，g/L，见表 5-15； Q——气浮池处理水量，m^3/h； R——试验条件下回流比或溶气水回流比，%； a_e——试验条件下释气量，L/m^3； ψ——水温校正系数，1.1~1.3
	$Q_g=\dfrac{\gamma C_s(fp-1)RQ}{1000}$	C_s——在一定温度下，1 个大气压时的空气溶解度，mL/(L·atm)，见表 5-15； f——加压溶气系统的溶气效率，f=0.8~0.9，装阶梯环填料的溶气罐可取 0.9； p——溶气压力，绝对压力，atm
气固比	$\alpha=\dfrac{Q_g}{QS_a}=\dfrac{\gamma C_s(fp-1)R}{1000S_a}$	α——气固比，气固比 α 与悬浮颗粒的疏水性有关，α 约为 0.005~0.06，通常由试验确定。当无资料时，由此公式计算； S_a——污水中悬浮物浓度，kg/m^3
回流比	$R=\dfrac{Q_r}{Q}=\dfrac{1000\alpha S_a}{\gamma C_s(fp-1)}$	R——回流比； Q_r——溶气水量，m^3/h

设计项目	计算公式	参数说明
所需额定气量	$v = \frac{10^{-3} S_1 K(fp-1) Q_r}{\gamma}$	v——所需空压机额定气量，m^3/min； S_1——安全系数，1.2~1.5； K——标况下空气的溶解度，29.3mg/L
溶气水量	$Q_r = \frac{Q_g}{736fpK_T}$	Q_r——溶气水量，m^3/h； K_T——溶解度系数，可根据水温查表 5-16

表 5-15　空气在水中的溶解度

温度/℃	空气容重 γ/(g/L)	空气溶解度 C_s/[mL/(L·atm)]
0	1.252	29.2
10	1.206	22.8
20	1.164	18.7
30	1.127	15.7
40	1.092	14.2

表 5-16　不同温度下的 K_T 值

温度/℃	0	10	20	30	40	50
K_T 值	0.038	0.029	0.024	0.021	0.018	0.016

3. 气浮池本体设计

气浮池本体设计包括：气浮池接触室、气浮分离室、水位控制室、溶气罐、气浮池集水管、集渣槽以及刮渣机。

(1) 气浮池接触室

气浮池接触室设计参数与设计计算见表 5-17，其接触区为释气水中的气泡与絮凝水中絮粒结合、碰撞、黏附的场所，主要设计参数有接触时间和水流平均速度等。

表 5-17　气浮池接触室设计参数与计算公式

设计项目	计算公式	参数说明
接触室表面积	$A_c = \frac{Q + Q_r}{3600 v_c}$	A_c——接触室表面积，m^2； Q——气浮池处理水量，m^3/h； Q_r——溶气水量，m^3/h； v_c——水流平均速度，通常取 10~20mm/s
接触室长度	$L = \frac{A_c}{B_c}$	L——接触室长度，m； B_c——接触室宽度，m
接触室堰上水深	$H_2 = B_c$	H_2——接触室堰上水深，m
接触室气水接触时间	$t_c = \frac{H_1 - H_2}{v_c}$	t_c——接触室气水接触时间，t_c>60s； H_1——气浮池分离室水深，通常为 1.8~2.2m

(2) 气浮分离室

气浮分离室设计参数与设计计算见表 5-18，其分离区为带气絮粒与清水进行分离的场所，主要设计参数有分离时间和气浮池容积等。

表 5-18　气浮分离室设计参数与设计计算

设计项目	计算公式	参数说明
分离室表面积	$A_s = \dfrac{Q + Q_r}{3600V_s}$	A_s——分离室表面积，m^2； Q——气浮池处理水量，m^3/h； Q_r——溶气水量，m^3/h； V_s——表面负荷率 q，通常为 1~1.5mm/s
分离室长度	$L_s = \dfrac{A_s}{B_s}$	L_s——分离室长度，m； A_s——分离室表面积，m^2； B_s——分离室宽度，m； 对矩形池，分离室的长宽比一般取(1~1.5)∶1
气浮池水深	$H = V_s t$	t——气浮池分离室水力停留时间，一般取 10~20min
气浮池容积	$W = (A_c + A_s) H$	A_c——接触室表面积，m^2； A_s——分离室表面积，m^2； H——气浮池水深，m
总停留时间与校核	$T = \dfrac{60 \times W}{Q + Q_r}$	T——总停留时间，min； W——气浮池容积，m^3； Q——气浮池处理水量，m^3/h； Q_r——溶气水量，m^3/h

(3) 水位控制室

水位控制室宽度不小于 900mm，以便安装水位调节器，并利于检修。水位控制室可设于分离室一端，其长度等于分离室宽度；水位控制室也可设于气浮分离室侧面，其长度等于分离室长度。水位控制室深度不小于 1.0m。

(4) 气浮池集水管、集渣槽。

① 气浮池集水管。

采用穿孔管时，按式(5-5)计算出孔口流速 V_0。

$$V_0 = \mu\sqrt{2gh} \tag{5-5}$$

式中　V_0——孔眼流速，m/s；

μ——孔眼流速系数；

g——重力加速度，9.8m/s^2；

h——孔眼水头损失，h=0.3mm。

② 集渣槽。

集渣槽断面设计无特殊要求，可按单位时间的排泥量(包括抬高水位所带出的水量)进行选择。一般集渣槽断面尺寸不小于 200mm，当浮渣浓度较高时，集渣槽需有足够的坡度倾向排泥口，一般采用 0.03~0.05。当集渣槽长度超过 5m 时，最好两端向中间排泥，必要时可辅以冲洗水管。

（5）刮渣机

对于矩形气浮池均采用桥式刮渣机刮渣，此类型的刮渣机适用范围一般在跨度 10m 以下，集渣槽的位置可在池的一端或两端；对圆形气浮池大多采用行星式刮渣机，其适用范围在直径 2~10m，集渣槽位置可在圆池径向的任何部位。

第二节　其他气浮装置及其应用

一、溶气泵气浮

溶气泵气浮技术是近几年发展起来的新型气浮技术，有很广阔的市场前景。该技术克服了加压溶气气浮工艺附属设备多、能耗大和涡凹气浮工艺产生大气泡的缺点，又具有能耗低的特点。溶气泵采用涡流泵或气液多相泵，其原理是在泵的入口处空气与水一起进入泵壳内，高速转动的叶轮将吸入的空气多次切割成小气泡，小气泡在泵内的高压环境下迅速溶解于水中，形成溶气水然后进入气浮池完成气浮过程。溶气泵产生的气泡直径一般在 20~40μm，吸入空气基本能溶解在水中，溶气水中最大含气量可达到 30%，泵的性能在流量变化和气量波动时十分稳定，为泵的调节和气浮工艺控制提供了好的操作条件，其工艺流程图见图 5-23。

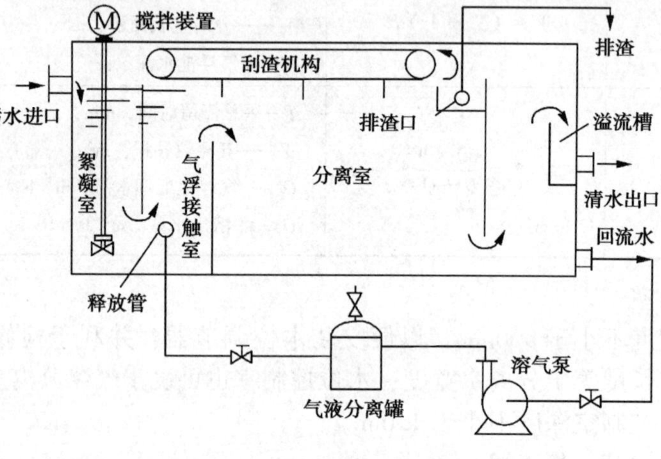

图 5-23　溶气泵气浮工艺流程图

溶气泵气浮设备由絮凝室、接触室、分离室、刮渣装置、溶气泵、释放管等几部分组成。基本原理是：首先由溶气泵抽取出水作为回流水，产生溶气水(此时的溶气水中饱含大量的微细气泡)，溶气水通过释放管释放进入接触室的水中，小气泡缓慢上升并黏附于杂质颗粒上，形成密度小于水的浮体，上浮水面，形成浮渣，并随水流缓慢向前移动进入分离室，然后由刮渣装置将浮渣去除。清水经溢流调节排放，从而完成气浮的工作过程。

溶气泵气浮设备技术成熟，应用较多的有 EDUR 型高效气浮装置。EDUR 型高效气浮装置吸收了 CAF 切割气泡和溶气气浮(DAF)稳定溶气的优点，整套系统主要由溶气系统、气浮设备、刮渣机、控制系统和配套设备等组成。

(一) 基本原理

溶气系统采用德国 EDUR 泵业有限公司的气液多相流泵作为回流泵，气液多相流泵有不同于一般泵的特殊叶轮结构，在流量变化和气量波动时十分稳定，为泵的调节和气浮工艺的控制提供了良好的操作条件。气液多相流泵能将空气和回流水一起从泵进口管道直接吸入，高速旋转的多级叶轮将吸入的空气多次切割成小气泡，并将切割后的小气泡在泵内的高压环境中瞬间溶解于回流污水中。再经过减压阀释放成乳白色的溶气水，使絮凝颗粒上浮，从而达到净化的目的。

空气在水中的最大溶解度主要取决于压力、水温和水质，压力越高、水温越低，则空气在水中的饱和溶解度越大。对气浮而言，希望得到尽可能多的溶解空气，即达到饱和状态，但要避免过饱和。在气浮装置中采用 EDUR 气液多相泵作为溶气泵，气体在泵进口管道利用自身的真空直接吸入，EDUR 气液多相泵特殊的叶轮结构，使得泵在建立压力的过程中产生气液两相充分的溶解并达到高压饱和，EDUR 气液多相泵的最大含气量可以达到 30%。在减压释放时，溶解的气体以微气泡的形式逸出并弥散在气浮装置，通过这种方式产生的气泡直径可以小于 30μm。

传统气浮装置通过溶气罐静压溶气，必须配有一系列相关设备，如空压机、溶气罐、水泵、控制系统、释放器、阀等。由于不能做到气体在水中的饱和溶解，减压释放后容易产生大气泡，影响气浮处理效果。采用气液多相泵溶气，不但可省去其中的多数设备，降低投资和运行费用，而且由于气泡细微、弥散均匀，气浮处理效果得到大幅度改善。

与射流泵溶气系统管道溶气相比，EDUR 多相流泵的溶气是在泵的多级升压过程中完成的，气体溶解度容易控制，溶解效果更理想。采用 EDUR 多相流泵的气浮处理效率远远优于射流泵溶气系统。

（二）溶气系统结构及作用

图 5-24 为 EDUR 加压溶气气浮系统结构示意图。部分经气浮装置处理后的清水回流至多相流泵产生溶气水。溶气泵产生的溶气水的流量和压力可以通过截止阀来进行调节。溶气水的压力一般调节到≥0.45MPa，以保证溶气水中的气泡直径≤30μm。运行时，通过调节截止阀，使真空表显示溶气泵进口真空度为-0.01～-0.02 MPa。由于泵入口真空的存在使空气自动吸入泵前管道，与水一起进入泵内。

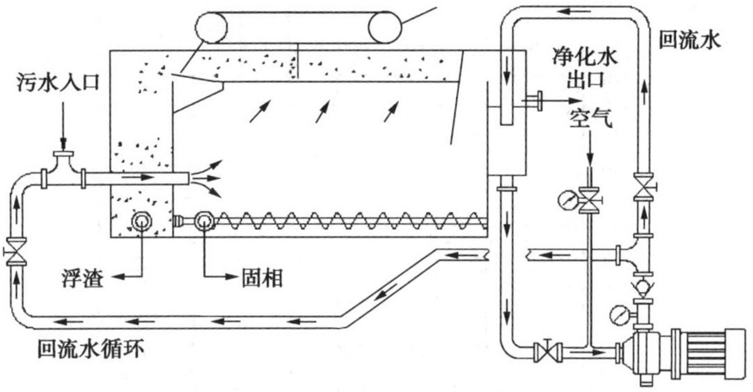

图 5-24　EDUR 加压溶气气浮系统结构示意图

调节截止阀，可控制泵的空气吸入量。在常规气浮装置中（水温 200℃，溶气水压力 0.45MPa 条件下，空气饱和溶解度为 10%）控制气液比为 10%（气液比=吸入空气量/泵吸入的回水水量）。吸气管的高度可略高于气浮池液面，这样当溶气泵停车时，气浮池内的污水不会从空气管反流溢出。

气液多相流泵水平安装，泵和电机同轴，采用机械密封。开式叶轮结构使得在长时间停机或处于临界运行状况时，没有轴向力；导流器的使用则保证运行条件下良好动力学性能和高效率。

（三）EDUR 泵的性能参数

（1）流量

可根据工艺要求确定溶气水流量，一般可按气浮处理水量的 25%~35%考虑。

（2）压力

介质减压后的气泡大小和饱和压力的关系图见图 5-25。为保证释放气泡直径≤30μm，一般所选压力≥0.4MPa(表压)，具体视工艺设计而定。

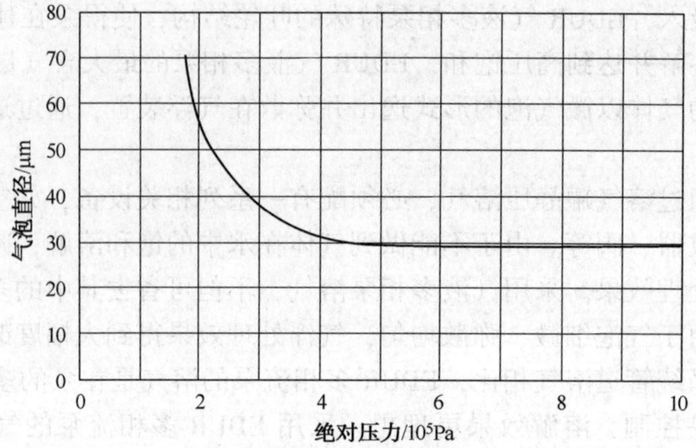

图 5-25　介质减压后的气泡大小和饱和压力的关系图

（3）气液比

空气在水中的饱和溶解度取决于水的温度和压力，在不同温度和压力条件下的空气在水中的饱和溶解度可以从介质的物性参数图表中得出。图 5-26 为空气在水中的饱和溶解度。在得出水的饱和溶解度后，取泵的气液比与水的饱和溶解度相同或相近。一般情况下(溶气水压力 0.5MPa，水温 20℃)取气液比为 11%。

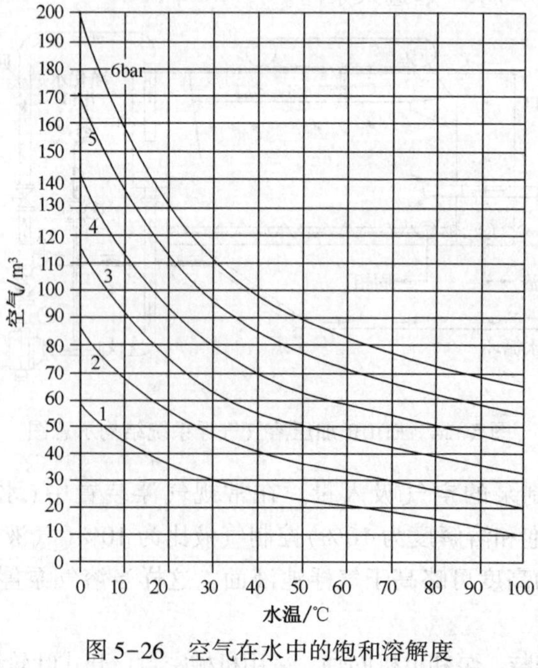

图 5-26　空气在水中的饱和溶解度

(四) 多相流泵选择实例

图 5-27 为型号为 LBU603E162L 的 EDUR 多相流泵的特性曲线。图中各曲线为不同气液比下泵的性能。

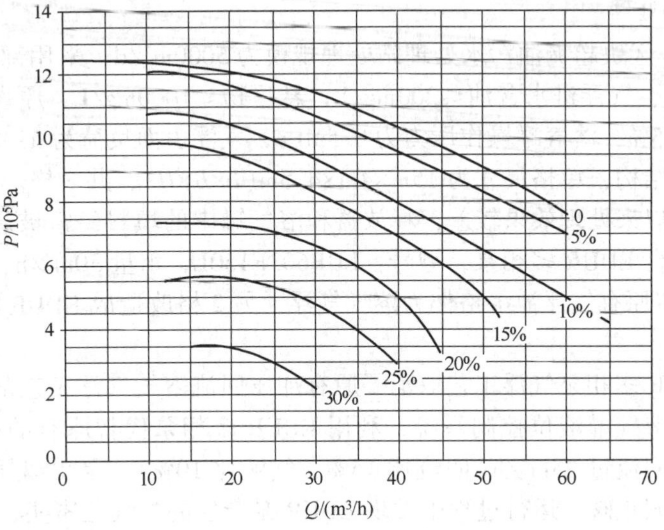

图 5-27　LBU603E162L 的 EDUR 多相流泵的特性曲线

气浮装置需要处理水量 200m³/h，水温 20℃。设计确定工艺所需回流溶气水的水量为处理水量的 27%，为 54m³/h。多相流泵的参数确定如下：

(1) 为确保释放的气泡直径小于 30μm，泵的出口压力应大于 0.4MPa(表压)，选设计点 0.5MPa(表压)；

(2) 查水温 20℃、压力 0.5MPa 条件下，空气饱和溶解度为 11%。选设计点气液比 11%；

(3) 考虑泵操作点的可调节性，应在如下范围满足气浮运行要求：流量调节范围 50~60m³/h；压力 P 为 0.4~0.7MPa；气液比为 7.5%~13%。

根据以上设计要求，确定泵的型号为 LBU603E162L。

(五) 常用 EDUR 多相流泵型号

常用 EDUR 多相流泵型号见表 5-19。

表 5-19　常用 EDUR 多相流泵型号

泵型号	溶气水量/(m³/h)	气浮装置处理水量/(m³/h)	轴功率/kW	电机功/kW	进口/出口法兰
EB3u	0.5~1.0	2~3	1.0~1.01	1.5	DN32
EB4u	0.8~2	3~5	1.14~1.2	1.5	DN32
EB14u	1.5~3	5~10	1.4~1.45	2.2	DN40
EB16u	2.5~5	10~16	2.0~2.2	3.0	DN40
LBU403C120L	4.5~15	16~50	2.20~3.0	4.0	DN65/DN40
LBU404C120L	10~22	50~70	3.0~4.0	5.5	DN65/DN40
LBU603D150L	20~36	70~120	6.0~9.0	11.0	DN80/DN65
LBU603E162L	30~60	120~200	14.0~16.0	18.5	DN80/DN65

当处理水量较大时，可以采用多泵并联或多个气浮池并联。如两个 LBU603E162L 并联使用可以处理 300~500m^3/h 污水。

（六）EDUR 泵气浮工艺的应用

1. 油田污水的处理

辽河油田杜 84 区块超稠油污水处理站处理规模为 5000m^3/d，采用部分回流加压溶气气浮。进水水温 75℃，气浮进水含油≤200mg/L，悬浮物≤1000mg/L，原设计溶气水量(回流比)30%，气液比 15%，溶气罐操作压力为 0.5MPa，气浮表面负荷为 5~10m^3/(m^2·h)，气浮池为钢筋混凝土结构，单格尺寸为 15m×4m×4.5m(L×B×H)，共 3 格。由于水温高溶气效果不好，投产运行以来处理效果较差，释放器和溶气罐中的填料经常被悬浮物和稠油堵塞。气浮改造时选用 1 台 EDUR 多相泵，型号：LUB603E150L，水量 30m^3/h，压力 0.5MPa，电机功率 15kW。保留原有气浮池 1 格作为溶气气浮，另 2 格改造成 EDUR 多相泵气浮，处理水量为 4000m^3/d。

改造后的 EDUR 多相泵气浮工艺取消了原有加压回流溶气气浮工艺的溶气罐、释放器、空压机、稳压罐、溶气罐液位控制系统，利用 EDUR 多相泵代替原有的回流泵，实际运行操作过程中，控制回流量 25m^3/h(回流比 15%、气液比 10%)，泵出口压力为 0.6MPa，压力释放通过支管的截止阀。运行过程中发现 EDUR 泵产生的微气泡密实、2/3 池表面可见白色微气泡，黏附微气泡后的油和悬浮物上浮速度快，浮渣密实，不易下沉。在进水含油 200mg/L，悬浮物含量为 1000mg/L 左右的进水水质条件下，气液多相泵气浮的出水水质明显优于加压溶气气浮的出水水质，油和悬浮物的去除率达 95%以上。而且，EDUR 多相泵没有释放器、溶气罐等易堵塞部件，通过调节进气和进水阀门即可方便地调节气液比，操作管理方便。省去了溶气罐(ϕ600mm，H=3.5m，p=0.5MPa，2 个)，空压机(Z0.1/0.7，N=1.5kW，2 台)，回流泵(IS65-40-200，N=7.5kW，2 台)，释放器(TV-Ⅱ，20 个)，储气罐(ϕ1000，H=2m，p=1.0MPa，1 个)以及阀门和管路等配套设施，采用 EDUR 泵代替溶气气浮，可节约工程投资 40%. 运行费用节约 30%。

2. 造纸污水的处理

某纸厂污水处理站处理水量为 800m^3/d，原工艺采用射流加压溶气气浮技术。气浮进水悬浮物≤800mg/L，原设计溶气水量(回流比)30%，溶气罐操作压力为 0.3MPa(表压)，气浮表面负荷 5~10m^3/(m^2·h)，气浮池为 A3 钢结构。由于溶气效果差，投产运行以来处理效果较差，浮渣量少，出水悬浮物多。

气浮改造时选用一台 EDUR 多相泵，型号：LUB403C120I，控制回流量 5m^3/h(回流比 15%)，压力 0.6MPa。保留原有气浮池的溶气装置，处理水量为 800m^3/d。改造后的 EDUR 多相泵气浮工艺取消了原有加压回流溶气气浮工艺的溶气罐、释放器、空压机、稳压罐、溶气罐液位控制系统，利用 EDUR 多相泵代替原有的回流泵，实际运行操作过程中，泵出口压力为 0.6MPa 压力释放通过有支管的截止阀。

二、浅层气浮设备(Krofta 气浮设备)

浅层气浮技术由 Milos Krofta 于 20 世纪 70 年代发明，简称为 Krofta 工艺，目前，浅层气浮被应用于水处理行业特别是造纸的白水处理与回用。

（一）Krofta 气浮设备结构

图 5-28 所示为 Krofta 气浮装置的池体结构示意图。典型的 Krofta 气浮工艺系统整套装

置由圆形浅池静止部分、中央旋转部分及溶气水制备系统等组成。中央旋转部分包括进水口、配水器、加压水入口、加压水配水器、出水口和螺旋污泥斗，这些组件都安放在旋转支架上；在支架外缘装有可调减速机，通过主动轮驱动，使支架绕中心沿池体外缘的圆形轨道以与进水流速一致的速度转动。行走部分和泥斗的转动由调速电机驱动，中心滑环供电。

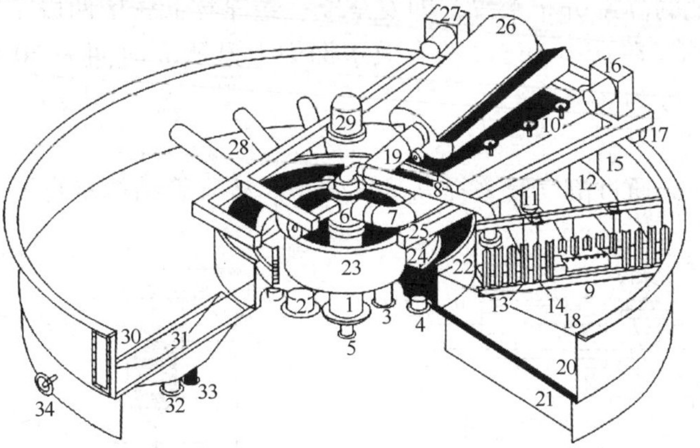

图 5-28　Krofta 气浮装置的池体结构示意图

1—原水进口；2—清水出口；3—浮渣排放管；4—回流水出口；5—回流水进口；6—旋转进水管；7—联接管；8—加压水管路；9—加压水旋转布水器；10—原水布水管；11—原水布水管；12—分水板；13—稳流挡板；14—池底刮板；15—分水板外壁；16—驱动电机；17—支架驱动轮；18—驱动轮支撑圈；19—螺旋泥斗轴；20—池壁；21—池底支撑结构；22—清水收集筒；23—污泥筒；24—溢流堰；25—旋转支架结构；26—旋转螺旋泥斗；27—螺旋泥斗驱动电机；28—清水出水管；29—集电装置；30—观察窗；31—沉淀物去除池；32—排空管；33—排泥管；34—水位控制调节手轮

气浮装置的螺旋泥斗可分别选用一斗、二斗或三斗的结构形式。螺旋泥斗自转周期 t 及斗子个数与螺旋泥斗公转周期 T 和浮渣厚薄之间有严格的匹配关系，可以通过调速电机灵活、机动地进行调节。浅层气浮装置见图 5-29。

图 5-29　浅层气浮装置

（二）有关 Krofta 气浮工艺理论

1. 零速原理

在 Krofta 气浮装置中，除池体、溢流圈、污泥排放筒外，其他各部分原则上都以与进水流速相同的速度沿池体旋转。原水配水器转动时，在池体中腾出的空间由原水进水来补充；同时清水出水侧应挤走的水体空间，由清水排出管同步排出。池内的其他水体不会因进水和出水而引起扰动，而是保持零速，即所谓零速原理，该理论的应用是 Krofta 气浮装置的关键。

静态进水、静态出水可以使得絮凝体的悬浮和沉降在静态下进行。絮凝体在相对静止的环境中垂直上浮，不仅能使其上浮速度达到或接近理论最大值，且出水流速在理论上可不受限制，这意味着气浮效率可以接近理论上的极限。

此外，随着布水装置的旋转，与污水充分混合的气泡能均匀地充满整个气浮池，微细气泡与絮粒的黏附发生在整个气浮分离过程中，不会形成气浮死区。

2. 浅池理论

传统气浮池分离区的有效水深通常为 2.1～2.4m，而 Krofta 气浮装置的有效水深只有

0.4~0.5m 左右，这一浅池结构的应用，称为“浅池理论”。该理论的应用大幅度减少了设备制造费用，缩小了设备占用空间。以同样处理量 7000m^3/d 的造纸污水为例，传统气浮池的占用面积约为 155m^2，Krofta 气浮池的占用面积约为 51m^2。

因为零速原理的应用和进出水的彻底分开，所以当出水管开始出水时，气浮的过程已完成，对应常规气浮池的高度分布来看，即安全段、悬浮物低密区两段不需要设置。若按絮粒的上升速度为 6mm/s，在 0.4~0.5m 的有效水深中上升所需时间为 70~80s 左右。Krofta 气浮装置的停留时间一般为 3~5min。

3. 溶气机理

在 Krofta 工艺中，通过溶气管来提高溶气效率。溶气管结构示意图见图 5-30。

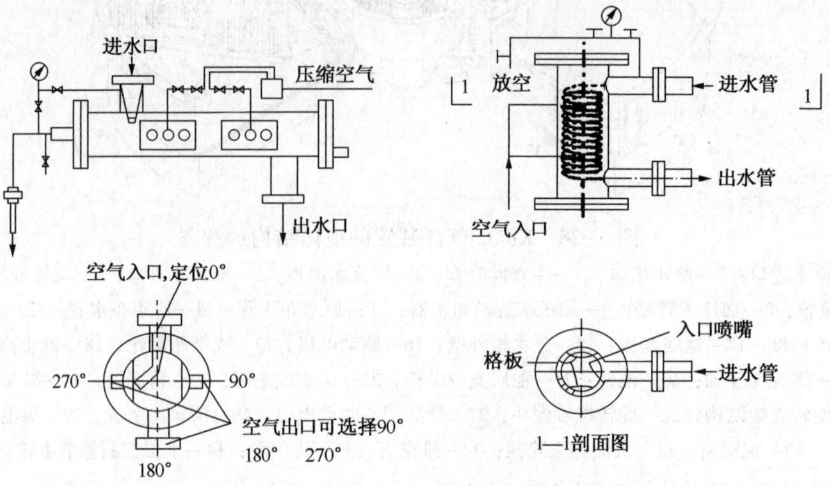

图 5-30　溶气管结构示意图

如图 5-30 所示，溶气管格板先把压缩空气切割成微细气泡，然后在扰动非常剧烈的情况下与加压水混合和溶解。空气在溶气管内以两种形式存在，一是溶解在水中；另一种形式是微细气泡以游离状态夹裹、混合在水中。所形成的微细气泡数量远大于常规 DAF 工艺。溶气管的特殊结构使其没有填料堵塞的问题，也没有控制溶气罐内水位高低的问题。入口定位原水、溶气水和药剂在加入气浮池本体前，已在一段管道内充分混合，气泡及时均匀地弥散在悬浮颗粒中，避免了常规 DAF 工艺中因多个阀门或溶气释放器开启度不一而造成的气泡不均匀现象，也避免了因设置反应室而带来的浮浆腐烂问题。

（三）浅层气浮与传统气浮装置的比较

（1）传统气浮装置中，池深一般为 2~2.5m，这是因为设备是静止的，水体是运动的。水体从反应室进入接触区时会产生流向的改变和流速的重新分布，即把水流转变成均匀向上的流动，这就需要有一定的时间和高度来完成这一变化，其高度一般不低于 1.5m。而浅层气浮由于“零速度”原理的应用，实现了设备是运动的，水体是静止的，消除了由于水体的扰动对悬浮颗粒与水分离的影响，降低了对高度的要求；另外在传统气浮装置中，难免有泥砂或絮粒沉于池底，为防止带出池底的泥砂，出水管一般悬高为 300mm，而在浅层气浮装置中，由于池底设置了刮泥装置，因此不需设置悬高段。浅层气浮装置的有效水深一般为400~500mm。

（2）传统气浮装置中，水体的停留时间一般控制在 10~20min；而浅层气浮装置中，停留时间只需 3~5min。

（3）传统气浮装置中，溶气系统配备的是溶气罐，若按溶气罐的实际容积来计算，其水力停留时间为 2~4min；而浅层气浮装置中，溶气系统采用的是溶气管，取消了填料，使溶气管的容积利用率近 100%，其水力停留时间仅为 10~15s。

（4）在传统气浮装置中，刮渣器定期对浮渣层进行清除，无法根据浮渣的浮起时间进行有选择性的清理，因此不但对水体有较大的扰动，而且浮渣的含水率也较大；在浅层气浮装置中，螺旋撇渣器安装在配水系统的前部，清除的浮渣总是气浮池内浮起时间最长（2~3min）的浮渣，即固液分离最彻底、含水率最小的浮渣。

（四）基本设计参数与案例

（1）表面负荷：9.6~12$m^3/(m^2 \cdot h)$；

（2）池中污水水力停留时间：3~5min；

（3）回流比：30%~40%，用于溶气；

（4）溶气水压力：0.6~0.75MPa；

（5）圆形气浮池深：650~1000mm；

（6）圆形气浮池有效水深一般为 400~500mm。

6000m^3/d 处理规模高效浅层气浮系统的主要构筑物见表 5-20。

表 5-20 高效浅层气浮系统的主要构筑物

名称	规格	备注
集水池	100m^3	1 座，地上钢筋混凝土，2.0m 水深
浮渣池	61m^3	1 座，地上钢筋混凝土，2.0m 水深
清水池	65m^3	1 座，地上钢筋混凝土，2.0m 水深
浅层高效气浮机	ϕ8.2m×0.95m（高）	配 PAC 加药系统配套 1 套，PAM 加药系统配套 1 套；浮泥螺旋刮斗转速为 15~26s/圈，气浮机框架转速为 3~6min/圈
原水提升泵 $Q=250m^3/h$	扬程 $H=10m$	2 台
回流加压泵	流量 $Q=108m^3/h$，扬程 $H=60m$	2 台
克拉福达空气溶解管	ADT-2000	1 套，ϕ0.40m ×3.04m，溶气水压力 0.6MPa

第三节　气浮工艺的使用范围

水处理中的气浮法往往借助混凝、絮凝、破乳等预处理措施来完成。自 20 世纪 80 年代以来，气浮净水技术在国内得到了迅速发展，该技术已广泛地应用在下述方面并取得了良好的环境效益。

（1）石油、化工及机械制造业中的含油（包括乳化油）或表面活性物质污水处理。

（2）污水中有用物质的回收，如造纸厂污水中的纸浆纤维及填料的回收。

（3）取代二次沉淀池，用于生物处理后分离活性污泥。

（4）剩余活性污泥的浓缩，便于压滤处理。

（5）处理电镀污水和含重金属离子污水。

（6）处理纺织印染污水，如用在生物处理工艺之前作为预处理工艺；或者用在生物处理工艺之后深度处理工艺。

(7) 处理制革污水。

(8) 处理富营养化前驱物，如藻类。

由于水体富营养化导致藻类繁殖严重，出现水华和赤潮后，高藻水处理成为一个亟待解决的问题。采用气浮工艺处理高藻水、低温低浊水，其优势在水处理界已经达成共识，并且作为一种经济有效的水处理工艺，在给水厂逐渐得到推广和应用。

(9) 气浮法用于水厂改造，主要有三种形式：

① 简单地将沉淀池改为气浮池；

② 将沉淀池改为可切换交替运行的沉淀、气浮池；

③ 将滤池改为气浮滤池。

第一种方式虽可有效改善低温、低浊、高藻、高色和受有机物污染原水的处理效果，但不适应高浊期水质；第二种方式可根据原水水质，随时将沉浮池切换为沉淀池或气浮池使用，对原水水质有较强的适应性；第三种方式通过将滤池改造为气浮滤池，形成混凝—沉淀—气浮—过滤处理流程，进一步增强了对水质变化的适应性，可有效地改善处理效果。气浮工艺已成功用于低温、低浊、高藻水的处理，但与之有关的设计及运行参数基本上都是靠试验的方法获取的，如选择不合理则会引起诸如资源浪费、运行效果较差等问题。

(10) 污泥浓缩。

第六章 厌氧(水解)工艺

第一节 厌氧工艺概述

一、厌氧生物处理工艺的发展历程

厌氧生物过程广泛地存在于自然界中。人类第一次有意识地利用厌氧生物过程来处理废弃物是在1881年，由法国的Louis Mouras所发明的“自动净化器”开始的，随后人类开始较大规模地应用厌氧消化过程来处理城市污水(如化粪池、双层沉淀池等)和剩余污泥(如各种厌氧消化池等)。这些厌氧反应器现在通称为“第一代厌氧生物反应器”，这些反应器共同特点有：

① 水力停留时间(HRT)很长，有时在污泥处理时，污泥消化池的HRT会长达90天，即使是目前在很多现代化城市污水处理厂内所采用的污泥消化池的HRT也长达20~30d；

② 处理效率低，处理效果不好；

③ 有浓臭的气味。

以上这些特点使得人们对于进一步开发和利用厌氧生物过程的兴趣大大降低，而且此时利用活性污泥法或生物膜法处理城市污水已经十分成功。

20世纪50、60年代，特别是70年代的中后期，随着世界范围的能源危机的加剧，人们对利用厌氧消化过程处理有机污水的研究得以强化，相继出现了一批被称为现代高速厌氧消化反应器的处理工艺，厌氧消化工艺开始大规模地应用于污水处理，真正成为一种可以与好氧生物处理工艺相提并论的污水生物处理工艺。这些被称为现代高速厌氧消化反应器的厌氧生物处理工艺又被统一称为“第二代厌氧生物反应器”，这些反应工艺主要包括：厌氧接触法、厌氧滤池(AF)、上流式厌氧污泥床(UASB)反应器、厌氧流化床(AFB)、厌氧生物转盘(ARBC)和挡板式厌氧反应器等。它们的主要特点有：

① HRT大大缩短，有机负荷大大提高，处理效率大大提高；

② HRT与SRT分离，SRT相对很长，HRT则可以较短，反应器内生物量很高。

以上这些特点改变了原来人们对厌氧生物过程的认识，因此其实际应用也越来越广泛。

进入20世纪90年代以后，随着以颗粒污泥为主要特点的UASB反应器的广泛应用，在其基础上又发展起来了同样以颗粒污泥为根本的颗粒污泥膨胀床(EGSB)反应器和厌氧内循环(IC)反应器。其中EGSB反应器利用外加的出水循环可以使反应器内部形成很高的上升流速，提高反应器内的基质与微生物之间的接触和反应，可以在较低温度下处理较低浓度的有机污水，如城市污水等；而IC反应器则主要应用于处理高浓度有机污水，依靠厌氧生物过程本身所产生的大量沼气形成内部混合液的充分循环与混合，可以达到更高的有机负荷。这些反应器又被统一称为“第三代厌氧生物反应器”。

二、厌氧生物处理器的主要特征

(一) 优点

与污水的好氧生物处理工艺相比，污水的厌氧生物处理工艺具有以下主要优点：

(1) 能耗大大降低，而且还可以回收生物能(沼气)。

厌氧生物处理工艺无需为微生物提供氧气，所以不需要鼓风曝气，减少了能耗，而且厌氧生物处理工艺在大量降低污水中的有机物的同时，还会产生大量的沼气，具有一定的利用价值，可以直接用于锅炉燃烧或发电。

(2) 污泥产量很低。这是由于在厌氧生物处理过程中污水中的大部分有机污染物都被用来产生沼气，用于细胞合成的有机物相对来说要少得多；同时，厌氧微生物的增殖速率比好氧微生物低得多，产酸菌的产率为 0.15 ~ 0.34kgVSS/kgCOD，产甲烷菌的产率为 0.03kgVSS/kgCOD 左右，而好氧微生物的产率约为 0.25~0.6kgVSS/kgCOD。

(3) 厌氧微生物有可能对好氧微生物不能降解的一些有机物进行降解或部分降解。因此，对于某些含有难降解有机物的污水，利用厌氧工艺进行处理可以获得更好的处理效果，或者可以利用厌氧工艺作为预处理工艺，可以提高污水的可生化性，提高后续好氧处理工艺的处理效果。

(4) 有机负荷高，占地面积少。

厌氧工艺的综合效益表现在环境、能源、生态三个方面。近年来，我国养殖场大中型沼气工程建设力度加大，发展较快。厌氧工艺用于养殖场的大中型沼气工程建设把可再生能源技术和高效生态养殖业结合起来，对治理养殖场粪污污染，提高粪污资源利用率，促进农业结构调整和农民增收节支，巩固生态环境建设成果具有重要意义。

(二) 缺点

与污水的好氧生物处理工艺相比，污水厌氧生物处理工艺也存在着以下的明显缺点：

(1) 厌氧生物处理过程中所涉及的生化反应过程较为复杂。因为厌氧消化过程是由多种不同性质、不同功能的厌氧微生物协同工作的一个连续的生化过程，不同种属间细菌的相互配合或平衡较难控制，因此在运行厌氧反应器的过程中需要很高的技术要求。

(2) 厌氧微生物特别是其中的产甲烷细菌对温度、pH 值等环境因素非常敏感，也使得厌氧反应器的运行和应用受到很多限制和困难。温度是影响微生物生存及生物化学反应最重要的因素之一。各类微生物适宜的温度范围不同，一般情况下，产甲烷菌的适宜温度范围是 5~60℃，在 35℃和 53℃左右时可以分别获得较高的消化效率。温度为 40~45℃时，厌氧消化效率较低。在中温厌氧条件下，既可以保证厌氧消化器获得稳定、高效的产气率，同时减少了为维持反应温度而消耗的能量。所以推荐以产沼气为目的的沼气工程使用中温发酵的厌氧消化工艺。另外，温度突变会对厌氧微生物的活性产生显著的影响。降温幅度愈大，低温持续时间愈长，产气量的下降就愈严重，升温后产气量的恢复更困难。有研究表明，高温消化比中温消化对温度的波动更为敏感。所以，一般认为，厌氧消化处理系统每日的温度波动为±2℃为宜。对于 pH 值，控制在 6.5~7.5，最佳的范围为 7.0~7.2。

污水厌氧生物技术由于其巨大的处理能力和潜在的应用前景，一直是水处理技术研究的热点。从传统的厌氧接触工艺发展到现今流行广泛的 UASB 工艺，污水厌氧处理技术已日趋成熟。随着生产发展与资源、能耗、占地等因素间矛盾的进一步突出，现有的厌氧工艺又面临着严峻的挑战，尤其是如何处理生产发展带来的大量高浓度有机污水，使得研发技术经济更优化的厌氧工艺非常必要。厌氧过程实质是一系列复杂的生化反应，其中的底物、各类中间产物、最终产物以及各种群的微生物之间相互作用，形成一个复杂的微生态系统，类似于宏观生态中的食物链关系，各类微生物间通过营养底物和代谢产物形成共生关系或共营养关系。因此，反应器作为提供微生物生长繁殖的微型生态系统，各类微生物的平稳生长、物质和能量流动的高效顺畅是保持该系统持续稳定的必要条件。如何培养和保持相关类微生物的平衡生长已经成为新型反应器的设计思路。

第二节　厌氧生物反应器

一个好的反应器必须具备：①具备良好的截留污泥的性能，以保证拥有足够的生物量；②生物污泥能够与进水基质充分混合接触，以保证微生物能够充分利用其活性降解水中的基质。同时，研究人员基于对各类化合物厌氧降解机理研究的进展，从厌氧底物降解途径和动力学两方面入手，有提高和保持反应器内微生物活性的可靠措施，并与反应器的设计相结合，全面提高反应器的性能。

在我国已建成的沼气工程中，所采用的厌氧消化工艺，主要有折流式反应器、完全混合式厌氧消化器、升流式固体反应器、升流式厌氧污泥床和升流式厌氧复合床、内循环厌氧消化器(IC)。

一、折流式厌氧反应器(ABR)

(一) 基本原理

折流式厌氧反应器是 McCarty 等人于 1982 年前后提出的一种新型高效厌氧反应器。该工艺使用一系列折流板使反应器分隔成一定数目且串连的隔室，水流由导流板引导上下折流前进，逐个通过反应器内的污泥床层，进水中的底物与微生物充分接触而得以降解去除。每一个隔室内培养出与该室环境条件相适应的微生物群落，与不同阶段的进水相接触，从而确保相应的微生物相拥有最佳的工作活性，在一定程度上实现生物相的分离，从而可稳定和提高设施的处理效果。ABR 还具有良好的生物固体的截留能力，延长水流在反应器内的流径，从而促进污水与污泥的接触。相对于其他厌氧反应器，ABR 具有构造设计简单、不需气固液三相分离器以及启动容易等优点，在不同条件下，在不同隔室中形成性能不同的颗粒污泥，为了进一步提高 ABR 的性能，可在反应器内增设填料。

(二) 反应器类型

图 6-1(a)是 Fannin 等设计的最初的 ABR 结构示意图，随后，ABR 在设计上被做了很多改进，一是为了延长污泥停留时间，另一目的是用于处理难降解或高浓度污水。Bachmann 等人将降流室缩窄并加入挡流板，见图 6-1(b)，提高了甲烷产率和处理效率，但结果仍不够理想；图 6-1(c)用于处理高浓度污水，隔室加大且放置了填料，在最后一个隔室增加了沉淀区；根据处理的污水类型，ABR 器形还有其他改进型，见图 6-1(d)、图 6-1(e)，其中图 6-1(d)和图 6-1(e)是装入不同类型填料的 HABR(Hybrid anaerobic baffled reacfor)，使得微生物的生长以三种形式进行：一是微生物自身固定方式，即厌氧颗粒污泥；二是悬浮生长的污泥；三是附着在填料上生长的生物膜。这种反应器成为复合折流板式厌氧反应器，HABR 反应器与其他 ABR 反应器相比，它可以截流更多的生物量，能提高反应器的容积负荷和处理效率，对流体流速要求也不是很高。但 HABR 反应器的效果目前还没有工程实例验证。

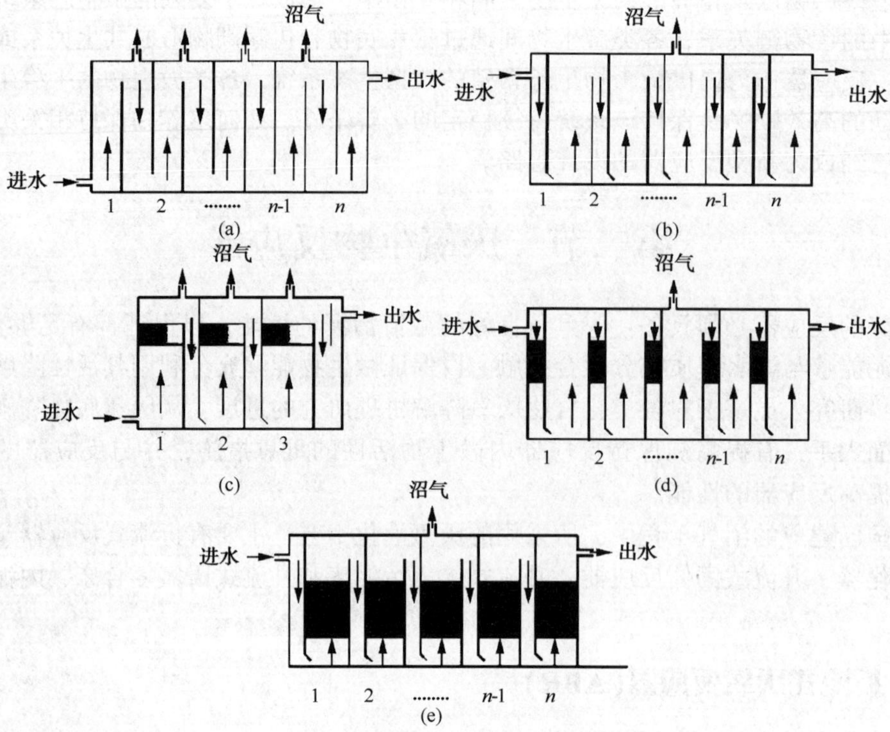

图 6-1 ABR 反应器类型

（三）ABR 反应器存在的问题

（1）为了保证一定的水流和产气上升速度，反应器不能太深；

（2）进水如何均匀分布；

（3）与单反应器相比，反应器的第一格不得不承受远大于平均负荷的局部负荷，这可能会导致处理效率的下降。

（四）ABR 工艺设计

1. 水力条件设计

反应器的水力流态及其优劣可用容积有效利用率或反应器的死区容积分数来描述，ABR 反应器的死区容积分数值范围为 7%~20%，其平均数为 9.8%。水力停留时间是厌氧反应器的重要控制指标，对浓度一定的污水，HRT 决定着反应器的处理能力，因此，应综合考虑 HRT 和 COD 去除率两个方面的因素来选择合适的 HRT，实验表明，当有机负荷一定时，反应器的 COD 去除率随着水力停留时间的下降呈现先上升后下降的趋势。对于 ABR 反应器来说，若水力停留时间过长，则升流区上升流速过低，微生物不能很好地接触到基质，因此去除率不高；停留时间太短，污水与微生物不能充分地接触，从而使得 COD 的去除率降低。

一般情况下，ABR 反应器的工作方式是上部进水，在降流区向下折流，再在升流区向上流动，完成一个工作单元。在升流区，水力搅动使污泥悬浮形成污泥悬浮层，污水中的底物与悬浮层中的厌氧生物菌群接触而被其净化。降流室水流速度很快，有利于厌氧污泥和污水的混合，增强传质效果；但若流速过大则会将污泥带出，故配水系统设计显得尤为重要。在沉淀器的设计中，一般经验是要求表面水力负荷小于 $1m^3/(m^2 \cdot h)$，即颗粒的沉淀速度小于 0.3mm/s，若高于此值则沉淀效果不好。因此在 ABR 设计中，为了既保证污泥充分悬浮又保证其不被带出反应器，则理论上须确保升流速度大于0.3mm/s即可，但在实际运行中，由于生成厌氧颗粒污泥，水流速度必须大于0.3mm/s才可将污泥床浮起，但若升流速度超过0.55mm/s，则有可能造成污泥流失。在ABR反应器工程的设计中，在底部设45°倾角的斜板，使得平稳下流的水流速在斜板断面流速骤然加大，对底部的污泥床形成冲击，使其浮动达到使水流均匀通过污泥层的日的。

2. 反应器的尺寸

(1) 隔室数量

在ABR中，置竖向导流板将反应器分隔成几个串联的反应室，每个反应室都是一个相对独立的上流式污泥床UASB系统，其中污泥可以颗粒化形式或以絮状形式存在。由于导流板的阻挡和污泥自身的沉降性能，污泥在水平方向流速极其缓慢，从而大量污泥被截留在反应室中，避免污泥的损失。

ABR反应器内的水力流态局部为完全混合型流态，整体为推流式流态，故反应分隔数越多，越接近推流式流态。前面反应室具有很高的有机负荷，起粗处理作用，后面反应室负荷较低，起精处理作用。一般来说，多级处理工艺比单级处理的稳定性好，出水稳定。但过多的隔室会增加占地面积和投资，通常设计为5~7个隔室。一般地，每格的升流室和降流室长度比值为4∶1，这样上流室中水流上升流速缓慢，可以将大量微生物固体截留在各上流室内。根据所处理的污水水质，隔室长度也可以随水推流方向渐次增大，在最后的隔室里增加水力停留时间以提高出水水质。

(2) 反应器结构计算

在计算反应器尺寸时，主要参数为容积负荷 N_v[kgCOD/(m^3·d)]，可根据经验或实验值选取，以此计算ABR有效容积，考虑填料、短流等问题，实际容积取有效设计值的1.1~1.2倍，计算的结果应进行水力停留时间和水力负荷的校核，以达到预期的处理效果。

(3) 填料的选择

对于HABR反应器，其特点是生物相被固定在填料载体上形成生物膜，增加了生物量，有利于有机物的降解。该反应器对流体流速要求不是很高。可选择的填料有立体弹性填料和球形填料等。一般来说立体弹性填料处理效果比球形填料要好，立体弹性填料的立体空间比球形填料的大，附着于填料上的老化生物膜容易脱落至反应器底部，而球形填料内部的老化生物膜，尤其是位于球中心的生物膜，即使老化后也不易脱落下来，这样使生物覆盖载体面积减小，也会影响反应器的活性。

立体弹性填料可采用半软性组合填料(厌氧转性填料)，这种填料由变性聚乙烯塑料制成，具有特殊的结构性质和水力性质，既具有一定的刚性又具有一定的柔性，无论在有无流体作用下，都能保持一定形状，并有一定的变形能力。这种填料具有较强的重新布水、布气能力，传质效果好，对有机物去除效率高，耐腐蚀、不易堵塞，安装方便灵活，还具有节能、降低运行费用的优点。

(五) 工程实例

1. 处理生活污水

反应器在实际工程中的应用还比较少见。美国哥伦比亚城的Tenjo有一套常温下处理生活污水的装置。该装置由两个ABR反应器并联组成，每个体积是197m^3，实际运行时的工作情况如下：进水BOD_5为314mg/L，COD容积负荷0.85kg/(m^3·d)，水力停留时间为10.3h，COD去除率80%。实际运行时发现，当COD容积负荷在0.4~2kg/(m^3·d)范围内变动时，去除率基本上保持不变。但是在雨季，水力冲击负荷加剧了污泥的流失，导致处理效率下降，这套装置的投资比 UASB 节省了 20%，仅相当于一座同等规模城市二级污水处理厂投资的 1/16。

2. 处理制药污水

国内一家产品主要为维生素类及抗生素类药物的制药厂污水排放量 900m³/d，COD3000mg/L，BOD_5 1220mg/L，SS950mg/L。反应器对 COD 的去除率平均可以达到 80%。ABR 反应器的设计采取了以下的设计参数：

（1）水力停留时间（HRT）为 13h，容积负荷为 5.65 kgCOD/（m^3·d），反应温度为常温；

（2）折流区上升流速 0.55mm/s，水力负荷 $2m^3$/（m^2·h），降流室导流板倒角为 45°，底部距池底 1650mm。折流口降流流速 2mm/s，设计为 5 格室，第一隔室长度相对较小，第二、第三隔室长度相等，第四和第五隔室长度相等，较第二第三隔室长度大一倍；

（3）ABR 设计为圆形结构，最中心为沉淀池，反应器深度为 6.5m，每隔室间开有 300mm×300mm 预留孔，在第三隔室顶部安装一沼气收集罐；

（4）填料采用厌氧专用半软性填料，填料层高度为 3000mm，填料间距为 200mm，底部距池底 2000mm。

3. 处理化工污水

某精细化工厂颜料黄产品排出的污水中含有苯、肼、重金属镍、盐等有毒污染物，其中盐含量高达 20%，处理难度极高。工艺上主要采用的是 ABR+好氧工艺；采用高效优势微生物菌种固定化技术。对 ABR 反应器的设计采取了以下的设计参数：

（1）折流区上升流速 0.55mm/s，水力负荷 2 m^3/（m^2·h）；

（2）折流口冲击流速 2.40mm/s；折流段 0.7m，分为 5 个折流区；

（3）容积负荷 2.7kgCOD/（m^3·d），水力停留时间 24h；

（4）ABR 反应器全钢结构，深度为 7.5 m，外形尺寸为 5.2 m×3.6 m×7.5 m；

（5）底部的污泥悬浮层要求达到液体深度的 2/3，使污水与高效复合微生物菌群充分接触。

在运行过程中发现，初始进水量未达到设计值时，接种的污泥层悬浮不起来，需要强制搅拌，因此在调整 ABR 装置的设计中，在底部加设穿孔曝气管，采用间歇曝气推动来解决该问题。一般情况下，含盐量达到 3%以上的工艺污水，需要单独收集，配套除盐预处理措施处理后才能进入后续生化处理工艺，否则生化工艺已经无法处理高浓度的含盐污水，因此 ABR+好氧工艺处理高盐污水实际上是不能成功运行的。

二、完全混合式厌氧消化器（CSTR）

（一）工艺原理

在常规的厌氧反应器内安装有搅拌器，使发酵原料和活性污泥处于完全混合状态，与常规的厌氧反应器相比，活性区增大，因此处理效率有明显的提高。在消化器内，新进入的原料由于搅拌作用，很快与发酵器内的全部发酵液混合，使发酵底物浓度始终保持相等，并且在出料时微生物也一起被排出，所以，出料浓度一般较高。该消化器具有完全混合的流态，其水力停留时间、污泥停留时间、微生物停留时间完全相等，即 HRT＝SRT＝MRT，为了使生长缓慢的产甲烷菌的增殖和冲出速度保持平衡，要求 HRT 较长，一般要 15d 或更长的时间。

完全混合式厌氧消化器常采用恒温连续投料或半连续投料运行，适用于高浓度及含有大量悬浮固体原料的处理，如污水处理厂好氧活性污泥的厌氧消化过去多采用该工艺。德国的农业沼气工程所处理的有机废弃物比较广泛，如：畜禽粪便、青贮饲料、过期的残粮、厨余残渣、生活有机垃圾、动物屠宰的废弃物、农副产品加工的废弃物等，或由上述几种有机废物混合构成。当发酵料液 TS 浓度(总固体浓度)为 8%~10%，采用完全混合式厌氧消化工艺(CSTR)居多。

(二) 优缺点

1. 优点

(1) 可以进入高悬浮固体含量的原料；

(2) 消化器内物料均匀分布，避免了分层状态，增加了底物和微生物接触的机会；

(3) 消化器内温度分布均匀；

(4) 进入消化器的抑制物质，能够迅速分散，保持较低浓度水平；

(5) 避免了浮渣、结壳、堵塞、气体逸出不畅和短流现象。

2. 缺点

(1) 由于该消化器无法做到使 SRT 和 MRT 在大于 HRT 的状况下运行，所以需要消化器体积较大；

(2) 要有足够的搅拌，所以能量消耗较高；

(3) 生产用大型消化器难以做到完全混合；

(4) 底物流出该系统时未完全消化，微生物随出料而流失。

(三) 消化器具体型式

好的消化器应具有结构条件好、防止沉淀、没有死区、混合良好、易去除浮渣及泡沫等优点。消化器采用的具体池体型式，各个国家采用的样式较多，但常用的基本形状有以下四种，见图 6-2。

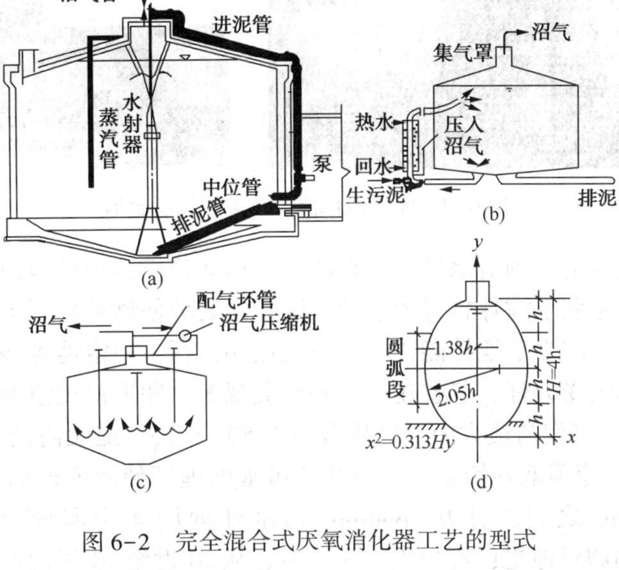

图 6-2 完全混合式厌氧消化器工艺的型式

1. 龟甲形

龟甲形消化器[图 6-2(a)]在英、美国家采用的较多，此种池形的优点是土建造价低、结构设计简单。但要求搅拌系统具有较好的防止和消除沉积物的效果，因此相配套的设备投资和运行费用较高。

2. 平底圆柱形

平底圆形消化器见图 6-2(b)是一种土建成本较低的池形。圆柱部分的高度/直径比≥1。这种池形在欧洲已成功地用在不同规模的污水厂。它要求池形与装备和功能之间要有很好的相互协调。当前可配套使用的搅拌设备较少，大都采用可在池内多点安装的悬挂喷入式沼气搅拌技术。

在我国，消化器的形状多年来大都采用传统的圆柱形，随着搅拌设备的引进，使我国污泥消化器的池形也变得多样化。施工技术和脚手架技术是成功建设卵形池的重要因素，随着施工经验的积累，这些技术已经取得了长足的进展，因此可以在建筑过程中节省可观的费用。

3. 传统圆形

在中欧及中国，常用的消化器的形状是圆柱状中部、圆锥形底部和顶部的消化器形，见图 6-2(c)。这种池形的优点是热量损失比龟甲形小，易选择搅拌系统。但底部面积大，易造成粗砂的堆积，因此需要定期进行停池清理。更重要的是在形状变化的部分存在尖角，应力很容易聚集在这些区域，使结构处理较困难。底部和顶部的圆锥部分，在土建施工浇铸时混凝土难密实，易产生渗漏。

4. 卵形

卵形消化器[图 6-2(d)]在德国从 1956 年就开始采用，并作为一种主要的形式推广到全国，应用较普遍。卵形消化器及相关污泥混合器见图 6-3。

图 6-3　卵形消化器及相关污泥混合器

卵形消化池通过构造达到清除砂渣的目的，边壁陡峭坡向顶部迫使浮渣集中在有限的区域内，既有利于清除也利于搅拌打碎成液状；陡峭的底坡使砂粒碎屑集中，便于清除。相对上述三类消化池来说，减少了搅拌能耗。其他优点还包括：一定池容条件下，池体总表面积小，热量损失少；结构受力好，节省建材；外形美观等。卵形消化池池体上、下锥体母线与水平面夹角宜取 45°，高度与最大内径之比宜为 1.50~1.75，最大内径不宜大于 25m。从 20 世纪 60 年代初期起，德国就开始在大中型城市污水处理厂使用卵形消化器，单个消化器体积多在 5500 ~ 10000m^3 之间。奥坡（Bottrop）污水处理厂 4 个卵形消化器的单个体积为 15000m^3，17000m^3的卵形池也已经出现。在日本，从 20 世纪 70 年代末开始设计建造预应力钢筋混凝土结构卵形消化器，单个消化器体积为 1600 ~ 12800m^3，总体积约 30 万 m^3以上；美国也是在 70 年代末开始设计和建造卵形消化器，最大单池体积约 11350m^3。

我国城市污水处理厂目前实际中应用的消化池的直径为6~38m，池高度为6~45m，单池容积为300~14200m³。卵形消化器的管线较多，有泥管(进泥管、出泥管、排泥管、循环泥管、排渣管、溢流管等)、气管、冲洗管等，需要有专门的管廊。进泥管一般布置在消化器的上部投加，也可以在池底布置进泥旁路，从底部进泥，有利于搅动底部沉积物。消化后的污泥由排泥管从底部、中部、上部三个部位将排至消化器肩部的泥槽中，再由出泥管排至后续设施处理。池中的溢流管管径最少为*DN*200，溢流管的溢流高度应考虑池内受压工作状态，在非溢流工作状态或池内泥位下降时，应保持溢流管的密封状态；采用机械搅拌时，应避免叶轮空转。由于池体较高，需要配套电梯塔楼等。卵形消化器部分管线布局见图6-4。

图6-4　卵形消化器部分管线布局图

（四）池体构造要求

厌氧消化池的顶盖用以收集气体、减少臭气、保持内部恒温、维持厌氧条件。顶盖的类型有以下几种：

(1) 固定式盖。通常为圆顶形和水平形，由钢筋混凝土、钢或玻璃纤维增强聚酯制作而成，缺点是引入空气会形成爆炸性气体或在池内形成正压或负压。

(2) 浮动式盖。最大垂直行程为2~3m，当沼气产量供大于求时可被贮存在浮动盖内。浮动盖式消化池一般不需设计气柜，适用于小型污水处理厂的污泥消化，以及高径比较小的池形，国外采用较多，缺点是泡沫严重时会产生倾斜。

(3) 膜式盖。由中央小型集气弯顶支撑结构和弹性气膜组成，鼓气系统通过给两膜之间空隙打入空气来改变贮气空隙的体积。随着产气体积的增加，通过空气释放使空气体积减小。随着产气量的减少，通过鼓风机向空隙补充空气。厌氧消化池顶部宜预留一定膨胀空间。这主要是考虑污泥属于非牛顿流体，在搅拌间歇，污泥赫度升高，污泥中的气体上升速度变慢，气体滞留在污泥中导致污泥体积膨胀，一旦气体快速释放，易造成污泥外溢和沼气泄漏。按照国外设计经验，膨胀空间的容积占总有效容积的3%~5%。厌氧消化池顶盖应具有良好的气密性，能够承受沼气的工作压力，并应设置安全阀、观察窗和消泡装置等设施。安全阀可采用水封式安全阀；观察窗用于观测消化池内的搅拌工况、浮渣情况等，应采用双层结构，并安装内部水刷和防爆观测灯，便于操作人员对池内运行情况进行观察；消泡装置应采用旋转式喷嘴，用于去除消化池内泡沫和浮渣层。

（五）管道布置

污泥管道涉及进泥口、出泥口、溢流管、排渣管、循环管和取样管等。进泥口一般设置多个，其位置应尽量避免污泥短流。进泥口的设置位置分为消化池液面上方和下方，液面上方进泥有助于搅拌均匀和破碎液面浮渣；液面下方进泥有助于液位的稳定。一般液面上方应至少设置一个进泥口。

一般在不同液位设置多个出泥口，通过改变液位，改变消化池有效容积、消化时间和内部压力。应用液位可调式溢流口，也可调整溢流管出泥的高度，起到与在不同液位设置出泥口相同的作用。

溢流管出口和表面排渣管出口不得设在室内，以免发生沼气外泄，危及人身安全。同时溢流管和排渣管必须设置水封装置，作用是减少沼气泄漏，并避免空气进入厌氧消化池影响消化条件。

污泥循环一方面起到搅拌作用，另一方面将循环污泥与进泥按一定比例混合，加热后注入消化池，起到混合均质作用。厌氧消化池宜在不同液位设置污泥循环管，目的是便于选择循环污泥的选取区域，有利于污泥均匀混合。

污泥取样管应至少设置 2 个，取样管的管口位置应至少伸入最低泥位以下 0.5m，最小管径应为 100mm。

污泥管道设计还有以下共性要求：

（1）除取样管外，污泥管道直径不应小于 150mm；

（2）宜采用钢管、不锈钢管，并采取防腐措施；

（3）污泥投配和循环管道应进行保温，防止热量扩散损失；

（4）污泥易在管路中淤积，设计时须考虑管道的清洗或冲洗，应留有高压水或蒸汽清扫的连接口，且管道布置应保留合理间距，便于维护检修和清理。

（六）消化器搅拌系统

1. 消化器中搅拌的作用

（1）通过对消化器中消化液的充分搅拌，使污水与消化菌（污泥）充分接触，提高接触效果；消化器在消化降解消化液有机物的过程中，进行污水与污泥的混合搅拌，能有效提高分解速度和分解率，增加产气量；

（2）通过搅拌，调整固体与水分的相互关系，使中间产物与代谢产物在消化器内均匀分布；

（3）通过搅拌及搅拌时产生的振动能更有效地进行气体分离，使气体溢出液面；

（4）厌氧菌对温度和 pH 值的变化敏感，通过搅拌能使池内温度和 pH 值保持均匀；

（5）在一定程度上能有效防止池内浮渣的产生。

2. 消化器搅拌方式分类

通过对厌氧消化池中物料的充分搅拌，有助于使生污泥与熟污泥充分接触，提高消化效果；使中间产物与代谢产物在消化池内均匀分布；使池内温度和 pH 值保持均匀；通过搅拌及搅拌时产生的振动能更有效地使沼气溢出液面；同时可防止池内产生浮渣。一般消化池的搅拌设备应能在 2~5h 内将全池污泥搅拌一次。

可采用的搅拌方式包括沼气搅拌、池内机械搅拌和池外泵循环搅拌，不同的搅拌方式有着不同的优缺点，具体与消化池池形、池容、污泥浓度、钻滞系数等因素有关。机械搅拌和沼气搅拌是目前厌氧消化池的主要搅拌方式，其中机械搅拌更适用于细高形消化池；竖管式沼气搅拌更适用于粗矮形消化池；池外泵循环搅拌适用于小型厌氧消化池，对于较大的消化池混合效果较差，可与其他搅拌方式结合使用。

(1) 沼气搅拌法

沼气搅拌是指利用发酵过程中产生的沼气进行搅拌的方法，沼气经压缩机加压后，通过各种气体分布器在池中分布进行搅拌，原料在气体的推动下实现循环。气体搅拌常用的装置有气体导流升液式、气体自由扩散式、配管压入式和竖管式。沼气搅拌又可分为气提式搅拌、竖管式搅拌和扩散式搅拌。

① 气提式搅拌是利用气提泵的原理，将沼气压入设在消化池的导流管的中部或底部，沼气和消化液混合后，密度减小，含气泡的污泥沿导流管上升到泥位以上，形成沿垂直方向循环搅拌的流态。气提式搅拌的特点是构造简单、易操作；缺点是易堵塞。因沼气释放口的设置聚集在池底中部，适合于小直径且锥底坡度较大的池形。

② 竖管式搅拌是在池内均匀布置若干根竖管，经过加压的沼气通过沼气配气总管分配到各根竖管，再从竖管下端喷出，起到搅拌混合的作用。竖管式搅拌可以按需要在池内多点布置，并分组运行，具有结构简单、设置和操作灵活等特点。由于可分组搅拌，因此具有所需搅拌强度较小、对消化池的适应性强、不受液面限制等优点。此类型的搅拌器适合于上述的各种池形，用在平底或底部锥形较缓的消化池中更显示出其优点。

③ 扩散式搅拌是经过压缩的沼气通过安装在消化池底部的气体扩散器释放、在消化池内使消化液产生旋转流动，起到搅拌混合作用。主要缺点是维修时需要清空消化池，为了减少堵塞，应安装冲洗管路等装置。

沼气搅拌的优势在于：沼气的流动带动了污泥在内部的循环，湍流效应防止了浮渣产生，混合效果好且改善了气体分离的效果，不受液位变化的影响。但其设备组成复杂，运行管理复杂，且沼气是易燃易爆气体，针对沼气的设备需要特殊的安全措施，同时在产气不足或在启动期间，搅拌无法充分进行。

沼气搅拌使用沼气压缩机将沼气通入池底实现物料与消化污泥混合。气体从池底压入时，池底的消化污泥可以被气体带到池中的各个部位，也有利于气体的分离，对污泥絮体的破坏比较小。输送压缩空气的竖管通常插入池体下部 2/3 左右处为宜，竖管环状分布，布置在池半径的 2/3 左右处，半径较大的池体也可以内外两环布置，每根气管的气体流速在 7～15m/s，配气干管的气速控制在 10～20m/s。搅拌时，可以分区轮流搅拌，以节省能耗。沼气搅拌计算方法主要有两种，一种是单位池容搅拌气量法，如美国环保署建议的消化池沼气循环搅拌气量一般为 5～7m^3/(1000m^3池容·min)(抽升管式：将沼气压入设在消化池的导流管中部或底部，使沼气和消化液混合后，含沼气泡的污泥密度减小后沿导流管上升，使消化池内消化液不断循环搅拌达到混合的目的)、4～5m^3/(1000m^3池容·min)(自由释放式：经过压缩的沼气通过安装在消化池底部的气体扩散器在消化池内产生消化液的旋转流动，起到搅拌混合作用或者沼气压入设在消化池的导流管中部或底部，使沼气和消化液混合后，含沼气泡的污泥密度减小后沿导流管上升，使消化池内消化液不断循环搅拌达到混合的目的)。另一种为单位时间内不同直径池体所需气体量计算，推荐的沼气搅拌循环量与池体直径有关，单位时间的气量分别如下：6m 直径的池体为 16～19L/s；9～12m 直径的池体为 24～28L/s；15m 直径的池体为 31～38L/s；18～21m 直径的池体为 42～56L/s；24m 直径的池体为 47～61L/s；27m 直径的池体为 63～85L/s；31m 直径的池体为 71～94L/s；34m 直径的池体为 78～108L/s。也有使用气体搅拌强度[m^3气量/(m^2池面积·h)]作为气体量设计的，一般可取 1~2m^3气量/(m^2池面积·h)。

消化池沼气循环搅拌气量按 6m^3/(1000m^3池容·min)计算，则一个 12000m^3的池容所需搅拌沼气量为 1.2m^3/s，池中安装 24 根竖管，分三组轮流搅拌，每组轮流搅拌时所需气量为 0.4m^3/s。如竖管中的气速按 10m/s 计算，则竖管的管径取 *DN*80。另一种计算方法得到的气量如下：如 34m 直径的池体沼气量按 78~108L/s 计算，则消化池需要沼气的量为 280~400m^3/h，这种方法预测的气量可能偏小。

沼气搅拌的具体型式如下：

① 悬挂喷嘴式沼气搅拌器。悬挂喷嘴式沼气搅拌器，主要由悬挂在池顶部的沼气输送竖管和喷嘴以及沼气压缩机组成。搅拌器可以按需要在池内多点布置，并可分组运行。具有结构简单；设置和操作灵活；可分组搅拌，需要的搅拌强度较小；对池的适应性强；不受液面控制等优点。此类形的搅拌器适合于上述的各种池形，用在平底或底部锥形较缓的消化器中更显示出其优点。搅拌器的能力，一般情况下按照，一天内将消化器全池完全搅拌一次的次数及搅拌系统的组数和完成搅拌一次的时间来选择。根据报道，海口中心区污水处理厂、杭州四堡污水处理厂(卵形，10900m^3/座)使用了德国洛蒂格公司生产的悬挂喷嘴沼气搅拌器。

② 束管式沼气搅拌器。束管式沼气搅拌器主要由沼气压缩机、多根沼气输送管(束管)和沼气释放口组成。束管由消化器顶部的中间位置进入池中，延伸至池底部的释放口。此搅拌器的特点是构造简单，易操作。但容易堵塞，需在池顶各束管端头增设观察球及高压水冲洗装置。因沼气释放口的设置聚集在池底中部，适合于小直径且带陡峭锥底的池形。搅拌器的选型根据整池的容积选择。束管式沼气搅拌器在大的池体也有普遍使用，根据报道，天津东郊污水处理厂(10000m^3/座，污泥投配率 5%)使用了法国得利满公司的多根束管沼气搅拌器。

③ 底部吹管式沼气搅拌器。底部吹管式沼气搅拌器主要由沼气压缩机、多根沼气输送管和沼气释放口组成。沼气输送管可从池顶部侧壁或池侧面进入，沿池底伸入到池中部与沼气释放口连接。与多根束管式沼气搅拌器类似，此方式搅拌器的特点是构造简单，易操作。但易堵塞；因沼气释放口的设置聚集在池底中部，适合于小直径且带陡峭锥底的池形搅拌器。根据报道，烟台污水处理厂使用了瑞士 TECHFINR 公司生产的多根底部吹管沼气搅拌器；石家庄桥西污水处理厂和泰安污水处理厂使用了奥地利生产的垂直竖管式沼气搅拌器及配套的液体密封真空沼气压缩机。

采用沼气搅拌的消化池会出现如下问题：一是存在沼气搅拌效果差的问题；二是沼气的管路复杂，易腐蚀，出现问题不易维修；三是沼气压缩机本身的维护工作量也比较大；三是沼气压缩机的进气来源于储气柜，在冬季时气柜的气体温度较低(4~5℃)，用低温沼气进行搅拌显然会产生不利影响。另外，如果是一台沼气压缩机向多座消化器供气也不利于系统的控制。天津东郊污水处理厂的消化池沼气搅拌采用一台压缩机只为一座消化池服务的方式，与产气管路完全分开，不通过储气罐。这样设计的优点是管路短、损失小、故障少，与产气管路及储气罐互不干扰，避免影响储气罐工作。压缩机房内应每座消化池设 1 台沼气压缩机，其中 1 台二级消化池所用压缩机因开机时间少，可作备用。为了保障沼气压缩机组的工作安全，在其进口设置了过滤器，以截住沼气中的杂质，减少机械磨损；在进口上安装了压力计，对机组进口负压值进行检测保护；在机组出口上安装了气体温控阀和气体压力阀，并纳入计算机中显示和控制，可以保护设备本身和用气设备；出口上还安装了 1 个冷凝罐，当压缩沼气冷却时将冷凝水排除，见图 6-5。

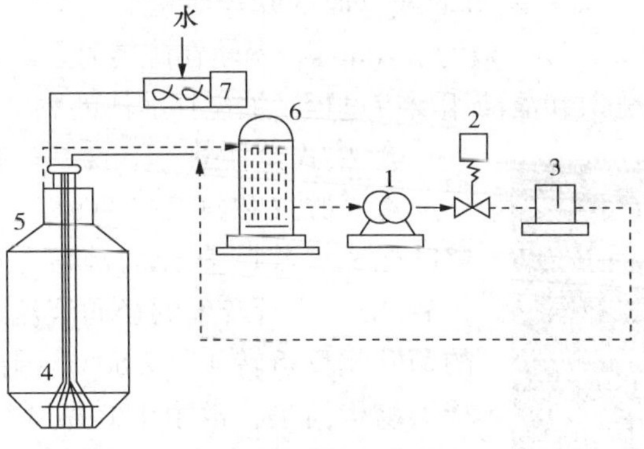

图 6-5　沼气搅拌系统示意图

1—沼气压缩机；2—压力阀；3—凝水器；4—沼气搅拌器；5—消化池；6—过滤器；7—高压冲洗泵

天津某污水厂所用沼气搅拌器压缩机流量为 $625m^3/h$，压缩机气体出口正常压力控制在 0.25MPa；采用 24 根不锈钢管竖管，竖管由消化池顶进入池底部，组成直径 3.65m 的搅拌圆环，池内的气体搅拌强度为 $1m^3/(m^2 \cdot h)$。这种搅拌器吃水深度大，气体压力大，能形成较强的上升速度，搅拌效果显著。该搅拌器是法国 Degremont 公司的定型产品，每台搅拌器 24 根管在消化池顶以上部分均安装了通气工作指标浮球，一旦发生阻塞等事故，浮球就会落下，提醒检修。搅拌器的检修可不中断运行。还配套了 1 台多级离心泵 D6-25，水泵流量为 $2m^3/h$，扬程为 3MPa，通过管道将高压水送到各消化池池顶，对各搅拌管进行高压清洗，排除阻塞故障。

（2）机械搅拌法

通常使用低速转动的螺旋叶轮桨，通过池外电机驱动对消化混合液进行搅拌。可采用立轴式搅拌器或侧装式水下搅拌器。立轴式搅拌器可配置垂直导流筒，通过导流筒向上或向下两个方向推动污泥，同时起到破碎消除浮渣层的作用。常用的机械搅拌器有长轴式搅拌器、桨式搅拌器(大桨叶)、快速潜水式推进器(小桨叶)等。根据实际，一个消化器可以采用 1~3 个不等的搅拌器。侧装式水下搅拌器的最佳搅拌半径为 3~6m，一般用于容积在 $4000m^3$ 以下的消化池，可设置多个搅拌器，呈等边三角形均匀方式布置。机械搅拌设备组成简单，操作容易，维修量小，相对来说更适用于卵形或者坡度较大的锥底圆柱形消化池。缺点是对液位敏感，搅拌桨易被碎屑和纤维阻碍，机械搅拌的缺点是搅拌器发生故障时需要打开池体，消化池运行需要停止。同时如果消化池的液面低于螺旋桨时，将导致空转；传动的电机因安装在池顶外，轴穿过池体的部分需要密封严。具体型式有：

① 螺旋桨式搅拌器

由 2~3 片推进式螺旋桨叶构成，工作转速较高，叶片外缘的圆周速度一般为 5~15m/s。螺旋桨式搅拌器主要造成轴向液流，产生较大的循环量，适用于搅拌低黏度($<2Pa \cdot s$)液体、乳浊液及固体微粒含量低于 10%的悬浮液。搅拌器的转轴也可水平或斜向插入槽内，此时液流的循环回路不对称，可增加湍动，防止液面凹陷。最常用的是带有导流筒的螺旋桨搅拌器，螺旋桨与导流筒筒壁的距离不应大于 5cm，螺旋桨运行时，筒内的液体流速应在 0.3~0.4m/s。机械搅拌的单位池容所需功率一般取 $4 \sim 8W/m^3$，按全池搅拌一次所需的时间为 2~5h 设计机械搅拌所需的流量。

② 涡轮式搅拌器

由在水平圆盘上安装 2~4 片平直的或弯曲的叶片所构成。桨叶的外径、宽度与高度的比例，一般为 20∶5∶4，圆周速度一般为 3~8m/s。涡轮在旋转时造成高度湍动的径向流动，适用于气体及不互溶液体的分散和液液相反应过程。被搅拌液体的黏度一般不超过 25Pa·s。

图 6-6　消化器配套的有关桨式搅拌器

③ 桨式搅拌器

有平桨式和斜桨式两种。平桨式搅拌器由两片平直桨叶构成，桨叶直径与高度之比为4~10，圆周速度为 1.5~3m/s，所产生的径向液流速度较小。斜桨式搅拌器的两叶相反折转 45°或 60°，因而产生轴向液流。桨式搅拌器结构简单，常用于低黏度液体的混合以及固体微粒的溶解和悬浮。消化器配套的有关桨式搅拌器见图 6-6。

(3) 泵循环法

利用泵产生的液体流动来达到搅拌的目的。一般可以在池体内部以及外部安装离心泵、导流筒螺旋泵、管道等设施，并在池内配套水力喷射器等来增强搅拌效果。为了防止堵塞，一般要求外部泵叶轮直径至少 100mm，管道直径至少 200mm，但不得超过 600mm。这种搅拌方式适用于体积不超过 $4000m^3$ 的消化池，对于大型消化池最好设置 2 个或以上的泵。对于在池内设射流器的，射流器的选择必须与水泵的扬程相匹配，所采用污水泵的扬程一般为 15~20m，引射流量与抽吸流量之比一般为 1∶(3~5)。射流器的工作半径一般在 5m 左右，当消化器的直径超过 10m 时，可设置多个射流器。采用射流搅拌时，由于经过水泵叶轮的剧烈搅动和水射器喷嘴的高速射流，会将絮状污泥破坏，对泥水分离不利，会引起上清液悬浮物过大，同时能耗较高，这种搅拌方式适用于小型消化器。

(七) 卵形消化器搅拌器实例

(1) 导流筒式螺旋桨搅拌器

上海白龙港污水处理厂共设置 8 座卵形污泥消化器，单个消化器池体的最大直径为 25m，高度为 45.56m(地上高 32.16m，地下埋深 13.4m)，容积 $12400m^3$，设计污泥停留时间为 24.3d。污泥搅拌采用 Q 为 $6250m^3/h$、功率为 58kW 螺旋桨搅拌器，并配套 8 节 $DN900$ 的导流筒导流，其中池体顶部一节高度为 2m 高，并设置喇叭口，搅拌器安装在顶部第一节筒内；其余高度为 5m 高，共 37m 高；搅拌器配备的电机能正反旋转，当搅拌器电机正向旋转时，混合液在导流筒内自下而上流动，在上端喇叭口流出后，经旋转盘扩散，扩散的液流能波及和更新整个池面的混合液。逆向旋转时，混合液在筒内自上而下流动，并利用出流的冲击力，阻止池底污泥沉积。导流筒用 ϕ10mm 不锈钢拉索进行固定，拉索一端安装在导流筒法兰盘上，另一端用不锈钢绳夹固定在拉索预埋件上。导流筒式机械搅拌系统示意图见图 6-7。顶部导流筒及喇叭口见图 6-8。螺旋桨见图 6-9。

报道提及青岛、济宁污水处理厂使用了德国斯特林公司的螺旋桨式导流筒搅拌器；湖南永州污水处理厂使用了美国贝克公司生产的 EDT 和 RDT 螺旋桨式导流筒搅拌器。此外还有不少使用卵形消化器使用螺旋桨式导流筒搅拌器的报道。

根据消化器池容积以及配套的螺旋桨搅拌器功率，则每立方池容的配套搅拌功率为 4.67W。根据图 6-7 顶部导流筒的布置位置，螺旋桨搅拌器扬程在 3~4m，完成一次全池的搅拌理论上为 2h。目前搅拌器除螺旋形叶片外，还有对称式叶片、三叶式叶片和连续式叶片等结构也在工程中有使用。

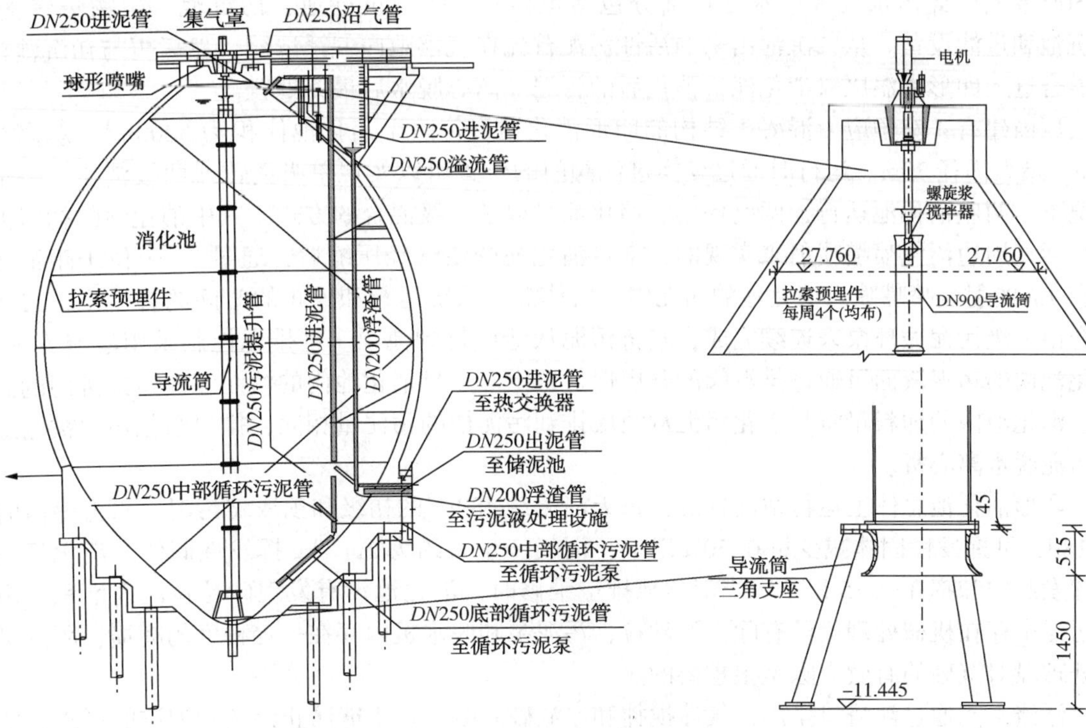

图 6-7　卵形污泥消化器机械搅拌系统布置示意图

图 6-8　顶部导流筒及喇叭口

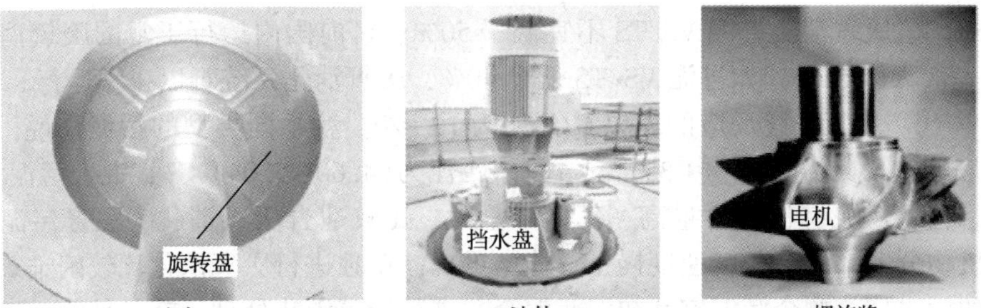

池内　池外　螺旋桨

图 6-9　螺旋桨搅拌器

(2) 沼气搅拌系统

美国洛杉矶终点岛污水处理厂设计规模为114000m^3/d，商业、生活污水和工业污水各占50%左右。此污水处理厂水处理部分包括粗格栅、曝气沉砂池、初沉池、生物曝气池、二沉池和过滤设备。从二沉池出来的活性污泥首先在气浮池内气浮浓缩，然后再与初沉池污泥混合进入卵形中温厌氧消化池，消化后的污泥经离心脱水后最终处置。

厂内建有4座预应力混凝土结构的卵形消化池，每一个消化池体积为5200m^3，总高为31m，最大内径20m。运行时通过变换进泥阀门的位置可以实现单级消化或两级消化，一般情况下，两座消化池运行，两座备用。消化池采取了二级混合的方式。其中消化池的初级混合是通过周边沼气喷嘴喷射来实现的，来自消化池的沼气经压缩后，通过28个位于距消化池底7m的射流喷嘴喷入消化池的污泥中，气体混合系统运行和停止的时间约各一半；二级混合由一级污泥循环泵来连续完成，它将污泥从池底打到池顶。进排泥控制采用溢流方式，消化池内的污泥液面可通过排泥阀的开启保持恒定。一旦消化池内的污泥液面达到排污的高度，消化池内的加料量将与消化污泥从池底排到污泥槽的污泥量相同，排出消化污泥被输送到污泥脱水离心机。

卵形消化池总体上运行情况良好，每天消化约480m^3的初级和预浓缩污泥，水力停留时间18d，可挥发性固体减少量在50%以上，沼气产量大约为1m^3/kg挥发性固体，消化污泥中挥发酸中和率在0.15以下。当消化池排空维修时，消化池没有发现砂粒在池内堆积。由于污泥中存在机械处理段没有除去的砂粒，污泥泵和脱水机内存在一定程度的磨损，所以机械处理段对沉砂的有效去除是很重要的。

浮渣不能通过浮渣口排出，气体搅拌和浮渣破碎装置也不能防止浮渣和泡沫的形成，使卵形消化池的浮渣达15cm高，所以操作工人不得不通过位于消化池边上的人工浮渣排放口来移出浮渣。

(八) 设计

(1) 完全混合式厌氧消化器可采用一级消化或两级消化，在发酵原料温度足够的条件下，宜采用两级消化。消化需要加热升温的，加热方式可以根据不同原料的特性和工艺要求选择厌氧消化器内加热或厌氧消化器外加热，使厌氧消化器内的温度符合厌氧消化工艺要求，一般来说对于高温厌氧消化工艺或者是含有有毒病菌的原料，通常采用外加热的方式。热源形式从节能环保的角度上考虑应多利用太阳能、锅炉余热，从热源的稳定性和便利性方面可以考虑利用燃气或沼气锅炉。

(2) 厌氧消化器用于处理污泥时，在国内一般按投配率计算，投配率一般控制在6%~10%，池数一般不少于2个。

(3) 进料要求：

① VS/TS。厌氧消化进泥VS/TS不宜低于50%。目前国内运行正常的厌氧消化工程进泥VS/TS一般大于50%；如进泥VS/TS低于40%，厌氧消化系统难以正常运行。

② C/N比。厌氧消化反应的理想C/N比为10~20。就不同类型的污泥来说，我国污水厂初沉污泥的C/N比为(9.4~10.35)：1，剩余污泥为(4.60~5.04)：1，混合污泥为(6.80~7.50)：1。初沉污泥有机物含量高、气体产量大，比较适合厌氧消化；混合污泥次之；剩余污泥有机物分解率低、分解速度慢、气体产量少，单独进行厌氧消化比较困难。因此有初沉池系统的污水厂，剩余污泥宜和初沉污泥合并进行厌氧消化处理。有条件时，污泥可和餐厨垃圾等有机废弃物进行协同厌氧消化，C/N比低的污泥与C/N比高的有机物混合后，获

得了较佳的 C/N 比条件，进一步提高厌氧消化处理效率。

③ 砂渣。污水预处理过程的除砂、除渣效果将直接影响污泥厌氧消化运行效果，应通过更换超细格栅和优化沉砂池运行，尽量减少污泥中的砂粒和纤维等物质，尤其是粒径大于 0.2mm 的砂粒和长度大于 40mm 的纤维，实现对管道、阀门、泵体和厌氧消化池的保护，消除或减轻堵塞、缠绕、磨损、沉积等现象。

（4）消化温度。消化温度是厌氧消化设计和能量平衡的重要工艺参数，对有机物负荷和产气量有明显影响。根据微生物对温度的适应性，污泥厌氧消化分为中温（33～38℃）厌氧消化和高温（53～55℃）厌氧消化。考虑到运行稳定性，厌氧消化系统大多设计为中温消化。当采用高温热水解预处理时，一些系统设计为高温消化，目的是充分利用前端热能，并提高厌氧消化效率和无害化处理效果；如采用中温消化，在不影响微生物产气性能的前提下，消化温度可相对略高。

（5）消化时间。在厌氧消化过程中，微生物需要一定的时间来对有机物进行消化降解，消化时间一般作为确定反应池容积的设计参数。在没有污泥回流或者上清液排出的厌氧消化系统中，固体停留时间（SRT）等同于水力停留时间（HRT）。停留时间和厌氧消化三段反应（水解、产酸、产甲烷）的程度是直接相关的，增加 SRT 即增加反应程度，减小 SRT 即减小反应程度。每一反应都对应一个最小 SRT，如果 SRT 小于这一最小值，微生物就不能保证足够的增长速度并大量流失，以那些微生物为媒介的反应也会终止，消化过程中断。消化时间的取值与消化温度、预处理、污泥基质类型等因素有关。中温厌氧消化的消化时间宜为 20～30d；高温厌氧消化的消化时间可缩短至 10～15d，实际工程中一般不低于 15d；采用高温热水解预处理，消化时间一般为 15～20d。

（6）挥发性固体容积负荷。挥发性固体容积负荷是确定反应池容积的重要参数。挥发性固体容积负荷过低会造成消化池容积较大，产气量不足以供给维持消化池温度所必需的能量，建设和运行费用均较高；挥发性固体容积负荷的上限则一般由抑制物质积累速率、氨或甲烷形成的冲击负荷决定。具体数据可见表 6-1、表 6-2。

（7）厌氧消化池总有效容积。厌氧消化池的总有效容积，应根据厌氧消化时间或挥发性固体容积负荷计算，并将两个参数的计算结果互相校核，保证消化池设计合理，运行可靠。厌氧消化池总有效容积的计算公式如下：

$$V=Q_0\times t_d \tag{6-1}$$

$$V=W_s/L_v \tag{6-2}$$

式中 V——消化池总有效容积，m^3；

Q_0——每天投入消化池的原污泥量，m^3/d；

t_d——消化时间，d；

W_s——每天投入消化池的原污泥中挥发性固体重量，kgVSS/d；

L_v——消化池挥发性固体容积负荷，kgVSS/（m^3·d）。

（8）挥发性固体去除率。厌氧消化通过去除挥发性固体以达到污泥稳定的目的。挥发性固体去除率是指通过厌氧消化，污泥中的有机物被降解去除的百分比。根据调查资料，我国现有的厌氧消化池设计有机固体分解率在 30%～50%，实际运行基本达到 40%。

（9）常规浓度污泥的厌氧消化工艺。根据《城镇污水处理厂污泥厌氧消化工艺设计与运行管理指南》（T/CECS 20007—2021），常规浓度厌氧消化工艺的设计参数如下：

① 多级消化池的第一级或者单级消化池的消化温度宜为 33～38℃；

② 消化时间宜为 20~30d；

③ 挥发性固体容积负荷取值：重力浓缩后的污泥宜为 0.6~1.5kgVSS/(m^3·d)；机械浓缩后的污泥不应大于 2.3kgVSS/(m^3·d)。我国部分常规浓度厌氧消化工程设计参数如表 6-1 所示。

表 6-1　我国部分常规浓度污泥的厌氧消化工程设计参数

参　数	上海白龙港	青岛麦岛	郑州王新庄	北京小红门（升级改造前）
处理量/(tDS/d)	204	48	66	132.5
进泥含固率/%	5	3.8~4	5	3~4
消化温度/℃	35	35	35	35
一级消化 SRT/d	24.3	20	18	20
二级消化 SRT/d	—	—	6	—
消化池类型	卵形	圆柱形	圆柱形	卵形
消化池数量/座	8	2	4	5
单池有效容积/m^3	12400	12700	10000	12300
挥发性固体容积/[kgVSS/(m^3·d)]	1.21	1.23（VS/TS 按 0.65 计算）	1.07（VS/TS 按 0.65 计算）	1.4（VS/TS 按 0.65 计算）
容积沼气产率/(m^3/m^3)	0.45	0.57	0.5	0.49
搅拌方式	机械搅拌	机械搅拌	沼气搅拌+泵循环	沼气搅拌+泵循环
搅拌强度/(W/m^3)	4.7	0.9	—	3

根据《城镇污水处理厂污泥厌氧消化工艺设计与运行管理指南》(T/CECS 20007—2021)，消化池搅拌系统参数见表 6-2。

表 6-2　污泥消化池搅拌系统的设计参数

搅拌系统类型	设计参数	典型值
机械搅拌	单位能耗	4~8W/m^3池容
沼气搅拌	单位时间内单位容积气体流量	4~7m^3/(1000m^3池容·min)
沼气搅拌和泵循环搅拌	翻动时间	20~30min
所有类型	速度梯度 G	50~80s^{-1}

翻动时间是消化池容积除以气管内气体流量，这一概念一般仅用于气提式、竖管式沼气搅拌系统和机械泵送循环系统。间歇搅拌时，每次搅拌的时间不宜大于循环周期的一半。

(10) 高固浓度污泥的厌氧消化工艺。高含固厌氧消化工艺的设计参数如下：

① 消化温度宜为 33~38℃；

② 污泥含水率宜为 90%~92%；

③ 消化时间宜为 20~30d；

④ 挥发性固体容积负荷取值宜为 1.6~3.5kgVSS/(m^3·d)。国内部分高含固厌氧消化工程主要设计参数表 6-3。

表 6-3　我国部分高含固污泥的厌氧消化工程设计参数

参　数	大连夏家河	天津津南	郑州马头岗	昆明主城区
处理量/(tDS/d)	120	160	160	100
进泥含固率/%	10	10	10	15
消化温度/℃	35	35	35~37	35~37
一级消化 SRT/d	22	22	22	22.5
二级消化 SRT/d	—	—	6	—
消化池类型	Lipp 罐	Lipp 罐	Lipp 罐	圆柱形
消化池数量/座	12	16	16	3
单池有效容积/m^3	2230	2430	2200	5000
挥发性固体容积/[kgVSS/(m^3·d)]	2.47(VS/TS 按 0.55 计算)	2.39(VS/TS 按 0.58 计算)	2.5(VS/TS 按 0.55 计算)	3.33(VS/TS 按 0.5 计算)
容积沼气产率/(m^3/m^3)	1.03	0.9	0.85	1.25~1.83
搅拌方式	机械搅拌	机械搅拌+泵循环	机械搅拌+泵循环	机械搅拌
搅拌强度/(W/m^3)	19.7	3.8	20+8.4	3.7

（11）基于高温热水解预处理的高含固厌氧消化工艺。以高温热水解作为预处理时，设计参数如下：

① 消化温度比常规略高，宜为 37~42℃；采用高温厌氧消化，消化温度宜为 53~55℃；

② 污泥含水率宜为 88%~92%；

③ 采用高温热水解预处理时，理论上高温厌氧消化的消化时间较中温更短，但实际应用中，考虑泥质、安全余量等因素，一般宜选取 15~20d；当污泥与餐厨垃圾协同厌氧消化且餐厨垃圾未经高温热水解预处理时，消化时间还应适当延长；

④ 挥发性固体容积负荷宜为 2.8~5.5kgVSS/(m^3·d)。

（12）国外的设计参数。一般根据水力滞留时间或容积负荷确定，完全混合式厌氧消化器常见的几种发酵原料的设计参数详见表 6-4。

表 6-4　完全混合式厌氧消化器主要设计参数

原料	常温(15~25℃)		中温(33~35℃)	
	水力停留时间/d	容积负荷/[kgTS/(m^3·d)]	水力停留时间/d	容积负荷/[kgTS/(m^3·d)]
猪粪水	20~40	1.0~2.0	15	3.0~4.0
鸡粪水	20~60	1.0~2.0	15	3.0~4.0
牛粪水	20~60	1.3~2.0	15	3.0~4.0
酒精污水	—	—	6~15	3.0~5.0kg(COD)/m^3
污　泥	20~30	—	10~15	—

一般认为固体负荷率 L_v 值与被处理物料的含固率、消化器内的反应温度等有关，表 6-5 中的数据可供参考。

表 6-5　固体负荷率 L_v 值与被处理物料、消化池内的反应温度关系

污泥含固率/%	固体负荷率/[kgVSS/(m³·d)]			
	24℃	29℃	33℃	35℃
4	1.53	2.04	2.55	3.06
5	1.91	2.55	3.19	3.83
6	2.30	3.06	3.83	4.59
7	2.68	3.57	4.46	5.36

(13) 消化器的结构尺寸。在确定了所需的消化器的有效容积后，就可计算消化器各部的结构尺寸，其一般要求如下：

① 圆柱形池体的直径一般为 6~35m(卵形池可更大)；

② 柱体高径之比为 1∶2(卵形池总高 H 与最大池径 D 比在 1.5~1.75；壳体的弧线半径为 0.74~0.84D)；

③ 池总高与直径之比为 0.8~1.0；

④ 池底坡度一般为 0.08；

⑤ 池顶部的集气罩，高度和直径相同，一般为 2m；

⑥ 池顶至少设两个直径为 0.7m 的人孔。

(14) 沼液处理。

当沼液的营养物(N、P)超出污水处理厂的接纳能力时，沼液一般要经过处理后排放至污水处理厂。由于沼液的氮磷浓度高，处理的重点在于脱氮除磷，以免加重污水处理厂水处理系统的氮磷负荷，影响污水处理厂的正常运行。对于小规模厌氧消化工程，沼液可排入污水厂处理。对于独立的厌氧消化工程或者外来污泥比例较大的集中式厌氧消化工程，沼液需单独处理达标后排放，单独处理既面临高浓度氮磷的去除，也需要考虑难降解 COD 的问题，达标难度相对较大。除了常规的污水处理工艺外，以下工艺适用于沼液的处理或预处理。

① 混凝沉淀。混凝沉淀主要用于去除水中的悬浮固体和胶体。沼液中 SS 和 TP 浓度较高时可采用混凝沉淀进行预处理，再进入后续工艺段。

② 厌氧氨氧化。厌氧氨氧化工艺是在氧限制条件下，先由亚硝化细菌将氨氧化为亚硝酸盐，再通过厌氧氨氧化细菌利用已生成的亚硝酸盐去氧化氨，直接生成氮气，以达到脱氮目的。工艺流程为"预处理→厌氧氨氧化→沉淀"，出水排至污水厂。

③ 膜浓缩。膜浓缩是物理分离过程，沼液中的养分可以利用膜组合工艺进行富集。同时，通过调节纳滤系统出水量控制浓缩倍数直至达到设计要求的目标，利用清洗单元消除膜堵塞等抑制因素。工艺流程可采用"离心分离→袋式过滤器→超滤→纳滤→反渗透"，产生的浓缩液 COD 达到 10000mg/L，可以直接进入浓液罐储存作为有机肥，清液达标排放。

④ 氨汽提。氨汽提法通常先调节污水的 pH 值至不低于 10，可通过吹脱 CO_2 或投加碱性化学物质实现。在高 pH 值条件下，使污水与蒸汽密切接触，降低污水中氨浓度。其传质过程的推动力是气体中氨的分压与污水中氨的浓度相当的平衡分压之间的差。延长汽水接触时间和提高接触充分程度可提高对氨氮的处理效率，用填料塔可以满足此要求。氨汽提法适用于处理连续排放的高浓度氨氮污水，对氨氮的去除率可达 97% 以上。塔顶氨蒸汽进入冷凝器气水分离，少量冷凝水回流，氨气抽负压至氨水回收装置回收，用 CO_2 或硫酸吸收作为肥料进行销售。工艺流程可采用"混凝沉淀→过滤→氨汽提"，出水排至污水厂；如要求出水

达标排放，则在氨汽提后增加 A/O 等生物处理单元和沉淀处理单元。氨汽提在化工领域属成熟工艺，脱氮效果稳定，同时可回收铵盐产品，进一步提高效益。制约因素是汽提塔内容易生成水垢；从降低成本的角度考虑，适用于高氨氮浓度污水处理。

⑤ 鸟粪石除氮磷。针对污泥上清液中高氮磷、低碳源的特点，可采用基于磷酸铵镁(鸟粪石)法的除氮磷技术。鸟粪石是以等摩尔的镁、氮和磷($NH_4MgPO_4 \cdot 6H_2O$)为主要成分的晶体矿物质，此种晶体会在以上三种离子同时存在且浓度高于溶解饱和度时通过沉淀反应形成，一般需在沼液中适当投加镁离子和碱液。工艺流程可采用“药剂投加→反应器”，出水排至污水厂。目前较为成熟的沼液资源化利用技术包括 Pearl 工艺、Phosnix 工艺、AirPrex 工艺等。鸟粪石工艺产业化的主要问题是运行要求高、运行成本高、回收鸟粪石纯度低。

三、厌氧接触法(AC)

(一) 工艺流程与特点

通过厌氧消化的研究，在发酵器内保留大量的活性污泥，是提高发酵速度的有效方法。厌氧接触工艺由完全混合式厌氧消化器和消化液固液分离、污泥回流设施所组合的处理系统。即在高速消化器出料处增加上一个沉淀槽以收集活性污泥，反送回发酵器内，其工艺流程如图 6-10。厌氧接触工艺适合处理悬浮物和 COD 高的污水，SS 可达到 50000mg/L，COD 不低于 3000mg/L。其挥发性悬浮物（VSS）一般为 5~10g/L，容积负荷比完全混合式厌氧反应器高，耐冲击能力也较强。其 COD 容积负荷一般为 1~5kgCOD/($m^3 \cdot d$)，HRT 约在 10~20d，COD 去除率 70%~80%；BOD_5 容积负荷一般为 0.5~2.5kgBOD_5/($m^3 \cdot d$)，BOD_5 去除率 80%~90%。

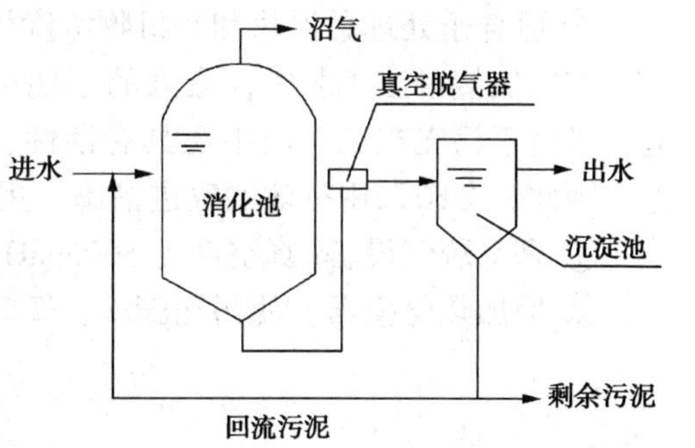

图 6-10 厌氧接触工艺流程示意图

从其工艺流程图中可看出，厌氧接触法工艺的最大的特点是污泥回流，由于增加了污泥回流，就使得消化池的 HRT 与 SRT 得以分离，即整个系统的污泥龄可以用式(6-3)进行计算：

$$\theta_c = \frac{VX}{(Q - Q_w)X_e + Q_w X_w} \tag{6-3}$$

式中 θ_c——污泥龄，d；

V——反应器容积，m^3；

X——反应器中污泥浓度；

Q——反应器日处理量，m^3/d；

Q_w——剩余污泥排放体积；

X_e——出水污泥浓度。

在厌氧生物处理工艺中，由于厌氧细菌生长缓慢，基本可以不从系统中排放剩余污泥，则 Q_w 近似为 0，则有：

$$\theta_c = \frac{VX}{QX_e} = \text{HRT} \cdot \frac{X}{X_e} \tag{6-4}$$

对于普通厌氧消化池，由于其 $X_e = X$，所以其 θ_c = HRT，因此在中温条件下，为了满足产甲烷菌的生长繁殖，SRT 要求 20~30d，因此普通厌氧消化池的 HRT 为 20~30d。

对于厌氧接触法，由于 $X>X_e$，所以 HRT<SRT；而且 X 越大，X_e 越小，则 HRT 可以越短。

与普通厌氧消化池相比，厌氧接触法的特点有：

① 通过污泥回流，保持消化池内污泥浓度较高，一般为 10~15gVSS/L，耐冲击能力强；

② 有机容积负荷高，中温时，COD 负荷 1~6kgCOD/(m^3·d)，去除率为 70%~80%；BOD 负荷 0.5~2.5kgBOD_5/(m^3·d)，去除率 80%~90%；消化池的容积负荷较普通消化池高，水力停留时间比普通消化池大大缩短，如常温下，普通消化池为 15~30d，而接触法小于 10d；

③ 可以直接处理悬浮固体含量较高或颗粒较大的料液，不存在堵塞问题；混合液经沉降后，出水水质较好；

④ 增加了沉淀池、污泥回流系统、真空脱气设备，流程较复杂；

⑤ 适合于处理悬浮物和有机物浓度均很高的污水。

在厌氧接触法工艺中，最大的问题是污泥的沉淀，厌氧污泥上一般总是附着有小的气泡，且由于污泥在二沉池中还具有活性，还会继续产生沼气，有可能导致已下沉的污泥上浮。因此，必须采用有效的改进措施，主要有以下两种：

① 真空脱气设备(真空度为 500mmH_2O)；

② 增加热交换器，使污泥骤冷，暂时抑制厌氧污泥的活性，如图 6-11 所示。

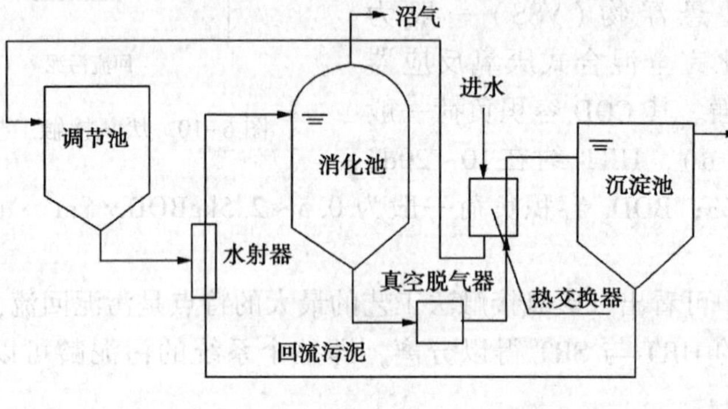

图 6-11　改进的厌氧接触工艺流程图

(二) 工艺设计

1. 设计要求

(1) 厌氧接触工艺适合处理悬浮物浓度和有机物浓度均高的有机污水；

(2) 厌氧接触工艺中的消化器容积按有机容积负荷或水力滞留时间计算。中温或近中温条件下，容积负荷宜为 2~5kgCOD/(m^3·d)，或根据发酵原料种类、特性及要求处理的程度，由试验及参照类似原料的厌氧消化器实际运行资料确定；

(3) 厌氧接触工艺中的固液分离装置的设计参照沉淀池规定；

(4) 回流污泥量根据消化器内污泥量、进料 pH 值以及温度等确定，以 50%~200% 为宜；

(5) 可采取真空脱气、冷冲击等，加速厌氧消化液的固液分离；

(6) 厌氧接触工艺中的消化器的罐体几何尺寸、料液的加热、搅拌分别参照完全混合式厌氧消化器的规定。

2. 消化池容积的计算

消化池容积的计算采用有机容积负荷法，公式如下：

$$V=\frac{Q\cdot S_{\mathrm{i}}}{L_{\mathrm{vCOD}}} \tag{6-5}$$

式中 V——消化池容积，m^3

S_{i}——消化池中消化液 COD 浓度，$kgCOD/m^3$；

Q——反应器日处理量，m^3/d；

L_{vCOD}——有机容积负荷，$kgCOD/(m^3\cdot d)$。

（三）应用实例

① 美国：$HRT=12\sim13h$，$X=7\sim12g/L$，$SRT=3.6\sim6d$，$L_v=2.5kgCOD/(m^3\cdot d)$

② 日本：$T=52℃$，$COD_{进水}=11\sim12g/L$，$COD_{出水}=2100\sim2700mg/L$，$V=3000m^3$；

③ 国内：南阳酒精厂，$L_v=9\sim12kgCOD/(m^3\cdot d)$，$HRT=4\sim4.5d$；COD 去除率为 83%；$BOD_5$ 去除率为 87%。

四、厌氧生物滤池（AF）

（一）工艺特征与主要形式

厌氧生物滤池设置有供厌氧微生物附着生长的载体（填料）的厌氧消化装置。填料是 AF 的主体，AF 所采用的填料以硬性填料为主：如砂石、陶粒、波尔环、玻璃珠、塑料球、塑料纹板等。过滤器内生物膜的厚度、密度、强度的均一性决定了反应器的稳定运行。运行影响因素有温度、pH 值、填料、堵塞等。

与好氧生物滤池相似，厌氧生物滤池是装填有滤料的厌氧生物反应器，在滤料的表面形成了以生物膜形态生长的微生物群体，在滤料的空隙中则截留了大量悬浮生长的厌氧微生物，污水通过滤料层向上流动或向下流动时，污水中的有机物被截留、吸附及分解转化为甲烷和二氧化碳等。

根据污水在厌氧生物滤池中的流向的不同，可分为升流式厌氧生物滤池、降流式厌氧生物滤池和升流式混合型厌氧生物滤池等三种形式，分别如图 6-12 所示。一般采用降流式布水有助于克服堵塞。

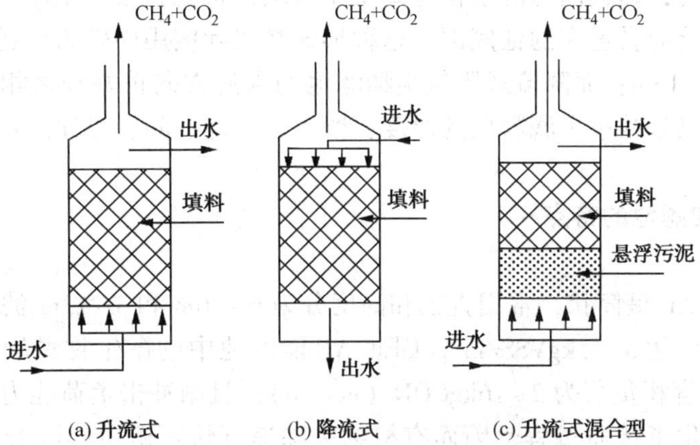

图 6-12　厌氧生物滤池的三种形式示意图

（二）厌氧生物滤池的组成

厌氧生物滤池主要由以下几个重要部分组成：滤料、布水系统、沼气收集系统。厌氧生物滤池的沼气收集系统基本与厌氧消化池类似，现将滤料、布水系统分述如下。

（1）滤料

滤料是厌氧生物滤池的主体，其主要作用是提供微生物附着生长的表面及悬浮生长的空间，因此，应具备下列条件：

① 比表面积大，以利于增加厌氧生物滤池中的生物量；

② 孔隙率高，以截留并保持大量悬浮微生物，同时也可防止堵塞；

③ 表面粗糙度较大，以利于厌氧细菌附着生长；

④ 其他方面，如：机械强度高；化学和生物学稳定性好；质量轻；价格低廉等。

很多研究者对多种不同的滤料进行过研究，所得出的结论也不尽相同，如有人认为滤料的孔隙率更重要，认为厌氧生物滤池中是悬浮细菌所起的作用更大；也有人认为滤料最重要的特性是粗糙度、孔隙率以及孔隙大小。

在厌氧滤池中经常使用的滤料由多种，可以简单分为如下几种：

① 实心块状滤料：30~45mm 的碎块；比表面积和孔隙率都较小，分别为 40~50m^2/m^3 和 50%~60%；这样的厌氧生物滤池中的生物浓度较低，有机负荷也低，仅为 3~6kgCOD/(m^3·d)；易发生局部堵塞，产生短流。

② 空心块状滤料：多用塑料制成，呈圆柱形或球形，内部有不同形状和大小的孔隙；比表面积和孔隙率都较大。

③ 管流型滤料：包括塑料波纹板和蜂窝填料等；比表面积为 100~200m^2/m^3，孔隙率可达 80%~90%；有机负荷可达 5~15kgCOD/(m^3·d)。

④ 交叉流型滤料：由不同倾斜方向的波纹管或蜂窝管所组成，倾角一般为 60°。当水流经滤层时，呈交叉形（或称折流形）流向，其比表面积和孔隙率与管流型滤料相近。

⑤ 纤维滤料：包括软性尼龙纤维滤料、半软性聚乙烯、聚丙烯滤料、弹性聚苯乙烯填料；比表面积和孔隙率都较大；偶有纤维结团现象；价格较低，应用普遍。

（2）布水系统

在厌氧生物滤池中布水系统的作用是将进水均匀分配于全池，因此在设计计算时，应特别注意孔口的大小和流速。与好氧生物滤池不同的是，因为需要收集所产生的沼气，厌氧生物滤池多是封闭式的，即其内部的水位应高于滤料层，将滤料层完全淹没。其中升流式厌氧生物滤池的布水系统应设置在滤池底部，这种形式在实际应用中较为广泛，一般滤池的直径为 6~26m，高为 3~13m；而降流式厌氧生物滤池的水流方向正好与之相反；升流式混合型厌氧生物滤池的特点是减小了滤料层的厚度，留出了一定空间，以便悬浮状态的颗粒污泥在其中生长和累积。

（三）厌氧生物滤池的特点

（1）优点

典型的生产性 AF 呈筒状，常用直径和高度分为 6~26m 和 3~13m 滤池中可维持相当高的生物浓度，一般可达 5~15kgVSS/m^3，因此 AF 能滤池中的微生物量较高，可承受的有机容积负荷高，COD 容积负荷为 2~16kgCOD/(m^3·d)，且耐冲击负荷能力强；污水与生物膜两相接触面大，强化了传质过程，因而有机物去除速度快；微生物固着生长为主，不易流失，因此不需污泥回流和搅拌设备。

AF 的另一特点是反应器内污泥产率低，运行启动或停止运行后再启动时间短。

（2）缺点

主要缺点是：滤料容易堵塞，尤其是下部。堵塞后，没有简单有效的清洗方法。因此，悬浮物高的污水不适用。厌氧微生物总量沿池高度分布是很不均匀的，在池进水部位高。

（3）改进堵塞的措施

① 出水回流；

② 部分充填载体；

③ 采用软性填料。

（四）厌氧生物滤池的工艺计算与设计

厌氧生物滤池的工艺计算与设计的主要内容包括：滤料的选择、滤料体积的计算、布水系统的设计、沼气系统的设计等。以上这些目前尚无定型的设计计算程序，仅主要介绍滤料体积的计算方法和某些关键设计参数的选取。

1. 滤料体积

滤料体积的计算方法仍以有机负荷法为主，即：

$$V=\frac{Q(S_i-S_e)}{L_{vCOD}} \tag{6-6}$$

式中 V——反应器容积，m^3；

L_{vCOD}——有机容积负荷，需要根据具体的污水水质以及经验数据或直接的小试试验结果最终决定，一般取 0.5~12kgCOD/(m^3·d)；

Q——设计处理规模，m^3/d；

S_i——设计进水 COD 浓度，mg/L；

S_e——设计出水 COD 浓度，mg/L。

2. 常用设计参数

一般来说，厌氧生物滤池的有机容积去除负荷可达 0.5~12 kgCOD/(m^3·d)；有机物去除率可达 60%~95%；一般采用的滤料层的高度为 2~5m；相邻进水孔口距离 1~2m（不大于 2m）；污泥排放口距离不大于 3m。

3. 具体设计要求

（1）厌氧滤器适合处理溶解性、浓度较低的有机污水；

（2）厌氧滤器的容积宜根据容积负荷确定。容积负荷应根据原料种类、特性、要求处理程度、填料性状以及消化温度，或由试验及参照类似污水工程的实际运行等资料确定。在中温消化条件，容积负荷宜为 2~12kgCOD/(m^3·d)；

（3）当进水 COD 浓度高于 8000mg/L 时，应设置出水回流设施；

（4）厌氧滤器应布水均匀，可在底部设穿孔进料管或数个进水口，相邻孔口间距宜为 1~2m，不得大于 2m；

（5）厌氧滤器污泥排放口的间距应小于 3m；

（6）厌氧滤器滤料层高度宜为 1.2~1.5m；

（7）厌氧滤器宜设水力反冲洗设施；

（8）厌氧滤器填料选择应综合考虑填料的比表面、孔隙率、表面粗糙度、机械强度、重量、价格等因素，并宜采用多孔板或支架支撑填料；

（9）厌氧滤器可采用穿孔管或溢流堰出水。

（五）厌氧生物滤池的应用实例

厌氧生物滤池在美、加已被广泛应用；处理对象包括多种不同类型的污水，如生活污水及 COD 为 3000~24000mg/L 的各种工业污水；处理规模也大小不等，最大的厌氧生物滤池为 12500m^3；COD 的去除率在 61%~94%之间；有机负荷为 0.1~15kgCOD/(m^3·d)。厌氧过滤器目前已经成为厌氧处理的一种重要工艺，表 6-6 列出了厌氧过滤器处理污水的应用。

表 6-6　厌氧过滤器处理污水的应用

污水类型	COD/(g/L)	滤池类型	反应器容积/m^3	容积负荷/[kgCOD/(m^3·d)]	水力停留时间/d	温度/℃	COD 去除率/%
淀粉生产	16~20	升流式	1000	6~10		36	80
制糖	20~40	升流式	3000	5~17	0.5~1.5	35	55
土豆加工	7.6	升流式	205	11.6	0.68	36	60
化工污水	16	升流式	1300	16	1	35	65
化工污水	9.14	升流式	1300	7.25	1.2	37	60.3

五、升流式厌氧固体反应器

（一）基本原理与构造

升流式厌氧固体反应器(USR)是 fannion 等人参照 UASB 反应器的原理开发的，用于以海藻为原料进行厌氧消化制取沼气。因为被处理的对象是固体，所以称为升流式厌氧固体反应器。该消化器不需要污泥回流和三相分离器，靠固体悬浮物(SS)的自然沉淀作用使 SRT 比 HRT 延长，从而提高了 SS 的消化率。USR 的最大特点是可处理含固体量很高的污水(液)，含固量可达 5%左右，甚至可处理含固量达 10%的废液。特别是经过分离后的城市有机垃圾。USR 反应器及基本构造如图 6-13 所示。

图 6-13　USR 反应器及基本构造示意图

其工艺流程如下：含高有机固体含量>5%废液由池底配水系统进入，均匀地分布在反应器的底部，然后向上升流通过含有高浓度厌氧微生物的固体床，使废液中的有机固体与厌氧生物充分接触反应，有机固体被液化发酵和厌氧分解，被转化成沼气。而产生的沼气随水流上升具有搅拌混合作用，促进了固体与微生物的接触。由于重力作用固体床区有自然沉淀作用，密度较大固体物被积累在固体床下部，使反应器内保持较高的固体量和生物量，可使反应器有较长的 SRT 和 MRT(微生物滞留时间)。通过固体床的水流从池顶的出水渠溢出池外。在出水渠前设置挡渣板，可减少 SS 的流失，在反应器液面会形成一层浮渣层，在长期稳定运行过程中，浮渣层的厚度达到一定厚度后趋于动态平衡，即不断有固体带出反应器，同时也有经脱气的固体返回到固体床区。

（二）设计要求

（1）升流式厌氧固体反应器适合处理高固体含量（TS≥5%）的有机废液；

（2）容积应根据容积负荷确定。容积负荷应根据原料种类、特性、需要的预处理程度以及消化温度等因素确定。在中温或近中温消化条年，处理畜禽粪便的容积负荷宜为 3～6kgCOD/（m^3·d）；

（3）升流式厌氧固体反应器罐体宜为立式圆柱形，有效高度、顶盖、底部的几何尺寸参照完全混合式厌氧消化器的规定；

（4）进料由底部配水系统进入，宜采用多点均匀布水；

（5）出料宜通过液面的出水堰溢流出池外，出水堰前应设置挡渣板；

（6）反应器每周排泥一次，每次排泥量为有效池容量的 0.5%～1%。

六、升流式厌氧污泥层（床）（UASB）反应器

（一）UASB 反应器的型式

升流式厌氧污泥床（层）反应器是由荷兰 Wageningen 农业大学的 Gatze Lettinga 教授于 20 世纪 70 年代初开发出来的。

UASB 反应器指污水通过布水装置依次进入底部的污泥层和中上部污泥悬浮区，与其中的厌氧微生物进行反应生成沼气，气、液、固混合液通过上部三相分离器进行分离，污泥回落到污泥悬浮区，分离后污水排出系统，同时回收产生沼气的厌氧反应器。由底部的污泥区和中上部的气、液、固三相分离区组合为一体的厌氧消化装置。由反应区、沉淀区和气室三部分组成。

上流式厌氧污泥床的池形有圆形、方形、矩形。小型装置，常为圆柱形，底部呈锥形或圆弧形。大型装置为便于设置气、液、固三相分离器，则一般为矩形，高度一般为 3～8m，其中污泥床 1～2m，污泥悬浮层 2～4m，在实际工程中，UASB 的断面形状一般可以做成圆形或矩形，一般来说矩形断面便于三相分离器的设计和施工；多用钢结构或钢筋混凝土结构。

UASB 反应器一般不在反应器内部直接加热，而是将进入反应器的污水预先加热，而 UASB 反应器本身多采用保温措施。因为在厌氧反应过程中肯定会有较多的硫化氢或其他具有强腐蚀性的物质产生，反应器内壁必须采取防腐措施。

UASB 反应器主要有两种形式，即开敞式 UASB 反应器和封闭式 UASB 反应器，如图6-15所示。

（1）开敞式 UASB 反应器

开敞式 UASB 反应器的顶部不加密封，或仅加一层不太密封的盖板。多用于处理中低浓度的有机污水。其构造较简单，易于施工安装和维修。

（2）封闭式 UASB 反应器

封闭式 UASB 反应器的顶部加盖密封，这样在 UASB 反应器内的液面与池顶之间形成气室。主要适用于高浓度有机污水的处理。这种形式实际上与传统的厌氧消化池有一定的类似，其池顶也可以做成浮动盖式。

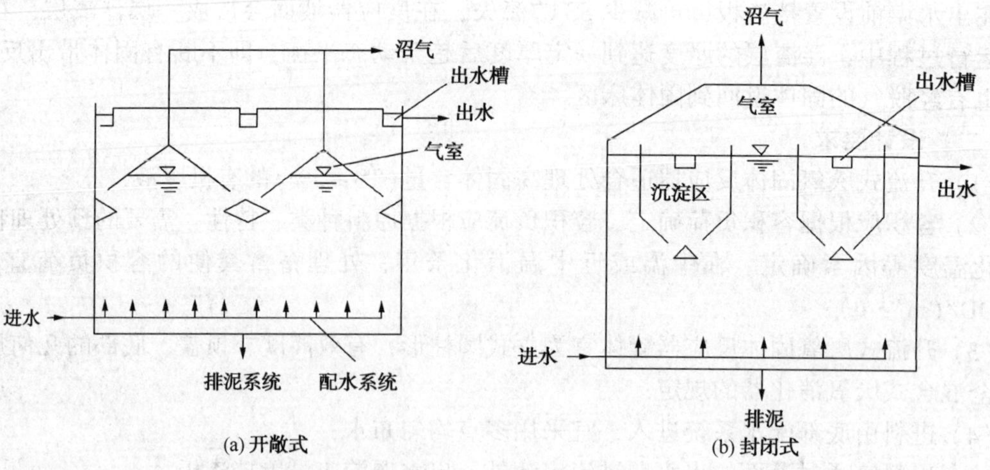

图 6-15 UASB 反应器的两种主要形式

(二) UASB 反应器的组成

UASB 反应器的主要组成部分包括：进水配水系统、反应区、三相分离器、出水系统、气室、浮渣收集系统、排泥系统等。

(1) 进水配水系统

进水配水系统兼有配水和水力搅拌的功能，一个有效的进水配水系统是保证 UASB 反应器高效运行的关键之一。因此设计时，进水配水系统应满足以下要求：

① 将污水均匀地分配到整个反应器的底部；

② 具有水力搅拌的功能，在底部实现与污泥充分混合；

③ 不易堵塞，发生后堵塞处理容易。

实际使用的布水器的布水方式主要有连续进水方式(一管一点)、脉冲式布水、一管多点配水方式、分支布水等。这些布水方式的出水口(或孔)均朝下，离池底约 0.15m。

(2) 反应区

反应区是 UASB 反应器中生化反应发生的主要场所，又分为污泥床区和污泥悬浮区，其中的污泥床区主要集中了大部分高活性的颗粒污泥，是有机物的主要降解场所；而污泥悬浮区则是絮状污泥集中的区域。

(3) 三相分离器

三相分离器由沉淀区、回流缝和气封等组成；其主要功能有：

① 将气体(沼气)、固体(污泥)和液体(出水)分开；

② 保证出水水质；

③ 保证反应器内污泥量；

④ 有利于污泥颗粒化。

(4) 出水系统

出水系统的主要作用是将经过沉淀区后的出水均匀收集，并排出反应器。

(5) 气室

气室也称集气罩，其主要作用是收集沼气。

(6) 浮渣收集系统

浮渣收集系统的主要功能是清除沉淀区液面和气室液面的浮渣。

(7) 排泥系统

排泥系统的主要功能是均匀地排除反应器内的剩余污泥。

(三) 工艺特征

UASB 反应器具有如下的主要工艺特征:

(1) UASB 反应器集生物反应和沉淀分离于一体，结构紧凑；在反应器的上部设置了气、固、液三相分离器，被沉淀区分离的污泥能自动回流到反应区，一般无污泥回流设备；

(2) 在反应器底部设置了均匀布水系统；

(3) 反应器内的污泥能形成颗粒污泥，所谓的颗粒污泥的特点是：直径为 0.1~0.5cm，湿密度为 1.04~1.08g/cm^3；具有良好的沉降性能和很高的产甲烷活性。

上述工艺特征使得 UASB 反应器与前面已经述及的两种厌氧工艺(厌氧接触法以及厌氧生物滤池)相比，具有如下的主要特点:

① 反应器内污泥浓度高，一般平均污泥浓度为 30~40g/L，污泥床中的污泥由活性生物量占 70%~80%的高度发展的颗粒污泥；污泥龄一般为 30d 以上；

② 反应器具有很高的容积负荷；中温消化，COD 容积负荷一般为 10~20kg COD/(m^3·d)；

③ 有机负荷高，反应器的水力停留时间相应较短；

④ 不仅适合于处理高、中浓度的有机工业污水，也适合于处理低浓度的城市污水；

⑤ 无需设置填料，节省造价及避免堵塞问题，提高了容积利用率；

⑥ 一般无需设置搅拌设备，靠上升水流和沼气产生的上升气流起到搅拌的作用；

同时也存在一些缺点：如反应器内有短流现象，影响处理能力；运行启动时间长，对水质和负荷突然变化比较敏感。

(四) UASB 反应器的设计

1. 进水要求

(1) pH 值

pH 值一般在 6.0~8.0。

(2) 进水温度

常温厌氧温度为 20~25℃，中温厌氧温度宜为 35~40℃，高温厌氧温度宜为 50~55℃。

(3) 进水水质要求

营养组合比(COD：氨氮：磷)宜为(100~500)：5：1；进水中 COD 浓度宜大于 1500mg/L，BOD_5/COD 的比值宜大于 0.3；进水中悬浮物含量应小于 1500mg/L，进水中氨氮浓度应小于 2000mg/L，进水中硫酸盐浓度宜小于 1000mg/L；严格控制重金属、氰化物、酚类等物质进入厌氧反应器的浓度。如果不能满足进水要求，宜采用相应的预处理措施。

2. UASB 反应器对污染物的去除效果

COD 的去除率一般在 80%~90%；BOD_5 去除率一般在 80%~90%。

3. 预处理

预处理一般包括格栅、沉砂池、沉淀池、调节池、酸化池及加热池等。

(1) 应根据需要设粗、细格栅或设细格筛。

(2) 处理畜禽粪便、屠宰和酒糟等含砂较多污水时，应设置沉砂池。

(3) 处理造纸、淀粉等含大量悬浮物的污水时，应设置沉淀池。

(4) 应设置调节池。调节池的设计应满足以下要求：

① 调节池的容量应满足生产排水周期中水质水量均化的要求，停留时间宜为 6~12h；如为间歇运行，调节池容量宜按 1~2 个周期设置；

② 根据具体情况可在调节池内投加酸、碱、营养源(氮、磷等)等药品，可兼用作中和池；

③ 调节池内宜设置搅拌设施，搅拌机动力宜为4~8W/m^3 池容；调节池出水端应设置去除浮渣装置，池底宜设置除砂和排泥装置。

④ 当进水可生化性较差时，可设置酸化池。酸化池设计应满足以下要求：

(a) 宜采用底部布水上向流方式；

(b) 宜根据地区气候条件不同，增加浮渣、沉渣、保温等处理设施；

(c) 有效水深宜为 4~6m；

(d) 酸化池容积宜采用容积负荷计算法，如式(6-7)：

$$V_s = \frac{Q \times S_a}{1000N_s} \tag{6-7}$$

式中 V_s——酸化池容积，m^3；

Q——设计流量，m^3/d；

N_s——COD 容积负荷，kgCOD/(m^3·d)，取值为 10~20kgCOD/(m^3·d)；

S_a——酸化池进水 COD 浓度，mg/L。

⑤ 反应器宜采用保温措施，使反应器内的温度保持在适宜范围内。如不能满足温度要求，应设置加热装置。加热方式可采用池外加热和池内加热，池外加热有加热池和循环加热两种方式，池内加热宜采用热水循环加热方式；

(五) UASB 反应器的设计

目前升流式厌氧污泥床已经有成熟的工艺与设备，广泛用于各种高浓污水的预处理。表 6-7 为国外部分 UASB 反应器的设计资料。

表 6-7 国外部分 UASB 反应器的设计资料

污水类型	使用国家	反应器容积/m^3	容积负荷/[kgCOD/(m^3·d)]	温度/℃
制糖	荷兰	200~1700	12.5~17	30~35
	奥地利	3040	8	30~35
土豆加工	荷兰	240~1700	5~11	30~35
	美国	2200	6	30~35
	瑞士	600	8.5	30~35
玉米淀粉	荷兰	900	10~12	30~35
小麦淀粉	荷兰	500	6.5	30~35
	爱尔兰	2200	9	30~35
	澳大利亚	4200	9.3	30~35
大麦淀粉	芬兰	420	8	30~35
酒精	荷兰	700	16	30~35
	西德	2300	9	30~35
	美国	2100	7	30~35

续表

污水类型	使用国家	反应器容积/m^3	容积负荷/[kgCOD/(m^3·d)]	温度/℃
酵母污水	美国	5000	10.8	30~35
	沙特	950	10.5	30~35
啤酒	荷兰	1400	5~10	23
	美国	4600	14	30~35
		1500	6.3	20
屠宰	荷兰	600	3~5	24
牛奶	加拿大	450	6~8	24
造纸污水	荷兰	1000	8~10	24
		740	4	20
		2200	5~6	25
城市污水	哥伦比亚	6600	3	常温

国内 UASB 反应器设计数据可参考表 6-8。

表 6-8　国内部分 UASB 反应器的设计数据

污水类型	COD/(g/L)	反应器容积/m^3	容积负荷/[kgCOD/(m^3·d)]	COD 去除率/%	温度/℃
生猪养殖污水	2~3.42	608	1.5	80	常温
制糖	34.06	130	13.6	81	常温
酿造污水	2~6	64.8	4.2	82.4	常温
黄酒污水	5.35	1440	4	80.2	常温
油脂污水	1.8	420	5	76	常温
糠醛污水	1.5~2	295/150(二级串联)	6.5/3	88/69	常温
赤霉素污水	0.5~0.65(硫酸根)	500	0.45(硫酸根)	0.1~0.15	常温
	5.5		3~5	1.8~2.2	35~37
木薯酒糟废液		1000	5	87	35~37
酒精糟液	20	712	7	90	35~37
屠宰污水	1	250	2.5	77	常温
制药污水	15	6000	2.5	80	35
化工污水	—	12000	3	80	常温
柠檬酸污水	10	380	10	80	常温
啤酒	2	380	4.5	78	常温
	2.3	2000	14	78	常温

UASB 反应器设计计算的主要内容有：①池型选择、有效容积以及各主要部位尺寸的确定；②进水配水系统、出水系统、三相分离器等主要设备的设计计算；③其他设备和管道如排泥和排渣系统等方面的设计计算。

1. 有效容积及主要构造尺寸的确定

(1) UASB 反应器的有效容积

一般将沉淀区和反应区的总容积作为反应器的有效容积进行考虑，采用有机负荷(q)或水力停留时间(HRT)设计 UASB 反应器是目前最为主要的方法，多采用进水容积负荷法确定，即：

$$V=Q\times S_i/L_v \tag{6-8}$$

式中 V——反应器有效容积，m^3；

Q——污水流量，m^3/d；

S_i——进水 COD 浓度，mg/L；

L_v——COD 容积负荷，kgCOD/(m^3·d)。

表 6-9 给出不同类型污水国内外采用 UASB 反应器处理的负荷数据，供设计人员设计时参考，选用前必须进行必要的实验和进一步查询有关的技术资料。

表 6-9 国内外生产性 UASB 装置的设计负荷统计

序号	污水类型	负荷/[kgCOD/(m^3·d)]（国外资料）			厂家数	负荷/[kgCOD/(m^3·d)]（国内资料）			厂家数
		平均	最高	最低		平均	最高	最低	
1	酒精生产	11.6	15.7	7.1	7	6.5	20.0	2.0	15
2	啤酒厂	9.8	18.8	5.6	80	5.3	8.0	5.0	10
3	造酒厂	13.9	18.5	9.9	36	6.4	10.0	4.0	8
4	葡萄酒厂	10.2	12.0	8.0	4				
5	清凉饮料	6.8	12.0	1.8	8	5.0	5.0	5.0	12
6	小麦淀粉	8.6	10.7	6.6	6				
7	淀粉	9.2	11.4	6.4	6	5.4	8.0	2.7	2
8	土豆加工等	9.5	16.8	4.0	24				
9	酵母业	9.8	12.4	6.0	16	6.0	6.0	6.0	1
10	柠檬酸生产	8.4	14.3	1.0	3	14.8	20.0	6.5	3
11	味精					3.2	4.0	2.3	2
12	再生纸、纸浆	12.3	20.0	7.9	15				
13	造纸	12.7	38.9	6.0	39				
14	食品加工	9.1	13.3	0.8	10	3.5	4.0	3.0	2
15	屠宰污水	6.2	6.2	6.2	1	3.1	4.0	2.3	4
16	制糖	15.2	22.5	8.2	12				
17	制药厂	10.9	33.2	6.3	11	5.0	8.0	0.8	5
18	家畜饲料厂	10.5	10.5	10.5	1				
19	垃圾滤液	9.9	12.0	7.9	7				

UASB 反应器的容积负荷与反应温度、污水性质和浓度以及是否能够在反应器内形成颗粒污泥等多种因素有关，如果对于食品工业污水或与之性质相近的污水，一般认为是可以在反应器内形成颗粒污泥的，在不同的反应温度下进水容积负荷可参考表 6-10 中的数据。

表 6-10　反应温度下的进水容积负荷

温度	设计容积负荷/[kgCOD/(m^3·d)]
高温(55~65℃)	20~30
中温(35~38℃)	10~20
常温(20~25℃)	5~10
低温(15℃以下)	2~5

(2) UASB 反应器有效高度

从设计、运行方面考虑：高度会影响上升流速，高流速增加系统扰动和污泥与进水之间的接触。但流速过高会引起污泥流失，为保持足够多的污泥，上升流速不能超过一定的限值，而使反应器的高度受到限制。根据报道，最经济的反应器高度(深度)一般是在 4~6m 之间，目前也有采用碳钢做成的 UASB 反应器，高度达到 10m 以上。

(3) 反应器的截面积和反应器的长、宽(或直径)

在确定反应器的容积和高度(H)之后，可确定反应器的截面积(A)，从而确定反应器的长和宽，在同样的面积下正方形池的周长比矩形池要小，矩形 UASB 需要更多的建筑材料。以表面积为 600m^2 的反应器为例，30m×20m 的反应器与 15m×40m 的反应器周长相差 10%，这意味着建筑费用要增加 10%。但从布水均匀性考虑，矩形在长宽比较大时较为合适。从布水均匀性和经济性考虑，矩形池在长宽比在 2∶1 以下较为合适，长宽比在 4∶1 时费用增加十分显著。

圆形反应器在同样的面积下，其周长比正方形的少 12%。但这一优点仅在采用单个池子时才成立。当建立两个或两个以上反应器时，矩形反应器可以采用共用壁。对于采用公共壁的矩形反应器，池型的长宽比对造价也有较大的影响。如果不考虑其他因素，这是一个在设计中需要优化的参数。

(4) 反应器升流速度

反应器内的上升流速一般为 0.5~1.5m/h，一般控制在 0.6~0.9m/h 之间。

(5) 单元反应器分格化

在 UASB 反应器的设计中，普遍采用分格化操作。分格化的单元尺寸不会过大，可避免体积过大带来的布水均匀性等。同时多个反应器对系统的启动也是有益的，如首先启动一个反应器，再用这个反应器的污泥去接种其他反应器；另外，有利于维护和检修，可放空一个反应器进行检修，而不影响系统的运行。从目前实践看，最大的单体 UASB 反应器为 1000~2000m^3。

(6) 单元反应器系列化

单元的标准化根据三相分离器尺寸进行，三相分离器的型式趋向于多层箱体的设备化结构。以 2m×5m 的三相分离器为例，原则上讲有多种配合形式，但从标准化和系列化考虑，要求具有通用性和简单性。所以，池子宽度是以 5m 为模数，长度方向是以 2m 为模数。

2. 进水配水系统设计

(1) 配水孔口负荷

有人建议每个进水点负担 2~4m^2 的布水面积能获得满意的去除效率。而在温度低于 20℃或低负荷的情况，产气率较低并且进水与污泥的混合不充分时，需要较高密度的布水点。对于城市污水，De Man 和 Van der Last (1990)建议布水面积为 1~2m^2/孔。表 6-11 是 Lettinga 等人根据 UASB 反应器的大量实践推荐的进水管负荷与容积负荷(处理溶解性污水时)。

表 6-11　处理溶解性污水时推荐的进水管负荷与容积负荷

污泥典型	每个进水口布水面积/m^2	负荷/[kgCOD/(m^3 · d)]
颗粒污泥	0. 5~1	2. 0
	1~2	2~4
	>2	>4
凝絮状污泥>40kgDS/m^3	6. 5~1	<1. 0
	1~2	1~2
	2~3	>2
中等浓度絮状污泥 120~40kg/m^3	1~2	<1~2
	2~5	>2

（2）进水分配系统

图 6-16　连续进水配水器

在生产装置中采用的进水方式大致可分为间歇式(脉冲式)、连续流、连续与间歇相结合等方式；布水管的形式有一管多孔、一管一孔和分枝状等多种形式。

① 连续进水方式(一管一点)。为了确保进水均匀分布，每个进水管线仅与一个进水点相连接。可以采用如图 6-16 的配水器，此类布水器在实际应用中容易堵塞，最好不要采用。同时为防止堵塞，一般需采用较大的配水管径。

② 脉冲进水方式。脉冲方式进水能使底层污泥交替进行收缩和膨胀，有助于底层污泥的混合。实际使用效果表明有良好的效果。脉冲主要设计要点有：

a. 脉冲周期与充放比。脉冲周期是指完成脉冲全过程所需的时间，充放比指充水时间与放水时间的比值。考虑 UASB 高效反应区高度在 4m 以上，兼顾 UASB 活性污泥的沉降速度，脉冲周期取 4~6min，充放比取(4~5)：1。

b. 脉冲水头。脉冲水头是指脉冲发生器最高水位与 UASB 出水槽水位之差。脉冲水头与放水时间相关，并影响脉冲流量和喷嘴出口流速。为控制喷嘴出口流速大于 3m/s，脉冲水头取 3~4m。

c. 配水系统。为保证 UASB 底部布水均匀性，配水系统采用大阻力配水系统。开孔比 α 取值大小与反应器污泥形态有关，若以絮状污泥为主的 UASB 反应器，α 取 0. 05%~0. 1%，这有利于保证均匀布水，防止沟流现象产生。对于反应器高度较大，以颗粒污泥为主的 UASB 反应器，α 取 0. 1%~0. 2%，这对于提高生化污泥膨胀率有利。出口喷嘴采用短管，控制最大喷流流速大于 3. 0 m/s。配水系统管材选用 PVC-U 或 ABS 管，这有利于防止管道腐蚀与堵塞。

d. 破坏供气系统。基于 UASB 反应器的绝氧要求，脉冲破坏供气气源宜选用沼气。系统由 UASB 贮气柜、连接气管和虹吸破坏管组成，贮气柜内沼气作为破坏虹吸的气源。贮气柜的气压对脉冲工况(主要是充放比)有一定影响。一方面，贮气压力对充水时间有影响，贮气压力越大，虹吸发生前抽吸密封空间内气体的时间越长，充水时间变长，反之亦然。另一方面，贮气压力越高，虹吸破坏速度越快，放水时间变短。两方面影响相比，前者是主要的。因此，贮气压力越大，充放比越大，但对脉冲周期影响较小。一般贮气水封水深取0.2~0.4m，实际充放比比设计充放比提高10%~20%。

③ 一管多点配水方式。采用在反应器池底配水横管上开孔的方式布水，为了配水均匀，要求出水流速不小于2m/s。这种配水方式可用于脉冲进水系统。一管多孔式配水方式的问题是容易发生堵塞，因此，应该尽可能避免在一个管上有过多的孔口，如图6-17所示。

图6-17　一管多点配水图

④ 分枝式配水方式。这种配水系统的特点采用较长的配水支管增加沿程阻力，以达到布水均匀的目的。有关专家给出的最大的分枝布水系统的负荷面积为54m²。大阻力系统配水均匀度好，但水头损失大。小阻力系统水头损失小，如果不影响处理效率，可减少系统的复杂程度。

3. 三相分离器的设计

三相分离器的基本原理与构造如图6-18所示。

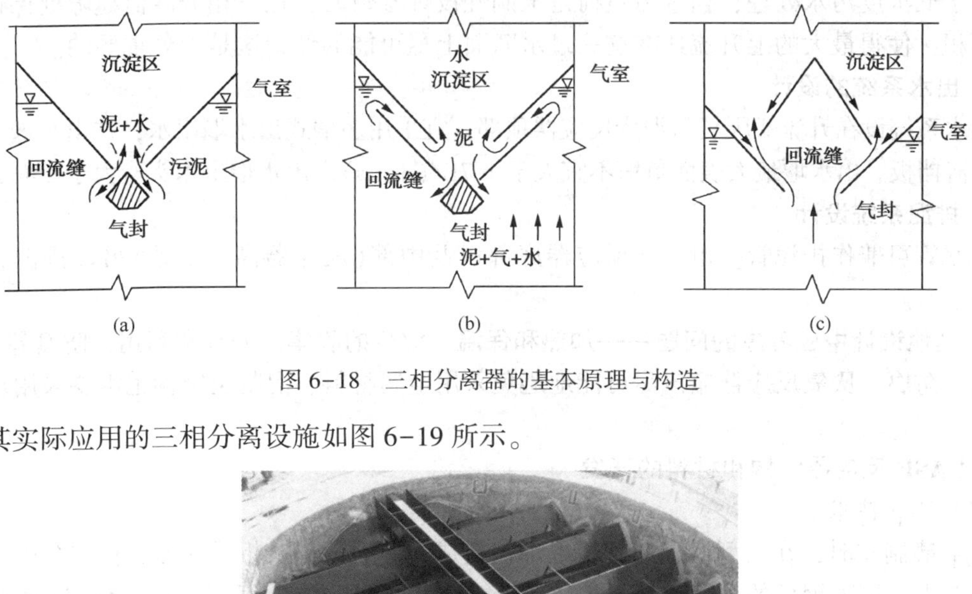

图6-18　三相分离器的基本原理与构造

其实际应用的三相分离设施如图6-19所示。

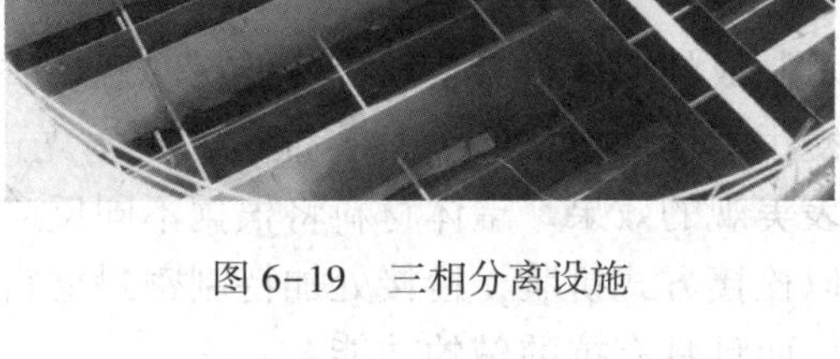

图6-19　三相分离设施

一般来说，在 UASB 反应器中三相分离器可以有以下几种布置形式，如图 6-20 所示。

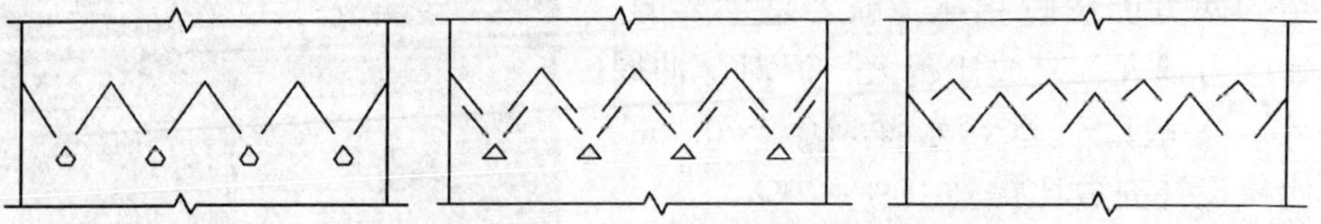

(a)　(b)　(c)

图 6-20　三相分离器布置形式

三相分离器设计要点汇总如下：

① 沉淀器的斜角应在 45°~60°，集气室的隙缝部分的面积应该占反应器全部面积的 15%~20%；

② 在反应器高度为 5~7m 时，集气室的高度在 1.5~2m；

③ 在集气室内应保持气液界面以释放和收集气体，防止浮渣或泡沫层的形成；

④ 在集气室的上部应该设置消泡喷嘴，当处理污水有严重泡沫问题时消泡；

⑤ 反射板与隙缝之间的遮盖应该在 100~200mm 以避免上升的气体进入沉淀室；

⑥ 出气管的直管应该充足，以保证从集气室引出沼气，特别是有泡沫的情况；

⑦ 其材质宜选用高密度聚乙烯(HDPE)、聚丙烯、碳钢、不锈钢等材料。

对于低浓度污水处理，当水力负荷是限制性设计参数时，在三相分离器缝隙处保持大的过流面积，使得最大的上升流速在这一过水断面上尽可能的低，这是十分重要的。

4. 出水系统的设计

出水系统设在升流式厌氧污泥床反应器顶部，宜采用多槽式出水堰出水，在出水堰之间应设置浮渣挡板。出水堰最大表面负荷不宜大于 1.7L/(m·s)。出水堰上水头应大于 25mm。

5. 排泥系统设计

配水管可兼作排泥管。也可在反应器底部以及中部(反应器高 1/2 处)另设排泥管，用于排泥。

6. 其他设计中应考虑的问题——加热和保温、沼气的收集、贮存和利用、防腐等

对于防腐，厌氧反应器应该尽可能地避免采用金属材料。混凝土结构也需要采用环氧树脂防腐。

7. UASB 反应器结构和材料的开发

(1) Lipp 技术

Lipp 罐制作时，在成型机上薄钢板上部被折成 h 形而下部被折成 n 形，在咬合机上薄钢板上部与上一层薄钢板的下部被咬合在一起。Lipp 制罐技术是一种具有世界先进水平的制罐工艺与技术，但是需要特殊机械，20 世纪 80 年代国内粮食系统引进多套加工机械并且在粮仓上有大量的应用，目前也逐步应用于污水处理。

(2) 拼装制罐技术

拼装技术采用高新技术制成的罐体材料，以快速低耗的现场拼装方式最终成型，组成成套化的单元反应器设备，使污水处理设备的全套装置达到技术先进、配置合理、性能优良、耐腐性好、维修便利、外表美观的效果。罐体材料将根据不同反应器采用软性搪瓷或其他防腐形式预制的钢板，采用以栓接方式拼装，栓接处加特制密封材料防漏，预制钢板形成的保护层不仅能阻止罐体腐蚀，而且具有抗酸碱的功能。

第三节　其他厌氧生物处理器

一、厌氧内循环(IC)反应器

(一)基本情况

1985年，内循环厌氧消化器(IC)由荷兰PAQEUSE公司研究并用于中试生产，1989年，在荷兰的Den Bdsch建造了第一座IC反应器，其容积达970m^3，处理啤酒废水，进水容积负荷率达20.4kgCOD/(m^3·d)，反应器高22m。

IC处理技术从问世以来已成功应用于土豆加工、菊苣加工、啤酒、柠檬酸和造纸等废水处理中。1985年荷兰首次应用IC反应器处理土豆加工废水，容积负荷高达35~50kgCOD/(m^3·d)，停留时间4~6 h；而处理同类废水的UASB反应器容积负荷仅有10~15kg/(m^3·d)，停留时间长达十几到几十个小时。

在啤酒废水处理工艺中，IC技术应用得较多，我国已有多家啤酒厂引进了此工艺。从运行结果看，IC工艺COD容积负荷可达15~30kgCOD/(m^3·d)，停留时间2~4.2h，COD去除率大于75%；而UASB反应器COD容积负荷仅有4~7kgCOD/(m^3·d)，停留时间近10h。

对于处理高浓度和高盐度的有机废水，IC反应器也有成功的经验。位于荷兰Roosendaal的一家菊苣加工厂的废水，COD约7900mg/L，SO_4^{2-}为250mg/L，Cl^-为4200mg/L。采用22m高、1100m^3容积的IC反应器，容积负荷达31kgCOD /(m^3·d)，COD去除率大于80%，平均停留时间6.1h。

无锡罗氏中亚柠檬有限公司的IC厌氧处理系统进水COD一般在8000mg/L以上，pH值5.0左右，COD容积负荷可达30 kgCOD/(m^3·d)，出水COD基本在2000mg/L以下，每千克COD产沼气0.42m^3左右。

(二)IC反应器的构造

IC反应器是目前效能很高的厌氧消化器，可以看成是两个UASB反应器串联。其构造特点是具有较大的高径比，可达4~8，反应器的高度可达16~25m。

IC反应器构造示意图和实物见图6-21。由图可知，进水通过泵由反应器底部进入第一反应室，与该室内的厌氧颗粒污泥均匀混合。污水中所含的大部分有机物在这里被转化成沼气，所产生的沼气被第一反应室的集气罩收集，沼气将沿着提升管上升。沼气上升的同时，把第一反应室的混合液提升至设在反应器顶部的气液分离器，被分离出的沼气由气液分离器顶部的沼气排出管排走。分离出的泥水混合液沿着回流管回到第一反应室的底部，并与底部的颗粒污泥和进水充分混合，实现第一反应室混合液的内部循环。内循环的结果是，第一反应室不仅有很高的生物量、很长的污泥龄，并具有较大的升流速度，使该室内的颗粒污泥完全达到流化状态，有很高的传质速率，使生化反应速率提高，从而提高第一反应室的去除有机物能力。经过第一反应室处理过的污水进入第二反应室继续处理。水中的剩余有机物可被第二反应室内的厌氧颗粒污泥进一步降解，使废水得到更好的净化，产生的沼气由第二反应室的集气罩收集，通过集气管进入气液分离器。第二反应室的泥水混合液进入沉淀区进行固液分离，处理过的上清液由出水管排走，沉淀下来的污泥可自动返回第二反应室。

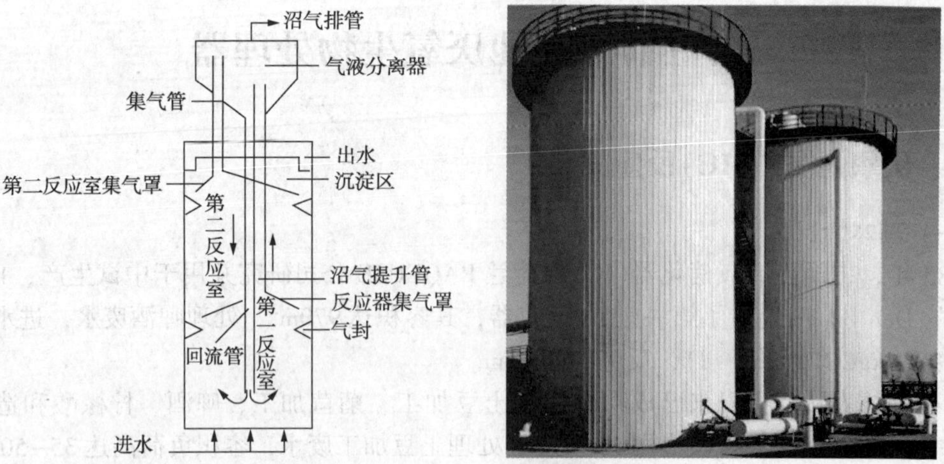

图 6-21　IC 反应器构造示意和实物图

IC 反应器实际上是由两个上下重叠的 UASB 反应器串联组成的。由下面第一个 UASB 反应器产生的沼气作为提升的内动力，使升流管与回流管的混合液产生密度差，实现下部混合液的内循环，使废水获得强化预处理。上面的 UASB 反应器对污水继续进行后处理（或称精处理），使出水达到预期的处理要求。

1. 混合区

反应器底部进水、颗粒污泥和气液分离区回流的泥水混合物有效地在此区混合。

（1）第一厌氧区

混合区形成的泥水混合物进入该区，在高浓度污泥作用下，大部分有机物转化为沼气。混合液上升流和沼气的剧烈扰动使该反应区内污泥呈膨胀和流化状态，加强了泥水表面接触，污泥由此而保持着高的活性。随着沼气产量的增多，一部分泥水混合物被沼气提升至顶部的气液分离区。

（2）气液分离区

被提升的混合物中的沼气在此与泥水分离并导出处理系统，泥水混合物则沿着回流管返回到最下端的混合区，与反应器底部的污泥和进水充分混合，实现了混合液的内部循环。

（3）第二厌氧区

经第一厌氧区处理后的污水，除一部分被沼气提升外，其余的都通过三相分离器进入第二厌氧区。该区污泥浓度较低，且污水中大部分有机物已在第一厌氧区被降解，因此沼气产生量较少。沼气通过沼气管导入气液分离区，对第二厌氧区的扰动很小，这为污泥的停留提供了有利条件。

2. 沉淀区

第二厌氧区的泥水混合物在沉淀区进行固液分离，上清液由出水管排走，沉淀的颗粒污泥返回第二厌氧区污泥床。

从 IC 反应器工作原理中可见，反应器通过 2 层三相分离器来实现 SRT>HRT，获得高污泥浓度；通过大量沼气和内循环的剧烈扰动，使泥水充分接触，获得良好的传质效果。

（三）IC 工艺技术优点

（1）容积负荷高。IC 反应器内污泥浓度高，微生物量大，且存在内循环，传质效果好，进水有机负荷可超过普通厌氧反应器的 3 倍以上；

（2）抗冲击负荷能力强。处理低浓度污水（COD 为 2000～3000mg/L）时，反应器内循环流量可达进水量的 2～3 倍；处理高浓度污水（COD 为 10000～15000mg/L）时，内循环流量可达进水量的 10～20 倍。大量的循环水和进水充分混合，使原水中的有害物质得到充分稀释，大大降低了毒物对厌氧消化过程的影响；

（3）具有缓冲 pH 的能力。内循环流量相当于第 1 厌氧区的出水回流，可利用 COD 转化的碱度，对 pH 起缓冲作用，使反应器内 pH 保持最佳状态，同时还可减少进水的投碱量；

（4）内部能实现自动循环，不必外加动力。IC 反应器以自身产生的沼气作为提升的动力来实现混合液内循环，不必设泵强制循环，节省了动力消耗；

（5）节省投资和占地面积。IC 反应器容积负荷率高出普通 UASB 反应器 3 倍左右，其体积相当于普通反应器的 1/4～1/3 左右，降低了反应器的基建投资。而且 IC 反应器高径比很大（一般为 4～8），占地面积省，适合用地紧张的工矿企业。

（四）IC 反应器存在的问题

COD 容积负荷大幅度提高，使 IC 反应器具备很高的处理容量，同时也带来了一些新的问题：

（1）IC 反应器内部结构比普通厌氧反应器复杂，设计施工要求高。反应器高径比大，增加了进水泵的动力消耗，提高了运行费用；加快了水流上升速度，使出水中细微颗粒物比 UASB 多，加重了后续处理的负担；另外内循环中泥水混合液的上升还易产生堵塞现象，使内循环瘫痪，处理效果变差；

（2）IC 反应器较短的水力停留时间会影响不溶性有机物的去除效果；

（3）在厌氧反应中，有机负荷、产气量和处理程度三者之间存在着密切的联系和平衡关系。一般较高的有机负荷可获得较大的产气量，但处理程度会降低。因此，IC 反应器的总体去除效率相比 UASB 反应器来讲要低些；

（4）缺乏在 IC 反应器水力条件下培养活性和沉降性能良好的颗粒污泥关键技术。目前国内引进的 IC 反应器均采用荷兰进口的颗粒污泥接种，增加了工程造价。

上述问题有待在对 IC 厌氧处理技术内部规律进行更深入探讨的基础上，结合工程实践加以克服，使这一新技术更加完善。

（五）IC 处理技术应用现状及发展前景

表 6-12 列出了 IC 反应器和 UASB 反应器处理典型污水的对照结果，从表中数据可以看出，IC 反应器在一定程度上解决了 UASB 反应器的不足，提高了反应器单位容积的处理容量。

表 6-12　IC 反应器与 UASB 反应器处理同类污水的对比结果

对比指标	反应器类型			
	IC 反应器		UASB 反应器	
	啤酒污水	土豆加工污水	啤酒污水	土豆加工污水
反应器体积/m^3	6×162	100	1400	2×1700
反应器高度/m	20	15	6.4	5.5
水力停留时间/h	2.1	4.0	6	5.5
容积负荷/[kgCOD/(m^3·d)]	24	48	6.8	10
进水 COD/(mg/L)	2000	6000～8000	1700	12000
COD 去除率/%	80	85	80	95

由表 6-10 可知，在处理同类污水时，IC 反应器的高度一般为 UASB 反应器的 3~4 倍，IC 反应器的容积负荷一般为 UASB 反应器的 4 倍左右。

随着生产的发展，经济高效、节能省地的厌氧反应器越来越受到水处理工作者的青睐。IC 反应器的一系列技术优点及其工程成功实践，是现代厌氧反应器的一个突破，值得进一步研究开发。而且由于反应器容积小，生产、运输、安装和维修都十分方便，产业化前景也很乐观。

(六) 基本设计参数

IC 反应器主要设计参数有：

(1) COD 去除率：对于易降解如啤酒、淀粉等废水，COD 的去除率一般可达 80%~85%。其中第一厌氧反应室去除 COD 的能力约占反应器总去除 COD 能力的 80%左右；其产气量也为反应器总产气量的 80%；

(2) 反应器的进水容积负荷：一般可采用的范围为 15~25kgCOD/(m^3·d)；对于易降解的有机废水可取高限，为了留有余地可取低限。IC 反应器的 COD 容积负荷可参照表 6-13 选取；

表 6-13 IC 反应器 COD 容积负荷

温度/℃	COD 容积负荷/[kgCOD/(m^3·d)]
10	5~10
15	10~15
20	15~120
30	20~30
40	20~30

(3) 反应器的有效水深：一般为 5~25m，一般可采用 16~20m。对浓度较低的废水可取低限，为了节省动力消耗，设计时反应器的高度不宜太高；

(4) 混合液上升流速：第一反应室的混合液的上升流速控制在 10~20m/h，第 2 反应室的混合液的上升流速控制在 2~10m/h；

(5) 升流管的管径：不能大于 150mm；反应器规模大时可设多根升流管；

(6) IC 反应器的运行温度：一般在 30~35℃，每去除 1kgCOD 能产生 0.5m^3 左右沼气；

(7) 高径比与横截面积：国外的生产装置，高径比一般为 4~8，反应器的直径和高度的关系主要通过选择适当的表面负荷。根据反应器的高度、容积以及表面负荷，便可以确定反应器的横截面积。

二、厌氧膨胀颗粒污泥床(EGSB)反应器

EGSB 反应器为一种改进型的 UASB 反应器，通过对 UASB 反应器以下几方面的改进获得：一是通过改进 UASB 反应器的进水布水系统，提高液体表面上升流速以及沼气的搅动能力；二是设计较大的高径比；三是增加出水再循环来提高反应器内液体的流速，这些改进使反应器内的液体上升流速远高于 UASB 反应器，高的液体上升流速消除了死区，获得更好的泥水混合效果。

根据载体流态化原理，EGSB 反应器中装有一定量的颗粒污泥载体，当有机污水及其所产生的沼气自下而上地流过颗粒污泥床层时，载体与液体间会出现不同的相对运动，导致床

层呈现不同的工作状态。在污水液体表面上升流速较低时，反应器中的颗粒污泥保持相对静止，污水从颗粒间隙内穿过，床层的空隙率保持稳定，但其压降随着液体表面上升流速的提高而增大。当流速达到一定数值时，压降与单位床层的载体重量相等，继续增加流速，床层空隙便开始增加，床层也相应膨胀，但载体间依然保持相互接触；当液体表面上升流速超过临界流化速度后，污泥颗粒即呈悬浮状态，颗粒床被流态化，继续增加进水流速，床层的空隙率也随之增加，但床层的压降相对稳定；再进一步提高进水流速到最大流化速度时，载体颗粒将产生大量的流失。

从载体流态化的工作状况可以看出，EGSB 反应器的工作区为流态化的初期，即膨胀阶段(容积膨胀率约为 10%~30%)，在此条件下，进水流速较低，一方面可保证进水基质与污泥颗粒的充分接触和混合，加速生化反应进程，另一方面有利于减轻或消除静态床(如 UASB)中常见的底部负荷过重的状况，增加反应器对有机负荷，特别是对毒性物质的承受能力。

(一) EGSB 反应器特点

(1) 颗粒污泥床层处于膨胀状态，使进水能与颗粒污泥能充分接触，提高了传质效率，有利于基质和代谢产物在颗粒污泥内外的扩散、传送，保证了反应器在较高的容积负荷条件下正常运行。

(2) 高 COD 负荷，可达到 40kgCOD/(m^3 · d)。

(3) 液体上升流速在 2. 5~6m/h(最高可达 10m/h)。

(4) 厌氧颗粒污泥活性高，沉降性能好，粒径和强度较大，抗冲击负荷能力强。

(5) 避免反应器内死角和短流的产生。

(6) 反应器为塔式结构，高径比(H/D)较大，占地面积小；采用外循环，动力消耗大；与 UASB 反应器的混合方式不同，由于较高的液体上升流速和气体搅动，使泥水的混合更充分；抗冲击负荷能力强，运行稳定性好。内循环的形成使得反应器污泥膨胀床区的实际水量远大于进水量，循环回流水稀释了进水，大大提高了反应器的抗冲击负荷能力和缓冲 pH 值变化能力。

(7) 适用范围广，可用于 SS 含量高和对微生物有抑制性的污水处理；在处理低温和低浓度有机污水时，有一定优势。

(二) EGSB 反应器的结构

EGSB 反应器的结构主要包括进水与布水部分、反应区部分、出水与出水循环部分、三相分离器部分等，EGSB 反应器及构造示意图见图 6-22。

1. 进水配水系统

进水配水系统主要是将污水尽可能均匀地分配到整个反应器，并具有一定的水力搅拌功能。它是反应器高效运行的关键之一。布水装置宜采用一管多孔式布水，孔口流速应大于 2m/s，穿孔管直径大于 100mm。配水管中心距反应器池底宜保持 150~250mm 的距离。可配置卵石作承托层，卵石直径宜为 8~16mm，厚度宜为 200~300mm。

2. 反应区

其中包括污泥床区和污泥悬浮层区，有机物主要在这里被厌氧菌所分解，是反应器的主要部位。

3. 三相分离器

三相分离器由沉淀区、回流缝和气封组成，其功能是把沼气、污泥和液体分开。污泥经

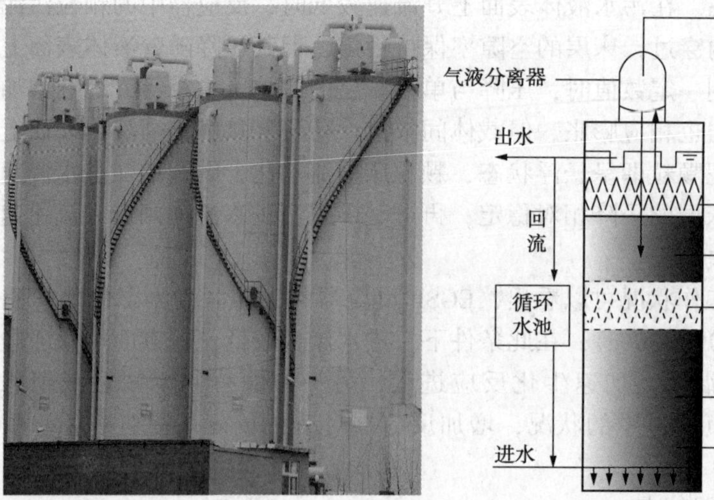

图 6-22　EGSB 反应器及构造示意图

沉淀区沉淀后由回流缝回流到反应区，沼气分离后进入气室。三相分离器的分离效果将直接影响反应器的处理效果。三相分离器沉淀区的表面负荷宜小于 3.0m³/(m²·h)，停留时间为 1~1.5h。EGSB 反应器可采用单层三相分离器，也可采用双层三相分离器；设置双层三相分离器时，下层三相分离器宜设置在反应器中部，上层三相分离器设置在反应器上部。三相分离器宜选用高密度聚乙烯(HDPE)、碳钢、不锈钢等材料，如采用碳钢材质应进行防腐处理。因为 EGSB 反应器内的液体上升流速要比一般升流式反应器大得多，因此必须对三相分离器进行特殊改进。改进可以有以下几种方法：

(1) 增加一个可以旋转的叶片，在三相分离器底部产生一股向下水流，有利于污泥的回流；

(2) 采用筛鼓或细格栅，可以截留细小颗粒污泥；

(3) 在反应器内设置搅拌器，使气泡与颗粒污泥分离；在出水堰处设置挡板，以截留颗粒污泥。

4. 出水循环系统和排水系统

(1) 出水循环系统

出水循环部分是 EGSB 反应器不同于 UASB 反应器之处，其主要目的是提高反应器内的液体上升流速，使颗粒污泥床层充分膨胀，污水与微生物之间充分接触，加强传质效果，还可以避免反应器内死角和短流的产生。

反应器的循环装置有出水外循环和气提式内循环两种方式。

① 出水外循环是由水泵加压实现，须消耗一部分动力；出水外循环的回流比宜在 100%~300%之间，应单独设置循环水池，循环水池停留时间为 5~10min，为回收颗粒污泥宜在循环水池内设细格筛。外循环进水点宜设置在原水进水管道上，与原水混合后一起进入反应器，出水回流可采用低扬程管道泵直接加压。

② 当设置两层三相分离器时，可采用气提式内循环方式，气提式内循环以自身产生的沼气作为提升动力来实现混合液的内循环。内循环的流量根据下层三相分离器的产气量(进水 COD 浓度)确定。气提式内循环在反应器内设回流管，回流点应设置在反应器底部。

(2) 出水收集装置

排水系统的作用是把沉淀区表层处理过的水均匀地加以收集，排出反应器出水收集装置应设在 EGSB 反应器顶部。圆柱形反应器出水宜采用放射状的多槽或多边形槽出水方式。集水槽上应加设三角堰，堰上水头应大于 25mm，出水堰口负荷宜小于 1.7L/(m · s)。处理后的污水中含有一定量的悬浮固体，宜在出水收集装置前设置挡板。

5. 气室

也称集气罩，其作用是收集沼气。集气室的上部应设置消泡喷嘴，集气罩出气管的直径应保证从集气室引出沼气。反应器顶部应设置气液分离罐，分离罐的容积宜为沼气小时流量的 10%~20%；气液分离罐与三相分离器通过集气管相连接。

6. 浮渣清除系统

其功能是清除沉淀区液面和气室表面的浮碴，如浮渣不多可省略。

7. 排泥系统

其功能是均匀地排除反应区的剩余污泥。EGSB 反应器处理污水一般不加热，利用污水本身的水温。如果需要加热提高反应的温度，则采用与对消化池加热相同的方法。但反应器一般都采用保温措施，方法同消化池。反应器必须采取防腐蚀措施。

反应器宜采用重力多点排泥方式，排泥点宜设在污泥区的中上部和底部，中上部排泥点距出水堰口宜为 0.5~1.5m。排泥管管径应大于 150mm；底部排泥管可兼作放空管。

（三）设计

1. 进水要求

① pH 值为 6~9；

② 常温厌氧温度宜为 20~25℃，中温厌氧温度宜为 30~35℃，高温厌氧温度宜为50~55℃；

③ 进水 COD 浓度宜为 1000~30000mg/L；悬浮物含量小于 2000mg/L；氨氮小于 2000mg/L；废水中硫酸盐浓度宜小于 1000mg/L 或 COD/SO_4^{2-} 比值大于 10；

④ 严格控制重金属、氰化物、酚类等物质进入厌氧反应器的浓度或通过高回流比(20~30 倍)来实现处理有毒及难降解废水；

⑤ 如果不能满足上述进水要求，宜采用相应的预处理措施。

2. 容积

多采用进水容积负荷法确定，计算公式可参照式(6-9)。

$$V = Q \times S_i / L_v \tag{6-9}$$

式中 V——反应器有效容积，m^3；

Q——污水流量，m^3/d；

S_i——进水 COD 浓度，mg/L；

L_v——COD 容积负荷，kgCOD/(m^3 · d)。

容积负荷 L_v 值可参考表 6-14。

表 6-14 EGSB 反应器容积负荷 L_v 参考值

温度/℃	反应器的容积负荷/[kgCOD/(m^3 · d)]	
	水解酸化后的废水	未水解酸化废水
20~25	7~15	5~10
30~35	10~25	10~18

3. 池的布置与有关参数

① 为使反应器具有灵活调节的运行方式，且便于污泥培养和启动，一般设置两个系列，反应器的最大单体体积应小于 1500m^3；

② 反应器的有效水深应在 16~24m；

③ 反应器内污水的上升流速宜在 3~7m/h；

④ 反应器宜为圆柱状塔形，反应器的高径比 3~8；

⑤ 反应器宜采用不锈钢、碳钢加防腐涂层等材料，也可采用钢筋混凝土结构。

（四）发展趋势

随着国民经济的快速发展，城市生活污水和工业污水的总量也迅速增加。为了达到可持续性发展的要求，必须不断地开发和利用新型高效的反应器。在过去的 20 年里，UASB 反应器已经发挥了重要的作用，而作为对 UASB 反应器改进的 EGSB 反应器，在处理低温低浓度的污水以及高浓度或有毒性工业污水方面具有其他厌氧反应器不可比拟的优势，但由于目前国内对 EGSB 在这方面的应用研究不多，尚未有生产规模的 EGSB 出现。国外在 EGSB 反应器处理中、高浓度污水方面的研究较多，国内学者也在这方面做了一些研究，并已投入应用，取得了较好的效果，发展前景较好。EGSB 利用回流系统将硫酸盐或有毒、难降解物质的浓度稀释，在处理含硫酸盐污水和有毒性、难降解污水方面具有一定的优势，将是今后高浓度难降解有机污水高效处理工艺的发展趋势。

第四节　水解酸化反应器

一、水解酸化反应器的定义与类型

1. 定义

根据水解酸化反应器污水处理工程技术规范（HJ 2047—2015），水解酸化反应器是指将厌氧生物反应控制在水解和酸化阶段，利用厌氧或兼性菌在水解和酸化阶段的作用，将污水中悬浮性有机固体和难生物降解的大分子物质（包括碳水化合物、脂肪和脂类等）水解成溶解性有机物和易生物降解的小分子物质，小分子有机物再在酸化菌作用下转化成挥发性脂肪酸的污水处理装置。

2. 类型

（1）升流式水解酸化反应器

在单一反应器中，污水自反应器底部的布水装置均匀地自下而上通过污泥层（平均污泥浓度为 15~25g/L）上升至反应器顶部的过程中实现水解酸化、去除悬浮物等功能的水解酸化反应器。

（2）复合式水解酸化反应器

在升流式水解酸化反应器的污泥床内增设填料层的水解酸化反应器。

（3）完全混合式水解酸化反应器

在反应器内设置搅拌装置使污水与污泥完全混合实现水解酸化的反应器，一般后接沉淀池分离污水、污泥并回流污泥至水解酸化反应器。

二、工艺设计

1. 一般规定

（1）处理城镇污水宜采用升流式水解酸化反应器。

（2）处理工业污水时，可根据污水水质、水量等情况选用适宜的水解酸化反应器，若反应器中污泥增长缓慢可采用复合式水解酸化反应器。

2. 升流式水解酸化反应器

（1）反应器结构

升流式水解酸化反应器主要由池体、布水装置、出水收集装置、排泥装置组成。

（2）池容及池体

升流式水解酸化反应器有效容积宜采用水力负荷或水力停留时间法，按下面公式计算：

$$V = Q \times HRT$$

式中 V——水解酸化反应器有效容积，m^3；

Q——设计流量，m^3/h；

HRT——水力停留时间，h。

（3）水力停留时间

应通过试验或参照类似工程确定，在缺少相关资料时，城镇污水的水力停留时间一般取2~4h；啤酒污水、屠宰污水、食品污水、制糖污水等一般取2~6h；造纸污水、焦化污水、煤化工污水、石化污水、制革污水、含油污水、纺织染整污水等，包括工业园区污水的水力停留时间一般取4~12h；其他难降解有机污水取10h以上。

（4）反应器型式

宜为圆形或矩形，矩形反应器的长宽比宜为1：1~5：1。升反应器的建筑材料可采用钢筋混凝土结构或不锈钢、碳钢加防腐涂层等材料。升流式水解酸化反应器的有效水深宜为4~8m，超高0.5~1.0m。反应器污水上升流速宜为0.5~2.0m/h，对于难降解污水可适当降低上升流速或增加出水回流。

（5）布水装置

宜采用多点式布水装置，每个点布水面积不宜大于$2m^2$，根据需要可选择一管一孔式布水、一管多孔式布水、枝状布水以及脉冲式布水等。布水装置进水点距反应器池底宜保持150~250mm的距离。一管多孔式布水孔口流速应大于2m/s，配水干支管流速应大于1m/s，穿孔管布水需要设置反冲洗管。

① 一管一孔式布水宜用布水器布水；从布水器到布水口宜采用直管；管道顶部垂直段流速应控制在0.2~0.4m/s；管道垂直段上部管径应大于下部管径。

② 枝状布水支管出水孔向下距池底宜为200mm；出水管孔径应在15~25mm之间；出水孔处宜设45°斜向下布导流板，出水孔应正对池底。

③ 脉冲式布水器尺寸应根据设计流量和脉冲布水周期确定，池深应在6.5m以上，防止脉冲过程中污泥流失过多。

（6）出水收集装置

出水宜采用堰式出水，出水堰口负荷不应大于2.9L/(s·m)。出水应在汇水槽上加设三角堰；堰上水头大于25mm，水位于三角堰齿1/2处。出水收集系统应设在水解酸化反应器顶部。采用矩形反应器时出水宜采用平行出水堰的多槽出水方式。采用圆形反应器时出水宜采用放射状的多槽或多边形槽出水方式。

3. 复合式水解酸化反应器

(1) 复合式水解酸化反应器的池容、池体、布水及出水收集装置、排泥装置的设计可参照升流式水解酸化反应器的要求执行。

(2) 复合式水解酸化反应器装填的填料应具有对微生物无毒害、易挂膜、质轻、高强度、抗老化、比表面积大和空隙率高等特征。

(3) 填料的装填方式可采用悬挂式和固定式等。不同类型的填料可组合应用。

4. 完全混合式水解酸化反应器

(1) 完全混合式水解酸化反应器容积可参照升流式水解酸化反应器的设计公式确定。

(2) 水力停留时间应通过试验或参照类似工程确定，在缺少相关资料时，水力停留时间按下式确定：

$$HRT = C/X$$

式中 X——水解酸化反应器中平均污泥浓度，一般取 4~8g/L；

C——常数，h·g/L，取值如下：啤酒污水、屠宰污水、食品污水、制糖污水等取 30~80；造纸污水、焦化污水、煤化工污水、石化污水、制革污水、含油污水、纺织染整污水等，包括工业园区污水取 60~150；其他难降解有机污水取值应大于 120。

(3) 完全混合式水解酸化反应器宜设置机械搅拌器，搅拌功率不低于 6W/m^3，不可采用曝气方式搅拌。

(4) 完全混合式水解酸化反应器应在反应器后设置沉淀池回流污泥，沉淀池的设计按 HJ 2014、GB 50014 的规定执行。

(5) 沉淀池污泥回流比不宜小于 100%，污泥回流设备宜有调节流量的措施。

(6) 完全混合式水解酸化反应器内污泥浓度不宜低于 4g/L。

(7) 水解酸化反应器后续处理一般为各类好氧处理工艺，好氧剩余污泥可排入水解酸化反应器进行消化减量处理。根据水质，后续处理也可以为厌氧等，这种处理方法属于分段厌氧处理法。

第五节 分段厌氧处理法

将水解酸化过程和甲烷化过程分开在两个反应器内进行，以使两类微生物都能在各自的最适条件下生长繁殖。第一段的功能是：水解和液化固态有机物为有机酸；缓冲和稀释负荷冲击与有害物质，并将截留难降解的固态物质。第二段的功能是：保持严格的厌氧条件和 pH 值，以利于甲烷菌的生长，降解、稳定有机物，产生含甲烷较多的消化气，并截留悬浮固体，以改善出水水质。二段式厌氧处理法的流程可灵活多样，可以采用不同构筑物予以组合。两步厌氧法具有如下特点：

① 耐冲击负荷能力强，运行稳定，避免了一步法不耐高有机酸浓度的缺陷；

② 两阶段反应不在同一反应器中进行，互相影响小，可更好地控制工艺条件；

③ 消化效率高，尤其适于处理含悬浮固体多、难消化降解的高浓度有机污水；

④ 两步法设备较多，流程和操作复杂。

分段厌氧处理法并不是对各种污水都能提高负荷率。例如，对于固态有机物低的污水，不论用一段法或二段法，负荷率和效果都差不多。因此，究竟采用什么样的反应器以及如何组合，要根据具体的水质等情况而定。

第七章　生物脱氮除磷

一般的活性污泥法以去除污水中可降解有机物和悬浮物为主要目的，对污水中氮、磷的去除没有特殊要求，随着对水体环境质量要求的提高，对污水处理厂出水的氮、磷控制也越来越严格，因此有必要采取脱氮除磷的措施。一般来说，对污水中氮、磷的处理有物化法和生物法，而生物法脱氮除磷具有高效低成本的优势，目前出现了许多采用生物脱氮除磷的新工艺。

第一节　生物脱氮与除磷工艺

一、生物脱氮除磷工艺的选择

按生物脱氮除磷的要求不同，生物脱氮除磷分为五个层次，相应需要不同的处理工艺来完成，表 7-1 列出了生物脱氮除磷的五个层次及对工艺的选择。

表 7-1　生物脱氮除磷 5 个层次对工艺的选择

处理目标	处理工艺
去除有机氮和氨氮	采用合并硝化或单独硝化、短流程硝化
去除总氮	硝化与反硝化，对于不同的 TN 要求，需要选择不同的脱氮工艺；短流程硝化
去除磷	A/O、弗斯特利普(Phostrip)除磷工艺
去除氨氮和磷	A^2/O、改良 A^2/O、多级生物脱氮除磷工艺
去除总氮和磷	

对于不同的 TN 出水水质要求，需要选择不同的脱氮工艺，不同的 TN 出水水质要求与脱氮工艺的选择见表 7-2。

表 7-2　不同 TN 出水水质要求对脱氮工艺的选择

出水对 TN 的要求	脱氮工艺
8~12mg/L	所有单级活性污泥系统、氧化沟、SBR
6~8mg/L	A^2/O、改良 A^2/O、氧化沟、SBR、短流程硝化
≤6mg/L	多级生物脱氮系统、短流程硝化

生物除磷工艺所需 BOD_5 或 COD 与 TP 之间有一定的比例要求，生物除磷工艺所需 BOD_5 或 COD 与 TP 的比例要求见表 7-3。

表 7-3　生物除磷工艺所需 BOD_5 或 COD 与 TP 的比例要求

生物除磷工艺		BOD_5/TP($mgBOD_5$/mgTP)	COD/TP(mg COD /mgTP)
高效除磷工艺	无硝化 A/O、UTC	15~20	26~34
中效除磷工艺	硝化 A/O、A^2/O	20~25	34~43
低效除磷工艺	氧化沟	大于 25	大于 43

二、A/O 工艺生物脱氮工艺

（一）工艺流程

A/O 工艺以除氮为主时，基本工艺流程如图 7-1。A/O 工艺有分建式和合建式工艺两种。分建式即硝化、反硝化与 BOD 的去除分别在两座不同的反应器内进行；合建式则在同一座反应器内进行。

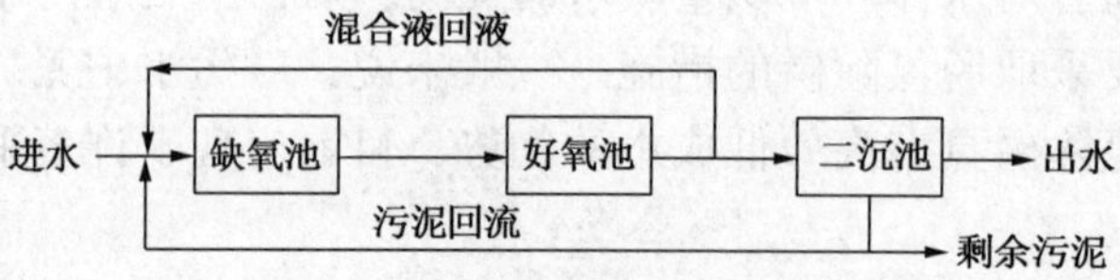

图 7-1　缺氧/好氧工艺流程

合建式反应器节省了基建和运行费用以及容易满足处理工程对碳源和碱度等条件的要求，但受以下因素影响：溶解氧（0.5~1.5mg/L）、污泥负荷[0.1~0.15kgBOD_5/(kgMLSS·d)]、C/N 比（6~7）、pH 值（7.5~8.0），而不易控制。

对于 pH 值，分建式 A/O 工艺中，硝化液一部分回流至反硝化池，池内的反硝化脱氮菌以原污水中的有机物作碳源，以硝化液中 NO_x-N 中的氧作为电子受体，将 NO_x-N 还原成 N_2，不需外加碳源。反硝化池还原 1gNO_x-N 产生 3.57g 碱度（以 $CaCO_3$ 计），可补偿硝化池中氧化 1gNH_3-N 所需碱度（7.14g）的一半，所以对含 N 浓度不高的污水，不必另行投碱调 pH 值，反硝化池残留的有机物可在好氧硝化池中进一步去除。

碱度是指污水中能与酸发生中和作用的物质的总量，这类物质包括强碱、弱碱、强碱弱酸盐等。硝化细菌对 pH 的反应敏感，在 pH 中性或微碱性条件下（pH 值为 8~9 的范围内），其生物活性最强，硝化过程迅速。当 pH 值大于 9.6 或小于 6.0 时，硝化菌的生物活性将受到抑制并趋于停止。因为硝化反应释放 H^+，需要加碱来平衡，一般可用来投加的碱有碳酸钠或碳酸氢钠等。

一般来说分建式反应器（A/O 工艺）硝化、反硝化的影响因素控制范围可以相应增大，更为有效地发挥和提高活性污泥中某些微生物（如硝化菌、反硝化菌等）所特有的处理能力，从而达到脱氮、处理难降解有机物的目的，减少了生化池的容积，提高了生化处理效率，同时也节省了环保投资及运行费用；而合建式 A/O 工艺便于对现有推流式曝气池进行改造。

（二）特点

1. 优点

（1）同时去除有机物和氮，流程简单，构筑物少，只有一个污泥回流系统和混合液回流系统，节省基建费用；

（2）反硝化缺氧池不需外加有机碳源，降低了运行费用；

（3）好氧池在缺氧池后，可使反硝化残留的有机物得到进一步去除，提高了出水水质；

（4）缺氧池中污水的有机物被反硝化菌所利用，减轻了好氧池的有机物负荷，同时缺氧池中反硝化产生的碱度可弥补好氧池中硝化需要碱度的一半。

2. 缺点

（1）脱氮效率不高，一般去除率为 70%~80%；

（2）好氧池出水含有一定浓度的硝酸盐，如二沉池运行不当，则会发生反硝化反应，造成污泥上浮，使处理水水质恶化。

（三）影响工艺的因素

（1）水力停留时间 t

反硝化 $t\leqslant 2h$，硝化 $t\geqslant 6h$，当硝化水力停留时间与反硝化水力停留时间为 3∶1 时，氨氮去除率达到 70%~80%，否则去除率下降。

（2）有机物浓度与 DO

进入硝化好氧池中 $BOD_5\leqslant 80mg/L$；硝化好氧池中 DO 大于 2mg/L。

（3）BOD_5/NO_x-N 比值

反硝化缺氧池污水中溶解氧性的 BOD_5/NO_x-N 比值应大于 4，以保证反硝化过程中有充足的有机碳源。

（4）混合液回流比

混合液回流比不仅影响脱氮效率，而且影响动力消耗。混合液回流比对脱氮效率的影响见表 7-4。从表中可以看出，$R_N\leqslant 50\%$，脱氮效率 η_N 很低；$R_N<200\%$，η_N 随 R_N 的上升而显著上升，当 $R_N>200\%$ 后，η_N 上升比较缓慢，一般内回流比控制在 200%~400%。

表 7-4　混合液回流比对脱氮效率的影响

R_N/%	50	100	200	300	400	500	600	700	800	900
脱氮效率 η_N/%	33.3	50	66.7	75	80	83.3	85	87.5	88.8	90

（5）污泥浓度（MLSS）

污泥浓度一般要求大于 3000mg/L，否则脱氮效率下降。

（6）污泥龄（θ_c）

污泥龄应达到 15d 以上。

（7）硝化段的污泥有机负荷率

硝化段的污泥有机负荷率要小于 $0.18kgBOD_5/(kgMLSS\cdot d)$；硝化段的 TKN/MLSS 负荷率小于 0.05kgTKN/(kgMLSS·d)。

（8）温度与 pH 值

硝化最适宜的温度 20~30℃，反硝化最适宜的温度 20~40℃；硝化最佳 pH 值 8~8.4、反硝化最佳 pH 值 6.5~7.5。

（9）原污水总氮浓度 TN

原污水总氮浓度 TN<30mg/L。

（四）A/O 工艺设计参数

A/O 工艺设计参数见表 7-5。

表 7-5　A/O 工艺设计参数

参数名称	数　值
水力停留时间/h	$t_{缺氧}$∶$t_{好氧}$＝1∶(3~4)　一般 $t_{好氧}\geqslant 6h$，$t_{缺氧}\leqslant 2h$
溶解氧/(mg/L)	O 段大于 1；A 段小于 0.5
pH	A 段 8.0~8.4；O 段 6.5~8.0
温度/℃	20~30
污泥泥龄/d	大于 15(15~23)
污泥负荷 N_s/[$kgBOD_5/(kgMLSS\cdot d)$]	≤0.18
污泥浓度 MLSS/(mg/L)	3000~5000
总氮负荷/[kgTN/(kgMLSS·d)]	≤0.05

续表

参数名称	数　值
混合液回流比/%	300~400
污泥回流比/%	50~100
BOD_5/TN	≥4
反硝化池 S-BOD_5/NO_x-N	反硝化池进水溶解性 BOD_5 浓度与 NO_x-N 浓度之比值，即 S-BOD_5/NO_x-N≥4

(五) A/O 工艺设计计算

包括缺氧池(区)容积计算、好氧区容积、混合液回流量、需氧量的计算。

1. 缺氧池(区)容积计算、好氧区容积、混合液回流量计算

其计算公式见表 7-6。

表 7-6　缺氧池(区)容积、好氧区容积、混合液回流量的计算公式

计算项目	计算公式	参数说明
缺氧池(区)有效容积	$V_n = \dfrac{0.001Q(N_k - N_{te}) - 0.12\Delta X_v}{K_{de(T)}X}$ $K_{de} = K_{de(20)}1.08^{(T-20)}$ $\Delta X_v = \gamma Y_t \dfrac{Q(S_0 - S_e)}{1000}$	V_n——缺氧池(区)容积，m^3； Q——生物反应池的设计流量，m^3/d； X——生物反应池内混合液悬浮固体平均浓度，gMLSS/L； N_k——生物反应池进水总凯氏氮浓度，mg/L； N_{te}——生物反应池出水总氮浓度，mg/L； ΔX_v——排出生物反应池系统的微生物量，kgMLVSS； $K_{de(T)}$——T℃时的脱氮速率，kgNO_x-N/(kgMLSS·d)，宜根据试验资料确定； $K_{de(20)}$——20℃时的脱氮速率，宜取 0.03~0.06kgNO_x-N/(kgMLSS·d)； T——设计温度,℃； Y_t——污泥总产率系数，宜根据试验资料确定，无试验资料时，系统有初沉池时取 0.3kgMLSS/kgBOD_5，无初沉池时取 0.2~0.6kgMLSS/kgBOD_5； Y——单位容积混合液中，活性污泥固体物质总量(MLSS)中挥发性悬浮固体物质总量(MLVSS)所占比例； S_0——生物反应池进水五日生化需氧量浓度，mg/L； S_e——生物反应池出水五日生化需氧量浓度，mg/L
好氧池(区)容积	$V_0 = \dfrac{Q(S_0 - S_e)\theta_{co}Y_1}{1000X}$ $\theta_{co} = F\dfrac{1}{\mu}$ $\mu = 0.47\dfrac{N_a}{K_N + N_a}e^{0.098(T-15)}$	V_0——好氧池(区)容积，m^3； Q——生物反应池的设计流量，m^3/d； S_0——生物反应池进水五日生化需氧量浓度，mg/L； S_e——生物反应池出水五日生化需氧量浓度，mg/L； θ_{co}——好氧池(区)设计污泥龄值，d； Y_1——污泥总产率系数，宜根据试验资料确定，无试验资料时，系统有初沉池时取 0.3kgMLSS/kgBOD_5，无初沉池时取 0.2~0.6 kgMLSS/kgBOD_5； X——生物反应池内混合液悬浮固体平均浓度，gMLSS/L； F——安全系数，取 1.5~3.0； μ——硝化菌生长速率，d^{-1}； N_a——生物反应池中氨氮浓度，mg/L； K_N——硝化作用中氮的半速率常数，mg/L； T——设计温度,℃； 0.47——15℃时硝化菌最大生长速率，d^{-1}

续表

计算项目	计算公式	参数说明
混合液回流量	$Q_{Ri}=\frac{1000V_nK_{de(T)}X}{N_1-N_{ke}}-Q_R$	Q_{Ri}——混合液回流量，m^3/d，混合液回流比不宜大于400%； V_n——缺氧池(区)容积，m^3； $K_{de(T)}$——T℃时的脱氮速率，$kgNO_x$-N/(kgMLSS · d)，可根据试验资料确定； X——生物反应池内混合液悬浮固体平均浓度，gMLSS/L； Q_R——回流污泥量，m^3/d； N_{ke}——生物反应池出水总凯氏氮浓度，mg/L； N_1——生物反应池进水总氮浓度，mg/L

2. 需氧量计算

氧化 $1gNH_3$-N 需氧 4.57g，并消耗 7.14g 碱度；而反硝化 $1gNO_x$-N 生成 3.57g 碱度，并消耗 $1.72gBOD_5$，同时还提供 $2.6gO_2$，需氧量可按式(7-1)计算。需氧量详细计算公式见式(7-6)。

$$O_2=aS_r+bN_r-bN_D-cX_W \tag{7-1}$$

$$S_r=KQ(S_0-S_e) \tag{7-2}$$

$$N_r=[KQ(N_{K0}-N_{Ke})-0.12X_W] \tag{7-3}$$

$$cX_W=1.42X_W \tag{7-4}$$

$$N_D=KQ(N_{K0}-N_{Ke}-N_{Oe})-0.12X_W \tag{7-5}$$

$$O_2=aKQ(S_0-S_e)+b[KQ(N_{K0}-N_{Ke})-0.12X_W]-cW_X-0.62b[KQ(N_{K0}-N_{Ke}-N_{Oe})-0.12X_W] \tag{7-6}$$

式中 aS_r——降解有机物的需氧量；
a——BOD_5的氧当量，1.0，即降解 $1kgBOD_5$需氧 $1kgO_2$；
S_r——BOD_5去除量；
K——污水日变化系数；
Q——污水平均日流量，m^3/d；
S_0，S_e——分别为污水流入、流出的 BOD_5浓度，g/m^3；
b——氨氮的氧当量，4.57，即硝化 1g 氨氮需氧 4.57g；
bN_r——氨氮硝化需氧量；
N_r——氨氮被硝化去除量，kg/d；
N_{K0}，N_{Ke}——分别为进、出水 TKN 浓度，g/m^3；
X_W——每日净增活性污泥量，即每日排放剩余活性污泥量，kg/d；
0.12——生成 1kg 生物体需 0.12kg 氮量($C_5H_7NO_2$中 N 约占 12%)；
c——活性污泥的氧当量，为 1.42；
cX_W——排放剩余污泥氧当量的总量；
bN_D——反硝化脱氮所放出的氧量；
N_D——NO_x-N 的耗氧量，kg/d；
N_{Oe}——出水中 NO_x-N 的浓度，g/m^3。

三、生物除磷

(一) 缺氧-好氧活性污泥法(A/O 工艺)

当以除磷为主时，可采用无内循环的厌氧/好氧工艺，基本工艺流程如 7-2 所示。

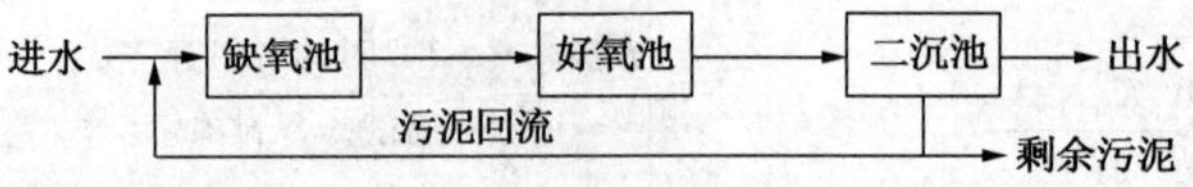

图 7-2　厌氧/好氧工艺流程

1. 设计参数

A/O 工艺生物除磷设计参数见表 7-7。

表 7-7　A/O 工艺生物除磷设计参数

参数名称	数　值
水力停留时间/h	$t_{缺氧}$：$t_{好氧}=1:(2\sim3)$　一般 $t_{好氧}=2\sim4$，$t_{缺氧}=1\sim2$
溶解氧/(mg/L)	缺氧段小于 0.5，好氧段 2
pH	6~8
温度/℃	5~30
污泥泥龄/d	5~10
污泥负荷 N_s/[kgBOD$_5$/(kgMLSS·d)]	0.2~0.7
污泥浓度 MLSS/(mg/L)	2000~4000
污泥回流比/%	50~100
BOD$_5$/TP	≥17
COD/TP	26~34
进水中易降解有机物浓度/(mg/L)	≥60

2. 工艺计算

缺氧-好氧活性污泥法生物除磷的工艺计算包括厌氧池(区)容积、好氧池(区)容积。具体计算公式见表 7-8。

表 7-8　A/O 工艺生物除磷容积计算公式

计算项目	计算公式	参数说明
厌氧池(区)容积	$V_p=\dfrac{t_pQ}{24}$	V_p——厌氧池(区)容积，m^3； t_p——厌氧池(区)停留时间，宜取 1~2h； Q——设计污水流量，m^3/d

续表

计算项目	计算公式		参数说明
好氧池（区）容积	按污泥负荷计算	$V=\dfrac{24Q(S_0-S_e)}{1000L_sX}$ $X=f\cdot X_v$	Q——生物反应池的设计流量，m^3/h； V——生物反应池的容积，m^3； S_0——生物反应池进水五日生化需氧量，mg/L； S_e——生物反应池出水五日生化需氧量，mg/L，当去除率大于90%时可不计； L_s——生物反应池的五日生化需氧量污泥负荷，$kgBOD_5$/kgMLSS； X——生物反应池内混合液悬浮固体平均浓度，gMLSS/L； f——系数，对于城镇污水一般取0.7~0.8，对于工业污水应通过试验或参照类似工程确定； X_v——生物反应池内混合液挥发性悬浮固体平均浓度，gMLVSS/L
	按污泥泥龄计算	$V=\dfrac{24QY\theta_c(S_0-S_e)}{1000X_v(1+K_{dt}\theta_t)}$ $K_{dr}=K_{d20}\cdot(\theta_t)^{t-20}$	Y——污泥产率系数，$kgVSS/kgBOD_5$；宜根据试验资料确定，无试验资料时，一般取0.25~0.7； θ_c——设计污泥泥龄，宜取4~8d； K_{dt}——T℃时的衰减系数，d^{-1}； K_{d20}——20℃时的衰减系数，宜取0.04~0.075d^{-1}； t——设计温度，℃； θ_t——温度系数，宜取1.02~1.06

（二）弗斯特利普（Phostrip）除磷工艺

Phostrip工艺是由Levin在1965年首先提出的，该工艺是在回流污泥的分流管线上增设一个脱磷池和化学沉淀池而构成的，其工艺流程见图7-3。

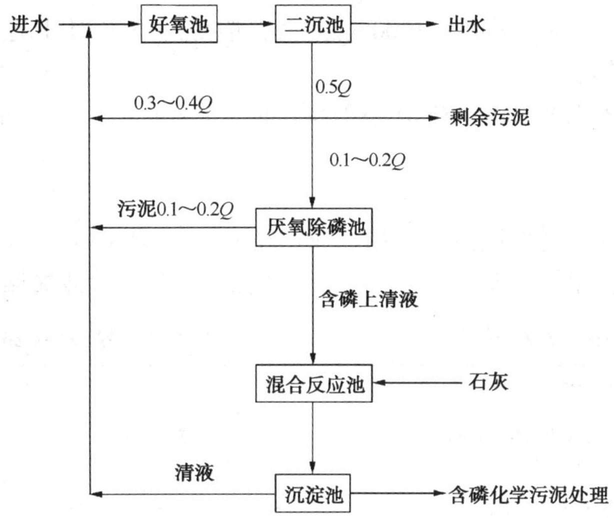

图7-3　弗斯特利普（Phostrip）除磷工艺流程

该工艺将在常规的好氧活性污泥法工艺中增设厌氧释磷池和化学沉淀池。工艺流程为：部分回流污泥（约为进水量的10%~20%）通过旁流进入厌氧池，在厌氧池中的停留时间为8

~12h，使磷由固相中释放，并转移到水中；脱磷后的污泥回流到好氧池中继续吸磷，厌氧池上清液含有高浓度磷(可高达100mg/L以上)，将此上清液排入石灰混凝沉淀池进行化学处理生成磷酸钙沉淀，该含磷污泥可作为农业肥料，而混凝沉淀池出水应流入初沉池再进行处理。Phostrip工艺不仅通过高磷剩余污泥除磷，而且还通过化学沉淀除磷。该工艺具有生物除磷和化学除磷双重作用，所以Phostrip工艺具有高效除磷功能。

Phostrip工艺比较适合于对现有工艺的改造，只需在污泥回流管线上增设少量小规模的处理单元即可，且在改造过程中不必中断处理系统的正常运行。

总之，Phostrip工艺受外界条件影响小，工艺操作灵活，脱氮除磷效果好且稳定。但该工艺流程复杂，运行管理麻烦，处理成本较高。

四、厌氧/缺氧/好氧活性污泥法脱氮除磷工艺

需要同时脱氮除磷时，可采用厌氧/缺氧/好氧(A^2/O)工艺，基本工艺流程如图7-4。

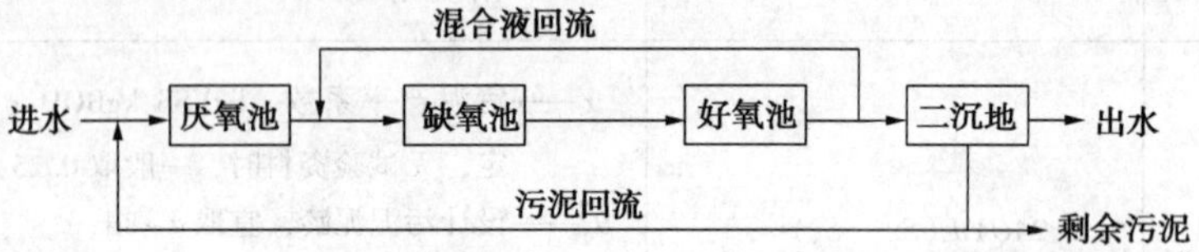

图7-4　A^2/O工艺脱氮除磷流程

(一)一般规定

进入系统的污水应符合下列要求：

(1)脱氮时，污水中的五日生化需氧量(BOD_5)与总凯氏氮(TKN)之比宜大于4；

(2)除磷时，污水中的BOD_5与总磷(TP)之比宜大于17；

(3)同时脱氮、除磷时，宜同时满足前两款的要求；

(4)好氧池(区)剩余碱度宜大于70mg/L(以$CaCO_3$计)；

(5)当工业污水进水COD超过1000mg/L时，前处理可采用升流式厌氧污泥床反应器(UASB)等厌氧处理措施；

(6)当工业污水进水的BOD_5/COD小于0.3时，前处理需采用水解酸化等预处理措施。

(二)工艺设计

1. 设计参数

处理城镇污水或水质类似城镇污水的工业污水时主要设计参数，可按表7-9取值。工业污水的水质与城镇污水水质差距较大时，设计参数应通过试验或参照类似工程确定。

表7-9　厌氧/缺氧/好氧(A/A/O)工艺主要设计参数(水温20℃)

参数项目	参数值
五日生化需氧量污泥负荷L_s/[$kgBOD_5$/(kgMLVSS·d)]	0.05~0.20
污泥浓度(MLVSS)/(g/L)	2.0~4.0
污泥龄θ_c/d	10~20
污泥产率Y/(kgVSS/$kgBOD_5$)	0.2~0.7
需氧量(O_2)/(kgO_2/$kgBOD_5$)	1.0~1.8

续表

参数项目	参数值
水力停留时间 HRT/h	厌氧 1~2
	缺氧 1~3
	好氧 6~14
污泥回流比 R/%	40~100
混合液回流比 R_i/%	200~400
总处理效率 η/%	85~95(BOD_5)
	50~80(TP)
	55~80(TN)

2. 曝气

污水需氧量 O_2 可按式(7-6)计算。

(1) 供气量

选用曝气设备时，应根据不同设备的特征、位于水面下的深度、水温、污水的氧总转移特性，当地的海拔高度以及预期生物反应池中溶解氧浓度等因素，将计算的污水需氧量按式(7-7)换算为标准状态(0.1MPa、20℃)下污水需氧量(SOR)。

$$O_s = K_0 \cdot O_2 \tag{7-7}$$

式中 O_s——标准状态下污水需氧量，kgO_2/d；

O_2——污水需氧量，kgO_2/d；

K_0——需氧量修正系数，采用鼓风曝气装置时按式(7-8)、式(7-9)、式(7-10)计算。

$$K_0 = \frac{C_s}{\alpha(\beta C_{sm} - C_0) \times 1.024^{(T-20)}} \tag{7-8}$$

$$C_{sm} = C_{sw}\left(\frac{O_t}{42} + \frac{10 + P_b}{2.068}\right) \tag{7-9}$$

$$O_t = \frac{21(1 - E_A)}{79 + 21(1 - E_A)} \times 100 \tag{7-10}$$

式中 α——混合液中 KLa 值与清水中 KLa 值之比，一般取 0.8~0.85；

β——混合液的饱和溶解氧值与清水中的饱和溶解氧值之比，取 0.9~0.97；

C_s——标准条件下清水中饱和溶解氧浓度，mg/L，取 9.17；

C_{sw}——T 温度、实际计算压力时，清水表面饱和溶解氧，mg/L；

C_0——混合液剩余溶解氧，mg/L，一般取 2；

T——混合液温度,℃，一般取 5~30；

C_{sm}——T 温度、实际计算压力时，mg/L；

O_t——曝气池逸出气体中含氧,%；

P_b——曝气装置所处绝对压力，MPa；

E_A——曝气设备氧的利用率,%。

采用鼓风曝气装置时，可按式(7-11)将标准状态下污水需氧量，换算为标准状态下的供气量。

$$G_s = \frac{O_s}{0.28E_A} \tag{7-11}$$

式中 G_s——标准状态下的供气量，m^3/h；

O_s——标准状态下污水需氧量，kgO_2/h；

0.28——标准状态下的每 m^3 空气中含氧量，kgO_2/m^3；

E_A——曝气设备氧的利用率，%。

(2) 曝气方式的选择

① 曝气方式应结合供氧效率、能耗和维护检修等因素进行综合比选后确定；

② 大、中型污水处理厂宜选择鼓风式中微孔曝气系统等水下曝气系统；

③ 鼓风式中微孔曝气系统宜选择共用鼓风机的供气方式。

(3) 鼓风机的设置

① 应根据风量和风压选择鼓风机。大、中型污水处理厂宜选择单级高速离心鼓风机或多级低速离心鼓风机，小型污水处理厂和工业污水处理站可选择罗茨鼓风机；

② 鼓风机房设置的常用鼓风机的供气总量应符合设计供气量(G_s)的要求，并保持10%的富余供气能力。

(4) 曝气器的数量与布置

① 曝气器的数量应根据曝气池的供气量和所选曝气器的参数要求确定；

② 曝气器一般布置均匀，不留有死角和空缺区域。

(5) 推流器

① 缺氧池(区)和厌氧池(区)应采用推流器，推流器功率宜采用 5~8W/m^3，应选用安装角度可调的推流器；

② 推流器器布置的间距、位置，应根据试验确定或由供货厂方提供；

③ 推流器应对称布置，搅拌器的轴向有效推动距离应大于反应池的池长；

④ 每个反应池内应设置 2 台以上的推流器，反应池若分割成若干廊道，每条廊道至少应设置 1 台推流器。

3. 加药系统

(1) 外加碳源

当进入反应池污水的 BOD_5/TKN 小于 4 时，应在缺氧池中投加碳源。投加碳源量可按式(7-12)确定。

$$BOD_5 = 2.86 \times \Delta N \times Q \tag{7-12}$$

式中 BOD_5——投加的碳源相当于 BOD_5 量，mg/L；

ΔN——硝态氮的脱除量，mg/L；

Q——设计污水流量，m^3/d。

(2) 化学除磷

① 当出水总磷不能达到排放标准要求时，宜采用化学除磷作为辅助手段；

② 最佳药剂种类、投加量和投加点宜通过试验或参照类似工程确定；化学药剂储存罐容量应为理论加药量的 4~7d 投加量，加药系统应不少于 2 套，应采用计量泵投加；

③ 化学除磷时应考虑产生的污泥量，污泥增量可参照表 7-10 设计；

表 7-10 化学除磷污泥增量

絮凝剂	投加位置	污泥增量
铝盐或铁盐作絮凝剂	前置投加	40%~75%
铝盐或铁盐作絮凝剂	后置投加	20%~35%
铝盐或铁盐作絮凝剂	同步投加	15%~50%

④ 接触铝盐和铁盐等腐蚀性物质的设备和管道应采取防腐措施。

4. 硝化液回流系统

① 污泥回流设施应采用不易产生复氧的离心泵、混流泵、潜水泵等设备；

② 回流设施宜分别按生物处理工艺系统中的最大污泥回流比和最大混合液回流比计算确定；

③ 回流设备不应少于 2 台，并设备用，回流设备宜有调节流量的措施。

6. 剩余污泥量

（1）按式(7-13)计算剩余污泥量。

$$\Delta X = \frac{V \cdot X}{\theta_c} \tag{7-13}$$

式中 ΔX——剩余污泥量，kgSS/d；

V——生物反应池的容积，m^3；

X——生物反应池内混合液悬浮固体平均浓度，gMLSS/L；

θ_c——污泥泥龄，d。

（2）按污泥产率系数、衰减系数及不可生物降解和惰性悬浮物计算剩余污泥量。

$$\Delta X = YQ(S_0 - S_e) - K_d VX_v + fQ(SS_0 - SS_e) \tag{7-9}$$

式中 ΔX——剩余污泥量，kgSS/d；

V——生物反应池的容积，m^3；

Y——污泥产率系数，kgVSS/kgBOD_5，20℃时取 0.4~0.8；

Q——设计平均日污水量，m^3/d；

S_0——生物反应池进水五日生化需氧量，kg/m^3；

S_e——生物反应池出水五日生化需氧量，kg/m^3；

K_d——衰减系数，d^{-1}；

X_v——生物反应池内混合液挥发性悬浮固体平均浓度，gMLVSS/L；

f——SS 的污泥转换率，gMLSS/gSS，宜根据试验资料确定，无试验资料时可取 0.5~0.7；

SS_0——生物反应池进水悬浮物浓度，kg/m^3；

SS_e——生物反应池出水悬浮物浓度，kg/m^3。

（3）剩余污泥宜设置计量装置可采用湿污泥计量和干污泥计量两种方式。

（三）A^2/O 工艺的影响因素

（1）污水中可生物降解有机物的影响

厌氧段：如果污水中可生物降解有机物很少，则聚磷菌无法正常进行磷的释放，导致好氧段也不能大量地吸收污水中的磷，从而影响除磷的效果。试验证明：进水中溶解性磷与溶解性 BOD_5 之比应小于 0.06 才会有较好的除磷效果。

缺氧段：C/N 较高时，NO_x-N 反硝化速率大，则 HRT=0.5~1.0h；C/N 较低时，NO_x-N 反硝化速率小，则 HRT=2.0~3.0h。

一般来说，污水中 COD/TKN>8，N 的总去除率可达 80%。但对于低 BOD_5 浓度的城市污水，C/N 比较低，脱氮率不高。

(2) 污泥龄(θ_c)的影响

污泥龄 θ_c 受硝化和除磷两个方面的影响，一方面硝化反应要求污泥龄 θ_c 比普通活性污泥工艺时间长，另一方面由于除磷的要求，使污泥龄不能过长，A^2/O 工艺中的 θ_c 一般为 15~20d。

(3) DO 的影响

好氧段 DO 过高，DO 会随污泥回流和混合液回流带至厌氧段与缺氧段，造成厌氧段的厌氧不完全而影响聚磷菌释放磷。而缺氧段 DO 升高则影响 NO_x-N 的反硝化。相反，好氧段 DO 下降，则氨氮的硝化速度下降，即氧化速度下降。因此在好氧段 DO 以 2mg/L 左右为好，缺氧段 DO≤0.5mg/L；厌氧段 DO<0.5mg/L。

(4) 有机物负荷率(N_S)的影响

好氧段：N_S≤0.18kgBOD_5/(kgMLSS·d)，否则异氧菌会大大超过硝化菌，使硝化反应受到抑制；

厌氧段：N_S>0.1kgBOD_5/(kgMLSS·d)，否则除磷效果会下降。

(5) TKN/MLSS 负荷率的影响

过高浓度的氨氮对硝化菌会产生抑制作用，影响其硝化，一般控制 TKN/MLSS<0.05kgTKN/(kgMLSS·d)。

(6) 污泥回流比(R)与混合液回流比(R_N)的影响

R 在 25%~100%为宜。R 太高，污泥带入厌氧段的溶解氧以及氮氧化物太多，影响其厌氧状态，使释磷不利；如果 R 太低，可能维持不了反应池内污泥正常浓度 2500~3500mg/L，影响生化反应速率。

缺氧段的脱氮效果与混合液回流比 R_N 有较大关系，一般采用 R_N≥200%。

第二节　其他脱氮除磷工艺与应用

一、改良厌氧/缺氧/好氧活性污泥法(UCT)

(一) 工艺介绍

在 A^2/O 工艺中，回流污泥中的 NO_x-N 回流至厌氧段，干扰了聚磷菌细胞体内磷的厌氧释放，降低磷的去除率。为了避免 A^2/O 工艺工艺中这个缺点，南非开普敦大学开发出类似于 A^2/O 工艺的一种脱氮除磷工艺，被称为 UCT 工艺，其工艺流程见图 7-5。

具体工艺流程为：回流污泥首先回流至缺氧段，污泥带回的 NO_x-N 在缺氧段被反硝化脱氮，然后将缺氧段出流混合液一部分再回流至厌氧段，就可以避免 NO_x-N 对厌氧段聚磷菌释磷的干扰，提高了磷的去除率，也对脱氮没有影响。该工艺对氮和磷的去除率都大于 70%。对于需要处理污水，如果 BOD_5/TKN 或 BOD_5/TP 较低时，为了防止 NO_x-N 回流至厌氧段产生反硝化脱氮，发生反硝化细菌与聚磷菌争夺溶解性 BOD_5 而降低除磷效果，此时就应采用 UCT 工艺。

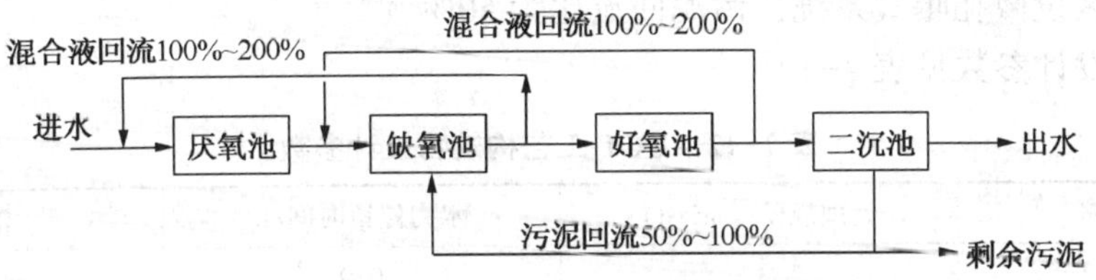

图 7-5　UCT 工艺流程

UCT 工艺与 A^2/O 工艺不同之处在于沉淀池污泥回流到缺氧池而不是回流到厌氧池，这样可以防止由于硝酸盐氮进入厌氧池，破坏厌氧池的厌氧状态而影响系统的除磷率；同时增加了从缺氧池到厌氧池的混合液回流，由缺氧池向厌氧池回流的混合液中含有较多的溶解性 BOD，而硝酸盐很少，为厌氧段内所进行的有机物水解反应提供了最优的条件。在实际运行过程中，当进水中 TKN 与 COD 的比值高时，需要降低混合液的回流比以防止 NO_x-N 进入厌氧池。但是如果回流比太小，会增加缺氧反应池的实际停留时间，有实验证明，如果缺氧反应池的实际停留时间超过 1h，污泥的沉降性能会恶化。

C/N 与 C/P 是影响生物脱氮除磷的重要因素，一般来讲，C/N 值>4 时反硝化反应才能正常运行；而生物除磷要取得理想的效果，要求 C/P 值≥20。

（二）工艺参数

（1）污泥负荷：0.05～0.15kgBOD_5/kgMLVSS；

（2）污泥浓度：2000～4000mg/L；

（3）污泥龄：10～18d；

（4）污泥回流：40%～100%，好氧池（区）混合液回流：100%～400%，缺氧池（区）混合液回流：100%～200%；

（5）厌氧池（区）水力停留时间：1～2h，缺氧池（区）水力停留时间：2～3h，好氧池（区）水力停留时间：6～14h。

（三）工程实例

1. UCT 工艺案例 1

山东省东明县污水处理厂一期设计规模为 6 万 m^3/d，采用 UCT 工艺，主要处理城市生活污水（约占 40%）和工业污水（约占 60%）。其水质情况如表 7-11 所示。

表 7-11　UCT 工艺处理污水的水质情况　　mg/L

污染物	COD	BOD_5	SS	氨氮	TP
进水浓度	616	262	374	43	9
排放标准	≤60	≤20	≤20	≤15	≤1

其工艺流程为：原水→粗格栅→细格栅→旋流沉砂池→进入并联的 2 组生化处理系统。生化处理系统情况如下：

（1）生化处理系统为 2 组，系统并联使用，每组处理规模为 3 万 m^3/d；

（2）反应池前段为厌氧区和缺氧区，池内设置 1 台水下推流搅拌器，依靠推流作用防止污泥沉淀，并使回流污泥与进水充分混合；

（3）厌氧/缺氧区为 4 级串联式，前 3 级每池设置 1 台水下搅拌器，后一级除设置 1 台水下搅拌器外，并设微孔曝气系统；

(4) 曝气区设微孔曝气系统，污泥回流比为50%。

其构筑物设计参数见表7-12。

表7-12 UCT工艺构筑物设计参数

构筑物名称	处理规模/(m^3/d)	水力停留时间/h		池体尺寸
初沉池	30000	0.9		φ20m×4m
生化池		厌氧段	1.5	110m×40m×6m
		缺氧段	4.3	
		好氧段	12.3	
二沉池		4.5		φ45m×4m

该污水处理厂在水量、水质波动大、进水营养源不足、低温运行等不利条件下，仍具备高效的污水处理能力。出水指标达到了《城镇污水处理厂污染物排放标准》(GB 18918—2002)的一级B标准。

2. UCT工艺案例2

马头岗污水处理厂采用了多功能UCT工艺，设计处理能力为30万m^3/d，设计进、出水水质指标见表7-13。

表7-13 工程设计进、出水水质指标 mg/L

项 目	COD	BOD_5	SS	NH_3-N	TP
进 水	480	220	350	55	7
出 水	≤80	≤20	≤30	≤20	≤3

具体工艺流程与参数如下：

进水→粗格栅→提升泵→细格栅→旋流沉淀池→初沉池→UCT生化池→二沉池→消毒→排放。

进水首先经粗格栅去除大颗粒悬浮固体，然后由进水泵房提升流经细格栅、旋流沉砂池进一步去除悬浮固体和细小的砂粒，之后进入UCT反应池，最后经二沉池沉淀后排外。

(1) 粗格栅

在进水前池设置了钢丝绳式粗格栅6台，安装角度为75°，栅条长度为5m，栅条间距为25mm，安装深度为17m。

(2) 细格栅

设7台(5用2备)螺旋式细格栅，功率为1.5kW，格栅直径为1.8m，栅条间距为6mm，安装角度为35°，要求过栅流速≤0.8m/s，单台格栅最大流量为3060m^3/h。每台细格栅前后各设一闸门，细格栅前后液位差小于10cm。

(3) 旋流沉砂池及巴式计量槽

沉砂池直径为6m，深为3.2m，共有4座，单池设计高峰处理量为4063m^3/h。每座沉砂池设进、出水闸门各一个；池内设有的轴流搅拌器4套，功率为1.5kW/台；配套罗茨鼓风机4台，每台功率为7.5kW、流量为180m^3/h、出口压力为170kPa。沉砂池出水经4条喉宽为1m、单条设计流量为3125m^3/h的巴氏计量槽后进入初沉池。

(4) 初沉池

设4座辐流式中进周出沉淀池，单池直径为40m，池边水深为4.3m，池底坡度为

8.33%；池容为 $5400m^3$，设计表面负荷为 $1.96m^3/(m^2 \cdot h)$，停留时间为 1.24h；每座初沉池均设有直径为 40m 的刮泥机 1 台，刮泥机每小时运行一周。初沉池可以去除约 50%的悬浮物与 25%的 BOD_5。

（5）UCT 生化反应池

生化反应池 4 座。单座池长×宽×深 = 160m×62m×6m，有效池容为 $57370m^3$，由厌氧段、缺氧段和好氧段组成，好氧段预留一机动区。其中厌氧段池容为 $9120m^3$，缺氧段池容为 $9900m^3$，好氧段池容为 $38350m^3$。全池总停留时间为 15h，泥龄为 12d，气水比为 7.6∶1，污泥负荷为 $0.104kgBOD_5/(kgMLSS \cdot d)$；每座反应池安装刚玉曝气器约 500 个；设搅拌器 8 台，叶轮直径为 650mm、功率为 5kW 的推进器 16 台；叶轮直径为 2200mm、功率为 4kW 内回流泵 6 台。反应池池型采用完全混合式和推流式相结合的流态布置，其中厌氧段和缺氧段采用完全混合循环流方式，机动区和好氧段采用推流式。

生化池可根据需要通过改变进水及内外回流的位置，将工艺调整为常规 UCT、改良 UCT、A^2/O、倒置 A^2/O 等四种运行工艺。

（6）二沉池

设 8 座辐流式周进周出沉淀池，单池直径为 45m，池边水深为 4.5m，单池池容约为 $7150m^3$。停留时间为 3.6h，表面水力负荷为 $1.28m^3/(m^2 \cdot h)$。二沉池底部设有直径为 45m 的单管穿孔刮吸泥机 1 台，刮泥机每小时运行一周，中心驱动。

（7）污泥处理系统

污泥处理系统由回流及剩余污泥泵房、污泥浓缩脱水机房和污泥干化车间组成。主要设备有：流量为 $940m^3/h$、扬程为 60kPa 的回流污泥轴流泵 4 台；流量为 $97m^3/h$、扬程为 140kPa 的剩余污泥泵 1 台；功率为 5kW 的搅拌器 1 台。采用全封闭的浓缩脱水机和封闭式的污泥输送及干化设备，使污泥含水率降到 75%～80%。

该污水处理厂自运行以来，可根据水质、水量的变化以及季节的不同将系统灵活调整为常规 UCT、改良 UCT、A^2/O 和倒置 A^2/O 等四种不同的处理工艺，从而保证了在不同的环境条件下均能达到最佳的运行工况。

二、厌氧/缺氧/缺氧/好氧活性污泥法（MUCT）

（一）工艺流程

MUCT 工艺是 UCT 工艺的改良工艺，为了克服 UCT 工艺二套混合液因内回流交叉，导致缺氧段的水力停留时间不易控制的缺点，同时避免好氧段出流的一部分混合液中的 DO 经缺氧段进入厌氧段而干扰磷的释放，MUCT 工艺将 UCT 工艺的缺氧段一分为二，使之形成二套独立的混合液内回流系统，从而有效地克服了 UCT 工艺的缺点。其工艺流程如图 7-6 所示。

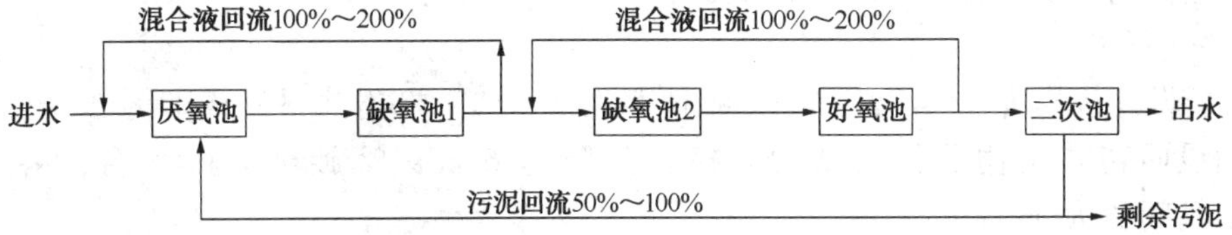

图 7-6　MUCT 工艺流程

改造后的UCT工艺，缺氧池分为两部分，第一缺氧反应池接纳回流污泥，然后由该反应池将混合液回流至厌氧池；硝化混合液回流到第二个缺氧池，使大部分 NO_x^- 回流至第二缺氧池进行反硝化。改造后的UCT工艺基本解决了UCT工艺原来存在的问题，最大限度地消除了向厌氧段回流液中的硝酸盐量对聚磷菌所产生的不利影响。由于增加了回流系统，使运行费和工程投资费提高。

（二）工艺参数

（1）污泥负荷：0.05~0.2kgBOD_5/kgMLVSS；

（2）污泥浓度：2000~4500mg/L；

（3）污泥龄：10~16d；

（4）污泥回流：40%~100%，好氧池（区）混合液回流：200%~400%，缺氧池（区）混合液回流：100%~200%；

（5）厌氧池（区）水力停留时间：1~2h，1#缺氧池（区）水力停留时间：0.5~1h，2#缺氧池（区）水力停留时间：1.0~2.0h，好氧池（区）水力停留时间：6~14h。

（三）工程实例

1. 工程基本情况

某污水厂除磷脱氮工程进水 BOD_5 为 150mg/L，COD 为 300mg/L，SS 为 150mg/L，NH_3-N为40mg/L，活性磷酸盐为3.5mg/L。污水处理厂处理的重点为无机氮（以 NH_3-N 为主）和磷酸盐，其去除要求见表7-14。

表7-14 工艺对无机氮、磷酸盐的去除效果

污染物种类	进水浓度/(mg/L)	出水浓度/(mg/L)	去除率/%
无机氮（以 NH_3-N 计）	40.0	10.0	75.0
活性磷酸盐	3.5	1.5	57.1

整个污水及污泥的处理流程如下：

进水→粗格栅→提升泵→细格栅→比氏沉砂池→MUCT生化池→二沉池→UV消毒池→排海。

2. 主要构筑物设计

规模为38.4万m^3/d。其系统主要构筑物的设计如下：

（1）提升泵房

提升泵房设计规模为38.4万m^3/d，峰值系数为1.3。泵房为圆形（粗格栅间与提升泵房合建）钢筋混凝土结构，直径为18m，地下部分深为9.3m，地上部分高为9m。粗格栅采用2台钢绳牵引式格栅除污机，栅槽宽度为2.5m，栅条间隙为20mm，由格栅前后液位差或时间控制粗格栅的启停。提升泵采用潜污泵（5用1备），单台最大流量为1.156m^3/s，扬程为122kPa，配套电机功率为170kW，由液位自动控制水泵的运行。

（2）细格栅井

细格栅设计规模为38.4万m^3/d，峰值系数为1.3。格栅井每格槽宽为2.65m，槽深为2.1m，内设回转式格栅除污机2台，格栅间隙为6mm；螺旋格栅机2台，格栅机直径2.6m，格栅间隙为9mm。

（3）比氏沉砂池

共4座70A型比氏沉砂池，每座直径为6.1m。

（4）MUCT 生化池

MUCT 生化池设计规模为 38.4 万 m^3/d，峰值系数采用 1.2，共设 2 组，每组分 2 座。单组尺寸 $L \times B \times H = 99.65m \times 104.8m \times 7.2m$，有效水深为 6.5m。其主要设计参数为：

停留时间为 8.27h（厌氧段、缺氧段、好氧段分别为 1.11、2.34、4.82h）；污泥负荷为 0.135kgBOD_5/（kgMLSS·d）；混合液浓度为 3～3.5gMLSS/L；夏、冬季的污泥泥龄分别为 10、15d；一级污泥回流比为 77%，二级污泥回流比为 105%，曝气池混合液回流比为 250%；最大需气总量为 2070m^3/min，最大气水比为 7.8∶1。

（5）二沉池

① 二沉池设计参数

二沉池设计规模为 38.4 万 m^3/d，峰值系数为 1.3，设计表面负荷为 $1m^3/(m^2 \cdot h)$，采用 Trans-Flo 式平流矩形二沉池。该池进水和出水均在沿池长方向的同一侧布置，其原理类似于周进周出圆形沉淀池，能够较好地解决矩形沉淀池的出水堰负荷较大的问题，并且可以采用较大的表面负荷。

设计二沉池共 2 组，每组 9 格，单格宽度为 11m，沉淀区长度为 81m，有效水深为 3.6m，总深为 4m，单组沉淀池平面尺寸为 88.05m×102.26m，采用链式刮泥机刮泥、穿孔管排泥，运行中，污泥回流比为 0.77，排泥浓度为 0.6%～0.8%。

② Trans-Flo 沉淀池介绍

在 Trans-Flo 沉淀池的设计中，流入的水被引入一个沿沉淀池的长边缘而设的锥形水槽，锥形水槽与二沉池的排水平行。沿长边缘引入水流可以比常规的矩形沉淀池提供多达 5 倍的面积来分布水流，因此大大降低了进水的水流速度，锥形水槽保证了沿水槽的水流具有同等的速度，从而阻止活性污泥的沉积。

沉淀池的进水口嵌在槽底，进出口处的水槽下边缘设折流板，引导水流往下流入水池底部，沿水池底部池宽的方向横向穿过，入流水的速度经折流板后可进一步减缓。当碰到对面的池壁时，再反流到出水槽。漂浮物被浮渣挡板拦截在池面上，并由撇渣装置撇出池外。分离的上清液经过堰板流入出水槽。Trans-Flo 沉淀池低速度水流进水，加上有效地使用水池横向部分的面积，有利于混合液实现固液分离。

沉淀的污泥由一个非金属的链条刮泥机收集，集中起来并推向吸泥管。与常规沉淀池相比，Trans-Flo 沉淀池的一个优势在于，链条刮泥机系统将沉淀后的污泥推到沿沉淀池短距离方向的一个嵌在池底的吸泥管。这样沉淀物只需移动约 6～10m 水池长度的距离，而不是整个的池长。收集在这一吸泥管的污泥通过一个套筒排泥阀排出，并收集到一个污泥槽中。

Trans-Flo 二沉池既可以用在新建工程中，也可以用于现有二沉池的改造，其对运行性能不良或需要处理更大流量的现有沉淀设施都可以实现很好的升级。

（6）紫外线消毒系统

消毒系统设计进水水质按二级生物处理出水考虑，设计最不利悬浮物浓度为 20mg/L，紫外线设计穿透率为 60%，消毒后出水指标按照《污水海洋处置工程污染控制标准》（GWKB4）中规定的粪类大肠菌群的排放浓度限值（20 个/mL）进行设计。紫外线消毒设备采用带灯管外套自动清洗系统。

（7）鼓风机房

鼓风机房设计风量为 30.5～34.5m^3/s，内设 5 台（4 用 1 备）鼓风机，单台风量为13986～

31080m^3/h，风压为0.178MPa(绝对压力)，配套电机功率为800kW。送风量可据MUCT生化池中DO值通过调节鼓风机进口导叶片角度自行调节。

(8) 污泥浓缩脱水间

浓缩脱水间内设卧螺式离心浓缩脱水机4台，污泥经浓缩脱水后出泥含固率≥22%。

3. MUCT工艺在建设和运转管理的优点

通过运行，MUCT工艺在建设和运转管理方面具有以下灵活性：

① MUCT可调节分配至厌氧段和缺氧段的进水比例，以便为同时生物除磷脱氮提供最优的碳源；

② MUCT可根据进水碳氮比将一个或两个缺氧单元转换为好氧单元，在冬季也能得到好的脱氮效果；

③ 污泥回流采用二级回流，回流污泥在第一个缺氧单元内就消耗掉了溶解氧和硝态氮，这使得回流至厌氧段的污泥中硝态氧为零，保证了厌氧池的厌氧状态，从而可以减小厌氧池的容积、提高生物除磷效果；

④ 根据实际水质情况也可直接将活性污泥回流至厌氧段使MUCT按A/A/O方式运行，此时可以省掉第一级回流、节省能耗；

⑤ 不需根据进水TKN/COD值对回流硝酸盐量进行实时控制。

三、缺氧/厌氧/缺氧/好氧活性污泥法(JHB)

(一) 工艺流程

JHB工艺是在A^2/O工艺到厌氧区污泥回流线路中增加了一个缺氧池，来自二沉池的污泥可利用33%左右进水中的有机物作为反硝化碳源去除硝态氮，以消除硝酸盐对厌氧池厌氧环境的不利影响。其工艺流程见图7-7。

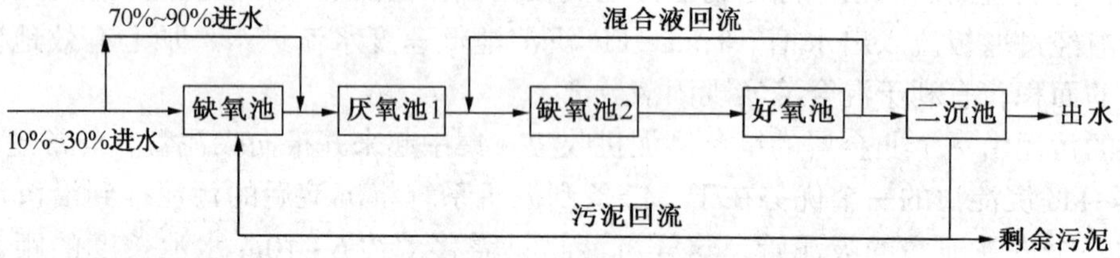

图7-7 JHB工艺流程

(二) 工艺参数

(1) 污泥负荷：0.05~0.2kgBOD_5/kgMLVSS；

(2) 污泥浓度：2000~4500mg/L；

(3) 污泥龄：10~16d；

(4) 污泥回流：40%~110%，好氧池(区)混合液回流：200%~400%；

(5) 进水分配比例：进缺氧池(区)10%~30%，进厌氧池(区)70%~90%；

(6) 1#缺氧池(区)水力停留时间：0.5~1h，厌氧池(区)水力停留时间：1~2h，2#缺氧池(区)水力停留时间：2~4h，好氧池(区)水力停留时间：6~14h。

(三) 工程实例

1. 处理规模与水质

处理规模为 6 万 m^3/d(生活污水占 30%，工业污水占 70%)，进水、出水水质指标如表 7-15所示。

表 7-15　工程设计进、出水水质指标　　mg/L

指　标	COD	BOD_5	TP	TN	NH_3-N	SS
进　水	450	220	8.5	40	26	300
排　水	60	20	1.5	15	8	20

2. 工艺流程

处理工艺流程如图 7-8 所示。

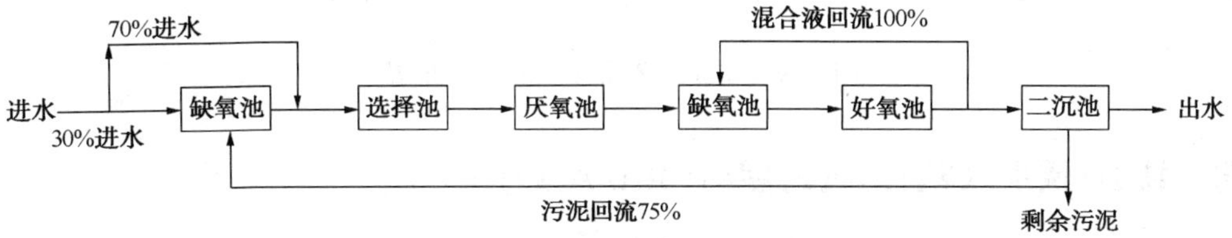

图 7-8　JHB 处理工艺流程

首先将 30%的进水与回流污泥(污泥回流比为 75%)混合后进入预缺氧池，反硝化菌利用进水中的碳源去除回流污泥中的 NO_x^--N；然后与剩余的 70%进水一起进入选择池和厌氧池，聚磷菌利用易降解有机物合成胞内聚合物，并释放磷；经过厌氧池后再与好氧池泥水混合物(污泥内回流比为 100%)混合进入缺氧池，聚磷菌以胞内聚合物为碳源和能源、硝酸盐为电子受体吸磷，同时也有反硝化菌降解硝酸盐；最后进入好氧池进行硝化，并进一步降解剩余的碳源和吸收磷酸盐。

邓家村污水处理厂 JHB 工艺中所选用的原水分配比、污泥回流比及内回流比数据是根据污水水质和生产实践确定的，它们都不同程度地低于文献报道的数据。大量生产实践证明，较高的回流比不仅会大大增加动力消耗和运行成本，而且由于污水水质不同，并不一定能够提高对总氮的去除能力。邓家村污水处理厂 JHB 工艺脱氮除磷系统采用两组平行的 JHB 工艺反应池，每组反应池的总容积为 13365m^3，生物池的设计参数见表7-16。

表 7-16　JHB 工艺生物池设计参数

参　　数	数　据	参　　数	数　据
预缺氧池容积/m^3	3500	污泥负荷/[$kgBOD_5$/(kgMLVSS·d)]	0.09
厌氧池容积/m^3	3710	水力停留时间/h	10.7
缺氧池容积/m^3	1500	曝气池中 MLSS/(mg/L)	4300
好氧池容积/m^3	17500	污泥龄/d	15.3(好氧污泥为 10.5)

单组 JHB 工艺反应池的平面布置见图 7-9。

JHB 工艺在邓家村污水处理厂得到运行，实践表明，在较低污泥回流比和内回流比的条件下，JHB 工艺运行稳定，出水水质达标，对氨氮和磷的去除率均在 80%以上；与传统工艺相比，运行费用较低。

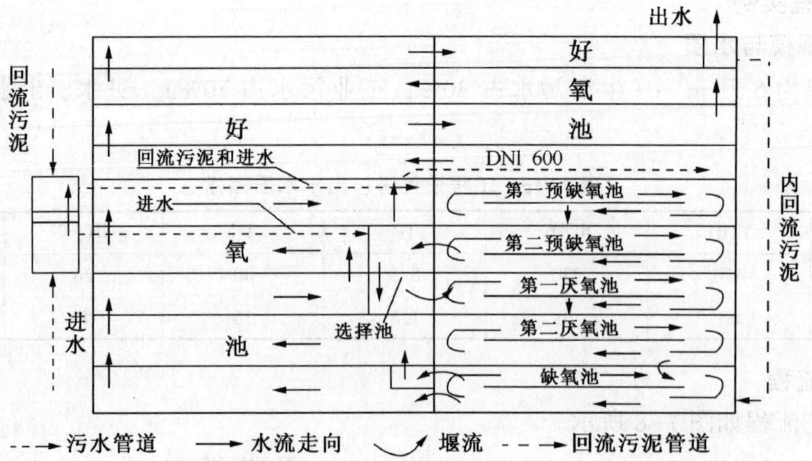

图 7-9　JHB 工艺反应池的平面布置

四、缺氧/厌氧/好氧活性污泥法(RA/A/O)

(一) 工艺流程

缺氧/厌氧/好氧活性污泥法工艺流程见图 7-10。

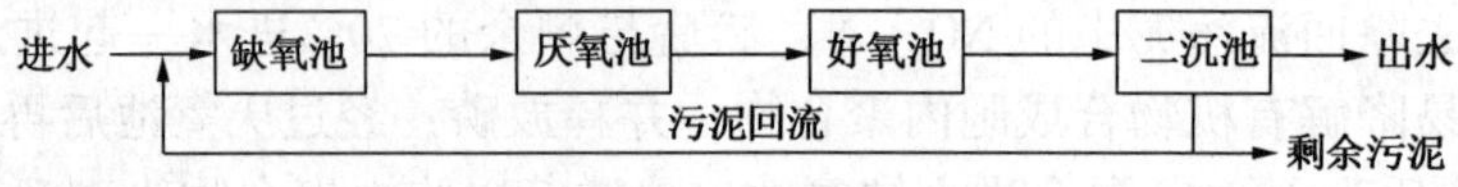

图 7-10　RA/A/O 工艺流程

(二) 工艺参数

(1) 污泥负荷：0. 05~0. 15kgBOD_5/kgMLVSS；

(2) 污泥浓度：2000~5000mg/L；

(3) 好氧污泥龄：10~18d；

(4) 污泥回流：40%~120%；

(5) 缺氧池(区)水力停留时间：2~4h，厌氧池(区)水力停留时间：1~2h，好氧池(区)水力停留时间：6~12h。

五、多级缺氧/好氧活性污泥法(MA/O)

(一) 工艺流程

多级缺氧/好氧活性污泥法工艺流程见图 7-11。

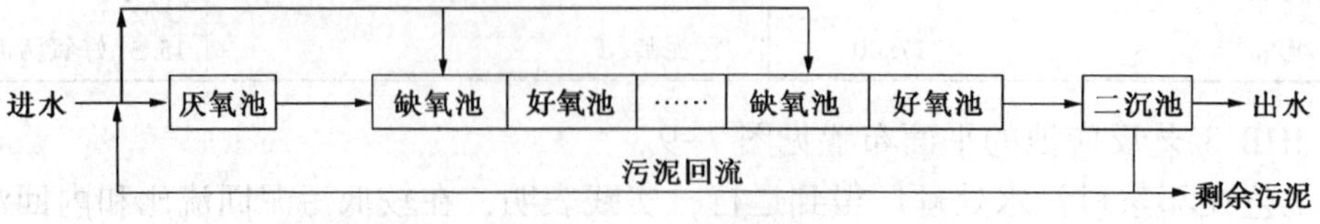

图 7-11　MA/O 工艺流程

（二）工艺参数

（1）污泥负荷：0.05~0.15kgBOD_5/kgMLVSS；

（2）污泥浓度：2000~5000mg/L；

（3）好氧污泥龄：10~18d；

（4）污泥回流：40%~100%；

（5）进水分配比例：进厌氧池(区)30%~50%，进缺氧池(区)50%~70%；

（6）厌氧池(区)水力停留时间：1~2h，缺氧池(区)水力停留时间：2~4h，好氧池(区)水力停留时间：6~12h。

六、OWASA 工艺

OWASA 工艺的特点是将初沉池污泥经重力浓缩发酵之后，其上清液进入厌氧段和缺氧段，提高 BOD_5/TP 和 BOD_5/KN 的比值，有利于提高脱氮除磷的效果。

南方城市的许多城市污水 BOD_5 浓度往往较低，造成城市污水中的 BOD_5/TP 和 BOD_5/KN 太低，使 A^2/O 工艺脱氮除磷效果下降。为改进 A^2/O 工艺这一缺点，OWASA 工艺将 A^2/O 工艺中初沉池的污泥排至污泥发酵池，初沉污泥经发酵后的上清液含大量挥发性脂肪酸，将此上清液投加至缺氧段和厌氧段，使入流污水中的可溶解性 BOD_5 增加，提高了 BOD_5/TP 和 BOD_5/TKN 的比值，促进磷的释放与 NO_x^--N 反硝化，从而使脱氮除磷效果得到提高，其工艺流程见图 7-12。

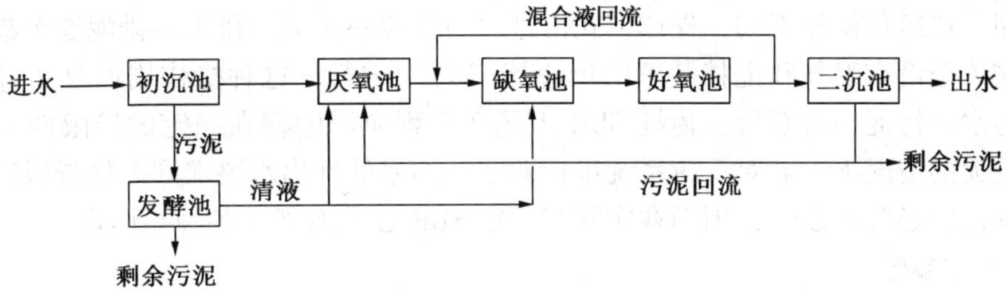

图 7-12　OWASA 工流流程

七、Bardenpho 工艺

Bardenpho 工艺由两级 A/O 工艺共四段组成，各项反应都能在系统内反复进行了两次以上，在进行硝化、反硝化的同时，具有良好的除磷效果。工艺流程见图 7-13。与其他工艺相比，具有污水停留时间长，剩余污泥的含磷量高的特点，含磷量可达 4%~6%。有资料报道，在处理工艺的四个反应段，水力停留时间分别为 3、7、4、1h 的条件下，对进水 COD 为 350mg/L、TKN 为 81mg/L 的污水处理时，出水 COD 为 35mg/L、TKN 为 1.6mg/L。该工艺的缺点是工艺流程长、构筑物多、运行繁琐、成本高。

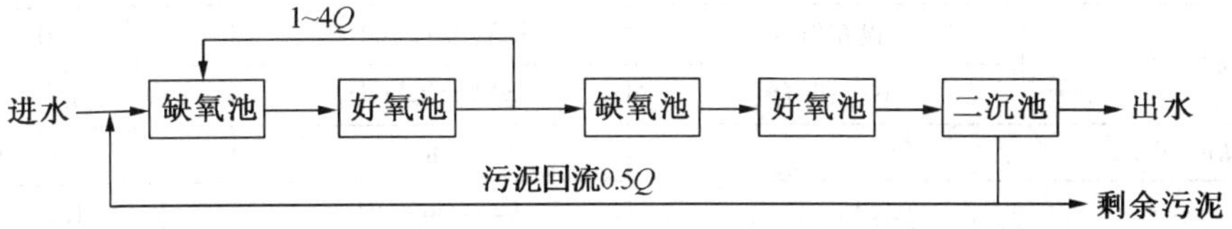

图 7-13　Bardenpho 工艺流程图（Q 为进水流量，m^3/h）

八、Phoredox 工艺

Phoredox 工艺(五段)是 Bardenpho 工艺的改进，其与 Bardenpho 工艺差别为在第一个缺氧池前增加了一个厌氧池，工艺流程见图 7-14。

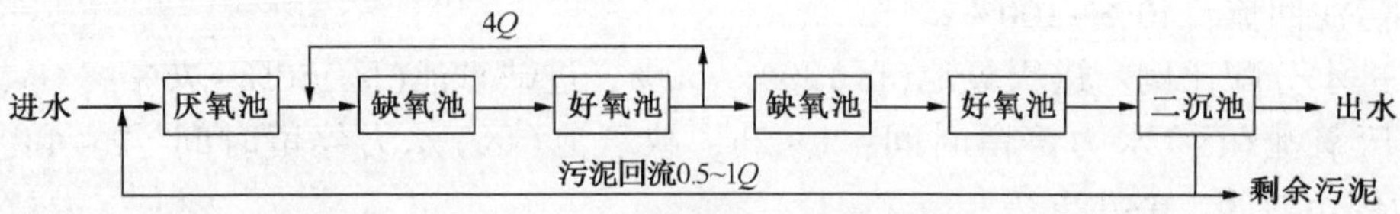

图 7-14　Phoredox 工艺流程图(Q 为进水流量，m^3/h)

Phoredox 工艺在缺氧池前增设了一个厌氧池，保证了磷的释放效果，从而使好氧段有更高的摄磷能力，提高了除磷效果，最终的好氧池为混合液提供了短暂的曝气时间，降低了二沉池出现的厌氧状态和释放磷的可能性。其工艺的泥龄长，一般在 10~20d，为达到污泥稳定的目的，泥龄值还可以取更长(10~40d)，以增加碳的氧化能力。

该工艺的缺点是污泥回流可能携带硝酸盐回到厌氧池，对除磷不利；可能受水质的影响较大，对于不同的污水除磷效果不稳定。

九、SBR 工艺

SBR 是活性污泥法的一个变型，它的反应机理以及污染物质的去除机制与传统活性污泥基本相同，仅运行操作不同，操作模式由进水→反应→沉淀→排水→排泥 5 个程序，在一个周期均在一个设有曝气和搅拌装置的反应器(池)中进行，这种操作周而复始进行，省掉二沉池和污水、污泥回流系统。传统 SBR 工艺在工程应用中存在一定的局限性，首先是在进水流量较大的情况下，需对反应系统进行调节，如果处理出水要求同时除磷脱氮，则更需对工艺流程进行必要的改造，因而在实际应用中 SBR 逐渐发展了各种新形式。

(一) 工艺参数

SBR 工艺用于去除污水中碳源有机污染物时，其设计参数可参考表 7-17。去除污水中氨氮污染物时可参考表 7-18。工业废水的水质与城镇污水水质差异较大时，设计参数应通过试验或参照类似工程确定。

表 7-17　SBR 工艺用于去除污水中碳源污染物时的设计参数

项目名称		单　位	参 数 值
反应池 BOD_5 污泥负荷		$kgBOD_5/(kgMLVSS \cdot d)$	0. 25~0. 50
		$kgBOD_5/(kgMLSS \cdot d)$	0. 10~0. 25
反应池混合液悬浮固体平均浓度 MLSS		mg/L	3000~5000
反应池混合液挥发性悬浮固体平均浓度 MLVSS		mg/L	1500~3000
污泥产率系数	设初沉池	$kgVSS/kgBOD_5$	0. 3
	不设初沉池	$kgVSS/kgBOD_5$	0. 6~0. 8
总水力停留时间		h	8~20
需氧量		$kgO_2/kgBOD_5$	1. 1~1. 8
充水比(进水量占有效池容比)		%	0. 35~0. 4
BOD_5 总处理率		%	80~95

表 7-18　SBR 工艺用于污水脱氮的设计参数

项目名称		单　位	参数值
反应池 BOD_5 污泥负荷		$kgBOD_5/(kgMLVSS \cdot d)$	0.1~0.3
		$kgBOD_5/(kgMLSS \cdot d)$	0.07~0.2
总氮负荷率		$kgTN/(kgMLSS \cdot d)$	≤0.05
反应池混合液悬浮固体平均浓度 MLSS		mg/L	3000~5000
反应池混合液挥发性悬浮固体平均浓度 MLVSS		mg/L	1500~3000
污泥产率系数	设初池	$kgVSS/kgBOD_5$	0.3~0.6
	不设初沉池	$kgVSS/kgBOD_5$	0.5~0.8
总水力停时间		h	15~30
缺氧反应时间占总水力停时间的比例		%	20
好氧反应时间占总水力停时间的比例		%	80
需氧量		$kgO_2/kgBOD_5$	1~1.2
充水比		%	0.3~0.35
氨氮去除率		%	85~95
TN 去除率		%	60~85

（二）SBR 工艺影响因素

1. 有机物浓度

在厌氧状态下，聚磷菌释磷越多，则聚磷菌在好氧段摄取磷量越大，因此如何提高厌氧状态下聚磷菌的释磷是达到高效除磷的重要条件。而在厌氧条件下，有机物 BOD 需要从兼性异养菌转化为低分子脂肪酸(如甲、乙、丙酸及乳酸等)之后才能被聚磷菌所利用，而这种转化对聚磷菌的释磷起着诱导作用，如果这种转化速率高，则聚磷菌的释磷速率就越大，从而有利于磷的去除。所以污水易被生物降解的有机物浓度越大，则除磷率越高，通常以 BOD_5/总 P 的比值作为评价指标，一般认为 $BOD_5/TP>20$，则磷的去除效果较稳定，实验得出 BOD_5/TP 的一般关系见表 7-19。

表 7-19　BOD_5/TP 的比例与磷的去除率关系

BOD_5/TP	28.8：8	13.8：1	5：1
BOD_5 去除率/%	92.11	89.08	91.64
P 的去除率/%	97.22	70	57.36

2. NO_x^--N 对脱氮除磷的影响

当进水处于厌氧状态时，进水带来了极少量的 NO_x^--N，但主要是好氧停止曝气后至沉淀及排水工序的缺氧段的反硝化作用不完全而留下的 NO_x^--N。由于 NO_x^--N 的存在会发生反硝化反应，反硝化消耗生物降解的有机物(BOD_5)，因为反硝化速率比聚磷菌的磷释放速率快，所以反硝化菌与聚磷菌争夺有机碳源，当厌氧池混合液中 NO_x^--N 浓度大于 1.5 mg/L时，会使聚磷菌释放时间滞后，释磷速率减缓，释磷量少，最终导致好氧状态下聚磷菌摄磷能力下降，影响除磷效果，所以应尽量降低曝气池内进水前留于池内的 NO_x^--N 浓度，主要靠好氧池曝气停止后沉淀，排水段的缺氧运行。如反硝化彻底，残留的 NO_x^--N 浓度小，同时也提高了氮的去除率。对此应对曝气好氧反应阶段以灵活的运行控制，如采取曝气(去除 BOD、硝化、摄磷)→停止曝气缺氧(投加少量碳源，进行反硝化脱氧)→再曝气(去除剩余有机物)的运行方式，提高脱氮效率，减少下一周期进水工序厌氧状态时 NO_x^--N 浓度。

3. 运行时间和溶解氧(DO)的影响

运行时间和 DO 是 SBR 取得良好脱氮除磷效果的两个重要参数。进水工序的厌氧状态 DO 应控制在 0.3~0.5mg/L，以满足释磷要求，有机物 BOD 浓度高则释磷速率快，当释磷速率为 9~10mg/(gMLSS·h)，水力停留时间大于 1h，则聚磷菌体内的磷已充分释放。所以一般城市污水经 2h 厌氧状态释磷，可基本达到释磷效果。

好氧曝气工序 DO 应控制在 2.5mg/L 以上，曝气时间 4h 为宜。主要满足 BOD 降解和硝化需氧以及聚磷菌摄磷过程的高氧环境。由于聚磷菌的好氧摄磷速率低于硝化速率，因此，应以摄磷来考虑曝气时间较合适，但曝气时间也不要过长，以免使聚磷菌进入内源呼吸菌体衰亡，导致磷的释放。

好氧曝气之后，沉淀、排放工序均为缺氧状态，DO 不高于 0.7mg/L，时间为 2h 左右为宜。在此条件下，反硝化菌将好氧曝气工序时储存体内的碳源释放，进行 SBR 所特有的储存性反硝化作用，使 NO_x^--N 转化为分子态氮而达到脱氮之目的，见表 7-20。

表 7-20　SBR 工艺各工序运行时间分配对处理效果影响

进水		曝气/h	沉淀/h	排水待机/h	总时间/h	BOD_5 去除率/%	TP 去除率/%	N 去除率/%
搅拌(缺氧)/h	停止搅拌(厌氧)/h							
1.5	0.5	4	1.5	0.5	8	80.3	93.2	
1	0.5	3	1	0.5	6	71.5	96.8	
1	1	4	1	1	8	93	96.8	82
1	1	3	1	1	8	80	77.8	92.5

另外，进水慢速搅拌，可提前进入厌氧状态，利于磷的释放，并缩短厌氧反应时间。

传统 SBR 工艺在工程应用中存在一定的局限性，首先是在进水流量较大的情况下，需对反应系统进行调节，如果处理出水要求同时除磷脱氮，则更需对工艺流程进行必要的改造，因而在实际应用中，SBR 有了各种新形式。

(三) SBR 新工艺具体形式

1. CAST 工艺

CAST 称为循环式活性污泥工艺，工艺采用的反应池一般分为生物选择区、预反应区和主反应区三个部分，各区容积之比一般采用 1∶5∶30。沉淀期和排水期不进水，间歇排水，沉淀阶段不进水，可以保证污泥沉降无水力干扰，使系统运行不受进水水力因素影响并将主反应区部分污泥回流至预反应区。CAST 预反应区的设置保证了活性污泥不断地在选择器中经历一个高絮体负荷的阶段，从而有利于系统中絮凝性细菌的生长，并提高污泥活性，使其快速地去除污水中溶解性易降解的有机物，能抑制丝状菌的生长和繁殖，使反应器在完全混合条件下运行而不产生污泥膨胀。图 7-15 为 CAST 反应器的工艺

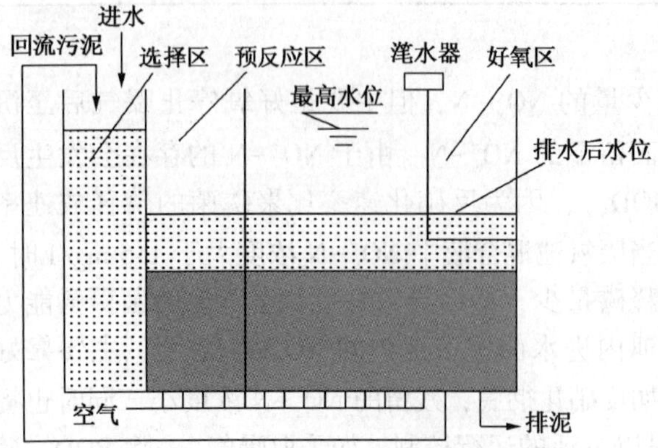

图 7-15　CAST 反应器的工艺构造示意图

构造示意图。

1）CAST 工艺优点

（1）工艺流程简单，土建和设备投资低；

（2）耐水力冲击，运行灵活；

（3）在进行生物除磷脱氮操作时，整个工艺的运行得到良好控制，处理效果优于传统活性污泥法；

（4）运行简单，无需进行大量的污泥回流。

2）设计要点

（1）生物选择区的设置及污泥回流比的确定

生物选择区可根据实际情况设置在好氧或厌氧-缺氧的条件下运行，若以去除水中营养物质为目的，可选择在厌氧-缺氧条件下运行；如果原水中含有较高浓度的硫化物，则应在好氧-缺氧条件下运行，并合理控制氧化还原电位，以防止在非曝气阶段硫化细菌引起的污泥膨胀。有人认为在生物选择区内加上若干折流板使进水呈现活塞流状态，且将预反应区内的水以 50%的比例回流至生物选择区内，与进水和来自主反应区的回流污泥相混合，这样会取得更好的脱氮除磷效果。在处理城市污水时，生物选择区、预反应区和主反应区的适宜比例为 1：2：17，如果不设预反应区，则生物选择区宜占总反应体积的 10%~15%。生物选择区的水力停留时间应允许能够生成非膨胀污泥以及通过快速吸附作用将水中溶解性底物转移至活性污泥中，通常生物选择区的停留时间为 0.5~1h，以不超过总水力停留时间的 5%~10%为宜。主反应区向生物选择区的回流污泥一般是以每天将主反应区中的污泥全部循环一次为依据来确定回流比。

（2）操作循环时间的分配

CAST 的操作由进水、曝气、沉淀(进水)、滗水、闲置 4 个基本过程组成，每个基本过程的时间对处理效果的影响都是很重要的，通常总循环时间可设置为 4~12h，合理的时间分配为：曝气时间占总循环时间的 50%~60%，沉淀时间占 30%，滗水和闲置时间分别不超过 10%和 5%，但在实际应用中应根据进水水质由实验来确定最佳值。

（3）DO 的控制

曝气时，DO 浓度控制在 2~3mg/L 以下，出水总磷可稳定保持在 1mg/L 以下。

另外，在实际应用中还可根据需要进行碱度值调节、投加营养物质或化学沉淀剂等的操作以选择出最佳的操作条件。

3）设计参数

CAST 工艺用于脱氮除磷时设计参数可参考表 7-21。去除磷污染物时设计参数可参考表 7-22。

表 7-21　CAST 工艺用于脱氮除磷时的设计参数

项目名称	单　位	参数值
反应池 BOD_5 污泥负荷	$kgBOD_5/(kgMLSS \cdot d)$	0.07~0.15
	$kgBOD_5/(kgMLVSS \cdot d)$	0.15~0.25
反应池混合液悬浮固体平均浓度 MLSS	mg/L	2500~4500
总水力停留时间	h	20~30
厌氧占总水力停留时间的比例	%	5~10
缺氧占总水力停留时间的比例	%	10~15

续表

项目名称	单　位	参数值
好氧占总水力停留时间的比例	%	75~85
污泥回流比	%	20~100
硝化液回流比	%	≥200
污泥回流比	%	40~100
需氧量	$kgO_2/kgBOD_5$	1.5~2.5
充水比	%	0.3~0.35
氨氮去除率		85~95
TN 去除率	%	55~75
TP 去除率	%	50~85

表 7-22　CAST 工艺用于去除磷污染物时的设计参数

项目名称		单　位	参数值
反应池 BOD_5 污泥负荷		$kgBOD_5/(kgMLSS \cdot d)$	0.4~0.7
反应池混合液悬浮固体平均浓度 MLSS		mg/L	2000~4000
总水力停留时间		h	4~8
厌氧占总水力停留时间的比例		%	25~30
好氧占总水力停留时间的比例		%	70~75
污泥产率系数	设初沉池	$kgVSS/kgBOD_5$	0.4~0.8
	不设初沉池	$kgVSS/kgBOD_5$	0.6~1
污泥回流比		%	40~100
需氧量		$kgO_2/kgBOD_5$	1~1.2
充水比		%	0.3~0.4
TP 去除率		%	75~85

4）应用

（1）处理规模与水质指标

处理规模为 $60000m^3/d$，以 CAST 工艺为主，其工程设计进、出水指标如表 7-23 所示。

表 7-23　工程设计进、出水指标

mg/L

指标	COD	BOD_5	TP	TN	NH_3-N	SS
进水	280	145	5	35	20	200
排水	60	20	1	20	8	20

（2）CAST 池主要工艺参数与设备

CAST 生物处理池平均设计流量 $1250m^3/h$，分 2 组，每组 2 座池，单座池尺寸 44m×22m×6.8m，生物选择池尺寸 9m×3.75m×5.6m；厌氧池（包含生物选择池）尺寸 22m×8.95m×5.8m，好氧池尺寸 33m×22m×5.8m。

设计污泥有机负荷为 $0.087kgBOD_5(kgMLSS \cdot d)$；平均污泥浓度 4000mg/L；泥龄为 20d；设计日循环 4 个周期，每周期运行 6h，单周期时间分配为：进水 1.5h、曝气 3.0h、静沉 1.0h、撇水及闲置 1h；生化池最高水深 5.8m，最低水深 3.7m，排水比 0.36；微孔曝气头单座 2110 个；单座池设滗水器 1 台，滗水能力 $2000m^3/h$。

单座池设搅拌机 6 台，生物选择池 1 台，厌氧区 3 台，好氧区 2 台，其中好氧区 2 台搅拌机功率均为 11kW，其余 4 台 3.5kW。单座池设回流污泥泵 1 台，单台流量 378m³/h，扬程 18m；设剩余污泥泵 1 台，单台流量 80m³/h，扬程 8.7m。

2. CASS 工艺

CASS 工艺是近年来国际公认的处理生活污水及工业污水的先进工艺。其基本结构是：在序批式活性污泥法(SBR)的基础上，反应池沿池长方向设计为两部分，前部为生物选择区也称预反应区，后部为主反应区，整个工艺的曝气、沉淀、排水等过程在同一池子内周期循环运行，省去了常规活性污泥法的二沉池和污泥回流。CASS 反应器工艺构造示意图见图 7-16。

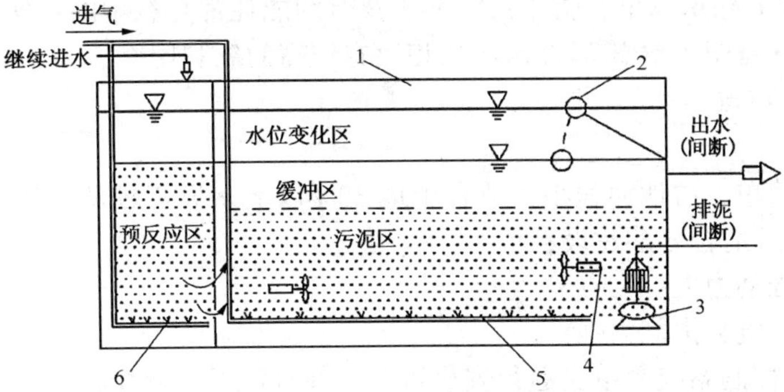

图 7-16　CASS 反应器的工艺构造示意图

1—主反应区；2—滗水器；3—污泥泵；4—水下搅拌器；5，6—曝气器

1）CASS 工艺的主要技术特征

（1）连续进水、间断排水

传统 SBR 工艺为间断进水、间断排水，而实际污水排放大都是连续或半连续的，CASS 工艺可连续进水，克服了 SBR 工艺的不足，比较适合实际排水的特点，拓宽了 SBR 工艺的应用领域。虽然 CASS 工艺设计时均考虑为连续进水，在实际运行中即使有间断进水，也不影响处理系统的运行。

（2）运行上的时序性

CASS 反应池通常按曝气、沉淀、排水和闲置四个阶段根据时间依次进行。CASS 工艺的循环操作过程见图 7-17。

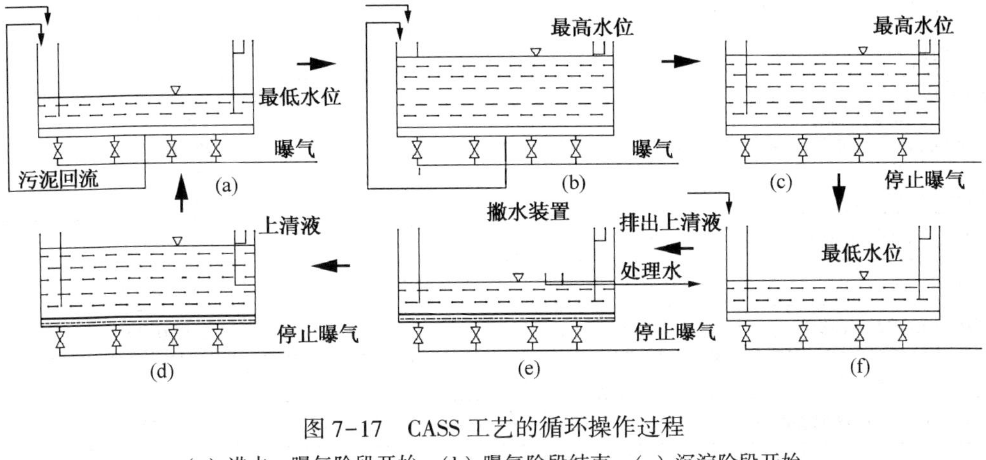

图 7-17　CASS 工艺的循环操作过程

（a）进水、曝气阶段开始；（b）曝气阶段结束；（c）沉淀阶段开始

（d）沉淀阶段结束；（e）滗水阶段与排泥阶段结束；（f）进水、闲置阶段

（3）运行过程的非稳态性

每个工作周期内排水开始时 CASS 池内液位最高，排水结束时液位最低，液位的变化幅度取决于排水比，而排水比与处理污水的浓度、排放标准及生物降解的难易程度等有关。反应池内混合液体积和基质浓度均是变化的，基质降解是非稳态的。

（4）溶解氧周期性变化，浓度梯度高

CASS 在反应阶段是曝气的，微生物处于好氧状态，在沉淀和排水阶段不曝气，微生物处于缺氧甚至厌氧状态。因此，反应池中溶解氧是周期性变化的，氧浓度梯度大、转移效率高，这对于提高脱氮除磷效率、防止污泥膨胀及节约能耗都是有利的。实践证实对同样的曝气设备而言，CASS 工艺与传统活性污泥法相比有较高的氧利用率。

2）CASS 工艺特点

（1）优点

① 工艺流程简单，占地面积小，节省土地 30%以上。投资较低，比传统活性污泥法节省投资 20%~30%，适合分期建设；

② 生化反应推动力大；

③ 运行灵活，抗冲击能力强；

④ CASS 工艺控制系统简单，运行安全可靠，并且污泥产量少；

⑤ 连续进水不用进水阀门之间切换，控制简单，可应用于较大型的污水处理厂。

（2）缺点与改进措施

① 沉淀特性不同

CASS 工艺的沉淀会受到进水扰动，破坏了其成为理想沉淀的条件。为了减少进水带来的扰动，一般将池子设计成长方形，使出水近似于平流沉淀池。

② 丧失了理想推流性能和污泥膨胀的控制

由于连续进水工艺丧失了经典 SBR 的理想推流和对难降解物质去除率高的优点，而且不能控制污泥膨胀的发生，所以需要设置选择区。

3）设计参数

CASS 工艺用于处理城市污水处理工程的设计参数也可参考表 7-24。

表 7-24　CASS 工艺用于处理城市污水处理工程的相关设计参数

项目名称	参数值
水力停留时间/h	12
运行周期/h	4
周期内曝气、沉淀、排水、闲置时间/min	120、40~60、40、20
污泥浓度/(g/L)	2.5~3.5
污泥负荷/[kgCOD/(kgMLSS·d)]	0.22~0.32
污泥龄/d	15~30
污泥产率/[kgMLSS/($kgBOD_5$·d)]	0.2~0.36
DO/(mg/L)	2~5
充水比(进水量占有效池容的比)/%	15~20
最大设计水深/h	5~6

4）应用

CASS 工艺应用广泛，美国、澳大利亚、加拿大有多家污水处理厂应用该工艺。我国起步较晚，但上海、昆明、北京等地也开始应用该工艺处理生活污水及工业污水。其中昆明市第三污水处理厂是使用改进型 CASS 工艺（ICEAS 工艺）的污水处理厂，设计污水处理量 16 万 t/d。瓦房店市污水厂设计规模为 6 万 m^3/d，采用 ICEAS 工艺，工艺示意图见图 7-18。

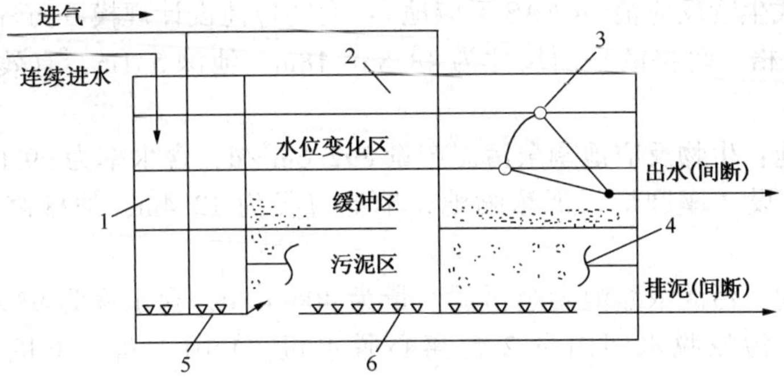

图 7-18　ICEAS 工艺示意图

1—预反应区；2—主反应区；3—滗水器；4—搅拌器；5、6—曝气器

具体工程设计与工程工艺如下。

(1)设计进水和出水水质

污水厂的设计进水和出水水质见表 7-25。

表 7-25　ICEAS 工艺设计进水和出水水质　mg/L

项　目	进水水质	出水水质
SS	250	20
COD	350	60
BOD_5	180	20
TN	40	15
TP	5	1

（2）参数

ICEAS 工艺的计算参数如下：

① 设计去除的 BOD_5 量 $F=9600$kg/d；

② 污泥负荷 $F/M=0.07$kgBOD_5/(kgMLVSS·d)；

③ 混合液中挥发性悬浮固体 $M=F/0.07=137143$kg；

④ MLVSS/MLSS 比值采用 0.65；

⑤ 设计常规周期为 5 个/24h，每个周期为 4.8h；

⑥ 污泥指数 SVI=110；

⑦ 水力停留时间：$T=0.78$d，即 18.8h；

⑧ 剩余污泥量：设 $a=0.5$kgMLVSS/kgBOD_5，MLSS(干重)为 7385kg/d，流量为 821m^3/d；

⑨ 池数 12 座。

(3)各工艺单元的设计参数

① 粗格栅间：粗格栅间按远期规模设计，渠道宽 1.45m，高 2.4m，栅条间隙 50mm，栅条宽 10mm，安装角度 90°，过栅流速 0.6m/s。污水提升泵房：污水提升泵房按远期规模

设计，污水提升泵 5 台，4 用 1 备，单泵流量 1670m^3/h，扬程 12m，配用电机功率 75kW。

② 细格栅间：细格栅间设阶梯式格栅除污机 2 台，格栅宽 1.4m，栅条间隙 3mm，安装角度 53°，最大过栅流速 1m/s。

③ 旋流沉砂池：沉砂池按远期规模设计，设旋流式沉砂池 2 座。每座沉砂池的沉砂室直径为 5m，深 3.45m；采用砂泵排砂。

④ 间歇循环式生物反应池(ICEAS 反应池)：生物应池设计规模 6 万 m^3/d，共设 2 组生物反应池，每组 6 格。每格的平面尺寸为 48.8m×18m，池深 5.1m，有效水深 4.6m，超高为 0.5m。

⑤ 污泥浓缩池：生物反应池剩余污泥产量 892.6m^3/d，含水率为 99.09%，浓缩后的污泥含水率为 98%。设 2 座圆形污泥浓缩池，单池直径为 13.4m，池壁高度 4.5m，有效水深 4m。

⑥ 污泥脱水间：污泥浓缩池剩余污泥产量为 406m^3/d，含水率为 98%，脱水后污泥含水率不大于 80%，污泥脱水间内设 2 台离心脱水机，1 用 1 备，单机处理能力为 20～25m^3/h。

3. DAT-IAT 工艺

1）概述

DAT-IAT 工艺是连续进水、连续-间歇曝气工艺，它是利用单一 SBR 反应池实现连续运行的新型 SBR 工艺。工艺由 DAT 和 IAT 双池串联组成，DAT 池连续进水、连续曝气(也可间歇曝气)；IAT 池连续进水、间歇曝气，排水和排泥均从 IAT 排出，其工艺布置见图 7-19。

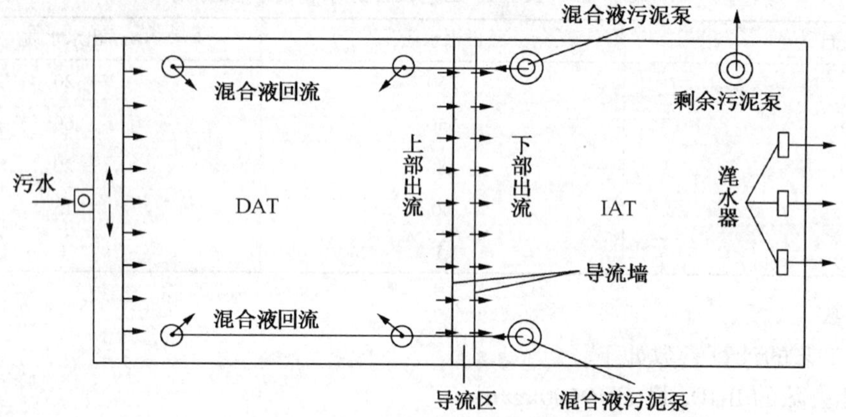

图 7-19　DAT-IAT 反应池工艺布置图

2）特点

DAT-IAT 系统继承了 SBR 工艺的优点，同时在进水形式和运行方式设计上作了改进，使系统操作、管理和维护更加简化。整个系统具有以下特点：

(1) 系统为一组集调节、曝气、沉淀功能于一体反应池，整体结构紧凑简单，无需复杂的管线传输，系统操作简单且更具有灵活性。

(2) 易产生污泥膨胀的丝状细菌在 SBR 反应池中因反应条件不断地循环变化而得到有效的抑制。

(3) 工艺处理的稳定性增加

DAT 池起到了水力均衡的作用，并防止连续进水对出水水质的影响；DAT 连续曝气加强了系统对难降解有机物的降解，相对缩短了运行周期；DAT 池连续曝气也使整个系统更接近了完全混合式，更有利于消除高浓度工业污水中毒性物质或 COD 浓度过高积累而带来的不良影响。

(4) 提高了池容的利用率

对于曝气池和二沉池合建的污水处理构筑物来说，在保留沉淀分离效果前提下，应尽可能提高曝气容积比。与传统 SBR 法及其他变型方法来比，DAT 池连续曝气，使该工艺的曝气容积比更高。

(5) 提高了设备的利用率

由于 DAT 池连续进水，因此不需要顺序进水的闸阀及自控装置：DAT 池连续曝气，减少了整个系统的曝气强度，提高了曝气装置的利用率，所需鼓风机的额定风量和功率也相应减少。

(6) 增加了系统的灵活性

DAT-IAT 系统可以根据进、出水水量、水质变化来调节 DAT 池的工作状态和 IAT 池的运转周期，使之处于最佳工况；同时也可根据脱氮除磷要求，调整曝气时间，创造缺氧或厌氧环境。

3) 缺点

(1) 回流污泥量大，能耗高。为了保持 DAT 池内较长的污泥龄和较高的微生物浓度，需在 IAT 池内安装污泥泵，将 IAT 池内的部分污泥用污泥泵连续抽回 DAT 池。

(2) 除磷效果差。由于 DAT-IAT 工艺的厌氧只发生在滗水阶段末期，持续时间短，磷的释放不充分；此外，泥龄越短，除磷效果越好，而 DAT-IAT 工艺属于长泥龄工艺，除磷效果差。同时，滗水阶段末期可生物降解的有机物浓度很低，使聚磷菌没有合适的基质可利用。

针对 DAT-IAT 的工艺研究开发了 BD/DAT-IAT 工艺、A/DAT-IAT 工艺等。

4) 设计参数

(1) 池子个数 3 座以上。小规模时取 3~6 座；大规模时取若干组，每组 3 池；

(2) 有效水深 3~7m；

(3) 污泥回流比 50%~200%；

(4) 一般采用低负荷运行，污泥负荷 0.05~0.1$kgBOD_5/(kgMLSS \cdot d)$；

(5) 混合液污泥深度 3~5g/L；

(6) 泥龄 θ_c=20~30d；

(7) 耗氧量 1.3~2.0$kgO_2/kgBOD_5$；

(8) 排出比 1/6~1/3。

其具体的 DAT-IAT 主要设计与运行参数如表 7-26 所示。

表 7-26　DAT-IAT 主要设计与运行参数

处理要求	有机物污泥负荷/[$kgBOD_5/(kgMLSS \cdot d)$]	混合液悬浮固体浓度		回流比/%	泥龄/d	DAT/IAT 容积比
		DAT	IAT			
去除含碳有机物	0.1	2500~4500	3500~5500	100~400	6~8	<1
硝化	0.07~0.09				>10	>1
硝化与反硝化	0.07				>12	1

十、MSBR 工艺

MSBR(Modified Sequencing Batch Reactor)工艺是 20 世纪 80 年代初期发展起来的改良式 SBR 工艺，目前主要在北美和南美应用，国内深圳盐田污水处理厂也采用该工艺。

MSBR 工艺被认为是目前最新的一体化工艺流程，它是由 A^2/O 系统与常规 SBR 系统串联组成，具有二者的全部优点。因而它具有同时高效去除有机物与氮、磷污染物的功能，出水水质稳定。特别是回流污泥进入厌氧池前增加了一个污泥浓缩区，浓缩后污泥经缺氧区再进入厌氧区，这样就大大减少了回流污泥中硝酸盐进入厌氧区的量，也减少了 VFA 因回流而造成稀释，增加了厌氧区的实际停留时间，所以大大提高了除磷效率。

(一) MSBR 工艺组成

MSBR 工艺系统由三个主要部分组成，其工艺布置如图 7-20 所示。

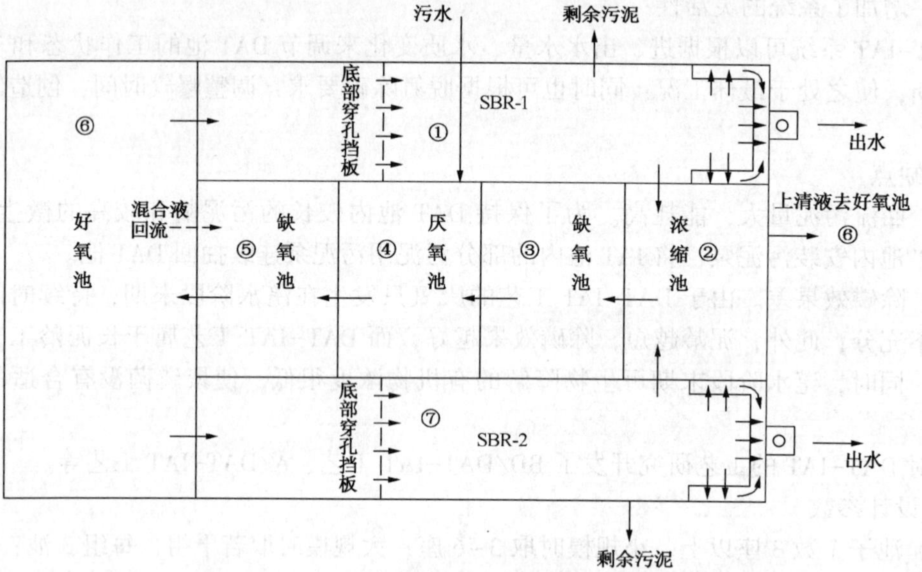

图 7-20　MSBR 工艺布置示意图

(1) A^2/O：由厌氧区④、缺氧区⑤、好氧区⑥组成；

(2) 污泥回流浓缩：由浓缩池②、缺氧区③组成；

(3) 二个交替进行搅拌、曝气、沉淀的 SBR 池。在 SBR 池前段设置底部穿孔挡板，使得 SBR 池后段的水流状态是由下而上，而不是平流状态，这样 SBR 池后段对水流起到了悬浮污泥床的过滤作用，而非一般的沉淀作用。

(二) MSBR 工艺原理

MSBR 工艺原理如图 7-21 所示。

原污水和回流污泥同时进入厌氧池④后进行搅拌混合，回流污泥中的聚磷菌利用原污水中降解的有机物在此进行充分释磷。然后混合液由厌氧池④进入缺氧池⑤，与好氧池⑥来的含大量 NO_x^--N 的回流混合液搅拌混合，进行反硝化脱氮，反硝化后的混合液流入好氧池⑥，在此进行硝化、有机物降解和聚磷菌的吸磷。

经好氧池处理后，一部分混合液至缺氧池⑤，另一部分混合液进入 SBR-2 池⑦，经沉淀后上清液排放。此时另一边的 SBR-1 池①进行搅拌、曝气、预沉，起着反硝化、硝化、

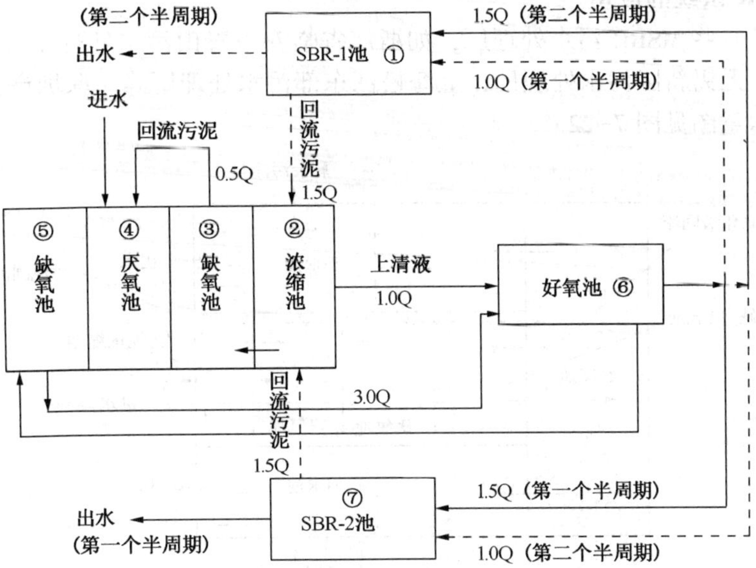

图 7-21　MSBR 工艺原理图

有机物降解的作用，沉下的污泥作为回流污泥，首先进入浓缩池浓缩，其上清液直接进入好氧池⑥，而浓缩污泥进入缺氧池③，减少污泥中的溶解氧，同时对回流污泥中硝酸盐进行反硝化，降低回流污泥中的硝酸盐浓度，使由缺氧池③进入厌氧池④的回流污泥中溶解氧和硝酸盐浓度都很低，为厌氧池④中厌氧释磷提供了更为有利的条件。

(三) MSBR 工艺的特点

MSBR 工艺是由 $A+A^2/O$ 工艺+SBR 工艺串联组成，具有 A^2/O 工艺+SBR 工艺的全部优点。

(1)从连续运行的单元(厌氧池)进水，可提高厌氧反应的速度，并可将大部分好氧从 SBR 池转移到连续运行的主曝气池中；

(2)采用低水头、低能耗回流设施，可极大地改善系统中各单元内 MLSS 的均匀性；

(3)SBR 池中间设置底部挡板，可避免水力射流的影响，从而改善水力条件，且污水经过沉淀后的悬浮污泥时还可起过滤的作用；

(4)在回流混合液进入厌氧池前设污泥浓缩池，可减少硝酸盐进入厌氧池，从而提高除磷效率；

(5)采用空气堰控制出水，可控制出水中的悬浮物。

由于目前其运行管理经验不是很丰富，而且运行流程长，工艺控制相对复杂，因此该工艺主要适用于经济水平较发达的地区。

(四) MSBR 工艺主要设计参数

(1) 污泥龄 $\theta_c=7\sim20$d；以生物除磷为主时 θ_c 取较小值，以生物脱氮为主则 θ_c 取大值。

(2) 平均混合液污泥浓度 MLSS＝2200～3000mg/L；

(3) 水力停留时间 $t=12\sim14$h；

(4) 池深 3.5～6m，对缺氧池和厌氧池可达 8m；

(5) 混合液回流比 1.3～1.5，浓缩污泥回流比 0.3～0.5，活性污泥回流比 1.3～1.5。

（五）**MSBR 系统的应用**

国内建成了一些 MSBR 污水处理厂，如浙江省临安市青山污水处理工程(一期处理规模为 2 万 m^3/d)，无锡新区污水处理厂，上海松江东部污水处理厂等。深圳市盐田污水处理厂处理工艺流程示意图见图 7-22。

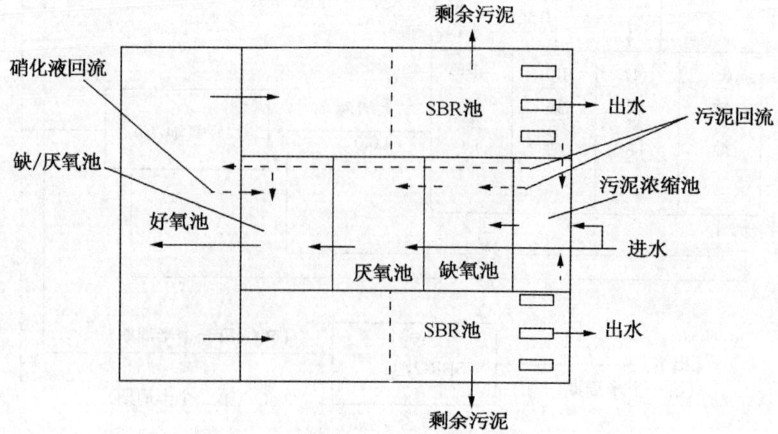

图 7-22　MSBR 工艺流程示意图

（1）盐田污水厂 MSBR 池工艺参数

活性污泥浓度：2200~4000mg/L；

污泥负荷：0.11~0.13$kgBOD_5$/(kgMLSS · d)；

污泥龄 θ_c：6.6~10.7d；

气水比：6.8：1；

活性污泥回流比：1.5；

混合液回流比：1.5。

（2）盐田污水处理厂的主要构筑物见表 7-27。

表 7-27　盐田污水处理厂主要构筑物简况表

序号	构筑物	尺　寸	数量	主要设计参数
1	提升泵房和粗格栅间	提升泵房和粗格栅间合建在一起，提升泵房平面 13.6m×20.4m，提升泵房地下部分 7.4m，总进水闸门井 2.4m×2.4m×5.97m，格栅间 7.2m×10.8m×5.97m，泵坑 13.6m×6.3m×7.72m	1	$K_Z=1.3$
2	细格栅和沉砂池	细格栅及沉砂池组合成为一个构筑物； 沉砂池采用 360°比氏沉砂池，共 2 座； 细格栅 13.5m×7.7m×2.23m； 沉砂池直径 6.1m，2 座； 沉砂池进水渠：1.35m×1.35m×6.55m(高)	1	
3	加氯加药间	加药、加氯间为合建式建筑物，加氯间 30m×12m×6.1m，加药间 18m×9m×6.8m	1	水中液氯最大浓度 10mg/L
4	接触池	接触池 2 座，单座 29.2m×21.50m×5.1m	2	接触时间 32min
5	MSBR 池	MSBR 池 66.9m×57.8m×6.9(8.9)m； 单池有效容积 22040m^3	3	每组 Q=4 万 m^3/d； $K_Z=1.2$

续表

序号	构筑物	尺　　寸	数量	主要设计参数
6	鼓风机房	鼓风机房 32.9m×12.00m×10.7m	1	总装机风量为 750m^3/min
7	脱水机房	脱水间污泥堆棚 36.00m×27m×9.5m； 储泥池 8.35m×4.30m×3.80m	1	进泥含水率 99.1%，脱水后含水率<78%

（3）主要设备

盐田污水处理厂的主要设备见表 7-28。

表 7-28　盐田污水处理厂主要设备情况

序号	构筑物	设备名称	型号及参数	数量/台
1	1 提升泵房和粗格栅间	粗格栅	钢丝绳牵引式；B=1500mm，b=20mm	2
		提升泵	飞力潜水泵 C2P3300LT620，Q=1350m^3/h，H=9m	4
		提升泵	飞力潜水泵；CP3300LT804，Q=684m^3/h，H=9.5m	2
2	细格栅和沉砂池	细格栅	耙齿链回转式；B=1200mm，b=5mm，α=75°	4
		沉砂池设备	旋流沉砂池设备主要包括砂泵、真空泵、水力旋流分砂器、螺旋砂水分离器等	2 套
3	MSBR（单个）	升降式微孔曝气器	流量 Q=6.4~7.8m^3/min	38 套
		浮筒式搅拌器	其中 7 个带除渣装置	9
4	回流与污泥处理	污泥回流泵	飞力泵 PP4680，Q=2500m^3/h，H=0.95m	2
		混合液回流泵	飞力泵 PP4680，Q=2500m^3/h，H=0.95m	2
		浓缩污泥回流泵	飞力泵 PP4660，Q=840m^3/h，H=0.91m	2
		剩余污泥提升泵	飞力泵 CP3102MT，Q=115m^3/h，H=7.6m	2
5	鼓风机房	鼓风机	丹麦 TURBOKA5SV - GL210；进口流量 Q = 73.13 ~ 162.5m^3/min；最大出口压力 1.785bar	5
6	脱水机房	脱水机	德国 FLOTTWEG Z518-4/454 多级行星齿轮变频驱动沉降式卧螺离心机；转筒最大速度 3250r/min，最大污泥流量 40m^3/h	3

十一、UNITANK 工艺

（一）概述

UNITANK 工艺是比利时史格斯清水公司于 20 世纪 90 年代初开发的专利，取名为 UNITANK，已广泛采用。

原污水经格栅与沉砂池预处理后连续进入 UNITANK 反应池，该反应池由三个矩形池相连组成，三个池水流相连通，每个池中均设有曝气供氧设备，可采用鼓风曝气或表面机械曝气。在外边两侧矩形池，设有固定出水堰与剩余污泥排放口。外边的两侧矩形池交替作为曝气池和沉淀池，而中间一只矩形池只作曝气池。连续进入该系统的污水，通过控制进水闸可分时序分别进入三个矩形池中任意一只，采用连续进水、出水，周期交替运行。UNITANK 工艺的结构如图 7-23。

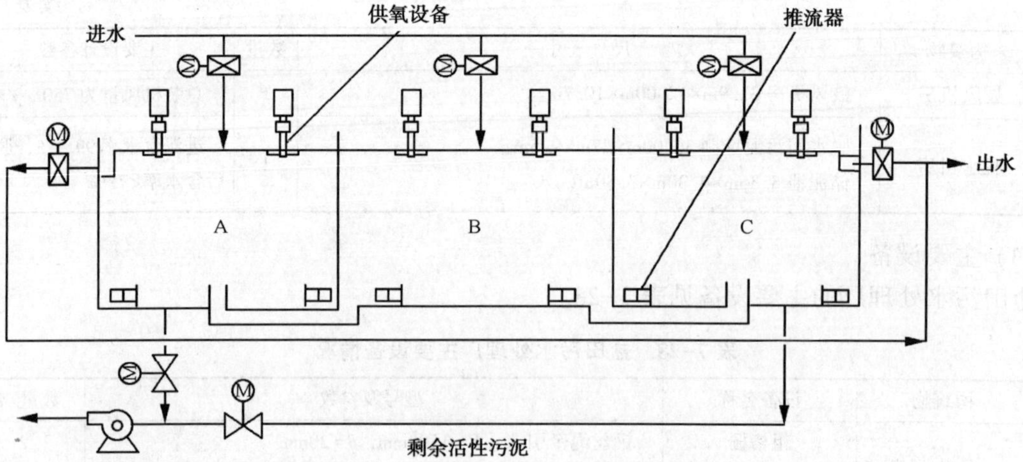

图 7-23　UNITANK 工艺结构示意图

（二）UNITANK 工艺的运行操作过程

去除有机物与脱氮除磷的 UNITANK 工艺运行过程见图 7-24。

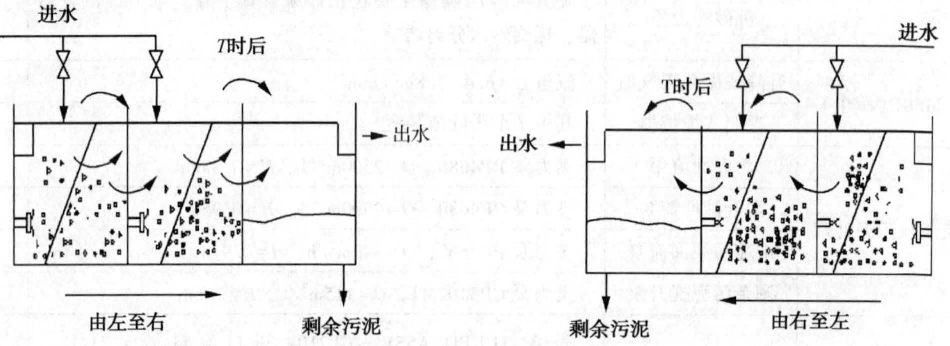

图 7-24　UNITANK 工艺的运行过程

该运行过程通过时间与空间的控制，并适当增加水力停留时间，就可具有去除污水中的有机物和脱氮除磷的功能。

在第一个运行阶段，污水交替进入左侧池和中间池，左侧池作为缺氧搅拌反应器，反硝化菌以污水中的有机物为电子供体，对前一个运行阶段产生的硝态氮进行反硝化脱氮；然后释放前一个运行阶段沉淀的含磷污泥中的磷。

当中间池曝气运行时，去除有机物和进行硝化与吸收磷；当中间池进水并搅拌时，则进行反硝化脱氮，同时污泥也由左向右推进，右侧池进行沉淀。泥水分离，上清液作为处理水溢出，含磷污泥的一部分作为剩余污泥排放。

在进入第二个运行阶段前，污水只进入中间池，使左侧池中尽可能完成硝化反应。其后左侧池停止曝气，作为沉淀池。

进入第二个运行阶段，污水交替进入右侧池和中间池，污水由右向左流动，处理过程与第一个运行阶段相同。

（三）工艺适用性

（1）进水 BOD 浓度较高时，应考虑采用两级 UNITANK 工艺。若进水 BOD 高于 500mg/L 时，可采用两级 UNITANK 工艺，即用两级单元池处理高浓度污水，第一级生物池按高负荷条件下厌氧或好氧方式运行，第二级按低负荷条件下好氧方式运行。

（2）处理水量过大时，应充分考虑该工艺的复杂性。由于工艺运行、结构等原因的限制，处理池每格的尺寸应控制在 40m×40m 范围内，因此处理水量加倍时，处理单元数也会成倍增加。每个单元的三个池都需配水，两侧池均需排放处理后的出水、冲洗水和剩余污泥。随着单元数增加，其复杂程度会大幅度增加。

（3）对处理出水有除磷要求时，应慎重考虑是否选用该工艺。因该工艺除磷脱氮过程的原理是：通过在沉淀末期和曝气期中间加入非曝气搅拌期，形成缺氧和厌氧状态，完成脱氮和生物除磷功能。但从实际运行看，很难形成生物除磷的理想状态。因为，在非曝气搅拌期，水中大量的硝酸盐会消耗溶解性 BOD_5，降低有效 BOD_5/P 比值；同时，进水的溶解性 BOD_5 被稀释，与活性污泥量相比，比值很低，除磷菌摄取 BOD_5 量少，在厌氧阶段释放磷不彻底，因此生物除磷功能很难保证。

因此，UNITANK 工艺适用于中小型污水处理厂，在一定的范围内可以替代其他活性污泥法。

UNITANK 工艺对磷的去除不够理想。若应用于有除磷的情况，可采取以下措施强化：

（1）外碳源补给或主体阶段采用多点进水的方式。

（2）优化反应器设计。通过增加单池个数的办法增加缺氧反硝化的处理级数，强化反硝化；或者在 UNITANK 工艺之前加设厌氧生物选择器。

（3）污水厂设计中应选用含氧较少的污水、污泥提升设备采用如潜污泵而不用螺旋泵，并使进水和回流污泥潜流入池，避免跌水带入溶解氧。

（4）物化法深度除磷。

（四）工程实例

UNITANK 工艺在国内得到了一定的应用，如广东省广州市的猎德污水处理厂、澳门的氹仔污水处理厂、佛山市的东鄱污水厂、石家庄高新区污水处理厂等，其中以广东省为最，运行表明在不同气候环境中，UNITANK 工艺有一定的适用性。

新疆盐湖制盐有限公司 UNITANK 污水处理厂设计规模为 $1500m^3/d$，UNITANK 池采用全封闭地埋式，钢砼结构，1 座；基本尺寸为：$L \times B \times H = 22m \times 5m \times 4m$，有效水深 3.5m，有效容积 $347m^3$。

澳门氹仔污水处理厂采用 UNITANK 工艺，设计规模 $70000m^3/d$。污泥负荷 $N_S = 0.135kgBOD_5/(kgMLSS \cdot d)$；污泥浓度 MLSS＝4000mg/L；水力停留时间 HRT＝16h。由三个池组成一个单元，共三个单元。每池尺寸为：$L \times B \times H = 25m \times 26m \times 8m$，采用鼓风曝气，微气泡扩散器供氧。处理效果见表 7-29。

表 7-29　澳门氹仔污水厂处理效果

项　目	进水/(mg/L)		出水/(mg/L)		处理效率/%	
	设计值	实测值	设计值	实测值	设计值	实测值
BOD	250	500	≤30	<15	≥88	>97
COD	440	860	≤100	<60	≥77	>93
SS		240	≤30	<15		>94

十二、百乐卡(BIOLAK)处理技术

百乐卡(BIOLAK)是一种多级的曝气塘处理工艺，1972年由德国人开发，它是由不带曝气设施、采用自然池塘处理的污水系统发展而来的。目前，世界上已有多套BIOLAK系统在运行。曝气池可采用钢筋混凝土，也可因地制宜，采用土池或人工湖，但底部应有防渗措施。在池内安装一种特殊的悬挂索(链)式曝气系统，以延时曝气方式按照所需预期达到的目的进行运行操作(如厌氧、缺氧、好氧方式)，故运行简便易控，在适宜的条件下，该工艺具有较大的吸引力。

(一) 工艺特点

(1) 该工艺是一种负荷低，水力停留时间长，污泥龄长的延时曝气工艺，生化池停留时间一般在20h以上，有的甚至达到6d以上，因污泥负荷低，占地面积一般较大。

(2) 曝气池体一般呈下窄上宽的梯形，池壁与水平面成30°~60°；二沉池一般与曝气池合建，处理构筑物少，可以采用土池结构，工程投资较省。

(3) 采用HDPE防渗膜隔绝污水和地下水，施工简单，投资低廉，使用寿命长；在某些特殊地质条件下，如地震多发地区、土质疏松地区，其优点更能充分体现。

(4) 曝气系统采用浮在水面的移动式曝气链，高效微孔曝气头则悬挂在浮链上，停留在水深4~5m处。气泡在向上运动过程中，不断受到水流流动和浮链摆动等扰动，不仅可以达到很好的混合效果，节约能耗，还提高了氧的转移率。漂浮式曝气器在百乐卡工艺中的应用见图7-25，如图所示，每条悬浮曝气链配备多套曝气器，各单套曝气管由浮筒、曝气链、悬挂软管、配气管、微孔曝气管及配重等组成。每条曝气链所悬挂的曝气器数量由供气量决定，进气方式有：从曝气管的两端进气或从曝气管的中间进气。曝气链在运动过程中，曝气头跟着摆动，能够造成曝气池中缺氧和好氧状态交替出现，为硝化和反硝化创造了条件，形成多级的硝化和反硝化，保证脱氮效果。

图7-25　漂浮式曝气器

(5) 在二沉池后，一般建有稳定池，稳定池中还有一根曝气链在进行曝气，可以提高出水的溶解氧浓度，使得聚磷菌不致因为溶解氧减少而释放磷，除磷效果好。

BIOLAK工艺是在20世纪末期引入我国的，具有基建费用及运行费用低、剩余污泥基本得到稳定、污水净化程度高、净化效果稳定、系统构造非常简单、故障发生率低、容易维护等特点，因此在短时间内得到发展和应用，如山东招远污水处理厂、深圳龙田污水处理厂、江苏省高邮市污水处理厂等几十家样板工程。通过山东招远污水处理厂的运行效果的分析，BIOLAK工艺具有良好的处理效果：其BOD去除率达到95%，对总氮的去除率达到

59%，对总磷的去处率达到91%。但目前国内对BIOLAK工艺的试验研究还鲜见报道，设计时所选用的参数也是仅仅凭经验确定，今后还应该注重对此工艺的运行特性、工艺机理以及设计参数的研究。

（二）工艺适用性

根据BIOLAK工艺的特点，建议单组构筑物处理量<2万 m^3/d 的污水处理厂采用该工艺的不同组合形式和土池防渗结构；单组构筑物处理量在（2~5）万 m^3/d 的污水处理厂可采用经过改良的BIOLAK工艺（如沉淀池采用分建辐流形式，污泥采用浓缩池加机械脱水方式等），结构则可根据当地地质条件选用土池防渗结构或钢筋混凝土结构；单组构筑物处理量>5万 m^3/d 的污水处理厂不宜采用BIOLAK工艺。

BIOLAK工艺适用范围广；具有良好的缓冲能力，可以较好地适应水力及污染物的波动；一体化设计可降低其经济投入和减少占地面积；BIOLAK采用地盆式建造可使整个流程不高于地面，与周围环境和谐统一。

（三）主要技术参数参考值

有机物污泥负荷：0.05~0.2kgBOD_5/（kgMLVSS·d）；

污泥回流比：50%~150%；

活性污泥浓度：2000~4000mg/L；

回流污泥浓度：8000~12000mg/L；

水力停留时间：30h左右；

污泥龄 θ_c：30~180d；

有机物容积负荷：0.2~0.4kgBOD_5/（m^3·d）。

（四）工程实例

1. 龙田污水处理厂

（1）工程概况

龙田污水处理厂位于坑梓镇的西北侧，在田坑水下游出口出西岸的龙田村，工程总投资为2850万元，日处理污水量为3万 m^3/d，占地2400m^2。工程采用BIOLAK工艺，龙田污水厂处理的是田坑水河内的污水，河水经自流进入污水厂，进水BOD_5仅为70~90mg/L，有机负荷偏低。由于该工艺具有脱氮效果，为缓解碳源不足的弊端，采用投加养猪场的粪便或养鸡场的粪便来补充碳源，然后污水经粗格栅和旋转格栅后进入主体反应池后排出，BIOLAK生化池、沉淀池和消毒池为一体式的构造，并且不建钢筋混凝土池。

（2）工艺参数

污泥浓度MLSS：4000mg/L；

污泥负荷：0.057kgBOD_5/（kgMLVSS·d）；

水力停留时间HRT：18h；

污泥龄：29d；

混合液回流比：100%；

BIOLAK综合池尺寸：$L\times B\times H=117m\times60m\times5m$。

（3）设备及其选型

深圳市龙田污水处理厂关键设备及其选型见表7-30。

表 7-30　深圳市龙田污水处理厂关键设备及其选型

设备名称	规　格	数　量
潜污泵	300QW720-6-22，$Q=720m^3/h$，$H=6m$	3
旋转格栅	NOVE 格栅	4 组
曝气链	FRiox10	10 条
HDPE 防渗板	厚度 1.5mm	$8235m^2$
污泥泵	$Q=935m^3/h$	2 台
排泥泵		1 台
罗茨鼓风机	GM35S，风量 $35m^3/min$	4 台(三用一备)

2. 武安市污水处理厂

(1) 设计处理能力与进出水水质

武安市污水处理厂处理能力为 $33000m^3/d$，生化部分采用百乐卡工艺。污水包括生活污水与工业污水两部分，设计进出水水质：pH 值为 6~9，COD 为 400mg/L，BOD_5 为 180mg/L，SS 为 250mg/L，NH_3-N 为 30mg/L，TP 为 3mg/L。

(2) 百乐卡综合池

工程设百乐卡综合池 1 座，包括厌氧区、曝气池、沉淀池、稳定池四部分，采用钢筋混凝土结构，生化阶段有机物容积负荷为 $0.25kgBOD_5/(m^3 \cdot d)$，池体尺寸为 127.2m×72m×4.5m(有效水深)，超高 1m，曝气区设曝气链 13 条，沉淀池与曝气池合建，中间用隔墙隔开。百乐克综合池的具体工艺数据见表 7-31。

表 7-31　百乐卡综合池具体工艺数据

工　艺	池长/m	池宽/m	池有效水深/m	池有效容积/m^3	池水力停留时间/h
厌氧段	72	12	4.5	3888	2.83
曝气段		74		23976	17.44
沉淀段		22		7128	5.18
稳定段		12		3888	2.83

第三节　厌氧氨氧化污水处理技术

污水脱氮是近几十年来环境工程界最活跃的研究领域之一，从硝化-亚硝化，到反硝化脱氮、甲醇反硝化，再到同时硝化-反硝化、短程硝化-反硝化，脱氮技术不断取得创新发展，并产生了厌氧氨氧化(Anaerobic ammonia oxidation，Anammox)，开创了功能菌在复杂污水处理系统的实际应用。

一、原理

奥地利的理论化学家 Broda 根据化学反应热力学标准吉布斯自由能变化，做出了自然界应该存在以硝酸盐或者亚硝酸盐为氧化剂的氨氧化反应的预言。根据热力学理论，此反应过程可自发进行，厌氧氨氧化是一个产能反应，理论上可以提供微生物生长所需要的能量。

在实际工程中，荷兰 Mulder 等首先在一个处理酵母污水的反硝化中试装置内发现该反应过程。厌氧氨氧化是在无氧条件下，以氨为电子供体、亚硝酸为电子受体，产生氮气和硝酸的生物反应。污水的厌氧氨氧化自养脱氮过程一般包括两个阶段：

（1）有氧条件下，约一半的氨氮转化为 NO_2-N 的部分硝化（partialnitritation，PN）反应阶段，反应方程式如下：

$$0.57NH_4^+ + 1.14HCO_3^- + 0.855O_2 \longrightarrow 0.57NO_2^- + 1.14CO_2 + 1.71H_2O$$

（2）缺氧/厌氧条件下，AnAOB 以第一阶段产生的 NO_2-N 为电子受体，将 89%左右的氨氮氧化为氮气、剩下的氨氮氧化为 NO_3-N 的厌氧氨氧化反应阶段，反应方程式如下：

$$NH_4^+ + 1.32NO_2^- + 0.066HCO_3^- + 0.116H^+ \longrightarrow 0.26NO_3^- + 1.025N_2 + 2.025H_2O + 0.066CH_2O_{0.5}N_{0.15}$$

简要反应式如下：$NH_4^+ + NO_2^- \longrightarrow N_2 + 2H_2O \quad \Delta G = -358kJ/mol$

由上式可知，较传统全程硝化反硝化工艺，硝化和反硝化过程均缩短了一个步骤，理论上无需碳源，并且产生更少的剩余污泥（自养菌生长缓慢），排放更少的 CO_2（自养菌以 CO_2 作为碳源），是一种更具可持续特征的脱氮工艺。

全球范围内的厌氧氨氧化工程统计中，大多数的项目是处理污泥消化液。消化污泥脱水液水质水量特点适合厌氧氨氧化工艺。正是因为消化液上述特点，工程主要用于污泥消化液的高温高浓度氨氮污水处理（35℃，NH_3-N>1000mg/L）。

二、厌氧氨氧化工艺及反应器

1. 厌氧氨氧化工艺

污水的厌氧氨氧化自养脱氮过程一般包括两个阶段：有氧条件下，约一半的氨氮转化为 NO_2-N 的部分硝化；缺氧/厌氧条件下，AnAOB 以第一阶段产生的 NO_2-N 为电子受体，将氨氮氧化为氮气、剩下的氨氮氧化为 NO_3-N 的厌氧氨氧化反应阶段。

因此厌氧氨氧化工艺可以分为两段式和一体式两种。两段式是指在两个单独的反应器反应；一体式是指在同一个反应器中进行短程硝化和厌氧氨氧化反应。在一体式系统中，两个反应阶段都在一个反应器中进行，两种功能细菌［氨氧化细菌（AOB）和厌氧氨氧化细菌（AnAOB）］并存，因此，需要严格控制曝气，且由于多种微生物种群共存，其反应器启动时间较长，易受负荷冲击影响，导致系统不稳定。但一体式系统具有建设成本低、占地面积小、体积负荷大、可有效避免亚硝酸盐积聚引起的抑制作用等优点，因此，工程应用更广泛。如 Sharon 工艺，为一种一体式系统短程脱氮工艺，在同一个反应器内，先在有氧的条件下，利用氮氧化细菌将氨氮氧化成亚硝酸盐；然后在缺氧条件下，以有机物为电子供体，将亚硝酸盐反硝化。

与一体式系统相比，两段式系统的反应器可以独立调节和控制，更加灵活稳定。将自养脱氮的两个反应阶段分离，不仅可以优化富集 AOB 和 AnAOB，而且可以通过 PN 段消除一些有毒有机污染物，避免有毒物质和有机物直接进入后续的厌氧氨氧化反应器中。但两段式系统投资成本更高，且由于 PN 段形成的 NO_2^- 容易积聚，产生游离亚硝酸抑制作用，系统需匹配 PN 和厌氧氨氧化两反应阶段的反应速率，系统设计更为复杂。

2. 反应器

目前，在组合 PN 和厌氧氨氧化反应的基础上，已开发出多种工艺，包括两段式的 SHARON-Anammox 工艺、一体式的亚硝酸盐完全自养脱氮工艺（CANON）、脱氨工艺（DEMON）、限氧自养硝化反硝化工艺（OLAND），以及同步亚硝化、厌氧氨氧化和反硝化工艺（SNAD）等。

在厌氧氨氧化发展的早期阶段，研究和应用主要以 SHARON-Anammox 工艺为主，该工艺对高氨氮、低亚硝酸盐污水有较好的处理效果。到 2001 年，可自发形成厌氧氨氧化颗粒污泥的 CANON 工艺问世，并迅速受到广泛欢迎，该工艺中氨氮在 AOB 和 AnAOB 的共同作用下完成转化，可用于处理有机质含量低的污水，是目前全世界研究应用最多的厌氧氨氧化工艺。与 CANON 工艺相似的 OLAND 工艺也逐渐受到关注，该工艺采用生物转盘系统且运行过程要求严格控制曝气，因此，在实际工程中比较少见。此外，以控制 pH、使用水力旋流器分离 AnAOB 为特点的 DEMON 工艺也受到普遍欢迎，已有超过 30 个污水处理厂采用该工艺。

厌氧氨氧化工艺中，反应器的选择必须满足自养型微生物长世代周期和污泥截留的需要。基于以上要求，工程应用中常采用序批式反应器(SBR)、序批式生物膜反应器(SBBR)、移动床生物膜反应器(MBBR)、上流式厌氧污泥床反应器(UASB)和厌氧膨胀颗粒床反应器(EGSB)等。其中，SBR 是厌氧氨氧化工艺中应用最广泛的反应器，典型的一体式 DEMON 工艺就是采用 SBR 运行。此外，生物膜反应器也适合厌氧氨氧化工艺，在生物膜反应器中，氧气可以被膜外层的 AOB 消耗，而膜内部形成的缺氧区域有利于 AnAOB 生长。配备 40%~50%的载体、搅拌器和曝气设施的 MBBR 目前已在德国、瑞典等国家广泛应用。表 7-32 为 Anammox 工艺在国外的应用情况。

表 7-32 中试和生产性 Anammox 反应器的接种污泥及其运行情况

项目	国家	污水种类	反应器类型	反应器容积/ m^3	接种污泥	TN 负荷/ [$kg/(m^3 \cdot d)$]
厌氧氨氧化	瑞典	污泥消化液	MBBR(移动床生物膜反应器)	2.1	硝化污泥	0.122[b]
	瑞士	污泥消化液	SBR(序批式反应器)	2.5	市政污泥	0.65[b]
	荷兰	模拟污水	GSR(颗粒污泥反应器)	5	厌氧氨氧化污泥	5.00[b]
	日本	—	GSR(颗粒污泥反应器)	58	—	4.00[K]
	丹麦	—	MBBR(移动床生物膜反应器)	67	—	1.00[K]
	荷兰	污泥消化液	GSR(颗粒污泥反应器)	70	硝化、厌氧氨氧化污泥	9.50[b]
	荷兰	—	GSR(颗粒污泥反应器)	100	部分厌氧氨氧化污泥	1[K]
短程硝化/厌氧氨氧化工艺(在同一个反应器内实现)	瑞典	污泥消化液	MBBR(移动床生物膜反应器)	4	—	(1.50~1.90)[b]
	瑞士	填埋场渗滤液	RBC(旋转生物接触器)	33	—	0.5[K]
	丹麦	—	RBC(旋转生物接触器)	80	—	0.6[K]
	丹麦	—	MBBR(移动床生物膜反应器)	102	—	1[K]
	英国	渗滤液	RBC(旋转生物接触器)	240	硝化污泥	1.7[K]
	瑞士	—	SBR(序批式反应器)	400	—	0.4[K]
	奥地利	污泥消化液	SBR(序批式反应器)	500	部分厌氧氨氧化污泥	0.6[k]
	荷兰	马铃薯污水 厌氧消化液	Bubblecolumn(厌氧好氧一体化折流板生物反应器)	600	部分厌氧氨氧化污泥	1.2[k]

注：b 表示容积总氮去除率；k 表示最大比去除速率；m 表示颗粒污泥床。

三、主流厌氧氨氧化工艺的挑战与应用

(一) Anammox 工艺在城市污水主流程实际应用的挑战

(1) 如何在低温条件下高效稳定运行。很多污水处理厂主流工艺的水温在冬天时为10~16℃，夏季时温度升至24~30℃，而侧流工艺中温度相对较高，一般都在32~38℃。温度对主流厌氧氨氧化的挑战不仅是厌氧氨氧化菌在低温情况下增长速率较慢，AOB的增长速率也较低。

(2) 如何在高C/N对比、低氮浓度以及低温环境下淘汰或者抑制异养反硝化菌DNB和亚硝酸盐氧化菌NOB。城市污水处理厂的进水总氮通常在20~75mg/L，而其侧流的浓度一般在800~3000mg/L。由于进水氮浓度较低会面临以下的不利因素：①侧流中抑制NOB(亚硝酸盐氧化菌)的游离氨条件不再存在；②在较低的出水氨氮浓度时(<2mg/L)，由于生长速率的差异，AOB(氨氧化菌)将难以竞争过NOB。因此，在厌氧氨氧化系统中，如果没有后续的进一步处理，出水氨氮难以获得很低的浓度。

(3) 如何有效保证Anammox菌在反应器内有足够的生物停留时间从而抵消其低生长速率的影响。Anammox反应器的载体或者生物扩增可实现生物持留效果。

(二) 工艺应用的技术要求

主流工艺的上述特点引起了一系列具体的技术，这些具体技术包括如何有效地控制AOB与厌氧氨氧化菌的生长与截留、OHO(普通异养菌)的控制、NOB的抑制、出水氨氮、泥龄等。

1. AOB与Anammox菌的生长与截留

AOB的生长与截留主要有两种方法，一种是利用侧流高氨氮、高温利于AOB生长的条件，从侧流向主流工艺中补充微生物。另外一种方法是通过生物膜的方式或通过颗粒污泥的形式，这种方式主要是依靠Anammox菌附着于填料的最内层，AOB附着在填料的外层。

Anammox菌的生长速率在低温情况下非常慢，其世代时间需要1~2周，而硝化菌需要1d。强化Anammox菌在主流工艺中的数量一种方法是通过侧流的生物强化补充。一个创新的技术是采用水力旋流器分离Anammox菌与AOB，这种技术的基本原理是利用Anammox菌密度较其他絮体微生物高的特点而开发的。侧流中的Anammox菌经过旋流器后补充主流工艺，富含AOB的溢流也排入主流，主流工艺中的污泥在经过旋流器后Anammox菌回到主流，溢流中的絮体微生物进入污泥处理单元。采用DEMON工艺的污水处理厂均采用旋流器分离Anammox菌，该技术已经得到了应用。

奥地利Strass污水处理厂的运行经验表明侧流向主流补充Anammox菌和AOB后，并没有降低这些微生物在侧流工艺中的活性，主流工艺中Anammox菌的丰度以及颗粒的尺寸都明显提高。进一步的迹象还表明通过旋流器的循环运行有助于防止微生物附着于Anammox菌的表面，有助于减少基质扩散阻力，维持微生物较高的活性。另外，从侧流补充主流还可以克服Anammox菌对亚硝酸盐氮亲和力比NOB低的问题，使Anammox菌相对容易获得亚硝酸盐氮。

2. NOB的抑制

在传统污水处理硝化系统中的NOB通常是Nitrobacter和Nitrospira，在应用现代生物分析工具之前，Nitrobacter通常被认为是优势菌种，因此很多设计和优化污水处理厂的关键参数是基于对纯培养基的Nitrobacter而获得数据，而人们对Nitrospira的特性知之甚少。

通过对 Nitrospira 纯培养基的研究，有人报道了两种微生物的不同之处，Nitrospira 在低浓度时对亚硝酸盐氮有更高的亲和力，它的亚硝酸盐氮半饱和系数更低，游离氨对其的抑制浓度更低(0.04~0.08mg/L)。其他的一些研究也显示 Nitrobacter 对基质的亲和力低、在基质浓度高的环境中易于存在；而 Nitrospira 对基质的亲和力高、在基质浓度低的环境中易于存在。这些研究结果显示，在低氨氮、低亚硝酸盐氮浓度的情况下，Nitrospira 更易于控制亚硝酸盐氮的氧化。在主流工艺中，由于 Nitrospira 较低的半饱和系数，低浓度的环境为其提供了生长的优势，而又能避免游离氨和游离亚硝酸的抑制。美国 DCWater(哥伦比亚特区供水与污水管理局)、美国 HRSD(汉普顿路卫生管理局)及 Strass 污水处理厂的数据都倾向于支持这种理论。HRSD 的中试结果还显示 Nitrospira 可能是 NOB 的优势菌种，这样在主流工艺中抑制其生长就更为困难。在这样的背景情况下，出现了以下几种基于上述理论的抑制 NOB 策略。

(1) 控制出水氨氮

研究结果显示，NOB 比 AOB 对氮基质亲和力更强。在基质浓度较低时，NOB 的生长速率要高于 AOB 的生长速率，因此通过维持出水氨氮在 2mg/L 以上有助于使 AOB 的生长速率超过 NOB。这个结论在奥地利 Strass 污水处理厂得到了验证，当时在冬季由于进水负荷的升高，出水氨氮有所升高，而此时 NOB 得到有效的抑制。

(2) SRT 控制

当温度高于 17℃时，通过严格控制泥龄可以淘汰 NOB，但是温度低于 17℃时，NOB 的生长速率开始超过 AOB 的生长速率，单纯采用 SRT 的控制方式难以起到作用。此时，严格控制泥龄这种方式与 DO 控制、瞬时缺氧联合控制时仍然会起到一定的效果。

(3) DO 控制

在基质不受限制的条件下，Chandran 的研究结果显示 NOB 的生长速率低于 AOB，进一步的研究结果显示 AOB 对氧的半饱和系数高于 NOB。当 DO 浓度高于 1mg/L 时，对抑制 NOB 非常关键。在 DCWater 的小试及 Strass 污水处理厂生产性规模的试验都表明在低 DO 时 NOB 无法抑制，而当 DO>1.5mg/L 时 NOB 的抑制效应就会出现。

(4) 瞬时缺氧

瞬时缺氧指的是在曝气状态下突然从好氧转为缺氧，瞬时缺氧目前被认为是抑制 NOB 的一种有效手段，这种方法背后的机理主要有两种解释：①曝气开始后酶的活动会有一个滞后的时间；②间歇曝气可能会扰乱生物代谢过程从而产生一些具有抑制性的中间产物，如一氧化氮。研究结果表明，当 DO 间歇地从高于 1.5mg/L 瞬时转为缺氧状态可以成功地抑制 NOB。这一结论后来在 HRSD 及 Strass 污水处理厂都得到了验证。

(5) 进水 COD 控制

控制进水 COD 的负荷也是实现 AOB 生长速率最大化的一种方法，这种策略是建立在 NOB 和 OHO 对 DO 竞争的基础上。这种控制策略对进水 COD 类型和数量都有要求，因为它会影响到 NOB 的淘汰和 AOB 的活性。当进水 COD 较高时，OHO 不仅会与 NOB 竞争，而且会与 AOB 竞争 DO 和空间。当 AOB 的活性降低时，氧化氨氮的曝气时间就需要延长，反硝化所需的 COD 就会减少。实际上，较为理想的进水 COD 组分是绝大多数都是溶解态的，这样一方面不会影响到 AOB 的活性，另外一方面又可供 OHO 反硝化，抑制 NOB。所以，在主流厌氧氨氧化工艺中需要优化进水 COD 的分配。

(三) 具体应用

厌氧氨氧化工艺的进水可以是市政污水也可以是工业污水。在市政污水方面，其反应器往往以侧流的方式，安装在污泥消化或污泥脱水之后。这些污水经过厌氧氨氧化工艺脱氮后再回到主流程，从而达到降低主流程工艺的氨氮负荷。在工业污水方面，其通常直接应用在厌氧反应器之后，已经被广泛使用。

国外第一个工程化的厌氧氨氧化反应器建立在荷兰鹿特丹 Dokhaven 污水处理厂，并于 2002 年投入运行，Dokhaven 污水处理厂建成了有效容积为 70m^3的生产性 Anammox 反应器，用于处理 Sharon 工艺的出水。经 3.5 年的运行，成功启动了反应器。作为世界上第一个生产性厌氧氨氧化反应器，其接种污泥和启动策略对其他工程应用具有较好的借鉴作用。

奥地利 Strass 污水处理厂于 2004 年开始实施运行，Strass 污水处理厂规模虽小，但其在能源回收方面的突出表现使之成为全球可持续污水处理标志性示范厂之一。该厂通过回收污水中能量(CH_4)并优化各处理单元运行，早在 2005 年便已实现了碳中和运行目标，其产能/耗能比高达 1.08，是目前世界上率先实现能量自给自足为数不多的几个污水处理厂之一。

此外，奥地利 salzburg 污水处理厂，瑞士 glarnerland 污水处理厂以及美国 washington. DC 污水处理厂等都已工程化实施厌氧氨氧化脱氮技术。

在此过程中，围绕着该工艺的基本原理，各种专利性的厌氧氨氧化工艺得到了发展。世界上一些具有代表性的工程大部分坐落于欧洲，也正日益盛行于南美洲。表 7-33 为 Sharon-Anammox 和 Cannon 工艺在国外的工程应用。

表 7-33 Sharon-Anammox 和 Cannon 工艺在国外的工程应用

工程项目	应用场合	工艺	N 负荷/[kg/(m^3·d)]		反应器容积/m^3	接种污泥	启动时间/月
			设计	实际			
Zurich	消化上清液	Cannon	625	500	1400	驯化接种污泥	6
Strass 污水厂	消化污泥脱水污水	Cannon	250	500	500	短程硝化反硝化污泥	30
Glarnerland 污水厂	消化污泥脱水污水	Cannon	250	500	400	Cannon 工艺污泥	1.7
Rotterdam	污泥消化液	Sharon-Anammox	500	700	70	污水厂消化污泥	41

目前厌氧氨氧化工艺已成功运用于中国、日本、美国以及荷兰等国家的高基质(氨氮)中温(30~40℃)污水处理中，今后努力的方向则是将其较好地用于处理低基质低温的市政污水。但高浓度有机碳源将对 Anammox 菌产生抑制作用，因此，Sharon-Anammox 串联工艺目前主要用于低碳氮比污水的处理，主要应用于垃圾渗滤液、养殖污水、城镇污水处理厂厌氧消化液、味精加工污水等的处理，均取得了优异的效果。

据 Anammox 污泥形态的不同，目前 Anammox 工艺分为以絮体为主的 DEMON 工艺、以生物膜为主的 ANITA 工艺和以颗粒为主的 ANAMMOX 工艺。

1. DEMON(悬浮)——奥地利 Strass 污水厂

奥地利 Strass 污水处理厂是全球首座采用 DEMON 的污水厂。污泥消化液的厌氧氨氧化主要有两个方面的核心技术：一是基于 pH 的 DO 实时控制短程硝化，另一个是基于物理分离技术实现双泥龄，采用旋流分离器(DEMON1.0)，后改进为微筛选择器(DEMON2.0)。

Strass 污水厂目前在厌氧氨氧化做得非常成功，氨氮去除率约 80%，总氮去除率 20%~25%，出水氨氮控制在 5mg/L 以下。

2. ANITATMMox(生物膜)——瑞典 Sjölunda 污水厂

瑞典 Sjölunda 污水厂是全球首座采用 ANITATMMox 生物膜的污水处理厂，核心技术是 MBBR，借助填料富集并长期持有厌氧氨氧化细菌。Sjölunda 污水处理厂之后对工艺进行了改进，包括用生物膜/活性污泥混合工艺(IFAS)，氨氮的去除率获得更进一步的提升，比 MBBR 工艺提高了 200%~300%。

3. ANAMMOX®(颗粒)——荷兰 Olburgen 污水厂

荷兰 Olburgen 污水厂污水主要来自世界第四大马铃薯加工厂，采用其独创的 Anammox 颗粒技术—Phospaq™，既可去除 80%的磷，又利用厌氧氨氧化去除 90%的氨氮，这是世界上第一次将 PhospaqTM 和厌氧氨氧化技术的结合应用。

Phospaq™是荷兰 Paques 公司开发的技术，概括地说其为一个可以同时去除 BOD 和磷的曝气系统。通过收集产生的磷酸铵镁沉淀(鸟粪石)实现磷回收。曝气过程在使鸟粪石晶体悬浮的同时，也氧化了 BOD。系统选用中粗孔的曝气器，目的是实现最大程度的搅拌，但又将结垢程度最小化。反应器底部的鸟粪石先采用旋流器进行分离，再用螺杆压滤机脱水，然后装入鸟粪石容器中。如果 BOD 过载，Phospaq™反应器可充当调峰装置，减轻对下游工艺的不利影响。目前得到的统计数据一共有 11 个 Phospaq™反应器案例，总处理量为 4940kg 磷/d。Anammox 和 Phospaq™反应器外观见图 7-26。

图 7-26 Anammox 和 Phospaq™反应器外观图

4. Mainstream/悬浮生长——新加坡樟宜再生水厂

除了污泥消化液、工业污水，近五年全球扩大了对 Anammox 在城市污水主流程中的应用。新加坡樟宜再生水厂是新加坡最大的再生水厂，也是国际上首个强化生物除磷与厌氧氨氧化在大型污水厂共存的案例。短污泥龄和适宜溶解氧是实现悬浮游离厌氧氨氧化菌生长的必要条件，在好氧区实现部分硝化和亚硝酸盐积累，缺氧区进行厌氧氨氧化反应(脱氮贡献率 30%)，整体工艺能耗降低 10%~30%，池容减少 10%~40%。

该厂处理城市污水达 80 万 t/d，采用分段进水活性污泥工艺(SFAS)。来自初沉池的污水被均匀分配到 5 个缺氧/好氧池(体积比为1∶1)，每个缺氧池又被分为 4 格；缺氧、好氧区的 SRT 各 2. 5d，水力停留时间(HRT)为 5. 7h 左右，二沉池污泥以 50%回流比返回至第一个缺氧池。有人对该厂总氮去除途径进行研究，发现 37. 5%的总氮通过自养脱氮途径去除，27. 1%的总氮通过传统生物脱氮途径去除，剩下的氮则随出水和污泥流出。该厂是迄今为止全球第一座稳定运行主流厌氧氨氧化的污水处理厂，且实现了在不外加碳源的条件下市政污水的高效生物脱氮，有学者认为，樟宜污水厂的稳定运行得益于新加坡得天独厚的水温条件(28~32℃)，因为温度对 AOB、亚硝酸盐氧化菌(NOB)和 AnAOB 活性有显著影响。研究报道，随着温度降低至20℃，AOB 活性将高于 NOB 活性；当水温低于15℃时，AnAOB 活性出现明显下降，AOB 变得比 AnAOB 更活跃，此时，AOB 生成的亚硝酸盐和 NOB、AnAOB 消耗的亚硝酸盐之间的不平衡将造成系统中亚硝酸盐明显的积累，从而对厌氧氨氧化过程造成明显抑制。

5. Mainstream/生物膜——西安第四污水处理厂

西安第四污水处理厂设计总规模 50t/d，采用倒置 A/A/O 工艺，执行一级 B 排放标准，后经升级，在原有缺氧/厌氧/好氧（倒置 AAO）工艺上，通过在缺氧及厌氧池投加填料并延长 HRT，利用搅拌+曝气实现填料流化，将工艺改造为反硝化/厌氧氨氧化工艺，该厂进水氨氮为 20.3~40.8mg/L，COD/TN 为 1.2~7.9，全年水温 10.7~25.2℃。通过多年的连续运行，出水水质由一级 B 标准提升为一级 A 标准，且出水总氮显著低于其他工艺，其中，厌氧氨氧化工艺占全厂脱氮份额的 15.9%左右。该厂是目前全球第 3 个实现主流厌氧氨氧化工艺的污水处理厂。该厂的实践表明，尽管厌氧氨氧化主流工艺应用仍存在一些技术难题，但仍可预见将会有更多污水处理厂将其作为主流处理工艺试验推广。

该厂的 MBBR 在长期运行后，缺氧池和厌氧池内所投加填料表面生物膜呈现微红色。由于 Anammox 细菌富含细胞色素 c 等蛋白，红色为其区别于其他脱氮微生物的特征颜色。这暗示 Anammox 有可能在填料表面实现了富集。国内不同单位通过污泥厌氧氨氧化活性测试、基因组学测序、同位素示踪反应等多种手段的综合检测，得出两个结论：一是填料上确实富集了 Anammox 细菌，其丰度显著高于悬浮污泥；二是 Anammox 参与到污水脱氮过程，且对 TN 脱除的贡献率约占 15%。

6. 厌氧氨氧化在国内工业生产污水方面应用

除引进国外技术，国内积极进行自主创新和技术实践，将厌氧氨氧化污水处理技术的实验室研究逐渐转移到大型污水处理厂中。浙江大学厌氧氨氧化研究团队已成功在浙江建设了两个生产性厌氧氨氧化污水处理厂，分别处理义乌市的味精污水（$60m^3$）和浙江省东阳市的制药污水（$10m^3$）。北京工业大学的彭永臻老师团队也展开了对基于厌氧氨氧化工艺的城市污水厂实现能量自给的可行性研究。随着研究的不断发展，2015 年湖北十堰垃圾填埋场渗滤液处理厂采用两段式工艺，将两级 UASB、厌氧氨氧化、膜生物反应器和反渗透（MBR/RO）处理工艺相结合，设计处理量为 $150m^3/d$，COD 控制在 100mg/L，TN 控制在 40mg/L，氨氮控制在 25mg/L，成为国内第一个使用厌氧氨氧化处理垃圾渗滤液，并解决垃圾渗滤液低碳氮比问题的项目。

据不完全统计，目前国内有超过 8 座的生产性厌氧氨氧化污水处理反应器（表 7-34），其中，不少由荷兰帕克公司参与设计建造。在通辽市梅花工业园区，帕克公司于 2009 年建了世界上最大的自养脱氮反应器，设计脱氮能力达 1.1 万 kgN/d，采用一体式的 CANON 工艺处理谷氨酸钠（味精）生产中的污水。此外，山东湘瑞药业有限公司采用 $4300m^3$ 的厌氧氨氧化反应器处理玉米淀粉和味精生产相关的污水，设计氨氮负荷达 $1.42kgN/(m^3 \cdot d)$。山东省滨州市安琪酵母公司引进帕克公司的厌氧氨氧化工艺技术处理高氨氮工业污水，该项目是厌氧氨氧化技术在酵母污水处理领域的首次工程应用，与该公司原 AO 工艺相比，厌氧氨氧化反应器在大大节省占地的基础上，实现了 $2.0kgN/(m^3 \cdot d)$ 的高氨氮负荷稳定运行，其工艺处理能力的规模远高于传统工艺。这些厌氧氨氧化项目的成功实施大大加速了厌氧氨氧化工艺在国内工业生产高氨氮污水处理中的应用。

表 7-34 国内厌氧氨氧化工程在工业污水方面的应用案例

名　称	污水类型	反应器容积/m^3	脱氮负荷/[kgN/(m^3·d)]	运行时间
安琪酵母公司污水处理站	酵母生产污水	500	2	2009 年
梅花味精污水处理 1 期	味精生产污水	6600	1.67	2009 年
梅花味精污水处理 2 期	味精生产污水	4100	2.2	2010 年
山东湘瑞药业有限公司污水处理站	玉米淀粉和味精生产污水	4300	1.42	2011 年
湖北十堰西部垃圾渗漏液处理厂	垃圾渗漏液	—	—	2015 年
新疆五家渠工业园污水处理厂	味精污水	5400	1.98	2011 年
广州市兴丰渗滤液处理厂	垃圾渗漏液	—	—	2018 年

厌氧氨氧化工艺已经成功应用于污泥消化液、垃圾渗滤液、味精污水以及猪场污水等高浓度含氮污水的处理，且达到生产性规模。然而 Anammox 菌仍然存在一些不足，比如还不能纯化培养、生长缓慢(倍增时间约为 11d)、对环境条件敏感、需要中温条件(30~40℃)、基质利用单一等，严重制约了该工艺的进一步发展。近年来，分子生物学技术的飞速发展，为揭示 Anammox 菌生命活动规律提供了新的研究手段。

第八章　生物膜法

生物膜法是土壤自净原理的工程化，其历史较活性污泥法要早20年(1893年)，生物膜是附着生长系统处理有机物的主要承担者。它利用附着生长的微生物新陈代谢作用，从而达到对污水中有机物的去除目的。其在污水处理方面具有以下优势：

(1) 对水质和水量有较强适应性；

(2) 沉降性能好，容易固液分离；

(3) 一般用于处理低浓度污水；

(4) 容易维护运行，成本低。

生物膜法包括浸没式生物膜法(生物接触氧化池、曝气生物滤池)、半浸没式生物膜法(生物转盘)和非浸没式生物膜法(高负荷生物滤池、低负荷生物滤池、塔式生物滤池)等。其中浸没式生物膜法具有占地面积小、BOD容积负荷高、运行成本低、处理效率高等特点。半浸没式、非浸没式生物膜法最大特点是运行费用低，约为活性污泥法的1/3~1/2，但卫生条件较差及处理程度较低，占地较大，所以阻碍了其发展，可因地制宜采用。生物膜法目前国内均用于中小规模的污水处理。

第一节　生物膜载体

填料是生物膜的载体，也对截留悬浮物起一定作用，是生物膜法的关键，直接影响着生物膜法的效果。同时载体填料的费用在生物膜法处理系统的基建费用中又占较大比重，所以填料关系到生物膜法的经济合理性。

通常，对生物膜法载体填料的要求是：有一定的生物膜附着力；比表面积大；孔隙率大；水流流态好，利于发挥传质效应；阻力小，强度大；化学和生物稳定性好，经久耐用；截留悬浮物能力强；不溶出有害物质，不引起二次污染；与水的密度相差不大，以免增大容积负荷；形状规则，尺寸均一，使之在填料间形成均一的流速；货源充足，价格便宜，运输和安装施工方便。

载体填料按形状可分为蜂窝管状、束状、波纹状、圆环辐射状、盾状、板状、网状、筒状、不规则粒状等；按性状可分为硬性、半软性、软性；按材质可分为塑料、玻璃钢、纤维填料等。目前，国内常用的是玻璃钢或塑料蜂窝填料、软性纤维填料、半软性填料、立体波纹、塑料波纹填料及网状(平面网状和立体网状)、筒状、鲍尔环状填料等。

一、悬挂式填料

安装时，把两端分别拴扎在各种类型支架上使用的填料称为悬挂式填料，例如软性填料、半软性填料、组合填料、弹性立体填料、自由摆动填料等。由于其结构简单、造价低、比表面积大、不易堵塞、耐冲击负荷等优点，几乎占领了目前绝大部分的污水生物处理填料市场。但是这些填料最大的问题是填料支架的腐蚀倒塌、填料中心绳的互挠断裂以及无法入池维修造成填料报废。市场上出售的产品如半软性填料的模片厚度，由最初的2mm改为

0.34mm，强度弱，挂膜后弯曲下垂，中心绳在挂膜后弹性伸长，使串片在鼓风吹动下摆动且缠绕在一起。

（一）软性填料

由中心绳和软性纤维组合而成，以软性纤维作为挂膜（微生物附着）主体，填料的材质采用维纶丝。软性填料之间的空隙可以随着水和气的流动而变化，避免了堵塞现象。组成软性填料的纤维丝具有很大的比表面积，相对容易挂膜。

软性填料具有加工方便、造价低、空隙可变不易堵塞、适应性强、耐酸、耐碱、抗生物侵蚀、成膜快、重量轻、比表面积大、组装简易、管理方便等优点，广泛用于废水厌氧、兼氧、好氧各类生物处理。但填料的纤维易与生物膜黏结在一起，产生接球现象，使其表面积减少，进而在结球的内部产生厌氧作用，影响处理效果。同时，软性填料中水流状态并不理想，在填料中容易产生大气泡，影响氧的利用率。因此应用越来越少。

图 8-1　软性填料

后续开发了盾式纤维填料。它由纤维束和中心绳两部分组成。纤维束由纤维和支架组成，支架采用高分子塑料组成，中间有空隙，可通水通气；束间嵌套塑料管，以固定束距和支承纤维束。这些填料避免了软性填料中出现的结球现象，同时又能起到良好的布水、布气作用，接触传质条件好，氧的利用率高，也是一种性能良好，比较经济实用的软性填料，其技术规格如表 8-1 所示。采用装有这种软性填料的接触氧化工艺处理污水，容积负荷达到 7kgCOD/m^3，COD 去除率可达 80%~90%。软性填料问世早，在当时看来具有一定的推广价值，并得到了广泛应用。软性填料见图 8-1。

表 8-1　软性填料技术参数规格

项　目	参　数	项　目	参　数
纤维束长度/mm	120~160	成膜后基本质量/（kg/m^3池）	30~50
纤维束含单丝量/（根/束）	81000	空隙率/%	大于 70
束间距离/mm	60~80	理论比表面积/（m^2/m^3池）	1400~2400
单位质量/（kg/m^3池）	2.2~3.0		

（二）半软性填料

半软性填料是针对软性填料的缺点改进而开发的一种新型填料，由变性聚乙烯塑料制成，如图 8-2 所示。这种填料具有特殊的结构性能和水力性能，既有一定的刚性又有一定的柔性，无论有无流体作用，都能保持一定形状，并有一定的变形能力。这种填料具有较强的重新布水、布气能力，传质效果好，对有机物去除效果高，耐腐蚀，不易堵塞，安装方便灵活，还具有节能、降低运行费用的优点。半软性填料的规格如表 8-2 所示。

表 8-2　半软性填料的规格参数

材质	比表面积/（m^2/m^3）	孔隙率/%	成品质量/（kg/m^3）	单片尺寸/mm
变性聚乙烯塑料	87~93	97.1	13~14	ϕ120，ϕ160，100×100，120×120，150×150

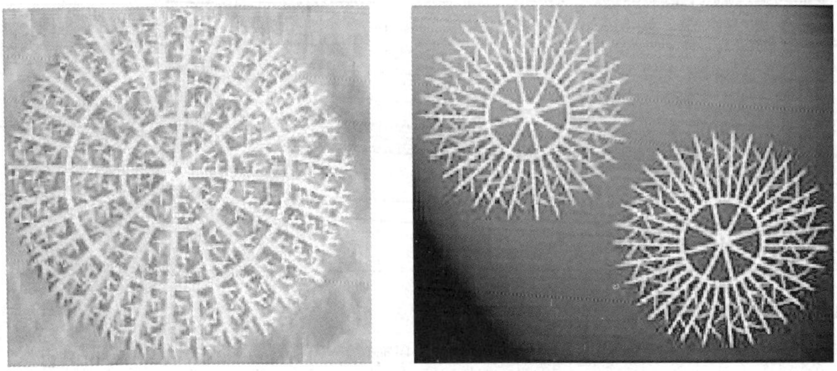

图 8-2　半软性填料

在相同条件下，半软性填料同软性填料相比，COD 去除效率一般可提高 10%左右。在相同充氧条件下，装填半软性填料的氧化池比装填软性填料的溶解氧值可提高 10%~20%。

（三）组合填料

组合填料集中了软性及半软性填料的结构特点，填料单元中间是一个尺寸较小的半软性填料，周边连接软化纤维束。这类填料大多是在中心环的结构和纤维束的数量上有所不同，其结构是将塑料圆片压扣改成双圈大塑料环，将醛化纤维或涤纶丝压在环圈上，使纤维束均匀分布；内圈是雪花状塑料枝条，既能挂膜，又能有效切割气泡，提高氧的转移速率和利用率。组合填料综合了软性填料易挂膜，半软性填料不易缠结、堵塞的优点，克服了半软性填料难挂膜的缺点，因而广泛应用于接触氧化法和厌氧法，处理各种污水。组合填料分为组合式双环填料和组合式多孔环填料，组合填料见图 8-3。

图 8-3　组合填料

（1）组合式双环填料

以塑料环作为骨架，中间是一个尺寸比较小的半软性填料，外围连接软化的纤维束，维纶丝紧绷在塑料环上。在污水中丝束分散均匀，易挂膜、脱膜，对污水浓度变化适应性好。

（2）组合式多孔环填料

塑料环片四周均置 40 个方孔，方孔有 8 束维纶醛化丝均布在四周，呈放射状。纤维束丝串通 8 个方型孔，组合填料规格参数见表 8-3。

表 8-3　组合填料规格参数

型号	单位串数/(串/m^3)	单位重量/(kg/m^3)	成膜质量/(kg/m^3)	比表面积/(m^2/m^3)
ϕ120	77	3.6	84	380
ϕ150	44	3.2	69	310
ϕ150	44	3.4	65	296
ϕ180	30.8	2.8	62	265
ϕ180	30.8	3.1	57	250
ϕ200	25	2.8	55	260

(四) 弹性填料

弹性填料筛选用聚烯烃类和聚酰胺中的几种耐腐、耐温、耐老化的品种，混合以亲水、吸附、抗热氧等助剂，采用特殊的拉丝、丝条制毛工艺，将丝条穿插固着在耐腐、高强度的中心绳上，由于选材和工艺配方精良，刚柔适度，使丝条呈立体均匀排列辐射状态，制成了悬挂式立体弹性填料的单体，填料在有效区域内能立体全方位均匀舒展满布，使气、水、生物膜得到充分混渗接触交换，生物膜不仅能均匀地着床在每一根丝条上，保持良好的活性和空隙可变性，而且能在运行过程中获得大的比表面积，弹性填料及应用见图 8-4。

图 8-4　弹性填料及应用

立体弹性填料与硬性类蜂窝填料相比，孔隙可变性大，不堵塞；与软性类填料相比，材质寿命长，不粘连结团；与半软性填料相比，表面积大、挂膜迅速、造价低廉。因此，该填料可确认是继各种硬性类填料、软性类填料和半软性填料后的第四代高效节能新颖填料。目前较多应用在难降解有机物处理过程中的水解酸化段，提高污水的可生化性。立体弹性填料技术参数见表 8-4。

表 8-4　立体弹性填料技术参数

型号	直径/mm	丝条直径/mm	丝条密度/(根/m)	成品重/(kg/m^3)	比表面积/(m^2/m^3)	容积负荷/[kgCOD/(m^3·d)]
120	120	0.4~0.5	3200~3400	4.3~4.9	116.5~133.2	2~2.5
150	150	0.4~0.5	3200~3400	3.5~4.0	93.2~107.6	1.6~2.0
180	180	0.4~0.5	3200~3400	3.0~3.3	85.5~90.0	1.5~1.9
200	200	0.4~0.5	3200~3400	2.7~3.1	69.9~80.9	1.4~1.7

二、悬浮填料

为了使载体的堆积密度小、比表面积大、易于清理，开发出了在被处理的水体中处于悬浮、流化状态的填料，悬浮填料以球形和短柱形居多。

悬浮式填料是分散式填料的一种，将其投加曝气池中，在气流的推动下，该填料能够在全池中流化。填料表面生长有微生物，填料在流化过程中，其表面上的微生物能够充分利用溶解氧，提高氧的利用率，且微生物活性增强，系统的去除效果提高。在曝气过程中，填料具有公转和自转，可以提高氧的传递速率，易于生物膜脱落。在停止曝气时，填料悬浮于曝气池表面。

悬浮填料的共同优点是：结构简单，比表面积大，填充率一般为70%左右；悬浮球在水中上下左右滚动，不易堵塞，能使气、水和生物膜得到充分的接触交换，不粘连、不结团。悬浮填料在运行中最大的缺点是：悬浮球被空气吹浮的过程中往往挤成一堆，很难做到填料在池中均匀地悬浮，这样池内形成了许多死角，造成厌氧状态，生物膜变黑，不利于污水的硝化反应。设计中采用绳网将池分成小格，限制悬浮球乱跑，但实际应用中绳网安装制作均有困难。

目前水处理用高密度聚乙烯悬浮载体填料已有行业标准CJ/T 461—2014，定义为材料整体呈空心圆柱状，内部有不同的构造，通过曝气或搅拌呈悬浮流化状态，可为微生物生长提供受保护空间的载体。按有效比表面积分A类填料、B类填料、C类填料。

（一）球形悬浮填料

球形悬浮填料，又称多孔旋转球形悬浮填料，是对国内污水处理技术采用的多种填料中开发的最新系列产品。在污水的生化处理中具有全立体结构，比表面积大，直接投放，无须固定，易挂膜，不堵塞的优点。悬浮型填料挂膜后密度接近于水，在曝气池中以悬浮形式存在，其用量(以体积计)约为曝气池体积的20%～70%。工程中应用较多的悬浮填料主要有以下几种。

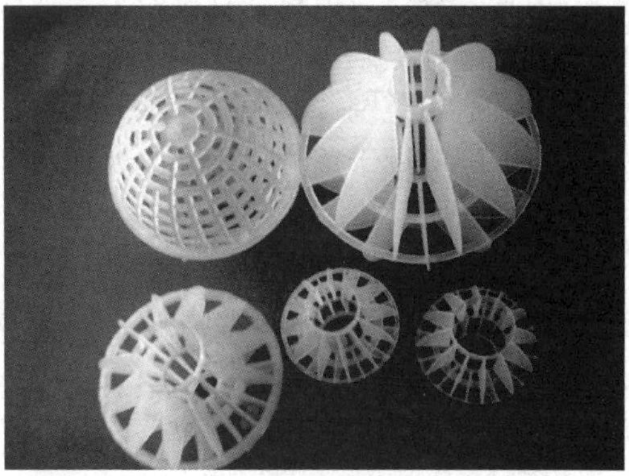

图8-5　多面空心球形填料

1. 多面空心球形填料

在球中部沿整个周长有一道加固环，环的上、下各有十二片球瓣，球瓣开孔成网片状或不开孔，沿中心轴呈放射状布置，见图8-5。

（1）性能

① 气速高、叶片多、阻力小、操作弹性大；

② 比表面积大，可以充分解决气液交换。

（2）用途

广泛用于除氯气、除氧气、除二氧化碳气体等环保设备中。

（3）技术参数

多面空心球填料技术参数见表8-5。

表8-5　多面空心球填料技术参数

直径/mm	比表面积/(m^2/m^3)	空隙率/%	堆积质量/(kg/m^3)	个数/(个/m^3)	耐温/℃
75	206	0.90	80	3000	最高150
50	236	0.90	81	11500	
38	320	0.88	114	28500	
25	500	0.84	145	85000	

2. 内置式悬浮球填料

(1) 组成

填料由网格球形壳体与内置载体两部分组成。壳体由高分子聚合物注塑而成，球面呈网格状。内置载体材料有醛化维纶丝及聚乙烯扁丝等，前者是在壳体内设一轴杆，轴杆上有两个塑料扣，每个扣上固定有1束醛化维纶丝，纤维丝在水体中能随水流自由摆动；后者是以聚乙烯为原料拉成薄扁丝后呈刨花状成团填入壳体，见图8-6。网格孔大小适中，既有一定的机械强度，又不致被脱落生物膜堵塞。

(a) 动态球形类　　(b) 扁丝球形类　　(c) 多面弹性丝类

图 8-6　内置式悬浮球填料

内置式悬浮球填料具有投资小、适应性强、易挂膜、比表面积大、无需再生处理、运转管理方便等优点。

(2) 适用范围

可广泛应用于接触氧化工艺处理化工、纺织、印染、制药、造纸、食品加工等行业的污水及生活污水。

(3)产品技术指标

内置式悬浮球填料技术参数见表8-6。

表 8-6　内置式悬浮球填料技术参数

结构形式	规格/mm	耐酸碱性	连续耐热/℃	脆化温度/℃	比表面积/(m^2/m^3)	孔隙率/%	材料密度/(g/cm^3)	堆积密度/(个/m^3)
内置式悬浮球填料	ϕ 100	稳定	80~90	≥-10	680	98	0.91	1000
	ϕ 80	稳定	80~90	≥-10	680	98	0.91	2000

(二) MBBR 专用悬浮填料

1. 填料的特点

(1) 属于能迅速挂膜载体；运用特殊改性配方及加工工艺，加速填料挂膜，载体中加入特定微量元素和特殊表面处理工艺，促使水体中微生物迅速附着并快速生长。繁殖形成生物体，不同水质和条件挂膜进度存在差异，一般只需3~15天。

(2) 具有大的比表面积，为大量微生物附着生长提供支撑；有利于各种微生物的生长。

(3) 去除有机物、脱氨氮能力强；载体为微生物大量繁殖提供了环境；由于不受泥龄限制，硝化细菌也得到大规模繁殖。

(4) 抗负荷冲击性能强；MBBR具有在一定浓度范围内出水水质稳定的优点。

(5) 灵活多样的工程应用方式；可用于好氧、厌氧、缺氧工艺的不同阶段。

(6) 简便的运行维护条件，无需支架、易流化、节省能耗；无需支架，并可省去污泥回流，避免污泥膨胀，上浮和流失问题发生，运行维护方便。恰当的密度(挂膜前0.95~

0.98g/cm^3)，使填料在停留时成漂浮状态，曝气下处于悬浮流化状态，最大限度地降低能耗；填料的易流化，增加了对气泡的撞击和切割，提高了氧的利用率，可降低曝气能耗。

2. MBBR 填料分类

(1) Linpor MBBR 填料

Linpor MBBR 填料由德国 LINDE 公司研发，由聚氨酯泡沫塑料制成，规格一般为 10mm×10mm×10mm 的正方体，呈多孔状，具有较高的比表面积(5000~35000m^2/m^3)，可使系统的固定微生物质量浓度分别达 10~18kg/m^3，主要用于市政污水系统改造；适用于高浓度工业废水的处理。Linpor 填料见图 8-7。

图 8-7　Linpor 填料图

(2) Levapor MBBR 填料

由德国拜耳公司研发，通过对 Linpor 载体表面处理，吸附 30%活性炭粉，比表面积可达 20000m^2/m^3，有长方体(从 14mm×14mm×7mm 到 20mm×20mm×10mm)与正方体形状(14mm×14mm×14mm 到 40mm×40mm×40mm)，研发的初始目的是处理拜耳集团下属化工厂的废水废气中难降解的化学品，Levapor 填料适合于高浓度难降解有机物和高氨氮有机废水处理。LEVAPOR 填料见图 8-8。

图 8-8　LEVAPOR 填料

(3) KaldnesMBBR 填料

由挪威 KaldnesMijecptek-nogi 公司与 SINTEF 研究所联合开发，其中 KMT 型系列填料应用最多、最广。填料由聚乙烯材料制成，为鲍尔环结构，大小不超过 11mm，呈外棘轮状，内壁由十字筋连接，在水中能自由漂动。在悬浮填料长有生物膜的情况下，其密度接近于水。Kaldnes 悬浮填料目前主要用于流动床生物膜工艺(MBBR)作填料，悬浮填料在反应器内最大填充率可达 67%，其有效生物膜面积可达 350m^2/m^3。Kaldnes 悬浮填料见图 8-9。

图 8-9　Kaldnes 悬浮填料

（4）Natrix（诺趣思）悬浮填料

Natrix（诺趣思）填料由锥型件和聚乙烯片组装而成，锥型件采用高密度聚乙烯和碳酸钙为原料通过灌注、压制而成，并将较小或较大的聚乙烯片（通常为 6 大 6 小）组装在一起，在每个端部用箍固定。其直径一般有 31mm、32mm、33mm、34mm、35mm，共五种规格，长 31mm，密度大于水，每种规格适用一种类型的废水。1m^3直径为 31～35mm 的 Natrix 填料一般可容纳 23000～25000 个填料元件。Natrix 悬浮填料见图 8-10。

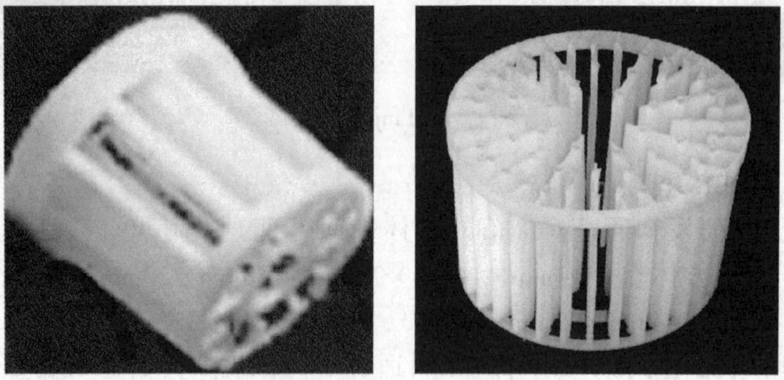

图 8-10　Natrix 悬浮填料

1998 年瑞典的 U. WELANDER 等采用悬浮载体生物膜工艺，取得了理想的实验室规模的渗沥液生物脱氮效果。实验装置是容积为 5m^3的塑料池，内装填料（Natrix6/6C），其容积占池容积的 60%，渗沥液温度范围为 10～26℃时，硝化效果良好，硝化容积负荷率为 24gNH_3-N/（m^3·h），反硝化容积负荷率为 55gNO_x/（m^3·h）。当工艺运行稳定后，无机氮几乎全部去除，总氮去除率达到 90%。

（5）其他形式

其他大量使用的柱形 MBBR 填料形式见图 8-11。

图 8-11　其他形式的 MBBR 填料

几种形式的 MBBR 填料性能比较见 8-7。

表 8-7 几种形式的 MBBR 填料性能比较

比较内容	填料类型		
	LEVAPOR 填料	Linpor(PUR 泡沫)填料	聚乙烯(聚丙烯)填料
比表面积/(m^2/m^3)	≥20000	5000~35000	10~1200
吸附能力	强	强	弱
空隙率/%	75~90	75~90	50~75
反应池填充率/%	12~15	20~40	30~70
润湿性	两天之内	3 个月	很长
吸水性	可到自身质量 2.5 倍	少	很少
带电负荷	从(+)到(-)可变化	不能变化	不能变化
挂膜时间	1~2h	几个星期	10~15d
流化度大于 90% 条件下的空气流量/[$m^3/(m^2 \cdot h)$]	4~7	—	需穿管管曝气
过量污泥的去除	通过流化	通过挤压	通过流化
物理性能的可变性	很强	很少	无

MBBR 填料与传统载体性能比较见表 8-8。

表 8-8 MBBR 填料与传统载体性能比较

比较内容	填料类型				
	活性污泥	蜂窝填料	组合填料	多面空心球	MBBR 填料
规格/mm	—	$\phi25$	$\phi150$	$\phi25$	$\phi25$
填料填充率/%	—	70	70	40	40
停留时间/h	5	5	5	5	5
溶解氧/(mg/L)	2~3	2~3	2~3	2~3	2~3
水温/℃	26~30				
进水 NH_3-N 浓度/(mg/L)	100~130				
出水 NH_3-N 浓度/(mg/L)	70~90	90~110	60~80	40~70	0.1~5
去除率/%	30	15	46	54	96

三、蜂窝填料

蜂窝填料指填料已加工成足够大的棱柱体，安装和检修时只需整体放入或取出的填料。蜂窝填料包括蜂窝斜管、蜂窝直管、波纹板、立体网状填料等。其共同的优点是：比表面积大、安装检修方便、不易堵塞、使用寿命长等。对于斜管，由于其表面光滑，生物膜易脱落，不易坐床，因此很少有再接触氧化工艺使用，多作为给水沉淀或循环水冷却降温用。而立体网状填料由于其特殊的结构，使得生物膜附着量大，且无短路区，为接触氧化工艺极佳的整体型填料。

蜂窝填料的材质一般有聚氯乙烯、聚丙烯、乙丙共聚物三种。特别是乙丙共聚物斜管，韧性强、组装刚度好、不变形、不脆裂、抗老化、使用寿命长，是目前在给水排水工程中采用最广泛而且成熟的水处理装置。但是由于固定式填料比表面积小、生物膜量少，且表面光滑，生物膜易脱落，致使这些填料在使用中常会遇到堵塞、结团、布气布水不均匀、充氧性能差等问题。此外，上述填料均需安装在辅助支架上，造成安装更换诸多不便，使工程投资和运转费用相对提高。

（一）蜂窝斜管填料

水处理用斜管目前有行业标准 CJ/T 83—2016。蜂窝斜管是根据“浅层沉淀”理论为基础设计开发的一种沉淀池填料，材质主要为塑料。斜管主要用于给排水工程中进水口除沙、工业和生活用水沉淀、污水沉淀、隔油及尾矿浓缩处理。主要特点：湿周大，水力半径小，层流状态好，颗粒沉淀不受絮流干扰等。安装时倾角为60°，长 1m 的斜管垂直高度为 866mm。图 8-12 为蜂窝斜管填料及其外形尺寸示意图。

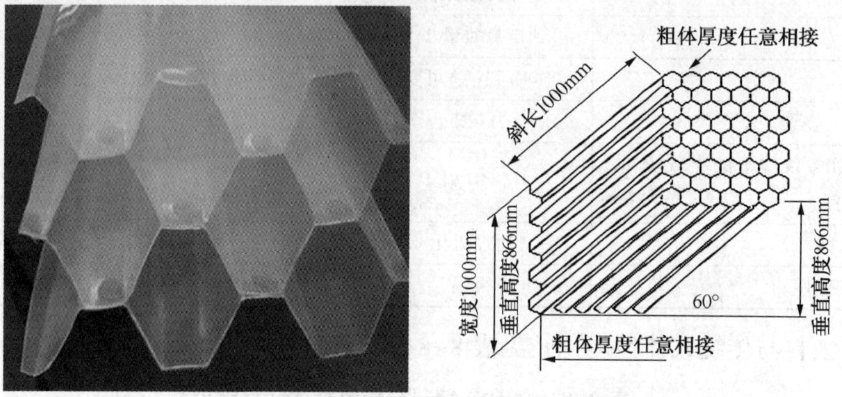

图 8-12　蜂窝斜管填料及其外形尺寸示意图

斜管填料规格见表 8-9。

表 8-9　斜管填料规格

品名	规格/mm	原片厚度/mm	片数/（片/m^3）	单位质量体积/（m^3/t）	密度/（kg/m^3）
聚氯乙烯	ϕ25	0.45	80	17.2	58
	ϕ30	0.45	68	20.8	48
	ϕ35	0.50	56	22.2	45
	ϕ40	0.50	50	25.0	40
	ϕ50	0.60	40	25.0	40
	ϕ80	0.80	25	28.6	35
聚乙烯、聚丙烯、乙丙共聚	ϕ25	0.50	80	22.2	45
	ϕ30	0.50	68	27.8	36
	ϕ35	0.50	56	31.3	32
	ϕ40	0.50	50	37.0	27
	ϕ50	0.60	40	35.7	28
	ϕ80	0.80	25	40.0	25

斜管沉淀池是根据浅池沉淀理论设计出的一种高效组合式沉淀池，因其在沉降区域设置许多密集的斜管填料使水中悬浮杂质在斜管中进行沉淀而得名。目前在实际工程中应用较多的是异向流斜管沉淀池，斜管在沉淀池的使用见图 8-13。为了充分利用沉淀池的有限容积，斜管设计成密集型几何图形，其中有正方形、长方形、正六边形和波形等，见图 8-14，实际应用中斜管一般采用正六边形和波形。

图 8-13　斜管在沉淀池的使用

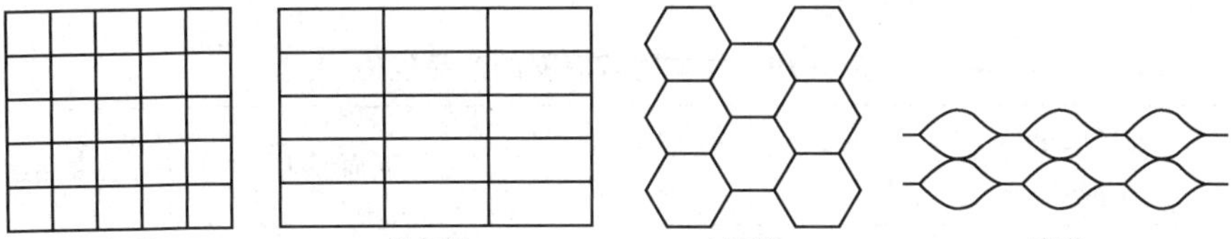

图 8-14　斜管形状图

（二）蜂窝直管填料

直管与斜管区别不大，从平面的角度，管路为直的。直管用于塔式生物滤池，高负荷生物滤池和接触氧化池以及生物转盘，作为微生物载体，直管适用于小型生物膜法污水处理装置。直管填料见图 8-15。

图 8-15　直管填料

（三）立体网状填料

1. 结构特征

立体网状填料材质以聚丙烯为主，并添加疏水性、亲水性、阻燃性、耐热性、抗冻性、抗老化性等不同助剂，以适应各种性质的污水和不同处理工艺的要求。填料的结构是将合成树脂加热熔融后，由喷丝头喷出，使丝条在不规则的旋转运动中重叠堆积，并将其相互交接点在冷却时融接成整体型立体网状结构。由于聚丙烯类合成树脂质量轻，且具有较高的机械强度，在水中不会变形。又因其不含可塑剂，故在水中不会分解或溶出有害物质。填料的形状可为棱柱体、圆柱体或扁平体，视不同需求而定。

2. 物理特征

根据纤维密度不同，填料孔隙率为 95%～98%，纤维丝径 0.8～1.5mm，纤维密度 0.9～0.92g/cm^3。填料容重随形状和空隙率不同而异，一般为 9～20kg/m^3。填料抗压强度较高，一般不会变形，最大载荷 400kg/m^2 条件下压缩变形不超过 8%，且为弹性变形。适应温度范围为 5～40℃，若温度在 0℃以下时，填料硬度较大变脆，抗冲击性能差，必须加入特殊的添加剂，因此一般不用于冷冻水处理中。

3. 生物处理特征

（1）填料挂膜量

立体网状填料的结构为一种丝条多重交叉的螺旋结构，污水在填料中呈三维流动状态，是最适宜微生物附着繁衍的填料之一。根据实测数据，填料的挂膜量为：好氧生物膜 190~316kg/m^3；厌氧生物膜 80.4~133.1kg/m^3。

（2）填料的容积负荷及处理效果

① 在内循环接触氧化条件下，填料容积负荷 4.43kgCOD/(m^3·d)时，COD 去除率 31.5%~43.2%。

② 在折流板厌氧反应器中，进水 COD 为 300~900mg/L、污泥负荷为 0.06~0.18kgCOD/(kgMLSS·d)的条件下，厌氧 COD 去除率为 60%~75%，产甲烷率可达 250~300mLCH_4/(gVSS·d)。

4. 填料产品规格

立体网状填料产品规格见表 8-10。

表 8-10　立体网状填料的产品规格

型号	外形尺寸/mm	中心孔数/个	填料比表面积/(m^2/m^3)	断面形状	主要用途	备注
RC-4020	400×200，长任意	10	60		污水处理	
RC-4020J	400×200，长任意	27	82	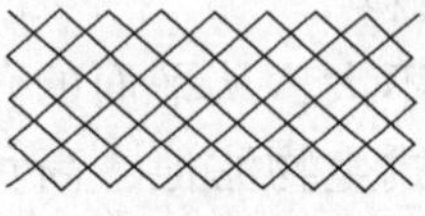	微污染源给水处理	给水
RC-5025	500×250，长任意	10	68		污水处理	
RC-5025J	500×250，长任意	27	93	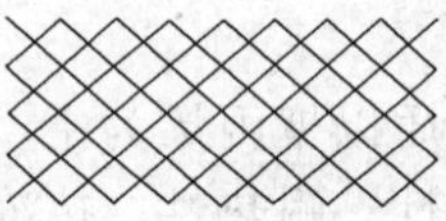	微污染源给水处理	给水
RC-203B	200×30，长任意		85	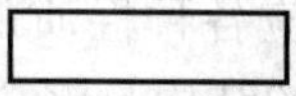	过滤	
RC-305B	300×50，长任意		100		过滤	
RC-505B	500×50，长任意		175		过滤	
RC-1518G	ϕ150×180	3	60	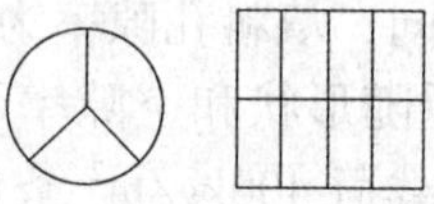	悬浮填料	管状
RC-1015G	ϕ100×150	3	82	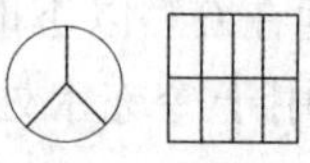	悬浮填料	管状
RC-710G	ϕ70×100	3	90	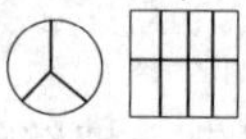	悬浮填料	管状

5. 应用

(1) 用于各种污水的接触氧化二级处理或三级处理,容积负荷在 0.15~4kgBOD_5/(m^3·d)时,可获得良好且稳定的出水水质;

(2) 用于流动床生物滤池;

(3) 用于污水处理的水解池，厌氧生物滤池和复合厌氧反应器中，作为兼氧菌或厌氧菌的固定生物床;

(4) 用于微污染给水生物处理中的固定生物床，去除有机物，利于后续的常规处理工艺;

(5) 用于污水的深度处理，容积负荷 0.15kgBOD_5/(m^3·d)，进水 BOD_5<15mg/L，处理后出水 BOD_5<3mg/L，可作为回用水。

(四) 有关填料技术性能参数汇总

有关填料技术性能参数汇总见表 8-11。

表 8-11 有关填料技术性能参数汇总表

<table>
<tr><th colspan="2" rowspan="2">填料名称
项目</th><th colspan="2">整体型</th><th colspan="2">悬浮型</th><th colspan="2">悬挂型</th></tr>
<tr><th>立体网状</th><th>蜂窝直管</th><th>φ50×50mm</th><th>内置式悬浮填料</th><th>半软性填料</th><th>弹性立体填料</th></tr>
<tr><td colspan="2">比表面积/(m^2/m^3)</td><td>50~110</td><td>74~110</td><td>278</td><td>650~700</td><td>80~120</td><td>116~133</td></tr>
<tr><td colspan="2">空隙率/%</td><td>95~99</td><td>98~99</td><td>90~97</td><td rowspan="3">12 束/个大于 40 个/束；纤维束重量 1.6~2g/个</td><td>大于 96</td><td></td></tr>
<tr><td colspan="2">成品质量</td><td>20kg/m^3</td><td>38~45kg/m^3</td><td>7.6kg/m^3</td><td>3.6~6.7kg/m</td><td>2.7~4.99kg/m</td></tr>
<tr><td colspan="2">填充率/%</td><td>30~40</td><td>50~70</td><td>60~80</td><td>4.8~5.2</td><td></td></tr>
<tr><td rowspan="2">填料容积负荷/[kgCOD/(m^3·d)]</td><td>正常负荷</td><td>4.4</td><td></td><td>3~4.5</td><td>1.5~2</td><td>2~3</td><td>2~2.5</td></tr>
<tr><td>超负荷</td><td>5.7</td><td></td><td>4~6</td><td>3</td><td>5</td><td></td></tr>
<tr><td colspan="2">安装条件</td><td>整体</td><td>整体</td><td>悬浮</td><td>悬浮</td><td>吊装</td><td>吊装</td></tr>
<tr><td colspan="2">支架形式</td><td>平格栅</td><td>平格栅</td><td>绳网</td><td>绳网</td><td>上下框架固定</td><td>上下框架固定</td></tr>
</table>

四、其他填料

在化学工艺中，填料是填充在塔内的惰性固体物料，如鲍尔环、阶梯环、拉西环、海尔环等，有各种材质，能起到增加物料接触面的效果，这些填料也常用在污水流化床装置中，见图 8-16。

鲍尔环 阶梯环 拉西环 海尔环

图 8-16 鲍尔环、阶梯环、拉西环、海尔环

五、生物填料的发展方向

用于污水处理的生物填料门类齐全，产品繁多。随着污水处理工艺的不断推陈出新，必

将会有性能更为优越、运行更加可靠的生物填料出现。综合各种填料的性能可以看出，以下几种类型的填料将会成为生物填料的发展方向。

（1）悬浮填料

悬浮填料易挂膜，比表面积大，挂膜后的密度接近于水，在水中自由漂浮，使微生物与水中的有机物有更多的接触机会，可以使溶解氧分布更加均匀，并且可省去固定填料用的支架，大大节约了工程造价。

（2）微生物密集型填料

此类填料可使微生物膜密集、均匀地占满整个池体，并能够进行良好的新陈代谢，如酶促填料因此可使接触氧化池中的微生物总量大大提高，最大限度地提高生化池容积负荷，减少接触氧化池的占地，节省工程基建投资。

（3）固定化微生物型填料

用化学或物理的手段，将游离细胞或酶定位于限定的区域，使其保持活性并可反复利用。固定化微生物型填料的应用，克服了生物细胞太小、与水分离较难、易造成二次污染的缺点，具有效率高、稳定性强、能纯化和保持高效菌种的优点，在污水处理领域有着广阔的应用前景。

第二节　生物接触氧化法

生物接触氧化法是一种好氧生物膜污水处理方法，该系统由浸没于污水中的填料、填料表面的生物膜、曝气系统和池体构成。在有氧条件下，污水与固着在填料表面的生物膜充分接触，通过生物降解作用去除污水中的有机物、营养盐等，使污水得到净化。接触氧化法工艺可广泛用于工业污水、小型生活污水甚至城镇污水的处理。

一、生物接触氧化法形式

生物接触氧化处理技术的实质之一是在池内充填填料，充氧的污水将填料全部浸没，并以一定的流速流经填料。而填料上布满生物膜，污水与生物膜通过接触，在生物膜上微生物的新陈代谢功能的作用下，污水中有机污染物得到去除，污水得到净化，因此，生物接触氧化处理技术又称为淹没式曝气生物滤池。生物接触氧化处理技术实质是采用与曝气池相同的曝气方法，向微生物提供其所需要的氧，并起到搅拌与混合作用，这种技术又相当于在曝气池内充填供微生物栖息的填料，又称为接触曝气法。接触氧化池按曝气装置的位置，分为直流式与分流式。

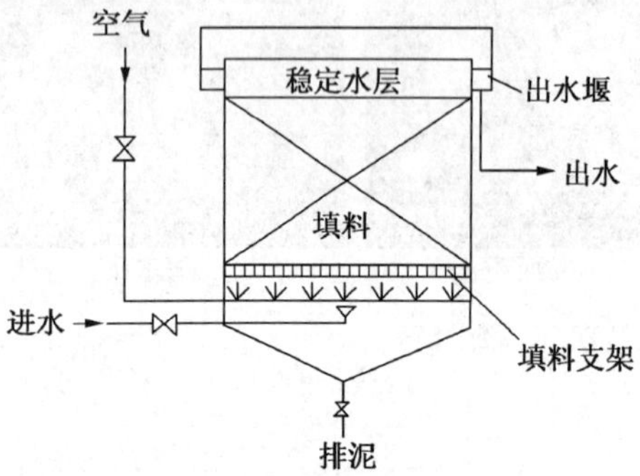

图 8-17　直流式生物接触氧化工艺示意图

（一）直流式的接触氧化工艺

直流式的接触氧化工艺的特点是直接在填料底部曝气，在填料上产生上向流，生物膜受到气流的冲击、搅动，加速脱落、更新，使生物膜经常保持较高的活性，而且能够避免堵塞现象的产生。此外，上升气流不断地与填料撞击，使气泡反复切割，粒径减小，增加了气泡与污水的接触面积，提高了氧的转移率。国内多采用直流式的接触氧化池。图 8-17 为直流式生物接触氧化池示意图。

（二）分流式接触氧化工艺

其充氧与填料分置于单独的区间，使污水在充氧间与填料间循环流动，这种形式在国外多采用。分流式接触氧化池有利于微生物的生长繁殖，供氧状况良好。但水流对生物膜冲刷力小，膜更新慢，易堵塞。图 8-18 所示是分流式接触氧化池示意图。

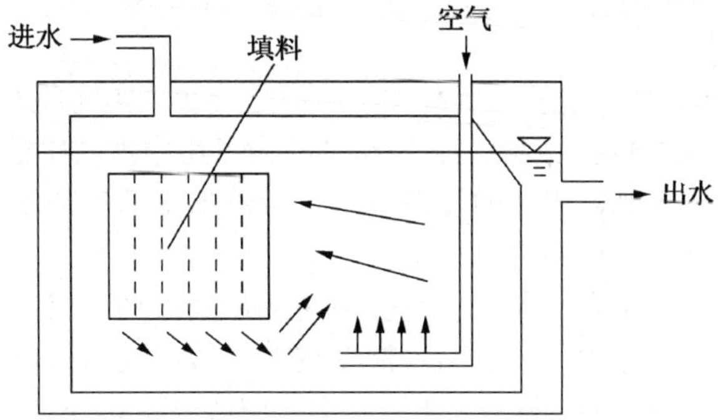

图 8-18　分流式接触氧化工艺示意图

二、生物接触氧化法特点

生物接触氧化法与活性污泥法相比，两者的综合造价基本相同，但生物接触氧化法比活性污泥法有以下几个优点：

（1）适用范围广。

（2）处理系统的可靠性和稳定性较高。

（3）动力消耗低。

（4）可间歇运行。

尽管生物接触氧化法具有许多优点，是一种高效的生化处理构筑物，但也存在着一些缺点：

（1）生物膜的厚度随负荷的增高而增大，负荷过高则生物膜过厚，引起填料堵塞。故负荷不宜过高，同时要有防堵塞的冲洗措施。

（2）填料及支架等往往导致建设费用增加，更换填料时工作量大。

三、生物接触氧化池构造

接触氧化池一般由池体、填料及支架、曝气装置、进出水装置以及排泥管道等部件所组成。生物接触氧化池构造示意图见图 8-19。

（一）池体

池体的作用除了进行净化污水外，还要考虑填料，布水、布气等设施的安装。当池体容积较小时，可采用圆形钢结构，池体容积较大时可采用矩形钢筋混凝土结构。池体的平面尺寸以满足布水、布气均匀，填料安装、维护管理方便为准。池体的底壁须有支承填料的框架和进水进气管的支座。池体厚

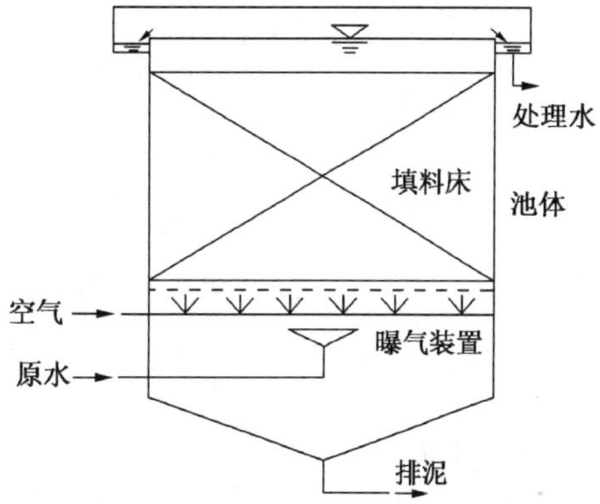

图 8-19　生物接触氧化池的构造示意图

度根据池的结构强度要求来计算。高度则由填料、布水布气层、稳定水层以及超高的高度来计算。同时，还必须考虑到充氧设备的供气压力或提升高度。各部位的尺寸一般为：池内填料高度为 3.0~3.5m；底部布气层高为 0.6~0.7m；顶部稳定水层 0.5~0.6m，总高度约为 4.5~5m。

（二）填料

1. 填料的要求

填料是生物膜的载体，所以也称之为载体。填料是接触氧化处理工艺的关键部位，它直接影响处理效果，同时，它的费用在接触氧化系统的建设费用中占的比重较大，约占 55%~60%；同时载体填料直接关系到接触氧化法的经济效果，所以选定适宜的填料是具有经济和技术意义的。接触氧化处理工艺对填料的要求如下：

（1）在水力特性方面，比表面积大、空隙率高、水流通畅、阻力小、流速均一。

（2）要求形状规则、尺寸均一，表面粗糙度较大；填料表面电位高，附着性就强。

（3）化学与生物稳定性较强，经久耐用，不溶出有害物质，不导致产生二次污染。

（4）在经济方面要考虑货源、价格，也要考虑便于运输与安装等。

2. 填料类型

接触氧化池使用的填料包括悬挂式填料、悬浮式填料和固形块状填料等类型。

（三）供气装置

接触氧化池均匀地布水布气很重要，它对于发挥填料作用，提高氧化池工作效率有很大关系。供气的作用有：①使生物接触氧化池溶解氧一般控制在 4~5mg/L 左右；②充分搅拌形成紊流，有利于均匀布水，紊流愈甚，被处理水与生物膜的接触效率愈高，传质效率良好，从而处理效果也愈佳；③防止填料堵塞，促进生物膜更新。生物接触氧化池的供气装置有三种，包括鼓风供气，表曝机、水力喷射供气装置。

1. 鼓风供气

鼓风供气装置是由风机、输气管道和曝气器等部件组成。布气管可布置在池子中心，中心曝气见图 8-20。可布置在侧面，侧面曝气见图 8-21。也可布置在全池，全面曝气，即整个池底安装穿孔布气管，布气相互正交，形成如 0.3m×0.3m 的方格。

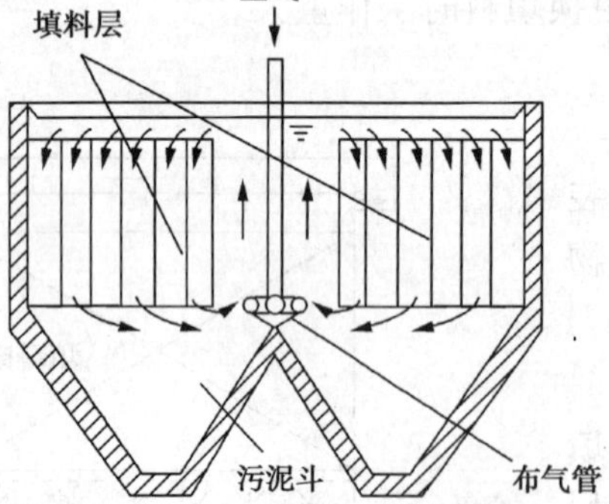

图 8-20　池中心供气方式

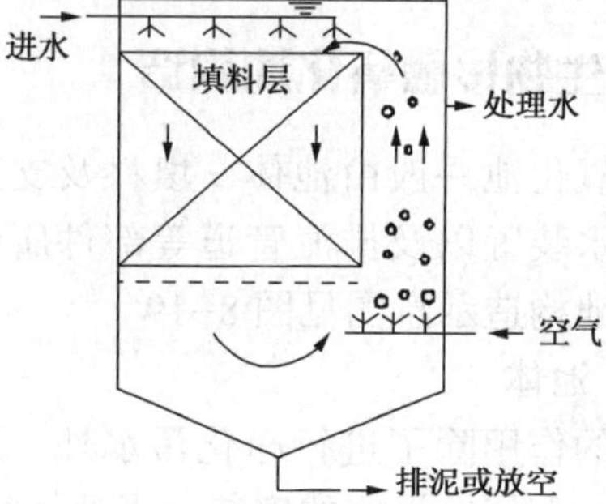

图 8-21　池侧面供气方式

2. 表曝

表面机械曝气装置一般采用安装在的中心曝气型接触氧化池中，表面机械曝气供气形式见图 8-22。

3. 水力喷射供氧装置

装置是由循环泵、管道、导流筒和射流曝气器等部件组成。氧化池内污水通过导流筒，由循环泵实施强制循环，当有压污水经过射流曝气器时，在射流曝气器内形成负压，从环境中吸入空气，并在射流曝气器内产生气水混合，气水混合液在氧化池底释放，气泡上浮时实施充氧。主要组件射流曝气器包括自吸式射流曝气器、供气式射流曝气器等类型，技术要求见标准 HJ/T 263，这里所表述的射流曝气器是指自吸式射流曝气器类型，具体内容可参见第 7 章。

水力喷射供氧装置对氧的利用率为 15%左右。一般适用于中小型低有机负荷或对环境噪声有较高要求场所的生物接触氧化池。水力喷射供氧系统的应用见图 8-23。

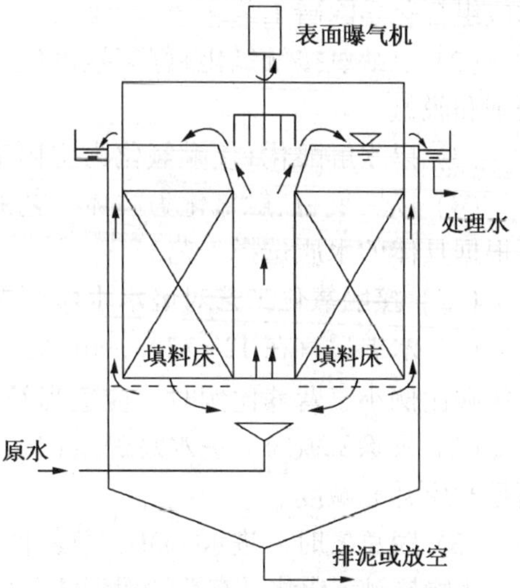

图 8-22　表面机械曝气供气形式

图 8-23　水力喷射供氧系统的应用

（四）其他装置

生物接触氧化池与活性污泥法的曝气池一样，池中的污水呈紊流状态，入池的污水很快与池中的污水混合。所以，对进口的布水装置和出口的集水装置要求并不十分严格，一般情况可直接用管道或孔口布置进水和出水。国内的生物接触氧化池，曝气器一般布置在填料区的下方，让气泡直接冲刷填料和搅动污水。所以，这种池型的生物接触氧化池在池底不会产生淤泥，可不设排泥装置。为了检修，池必须设放空装置。

四、生物接触氧化法工艺形式与进水水质要求

（一）工艺形式

1）基本工艺

由接触氧化池和沉淀池两部分组成，可根据进水水质和处理效果选用一级接触氧化池或多级接触氧化池。

2）组合工艺流程

接触氧化工艺可单独应用，也可与其他污水处理工艺组合应用。

（1）单独使用时可用做去除有机物和脱氮，脱氮时应在接触氧化池前设置缺氧池，除磷

时应组合化学除磷工艺。

（2）以缺氧接触氧化+好氧接触氧化为主体工艺的组合流程适宜普通生活污水有机物的处理和脱氮。

（3）以水解酸化+接触氧化为主体工艺的组合流程适宜处理难降解有机污水。

（4）以厌氧+接触氧化为主体工艺的组合流程适宜处理高浓度有机污水，其中厌氧工艺可根据具体的水质选择工艺。

（二）接触氧化工艺对进水水质要求

（1）水温适宜在12~37℃，pH宜为6~9，营养比（BOD_5：氨氮：磷）宜为100：5：1，当氮磷比例小于营养比例时，应适当补充碳、氮、磷。

（2）去除氨氮时，进水总碱度（以$CaCO_3$计）/氨氮（NH_3-N）的比值不宜小于7.14，不满足时应补充碱度。

（3）脱总氮时，进水BOD_5/总氮值不宜小于4.0，不满足时应补充碳源。

生物接触氧化法具有活性污泥法和生物膜法特点的一种新型生物处理技术。生物接触氧化装置与其他形式的生物处理装置一样，需要配置前处理工序（如粗、细格栅、隔油沉渣、调节中和及初沉池等）和后续处理工序（如沉淀、消毒、计量等），组成一个完整的污水处理系统。

五、工艺设计

（一）工艺对污染物的去除效果

接触氧化法对污染物去除率可按表8-12确定。

表8-12　接触氧化法去除污染物的效果

污水类别	污染物去除率/%				
	SS	BOD_5	COD	氨　氮	总　氮
城镇污水	70~90	80~95	80~90	60~90	50~80
工业污水	70~90	70~95	60~90	50~80	40~80

（二）有关规定

（1）进水水质、水量变化大的污水处理厂应设置调节池。

（2）接触氧化污水处理构筑物宜采取系列、并联设计。

（3）接触氧化法污水处理工艺可选用不同种类的填料，包括悬挂式填料、悬浮式填料和立体填料等。接触氧化法污水处理工艺应优先选用高效填料。应依据污水处理要求确定接触氧化池需要的总生物量和填料附着生物量，并考虑附着生物膜厚度和生物膜活性等对污水处理效果的影响。

（三）预处理和后处理

1. 预处理

（1）进水的化学需氧量浓度超过2000mg/L时，应增加厌氧法预处理工艺。进水的BOD_5/COD小于0.3时，宜增加水解酸化法厌氧处理工艺以改善污水的可生化性。

（2）处理含油量大于50mg/L的污水时，应增设隔油池、气浮等预处理工艺。

（3）悬浮物浓度超过500mg/L的工业污水，当有较高的排放要求时，可根据水质情况采取混凝/沉淀或气浮等预处理工艺。

（4）进水pH值不在6~10之间时，应考虑增设中和预处理工艺。

（5）进水水温控制在不低于12℃，不高于37℃。水温较高的污水，其水力停留时间的设计可取低值；水温较低时，水力停留时间的设计宜取高值。水温超出控制范围时，应考虑设置加热或冷却装置。

2. 后处理

（1）城镇污水处理过程和工业污水处理工程应根据处理出水要求设置后处理，普通的后处理单元工艺包括：终沉池、杀菌消毒池及污泥浓缩、脱水工艺。

（2）处理出水达不到排放要求或回用要求时，应增加相应的后处理工艺，可供选择的处理工艺包括：混凝/沉淀或气浮、过滤、膜分离、高级氧化、生物强化处理等。

（四）设计时应考虑的因素

（1）按平均污水量设计，填料体积按容积负荷计算。设计负荷应由试验或参照相似污水的实际运行资料确定。

（2）根据进水水质和处理要求采用一段或二段式，且不少于两个系列并联使用。

（3）填料层总高一般取3m，分层设置，由填料品种确定，一般单层不宜超过1.5m。

（4）DO量一般应维持在2.5~3.5mg/L之间，气水比根据水质确定。

（5）多级接触氧化工艺的第一级生物接触氧化池的水力停留时间应占总水力停留时间的55%~60%。

（五）池容设计

1. 去除碳源污染物

去除有机物条件下，接触氧化池有效容积可按式(8-1)计算：

$$V=\frac{Q(S_o-S_e)}{M_c\times\eta\times1000} \tag{8-1}$$

式中 V——接触氧化池容积，m^3；

Q——接触氧化池的处理流量，m^3/d；

S_o——接触氧化池进水BOD_5浓度，mg/L；

S_e——接触氧化池出水BOD_5浓度，mg/L；

M_c——接触氧化池填料去除有机污染物的五日生化需氧量容积负荷，$kgBOD_5/(m^3$ 填料·d)；

η——填料的填充比，%。

工艺用于去除碳源污染物时，参数的选取可参考表8-13。

表8-13 工艺用于去除碳源污染物时的设计参数(20°C水温情况下)

项 目	参数值
五日生化需氧量填料容积负荷/[$kgBOD_5/(m^3$ 填料·d)]	0.5~3.0
悬挂式填料填充率/%	50~80
悬浮式填料填充率/%	20~50
污泥产率/[$kgVSS/kgBOD_5$]	0.2~0.7
水力停留时间(仅适用于生活污水和城镇污水)/h	2~6

2. 脱氮

（1）硝化

硝化好氧池有效容积可按式(8-2)计算。

$$V = \frac{Q(N_{IKN} - N_{EKN})}{M_N \times \eta \times 1000} \tag{8-2}$$

式中 V——接触氧化池容积，m^3；

N_{IKN}——进水凯氏氮浓度，mg/L；

N_{EKN}——出水凯氏氮浓度，mg/L；

M_N——硝化容积负荷，kgTKN/(m^3 填料 · d)；

η——填料的填充比，%；

Q——设计流量，m^3/d。

工艺用于脱氮处理时，主要参数的选取可参考表 8-14。

表 8-14 工艺用于污水脱氮时的设计参数(10°C 水温情况下)

项　目	参数值
五日生化需氧量填料容积负荷/[kgBOD_5/(m^3 填料 · d)]	0.4~2.0
硝化填料容积负荷/[kgTKN/(m^3 填料 · d)]	0.5~1.0
好氧池悬挂填料填充率/%	50~80
好氧池悬浮填料填充率/%	20~50
缺氧池悬挂填料填充率/%	50~80
缺氧池悬浮填料填充率/%	20~50
水力停留时间/h	4~16　缺氧段 0.5~3.0
污泥产率 Y/(kgVSS/kgBOD_5)	0.2~0.6
出水回流比 R/%	100~300

(2) 反硝化

反硝化缺氧池有效容积可按式(8-3)计算：

$$V = \frac{Q(N_{IN} - N_{EN})}{M_{DNL} \times \eta \times 1000} \tag{8-3}$$

式中 V——缺氧池的设计容积，m^3；

Q——设计流量，m^3/d；

N_{IN}——反硝化池进水的硝态氮，mg/L；

N_{EN}——反硝化池出水的硝态氮，mg/L；

M_{DNL}——缺氧池的反硝化容积负荷，kgNO_x-N/(m^3 · d)；

η——填料的填充比，%。

同时去除碳源污染物和氨氮时，接触氧化池设计池容应分别计算去除碳源污染物的容积负荷和硝化容积负荷，池容应取其高值，或将两种计算值之和作为接触氧化池的设计池容。

3. 容积校核

采用水力停留时间对计算得出的池容进行校核计算，如式(8-4)所示：

$$V = \frac{Q \times HRT}{24} \tag{8-4}$$

式中 V——设计池容，m^3；

Q——设计流量，m^3/d；

HRT——水力停留时间，h。

（六）池体要求

（1）池的有效水深宜取 3~6m，超高不宜小于 0.5m；池的长、宽应有利于布气与布水。

（2）采用悬挂式填料时，应由下至上布置曝气区、填料层、稳水层和超高。其中，曝气区高宜采用 1~1.5m，填料层高宜取 2.5~3.5m，稳水层高宜取 0.4~0.5m。

（3）进水应防止短流，进水端宜设导流槽，其宽度不宜小于 0.8m。导流槽与接触氧化池之间应用导流墙分隔。导流墙下缘至填料底面的距离宜为 0.3~0.5m，至池底的距离不宜小于 0.4m。

（4）采用堰式出水形式时，过堰负荷可按 2~3L/(m · s)取值。

（5）池底部应设置排泥和放空装置。

第三节　生物流化床

一、概述

生物流化床是 20 世纪 70 年代开发的一种生物膜法工艺。生物流化床以砂、活性炭、焦炭等颗粒为载体充填于生物反应器内，因载体表面附着生长着生物膜而使其比重减小，当污水以一定流速从下向上流动时，载体便处于流化状态，附着在载体上的生物膜与污水充分接触而使污水中的有机物得以降解。由于流化床内生物固体浓度很高(10~14g/L)，氧和有机物的传质效率也高，一般生物流化床处理污水有比较好的效果。

（一）分类

按照使载体流化的动力来源不同，生物流化床可分为以液流为动力的两相流化床、以气流为动力的三相流化床和机械搅动流化床等三种类型。而其中的两相流化床和机械搅动流化床又可分为有氧参与的好氧流化床和没有氧参与的厌氧流化床。

（1）液固(LS)流态化

液固(LS)流态化是通过上升液体的流动使床体中的固体颗粒悬浮或者夹带。在传统流化区域中，液体的速度不足以将颗粒从反应器顶部带出；而在循环流化区域中，较高的液体速度可将颗粒从反应器顶部带出，再通过循环管将带出的颗粒返回反应器底部。

（2）气液固(GLS)三相流态化

气液固(GLS)三相流态化类似于液固流态化，不同之处在于其配有气体分布器和液体分布器。在三相流态化中，颗粒是在液体和气泡共同作用下呈流态化的。根据反应过程的需求，可能仅有一个床体有气体分布器，该床体为三相流态化装置。

（二）生物流化床基本结构

生物流化床是由床体、载体、布水装置、充氧装置和脱膜装置等部分组成。

（1）床体

床体多呈圆柱形，多由钢板焊制，需要时也可以由钢筋混凝土浇灌砌制。

（2）载体

载体是生物流化床的核心部件，常用的载体有：石英砂、无烟煤、焦炭、颗粒活性炭、聚苯乙烯球。载体在床内的装填高度为 0.7m 左右。

（3）布水装置

布水装置有单层多孔板、多孔板砾石层、泡罩分布板。布水装置位于滤床底部，它起布水和承托载体颗粒作用。均匀布水对生物流化床能够发挥正常的净化功能是至为重要的环节，特别是对二相流化床更为重要。布水不均，可能导致部分载体沉积而不形成流化，使流化床的工作受到破坏。布水装置又是填料的承托层，在停水时，载体不流失，并易于再次启动。报道中提到的布水装置有 Dorr-Oliver 设计的 Oxitron 反应器，其在床底部的锥体部分采用喷嘴制造成一种强有力的喷射床作为流化床的布水装置，这种无支撑板的布水器具有阻力小、无沟流现象等优点，效果比筛板好。以后又有使用者对其进行了改进，如日本三菱公司研制的流动循环生物反应曝气器，把曝气、脱膜、循环结合在一起；其他如单层多孔板、多孔板砾石层、泡罩分布板等也可以用作布水装置。

（4）脱膜装置

脱膜对于生物流化床工艺也至关重要，及时脱除老化的生物膜，使生物膜经常保持一定的活性，是生物流化床维持正常净化功能的重要环节。有时单靠滤床内载体之间的相互摩擦还不能使老化生物膜脱落，因此应考虑设专门的脱膜装置，目前有报告应用的主要有叶轮搅拌器、振动筛和刷型脱膜机等，国内的有关设施推荐采用迷宫式载体分离器。脱膜装置主要用于液动流化床，可单独另行设立，也可以设在流化床的上部。脱落的生物膜从沉淀分离室的排泥管排出，载体则沉降并返回流化床体。

（5）充氧装置

用于流化床充氧的装置为一般常用的曝气设施、射流曝气器等。国外的 Jeris 曝气锥、下流泡沫接触式充氧器效果好，但仅有报道。

（三）工艺适用性

该工艺适用于各种可生化降解的有机废水处理，主要用于去除中、低浓度的有机碳化合物，以及去除 NH_3-N。

（四）生物流化床的特点

生物流化床的主要优点如下：

（1）容积负荷高，抗冲击负荷能力强

由于生物流化床是采用小粒径固体颗粒作为载体，且载体在床内呈流化状态，因此其每单位体积表面积比其他生物膜法大很多。这就使其单位床体的生物量很高（10~14g/L），加上传质速度快，污水一进入床内，很快地被混合和稀释，因此生物流化床的抗冲击负荷能力较强，容积负荷也较其他生物处理法高。

（2）微生物活性强

由于生物颗粒在床体内不断相互碰撞和摩擦，其生物膜厚度较薄，一般在 0.2μm 以下，且较均匀。据研究，对于同类污水，在相同处理条件下，其生物膜的呼吸率约为活性污泥的两倍，这是生物流化床负荷较高的原因之一。

（3）传质效果好

由于载体颗粒在床体内处于剧烈运动状态，气-固-液界面不断更新，因此传质效果好，这有利于微生物对污染物的吸附和降解，加快了生化反应速率。

生物流化床的缺点是设备的磨损较固定床严重，载体颗粒在湍动过程中会被磨损变小。此外，设计时还存在着生产放大方面的问题，如防堵塞、曝气方法、进水配水系统的选用和生物颗粒流失等。因此，目前我国污水处理还少有工业性应用，上述问题的解决，有可能使生物流化床获得较广泛的工业性应用。

（五）生物流化床载体的研究

研究认为，生物流化床工作性能的提高，关键在于载体的革新。砂质载体虽耐磨但密度大(2.65g/cm^3 左右)，不易流化；颗粒活性炭则不耐磨。近年来，国内开发了一种空心塑料体(聚乙烯、聚丙烯等，为球状或柱状)，其密度小于 1g/cm^3(并可按工艺要求，在加工制造时调节密度)。目前的尺寸为直径 25～100mm，比表面积为 300～400m^2/m^3。投入水中时，浮于水面。试验中采用的载体充填度达容器容积的 60%～70%。工作时，载体在池内均匀流化，紊动剧烈，气泡被切割微型化。曝气还起紊动搅拌作用，对扩气设备要求不高，穿孔管即可。

由于载体在床内呈流化态，即使采用穿孔管的中气泡扩散器，载体不断切割气泡，也可使气泡曝气的空气利用率，动力效率得到提高，而且使气泡在整个床体内均匀分布。

二、两相流化床

两相流化床的基本工艺流程如图 8-24 所示。两相流化床是以液流(污水)为动力使载体流化，在流化床内只有污水(液相)与载体(固相)相接触，而在单独的充氧设备内对污水进行充氧，因此称为两相流化床。两相流化床工艺由流化床、充氧设备、固液分离设备等组成，并设有专门的充氧设备和脱膜装置。

在两相床中，氧气通过预先曝气溶解于废水中，可以使用纯氧或压缩空气。流化床的生物量大，需氧量也大，以纯氧为氧源时，充氧设备出水溶解氧浓度可达 30～40mg/L；以压缩空气为氧源时，充氧设备出水溶解氧浓度约 9mg/L。

由于污水进水流量一般较小，溶解的氧量不能满足生物膜的需要，应采用回流的办法加大充氧水量。此外，原污水流量较小，不能使载体流化，也应采用回流的办法加大进水流量。因此，两相生物流化床需要回流。

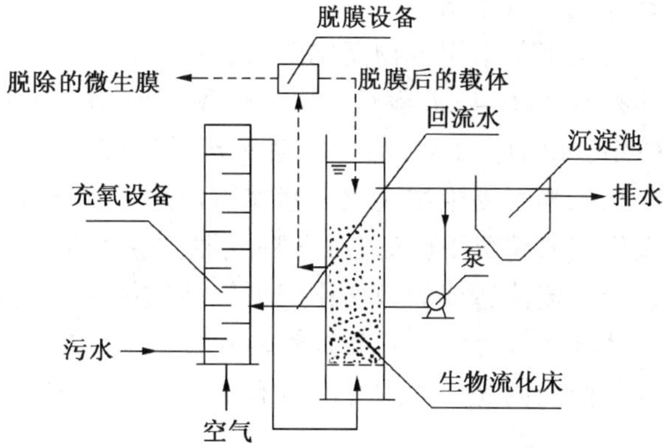

图 8-24　两相流化床的基本工艺流程

三、三相生物流化床

（一）工艺原理

以气体为动力使载体流化，在反应器内存在有液相、气相和固相三相相互接触，即污水(液)、载体(固)及空气(气)三相同步进入床体，见图 8-25。三相生物流化床由三部分组成，在床体中心设输送混合管，其外侧为载体下降区，其上部则为载体分离区。空气由输送混合管的底部进入，在管内形成气、液、固混合体，空气起到提升的作用，混合液上升，气、液、固三相间产生强烈的混合与搅拌作用，载体之间也产生强烈的摩擦作用，外层生物膜脱落。

三相生物流化床一般不采用处理水回流措施，但当原污水浓度较高时，可考虑处理水回流，稀释原污水。本工艺的技术关键之一是要防止气泡在床内并合，形成大气泡，影响充氧效果，对此可采用减压释放充氧，采用射流曝气充氧也有一定效果。

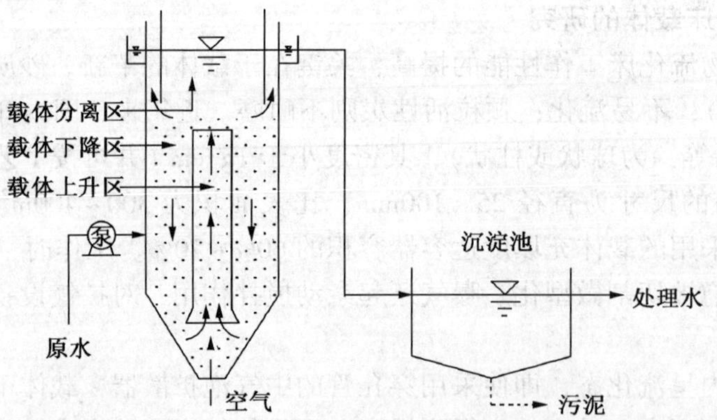

图 8-25　三相生物流化床工艺示意图

（二）工程实例

北京佳顺油脂公司污水处理厂建设规模 480m^3/d。设计污水水质为：COD1000mg/L、$BOD_5$500mg/L、SS750mg/L、油类 750mg/L、pH6~8。要求处理后出水水质：COD≤60mg/L，BOD_5≤20mg/L，SS≤20mg/L，油类≤4mg/L。其工艺流程如下：

污水→pH 调节→隔油池→调节池→气浮池→生物流化床→接触氧化池→二沉池→生物碳滤池→氧化塘→出水

该工艺采用生物流化床为三相气提生物流化床，床体直径 1.8m，高 6m，2 座。生物载体是 0.2~0.4mm 陶粒，水力停留时间 HRT=1h，气水比为(10~18)：1。该生物流化床对 COD、BOD_5、SS、油的去除率分别为 63%、70%、45%、34%。

三相气提生物流化床基本原理是：污水经过进水管，由布水器均匀流入流化床体，在气泵供气的情况下(通过微孔曝气器，在气提管下部曝气)，每个气提管内的流速达到 0.3m/s 以上，流体造成的剪切作用可提高载体生物膜的更换速度，沉积于下部的生物载体被液体与气体吸入气提管，在气提管内完成充氧、脱膜及上升的过程，冲出气提管的液体和生物载体在降流区内完成吸附并降解有机物。该项技术为 2012 年度推荐的环保重点实用技术。

四、内循环好氧生物流化床

（一）原理与应用

内循环好氧生物流化床是指用陶粒、橡胶和塑料类载体等作为微生物载体，通入一定流速的空气，使污水、空气和微生物载体在升流区向上流动、降流区向下流动，形成水力循环，并利用载体表面上不断生长的生物膜吸附、氧化、分解污水中的有机物，从而去除污水中污染物的工艺。内循环好氧生物流化床示意图如图 8-26 所示。其内循环的原理是：空气由曝气装置释放进入升流筒后，由于气体的推动与混合作用，使含有水与载体的混合液密度减小而向上流动，到达分离区顶部后以大气泡逸出，混合液进入固液分流区，部分混合液

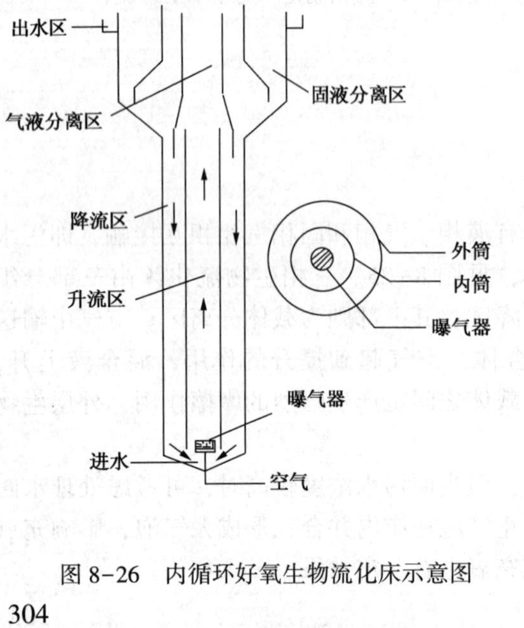

图 8-26　内循环好氧生物流化床示意图

由于含气量相对减少致密度增大则流入降流筒，形成内循环。

内循环好氧生物流化床一般采用沉淀工艺进行固液分离，在结构特点上表现为流化床上部的沉淀区直径大，下部的反应区直径较小。沉淀区的体积占流化床总体积的30%~40%。如果将流化床外筒分格，布置为升流区与降流区，改进后的反应器结构具有良好的整体性能，并且在整体直径增加时，保持总高度在15~20m，反应器整体高度不会相应增加。

我国自20世纪90年代初期开始研发并应用于工业污水的处理，如油脂厂、制药厂以及城市污水的处理。实际应用中，单台流化床的最大污水处理能力一般为2500m^3/d；当处理水量大于2500m^3/d时，可采用多台流化床联合运行的方式，多台布置时宜设置配水设施。流化床污水处理工艺对污染物的去除率可参考表8-15。

表8-15　内循环好氧生物流化床工艺对污染物的去除效果

污水类别	主体工艺	污染物去除率/%					
		SS	BOD_5	COD	NH_3-N	总氮(TN)	总磷(TP)
城镇污水	初次沉淀+流化床	70~90	80~95	80~90	80~90	40~50(有缺氧区)	40~60(不加除磷剂)；80~90(加除磷剂)
工业污水	预/前处理+流化床	70~90	80~90	60~80			

(二) 气浮分离型高效生物流化床

1. 基本构成

为提高生物流化床的容积效率，并降低流化床的高度，采用气浮为固液分离手段与生物流化床相耦合，形成了气浮分离高效生物流化床。该反应器具有大型化的蜂窝断面结构及迷宫式生物载体分离器，采用新型轻质高强度生物填料，是以气浮为高效分离单元的好氧生物流化复合反应器，同时也是缺氧-好氧一体式高效分离生物流化复合反应器。气浮分离高效生物流化床具有容积效率高，能耗低等特点，流化床总高度一般在10m左右，已广泛应用于生活污水和工业污水的处理工程。气浮分离高效生物流化床结构示意图如图8-27所示，其载体分离器以上的部分作为分离区，载体分离器以下的部分作为反应区，图中箭头方向表示水流方向。

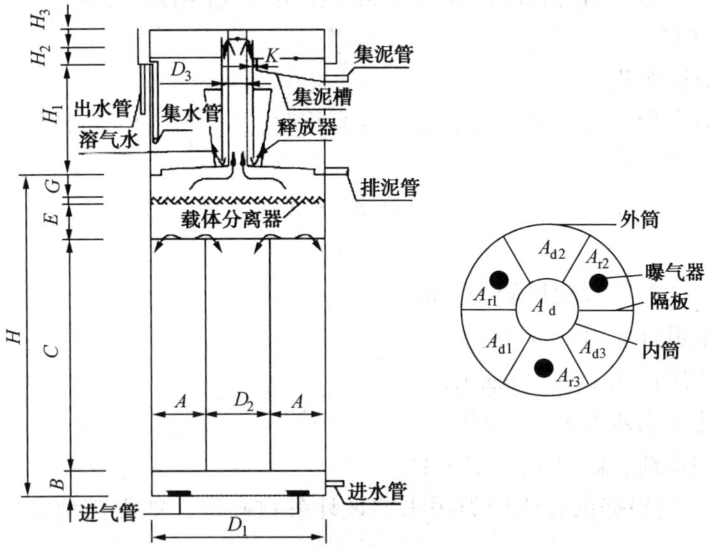

图8-27　气浮分离型高效生物流化床结构示意图

A_d—降流区；A_r—升流区

有反硝化脱氮要求时，可在流化床内设置缺氧区和好氧区，其结构如图 8-28 所示，中心筒处为缺氧区，其他区域为好氧区。有除磷要求时，可在气浮区实施化学除磷工艺。

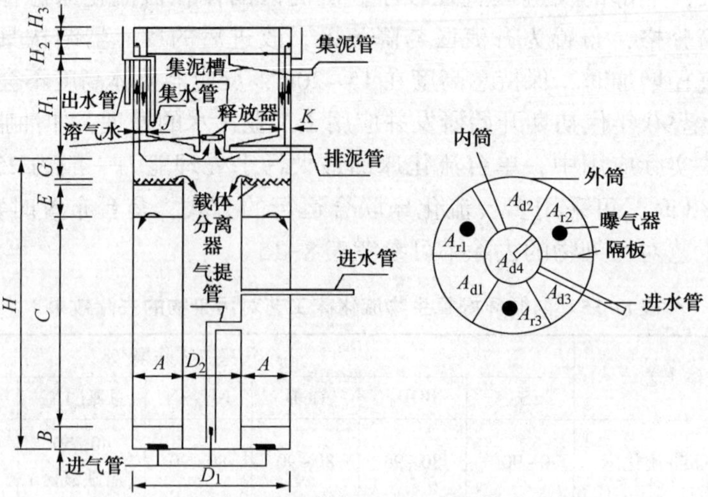

图 8-28　设置有反硝化脱氮工艺生物流化床结构示意图

A_d—降流区；A_r—升流区

2. 气浮分离高效生物流化床有关参数

(1) 降流区与升流区面积之比(A_d/A_r)宜为 1~1.5，其中降流区面积 $A_d=A_{d1}+A_{d2}+A_{d3}+A_{d4}$，升流区面积 $A_r=A_{r1}+A_{r2}+A_{r3}$；

(2) 好氧反应区隔板下端距流化床底部的底隙(B)宜为 600~900mm；

(3) 载体分离器下部空间距离(E)宜为 B 值的 1~1.2 倍；

(4) 载体分离器上部空间距离(G)宜为 E 值的 0.3~0.5 倍；

(5) 气液分离区直径(D_3)宜为进水管管径的 3~5 倍，$K\geqslant 200$mm，$J\geqslant 150$mm；

(6) 固液分离区 H_1、H_2和 H_3 设计可参照加压溶气气浮的相关规定。

3. 池体容积计算

(1) 好氧反应区容积

根据流化床的容积负荷来确定好氧反应区容积时，应按式(8-5)计算。流化床的好氧反应区容积不宜超过 400m³。

$$V_1=\frac{Q(X_o-X_e)}{L_{vx}} \tag{8-5}$$

式中　V_1——流化床好氧反应区容积，m³；

Q——污水设计流量，m³/d；

X_o——流化床进水 COD，mg/L；

X_e——流化床出水 COD，mg/L；

L_{vx}——容积负荷，kgCOD/(m³·d)。

容积负荷(L_{vx})应根据试验或同类污水的设计参数确定，如无其他资料时，可参考如下经验数据：

① 当污水 BOD_5/COD>0.4 时，N_v 可取 3~5kgCOD/(m³·d)；

② 当污水中 0.3<BOD_5/COD<0.4 时，N_v 可取 1~3kgCOD/(m^3 · d)；当污水中 BOD_5/COD<0.3 时，应通过预处理和前处理提高 BOD_5/COD 的值，使其大于 0.3。

(2) 缺氧反应区容积

① 好氧反应区与缺氧反应区的容积比宜为(2.5~3) : 1。

② 缺氧反应区容积应按式(8-6)计算。

$$V_2=\frac{V_1D_2^2}{D_1^2-D_2^2} \tag{8-6}$$

式中 V_2——缺氧反应区容积，m^3；

V_1——流化床好氧反应区容积，m^3；

D_1——流化床直径，m；

D_2——缺氧反应区直径，m。

流化床直径与缺氧区直径之比宜为(1.8~2.0) : 1。

(3) 好氧反应区的高径比

好氧反应区的高径比应按式(8-7)计算：

$$\frac{H}{D_1}=\frac{NH}{2d} \tag{8-7}$$

式中 H——流化床高度，m；

D_1——流化床直径，m；

N——流化床分隔数；

d——好氧反应区横截面面积相等的圆的直径，m。

好氧反应区的高径比宜为 3~8，流化床分隔数应为偶数，如 4、6、8 等。为了减少曝气设备的运行费用，可以设置 H 小于 10m，从而可以利用效率较高的风机进行曝气。

4. 流化床载体

(1) 载体选择

① 宜选用陶粒、橡胶和塑料类载体等；

② 陶粒载体粒径以 1~2mm 为宜，密度宜为 1.5g/cm^3 左右，磨损率宜不大于 0.5%；橡胶载体粒径以 2~8mm 为宜，密度宜为 1.30g/cm^3 左右；塑料类载体粒径以 10~25mm 为宜，密度宜为 0.94~0.98g/cm^3；

③ 载体的级配以 $d_{max}/d_{min}<2$ 为宜；

④ 载体的形状宜接近球形；

⑤ 载体表面粗糙以利于微生物栖附、生长。

(2) 载体投加量

① 投加载体的体积占好氧反应区的体积比应按式(8-8)计算。投加载体的体积宜为好氧反应区体积的 15%~30%。

$$C_s=\frac{X_v}{1000m_1} \tag{8-8}$$

式中 C_s——投加载体的体积占好氧反应区的体积比；

X_v——流化床内混合液挥发性悬浮固体平均浓度，gMLVSS/L；

m_1——单位体积载体上的生物量，g/mL。

② 流化床中所需的生物浓度按式(8-9)计算：

$$X_v = N_v / N_s \tag{8-9}$$

式中 X_v——流化床内生物浓度，gMLVSS/L；

N_v——容积负荷，kgCOD/(m^3·d)；

N_s——污泥负荷，为0.2～1kgCOD/(kgMLVSS·d)。

③ 单位体积载体上的生物量可按式(8-10)计算：

$$m_1 = \frac{\rho \rho_c}{\rho_s}\left[\left(\frac{r+\delta}{r}\right)^3 - 1\right] \tag{8-10}$$

式中 m_1——单位体积载体上的生物量，g/mL；

ρ——生物膜干密度，g/mL；

ρ_c——载体的堆积密度，g/mL；

ρ_s——载体的真密度，g/mL；

δ——膜厚，mm；

r——载体平均半径，mm。

5. 载体分离器

载体分离器的目的是将悬浮流化状态的生物载体限制在好氧反应区，防止载体和附着在载体上的微生物进入气浮分离区，同时使循环液体返回反应区，出水部分进入气浮分离区；气体从反应器顶部排出反应器。载体分离器可采用迷宫式载体分离器，其分离器通道为迷宫式，主要由3层相互交错的三角形反射锥构成，其结构示意图如图8-29所示。目前该类分离器属于专利产品。

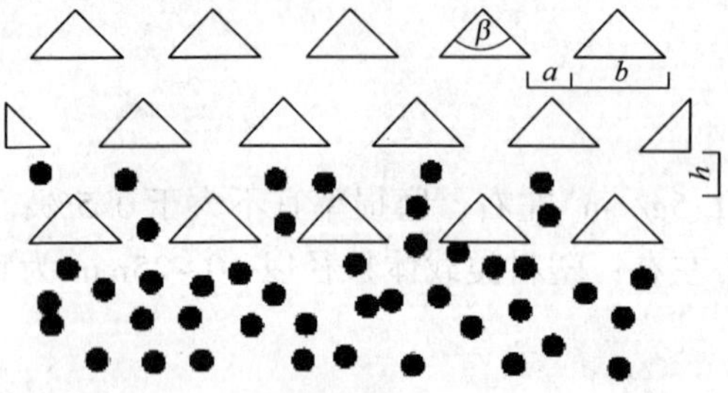

图8-29 迷宫式载体分离器结构示意图

该分离器分离载体的基本原理为：上升的生物载体首先到达分离器最下面一层，若碰到反射锥下面的平面则改变向上的方向，随混合液进入下降区从而达到分离的目的；若刚好穿过最下面一层反射锥的间隔，向上则碰到分离器中间一层反射锥下面的平面从而起到分离作用。若少量生物载体穿过了下面两层反射锥，则最上面一层反射锥将进一步分离这少量的生物载体，从而提高分离器的分离效果。其有关参数如下：

(1) 反射锥顶角β宜为45°～90°；

(2) 反射锥之间的距离a宜为2～3cm，反射锥底面宽度b宜为a值的2～5倍；

(3) 两层反射锥之间的距离h宜为5～15cm。

6. 供氧

可采用鼓风曝气供氧，曝气器宜采用均布的中微孔曝气头或穿孔管，正对流化床升流区区域；供氧量应根据曝气设备和污水处理要求按照有关公式计算，同时曝气量应保证载体实现均匀稳定的循环流化，升流区的空气表观气速U_g应达到0.72～7.2m/h(表观气速计算公

式为 $U_g = V/s$，公式中 V 为曝气量，m^3/h；s 为升流区截面积，m^2）。

7. 硝化液回流

如果在流化床外单独设置缺氧池，则流化床出水可利用液位差回流至缺氧池，与进水混合完成反硝化后用泵提升回流化床。流化床出水上清液回流比一般为 100%~200%或视出水水质及总氮的排放要求确定。

8. 污泥回流与排泥

宜在流化床后单独设置贮泥池，通过排泥与污泥回流保持流化床中合适的悬浮生物量，污泥回流比宜为 50%~100%。

气浮分离型高效生物流化床单台最大的处理能力达到 $2500m^3/d$，工程实例有常州丽华污水处理站和宜兴周铁污水处理站。

五、其他类型

国内的生物流化床有环保行业标准（HJ 2021—2012《内循环好氧生物流化床污水处理工程技术规范》）以及地方技术规程（DBJ43/T 370—2021《高浓度复合粉末载体生物流化床技术规程》）可以供设计参考。

中石化炼化工程集团洛阳技术研发中心开发生物流化床（A/O-SFBBR 工艺）处理装置在中国石化湖北化肥公司建成投用，其工艺为多级气-液-固三相流化床，处理的废水主要为煤制乙二醇污水。反应器内设置载体（以聚乙烯材料为主的表面改性材料）高效负载微生物，活性污泥质量浓度可达 40~50g/L，反应器内部设计有导流筒、高效气体分布器、三相分离器等内构件，可实现流体内循环高效流化状态，确保污水、空气和生物膜间得到充分接触，提高了氧的利用率。具体工艺流程为：煤制乙二醇污水经絮凝沉淀池去除大部分颗粒物后进入配水池，由泵提升进入缺氧反应器，缺氧反应器内设置导流筒和推流器，使进水、回流的硝态液和回流污泥充分混合。厌氧处理后的废水依靠重力流入好氧反应器。在好氧反应器进水管上投加纯碱溶液，以满足好氧反应器内硝化所需的碱度。好氧反应器内设有导流筒、空气分布系统、生物载体等专有内件，曝气风机则提供好氧生化反应所需的氧气和生物载体形成流化状态所需的动力。好氧反应器出水依靠重力流至脱气罐。脱气罐底部出水经硝态液回流泵回流至缺氧反应器，回流比可根据实际情况进行调节；脱气罐溢流进入沉降罐进行固液分离。沉降罐上清液为处理后出水，依靠重力流至下一单元；底部沉淀的污泥经污泥回流泵回流至缺氧反应器，回流比可根据实际情况进行调节。污泥回流泵出口设支管，可间歇或连续将剩余污泥排入污泥浓缩池。反应器整体设施采用钢制，反应器顶部设计有拱顶，实现密闭操作，排放的废气通过顶部管线引出至废气处理单元处理。处理装置实物图见图 8-30。

图 8-30 生物流化床（A/O-SFBBR 工艺）处理装置

第四节　生物转盘

生物转盘又称浸没式生物滤池，是20世纪60年代在原联邦德国开创的一种污水生物处理技术。早期的生物转盘用于生活污水处理，后推广到城市污水处理和有机性工业污水的处理。处理规模也从几百人口当量发展到数万人口当量。转盘构造和设备也日益完善。我国从20世纪70年代初开始引进生物转盘技术，对其开展了广泛的科学研究工作，在印染、造纸、皮革和石油化工等行业的工业污水处理中得到应用，效果较好。在城市污水和工业污水处理中也有应用。

一、生物转盘的组成

生物转盘的主要组成部分有转动轴、转盘、污水处理槽和驱动装置等。其实物与示意图见图8-31。

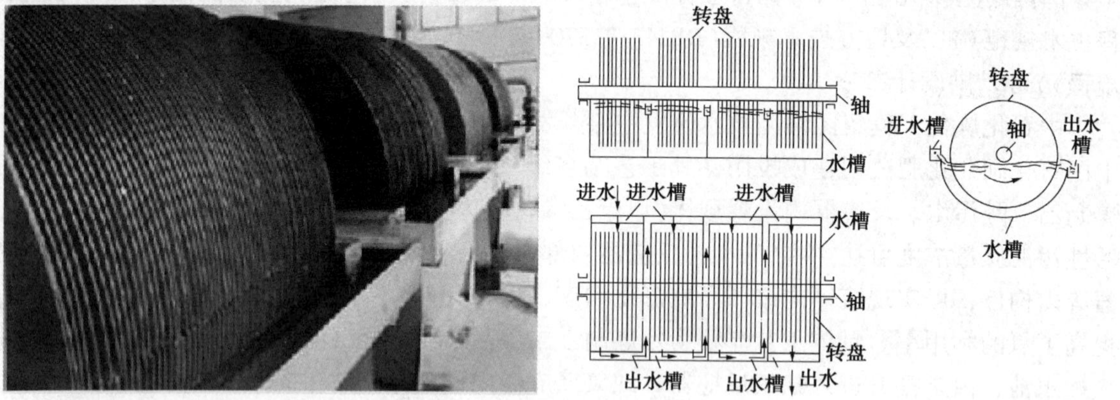

图8-31　生物转盘实物与示意图

生物转盘的主体是垂直固定在水平轴上的一组圆形盘片和一个同它配合的半圆形水槽。微生物生长并形成一层生物膜附着在盘片表面，约40%~45%的盘面(转轴以下的部分)浸没在污水中，转轴高出槽内水面15~25cm，上半部敞露在大气中。工作时，污水流过水槽，电动机转动转盘，生物膜和大气与污水轮替接触，浸没时吸附污水中的有机物，敞露时吸收大气中的氧气。转盘的转动带进空气，并引起水槽内污水紊动，使槽内污水的溶解氧均匀分布。盘片上生物膜的厚度约为0.5~2mm，随着膜的增厚，内层的微生物呈厌氧状态，当其失去活性时则使生物膜自盘面脱落，并随同出水流至二次沉淀池。

(一) 盘片

盘片是生物转盘的主要部件，应具有轻质高强、耐腐蚀、耐老化、易于挂膜、不变形、比表面积大、易于取材、便于加工安装等性质。长期以来，盘片采用圆形或正多边形平板。近年来为了提高单位体积盘片的表面积，开始采用正多角形和表面呈同心圆状波纹或放射状波纹的盘片。盘片的材料要求质轻、耐腐蚀、坚硬和不变形。目前多采用聚乙烯硬质塑料或玻璃钢制作盘片。转盘可以是平板或由平板与波纹板交替组成。盘片直径一般是2~3m，最大为5m，轴长通常小于7.6m，盘片净间距为20~30mm。当系统要求的盘片总面积较大时，可分组安装，一组称一级，串联运行。转盘分级布置使其运行较灵活，可以提高处理效率。

在一套生物转盘装置内，盘片有的多到100～200片。它们平行地安装在转轴上，需要支撑加固以防止挠曲变形从而使盘片相互碰上。为了保证通风良好和不为生物膜增厚所堵塞，盘片间距主要取决于盘片直径及生物膜的最大厚度。生物膜的厚度与进水BOD值有关，BOD浓度越高，生物膜也将越厚，而硝化过程的生物膜则较薄。盘片间距的标准值为30mm，如采用多级转盘，则前数级的间距为25～35mm，后数级为10～20mm。当采用生物转盘脱氮时，宜采取较大的盘片间距。

当转盘转动离开污水与空气接触时，生物膜上的固着水层从空气中吸收氧，固着水层中的氧是过饱和的，当这部分盘片回到污水中时，固着水层中的氧在浓度梯度推动下传递到生物膜和污水中，使槽内污水的溶解氧含量达到一定的浓度。在转盘上附着的生物膜与污水以及空气之间，除有机物(BOD)与O_2外，还进行着其他物质，如CO_2、NH_3等的传递。

随着处理过程的进行，微生物利用有机物和氧得以生长，生物膜逐渐增厚。随着膜的厚度增加，其内部逐渐厌氧，生物膜开始老化。老化的生物膜在污水水流与转动的盘片之间产生的剪切力的作用下剥落，剥落的破碎生物膜在二次沉淀池内被截留。生物膜脱落形成的污泥，密度较高、易于沉淀。

(二)接触反应槽

接触反应可用钢板、混凝土等制作。接触反应槽断面应呈与盘材外形基本吻合的半圆形，盘片浸没于污水中的深度不小于其直径的35%。水槽的各部位尺寸和长度，应根据盘片直径和转轴长度决定。盘片边缘与槽内壁应留有不小于100mm的间距。槽内水面应控制在转轴以下150mm。槽的两侧面设有进出水设备，多采用锯齿形溢流堰。对多级生物转盘，接触反应槽分为若干格，格与格之间设导流槽。

(三)转轴

转轴是支承盘片并带动其旋转的重要部件。转轴一般采用实心钢轴或无缝钢管制作，两端安装固定在接触氧化槽两端的支座上。转轴直径一般介于30～50mm，大型转盘转轴的直径可达80mm。

(四)驱动装置

驱动装置包括电机、减速装置以及传动链条等。转盘的转速一般以0.8～3r/min、线速度以10～20m/min为宜。据国外资料介绍，对城市污水而言，生物转盘的耗电量约0.1～0.3kW·h/kgBOD_5。

二、生物转盘系统的特征

(1)转盘中生物膜生长的表面积大，又不会发生如生物滤池中滤料堵塞的现象，即使堵塞也很容易清洗。生物转盘没有污泥膨胀的可能，因此允许进水有机物浓度较高，适宜于处理较高浓度的有机污水。

(2)污水在生物转盘中的停留时间比活性污泥法及生物滤池长，生物转盘能够承受冲击负荷的能力比活性污泥法和生物滤池都高。即使在长时间超负荷工作引起工作效率降低后，恢复转盘的正常工作也很快。

(3)污泥龄长，在转盘上能够增殖世代期很长的微生物，如硝化菌、反硝化菌等，因此，生物转盘具有硝化、反硝化的功能。

（4）生物转盘的流态，从一个生物转盘单元来看是完全混合型的，在转盘不断转动的条件下，接触氧化槽内的污水能够得到良好的混合，但多级生物转盘又应作为推流式，因此，生物转盘的流态，应按完全混合-推流来考虑。

生物转盘也有其缺点：

（1）制作盘片的材料价格较高，使生物转盘的建造费用高。

（2）由于盘片材料的限制，使转盘的直径还不宜做得太大；当水量较大时，将需要很多盘片，并且转盘水深较浅占地面积相对较大。

因此，生物转盘适宜处理水量较小的有机污水。

三、生物转盘的设计

（一）生物转盘

（1）盘体材料应轻质、高强度、比表面积大、易于挂膜、使用寿命长和便于安装运输。

（2）盘体宜由高密度聚乙烯、聚氯乙烯或聚酯玻璃钢等制成。

（3）盘体外缘与槽壁净距的要求是为了保证盘体外缘的通风，盘片外缘与槽壁的净距不宜小于150mm；盘片净距：进水端宜为25~35mm，出水端宜为10~20mm。盘片在槽内的浸没深度不应小于盘片直径的35%，转轴中心高度应高出水位150mm以上。

（4）盘片净距取决于盘片直径和生物膜厚度，一般为10~35mm，污水浓度高，取上限值，以免生物膜造成堵塞。如采用多级转盘，则前数级的盘片间距为25~35mm，后数级为10~20mm。

（5）生物转盘转速宜为2~4r/min，转速过高有损于设备的机械强度，同时在盘片上易产生较大的剪切力，易使生物膜过早剥离。一般对于小直径转盘的线速度采用15m/min；中大直径转盘采用19m/min。

（6）生物转盘的转轴强度和挠度必须满足盘体自重和运行过程中附加荷重的要求。

（7）转盘级数一般三到四级。浸没率在40%~50%之间。

（二）反应槽

断面形状应呈半圆形，可与盘体外形基本吻合；反应槽的容积与转盘盘片的全部面积比在5~9L/m^2之间。

（三）设计参数

（1）容积面积比（G）

液量面积比即接触槽的实际容积V（m^3）与转盘盘片全部表面积A（m^2）之比，对城市污水，G值以介于5~9L/m^2之间为宜。当G值低于5时，BOD去除率即将有较大幅度的下降。

（2）表面负荷

国内生物转盘大都应用于处理工业污水，国外生物转盘用于处理城镇污水已有成熟的经验。生物转盘的五日生化需氧量表面有机负荷宜根据试验资料确定，一般处理城镇污水五日生化需氧量表面有机负荷为0.005~0.02kgBOD_5/(m^2·d)。国外资料表明：要求出水BOD_5≤60mg/L时，表面有机负荷为0.02~0.04kgBOD_5/(m^2·d)；要求出水BOD_5≤30mg/L时，表面有机负荷为0.01~0.02kgBOD_5/(m^2·d)。水力负荷一般为0.04~0.2m^3/(m^2·d)。生物转盘的典型负荷见表8-16，此表摘自英国标准。

表 8-16　生物转盘的典型负荷

处理要求	工艺类型	第一级表面有机负荷/[$kgBOD_5/(m^2 \cdot d)$]	平均表面有机负荷/[$kgBOD_5/(m^2 \cdot d)$]
部分处理		≤0.04	≤0.01
碳降解	高负荷	≤0.03	≤0.005
碳降解/硝化		≤0.03	≤0.002

四、生物转盘工程实例

某宾馆污水处理站采用生物转盘处理生活污水，污水进水水质为：COD133.2～178mg/L，$BOD_5$67～89.2mg/L，SS45～92mg/L。出水水质：COD≤50mg/L，BOD_5≤10mg/L，SS≤10mg/L，浊度≤10 度，总大肠杆菌≤3 个/L。

其工艺流程如下：

污水→格栅→调节池→生物转盘→沉淀池→过滤池→消毒池→出水。

工程安装二组直径 3m 的转盘，其中一组为三级转盘，另一组为四级转盘。二组转盘并联运行处理流量 $42m^3/h$($1000m^3/d$)。当污水量小于 $21m^3/h$，只用一组转盘。处理后出水达到《生活杂用水水质标准》(CJ 25.1—89)中的有关要求后，作为宾馆人工湖补给水和浇灌果树、绿地及洗车等用途。其盘体设计如下：

(1) 为使盘体表面具有较大的表面积、通风良好、不堵塞和使用寿命长，采用厚度为 0.8mm 的聚乙烯板压制成具有一定间距的波纹板(一、二级间距为 25mm，三、四级为 20mm)粘合成蜂窝状块体，若干个块体由角钢组装成一个盘体；

(2) 氧化槽为矩形钢筋混凝土池，以能装下盘体并能正常运行的构造尺寸设计。盘体边缘距池壁 300mm，为减小转轴长度，每级池间的输水渠采用涂有防腐层的钢板制成；

(3) 转轴要抗弯和抗扭力，采用直径 247mm，壁厚 16mm 的无缝钢管，轴底高出第一组氧化槽设计水面 50mm；

(4) 传动装置由电机和减速机组成，分高、中、低速三档，转盘边缘线速度分别为 22m/min、16m/min、12m/min。

五、生物转盘的其他形式和应用

其他形式主要有空气驱动的生物转盘、与沉淀池合建的生物转盘、与曝气池组合的生物转盘等。

(一) 气动生物转盘

1. 气动转盘的组成

图 8-32 为空气驱动的生物转盘结构示意图，是在盘片外缘周围设空气罩，在转盘下侧设曝气管，管上装有扩散器，空气从扩散器吹向空气罩，产生浮力，使转盘转动。它主要应用于城市污水的生化处理。

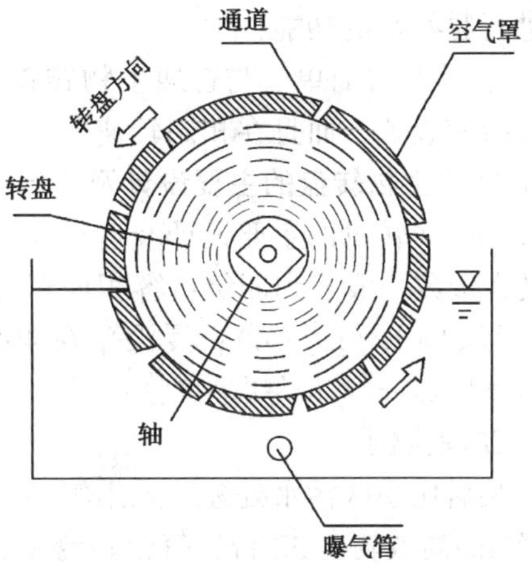

图 8-32　空气驱动的生物转盘结构示意图

气动生物转盘由接触反应槽、填料、转轴、空气罩等组成。一般填料为蜂窝状塑料，由钢结构支撑，中心贯以转轴。填料四周的空气罩由环氧玻璃钢构成。转轴两端安放在半圆形接触反应槽(即氧化槽)的支座上。转盘的40%~50%浸没在槽内污水中，转轴高出水面10~25cm。一般情况下，三到四只转盘串联成一个系列，多个系列转盘之间并联布置。

2. 气动生物转盘法的特征

(1) 微生物相方面特征

① 参与净化反应的微生物多样化。

气动生物转盘有适于微生物生长栖息、繁殖的稳定环境，宜于生长繁殖。生物膜固定在填料上，其污泥龄较长。在生物转盘上能够生长世代时间较长，生物转盘上有时还出现丝状菌，而且没有污泥膨胀之虞。在日光照射的部位，还出现藻类。

② 每级都有优占微生物。

气动生物转盘法分级处理，在每级都有生长繁育与进入本级污水水质相适应的微生物，并自然地成为优占种属，这种现象对有机污染物的降解是十分有利的。

③ 微生物浓度高。

特别是最初几级的生物转盘，据统计，转盘上生物膜如折算成曝气池的MLVSS，可达40000~60000mg/L，F/M比为0.05~0.1kgBOD_5/(kgMVSS·d)。

(2) 处理工艺方面特征

① 对水质、水量变动具有较强的适应性气动生物转盘处理工艺，对入流水量、水质的变化具有较强的适应性。即使中间停止一段时间进水，对生物膜的净化功能也不会带来明显的障碍，能够很快地得到恢复；

② 易于固液分离，即使产生大量的丝状菌，在二沉池中也无污泥上浮现象发生；

③ 能够处理低浓度污水。活性污泥法处理系统，如进水BOD_5在50~60mg/L以下，絮凝体形成恶化，处理水质低下，但是，气动生物盘法处理系统对浓度低的污水，也能够取得较好的处理效果，可使BOD_5为20mg/L的污水降至5~10mg/L；

④ 动力费用低。气动生物转盘法去除单位质量BOD_5的耗电量较传统活性泥法少；

⑤ 产生的污泥量少。一般说来，产生的污泥量比活性污法减少1/4；

⑥ 具有较好的硝化与脱氮功能。气动生物转盘具有良好的硝化功能，如采取措施得当，还有进行脱氨水的功能；

⑦ 驱动装置简单。与普通生物转盘法相比，气动生物转盘法驱动装置简单，无需多台电机及减速装置，而且在相同转速下，接触反应槽内的溶解氧浓度比普通生物转盘高。

3. 气动生物转盘的主要设计及运行参数

气动生物转盘的主要设计及运行参数有：

转盘级数一般三到四级；容积面积比在5~9L/m^2之间；BOD面积负荷≤20g/(m^2·d)；水力负荷<200L/(m^2·d)；浸没率在40%~50%之间；转盘旋转速度0.8~3r/min，转盘边缘线速度以20m/min左右为宜。

4. 工程实例

以某居住小区污水处理厂采用气动生物转盘工艺，日处理能力40000t，气动生物转盘采用直径3m高效转盘32台，每台转盘填料折表面积1500m^2。每四台转盘设在钢筋混凝土接触反应槽中，槽直径3.5m，供气由鼓风机房送出，鼓风机房装有三台LG300×400-1罗茨鼓风机，每台风机配用电机功率15kW，设计二用一备，实际只开一台风机。全部生物盘设在

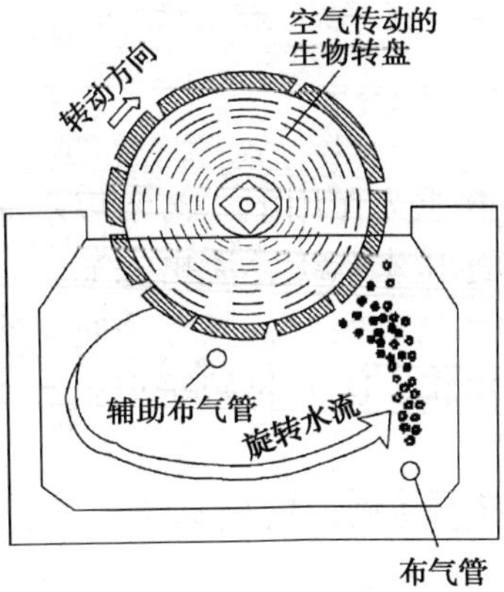

图 8-33 与曝气池组合的生物转盘示意图

室内，起保温作用。转盘旋转速度每分钟 2 转，接触氧化槽内溶解氧浓度大于 2mg/L，容积面积比为 $8L/m^2$。设计水力负荷 86 $L/(m^2 \cdot d)$，BOD 面积负荷 $9g/(m^2 \cdot d)$。

（二）与沉淀池合建的生物转盘

与沉淀池合建的生物转盘，是把平流沉淀池做成二层，上层设置生物转盘，下层是沉淀区。生物转盘用于初沉池可起生物处理作用，用于二沉池可进一步改善出水水质。

（三）与曝气池组合的生物转盘

与曝气池组合的生物转盘是在活性污泥法曝气池中设生物转盘，以提高原有设备的处理效果和处理能力，见图 8-33。

第五节 生物滤池

一、生物滤池的分类

生物滤池根据设备型式不同分为普通生物滤池和塔式生物滤池、曝气生物滤池等。根据承受污水的负荷大小分为低负荷与高负荷滤池。除曝气生物滤池外，其余有关生物滤池设计参数与运行要求见表 8-17。

表 8-17 有关生物滤池设计参数与运行要求

设计参数	普通生物滤池	高负荷生物滤池	塔式生物滤池
表面负荷/[$m^3/(m^2 \cdot d)$]	0.9~3.7	9~36(包括回流)	16~97(不包括回流)
BOD_5 负荷/[(kg/($m^3 \cdot d$)]	0.11~0.37	0.37~1.084	高达 4.8
深度/m	1.8~3.0	0.9~2.4	8~12 或更高
回流比	无	1~4	回流比较大
滤料	多用碎石等	多用塑料滤料	塑料滤料
比表面积/(m^2/m^3)	43~65	43~65	82~115
孔隙率/%	45~60	45~60	93~95
蝇	多	很少	很少
生物膜脱落情况	间歇	连续	连续
运行要求	简单	需要一定技术	需要一定技术
投配时间的间歇	不超过 5min	一般连续投配	连续投配
剩余污泥	黑色、高度氧化	棕色、未充分氧化	棕色、未充分氧化
处理出水	高度硝化，BOD_5<20mg/L	未充分硝化，BOD_5<30mg/L	未充分硝化，BOD_5<30mg/L
BOD_5 去除率/%	85~95	75~85	65~85

二、生物滤池的机理

（一）生物滤池的工作情况

污水通过布水设备连续地、均匀地喷洒到滤床表面上，在重力作用下，污水以水滴的形式向下渗沥，或以波状薄膜的形式向下渗流。最后，污水到达排水系统，流出滤池。

污水流过滤床时，有一部分污水、污染物和细菌附着在滤料表面上，微生物便在滤料表面大量繁殖，不久，形成一层充满微生物的黏膜，称为生物膜。这个起始阶段通常叫“挂膜”，是生物滤池的成熟期。

生物膜是由细菌（好氧、厌氧、兼性）、真菌、藻类、原生动物、后生动物以及一些肉眼可见的蠕虫、昆虫的幼虫等组成。

污水流过成熟滤床时，污水中的有机污染物被生物膜中的微生物吸附、降解，从而得到净化。生物膜表层生长的是好氧和兼性微生物，其厚度约 2mm。在这里，有机污染物经微生物好氧代谢而降解，终点产物是 H_2O、CO_2、NH_3 等。由于氧在生物膜表层已耗尽，生物膜内层的微生物处于厌氧状态。在这里，进行的是有机物的厌氧代谢，终点产物为有机酸、乙醇、醛和 H_2S 等。由于微生物的不断繁殖，生物膜逐渐增厚，超过一定厚度后，吸附的有机物在传递到生物膜内层的微生物以前，已被代谢掉。此时，内层微生物因得不到充分的营养而进入内源代谢，失去其黏附在滤料上的性能，脱落下来随水流出滤池，滤料表面再重新长出新的生物膜。生物膜脱落的速度与有机负荷、水力负荷有关。

在低负荷生物滤池中，造成生物膜脱落的原因可能更复杂些，昆虫及其幼虫的活动可能促进生物膜脱落。在高负荷滤池中，因滤率高，靠水力冲刷使生物膜不断脱落和被冲走，生物膜的厚度与滤率的大小有关。

有机物的转化深度随滤池的性能而异，对于低负荷滤池，有机物被深度转化，出水中硝酸盐含量较高，残膜呈深棕色，有些类似腐殖质，沉淀性能较好；对高负荷滤池，只有在负荷率较低时，出水才含有较低的硝酸盐，残膜易腐化。

（二）影响生物滤池性能的主要因素

生物滤池中有机物的降解过程复杂，同时发生着有机物在污水和生物膜中的传质过程；有机物的好氧和厌氧代谢；氧在污水和生物膜中的传质过程和生物膜的生长和脱落等过程。这些过程的发生和发展决定了生物滤池净化污水的性能。影响这些过程的主要因素如下：

1. 滤池高度

滤床的上层和下层相比，生物膜量、微生物种类和去除有机物的速率均不相同。滤床上层，污水中有机物浓度较高，微生物繁殖速率高，种属较低级以细菌为主，生物膜量较多，有机物去除速率较高。随着滤床深度增加，微生物从低级趋向高级，种类逐渐增多，生物膜量从多到少。这是因为微生物的生长和繁殖同环境因素息息相关，所以当滤床各层的进水水质互不相同时，各层生物膜的微生物就不相同，处理污水（特别是含多种性质相异的有害物质的工业污水）的功能也随着不同。

由于生化反应速率与有机物浓度有关，而滤床不同深度处的有机物浓度不同，自上而下递减。因此，各层滤床有机物去除率不同，有机物的去除率沿池深方向呈指数形式下降。生物滤池的处理效率，在一定条件下是随着滤床高度的增加而增加，在滤床高度超过某一数值（随具体条件而定）后，处理效率的提高是微不足道，不经济的。滤床不同深度处的微生物种群不同，反映了滤床高度对处理效率的影响同污水水质有关。滤床高度与处理效率之间的关系和滤床不同深度处的生物膜量见表 8-18。对水质比较复杂的工业污水来讲，这一点值得注意。

表 8-18 滤床高度与处理效率之间的关系和滤床不同深度处的生物膜量

离滤床表面的深度/m	污染物去除率/%				生物膜量/(kg/m^3)
	丙烯腈（进水浓度 156mgL）	异丙醇（进水浓度 35.4mg/L）	SCN^-（进水浓度 18.0mg/L）	COD（进水浓度 955mg/L）	
2	82.6	31	6	60	3.0
5	99.2	60	10	66	1.1
8.5	99.3	70	24	73	0.8
12	99.4	91	46	79	0.7

2. 负荷率

（1）负荷率的分类

生物滤池的负荷率是一个集中反映生物滤池工作性能的参数，它直接影响生物滤池的工作。

水处理设施的负荷习惯上都以流量为准。生物滤池的负荷以污水流量表示时，负荷率的单位是 $m^3/(m^3 \cdot d)$ 或 $m^3/(m^2 \cdot d)$，$m^3/(m^2 \cdot d)$ 相当于 m/d，又称平均滤率或者水力负荷。由于生物滤池的作用是去除污水中有机物或特定污染物，因此，它的负荷率应以有机物或特定污染物质为准较合理，对于一般污水则常以 BOD_5 为准，负荷率的单位以 kg(BOD_5 或特定物质)/($m^3 \cdot d$)表示。这样，生物滤池的负荷率有三种表达方式。以流量为准的负荷率常称为水力负荷率，水力负荷率采用滤率为单位时，又称为表面水力负荷率。以 BOD_5 为准的负荷率常称为有机负荷率。

（2）水力负荷

以往城市污水厂采用普通生物滤池，滤率一般在 1~2m/d 左右，不超过 4m/d。在此低负荷率的条件下，随着滤率的提高，污水中有机物的传质速率加快，生物膜量增多，滤床特别是它的表层很容易堵塞；因此，生物滤池的负荷率曾长期停留在较低的水平(当污水浓度和滤床高度为定值时，滤率与负荷率的比值是常数)。当滤率提高到 8m/d 以上时，下渗污水对生物膜的水力冲刷作用使生物滤池堵塞现象又获改善。在高负荷条件下，随着滤率的提高，污水在生物滤池中的停留时间缩短，出水水质将相应下降。为此，可以利用污水厂出水回流(回流滤池)，或提高滤床高度(塔式生物滤池)来改善进水水质，从而提高滤率和保证出水水质。

滤率对处理效率有影响，但对不同的污染物质影响不同。如对氰的影响较小，对挥发酚和 COD 的影响颇为明显。城市污水中低负荷滤池出水硝化程度较高，而高负荷滤池，仅在负荷较低时才可能出现硝化。这也说明滤率对处理效率有影响。

（3）有机负荷

有机负荷的选取应与处理效率相对应。例如，采用生物滤池处理城市污水，要求处理效率在 80%~90%左右(城市污水的 BOD_5 一般在 200~300mg/L 左右，用生物滤池处理后，出水 BOD_5 一般在 25mg/L 左右)，这时，低负荷生物滤池的负荷率常在0.2kg/($m^3 \cdot d$)，高负荷生物滤池的负荷率在 1.1kg/($m^3 \cdot d$)左右，若提高负荷率，出水水质将相应有所下降。

3. 回流

回流水量与进水量之比叫回流比。回流对生物滤池性能有下述影响：①可提高生物滤池的滤率，使生物滤池由低负荷率演变为高负荷率(增大滤床高度也可提高负荷率)；②提高滤率有利于防止产生灰蝇和减少恶臭；③当进水缺氧、腐化、缺少营养元素或含有害物质时，回流可改善进水的腐化状况、提供营养元素和降低毒物浓度；④进水的质和量有波动时，回流有调节和稳定进水的作用。

回流将降低入流污水的有机物浓度，减少流动水与附着水中有机物的浓度差，因而降低传质和有机物去除速率。另一方面，回流增大流动水的紊流程度，增快传质和有机物去除速率，当后者的影响大于前者时，回流可以改善滤池的工作。

一些研究表明，用生物滤池出水回流，增加滤床的生物量，可以改善滤池的工作。但是，悬浮微生物的增加，又可能影响氧向生物膜的转移，影响生物滤池的效率。可见，回流对生物滤池性能的影响是多方面的，不可以一概而论。回流滤池的回流比与污水浓度有关。高负荷滤池的回流比建议值见表8-19。

表8-19　高负荷滤池回流比建议值

污水 BOD_5/(mg/L)	回　流　比	
	单级滤池	二级滤池(各级)
<150	0.75~1	0.5
150~300	1.5~2	1
300~450	2.25~3	1.5
450~600	3~4	2
600~750	3.75~5	2.5
750~900	4.5~8	3

4. 供氧

生物滤池的供氧量包括降解有机物需氧量、硝化需氧量、生物膜自身氧化需氧量等方面。

生物滤池中，微生物所需的氧一般直接来自大气，靠自然通风供给。影响生物滤池通风的主要因素是滤床自然拔风和风速。自然拔风的推动力是池内温度与气温之差，以及滤池的高度。温度差愈大，通风条件愈好。当水温较低，滤池内温度低于气温时(夏季)，池内气流向下流动；当水温较高，池内温度高于气温时(冬季)，气流向上流动。若池内外温差为2℃时，空气停止流动。池内外温差与空气流动的关系见式(8-11)，氧的利用率一般按5%~8%考虑。

$$v = 0.075\Delta T - 0.15 \tag{8-11}$$

式中　v——空气流速，m/min；

ΔT——池内外温差，一般为6℃。

正常运行的生物滤池，自然通风可以提供生物降解所需的氧量。生物滤池的需氧量与有机负荷密切相关，生物滤池单位体积滤料的需氧量按式(8-12)计算。

$$O_2 = \alpha' F_r + b'P \tag{8-12}$$

式中　O_2——需氧量，$kgO_2/(m^3 \cdot d)$；

α'——每 $kgBOD_5$ 完全降解所需氧量(kg/kg)，城市污水 $\alpha'=1.46$；

b'——生物膜自身氧化系数，0.18kg/(kg 活性生物膜·d)；

P——生物膜量(kg/m^3 滤料)，对城市污水，普通生物滤池的生物膜量为 4.5~7kg/m^3 滤料，高负荷滤池的生物膜量为 3.5~6.5kg/m^3 滤料；

F_r——单位体积的滤料每日去除的 BOD_5 量，kg/(m^3·d)。

流入的污水有机物浓度较高时，供氧条件可能成为影响生物滤池工作的主要因素。有关研究表明进水有机物浓度低时，氧的供给是充足的，当 COD 为 400~500mg/L 时，生物滤池供氧不足，生物膜好氧层厚度变薄。为保证生物滤池正常工作，有人建议滤池进水 COD 应小于 400mg/L。当进水浓度高于此值时，可以通过回流的方法，降低滤池进水有机物浓度，以保证生物滤池供氧充足，正常运行。

三、生物滤池系统的功能设计

生物滤池处理系统包括生物滤池和二次沉淀池，有时还包括初次沉淀池和回流泵。其功能设计一般包括：

(1) 滤池类型的选择

目前，大多采用高负荷率生物滤池。低负荷率生物滤池现在基本上已不常用，仅在污水量小、地区比较偏僻、石料不贵的场合尚有可能选用。高负荷生物滤池主要有两种类型：回流式和塔式(多层式)生物滤池。滤池类型的选择，只有通过方案比较，才能作出合理的结论。占地面积、基建费用和运行费用的比较，常起关键性作用。

(2) 流程的选择

在确定流程时，通常要解决的问题是：

① 是否设初次沉淀池；

② 采用几级滤池；

③ 是否采用回流，回流方式和回流比的确定。

当污水含悬浮物较多，采用拳状滤料时，需有初次沉淀池，以避免生物滤池阻塞。处理城市污水时，一般都设置初次沉淀池。

以下几种情况应考虑用二次沉淀池出水回流：

① 入流有机物浓度较高，可能引起供氧不足时。有人建议生物滤池的入流 COD 应小于 400mg/L；

② 水量很小，无法维持水力负荷率在最小经验值以下时；

③ 污水中某种污染物在高浓度时可能抑制微生物生长的情况下，应考虑回流。

(3) 滤池个数和滤床尺寸的确定。

(4) 二次沉淀池的形式、个数和工艺尺寸的确定。

(5) 布水设备计算。

四、普通生物滤池

含有污染物的污水从上而下从长有丰富生物膜的滤料的空隙间流过，与生物膜中的微生物充分接触，其中的有机污染物被微生物吸附并进一步降解，使得污水得以净化；主要的净化功能是依靠滤料表面的生物膜对污水中有机物的吸附氧化作用。

普通生物滤池一般由滤床、排水系统、布水系统和通风系统组成。可为圆形，也可为矩形。其结构示意图见图 8-34。

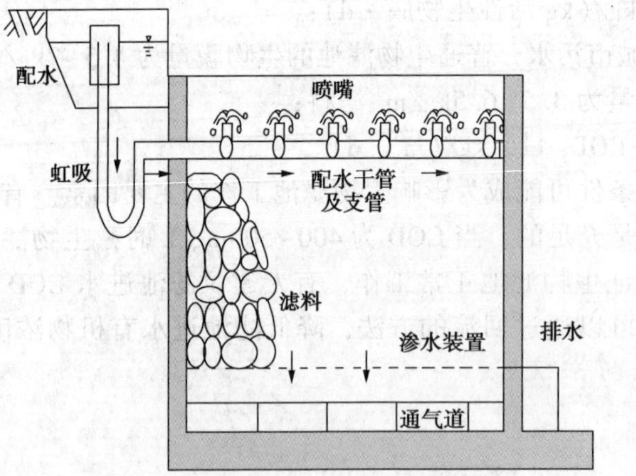

图 8-34　普通生物滤池结构示意图

（一）滤床

滤床由池壁和滤料层组成。池壁起围栏作用，设计时应考虑通风的要求。滤料是微生物生长的主要载体，常采用碎石、炉渣、卵石、焦炭等。普通生物滤池一般采用实心拳状滤料，分工作层和承托层两层填充，总厚度约 1.5～2.0m，工作层厚 1.3～1.8m，粒径介于 25～40mm；承托层厚 0.2m，滤料粒径介于 70～100mm。滤料是微生物生长栖息的场所，理想的滤料应具备下述特性：

① 能为微生物附着提供大量的表面积；

② 使污水以液膜状态流过生物膜；

③ 有足够的空隙率，保证通风(即保证氧的供给)和使脱落的生物膜能随水流出滤池；

④ 不被微生物分解，也不抑制微生物生长，有较好的化学稳定性；

⑤ 有一定机械强度；

⑥ 价格低廉。

早期主要以拳状碎石为滤料，此外，碎钢渣、焦炭等也可作为滤料，其粒径在 3～8cm 左右，空隙率在 45%～50%左右，比表面积(可附着面积)在 65～100m^2/m^3 之间。从理论上讲，这类滤料粒径愈小，滤床的可附着面积愈大，则生物膜的面积将愈大，滤床的工作能力也愈大。但粒径愈小，孔隙就愈小，滤床愈易被生物膜堵塞，滤床的通风也愈差，可见滤料的粒径不宜太小。经验表明在常用粒径范围内，粒径略大或略小些，对滤池的工作没有明显的影响。

20 世纪 60 年代中期塑料工业发展起来以后，塑料滤料开始被广泛采用。图 8-35(a)和图 8-35(b)是两种常见的塑料滤料。图 8-35(a)所示滤料比表面积在 98～340m^2/m^3 之间，空隙率为 93%～95%。图 8-35(b)所示滤料比表面积在 81～195m^2/m^3 之间，空隙率为 93%～95%。国内目前采用的玻璃钢蜂窝状块状滤料，孔心间距在 20mm 左右，孔隙率 95%左右，比表面积在 200m^2/m^3 左右。

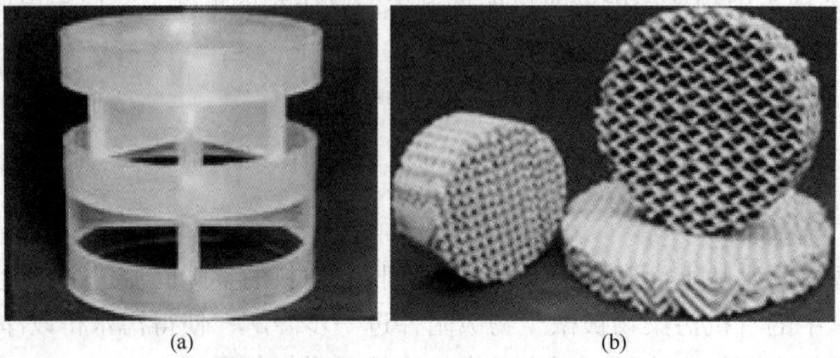
(a)　　(b)

图 8-35　塑料滤料

滤床高度同滤料的密度有密切关系。石质拳状滤料组成的滤床高度一般在1~2.5m之间。一方面由于孔隙率低，滤床过高会影响通风；另一方面由于密度大(每立方米石质滤料重达1.1~1.4t)，过高将影响排水系统和滤池基础的结构。而塑料滤料每立方米仅重100kg左右，孔隙率则高达93%~95%，滤床高度不但可以提高，而且可以采用双层或多层构造。国外一般采用双层滤床，高7m左右；国内常采用多层的“塔式”结构，高度常在10m，滤床四周一般设池壁，池壁起围护滤料、减少污水飞溅的作用。常用砖、石或混凝土块砌筑。

(二) 布水设备

布水设备作用是使污水能均匀地分布在整个滤床表面上。

生物滤池的布水设备分为两类：移动式(常用回转式)布水器和固定式喷嘴布水系统，分别见图8-36、图8-37。

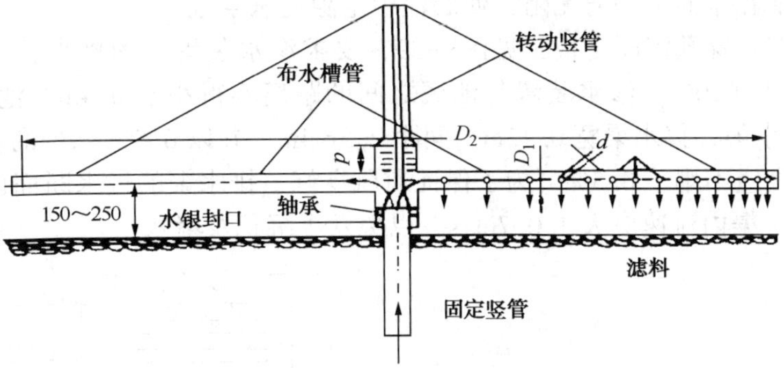

图8-36 回转式布水器结构图

回转式布水器的中央是一根空心的立柱，底端与设在池底下面的进水管衔接。布水横管的一侧开有喷水孔口，孔口直径10~15mm，间距不等，愈近池心间距愈大，使滤池单位平面面积接受的污水量基本上相等。布水器的横管可为两根(小池)或四根(大池)，对称布置。污水通过中央立柱流入布水横管，由喷水孔口分配到滤池表面。污水喷出孔口时，作用于横管的反作用力推动布水器绕立柱旋转，转动方向与孔口喷嘴方向相反。所需水头在0.6~1.5m左右。如果水头不足，可用电动机转动布水器。

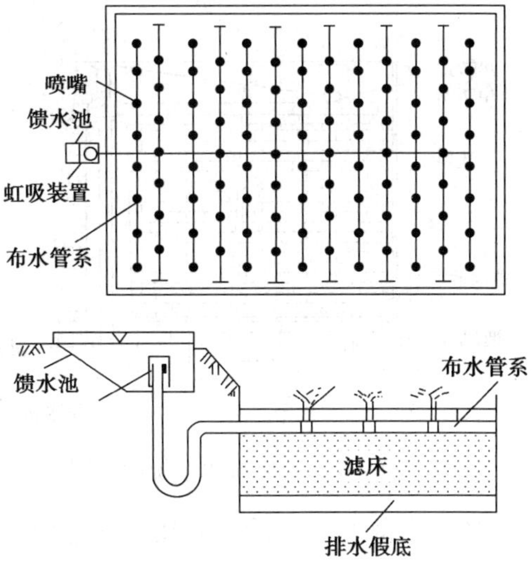

图8-37 固定式喷嘴布水结构图

固定式布水系统是由虹吸装置、馈水池、布水管道和喷嘴组成。这种形式布水设备较少使用。污水经过初次沉淀之后，流入馈水池。当馈水池水位上升到某一高度时，池中积蓄的污水通过设在池内的虹吸装置，倾泻到布水管系，喷嘴开始喷水，且因水头较大，喷水半径较大。由于出流水量大于入流水量，池中水位逐渐下降，因此喷嘴的水头逐渐降低，喷水半径也随之逐渐收缩。当池中水位降落到一定程度时，空气进入虹吸装置，虹吸被破坏，喷嘴即停止喷水。由于馈水池的调节作用，固定喷水系统的喷水是间隙的。这类布水系统需要较大的水头，约在2m左右。

当采用回转式布水系统时，滤池的平面用圆形或正八角形。采用固定式喷嘴布水系统时，池面形状不受限制。

（三）排水系统

池底排水系统的作用是：① 收集污水与生物膜；② 保证通风；③ 支撑滤料。池底排水系统由池底、排水假底和集水沟组成，见图 8-38。排水假底是用特制砌块或栅板铺成滤料堆在假底上面。早期都是采用混凝土栅板作为排水假底，自从塑料填料出现以后，滤料重量减轻，国外多用金属栅板作为排水假底。假底的空隙所占面积不宜小于滤池平面的 5%～8%，与池底的距离不应小于 0.4～0.6m。

池底除支撑滤料外，还要排泄滤床上的来水，池底中心轴线上设有集水沟，两侧底面向集水沟倾斜，池底和集水沟的坡度约 1%～2%。集水沟要有充分的高度，并在任何时候不会满流，确保空气能在水面上畅通无阻，使滤池中空隙充满空气。

常用渗水装置：穿孔混凝土板，见图8-39，要求渗水装置上的排水孔隙的总面积不得低于滤池总表面积的 20%；渗水装置与池底之间的距离不得小于 0.4m。池底通常以 1%～2%的坡度坡向集水渠，集水渠宽 0.15m，间距 2.5～4m，并以 0.5%～1%的坡度坡向排水渠示，排水渠的坡度应不小于 0.5%。为了保证通风良好，排水渠的过水断面面积应小于其总断面面积的 50%，渠内流速应大于 0.7m/s，以免发生沉积及堵塞。

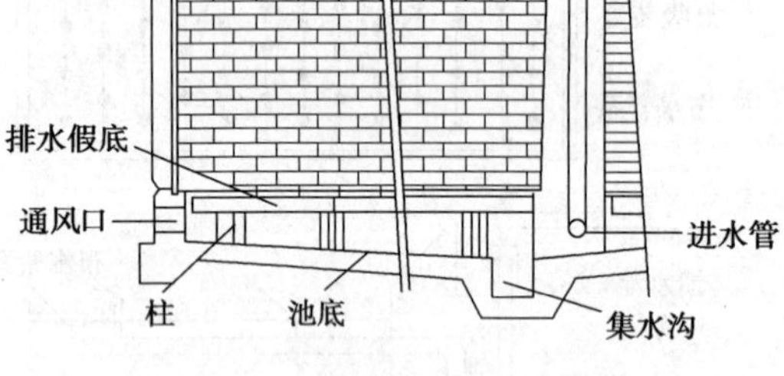

图 8-38　池底排水系统组成图

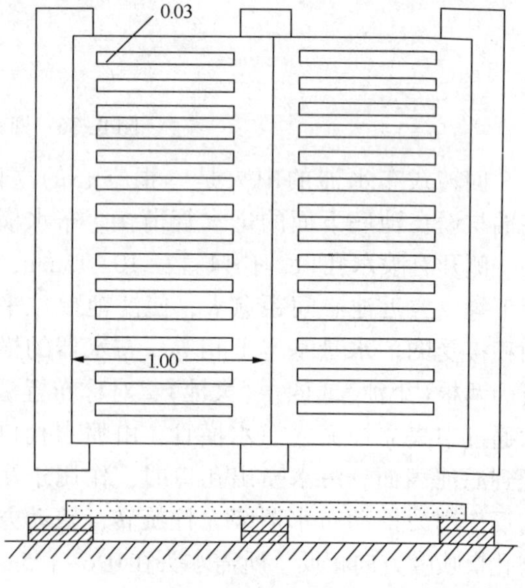

图 8-39　池底渗水装置示意图

滤池底部四周应设通风孔，其总面积不得小于滤池表面积的 1%。

（四）滤池的通风

（1）地面式：池壁采用砖砌花墙，设计时应考虑主导风向。

（2）地下式：一般设通风管，实际上滤池通风可由于温度差自然进行，受风力、滤料、水量等的影响。池内外温差在滤池通风中起重要作用，流速、流向与温差有关。温差 6℃时，单位面积通风量为 0.3m^3/(m^2 · min)；温差 2℃时，通风停止。冬季池内温度高，空气从池底向上流动，夏季相反。

（五）优缺点

普通生物滤池的优点是处理效果好，BOD_5 去除率可达 90%以上，出水 BOD_5 可下降到

25mg/L 以下，硝酸盐含量在 10mg/L 左右，出水水质稳定。缺点是占地面积大，易于堵塞，灰蝇很多，影响环境卫生。

（六）设计

1. 主要设计参数

（1）当采用碎石填料时，工作层填料的粒径为 25～40mm，厚度为 1.3～1.8m；承托层填料的粒径为 70～100mm，厚度为 0.2m；

（2）在正常气温条件下，处理城市污水时，表面水力负荷为 1～3$m^3/(m^2 \cdot d)$，BOD_5 容积负荷为 0.15～0.30kg$BOD_5/(m^3 \cdot d)$，BOD_5 的去除率一般为 85%～95%；美国污水厂手册规定水力负荷为 0.9～3.7$m^3/(m^2 \cdot d)$，五日生化需氧量容积负荷为 0.08～0.4kg$BOD_5/(m^3 \cdot d)$；

（3）采用固定喷嘴喷水时，最大设计流量的喷水周期为 5～8min。

（4）池壁四周通风口的面积不应小于滤池表面积的 1%，滤池数不应小于 2 座。

2. 计算公式

生物滤池计算公式见表 8-20。

表 8-20　生物滤池计算公式

设计内容	计算公式	参数意义及取值
滤料总体积（V）	$V=\frac{QS}{L_{vBOD}}$	V——滤料总体积，m^3； Q——进水平均流量，m^3/d； S——进水 BOD_5 浓度，mg/L； L_{vBOD}——容积负荷，一般取 0.15～0.3kgBOD/$(m^3 \cdot d)$
滤床有效面积（F）	$F=\frac{V}{H}$	F——滤床的有效面积，m^2； H——滤料高度，1.5～2.0m
表面水力负荷校核（q）	$q=\frac{Q}{F}$	q——表面水力负荷，应为 1～3$m^3/(m^2 \cdot d)$

五、高负荷生物滤池

人们通过采用新型滤料，革新流程，提出多种型式的高负荷生物滤池，使负荷率比普通生物滤池提高数倍，池子体积大大缩小。回流式生物滤池、塔式生物滤池属于这样类型的滤池。它们的运行比较灵活，可以通过调整负荷率和流程，得到不同的处理效率（65%～90%）。负荷率高时，有机物转化较不彻底，排出的生物膜容易腐化。

（一）高负荷生物滤池特点

（1）生物膜不是自然脱落，主要靠水力冲刷，更新快，不易堵塞，污泥易腐化；

（2）膜比较薄，活性好，氧化能力强（无硝化过程）；

（3）通风好，保证供氧。

（二）高负荷滤池的有关要求

（1）进水 BOD_5 不大于 200mg/L；

（2）保证 q 为 10～30$m^3/(m^2 \cdot d)$，能连续布水、出水，使滤料保持湿润状态；

（3）滤料粒可适当增大：普通 3～4cm；高负荷 5～10cm。

（三）尾水回流及方式

1. 回流的功能和效果

回流是高负荷池的主要运转特征，具有以下功能和效果：

(1) 稀释、均化和稳定进水水质、水量。回流比一般为0.5~3倍进水量，也可高达5~6倍进水量，回流比不宜过高，否则动力运行费用会增加，在温度较低的季节，采用过高的回流比会影响处理效果；

(2) 提高水力负荷，冲刷生物膜，抑制厌氧层发育，保持膜活性；

(3) 抑制臭味及滤水蝇的过度滋长。

2. 回流方式

(1) 一段回流方式

二沉池出水回流滤池入口以提高滤池的水力负荷，同时二沉池污泥回流至初沉池以提高初沉池的沉淀效率；或将滤池出水与二沉池污泥一起回流到初沉池，既可提高水力负荷，又可提高初沉效率、保证膜的接种，但增大了初沉池体积。回流的两种方式见图8-40。

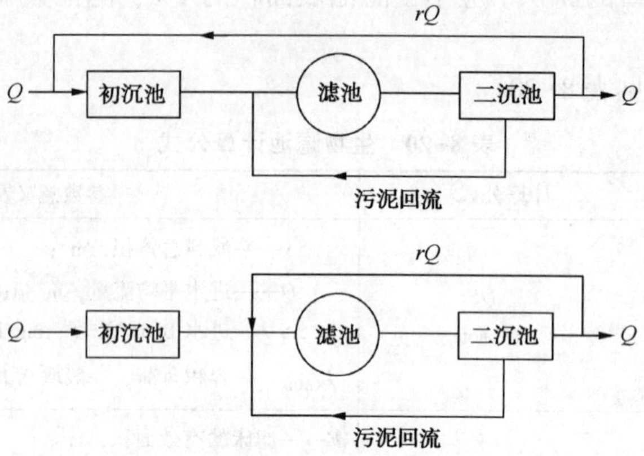

图8-40　回流的两种方式

(2) 两段流程

当进水浓度较高或对处理要求较高时，可以考虑两段(级)生物滤池处理系统。主要目的为提高出水水质，通常出水 BOD_5<30mg/L，有硝化作用。两段滤池有多种组合方式，图8-41所示为其中主要的两种。

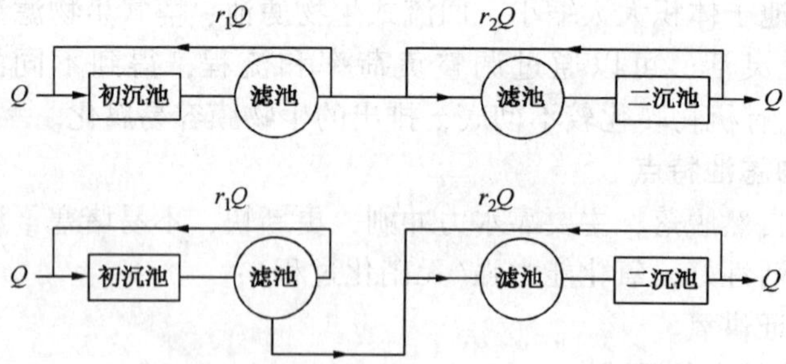

图8-41　两段滤池有多种组合方式图

(3) 两段交替流系统

两段流程中一、二级滤池的负荷不均是主要弊端，前段负荷高，生物易积存，产生堵塞；二段则负荷过低，效率不高。为了解决这一问题，当进水浓度较高(BOD_5>200mg/L)、出水要求较高(BOD_5<30mg/L)时，可考虑采用交替流系统。运行时，滤池是串联工作的，污水经初步沉淀后进入一级生物滤池，出水经相应的中间沉淀池去除残膜后用泵送入二级生

物滤池，二级生物滤池的出水经过沉淀后排出污水厂。工作一段时间后，一级生物滤池因表层生物膜的累积，即将出现堵塞，改作二级生物滤池，而原来的二级生物滤池则改作一级生物滤池。运行中每个生物滤池交替作为一级和二级滤池使用。交替式二级滤池法流程比并联流程负荷率可提高两、三倍。组合方式示意图见图 8-42。

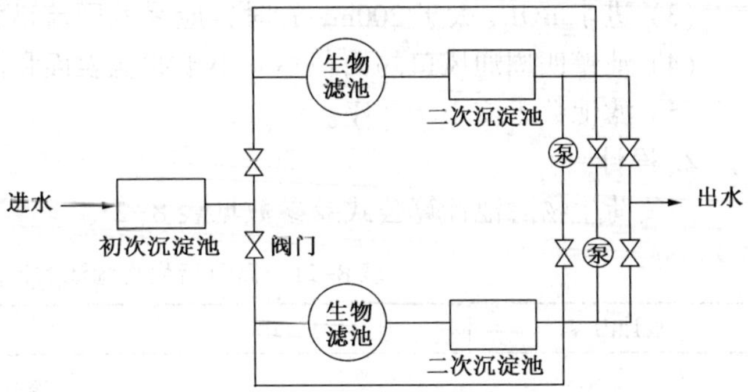

图 8-42　两段交替流系统示意图

（四）高负荷生物滤池的构造

高负荷生物滤池与普通生物滤池在构造上基本相同，不同之处如下：

（1）外形和滤料

高负荷生物滤池外形上多为圆形。滤料层高一般为 2m，滤料粒径和相应的层厚度为：工作层：层厚 1.8m，滤料粒径 40～70mm；承托层：层厚 0.2m，粒径 70～100mm；当滤层厚度超过 2m 时应考虑人工通风。

（2）布水系统

高负荷生物滤池多采用旋转式布水装置。当污水从进水竖管进入配水短管，然后分配至各布水横管后，即能在一定水头的作用下（约 0.25～1m）喷出小孔并产生反作用力，推动横管向相反方向旋转。旋转布水器既做到了连续布水，同时从每一单位面积的滤料来分析，布水又是不连续的，因此这种布水器的工作情况既保证了空气进入滤池，又防止了滤料的堵塞。

（五）处理效果

在处理城市污水时，高负荷生物滤池的处理效率大致如下：

（1）单级滤池法

当滤池负荷率在 1.7kgBOD_5/（m^3 滤料・d）以下时，出水的 BOD_5 约为滤池进水的 BOD_5 的 1/3；

（2）二级滤池法

二沉池出水的 BOD_5 为二级滤池进水 BOD_5 的 1/2；如果一级滤池出水不经沉淀直接流向二级滤池，则一级滤池出水的 BOD_5 为进水 BOD_5 的 1/2。

（六）设计参数与计算公式

1. 主要设计参数

（1）以碎石为滤料时，工作层滤料的粒径应为 40～70mm，厚度不大于 1.8m，承托层的粒径为 70～100mm，厚度为 0.2m；当以塑料为滤料时，滤床高度可达 4m；

（2）正常气温下，处理城市污水时，表面水力负荷为 10～30m^3/（m^2・d），BOD_5 容积负荷不大于 1.2kgBOD_5/（m^3 滤料・d），单级滤池的 BOD_5 的去除率一般为 75%～85%；两级串联时，BOD_5 的去除率一般为 90%～95%；日本指南规定水力负荷为 10～25m^3/（m^2・d），BOD_5 容积负荷不应大于 1.2kgBOD_5/（m^3 滤料・d）。美国污水厂手册规定水力负荷为10～35m^3/（m^2・d），BOD_5 容积负荷为 0.4～4.8kgBOD_5/（m^3 滤料・d）。采用塑料制品为填料时。滤层厚度、水力负荷和容积负荷可提高，具体设计数据应根据试验资料而定；

(3) 进水 BOD_5 大于 200mg/L 时，应采取回流措施；

(4) 池壁四周通风口的面积不应小于滤池表面积的 2%；

(5) 滤池数不应小于 2 座。

2. 设计

高负荷生物滤池计算公式及参数见表 8-21。

表 8-21　高负荷生物滤池的计算公式及参数

设计内容	计算公式	参数意义及取值
滤池高度(H)		以碎石为滤料时，H=0.9~2.0m； 用塑料滤料时，H=2~4m
滤料总体积(V)	$V=\dfrac{QS}{L_{vBOD}}$	V——滤料总体积，m^3； Q——污水量，m^3/d； S——未经回流稀释时的 BOD_5 浓度，mg/L； L_{vBOD}——容积负荷，一般不大于 1.2kgBOD/(m^3·d)
滤池面积(F) 与直径(D)	$F=\dfrac{V}{H}$ $D=\sqrt{\dfrac{4F}{n\pi}}$	n——滤池个数； F——滤池面积，m^2； D——滤池直径，m
回流比(R)	$R=Fq/Q-1$	R——回流比； q——表面水力负荷，通常在 10~30m^3/(m^2·d)之间

六、塔式生物滤池

塔式生物滤池由塔身、填料、布水系统以及通风、排水装置组成。据国内资料，为达到一定的出水水质，在一定塔高限值内，塔高与进水浓度呈线性关系。处理效率随着填料层总厚度的增加而增加，但当填料层总厚度超过某一数值后，处理效率提高极微，因而是不经济的。

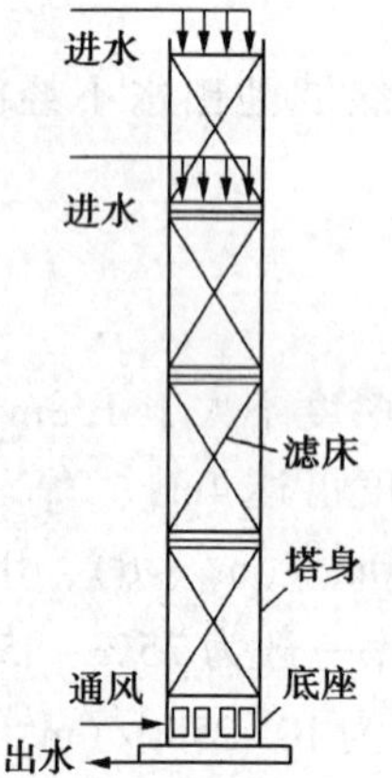

图 8-43　塔式生物滤池结构示意图

(一) 构造

塔式生物滤池一般高达 8~24m，直径 1~4m，径高比介于 1∶6~1∶8 左右，呈塔状。在平面上塔式生物滤池多呈圆形或方形。构造上由塔身、滤料、布水系统以及通风及排水装置所组成，见图 8-43。

(1) 塔身

塔身主要起围挡滤料的作用，一般用砖砌筑，也可以在现场浇筑钢筋混凝土或预制板构件在现场组装。也可以采用钢框架结构，四周用塑料板或金属板围嵌，这样能够使池体重量大为减轻。塔身沿高度常分为数层，每层设置格栅，承担滤料重量。滤料荷重分层负担，每层高度以不大于 2.5m 为宜，以免滤料被压碎。

(2) 滤料

塔式生物滤池宜于采用轻质滤料。近年来，由于轻质滤料的使用，塔式生物滤池的平面尺寸有了扩大的可能，其外形已可从塔形向高层建筑的形式转化。目前国外已广泛使用塑料制的大孔径波纹板滤料和管式滤料。国内常采用环氧树脂固化的玻璃布蜂窝填料。

(3) 布水装置

塔式生物滤池的布水装置与一般的生物滤池相同，对大、中型滤塔多采用电机驱动的旋转布水器，也可以用水流的反作用力驱动。对小型滤塔则多采用固定式喷嘴布水系统，也可以使用多孔管和溅水筛板布水。

(4) 通风

塔式生物滤池一般采用自然通风，塔底有高度为0.4~0.6m的空间，周围留有通风孔，通风孔有效面积不得小于滤池面积的7.5%~10%。这种塔形的构造，使滤池内部形成较强的拔风状态，因此，通风良好。滤塔也可以考虑采用机械通风，特别是当处理工业污水，吹脱有害气体时。

(二) 工艺特征

塔式生物滤池具有以下各项主要的工艺特征：

(1) 高负荷率；

(2) 塔式生物滤池填料分层是为了填料荷重分层负担。每层填料高不宜大于2m，以免压碎填料。塔顶高出最上层填料表面0.5m左右，以免风吹影响污水的均匀分布。

(三) 塔式生物滤池的优缺点

与普通生物滤池和高负荷生物滤池相比，塔式生物滤池具有如下的优缺点：

(1) 具有较高的负荷率，因此所需滤池体积较小；

(2) 塔身高，因而占地面积小；

(3) 对冲击负荷的适应性好。当受突变负荷冲击时，一般只是上层滤料的生物膜受到影响，因此可较快地恢复正常工作；

(4) 塔身高，形成拔风状态，通风效果好；必要时塔顶也可加设引风机；

(5) 由于塔身高，污水的提升费用高；

(6) 运行管理不方便。

(四) 进水水质要求

塔式生物滤池采用处理水回流稀释工艺，处理水回流后，高的水力负荷使生物膜受到强烈的冲刷而不断脱落与更新，不易造成填料堵塞。进水BOD_5宜控制在500mg/L以下，否则较高的BOD_5容积负荷会使生物膜生长迅速，易造成填料堵塞。

(五) 设计与运行

1. 主要设计参数

① 一般常用塑料滤料，滤池总高度为8~12m，也可更高；每层滤料的厚度不应大于2.5m，径高比为1∶(6~8)；

② 容积负荷为1~3kgBOD_5/(m^3滤料·d)，表面水力负荷为80~200m^3/(m^2·d)，BOD_5的去除率一般为65%~85%；

③ 自然通风时，塔滤四周通风口的面积不应小于滤池横截面积的7.5%~10%；机械通风时，风机容量一般按气水比为(100~150)∶1来设计；

④ 塔滤数不应小于2座。

2. 主要计算公式

塔式生物滤池的计算公式及参数见表 8-22。

表 8-22　塔式生物滤池的计算公式及参数

设计内容	计算公式	参数含义及取值
滤池高度(H)		H——滤料高度，常取 8~12m
滤料总体积(V)	$V=\dfrac{QS}{L_{vBOD}}$	V——滤料总体积，m^3； Q——污水量，m^3/d； S——未经回流稀释时的 BOD_5 浓度，mg/L； L_{vBOD}——容积负荷，一般不大于 1~3kgBOD_5/(m^3 滤料·d)
塔滤面积(F) 与直径(D)	$F=\dfrac{V}{H}$ $D=\sqrt{\dfrac{4F}{n\pi}}$	n——滤池个数； F——滤池总面积，m^2； D——滤池直径，m
水力负荷校核	$q=\dfrac{Q}{F}$	q——表面水力负荷，应在 86~200m^3/(m^2·d)之间，否则应考虑回流

3. 运行参数

塔式生物滤池处理不同类型的污水时，其运行参数见表 8-23。

表 8-23　塔式生物滤池处理不同类型污水时的运行参数

污水性质	滤　料	水力负荷/(m/h)	有机物容积负荷/[kgBOD_5/(m^3·d)]	毒物负荷/[g/(m^3·d)]	进水浓度/(mg/L)	出水浓度/(mg/L)
生活污水	ϕ22mm 纸蜂窝	100	1.41		BOD_5：26~103	11.6~39.8
丙烯腈污水	上中层 ϕ23mm 玻璃布蜂窝，下层 ϕ50~80mm 炉渣	46.6	3.52	CN^-：185	CN^-：33.1 BOD_5：630	CN^-：7.9 BOD_5：221
腈纶污水	ϕ23mm 纸蜂窝 ϕ25mm 玻璃布蜂窝	104	1.42~3.67		BOD_5：150~378	BOD_5：13~89
含氰污水	碎砖	31.2		CN^-：160	CN^-：40	CN^-：1~4
甲醛污水	塑料波形填料	100~220			BOD_5：120~142	BOD_5：41~62

七、曝气生物滤池

曝气生物滤池由接触氧化和过滤相结合的一种生物滤池，采用人工曝气、间歇性反冲洗等措施，主要完成有机污染物和悬浮物的去除。当曝气生物滤池出水悬浮固体满足后续处理或排放标准要求时，可不设沉淀或过滤设施。

曝气生物滤池是在生物接触氧化工艺的基础上引入饮用水处理中过滤的思想而产生的一种好氧污水处理工艺，兼有活性污泥法和生物膜法两者优点，并将生化反应与吸附过滤两种处理过程合并在同一构筑物中完成。根据处理目标的需要，曝气生物滤池可以是一种单独碳氧化(二级处理、下向流)处理反应池，亦可以是碳氧化/硝化(三级处理、上向流)合并处理的反应器。目前全世界建成运行的曝气生物滤池已达几百座。曝气生物滤池具有流程简单、水力负荷及容积负荷大、占地小、投资省、运行成本较低、出水水质好等优点，既适用于大中小型的城市生活污水及某些工业污水处理（如啤酒、印染、食品加工污水），也可用于给水预处理。但是，它的池体结构较复杂，设备较多，自动化程度较高，要求较高的建造质量及运行管理水平。

（一）类型

根据水流流向不同，BAF 工艺可分为升流式和降流式。升流式由底部进水，气水同向。下流式上部进水，气水反向。曝气生物滤池一般采用升流式进水方式，其构造示意图见图 8-44，运行中的滤池图见图 8-45。

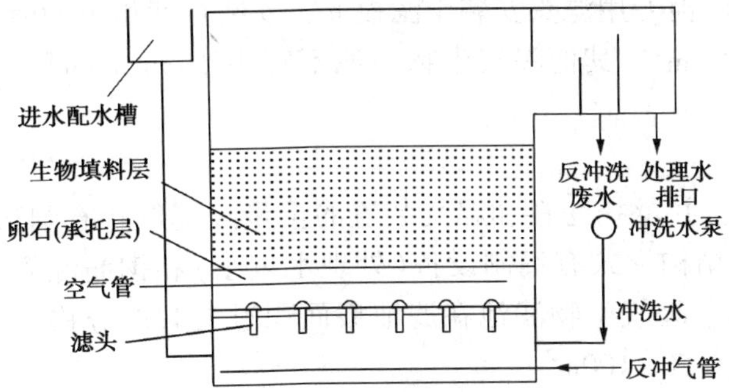

图 8-44　升流式曝气生物滤池构造示意图

图 8-45　运行中的曝气生物滤池图

曝气生物滤池根据处理功能的不同又可分为：

（1）以有机物去除为目标的 DC-BAF。可用于可生化性较好的工业污水和对氨氮没有特殊要求的生活污水，主要去除污水中碳化有机物和截留污水中的悬浮物，即去除 BOD、COD、SS。

（2）以硝化去除为目标的 N-BAF。适用于仅需要进行硝化反应的场合（排放标准只对氨氮有要求而总氮则无规定）。该工艺供气较为充足，整个滤池处于好氧状态，微生物以自养性硝化菌为主。

（3）以脱氮去除为目标的 DN-BAF。适用于出水对总氮有要求的场合。该滤池不设曝气管道，滤池处于厌氧状态，在厌氧条件下，NO_3-N 和 NO_2-N 在反硝化菌的作用下被还原成 N_2。

（4）以脱氮除磷去除为目标的 NP-BAF。通过投加化学除磷药剂来完成滤池除磷。在滤料作用下诱发絮凝，沉淀物截留在滤床上，通过周期性的反冲洗，将磷排除系统外，达到除磷的目的。

（二）曝气生物滤池的构造

曝气生物滤池主要由布水系统、布气系统、滤池池体、滤料、承托层、反冲洗系统、出水系统、管道和自控系统等部分组成。

1. 布水系统

包括滤池最下部的配水室和滤板上的配水滤头。曝气生物滤池宜采用小阻力布水系统并采用专用滤头，在滤料承托层下部设置缓冲配水室。对于降流式滤池，该布水系统主要用作滤池反冲洗布水和收集净化水用。对于升流式滤池，配水室的作用是使某一短时段内进入滤池的污水均匀混合，依靠承托滤板和滤头的阻力作用是污水在滤板下均匀、均质分布，并通过滤板上的滤头均匀流入滤料层；除了滤池正常运行布水外，也可作为定期对滤池进行反冲洗时布水用。

(1) 配水室

配水室包括缓冲配水区和承托滤板。缓冲配水区初步混匀污水，然后依靠承托板的阻力作用使污水在滤板下均匀、均质分布，并通过滤板上滤头将污水均匀送入滤料层。缓冲配水区在水气联合反冲洗时起到均匀配气作用。缓冲配水区内应根据滤池截面积大小、池形结构合理设置反冲洗配气管道系统。配水区高度宜为 1.35~1.5m，配水区池壁应设检修人孔，池底宜设置放空集水坑(渠)。

(2) 配水滤头

其作用是向滤池均匀配水。曝气生物滤池专用滤头安装于滤板上，安装在滤板上的滤头布置密度，反硝化生物滤池不宜小于 49 个/m^2，其他曝气生物滤池不宜小于 36 个/m^2，并应考虑滤头水头损失及堵塞率。

2. 池体

池体作用是容纳被处理水和围挡滤料，并承托滤料和曝气装置的重量。其形状有圆形、正方形和矩形(长宽比为 1.2~1.5)三种，结构形式有钢制设备(处理水量小)和钢筋混凝土结构(处理水量大)等。为保证反冲洗效果，曝气生物滤池在滤池截面积过大时应分格，分格数不应少于 2 格。单格滤池的截面积宜为 50~100m^2。

3. 布气系统

曝气生物滤池的布气系统包括曝气充氧系统和进行气水联合反冲洗时的供气系统。曝气充氧量由计算得出，一般比活性污泥法低 30%~40%，出水溶解氧应保证在 3~4mg/L。

曝气生物滤池内设置布气系统主要有两个目的：一是正常运行时进行曝气；二是反冲洗时满足气-水反冲洗的布气之需。曝气生物滤池采用气-水联合反冲洗时，气冲洗强度可取 10~14L/(m^2·s)。反冲洗布气系统的形式与布水系统相似，但气体密度小且具有可压缩性，因此布气管管径及开孔大小均比布水管要小，孔间距也小一些，并且布气管与进水布水管一样，均安装在承托层之下。

曝气生物滤池一般采用鼓风曝气的形式。曝气器要求具有较高的氧传递速率，从而保证较高的氧吸收率，曝气器可采用单孔膜空气扩散器，其布置密度应根据需氧量要求通过计算后确定；单个曝气器设计额定通气量宜为 0.2~0.3m^3/h，每平方米滤池截面积的单孔膜空气扩散器布置数量不宜少于 36 个；也可采用穿孔管。曝气生物滤池采用的最简单的曝气装置为穿孔曝气管。穿孔管属大、中气泡型，氧利用率低，仅为 3%~4%，其优点是不易堵塞，造价低。采用穿孔管时，孔口设计流速不宜小于 30m/s。曝气器的固定方式宜采用支架固定或压件固定，支架或压件应选用强度和耐腐蚀性较好的材质。

曝气生物滤池多格并联运行时，供氧鼓风机一般采取一对一布置形式；同时，风机出气管进入滤池前应设置相对滤池液面的超高，超高高度应结合滤床高度、阻力损失综合确定，曝气管超高宜为 1.5~2.0m，反冲洗进气管宜为 1.8~2.2m。

实际应用中，有充氧曝气同反冲洗供气共用同一套布气管的形式，因为充氧曝气用气量比反冲洗时用气量小，因此配气不易均匀。共用同一套布气管虽能减少投资，但运行时难以同时满足两者的需要，势必影响曝气生物滤池的稳定运行。实践中发现此法利少弊多，因此最好将两者分开，设立一套单独的曝气系统，以保持滤池的稳定运行，并且曝气管的位置往往在承托层之上 30~50cm 的填料层之中。这样做的优点是在曝气器之下的滤池填料层可以起到截留污水中悬浮物的作用，在有滤头的情况下可以起预过滤的作用；在没有滤头的情况下，可以避免曝气对于填料截留层的干扰。

4. 承托层

承托层主要起支撑生物填料、防止生物填料流失、保持反冲洗稳定进行的作用。承托层接触布水与布气系统的部分应选粒径较大的卵石，其粒径至少应比孔径大4倍以上。承托层填料粒径由下而上逐渐减小，接触填料部分的粒径比填料大一倍。承托层高度一般为400~600mm。承托层的填料级配可以参考滤池承托层的填料级配。曝气生物滤池承托层采用的材质应具有良好的机械强度和化学稳定性，一般选用卵石作承托层。用卵石作承托层其级配自上而下：卵石直径2~4mm、4~8mm、8~16mm，对应的卵石层高度50mm、100mm、100mm。支撑滤料和承托层的滤板采用钢筋混凝土结构时宜选用分体式拼装滤板，并应具有合适的承载强度、水平精度和抗腐蚀性，滤板接缝应采用密封性能好的填充材料密封。

5. 滤料

滤料是生物膜的载体，同时兼有截留悬浮物质的作用。因此，载体填料是曝气生物滤池的关键，直接影响着曝气生物滤池的效能。同时，载体填料的费用在曝气生物滤池处理系统的基建费用中又占较大比重，所以填料的选择关系到系统的合理性。曝气生物滤池对滤料的要求是兼有较大的比表面积和孔隙率，同时要有一定的机械强度与化学稳定性。页岩陶粒、活性炭、焦炭、炉渣和沸石均可作为曝气生物滤池的滤料。目前应用较为广泛的是陶粒填料。

滤料级配对曝气生物滤池的运行有较大的影响，不但影响出水的BOD_5浓度与TSS，还对运行周期有影响。因此，合理选择滤料级配对保证曝气生物滤池的正常运行有相当大的作用。

生物滤池的滤料应选择比表面积大、空隙率高、吸附性强、密度合适、质轻且有足够机械强度的材料。根据资料和工程运行经验，宜选用粒径5mm左右的均质陶粒及塑料球形颗粒。一般有以下要求：曝气生物滤池滤料粒径宜取2~10mm。当采用多个滤池串联时，对于一级滤池或者反硝化滤池，宜选用粒径为4~10mm的滤料，对于二级及后续滤池可选用粒径为2~6mm的滤料。曝气生物滤池滤料堆积密度宜为750~900kg/m^3。曝气生物滤池滤料比表面积宜大于1m^2/g。常用滤料的物理特性见表8-24。

表8-24　常用滤料的物理特性

名称	比表面积/(m^2/g)	总孔体积/(cm^3/g)	松散容重/(g/L)	磨损率/%	堆积密度/(g/cm^3)	堆积空隙率/%	粒内孔隙率/%	粒径/mm
黏土陶粒	4.89	0.39	875	≤3	0.7~1	>42	>30	3~5
页岩	3.99	0.103	976					
沸石	0.46	0.0269	830					
膨胀球形黏土	3.98		1550	1.5				3.5~6.2

6. 反冲洗系统

曝气生物滤池在运行时，生物填料层截留部分悬浮颗粒、生物絮体吸附的部分胶体颗粒和老化的生物膜，这些杂质的存在增加了曝气生物滤池的过滤阻力，当阻力增加到一定程度时，滤池的处理能力将下降。反冲洗的目的就是通过反冲洗使这些杂质随冲洗水排掉，恢复滤池的正常过滤能力。曝气生物滤池的反冲洗系统与气-水联合反冲洗的快滤池相似，对运行过程中截留的这些悬浮物质，可通过反冲洗加以去除。

反冲洗系统包括反冲配水与布气系统。反冲配水系统应保证反冲洗水在整个滤池面积上均匀分布。曝气生物滤池的反冲洗一般采用管式大阻力配水系统，该系统由一根干管及若干支管组成，反冲洗水由干管均匀分配进入各支管。支管上开有间距不等的布水孔。曝气生物滤池反冲洗通过滤板和固定其上的长柄滤头来实现，由单独气冲洗、气水联合反冲洗、单独水洗三个过程组成。反冲洗周期，根据水质参数和滤料层阻力加以控制，一般 24h 为一周期，反冲洗水量为进水水量的 8%左右。反冲洗出水平均悬浮固体可达 600mg/L。具体要求如下：

（1）曝气生物滤池的反冲洗宜采用气水联合反冲洗，依次按单独气洗、气-水联合冲洗、单独水洗三个过程进行，通过专用滤头布水布气。

（2）反冲洗水宜采用处理后的出水，反洗用水蓄水池应按照滤池单池反洗水量和反洗周期等综合确定，并不宜小于 1.5 倍的单格滤池反冲洗总水量。反冲洗周期与滤池负荷、过滤时间及滤池水头损失等相关，通常为 24~72h。

（3）气水联合反冲洗的冲洗强度及冲洗时间与滤池负荷、过滤时间等有关，气水联合反冲洗的冲洗强度及冲洗时间可参考表 8-25。

表 8-25　气水联合反冲洗的冲洗强度及冲洗时间

项　目	单独气洗	气水联合冲洗	单独水洗
强度/[L/(m^2·s)]	12~25	气：10~15　　水：4~6	8~16
时间/min	3~10	3~5	3~10

（4）曝气生物滤池反冲洗排水应根据处理规模、单格滤池每次反冲洗水量等因素，合理设置反冲洗排水缓冲池，缓冲池有效容积不宜小于 1.5 倍的单格滤池反冲洗总水量。

（5）滤池布水布气系统类型：

① 整体浇筑滤板。整体浇筑滤板一般采用水泥预制板或 ABS 材质制作，能紧密连接滤池，密封后与滤池主体结构连为一体，具有不变形、承载强度高、抗曲线性能好、施工便利等特点。滤板开孔比约 1.5%左右，滤头布置数一般为 48~60 个/m^2，整体浇筑滤板包括混凝土预制滤板、塑料滤板等，见图 8-46，常用滤板数据见表 8-26。

(a)混凝土预制滤板

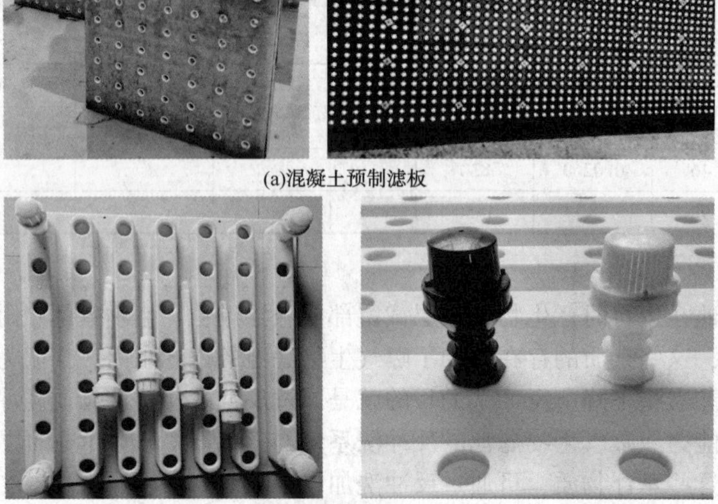

(b)ABS预制滤板

图 8-46　整体浇筑滤板

表 8-26 常用滤板数据表

滤板尺寸/mm	配套滤头类型	滤头数/个
960×960×100	BAF 长柄	36
960×960×100	BAF 长柄	42
980×980×100	BAF 长柄	42
980×980×100	BAF 长柄	49
1040×1040×100	BAF 长柄	49
1040×1040×100	BAF 长柄	63

整体浇筑滤板的接缝之间必须严密、可靠，不得漏气漏水。整体浇筑滤板滤板铺放前，需用水准仪检查支承梁面标高值，其差错小于±2mm；对于 ABS 滤板，在滤板安装好后，固定方式可采用钢筋骨架与池壁或滤梁预埋钢筋连接为一体，见图 8-47。滤头安装前，先把套管预先埋入滤板内，安装并调好后，滤板上表面应平整，每块板的水平误差一般不大于 1mm；滤板与滤池边或滤梁有缝隙的地方以及滤板接缝可用混凝土或者 903 聚合物水泥砂浆进行嵌压和填实，并确保整个池内板面的误差一般不大于 5mm。

图 8-47 ABS 滤板的固定

②滤砖。包括双层配水配气 V 形滤砖、W 形气水分布滤砖等形式，见图 8-48。

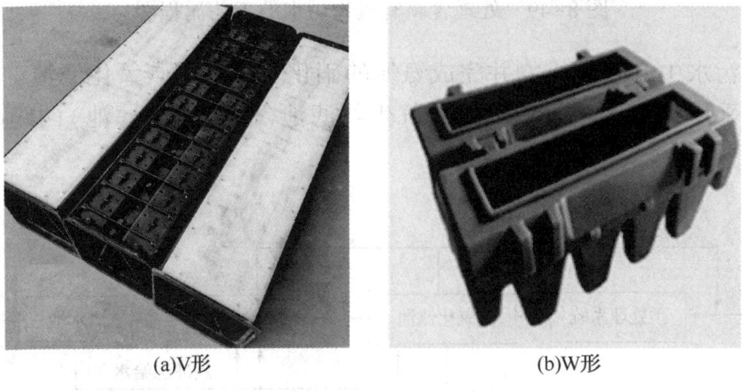

(a)V形　　(b)W形

图 8-48 反硝化深床滤池布水布气用滤砖

V 形滤砖的材质为 HDPE，抗压强度和耐冲击强度高；矩形外形，滤砖纵向两端有卡扣可以相互连接，两侧和底部密封。其上部分布均匀的气水口，具有双层配水系统，通过内部的倒V形开孔隔板将内腔分为一级分配腔和二级补偿腔。通过一次配水腔后的反冲洗水在二次配水腔内根据压力差产生逆向补偿，从而使整个滤池过滤面积上的整体反冲洗水、气压力均匀。此类砖的反冲洗支气管仅需铺设一排，反冲洗气、水从滤砖底部进入。

W形也采用HDPE材质，内部填充混凝土，保证分布块的抗压性；外壳两侧有压扣锁紧结构，可以保证反冲洗时的稳定性以及布水均匀性。块与块之间留有开口空隙，其底部的W形结构形成的腔体一方面使过滤的水流通过，另一方面池底分布有独立的反洗布气支管，气水先在腔内混合，再从分布块之间的空隙流出，达到均匀布水布气的目的。

7. 出水收集系统

（1）降向流

曝气生物滤池的出水收集系统有多种，较常见的是采用给水工程中的砂滤池出水方式，过滤装置既可采用滤头，也可利用承托层。采用滤头方式可以保证出水水质，处理效果稳定，出水容易均匀，可放大到较大规模的装置。但其缺点是滤头成本较高，安装精度要求较高，施工复杂。利用承托层出水是一种简易的出水过滤系统，价格便宜、施工简单，但易产生短路，不适于在大型装置中采用。

（2）升向流

周边堰出水或单侧堰出水两种。在大中型污水处理厂一般采用单侧堰出水，并将出水堰口出设计成60°斜坡，以降低出水流速。在出水堰口设置栅形稳流板以拦截反冲洗时被出水带出的滤料。同时，反冲洗排水和出水槽(渠)宜分开布置。

(三) 工艺选择

当主要去除污水中含碳有机物时，宜采用单级碳氧化曝气生物滤池工艺，工艺流程见图8-49。

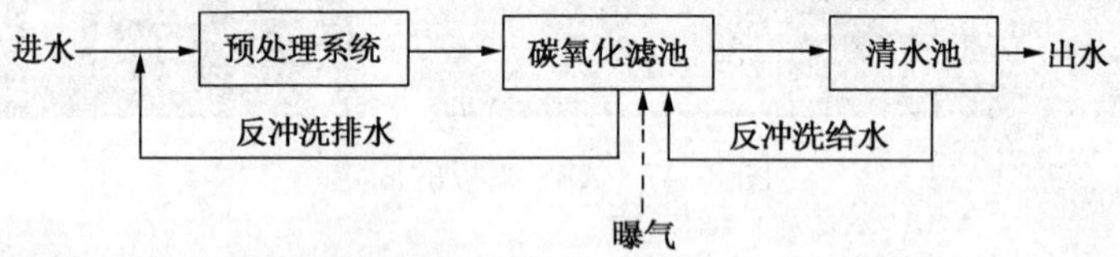

图8-49 处理含碳有机物污水的工艺流程图

当要求去除污水中含碳有机物并完成氨氮的硝化时可采用碳氧化滤池工艺流程，并适当降低负荷；也可采用碳氧化滤池和硝化曝气生物滤池(简称硝化滤池)两级串联工艺，工艺流程见图8-50。

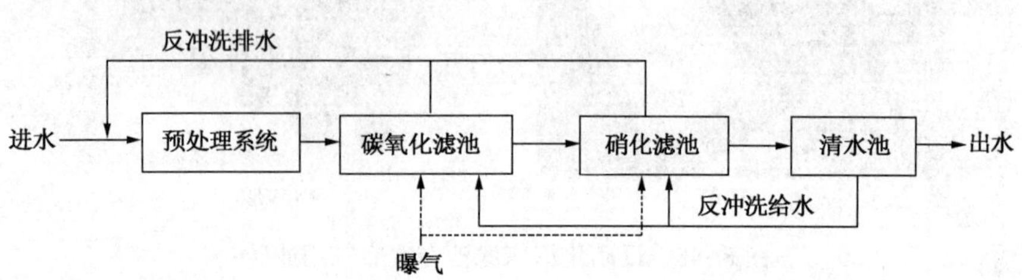

图8-50 处理含碳有机物和氨氮的污水工艺流程图

当进水碳源充足且出水水质对总氮去除要求较高时，宜采用前置反硝化滤池+硝化滤池组合工艺，见图 8-51。

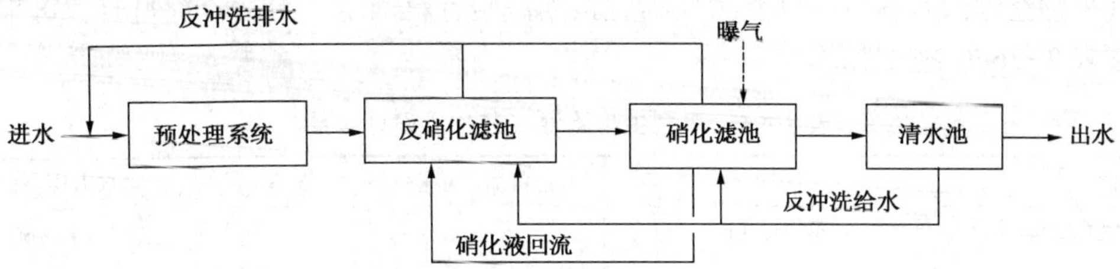

图 8-51　处理充足碳源和对总氮去除要求的工艺流程图

当进水总氮含量高、碳源不足而出水对总氮要求较严时可采用后置反硝化工艺，同时外加碳源，见图 8-52。或者采用前置反硝化滤池，同时外加碳源，见图 8-53。前置反硝化的生物滤池工艺中硝化液回流率可具体根据设计 NO_3-N 去除率以及进水碳氮比等确定。外加碳源的投加量需经过计算确定。

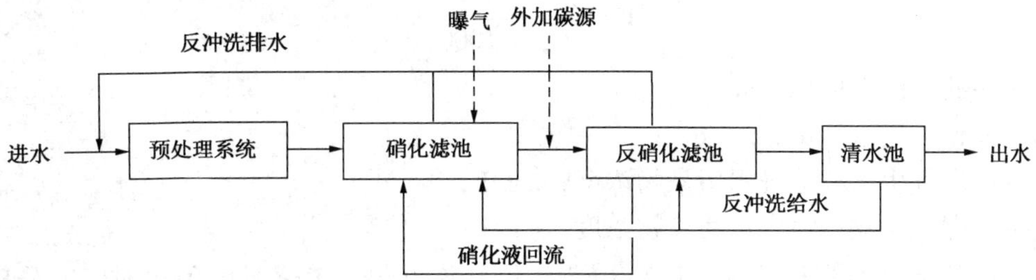

图 8-52　后置反硝化工艺流程图

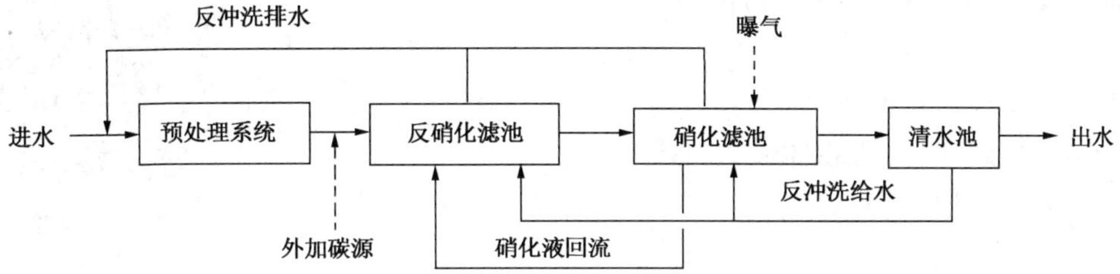

图 8-53　前置反硝化工艺流程图

（四）工艺设计

1. 一般规定

（1）曝气生物滤池宜采用上向流进水。

（2）曝气生物滤池的平面形状可采用正方形、矩形或圆形。

（3）曝气生物滤池在滤池截面积过大时应分格，分格数不应少于 2 格。单格滤池的截面积宜为 50~100m^2。

（4）曝气生物滤池下部宜选用机械强度高和化学稳定性好的卵石作承托层，并按一定级配布置。

（5）出水系统可采用周边出水或单侧堰出水，反冲洗排水和出水槽(渠)宜分开布置。应设置出水堰板等装置，防止反冲洗时滤料流失并且调节出水平衡。

2. 设计参数与计算公式

(1) 容积负荷和水力负荷

曝气生物滤池的容积负荷和水力负荷宜根据试验资料确定，无试验资料时，可采用经验数据或按表 8-26 的参数取值。

表 8-26 曝气生物滤池工艺主要设计参数

种 类	容积负荷	水力负荷(滤速)/[$m^3/(m^2 \cdot h)$]	空床水力停留时间/min
碳氧化滤池	$3 \sim 6kgBOD_5/(m^3 \cdot d)$	2~10	40~60
硝化滤池	$0.6 \sim 1kgNH_3-N/(m^3 \cdot d)$	3~12	30~45
碳氧化/硝化滤池	$0.4 \sim 0.6kgNH_3-N/(m^3 \cdot d)$	1.5~3.5	80~100
前置反硝化滤池	$0.8 \sim 1.2kgNO_3-N(m^3 \cdot d)$	8~10(含回流)	20~30
后置反硝化滤池	$1.5 \sim 3kgNO_3-N/(m^3 \cdot d)$	8~12	20~30

(2) 曝气生物滤池池容可按照容积负荷法式(8-13)计算，按水力负荷校核。

$$V = \frac{Q(X_o - X_e)}{L_{vx} \times 1000} \tag{8-13}$$

式中 V——滤池滤料体积，m^3；

Q——设计进水流量，m^3/d；

X_o——曝气生物滤池进水污染物浓度，mg/L；

X_e——曝气生物滤池出水污染物浓度，mg/L；

L_{vx}——污染物的容积负荷，$kgX/(m^3 \cdot d)$；碳氧化、硝化、反硝化时，X 分别代表 BOD_5、氨氮和硝态氮，取值见表 8-26。

(3) 滤池总截面积

滤池总截面积可按式(8-14)计算：

$$A_n = V/H \tag{8-14}$$

式中 A_n——滤池总截面积，m^2；

V——滤料体积(堆积体积)，m^3；

H——滤料层高度，m。

(4) 单格滤池截面积

单格滤池截面积可按式(8-15)计算：

$$A_0 = A_n/n \tag{8-15}$$

式中 A_0——单格滤池截面积，m^2，取值应满足单格滤池的截面积 50~100m^2 的规定；

n——滤池格数，个；

A_n——滤池总截面积，m。

(5) 水力负荷

可按式(8-16)计算：

$$q = Q/A_n \tag{8-16}$$

式中 q——水力负荷，$m^3/(m^2 \cdot h)$；

A_n——滤池总截面积，m^2；

Q——设计进水流量，m^3/d。

(6) 滤池总高度

为滤料层高度、承托层高度、滤板厚度、配水区高度、清水区高度和滤池超高相加之和。可按式(8-17)计算：

$$H=H_1+H_2+H_3+H_4+H_5+H_6 \tag{8-17}$$

式中 H——滤池总高度，m；

H_1——滤料层高度，m，取值为2.5~4.5m；

H_2——承托层高度，m，取值为0.3~0.4m；

H_3——滤板厚度，m；

H_4——配水区高度，m，取值为1.2~1.5m；

H_5——清水区高度，m，取值为0.8~1m；

H_6——滤池超高，m，取值为0.5m。

(五) 曝气生物滤池的特点

曝气生物滤池有它的最佳适用范围，曝气生物滤池的主要特点有：占地较小；处理效果好；效果稳定。

其主要缺点是：预处理要求较高；产泥量相对于活性污泥法稍大，污泥稳定性差。

(六) 应用

曝气生物滤池主要由生物反应过滤区、曝气装置、反冲洗装置等三部分组成。其工作原理、计算方法、设计参数(有机负荷、过滤滤速、水力停留时间、滤料性能、生物氧化需氧量、气水反冲强度等)、池容大小等因素的确定，是工艺设计中要解决的主要问题。

1. 主要参数的选取与计算公式

(1) 容积负荷(L_v)

包括BOD与COD容积负荷。BOD_5容积负荷一般取2~6kgBOD_5/(m^3·d)，COD容积负荷一般取4~12kgCOD/(m^3·d)。容积负荷取值与进水、出水水质密切相关，有机物容积负荷越高，出水中有机物剩余浓度也越大。当污水要求出水BOD_5为10~20mg/L，L_v可取3.5~5.0kgBOD_5/(m^3·d)，当要求出水BOD_5为5~10mg/L时，L_v则应为2.5~3.2kgBOD_5/(m^3·d)。当L_v>3时，NH_3-N的去除受抑制，L_v>4时，NH_3-N的去除受明显抑制。有硝化脱氮要求时，还应考虑硝化负荷，一般为0.3~0.8kgNH_3-N/(m^3·d)。故应根据原水性质及处理要求选取合适的容积负荷。

(2) 水力负荷

水力负荷一般在3~6m^3/(m^2·h)之间，可以用来作为设计的核定与验算参数。

(3) 生物反应过滤区

生物反应过滤区由生物过滤层和承托层两部分组成。生物过滤层由颗粒状滤料(轻质陶粒、无烟煤、石英砂、轻质塑料粒等)组成。滤料选择除粒度、密度、空隙率、机械强度、化学稳定性、不含毒害物质等方面的要求外，最重要的是比表面积。比表面积越大，单位滤料中生长的微生物量越多，生化处理效率越高。材质可用轻质陶粒、无烟煤、石英砂、塑料等。从目前对各种滤料的试验、使用情况看，轻质陶粒与其他滤粒相比，由于其表面粗糙、微孔发达、比表面积大(100~400m^2/m^3)、吸附能力强等特点，适合于用作污水处理，因此，曝气生物滤池多选用轻质陶粒作为滤料。滤料粒径宜采用直径3~5mm，滤层高度一般为1.5~2.5m，滤速0.8~3m/h。在生物过滤层底部铺有卵石承托层，其作用是防止过滤层的滤料进入底部配水系统造成流失，并保证反冲洗配水均匀。卵石的粒径自上而下逐渐增大，气水反冲洗系统都设在承托层中，其厚度大小由气水反冲洗所需干管管径和布水布气支管的设置情况计算确定。砾石承托层建议分为2~4mm、4~8mm、8~16mm三层布置，每层厚50~100mm。

(4) 反冲洗

在运行周期内，随着时间的延续，滤层中的空隙逐渐被新生长的生物固体和悬浮固体堵塞，滤层水头损失增加，当达到一定程度(过滤水位升高0.3~0.5m)时，需进行反冲洗。为保证有效冲洗，必须有合理的配水、配气系统，并保证其均匀性。因此，反冲洗装置采用大阻力配水系统，均匀的配气系统，在承托层中均匀地布置多排穿孔配水管和配气管。反冲洗空气量由式(8-18)计算：

$$Q_{气}=S\times q_1 \tag{8-18}$$

式中 $Q_{气}$——反冲洗用气量，L；

S——需要冲洗的滤池面积，m^2；

q_1——反冲洗空气强度，一般取10~20L/(m^2·s)。

反冲洗用水量由式(8-19)计算：

$$Q_{水}=S\times q_2 \tag{8-19}$$

式中 $Q_{水}$——反冲洗用水量，L；

q_2——反冲洗水强度，一般取5~10L/(m^2·s)。

S——需要冲洗的滤池面积，m^2。

反冲洗水使用曝气生物滤池正常工作时出水，由水泵加压供给，反冲洗水头由式(8-20)计算：

$$H=h_0+h_1+h_2+h_3+h_4+h_5 \tag{8-20}$$

式中 H——反冲洗需要的水头，m；

h_0——冲洗排水槽顶与反冲洗水池最低水位的高程差，m；

h_1——反冲洗水池与滤池间冲洗管道的沿程与局部水头损失之和，m；

h_2——管式大阻力配水系统水头损失，m；$h_2=(q_2/10a\mu)^2/2g$（a为配水系统开孔比，$a=0.25\%$；μ为孔口流量系数，$\mu=0.680$）；

h_3——承托层水头损失，m；$h_3=0.022H_a q_2$（H_a为承托层厚度，m）；

h_4——过滤层在冲洗时的水头损失，m；$h_4=[(\rho_1/\rho)-1](1-m_0)H_b$，（$\rho_1$为滤料的密度，陶粒滤料$\rho_1=1.2t/m^3$；$\rho$为水的密度，$\rho=1t/m^3$；$m_0$为滤料膨胀前的空隙率，陶粒$m_0=0.55$；$H_b$为滤料层膨胀前的厚度，m）；

h_5——备用水头，一般取1.5~2m。

曝气生物滤池可分为若干个可以单独操作运行和轮流反冲洗的单元，分格的数量至少不应低于两格。处理的水量越大，分格的数量相应增多，当一格因反冲洗而停止工作时，其他各格的负荷增加不多，仍能保持正常工作。反冲洗排水经收集后，进入冲洗排水池，由潜水泵均匀地输送到预处理构筑物处理。

(5) 曝气系统

为保证曝气生物滤池正常运行，需供给足够的空气量，以满足生化反应所需的氧量。污水中有机物、悬浮物的去除，氨氮的硝化都是在生物过滤层中进行的，所需要的氧量主要包括有机物的降解和氨氮的硝化。因此，生化反应需供给的空气量可由式(8-21)计算：

$$Q=A\times\Delta S_{BOD}+B\times\Delta P_{BOD}+4.57X_N/(0.3\times0.6\times24\times E_A) \tag{8-21}$$

式中　Q——生化反应需供给的空气量，m^3/h；

ΔS_{BOD}——溶解性 BOD 去除量，kg/h；

ΔP_{BOD}——颗粒性 BOD 去除量，kg/h；

A、B——分别为去除每 kg 溶解性 BOD、颗粒性 BOD 需要的空气量，m^3/kg；

X_N——污水中氨氮去除量，kg/d；

E_A——氧利用率，一般取 20%；

0.3——空气中氧气含量的近似值；

0.6——空气的转化系数。

曝气生物滤池需要的空气量由鼓风机房供给，通过布设在池内的穿孔曝气管均匀地进入反应层。穿孔曝气管管径大小依据需要空气量计算确定。

（6）滤头开孔率与滤头防堵

曝气生物滤池通常采用小阻力配水系统（长柄滤头）。滤池进水虽然已经预处理，其中的悬浮物质仍然较多，且较粗大，特别是生活污水黏稠物质多，水中混有许多塑料薄膜碎片，对滤头危害很大。为了避免堵塞，滤头缝隙应比给水滤头宽（2~2.5mm），每个滤头缝隙总面积约 250~350mm^2。开孔比可比给水滤池大，约 0.011~0.015。配气孔直径 2~2.5mm，位置应在滤杆丝扣之下或与滤板底面平，它与滤杆下端的配水条形孔的距离应保持 150~200mm 以上。开孔比过大除了影响反冲洗均匀性外，还导致配水配气稳定性下降。

对于上向流曝气生物滤池，由于从滤板下进水，水中含较多悬浮物（特别是塑料薄膜碎片），长期运行滤头堵塞难以避免，一旦出现很难清洗。设计上除在池壁滤板底高度下设检修人孔外，还应考虑必要时利用滤池水位迅速从上而下逆向冲洗滤头把堵塞物排走的相应措施。

2. 工程实例

基本情况：某扩建工程规模为 14 万 m^3/d。通过对现场水质进行测定，确定了设计进、出水水质见表 8-27。出水指标除表 8-27 所列之外，其他均按照《城镇污水处理厂污染物排放标准》（GB 18918—2016）的一级 B 标准执行。

表 8-27　工程案例设计进、出水水质　　mg/L

指标	COD	BOD_5	SS	NH_3-N	TP
进水	400	250	250	42	10
出水	60	20	20	15	1.5

工艺情况：

（1）滤料

滤池内填充 BIOSTYRENE 轻质滤料，平均粒径为 6mm，密度<1g/cm^3，滤料层厚度为 3.5m，滤料体积为 7200m^3。生物滤池的有效面积为 1848m^2，最小水力停留时间为 1.05h。

（2）BIOSTYR 生物滤池

共设有 8 座上向流曝气生物滤池，单池有效尺寸为 13.81m×16.7m×8.12m，有效面积为 231m^2；最大滤速为 7.7m/h；最大进水量为 12483m^3/h（其中初沉池来水量为 7633m^3/h、反冲洗沉淀池来水量为 1348m^3/h、回流污水量为 3502m^3/h）；回流比为 40%；COD 负荷为 3.66kgCOD/（m^3 滤料·d），BOD_5 负荷为 2kgBOD_5/（m^3 滤料·d），NH_3-N 负荷为 1.17kgNH_3-N/（m^3 滤料·d）。可以截留水中 78% 的 SS，去除水中 74% 的 COD、85% 的

BOD_5及65%的总磷。

(3) 反冲洗系统

在BIOSTYR滤池的管廊中设有一套排污系统，生物滤池的反冲洗水和放空水、曝气系统清洗水、管廊清洗水都排入反冲洗集水池，收集到反冲洗沉淀池进行进一步处理。

每个BIOSTYR滤池单元的出水通过4个出水口进入总出水渠道，每个出水口都装有叠梁阀插槽，以便在对滤池进行维修时能将滤池与出水渠道隔离。在出水渠道尺寸和水位的设计中考虑了对BIOSTYR滤池进行反冲洗时对水量和水头的要求，出水通过出水渠道上的溢流堰排出，堰的高度能够保证渠道中的水量满足2个滤池的反冲洗用水量，可随时进行反冲洗。

当BIOSTYR滤池的悬浮物和氨氮负荷在正常值以下时，每天只需对每个滤池单元进行一次反冲洗；当滤池的堵塞程度达到极限(即滤床的压力差达到设定值)时也需要进行反冲洗。采用气水联合反冲洗方式，约持续20min。每次反冲洗水量为$2021m^3$，最小反冲洗水池容积为$3108m^3$，水冲强度为$60m^3/(m^2 \cdot h)$，由于采用了轻质滤料，设计气冲强度为$12m^3/(m^2 \cdot h)$，实际运行中只需要$5m^3/(m^2 \cdot h)$。每次只能反冲洗1个滤池单元，反冲洗水回流周期为90min。反冲洗水采用过滤出水，水流方向与过滤方向相反。反冲洗水为重力流，故不需设置反冲洗水泵。反冲洗步骤如下：

① 关闭滤池的进水阀门和曝气管阀门。

② 气水交替冲洗，并重复几次。

a. 水冲洗。每组滤池的反冲洗水由2个安装在管廊中的反冲洗排水气动阀控制，这两个阀门的开启度在污水厂调试时已设定好，出水渠中的滤池出水可以通过4个出水孔倒流入滤池。反冲洗出水管连接到出水总渠，反冲洗污水通过安全阀和堰板进入反冲洗集水池。水冲完毕后，反冲洗出水阀门关闭。

b. 气冲洗。打开曝气管阀门，反冲洗空气进入滤池，冲洗完毕后曝气管阀门关闭。

③ 漂洗。漂洗控制参数与水冲洗类似，但时间较长。

④ 关闭反冲洗排水阀门，打开滤池进水阀门和曝气管阀门，滤池恢复正常运行。

(4) 供气系统

鼓风机房设置3台(2用1备)离心鼓风机($Q=17400m^3/h$，$H=120kPa$，$N=630kW$)，为曝气工艺及反冲洗供气。根据BIOSTYR滤池的出水氨氮和溶解氧浓度来确定最佳曝气量。每个滤池单元都装有气量调节阀门以控制曝气量。反冲洗时供气是周期性的，风量是固定的，单池反冲洗气量为$2772m^3/h$，总需气量(8个单元)为$34800m^3/h$，最大气压为120kPa。

(5) 反冲洗污水的收集与处理

① 集水池

所有BIOSTYR滤池的反冲洗污水都被收集到反冲洗集水池。集水池的每根进水管上都装有一个液压安全阀，它可以在集水池水位过高时停止进水，也可以保证在停电时滤池不会被放空。滤池管廊内的排污管和浮渣槽也接入反冲洗集水池，集水池中安装2台(1用1备)潜水泵，将污水提升至MULTIFLO沉淀池处理后，返回生物滤池。正常操作时，集水池内的反冲洗水提升泵1d工作12h。集水池内安装有2台潜水叶轮式搅拌器以防止污泥沉淀，搅拌器采用间歇工作方式。

每次反冲洗水量为$2022m^3$，集水池容积为$3108m^3$，1天反冲洗8次，反冲洗水量为$16170m^3/d$，每次反冲洗回流时间为90min，MULTIFLO沉淀池出水量为$1348m^3/h$。

② MULTIFLO 斜板沉淀池

反冲洗污水经过 MULTIFLO 斜板沉淀池处理后将返回 BIOSTYR 生物滤池，污泥则送至污泥处理段。MULTIFLO 沉淀池分为混凝池、絮凝池、沉淀池三部分。

a. 混凝池

投加浓度为41%的三氯化铁溶液，水温为12～26℃时，投量为60～90mg/L。污水最小停留时间为1.34min，沉淀池有效容积为30.08m^3，尺寸为2.1m×2.1m×6.82m。

b. 絮凝池

投加浓度为0.5%的阴离子高分子絮凝剂溶液，水温为12～26℃时投量为1～1.5mL/L。污水最小停留时间为14.5min，絮凝池有效容积为325m^3，尺寸为12m×4m×6.766m。

c. 沉淀池

沉淀池设计流量为1348m^3/h，峰值流速为1.79m/h，单池斜管有效面积为89.5m^2，斜管倾斜角度为60°，长度为1.5m、间距为80mm，沉淀池直径为12m，总水深为6.67m。

八、移动床生物膜反应器(MBBR)

MBBR 由挪威 KMT 公司、挪威科技大学及挪威工业与技术研究基金会在20世纪80年代合作开发的新工艺。通过在普通活性污泥池中投加特定的悬浮填料，提高污水处理容积负荷率和出水指标，强化系统对高盐度、有毒有害化合物的耐受性。MBBR 结合传统的活性污泥法和生物接触氧化法的优点，而又避免了活性污泥法及生物膜法的缺点及限制，反应器中悬浮填料因搅拌在水中自由运动，污水连续经过装有移动填料的反应器时，在填料上生长形成生物膜，通过系统悬浮活性污泥和载体生物膜的吸附、生物氧化等作用处理污水。

(一) MBBR 工艺的优点

(1) 填料多为聚乙烯、聚丙烯及其改性材料、聚氨酯泡沫体等制成的，比重接近于水，以圆柱状和球状为主，易于挂膜，不结团、不堵塞、脱膜容易。

(2) 因填料、水都是运动的，故气、水、固相之间的传质较好，填料上生物膜的活性较高，提高了系统的有机负荷和效率，出水水质稳定。

(3) MBBR 的应用比较灵活，反应器形状多种多样，结构紧凑，占地面积小，在相同负荷条件下只需普通氧化池20%的容积。

(4) 水头损失小，能耗低，运行简单，操作管理方便。

(5) 微生物附着在载体上随水流流动所以不需要污泥回流或循环反冲洗。

(6) 生物膜自然脱落，不会引起堵塞。

(二) MBBR 在污水处理中的优势

(1) 占地面积小：在填料填充率为15%和相同污染负荷的条件下，移动床生物膜反应器约占常规生物反应器(缺氧、厌氧及好氧)20%～40%的池容。

(2) 适合于市政污水处理厂的扩容：鉴于大多数污水处理厂的预留面积较少，当实际进水水质及水量发生变化时，在保证原设计池容不变的情况下满足原设计出水标准。

(3) 适合于现有污水处理厂的升级改造：移动床生物膜工艺设计及运行灵活简单，适应不同类型的池型，而且与其他工艺的兼容性很强，可以与已建污水处理厂的大部分工艺如A^2/O、AO、SBR、CASS 及氧化沟法等相组合，适合于现有污水处理厂的升级改造，使其满足一级 A 或一级 B 排放标准。

(4) 移动床生物膜反应器既具有传统生物膜法耐冲击负荷、泥龄长、剩余污泥少、无污泥膨胀现象发生的特点，又具有活性污泥法的高效性和运转灵活性。另一方面，温度变化对移动床生物膜工艺的影响要远远小于对活性污泥法的影响，当温度、污水成分发生变化或污水毒性增加时，移动床生物膜反应器的耐受力很强。

(5) 填料上形成好氧、缺氧和厌氧环境，硝化和反硝化反应能够在一个反应器内发生，对氨氮的去除具有良好的效果。

(6) 反应器内污泥浓度较高，一般污泥浓度为普通活性污泥法的 5~10 倍，高的可达 30~40g/L，提高了对有机物的处理效率，同时耐冲击负荷能力强。

(三) MBBR 使用范围

(1) 强化脱氮除磷，污水处理厂提标改造；

(2) 解决冬季低温氨氮超标问题；

(3) 污水处理厂扩容改造；

(4) 高浓度、有毒、难降解有机物处理；

(5) 污水厂和工业废水深度处理；

(6) 农村污水处理(一体化设备、净化槽等)。

(四) 目前主流 MBBR 工艺

1. Linpor MBBR 工艺

Linpor 工艺是德国林德公司研究开发的，它是由传统活性污泥工艺衍生而来。Linpor 工艺在曝气池池体的 10%~30%充满了用作活性污泥微生物的可移动载体的小而多孔的塑料方块(尺寸 10mm×10mm×10mm)，上面挂着生物膜(其附着生长与悬浮生长的生物量总和比普通活性污泥法大，MLSS≥10000mg/L)，增大了比表面积($1m^3$ 泡沫小方块总表面积达 $1000m^2$)，提高了处理能力，它们随曝气池的水流而移动，设置一种特别设计的出水格栅用来阻止载体颗粒离开反应池。为保证微生物有充足的氧，在池底铺设 GVA 微孔曝气器。由于 Linpor 工艺是由传统活性污泥法衍生而来，因此，Linpor 工艺系统特别适合于使转变成 Linpor 工艺的活性污泥法污水厂的处理能力提高，或者在没有或仅增加少量处理量的条件下强化现有废水系统处理功能。

(1) Linpor 工艺特点

① 缩小了反应器容积或对超负荷运行的传统工艺进行极量的改造以稳定处理效果；

② 改善了微生物的生长条件以提高反应器的生物量从而提高处理效果；

③ 根据高效的脱氮效果要求，通过运行参数或运行方式的改变而实现，也可以对二级出水实现良好的深度处理等。

(2) Linpor 工艺的分类

① Linpor-C 工艺

适用于去除 BOD_5(碳污染物)。在不增加池容的条件下，使污水处理量提高 1 倍，且出水水质有所改善。最初的应用是处理超负荷工业废水。其中 Linpor 填料为具有很大的拉伸强度的聚氨酯海绵体，它们在曝气池中自由悬浮，通过出水筛网截流，防止它们随出水流失。为防止填料在曝气池出水端聚集，通过使用空气提升泵强制填料的循环并通过挤压实现生物膜的更新。

② Linpor-CN 工艺

适用于同时去除碳和氮的污染物，因此为保证硝化和反硝化的进行，与 Linpor-C 工艺相比，主要不同之处是它的设计污泥负荷和容积负荷都较低，因此它需要的反应池容积比 Linpor-C 工艺要大。但由于生物量浓度高，Linpor-CN 的容积增加比常规活性污泥法小得多。适宜的运行条件下，由于载体方块由内向外形成厌氧、缺氧、好氧的浓度梯度，因此每一个小方块可以看成是一个小的硝化-反硝化反应器，即在 Linpor-CN 工艺中，硝化的同时也发生部分反硝化，硝酸盐的去除率可达 50%~70%。若进水总氮浓度较高，要使出水总氮达标，则需在池前端另外增加反硝化区。若进水总氮浓度较低(≤40mg/L)，用 Linpor-CN 工艺能使出水的 TN 达标。

③ Linpor-N 工艺

此工艺中所有生物体都生长在载体表面，因此无需回流和污泥沉淀设备，大大节约了污泥处理、处置费用。此工艺常用作废水排入敏感性受纳水体和对处理出水中氨氮有严格要求的废水深度处理。此外，由于在载体块表面附着的生物膜内层有兼性菌和厌氧菌，因此 Linpor-N 工艺还能有效降解一些难降解的有机物质。

该工艺构造简单，可在有机物浓度极低甚至不存在的情况下实现对废水中氨氮较高的去除率，故而常用作工业和城市污水的深度处理。

2. Kaldnes MBBR 工艺

(1) HYBAS-MBBR 工艺

通过活性污泥反应池中投加填料，使悬浮活性污泥与生物膜共同存活在生物反应池中，增加了反应池中的生物量，使不同种群微生物在反应池内富集，提高生物的反应效率。

(2) BAS-MBBR 工艺

BAS-MBBR 工艺为 MBBR 池(流动床生物膜法)+好氧池(活性污泥法)组合的工艺。

3. LEVAPOR MBBR 工艺

LEVAPOR MBBR 工艺属于三相生物流化床处理方法，和接触氧化不同的是，其固化生物膜也处于流化状态，污水和生物膜传质混合效果好，污水处理效率高。和普通活性污泥法不同，通过投放比表面积大的悬浮载体，生物量可达 30~40g/L，是普通活性污泥 5~10 倍生物量，大大提高系统污水处理能力，容积负荷更高，占地面积更小；生物膜提高了系统耐冲击负荷能力和对有毒化合物抵抗能力，反应系统为气-固-液共存的三相流化状态，气-固-液三相充分接触、混合和碰撞，增加传质面积，提高传质速率，强化传质过程，同时填料流化时不断切割分散气泡，使布气均匀，提高氧利用率；填料为生长缓慢的硝化细菌和其他长世代微生物提供载体，使生物固体停留时间和水力停留时间相分离，主要除去氨氮；同时生物膜独特的厌氧-好氧环境使系统具有脱氮功能；流化填料受水流气流冲刷和相互碰撞，使老化生物膜易于脱落，促进新陈代谢，保证生物膜活性；流化填料可生长丝状细菌，使系统对有机物分解效率更高，同时避免了污泥膨胀。

第九章　氧　化　沟

氧化沟利用循环式反应池(Continuous Loop Reator，简称 CLR)作生物反应池，并使用一种带方向控制的曝气和搅动装置向反应池中的液体传递水平速度，从而使其在池中循环。氧化沟工艺是活性污泥法的一种变型，在水力流态上不同于传统的活性污泥法，它是一种首尾相连接的循环流曝气沟渠。最早的氧化沟渠是土沟渠，间歇进水、间歇曝气，从这一点上来说，氧化沟最早是以序批方式处理污水的。1954 年荷兰建成了世界上第一座氧化沟污水处理厂，为一个环状跑道、斜坡式池壁反应池，采用间歇运行方式，白天用作曝气池，晚上用作沉淀池，结构简单，处理效果好。

氧化沟污水处理的整个过程如进水、曝气、沉淀、污泥稳定和出水等全部集中在氧化沟内完成，最早的氧化沟不需设初次沉淀池、二次沉淀池和污泥回流设备，采用延时曝气，连续进出水，所产生的污泥在污水净化的同时得到稳定，处理设施大大简化。在我国，氧化沟技术的研究和工程实践始于 20 世纪 70 年代，目前氧化沟工艺以其经济简便的优势在中小型城市污水厂得到广泛应用。

第一节　氧化沟工艺概述

一、氧化沟工艺的技术特点

氧化沟一般由沟体、曝气设备、进出水装置、导流和混合设备组成，沟体的平面形状一般呈椭圆形，也可以是长方形、圆形或其他形状，沟截面形状多为矩形和梯形。

氧化沟法由于具有较长的水力停留时间、较低的有机负荷和较长的污泥龄，因此相比传统活性污泥法，有的还可以省略二沉池。氧化沟能保证较好的处理效果，这主要是因为结合了 CLR 形式和曝气装置特定的定位布置，使氧化沟具有独特水力学特征和工作特性。

(1) 氧化沟结合了推流和完全混合的特点，有利于克服短路，提高缓冲能力。氧化沟内的污水在短期内(如一个循环)呈推流状态，能使入流至少经历一个循环而避免短路；在长期内(污水在池中一般会经过几十圈的循环多次循环)，污水呈混合状态，即使某个时刻有高浓度和有毒的污水进入，进入沟内的污水也会立即被大量的循环液所混合稀释，因此氧化沟系统又具有很强的耐冲击负荷能力。

(2) 氧化沟具有明显的溶解氧浓度梯度，特别适用于硝化-反硝化生物处理工艺。氧化沟从整体上说又是完全混合的，而液体流动却保持着推流前进，加上曝气装置定位，因此，混合液在曝气区内溶解氧浓度是上游高，然后沿沟长逐步下降，出现明显的浓度梯度，到下游区溶解氧浓度就很低，基本上处于缺氧状态。氧化沟设计可按要求安排好氧区和缺氧区，实现硝化-反硝化工艺。

(3) 沟内功率密度的不均匀配备，有利于充氧、液体混合及污泥絮凝。

(4) 氧化沟的整体功率密度较低，可节约能耗。氧化沟的混合液一旦被加速到沟中的平均流速，对于维持循环仅需克服沿程和弯道的水头损失，因而氧化沟可比其他系统以低得多的整体功率密度来维持混合液流动和活性污泥悬浮状态。据国外的一些报道，氧化沟比常规的活性污泥法能耗降低 20%~30%。

(5) 与其他污水生物处理方法相比，氧化沟具有处理流程简单、操作管理方便、出水水质好、工艺可靠性强、基建投资省、运行费用低等优点。

二、氧化沟技术的发展

技术的提高在两个方面同时展开：工艺的改良和曝气设备的革新。

(一) 工艺的改良

工艺的改良过程大致可分为四个阶段，见表 9-1。

表 9-1 工艺的改良的四个阶段

阶 段	型 式
初期氧化沟	1954 年，Pasveer 教授建造的氧化沟在荷兰 Voorshoper 市运行，称为 Pasveer 氧化沟。Pasveer 氧化沟分为进水、曝气净化、沉淀和排水四个基本工序，并把这些过程合并在一个沟中完成，采用间歇运行方式，白天进水曝气，夜间用作沉淀池，BOD_5 的去除率达到 97%左右。Pasveer 氧化沟当时用来处理村镇的污水，服务人口只有 340 人，采用卧式表曝机来曝气与推流，每隔一段时间，Pasveer 氧化沟的曝气机就需停下来，使沟内的污泥沉淀，排出处理后的出水。第一代氧化沟沟深 1~2.5m，为了达到连续运行，Pasveer 氧化沟发展了多种形式，设置了二沉池。这一阶段的氧化沟主要是延时曝气系统
规模型和用于处理工业污水	增加沉淀池，使曝气和沉淀分别在两个区域进行，可以连续进水，考虑到了硝化和反硝化。氧化沟因其简易、运行管理方便等优点，自 20 世纪 60 年代以来其数量和规模不断增长和扩大，处理能力已从 300 人口当量发展到目前的 1000 万人口当量；处理对象也从处理生活污水发展到既能处理城市污水又能处理工业污水，这期间，有相当多的工业污水也相继采用氧化沟技术进行处理的工程范例。由于采用直径 1m 的曝气刷（Mammoth Rotor 系由 Passavant 公司生产）和立式曝气器（DHV 公司），使氧化沟的沟深逐步扩大。如使用 Mammoth Rotor，沟深可达 3.5m，沟宽可达 20m，而使用立式曝气器的氧化沟称为 Carrousel 氧化沟，沟深可达 4.5m
多样性发展	随着氧化沟技术的发展，人们从不同的角度对氧化沟作了深入细致的研究，出现了许多种新型的氧化沟，如 DHV 公司的 Carrousel 2000 型、Carrousel Dlenit 型、DHV-EIMCO Carrousel 氧化沟、丹麦 Kruger 公司的双沟与三沟式氧化沟、德国 Passavant 公司使用 Mammoth Rotor 的深型氧化沟、美国 Envirex 公司的 Orbal 多环型氧化沟。这一阶段的氧化沟进一步考虑到了利用氧化沟进行脱氮除磷处理。在这一时期，氧化沟出现不只是延时曝气低负荷系统，还出现了高负荷氧化沟、要求硝化的氧化沟、要求硝化反硝化及除磷的氧化沟及要求污泥稳定的氧化沟等
曝气净化与污泥的沉淀分离一体化	20 世纪 80 年代初期，美国最早提出将二沉淀池直接设置在氧化沟中的一体氧化沟概念，这一概念在实际中得到迅速发展和应用，并显示出极为广阔的前景。一体化氧化沟由于其中沉淀区结构形式及运行方式不同，有多种型式，如：(1) 沟内带分离器的一体化氧化沟；(BMTS 式) (2) 船形一体化氧化沟；(3) 侧沟或中心岛式一体化氧化沟（中国）；(4) 交替曝气式氧化沟

(二) 主要曝气设备或装置

污水除磷脱氮技术是污水处理领域研究开发和应用的热点，并已取得了长足进展，氧化沟处理工艺作为城市污水和工业污水处理中有较强竞争力的二级生物处理技术已被世界各国广泛采用。曝气设备作为氧化沟处理工艺中最主要的机械设备，是影响氧化沟处理效率、能耗及稳定性的关键因素之一，其不仅兼有充氧、推动、混合等功能，还决定着氧化沟的占地面积和基建投资。随着氧化沟处理工艺对曝气设备的要求越来越高以及能源的日趋紧张，新型高效低能曝气设备的研究已经成为推动氧化沟处理技术发展和节能降耗的重要因素，多年的研究结果使得曝气设备已经在技术上达到了一个很高的水平，完全可以满足污水生物处理工艺对曝气设备的要求，并且在提高能源利用效率方面也取得了较大进步。

1. 曝气转碟

曝气转碟是用于 Orbal 氧化沟的专用曝气装置，它起着充氧、混合、推动水流循环流动和防止活性污泥沉淀等作用。在我国，曝气转盘主要是由聚乙烯或抗腐蚀性玻璃钢压铸成型，转盘表面设有规则排列的楔形凸出物，以增强推动混合和充氧效率，盘上开有许多不穿透小孔(称为曝气孔)，使空气分散到液体中以达到充氧的目的。曝气转碟的充氧能力可通过下面三种方式来调节：

(1) 通过调节出水堰的高低来改变转碟的浸没深度；

(2) 改变转碟电机的转速(通常采用两级变速)；

(3) 增加或减少转碟的碟片数。

天津国水设备工程公司与美国 Envirex 公司合作，引进美国先进的曝气转碟生产模具，在国内独家制造出材料为高强轻质塑料的新型曝气转碟，其主要技术参数为：曝气转碟直径 1400mm；转速 43~55r/min；适用浸没水深 400~530mm。单碟标准清水充氧能力及动力效率见表 9-2、表 9-3 所示。

表 9-2　浸没水深为 530mm 时曝气转碟性能指标(P=101.325kPa，T=20°C)

转速/(r/min)	单碟充氧能力/(kgO_2/h)	动力效率/[kgO_2/(kW·h)]
43	0.75	2.13
46	0.85	2.04
49	0.94	1.97
52	1.04	1.91
55	1.13	1.86

表 9-3　浸没水深为 480mm 时曝气转碟性能指标(P=101.325kPa，T=20°C)

转速/(r/min)	单碟充氧能力/(kgO_2/h)	动力效率/[kgO_2/(kW·h)]
43	0.68	1.94
46	0.77	1.86
49	0.86	1.79
52	0.95	1.74
55	1.03	1.69

2. 曝气转刷

曝气转刷主要有 Kessener 转刷、笼型转刷和 Mammoth 转刷三种，其他产品均是这三种的派生型，一般用于 Pasveer 氧化沟中。曝气转刷叶片一般由镀锌钢板、不锈钢板或者玻璃钢等材料做成，形状也多种多样，有矩形、三角形、T 型、W 型、齿型、穿孔叶片等，主轴一般为热扎无缝钢管和不锈钢管。Kessener 转刷和笼型转刷这两种曝气转刷，一般用于有效水深在 1.5m 以下的氧化沟；Mammoth 转刷是为增加单位长度的推动力和充氧能力而开发的，叶片通过彼此连接直接紧箍在水平轴上，沿圆周均布成一组，每组叶片之间有间隔，叶片沿轴长呈螺旋状分布，在旋转过程中叶片按顺序进入水中，以保证运行的稳定性并可减少噪声；轴为中空钢管，转刷直径可达 1.0m，转速为 70~80r/min，浸没深度为 0.3m，目前最大有效长度可达 9m。其充氧能力可达 $8kgO_2/h$，动力效率一般在 $1.5\sim2.5kgO_2/(kW\cdot h)$ 之间，氧化沟设计有效水深为 3~3.5m。

我国近年来引进国外技术，具备了生产制造曝气转刷的能力，其转刷叶片主要由镀锌钢板做成，形状常采用矩形，各项性能指标基本达到了国际水平，表 9-4 中摘录了不同国家生产的曝气转刷特性的比较。

表 9-4 不同国家生产的曝气转刷特性的比较

国　家	丹　麦	德　国	中　国
直径/mm	860	1000	1000
转速/(r/min)	78	72	72
浸深/m	0.12~0.28	0.30	0.30
充氧能力/(kgO_2/h)	3.0~7.0	8.3	7.8~8.3
动力效率/[$kgO_2/(kW\cdot h)$]	1.6~1.9	1.98	
转刷有效长度/m	2.0、3.0、4.0	3.0、4.5、6.0、7.5、9.0	3.0、4.5、6.0、7.5、9.0
氧化沟设计水深/m	1.0~3.5	2.0~4.0	3.0~3.5

为了取得更高的除磷脱氮效果，则需要一个较大的反应池在其中完成硝化和反硝化过程。由于土地的限制，使得反应池只得向深度方向考虑，有的池深达到了 8m，以往，在这个水深条件下常采用微孔曝气设备，但现在也可以使用曝气转刷。曝气转刷的循环性能可达到水深 3.5m，可以满足不产生沉积的操作要求；在水深大于 3.5m 时，可附加潜水搅拌器，则工作水深达到 8m。

3. 立式表面曝气机

立式表面曝气机是专为 Carrousel 氧化沟设计的，一般每条沟安装一台，置于反应池的一端。立式表面曝气机提升能力强，允许有较大的沟深 4~5m，充氧能力随叶轮直径变化较大，动力效率一般为 $1.8\sim2.3kgO_2/(kW\cdot h)$，适用于大流量的污水处理厂，应用较为广泛。

立式表面曝气机有浮筒式和固定式两种。其中浮筒式整机安装在浮筒上，用钢绳固定于水中，用防水电缆与之连接，它可根据需要在一定范围内移动；而固定式立式曝气机的规格品种最多，目前在我国是以泵型(E 型)及倒伞型叶轮为主。泵型叶轮曝气机是我国自行研制的高效表面曝气机，叶轮直径在 0.4~2.0m 之间，叶轮的充氧方式以水跃为主，液面更新为辅；倒伞型叶轮曝气机的叶轮直径一般在 0.5~2.5m，国内最大的倒伞型叶轮直径为 3m。由于其叶轮直径较泵型大，故其转速较慢，约为 30~60r/min，动力效率为 $2.13\sim2.44kgO_2/(kW\cdot h)$，最佳时可达 $2.51kgO_2/(kW\cdot h)$，倒伞型叶轮曝气机的充氧方式是以液面更新为主，水跃与负压吸氧为辅，目前 Carrousel 氧化沟多采用这种曝气机。

4. 射流曝气

1969 年 Lewrnpt 等创建了第一座试验性射流曝气氧化沟(JAC)，JAC 的优点是氧化沟的宽度和水深不受限制，可以用于深水曝气，且氧的利用率高，在奥地利的林茨，JAC 处理流量为 17.2 万 t/d，水深达 7.5m。

5. 风机微孔曝气器曝气

微孔曝气氧化沟工艺既保留了氧化沟沿水流方向间断曝气和循环流动的特点，又克服了氧化沟因采用表面曝气机而造成的占地面积大、充氧效率低、水流断面流速不均、池底易沉淀等不足，不失为一种可推广使用的工艺。

6. 综合曝气装置

氧化沟也尝试使用各种综合曝气装置，即采用曝气器与水下混合器独立运行，将氧化沟中的水流循环混合作用与曝气传氧作用区分开来，使氧化沟中交替出现缺氧与好氧状态，达到脱氮除磷目的，同时这种运行方式还能取得节能的效果。这种综合曝气系统已在国内外得到应用。

第二节　氧化沟工艺设计

一、进水水质要求与污染物去除效果

（1）水温宜为12~35℃、pH宜为6~9、BOD_5/COD值宜大于0.3；

（2）有去除氨氮要求时，进水总碱度（以$CaCO_3$计）/氨氮（NH_3-N）的比值宜大于等于7.14，不满足时应补充碱度；

（3）有脱总氮要求时，进水的BOD_5/总氮（TN）值宜大于等于4，总碱度（以$CaCO_3$计）/氨氮值宜大于等于3.6，不满足时应补充碳源或碱度；

（4）有除磷要求时，污水中的BOD_5与总磷（TP）之比宜大于等于17；

（5）要求同时除磷、脱氮时，宜同时满足（3）和（4）的要求。

氧化沟工艺对污染物的去除效果可按照表9-5计算。

表9-5　氧化沟工艺对污染物的去除效果

污水类别	主体工艺	污染物及其去除率/%					
		SS	BOD_5	COD	TN	NH_3-N	TP
城镇污水	预（前）处理+氧化沟、二沉池	70~90	80~95	80~90	55~85	85~95	50~75
工业污水	预（前）处理+氧化沟、二沉池	70~90	70~90	70~90	45~85	70~95	40~75

二、工艺设计

（一）一般规定

（1）沟内流态应呈现整体混合、局部推流，进水量远低于池内循环混合液量，形成溶解氧（DO）梯度；

（2）沟内污泥浓度宜维持在2000~4500mg/L；

（3）沟底最低流速不宜小于0.3m/s；

（4）根据脱氮除磷要求，可设置单独的厌氧区（池）、缺氧区（池）；

（5）工艺设计应考虑具备可灵活调节的运行方式；

（6）氧化沟可按两组或多组系列布置，多组布置时宜设置进水配水井；

（7）工艺设计应考虑水温的影响。

（二）主要设计参数和池容计算

1. 去除碳源污染物

氧化沟处理城镇污水或水质类似城镇污水的工业污水去除碳源污染物时，主要设计参数可参照表9-6选取。工业污水的水质与城镇污水水质差距较大时，参数值应通过试验或参照类似工程确定。

表9-6　氧化沟用于去除碳源污染物时的设计参数

项目名称		单　位	参数值
反应池 BOD_5 污泥负荷		$kgBOD_5/(kgMLVSS \cdot d)$	0.14~0.36
		$kgBOD_5/(kgMLSS \cdot d)$	0.10~0.25
反应池混合液悬浮固体平均浓度		kgMLSS/L	2.0~4.5
反应池混合液挥发性悬浮固体平均浓度		kgMLVSS/L	1.4~3.2
MLVSS在MLSS中所占比例	设初沉池	gMLVSS/gMLSS	0.7~0.8
	不设初沉池	gMLVSS/gMLSS	0.5~0.7
BOD_5 容积负荷		$kgBOD_5/(m^3 \cdot d)$	0.20~2.25
设计污泥泥龄		d	5~15(供参考)
污泥产率系数	设初沉池	$kgVSS/kgBOD_5$	0.3~0.6
	不设初沉池	$kgVSS/kgBOD_5$	0.6~1.0
总水力停留时间		h	4~20
污泥回流比		%	50~100
需氧量		$kgO_2/kgBOD_5$	1.1~1.8
BOD_5 总处理率		%	75~95

2. 脱氮

（1）当需要脱氮时，应设置缺氧区，缺氧区的水力停留时间可根据氨氮去除要求选取1~4h。

（2）生物脱氮氧化沟处理城镇污水或水质类似城镇污水的工业污水时，主要设计参数可参照表9-7选取。工业污水的水质与城镇污水水质差距较大时，参数值应通过试验或参照类似工程确定。

表9-7　氧化沟工艺用于脱氮时的设计参数

项目名称		单　位	参数值
反应池 BOD_5 污泥负荷		$kgBOD_5/(kgMLVSS \cdot d)$	0.07~0.21
		$kgBOD_5/(kgMLSS \cdot d)$	0.05~0.15
反应池混合液悬浮固体平均浓度		kgMLSS/L	2.0~4.5
反应池混合液挥发性悬浮固体平均浓度		kgMLVSS/L	1.4~3.2
MLVSS在MLSS中所占比例	设初沉池	gMLVSS/gMLSS	0.65~0.75
	不设初沉池	gMLVSS/gMLSS	0.5~0.65
BOD_5 容积负荷		$kgBOD_5/(m^3 \cdot d)$	0.12~0.50
总氮负荷率		$kgTN/(kgMLSS \cdot d)$	≤0.05
设计污泥泥龄(供参考)		d	12~25
污泥产率系数	设初沉池	$kgVSS/kgBOD_5$	0.3~0.6
	不设初沉池	$kgVSS/kgBOD_5$	0.5~0.8
污泥回流比		%	50~100
缺氧水力停留时间		h	1~4

续表

项目名称	单位	参数值
好氧水力停留时间	h	6~14
总水力停留时间	h	7~18
混合液回流比	%	100~400
需氧量	$kgO_2/kgBOD_5$	1.1~2.0
BOD_5 总处理率	%	90~95
NH_3-N 总处理率	%	85~95
TN 总处理率	%	60~85

3. 同时脱氮除磷

（1）当同时脱氮除磷时，宜设置厌氧区(池)、缺氧区(池)。

（2）生物脱氮除磷氧化沟处理城镇污水或水质类似城镇污水的工业污水时主要设计参数可参照表 9-8 选取。工业污水的水质与城镇污水水质差距较大时，参数值应通过试验或参照类似工程确定。

表 9-8　氧化沟工艺用于脱氮除磷时的设计参数

项目名称		单位	参数值
反应池 BOD_5 污泥负荷		$kgBOD_5/(kgMLVSS \cdot d)$	0.10~0.21
		$kgBOD_5/(kgMLSS \cdot d)$	0.07~0.15
反应池混合液悬浮固体平均浓度		kgMLSS/L	2.0~4.5
反应池混合液挥发性悬浮固体平均浓度		kgMLVSS/L	1.4~3.2
MLVSS 在 MLSS 中所占比例	设初沉池	gMLVSS/gMLSS	0.65~0.7
	不设初沉池	gMLVSS/gMLSS	0.5~0.65
BOD_5 容积负荷		$kgBOD_5/(m^3 \cdot d)$	0.20~0.7
总氮负荷率		$kgTN/(kgMLSS \cdot d)$	≤0.06
设计污泥泥龄(供参考)		d	12~25
污泥产率系数	设初沉池	$kgVSS/kgBOD_5$	0.3~0.6
	不设初沉池	$kgVSS/kgBOD_5$	0.5~0.8
厌氧水力停留时间		h	1~2
缺氧水力停留时间		h	1~4
好氧水力停留时间		h	6~12
总水力停留时间		h	8~18
污泥回流比		%	50~100
混合液回流比		%	100~400
需氧量		$kgO_2/kgBOD_5$	1.1~1.8
BOD_5 总处理率		%	85~95
TP 总处理率		%	50~75
TN 总处理率		%	55~80

(三) 沟型与设备布置的有关要求

(1) 氧化沟的直线长度不宜小于 12m 或水面宽度的 2 倍(不包括同心圆向心流氧化沟)。

氧化沟的宽度应根据场地要求、曝气设备种类和规格确定。

(2) 氧化沟的超高应根据曝气设备确定，当选用曝气转刷、曝气转盘时，超高宜为0.5m；当采用垂直轴表面曝气机时，在放置曝气机的弯道附近，超高宜为0.6~0.8m，其设备平台宜高出设计水面1~1.2m。

(3) 氧化沟内应设置导流墙、挡流板。其中导流墙的设置应符合以下规定：

① 导流墙宜设置成偏心导流墙，导流墙的圆心一般设在水流进弯道一侧。设置一道导流墙的参考数据见表9-9，导流墙(一道)设置示意图见图9-1。

表9-9　设置一道导流墙时的有关参考数据

转刷长度(直径1m)/m	氧化沟沟宽(B)/m	导流墙偏心距(△)/m	导流墙半径(R)/m
3.0	4.15	0.35	2.25
4.5	5.56	0.50	3.00
6.0	7.15	0.65	3.75
7.5	8.65	0.60	4.50
9.0	10.15	0.95	5.25

② 导流墙的数量一般根据沟宽确定，沟宽小于7.0m时，可只设一道导流墙，沟宽大于7.0m时，宜设两道或多道导流墙，设两道导流墙时外侧渠道宽为沟宽的1/2；

③ 导流墙在下游方向可延伸一个沟宽的长度；

④ 导流墙宜高出设计水位0.3m。导流墙实物图见图9-2。

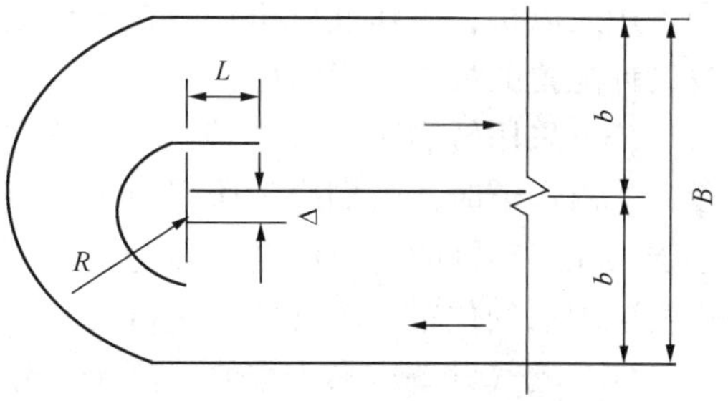

图9-1　导流墙(一道)设置示意图

(a) 双导流墙

(b) 单导流墙

图9-2　导流墙图

(4) 曝气转刷上游和下游宜设置挡流板，挡流板宜设在水面下。上游挡流板高1~2m，垂直安装于曝气转刷上游2~5m处。下游挡流板通常设置于曝气转刷下游2~3m处，与水平成60°角倾斜放置，顶部在水面下150mm，挡板下部宜超过1.8m水深。

(5) 竖轴式机械表曝机设在氧化沟转弯处时，该转弯处不应设导流墙。

(6) 椭圆形氧化沟不宜设置挡流板。

(四) 回流系统设置要求

(1) 混合液回流可通过设置内回流设施使氧化沟好氧区(池)混合液回流至缺氧区(池)；

(2) 污泥回流设施可采用离心泵、混流泵、潜水泵、螺旋泵或空气提升器。当生物处理系统中带有厌氧区(池)、缺氧区(池)时，应选用不易复氧的污泥回流设施；

(3) 污泥回流设施宜分别按生物处理系统中的最大污泥回流比计算确定；

(4) 污泥回流设备应不少于2台，并设置备用设备，空气提升器可不设备用；

(5) 混合液回流和污泥回流设备宜有调节流量的措施。

(五) 主要设备设置要求

1. 曝气设备

(1) 氧化沟应根据污水特性、去除效率及运行条件等计算标准状态下污水需氧量，再根据曝气设备的充氧能力、动力效率选择满足充氧要求的曝气设备，如竖轴式机械表面曝气、转刷曝气、转盘曝气、潜水曝气、一般的鼓风机供氧等；

(2) 氧化沟宜有调节叶轮、转刷或转盘速度的控制设备；

(3) 采用竖轴式机械表面曝气机曝气时，曝气机应设在弯道处，安装时设备应向出水端偏移。叶轮升降行程为±100mm，叶轮线速度采用3.5~5m/s。竖轴式机械表面曝气机可按需氧量的20%备用，并有不少于1台采用变频调速控制。转刷和转盘曝气机宜备用1~2台；

(4) 采用风机曝气时，鼓风机房应预留备用风机，工作风机台数在4台以下时，应设1台备用鼓风机；工作鼓风机台数在4台或4台以上时，应设2台备用鼓风机。备用鼓风机应按设计配置的最大机组考虑；

(5) 采用转刷曝气时，转刷应布置在进弯道前一定长度(氧化沟的沟宽加1.6m)的直线段上。出弯道时，转刷应位于弯道下游直线段5m处。在直线段上的曝气转刷最小间距不宜小于15m。转刷的淹没深度一般为0.15~0.3m。转刷或转盘应在整个沟宽上满布，并有足够安装轴承的位置。曝气转碟也可安装在沟渠的弯道上；转盘的浸深一般为0.4~0.55m；

(6) 曝气设备应易于维修，易于排除故障。

2. 进出水装置

(1) 氧化沟的进水和回流污泥进入点一般宜设在曝气器的下游。有脱氮要求时，进水和回流污泥宜设在氧化沟的缺氧区(池)，与曝气设备保持一定的距离。氧化沟的出水点应设在进水点的另一侧，并与进水点和回流污泥进入点足够远，以避免短流。有除磷要求时，从二沉池引出的回流污泥可通至厌氧区(池)或缺氧区(池)，并可根据运行情况调整污泥回流量；

(2) 氧化沟宜在进水管上设置闸板或闸阀；

(3) 氧化沟的出水口宜设置溢流堰。双沟式、三槽氧化沟应设可调溢流堰，并设自动控制，与进水阀门的自动启闭相互呼应。当作为沉淀池出水堰时，堰上水深不宜大于50mm。微孔曝气氧化沟可设固定溢流堰，其他氧化沟反应池出水宜采用可调溢流堰；

(4) 氧化沟宜设置放空管和清液排放管；

3. 搅拌、推流装置

(1) 氧化沟应确保沟底不产生沉泥。池内介质距池底0.3m，水平平均流速宜控制在0.25~0.3m/s之间；

(2) 氧化沟选择的曝气设备不能满足推动和混合要求时，宜增设搅拌、推流装置。为使介质混合均匀宜设搅拌机，为使介质循环流动、产生层面推流作用宜设推流器；

(3) 搅拌机选型时应考虑池型，搅拌机设置的容积功率宜控制在3~10W/m^{3}之间；

(4) 推流器选型时的推力选择应考虑池型、导流墙设置、曝气机设置、曝气量等因素，推流器设置的容积功率宜控制在1~3W/m^{3}之间。

4. 内回流门

竖轴表曝机氧化沟利用其流速将混合液回流至缺氧区（池）时，可设置内回流门。内回流门的设计应根据混合液回流量计算确定。内回流门见图 9-3。

图 9-3　氧化沟内回流门

（六）其他

（1）当出水总磷不能达到排放标准要求时，宜采用化学除磷作为辅助手段；

（2）最佳药剂种类、剂量和投加点宜通过试验确定；

（3）化学除磷的药剂可采用铝盐、铁盐，也可采用石灰。用铝盐或铁盐作混凝剂时，宜投加离子型聚合电解质作为助凝剂；采用铝盐或铁盐作混凝剂时，其投加混凝剂与污水中总磷的摩尔比宜为 1.5~3；化学药剂储存罐容量应为理论加药量的 4~7d 投加量，加药系统不宜少于 2 个，宜采用计量泵投加；

（4）接触铝盐和铁盐等腐蚀性物质的设备和管道应采取防腐蚀措施。

第三节　氧化沟的主要类型与应用

一、奥贝尔氧化沟

（一）典型 Orbal 氧化沟

1. 基本工艺

Orbal 氧化沟又称同心沟型氧化沟，池型为圆形或椭圆形，目前实际应用多为椭圆形的三环道组成。该氧化沟在南非开发并于 20 世纪 70 年代引入美国后得到迅速推广，至今已有多座污水处理厂运行。典型的奥贝尔氧化沟由三个相对独立的同心椭圆形沟道组成，污水通常由外沟道进入沟内，然后依次进入中间沟道和内沟道，最后经中心岛流出，至二次沉淀池。沟道之间采用隔墙分开，相对独立，隔墙一般使用 150~200mm 厚的现浇钢筋混凝土构造，隔墙下部设有必要面积的通水口。其中外沟道容积达 50%~70%，处于低溶解氧状态，主要的有机物氧化及 80%的脱氮均在外沟道完成；内沟道体积约为 10%~20%，维持较高的溶解氧（2mg/L）；各沟道宽度由工艺设计确定，一般不大于 9m，有效水深一般在 4.0~4.5m，沟中的流速 0.3m/s。典型构造见图 9-4。

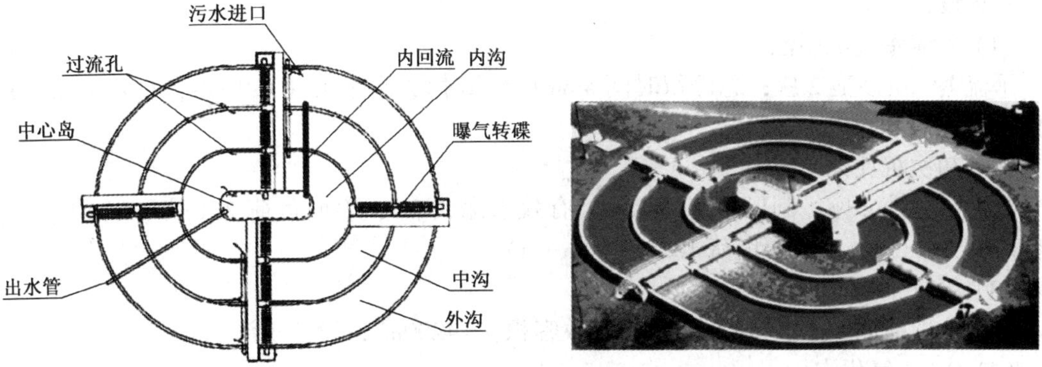

图 9-4　典型 Orbal 氧化沟构造图

该工艺具有投资省、处理效率高、可靠性好、管理方便和运行维护费用低等优点。当脱氮要求较高时，可以增设内回流系统(由内沟道回流到外沟道)，提高反硝化程度。奥贝尔氧化沟脱氮效果很好，但除磷效率不够高，要求除磷时还需增加厌氧池。奥贝尔氧化沟作为较优化的工艺之一，适用于中小规模的污水处理厂，在国内，现已在山东潍坊、重庆市南川、北京大兴和山东莱西等多个城市污水处理厂应用。Orbal 氧化沟采用转碟表曝机，混合效率较高，水流在沟内的速度最高可达 0.6~0.7m/s，在外沟道使水流能快速进行有氧、无氧交换，交换次数可达 500~1000 次(取决于外沟道转碟设置的数量)，可同时进行有机物的氧化降解和氮的硝化、反硝化，并可有效地去除污水中的磷。在中沟与内沟中污水中的有机物进一步得到去除降解，出水水质好。

2. 工艺特点

(1) 氧化沟为圆形或椭圆形的平面形式，可利用水流惯性，节省推动水流的能耗；

(2) 采用多沟串联的形式可减少水流短路的现象；

(3) 比常规单沟式氧化沟或一般延时曝气活性污泥法节能，外沟的溶解氧平均浓度为零，氧传递系数大，可减少实际所需的供氧量；

(4) 主要缺点是能耗大，投资、运行成本相对较高。

3. 主要技术参数

(1) 外沟、中沟、内沟体积的分配比一般为：60%~70%、20%~30%、10%；

(2) 充氧量的分配依次为 65 : 25 : 10，外沟、中沟、内沟溶解氧浓度控制在 0、1mg/L、2mg/L；

(3) 氧化沟深度一般为 2~3m，曝气转碟浸没深度在 22.8~53.3cm；

(4) 污泥浓度为 3000~6000mg/L，污泥回流比不小于 60%；

(5) 污泥负荷为 0.07~0.4kgBOD_5/(kgMLSS · d)；

(6) 水力停留时间为 4~24h；

(7) 污泥龄一般为 9d。

4. 工程实例

潍坊市污水处理厂一期处理规模流为 10 万 m^3/d，最大设计流量 5417m^3/h，平均流量 4167m^3/h。其工艺流程为：

污水→曝气沉砂池→初沉池→厌氧生物选择池→氧化沟→沉淀池→消毒→排水

↓

污泥浓缩池→污泥消化池

具体设计如下：

(1) 平流曝气沉砂池

平流曝气沉砂池 2 座，总停留时间 4min(高峰时)，水平流速 0.1m/s，有效水深 2.67m，单位曝气量 0.2m^3/(m^3 · h)。

(2) 初次沉淀池

初次沉淀池 2 座，圆形，直径 42m，有效水深 3.2m，表面负荷 2.1m^3/(m^2 · h)，水力停留时间为 1.5h，出水堰负荷 10.8m^3/(m · h)。

(3) 厌氧生物选择池

水力停留时间 1h(平均时流量)，有效容积 V=4200m^3，设计水深 5m。

(4) Orbal 氧化沟

Orbal 氧化沟两组，污泥龄 9d，污泥负荷 0.123kgBOD_5/kgMLSS，容积负荷 0.4312kgBOD_5/

($m^3 \cdot d$)，混合液浓度 3.5g/L，剩余污泥产率 0.9kg/($kgBOD_5 \cdot d$)，剩余污泥 12150kg/d，反硝化/硝化体积比 25%，反硝化率 75%；总池容 31420m^3，内、中、外三沟道的容积分配为 17%、33%、50%，水力停留时间为 8.02h，总标准需氧量为 1408kg/h，供氧分配比例为外沟、中沟、内沟 52 : 30 : 18，外沟、中沟、内沟溶解氧分配分别为 0、1 mg/L、2 mg/L。

(5) 二淀池

二淀池 4 座，水力负荷 0.93 $m^3/(m^2 \cdot h)$，有效水深 4 m，水力停留时间 3.2 h，出水堰负荷 5.1$m^3/(m \cdot h)$，回流污泥浓度 7g/L，污泥回流比 100%。

(6) 浓缩池

浓缩池 2 座，固体表面负荷为 50kg/m^3，停留时间 2d，浓缩后污泥浓度 60g/L。

(7) 污泥消化池

污泥消化时间 20d，中温消化温度 35℃，消化池总有效容积 15600m^3，直径 22.3m，总高度 27.44m，沼气产率 0.3m^3/kgVSS，沼气产量 5377m^3/d，机械搅拌能力 3060 m^3/h，消化池顶部设计气压值 5.39kPa。

(二) 一体化 Orbal 氧化沟

1. 工艺

一体化 Orbal 氧化沟是将二沉池与氧化沟合建，将二沉池建于氧化沟中心，形成一个大的同心圆结构，这种形式既能节省占地，又能减少土建与管道的工程量，减少水头损失，节省投资与运行经费。根据沉淀池的设置，目前有以下三种形式。

1) 曝气-沉淀一体化氧化沟

曝气-沉淀一体化氧化沟工艺流程示意图见图 9-5，其中的沉淀与斜管沉淀类似，沉淀用导流板也可以采用斜管或者斜板。

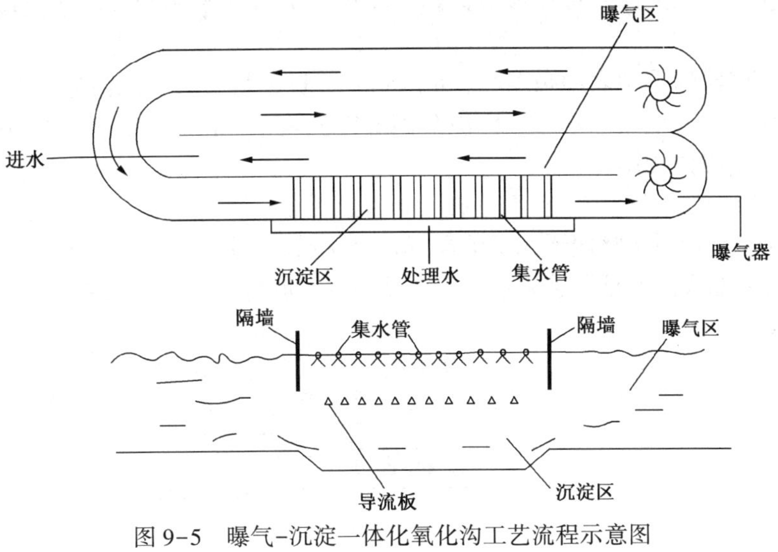

图 9-5　曝气-沉淀一体化氧化沟工艺流程示意图

其特点有：

(1) 将二沉池建在氧化沟内，完成曝气、沉淀任务；

(2) 沉淀区由隔墙、三角形导流板、集水管三部分组成；

(3) 不需要污泥回流系统，占地省，节省基建和运行费用。

2) 侧渠形一体氧化沟

侧渠形一体氧化沟侧沟与中心岛内安装固液分离器进行泥水分离，固液分离器是侧渠形一体氧化沟技术的关键，具有固液分离和污泥回流两大功能，直接决定出水水质的好坏。固液分离器的底部采用一系列均匀排列的斜倒等腰三角形横梁，保证了混合液的均匀进入和沉淀污泥的迅速回流，侧渠作为二次沉淀池，交替运行、交替回流污泥。固液分离器分离原理示意图见图 9-6。

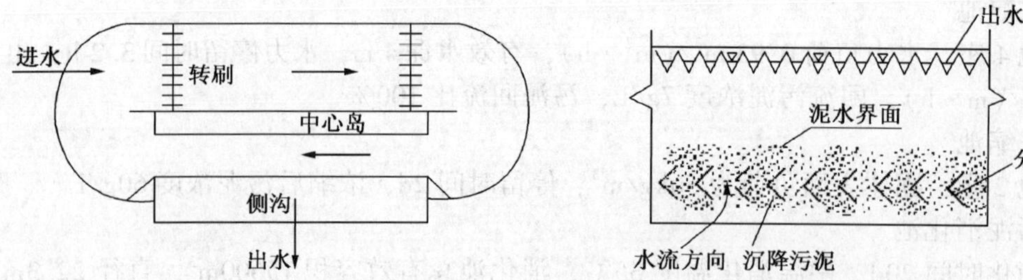

图 9-6　侧渠形一体氧化沟及固液分离器分离原理示意图

固液分离器具有与二沉池相同的功能，但沉淀机理与主要靠重力作用的二沉池又有显著的不同。在氧化沟中，当混合液由主沟进入固液分离组件后，由于组件的特殊构造，水流方向会发生较大的变化，造成较强烈的紊动，这时混合液中的污泥颗粒正处于前期絮凝阶段，紊动对絮凝的影响不大；随着絮凝不断进行，污泥颗粒越来越大，污泥的絮凝过程到了后期絮凝阶段，紊动的不利影响越来越大，与絮凝过程的要求相适应，这时混合液流过组件弯折，流速大大降低，且流动开始趋于缓和。絮凝成形的污泥颗粒在不断上升的过程中，密度越来越大，流速越来越小，慢慢开始发生沉降的污泥颗粒还会被池底不断涌入的混合液的上升水流所冲击，当重力与向上的冲击力相等时，污泥保持动态的静止，于是形成了一个活性污泥悬浮层，悬浮层中的颗粒在固液分离器里不断增大，在控制合理的水流速度下，污泥颗粒得到沉降。

一般固液分离器的平均表面负荷为 $50m^3/(m^2 \cdot d)$，是一般二沉池的 1.5~2 倍，因而可比一般的二沉池节省占地 1/3~1/2，固液分离器能实现污泥的自动回流，能节省工程造价和日常运行、管理及维护费用。

3）船形一体化氧化沟

船形一体化氧化沟系指将船形二沉池设置在氧化沟内，用于进行泥水分离，出水由上部排出，污泥则由沉淀船底部的排泥管直接排入氧化沟内，船形一体化氧化沟示意图见图 9-7。

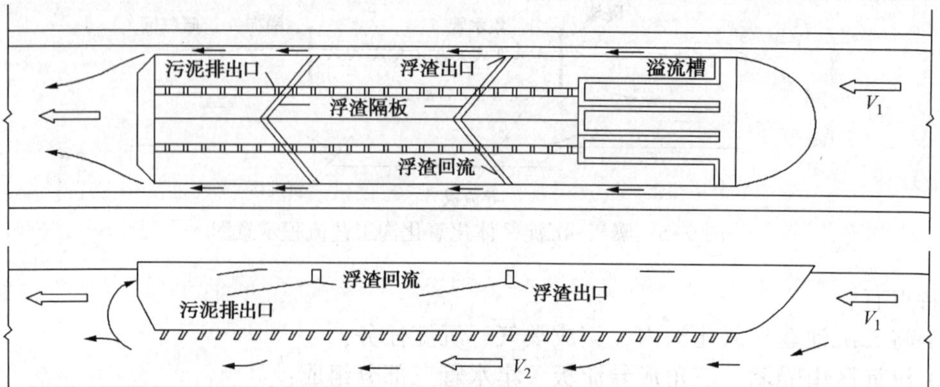

槽内流速V_1为船式沉淀池部流速V_2的60%

图 9-7　船形一体化氧化沟示意图

安阳市豆腐营工业区污水处理工程采用水解+接触氧化+一体化氧化沟工艺，处理工业污水，设计规模为1.2万m^3/d，该一体化氧化沟沉淀船为多斗式结构，每斗有一根排泥管与氧化沟相通，船长24m，宽7m，有效水深1.2m。实际有效容积$202m^3$，设计处理水量为$250m^3/h$，静态条件下水力停留时间48min。实际运行中，先后采用了两种运行方式，其中反向进水运行方式如图9-8所示。

氧化沟内水流方向为A→B，在沉淀船内D点处设置淹没式整流墙整流，水由D点溢流进入船内，水流方为D→C，与氧化沟内水流方向相反。当连续运行时，沉淀船内几乎没有沉淀发生，出水中携带的污泥浓度与沟内浓度一样，沉淀船内仅在进口不远处有清水区，而在出水区则完全成为泥水混合液。在反向进水无法运行时，有关专家建议采用正向进水方式，并形成了如图9-9所示的运行方式。

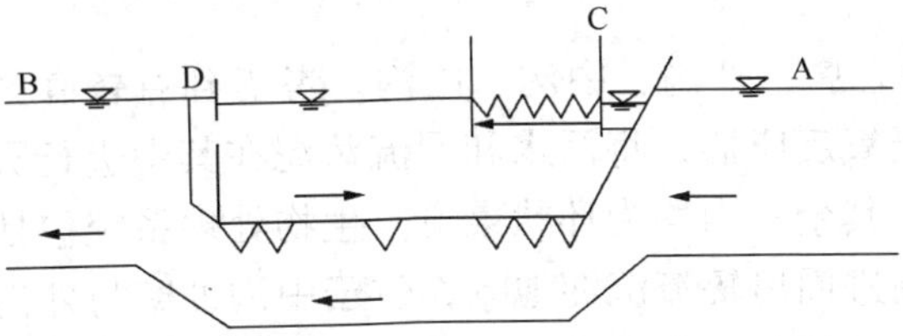

图9-8　反向进水运行方式示意图

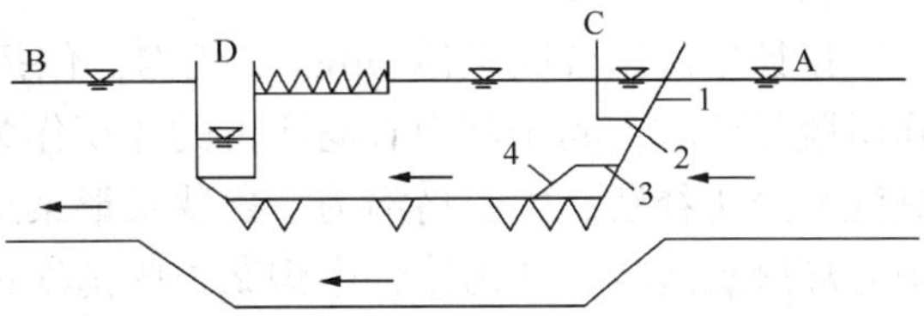

图9-9　正向进水运行方式示意图
1—船头；2—进水孔；3—折流板；4—斜板

氧化沟内水流方向仍为A→B，沉淀船内水流方向为C→D，进入沉淀船的水由船头流入进水槽内，由槽底17个20cm×20cm的进水孔进入沉淀船，底部加设折流板，并在船进水区加设斜板，使进水区域内船与沟相分离。这种运行方式基本上能稳定运行且污泥也不会大量流失，但还是存在一些问题，如沉淀船上部存在10cm深的死水区，长时间运行，其表面易滋生绿藻并聚积腐泥。

4）组合式一体化Orbal氧化沟

以Orbal氧化沟和圆形二沉池为基础，将厌氧池、二沉池、硝化液回流、污泥回流系统与Orbal氧化沟组合为一体的氧化沟，具有占地面积小、投资省、能耗低、运行管理更方便等优点，其示意图见图9-10。

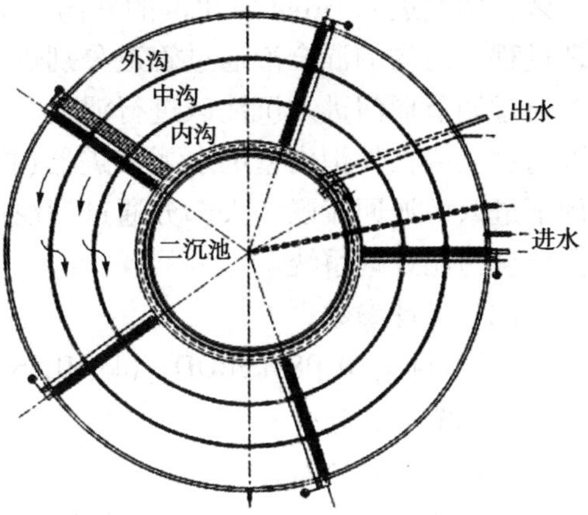

图9-10　一体化Orbal氧化沟构造示意图

无锡市城北污水处理厂采用上述一体化Orbal氧化沟工艺，设计进、出水水质如表9-10所示，工程中使用的一体化Orbal氧化沟工艺平面布置图见图9-11。

表9-10　一体化Orbal氧化沟工艺设计进、出水水质　mg/L

项　目	BOD	COD	SS	NH_3-N	磷酸盐
进水	200	600	300	25	4
出水	20	60	20	8(15)	1

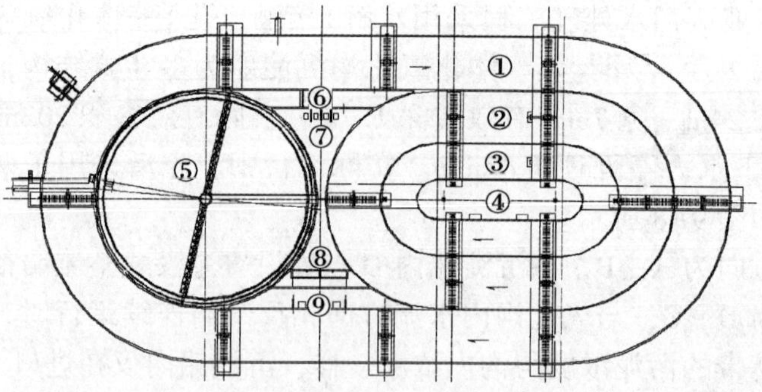

图 9-11　污水处理厂一体化 Orbal 氧化沟工艺平面布置图

(1) 工艺组成

设计采用组合厌氧池 Orbal 氧化沟，包括中心岛、外沟、中沟、内沟。考虑到有较高的除磷脱氮要求，利用其中心岛所占的体积作为厌氧反应器，将污水和回流污泥在其中进行厌氧混合强化释磷。中心岛沟为一条狭长形渠道，其余三沟均为环状渠道。生物处理系统包括中心岛厌氧区④、外沟①、中沟②、内沟③；周进周出辐流沉淀池⑤，位于中沟外壁与外沟内壁之间，与外沟内壁共享半圆墙体；利用中沟外壁与外沟内壁与二沉池间的空余空间分隔为 4 个区，一侧设置传统的外回流系统，分为进水泥水混合区⑥和污泥回流区⑦；另一侧设置传统的内回流系统，分为氧化沟出水区⑧和硝化液回流区⑨。

(2) 工艺流程

原水先进入泥水混合区，与从污泥回流区回流的活性污泥混合后通过管道进入中心岛厌氧区，依次进入 Orbal 氧化沟的外沟、中沟、内沟，完成有机物的降解、脱氮和除磷生物处理过程。内沟的混合液通过管道分别进入出水区和硝化液回流区，进入氧化沟出水区的混合液通过调节堰门进入沉淀区进行泥水分离，在沉淀区内完成泥水分离后，出水排放。而混合液通过安装在外沟内壁的水下推进器(内回流泵)回流至外沟。沉淀区污泥在静水压力的作用下进入污泥回流区，大部分通过污泥回流泵回流至进水泥水混合区，小部分由剩余污泥泵排出至污泥处理系统。

(3) 设计参数

污泥负荷：0.085kgBOD_5/(kgMLSS · d)；

污泥浓度：4g/L；

设计水温：15℃；

污泥产率：0.9kgMLSS/(kgBOD_5 · d)；

外回流比：70%～100%；

内回流比：100%～300%；

水下搅拌器能耗：5W/m^3 污水。

(4) 设施

① 中心岛沟。中心岛沟设计为一个推流式厌氧选择器，污水和回流污泥可在管道内及中心岛沟前端发生反硝化作用，从而消除或减弱 NO_x-N 浓度，减少对聚磷菌释磷的不利影响，中心岛为缺氧环境，聚磷菌可在此释磷。中心岛沟长为 60m，宽为 4m，岛沟的有效水深为 4.45m，水力停留时间约 67min。在沟的起始端与中部各设水下搅拌器 1 台，功率为 5.5kW，用以实现污水与回流污泥的混合、推动水流前进。除必要的检修孔洞外，沟顶均用

钢筋混凝土盖板覆盖，作为氧化沟内沟和中间沟曝气机组的电机传动装置的安装与检修平台，有利于维持沟内的厌氧环境。

② 外沟、中沟、内沟。外沟是 Orbal 氧化沟发生硝化和反硝化反应的主要场所，中心岛(厌氧选择器)的出水进入外沟。外沟设计沟宽为 9m，有效水深为 4.2m，有效容积为 8541m^3，占氧化沟总池容的 57.7%。外沟设 9m 长的转碟曝气机组 6 套，每套安装直径为 1.4m 曝气转碟 40 片，单机功率为 30kW。外沟最大供氧量为 4100kg/d，占系统总供氧量的 50%，外沟频繁地按照好氧-缺氧交替运行。

中沟宽为 5 m，沟渠容积为 3729m^3，占氧化沟总池容的 25.4%，池内溶解氧控制在 1mg/L 左右，可促进有机物降解和硝化反应的进行。内沟宽为 4m，沟渠容积为 2507m^3，占氧化沟总池容的 16.9%，池内溶解氧控制在 2mg/L 左右，使剩余的 BOD_5 进一步得到降解，NH_3-N 通过硝化作用而被去除，同时保证氧化沟出水溶解氧的含量。

中沟和内沟各安装曝气转碟 6 套，每套配备直径 1.4m 的曝气转碟，数量分别为 22 片和 16 片，两沟中的每套曝气转碟共用 1 台电机及 1 套传动装置和转轴，共设 6 套，每台电机功率为 30kW。

为适应水量、水质的变化，直线段上的转碟均采用双速电机，其余采用单速电机。为获得较高的总氮去除率，消除硝酸盐对除磷的不利影响，设计中考虑了混合液回流。内沟的混合液通过敷设在氧化沟底的管道进入与外沟共壁的出水井，再经安装在池壁上的内回流泵进入外沟，共设 3 台 RCP 回流泵，流量为 1042m^3/h，扬程为 10kPa，功率为 10kW，回流比为 100%~300%。

出水井内安装 1 台出水调节堰门，堰宽 7m，通过调节堰门的堰上水头来控制氧化沟曝气转碟的淹没深度，从而达到调节充氧量的目的。

③ 二沉池。采用周进周出辐流式沉淀池，共设 2 座，每座处理规模为 25000m^3/d，内径为 40m。最大流量时，表面负荷为 1.08m^3/(m^2·h)；平均流量时，表面负荷为 0.78m^3/(m^2·h)。最大固体表面负荷率为 208kgMLSS/(m^2·d)，沉淀时间为 3.1h，池体总高度为 5m，有效水深为 4m。进水管采用 *DN*900 钢管进入周边进水槽，再通过配水管均匀布水，进水槽从始端 1000mm 宽渐缩到末端的 350mm 宽；出水采用不锈钢环形出水槽，单侧溢流三角堰出水。每池安装中心传动单管吸泥机 1 台，排泥通过吸泥机的作用由安装在池外的套筒阀控制，通过 *DN*700 管进入污泥回流泵房。

二、卡鲁塞尔氧化沟

卡鲁塞尔(Carrousel)氧化沟是 1967 年由荷兰的 DHV 公司开发研制的。它的研制目的是为满足在较深的氧化沟沟渠中使混合液充分混合，并能维持较高的传质效率，以克服小型氧化沟沟深较浅、混合效果差等缺陷。Carrousel 氧化沟采用垂直安装的低速表面曝气器，每组沟渠安装一个，均安设在一端。靠近曝气器下游为富氧区，靠近曝气器上游为缺氧区。进水与回流污泥混合后在沟内循环流动，污水多次经富氧区和缺氧区可创造良好的生物脱氮环境。当有机负荷较低时，可以停止某曝气器的运行，在保证水流搅拌混合循环的前提下，节约能量消耗。至今世界上已有上千座 Carrousel 氧化沟系统正在运行，其应用领域涉及各行各业的污水处理，处理规模从 400m^3/d 到 113 万 m^3/d 不等，我国也已有几十座污水处理厂采用此工艺。

Carrousel 氧化沟使用立式表曝机，曝气机安装在沟的一端，因此形成了靠近曝气机下游

图 9-12　Carrousel 的 OXYRATOR 表曝机

的富氧区和上游的缺氧区，有利于生物絮凝，使活性污泥易于沉降，BOD_5 的去除率可达 95%~99%，脱氮效率约为 90%，除磷效率约为 50%，如投加铁盐，除磷效率可达 95%。

（一）表曝机

与氧化沟的其他曝气设备比较，Carrousel 的 OXYRATOR 表曝机克服了转刷、碟刷曝气机机械零件多、日常维护量大的缺点，一般一组氧化沟只需布置 1~3 台表曝设备，故维护量较小，运行管理方便。Carrousel 的 OXYRATOR 表曝机见图9-12。

由于 OXYRATOR 的独特设计和叶轮形状，叶轮的转动使水流受到剧烈搅拌，刚进入池中的污水很快与池中的污水混合，在曝气区附近形成完全混合的流态。由于叶轮的特殊形状，在其旋转过程中会对水流产生一个向上的提升作用，使池底的水也可翻到上方来。水流上升到上部后，又被叶轮甩向四周，从而在卡鲁塞尔沟道中形成一种螺旋状推进的水流形态，这使得卡鲁塞尔 2000 氧化沟中同时具备了完全混合和推流的水力流态。另外通过合理的沟道形状、隔墙布置，可实现向污水中充氧、搅拌和推流三个功能和最优组合，从而保证整个系统最低的能耗和最佳的处理效果。在充氧方面，可能通过以下两种方式实现充氧的调节和控制能量的变化，一是采用变频驱动装置，来调节叶轮的转速；另外通过调整氧化沟出水堰的高度或调节叶轮浸没深度，从而达到节能的目的。

（二）池型和功能

在池型和功能方面，Carrousel 氧化沟已有 Carrousel 1000 型、Carrousel 2000 型及 Carrousel 3000 型、AB-卡鲁塞尔®、MBR-卡鲁塞尔®以及其他形式的 Carrousel。

1. Carrousel 1000

Carrousel 1000 针对小规模污水处理厂而设计，适合于小型工业污水或社区内的污水处理。Carrousel 1000 系统以去除 BOD_5 为主要目的，具有一定的脱氮除磷效果；Carrousel 氧化沟使用立式表曝机，曝气机安装在沟的一端，因此形成了靠近曝气机下游的富氧区和上游的缺氧区，有利于生物絮凝，使活性污泥易于沉降，设计有效水深 4~4.5m，沟中的流速 0.3m/s。其 BOD_5 的去除率可达 95%、脱氮效率约为 90%、除磷效率约为 50%。

2. Carrousel 2000 氧化沟

1）Carrousel 2000 氧化沟基本工艺

Carrousel 2000 氧化沟实体以及内部布置见图 9-13。

Carrousel 2000 氧化沟是美国 EIMCO 公司专为卡鲁塞尔系统设计的一种先进的生物脱氮除磷工艺，它的构造上的主要改进是在氧化沟内设置了一个独立的缺氧区，缺氧区回流渠的端口处装有一个可调节的活门，即内回流控制门，内回流流量的具体控制方法是调节设置在位于好氧区和前反硝化区之间的混合液内回流通道上的内回流控制门的开度。内回流门顶部装有位置指示器，见图 9-14。卡控系统根据进水水量、水质以及有关工艺参数和条件，可在自控系统上给出达到适当流量的开度值。结合内回流门上的指示器，操作人员可方便地对开度进行调整，从而将内回流量调整到最优化值上。在运行中，根据出水含氮量的要求，调节内回流门张开程度，可控制进入缺氧区的流量。缺氧和好氧区合建式氧化沟的关键在于对曝气设备充氧量的控制，必须保证进入回流渠处的混合液处于缺氧状态，为反硝化创造良好

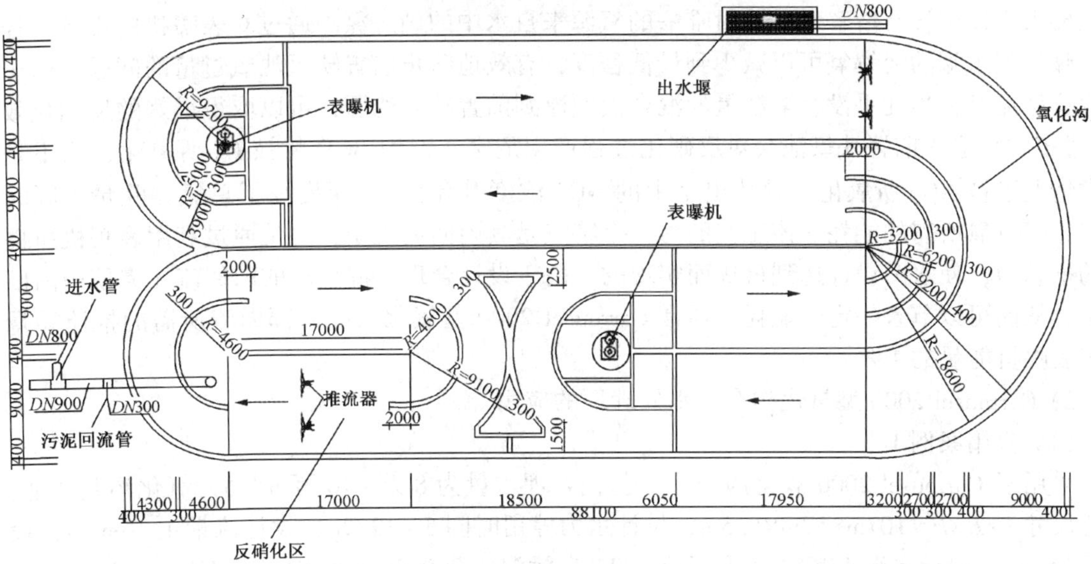

图 9-13　Carrousel 2000 氧化沟

图 9-14　内回流控制门

环境。缺氧区内有潜水搅拌器，具有混合和维持污泥悬浮的作用。据介绍其出水水质 BOD：TSS：TN=10：15：(7~10)。

混合液回流通过沟型布置和水力设计自然实现，无需设置额外的回流设备和管线；并且可通过内回流控制门对内回流量进行方便地调节，简化了系统，节省了投资。

Carrousel 2000 型氧化沟由于其特殊的预反硝化区的设计(容积占整个 Carrousel 氧化沟的 10%~20%，安装有 2 个推进器)，在缺氧条件下(预反硝化区)通过简单的水力控制，进水与回流污泥及一定量的混合液(该量可通过内部回流控制门调节)充分混合，进行反硝化作用；剩余部分(总容积的 80%~90%)包括有氧和缺氧区，用于硝化和内源反硝化作用同时进行，也用于磷的富集吸收。

卡鲁塞尔 2000 系统设置专门厌氧区，在没有溶解氧和硝态氮存在的厌氧条件下，兼性细菌将溶解性 BOD 转化成低分子发酵产物，生物聚磷菌将优先吸附这些低分子发酵产物，并将其运送到细胞内、同化成胞内炭源存贮物，所需能量来源于聚磷的水解以及细胞内糖的水解，并导致磷酸盐的释放。经厌氧状态释放磷酸盐的聚磷菌在好氧状态下具有很强的吸磷能力，吸收、贮存超出生长需求的磷量，并合成新的聚磷菌细胞、产生富磷污泥，通过剩余污泥的排放将磷从系统中除去。

在缺氧条件下(水中溶解氧浓度很低，但是有 NO_3^-，NO_2^-等电子受体存在)，微生物能够利用 NO_3^-、NO_2^-这些电子受体(而不是氧)，氧化水中的有机物机质，而将 NO_3^-、NO_2^- 还原成氮气，从系统中放出，从而达到脱氮的目的，而卡鲁塞尔 2000 系统在进水端设置专门的前反硝化区，在富含 NO_x^--N 的回流混合液与含有大量新鲜炭源的进水在前反硝化区混合，反应条件和环境都十分有利于反硝化菌的作用，因此反硝化程度提高，改进了生物脱氮的效果。

Carrousel 2000 型氧化沟的推流式模型对前置缺氧池反硝化工艺是极其重要的。反硝化工艺要求水体中没有溶解氧，此时唯一的氧源来自水中的硝态氮。通过对表曝机的设计与控制，曝气区末端的溶解氧可以减少到最低程度，有效地防止前置缺氧池氧过量的问题，由于采取这种流型，当几乎没有溶解氧的混合液回流到前置缺氧池后，可以取得最好的反硝化效果(过多的氧进入前置缺氧池会对反硝化过程产生危害，因为 BOD 将被 O_2 所氧化，而不是正常情况下被 NO_x^- 所氧化，导致出水中的 NO_x^- 浓度升高)，从而提高了总氮去除量，同时又节省了供氧所需的能耗。该工艺的另一个特点是其内回流机制，这是通过利用表曝机所提供的推动力，使水力设计达到最优而实现的。由于设计合理，混合液的内回流无需使用内回流泵，从而可以节省一定的能耗，通常 Carrousel 2000 型氧化沟的内部回流所需的推流能量小于表曝机能量的 1%。

2）Carrousel 2000 型氧化沟在污水处理厂的应用

(1) 应用案例 1

采用了 Carrousel 2000 氧化沟处理工艺，处理水量为 8 万～10 万 m^3/d，氧化沟共 2 池，单池尺寸 $L\times B\times H=107m\times57m\times5.5m$，设计水力停留时间 $T=12.2h$，设计流量 $1.16m^3/s$，设计泥龄 15d，设计水温 15℃，污泥回流 170%，污泥负荷 0.068kgBOD_5/(kgMLSS·d)，污泥产率 0.985kgDS/kgBOD_5，设计水深 5m，混合液浓度 5g/L。每池配 4 台表曝气机，单台功率 160kW，直径 3.75m，动力效率 2.0kgO_2/(kW·h)。

(2) 应用案例 2

① 基本情况：吴忠市污水处理厂设计规模 6 万 m^3/d，主要处理生产、生活污水。出水水质要求达到 GB 8978—96 中二级污水综合排放标准。

② 工艺流程

进水→粗格栅→提升泵站→细格栅→沉砂池→卡鲁塞尔 2000 系统→二沉池→出水。

进水经粗、细格栅和沉砂等预处理后，进入卡鲁塞尔 2000 系统。卡鲁塞尔 2000 系统对脱氮和除磷进行了整体的综合考虑，氧化沟前设置了选择池和厌氧池。

③处理设施。污水处理厂设卡鲁塞尔 2000 氧化沟 3 组，每组 4 条沟。每条沟有效容积 $12500m^3$，前反硝化区容积 $2500m^3$。卡鲁塞尔氧化沟水力停留时间为 15h，沟内有效水深 4.3m，渠道宽度 9m。

卡鲁塞尔 2000 氧化沟由于其特殊的前反硝化区的设计(占氧化沟体积的 20%)，在缺氧条件下进水与一定量的混合液混合(该量可通过内部回流控制阀调节)；剩余部分(体积的 80%)包括有氧和缺氧区，用于进行同时硝化反硝化，也用于磷的富集吸收。每座卡鲁塞尔 2000 氧化沟中配有 2 台 OXYRATOR 表曝机，实现沟内水体的推流、混合和充氧。每座池中装有在线溶解氧(DO)测定仪 1 套，实时测定水中 DO 水平，并用于对表曝机的运行(开停、转速)进行控制，使供氧量符合实际的进水状况和运行条件。每座沟中装有2台潜水推进器用于保证混合液具有一定的流速；每座沟位于有氧区与前反硝化区间混合液内流的通道上装有1套内回流控制门，用于内回流流量的调整，以维持前反硝化区中最佳的反硝化脱氮状态。其具体工艺构筑物情况见表9-11。

表9-11　污水处理厂具体工艺构筑物以及参数

序　号	名　称	结构参数	构筑物与设计参数	工艺设备	设备参数
1	选择池	平面尺寸：6050mm×9200mm； 间隔数：3	容积208m³； 水深4.1m； 停留时间12 min	3台潜水搅拌器	电机功率：3.2kW； 浆叶直径：315mm
2	厌氧池	平面尺寸： 13550mm×11750mm； 间隔数：2	容积627m³； 水深4.1m； 停留时间0.5h	2台潜水搅拌器	电极功率：3.2kW； 浆叶直：315mm
3	氧化沟	平面尺寸： 88100mm×38000mm； h=4800； 渠道数：4	容积15000m³； 水深4.3m； 停留时间15h	2台OXYRATOR-3500表曝机； 2台AmapropP40-1800潜水推进器	表曝机功率：132kW； 推进器功：4.8kW

(3) 应用案例3

银川市第二污水处理厂一期工程处理规模为5万m^3/d，主体工艺为卡鲁塞尔2000氧化沟。其运行参数为：氧化沟泥龄为15d，污泥有机物负荷为0.058~0.065kgBOD$_5$/(kgMLSS·d)，MISS为3.6~4g/L，标准需氧量为1005kgO$_2$/h(水温为22℃时)，DO为1.0~2.0mg/L，污泥回流比100%~135%，内回流比为100%~350%。HRT为13.4h。

设备有：

① 选择池：配置2套可调节污泥分配槽、6台潜水搅拌器；

② 氧化沟：配置4台倒伞形表曝机(功率为132kW、叶轮直径为3.5m，其中2台为定速、2台为变频)、8台潜水推进器、2座内回流控制门以及DO仪、ORP仪和污泥浓度计各2台；

③ 污泥泵房：设回流污泥泵3台(2用1备，1台为变频)、剩余污泥泵3台(2用1备)。

3. Carrousel 3000 氧化沟

Carrousel 3000氧化沟为第三代，其特点是水深大，减少了占地面积，同时也具备脱氮除磷功能，其结构示意图见图9-15。

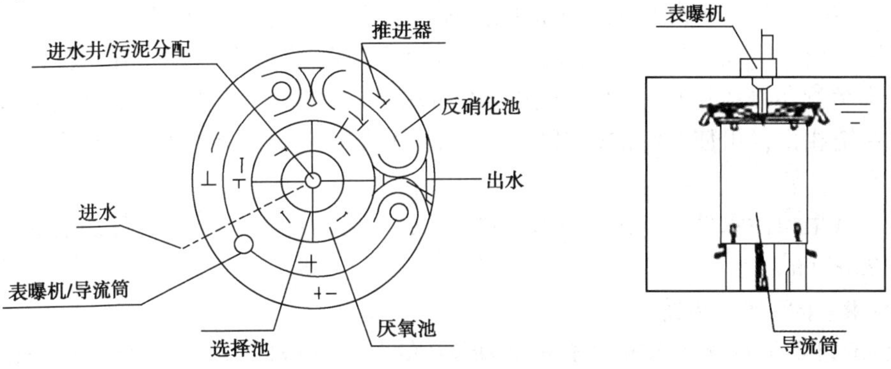

图9-15　Carrousel 3000氧化沟结构示意图

Carrousel 3000 氧化沟实物图见图 9-16。

图 9-16　Carrousel 3000 氧化沟实物图

第三代 Carrousel 3000 氧化沟是在 Carrousel 2000 氧化沟系统前再加一个生物选择区。该生物选择区是利用高有机负荷筛选菌种，抑制丝状细菌的增长，提高各污染物的去除率。其余工艺原理与 Carrousel 2000 氧化沟系统相同。

Carrousel 3000 系统功能的提高表现在：

(1) 池深可达 7.5~8m；采用同心圆式，池壁共用，减少了占地面积，降低造价的同时提高了耐低温能力(可达 7℃)；

(2) 表曝机下安装导流筒，抽吸缺氧的混合液；采用水下推进器解决流速问题；

(3) 工艺使用先进的曝气控制器 QUTE(它采用一种多变量控制模式)；

(4) 采用一体化设计，从中心开始，包括以下环状连续工艺单元：进水井和用于回流活性污泥的分水器、选择池和厌氧池、Carrousel 2000 系统；

(5) 圆形一体化的设计使得氧化沟不需额外的管线，即可实现回流污泥在不同工艺单元间的分配。

北京市永丰再生水厂采用 Carrousel 3000 氧化沟处理系统，处理规模 20000t/d，采用了 DHV 公司专有的 Carrousel 3000 氧化沟技术和设备，氧化沟有效水深达到 7m，出水水质标准执行《城镇污水处理厂污染物排放标准》(GB 18918—2002)中一级标准的 A 标准。

4. AB-卡鲁塞尔

AB-卡鲁塞尔主要处理工业（制浆和造纸、石化、食品加工行业等）污水。AB-卡鲁塞尔系统包括两个由 DHV 开发的内在紧密相关的工艺单元：防止污泥膨胀反应器（ABR）和卡鲁塞尔氧化沟。

AB-卡鲁塞尔系统中的两个单元是互相补充的，防止污泥膨胀反应器 ABR™，其水力停留时间为 4~10h。只有那些快速生长的细菌能够生存，它们消耗掉易降解的 COD 而留下了难生物降解的成分。在卡鲁塞尔氧化沟中，剩余的 COD 将被有效地去除。污泥膨胀的问题能在 AB-卡鲁塞尔系统中得到有效解决。除解决污泥膨胀问题之外，还有其他优点，与传统的处理系统相比，可使系统的需氧量、占地、污泥的产量下降，因而可以节省大量的投资和运行成本。

泰格林纸集团污水处理厂采用 AB-卡鲁塞尔系统，目前已投入运行，纸浆及造纸污水处理量达 25000m³/d。

5. MBR-卡鲁塞尔系统

MBR-卡鲁塞尔系统是卡鲁塞尔氧化沟最新的和最高级的形式，广泛应用于市政污水和各种工业污水处理方面。

MBR-卡鲁塞尔系统包括两个组成部分，即卡鲁塞尔氧化沟段，在其中将发生生物处理过程；膜处理段，对处理过后的水和污泥进行有效分离。MBR-卡鲁塞尔系统开发的动力源于两方面，第一它大量地减少了系统占地，系统不再采用占地的二沉池；第二是其出水水质好，几乎可以去除悬浮物和胶体，处理后的污水可以实现回用。

6. 四阶段卡鲁塞尔 Bardenpho 系统

在卡鲁塞尔 2000 型系统下游增加了第二缺氧池及再曝气池，实现更高程度的脱氮。该系统的出水水质可达到 BOD_5 10mg/L、TN 3mg/L。

7. 五阶段卡鲁塞尔 Bardenpho 系统

① 工艺流程：为在 A^2/C 卡鲁塞尔系统的下游增加了第二缺氧池和再曝气池，形成了厌氧—缺氧—好氧—再缺氧—再曝气的强化污水深度处理流程，实现了更深程度的除磷和脱总氮。该系统的出水水质可达到 $BOD_5$10mg/L、TN3mg/L、TP1mg/L。五阶段卡鲁塞尔/Bardenpho 工艺流程示意图见图 9-17。

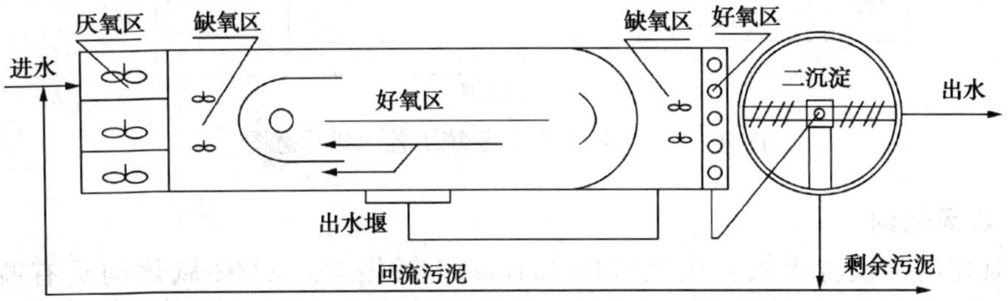

图 9-17　五段 Carrousel-Bardenpho 工艺流程图

综上所述，厌氧，缺氧与好氧合建的氧化沟系统可以分为三阶段 A^2/O 系统以及四、五阶段 Bardenpho 系统，这几个系统均是 A/O 系统的强化和反复，因此这种工艺的脱氮除磷效果很好，脱氮率达 90%~95%。

② 应用：昆明第一污水处理厂采用了 Carrousel-Bardenpho 氧化沟，其设计进、出水水质如表 9-18 所示。

表 9-18　工程设计进、出水水质指标　　mg/L

项目	COD	BOD_5	SS	TN	TP
进水	360	180	200	30	3~5
出水	30	15	10	10	0.5~1

其设计运行参数如下：

混合液浓度(MLSS)：4g/L；污泥负荷(F/M)：0.05kgBOD_5/(kgMLSS·d)；污泥产率(Y)：0.65kgMLSS/kgBOD_5；回流污泥浓度：8g/L；污泥回流比(R)：100%；污泥龄(θ_c)大于 30d；氧化沟内污水流速(V)大于 0.3m/s 曝气时间(h)大于 16h；溶解氧(DO)曝气区 2mg/L；缺氧区小于 0.52mg/L；曝气转刷功率大于 3~5W/m^3。

该厂自投产运行以来，大部分出水指标均能达到设计要求，其中磷的去除率达 90%左右。TN 去除率较差，而且不稳定。原因有：氧化沟流速不够，导致推动力不足，使氧化沟中存在污泥沉淀；氧化沟中供氧不足，NH_3-N 硝化不好；总氮进水设计值偏小。

8. 二阶段 A/C 系统

二阶段 A/C 系统如图 9-18 所示，通过设在曝气机周围的侧向导流墙，可充分利用氧化沟原有的渠道流速，在不增加任何回流提升动力的情况下，将相当于进水流量400%以上的硝化液回流到前置缺氧池与原水混合，并进行反硝化反应。该系统保留了反硝化过程的优点，包括可恢复硝化阶段约50%的碱度，可利用缺氧条件去除部分 BOD_5，从而节省曝气能耗以及改进活性污泥性能等。与其他反硝化工艺相比，最突出的优点是：可实现硝化液的高回流比，达到较深程度的总氮去除效果，同时无需任何回流提升动力。对于较大规模的污水厂来说，采用这种工艺，节能潜力是巨大的。该系统的出水水质为：$BOD_5$10mg/L、TN7～10mg/L。

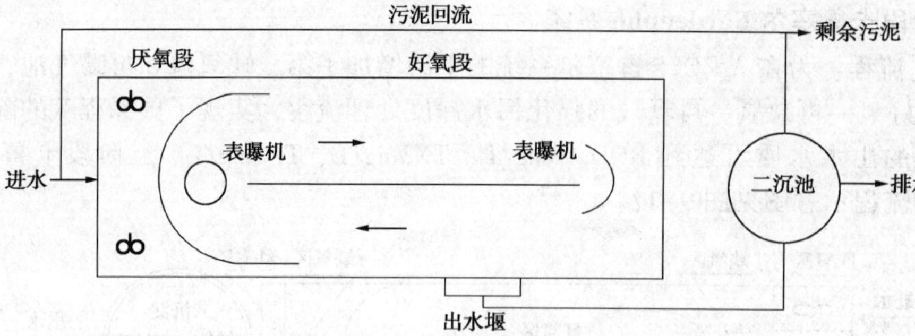

图 9-18　二阶段 A/C 系统工艺流程示意图

9. A^2/C 氧化沟

A^2/C 氧化沟为设置厌氧、缺氧段的 Carrousel 氧化沟。A^2/C 氧化沟具有脱氮除磷功能，是目前城市生活污水处理的主流工艺之一，该系统出水水质 BOD_5/TSS/TN/TP 可达10/15/7～10/1～2，图 9-19 为 A^2/C 氧化沟工艺流程示意图。

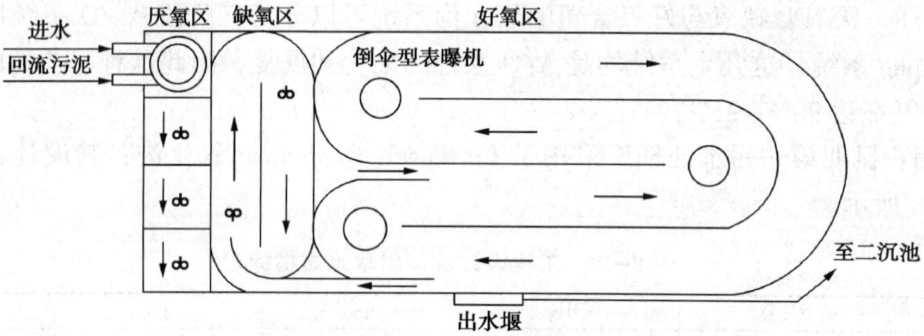

图 9-19　A^2/C 氧化沟工艺流程示意图

(1) 工艺组成

工艺利用了氧化沟内的水力循环、无动力内回流等特点，实现了类似于 A^2/O 工艺，以达到脱氮除磷的目的。一般城市生活污水若采用 A^2/C 氧化沟处理，可使出水磷浓度<1.0mg/L。

A^2/C 氧化沟主要由 3 部分组成，即厌氧区、缺氧区、氧化沟区。该工艺是在普通 Carrousel 氧化沟前增设了一个厌氧区和缺氧区(又称前置反硝化区)，以加强聚磷菌的释磷、吸磷和营养盐 NO_x^--N 的去除，在去除 BOD 的同时达到脱氮除磷的目的。

流经沉砂池的生活污水与二沉池回流污泥在 A^2/C 氧化沟内设置的圆形混合井进行充分混合后进入厌氧区。厌氧区分为 3 格，每格都设有水下搅拌器，以防止污泥沉淀。经厌氧反应后的混合液进入缺氧区，并与从氧化沟来的回流液充分混合，进行反硝化脱氮和除磷反应。缺氧区的中间部位设导流隔墙，并在适当位置安装水下搅拌器，使该区具有良好的混合与循环条件。经厌氧、缺氧反应后的混合液流入氧化沟进行氧化、硝化、反硝化反应，氧化沟的充氧机械采用倒伞形曝气叶轮，可根据池内 DO 测定仪控制调节堰出水、改变曝气叶轮浸水深度以达到调节供氧的目的，处理后的水进入二沉池沉淀。最终出水中氨氮含量<15mg/L，磷含量<1.0mg/L。如果要求出水磷含量<0.5mg/L，需在工艺流程的适当位置投加混凝剂。

（2）主要设计参数

① 厌氧区容积一般按水力停留时间 1~2h 确定；

② 缺氧区容积包括脱硝和除磷两部分，除磷所需容积一般按水力停留时间 0.5~1h 确定，脱硝量可按总脱硝量的 15%~20%计算，反硝化速率计算可采用后续好氧区的数据以确定脱硝所需容积；

③ 污泥负荷为 0.05~0.08kgBOD_5/(kgMLSS · d)；

④ 氧化沟混合液的浓度一般取 3000~4000mg/L；

⑤ 污泥龄为 15~30d。

（3）A^2/C 氧化沟的应用

某污水处理厂设计水量 $Q=30000m^3/d$，进、出水水质指标如表 9-14 所示。

表 9-14 A^2/C 氧化沟工程案例进、出水水质指标 mg/L

指标	COD	BOD_5	SS	NH_3-N	TP
进水	350	140	200	30	4
出水	≤60	≤20	≤20	≤15	≤1

Ⅰ. 污水处理工艺流程确定

由进水水质可知，其 $BOD_5/COD=0.4$、$BOD_5/NH_3-N=4.67>4$、$BOD_5/TP=35>20$，可生化性较好且满足生物脱氮除磷的要求。处理工艺采用 A^2/C 氧化沟，其主要工艺流程为：进水→选择池→厌氧池→前置反硝化区→氧化沟→二沉池→排水。

Ⅱ. 构筑物设计

① 选择池。由于选择池内基质浓度梯度大，菌胶团的基质利用速率要高于丝状菌，因此丝状微生物难以生存，数量逐渐减少。经过该部分的接触，可通过选择器对微生物进行选择性培养以防止污泥膨胀的发生，污泥的沉降性能得到很大提高。同时，在选择池中，氧浓度为零，二沉池回流污泥中的微量硝酸盐能很快地被去除，消除了对磷去除的不利影响。工艺还设计有将二沉池回流污泥按比例分配到选择池和厌氧池的功能，可有效保证在实际运行中进水水质波动时除磷对有机物的需求。选择池工艺尺寸 $L×B×H=9m×5.1m×5m$，超高 1m。

② 厌氧池。一般污水在厌氧段停留 1~2h 就可以使磷的释放达约 80%，此后磷的释放将会很缓慢，因此本工程设计厌氧停留时间为 1.5h。厌氧池工艺尺寸：$L×B×H=21m×9m×5m$，超高 0.5m，选择池与厌氧池合建。

③ 氧化沟。

a. 污泥龄 θ_c

根据理论同时参照经验确定。在有硝化的污水处理厂，泥龄必须大于硝化菌的世代周期，设计通常采用一个安全系数，以应付高峰流量，确保硝化作用的进行，按式(9-1)计算。

$$\theta_c=s_f\left(\frac{1}{\mu_0}\right) \tag{9-1}$$

式中 s_f——安全系数，取值范围 2.0~3.0，在气温较低的北方地区，取高值。

μ_0——硝化菌比生长速率，d^{-1}，μ_0 可根据式(9-2)计算；

$$\mu_0 = 0.47\times e^{0.098(t-15)}\times\left(\frac{\rho_{(N)}}{\rho_{(Ne)}+10^{(0.05t-1.158)}}\right)\times\frac{\rho_{(DO)}}{K_0+\rho_{(DO)}} \tag{9-2}$$

式中 $\rho_{(Ne)}$——氨氮排放浓度，15mg/L；

$\rho_{(DO)}$——溶解氧，取 2mg/L；

K_0——氧的半速常数，取 1.3。

t—水温，10℃

根据以上参数，得到 $\mu_0 = 0.17$，进而计算得出设计污泥龄 θ_c 为 18d。

b. 好氧区容积

好氧区容积根据式(9-3)计算；

$$V_1 = \frac{Y\times\theta_c\times Q\times\Delta S}{(1+K_d\times\theta_c)\rho_{(MLVSS)}} \tag{9-3}$$

式中 V_1——好氧区容积，m^3/d

Q——设计处理水量，$30000m^3/d$；

θ_c——污泥龄，18d；

ΔS——需要去除的 BOD_5 质量浓度，为 120mg/L；

K_d——污泥自身氧化速率取 0.05；

Y——污泥产率系数 = 0.6kgVSS/kgBOD$_5$；

$\rho_{(MLVSS)}$——混合液挥发性悬浮固体的质量浓度，其中 $\rho_{(MISS)} = 4000mg/L$，$\rho_{(MLVSS)}/\rho_{(MISS)} = 0.75$。

根据以上参数与计算公式，得到 $V_1 = 6821m^3$，水力停留时间 $t_1 = V_1/Q = 5.5h$。

c. 缺氧区容积 V_2

缺氧区容积 V_2 可按式(9-4)计算。

$$V_2 = (VX)_{dn}/\rho_{(MLVSS)} \tag{9-4}$$

式中 $(VX)_{dn}$——参与反硝化反应的污泥量，kg/d。

反硝化污泥量由需要去除的氮量与反硝化负荷确定，反硝化污泥量按式(9-5)计算。

$$(VX)_{dn} = \Delta NQ/q_{dn} \tag{9-5}$$

式中 q_{dn}——脱氮负荷，$kg(NO_x-N)/(kgMLVSS\cdot d)$；$q_{dn} = 0.02\times1.08^{(t-20)}$，$t = 10$℃ 时，$q_{dn} = 0.0093kg(NO_x-N)/(kgMLVSS\cdot d)$；

ΔN——需要去除的氮量，mg/L，需要去除的氮量可根据式(9-6)计算。

$$\Delta N = [\rho_{(NO)} - \rho_{(Ne)}] - \Delta X\times W_N/Q \tag{9-6}$$

式中 $\rho_{(NO)}$——进氮的质量浓度，mg/L；

$\rho_{(Ne)}$——进、出水氮的质量浓度，mg/L；

ΔX——生物污泥产量，$\Delta X = Q\times\Delta S\left(\frac{Y}{1+K_d\times\theta_c}\right)$，根据式(9-3)中提供的参数，计算得 $\Delta X = 1140kg/d$；

W_N——生物污泥中氮的质量分数，取 12.4%。

根据式(9-6)提供的参数值，计算得到 $\Delta N = 10.3mg/L$。

根据以上参数，从而可计算得到 $(VX)_{dn} = \Delta NQ/q_{dn} = 33225kg/d$，并由此计算出缺氧区的容积 $V_2 = (VX)_{dn}/\rho(_{MLVSS}) = 11075m^3$，水力停留时间 $t_2 = V_2/Q = 8.86h$；

则氧化沟好氧区加缺氧区之和 $V_{总} = V_1 + V_2 = 18526m^3$，水力停留时间 $t = V_{总}/Q = 14.82h$。其中前置反硝化区容积占氧化沟池容的16%，水力停留时间 $t_3 = 2.35h$。内回流比取100%~400%。

Ⅲ. 设备、仪表选型

① 厌氧池。为防止污泥沉降并保证沟内大于0.3m/s的流速，厌氧池设计搅拌功率密度为8.5W/m³，采用2台GQT022×480(功率4kW/台)的潜水高速推进器。设置一台MLSS在线检测仪，用于控制并保证进入氧化沟系统的污泥质量浓度在2500~4500mg/L范围内，并与二沉池回流污泥管道上的电磁流量计组成控制回路。

② 缺氧池。采用2台DQT055×1800(功率5.5kW/台)的低速推进器，功率密度7.4W/m³；调节氧化沟好氧区混合液回流至缺氧池的内回流控制闸门采用LB4.0×1.5型，控制回流比100%~600%。同时，设置一台ORP仪与内回流控制闸门组成闭环控制，通过ORP检测数值确定内回流闸门的开启角度。设置一台DO计、一台ORP仪，对厌氧进行在线检测，分析是否有磷的释放和吸收；同时通过厌氧段的ORP(氧化还原电位)值的变化及 NO_x-N的质量浓度来调整污泥回流比，使厌氧池处于厌氧环境。

③ 氧化沟主体反应区。选用DS350型倒伞表面曝气机两台，功率为90kW，总供氧量 $= 90×2.1×2 = 378kgO_2/h$，氧富余 $22kgO_2/h$。从节能方面考虑，其中一台采用变频调速曝气机(充氧量 $90 \sim 189kgO_2/h$)、另一台采用恒速曝气机(充氧量 $189kgO_2/h$)。氧化沟沟宽与倒伞曝气机直径的比例的最佳比例为2.2~2.4，沟深与倒伞曝气机直径的比例为1.1~1.2，DS350型倒伞表面曝气机直径为3500mm，确定氧化沟沟宽为8m，有效水深为4.2m。

根据工艺要求，氧化沟前置缺氧区应保证为缺氧状态才能达到预期的反硝化处理效果，因此，靠近内回流闸门的曝气机采用变频，在满足充氧要求的同时尽量避免对回流混合液溶解氧的影响。同时在附近配置一台DO计，组成闭环控制，通过改变曝气机的转速来改变混合液中的溶解氧值，使其达到最佳工况。氧化沟出水端为有效保证段溶解氧不小于2mg/L，设计该处曝气机为恒速，并设置在线检测DO计一台。沟中还设置了一台MLSS计，用于在线检测污泥浓度。

三、交替式氧化沟

交替式氧化沟是由丹麦Kruger公司创建的，有二池和三池交替工作的两种情况。包括D型、DE型、T型和VR型氧化沟。

(一) D型氧化沟

D型氧化沟由容积相同的A、B池组成，串联运行，轮流作为曝气池和沉淀池，一般以8h为一个运行周期。此种系统可获得优质的出水和稳定的污泥，同样不需设污泥回流系统，缺点是曝气转刷的利用率仅为37.5%。D型氧化沟示意图见图9-20。

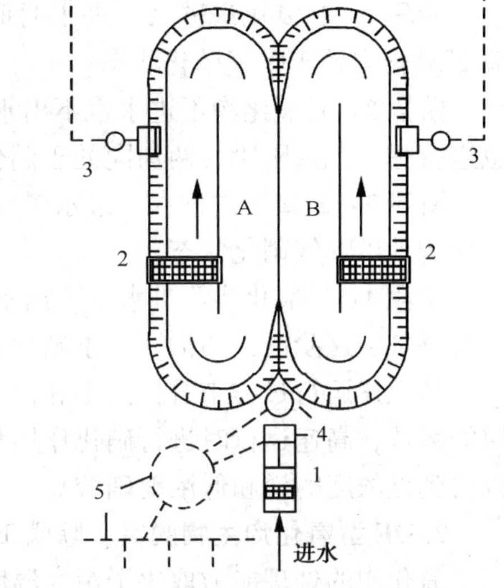

图9-20 交替工作的氧化沟(D型)
1—沉砂池；2—曝气转刷；3—出水堰；4—排泥管；5—污泥井

(二) DE型氧化沟

在双沟式(D型)氧化沟基础上考虑除磷脱氮功能，故在氧化沟前后分别增设厌氧池和沉淀池，此种类型称为 DE 型氧化沟 。西安北石桥污水处理厂处理工艺采用 DE 型氧化沟处理系统，其处理工艺流程示意图如图 9-21 所示。

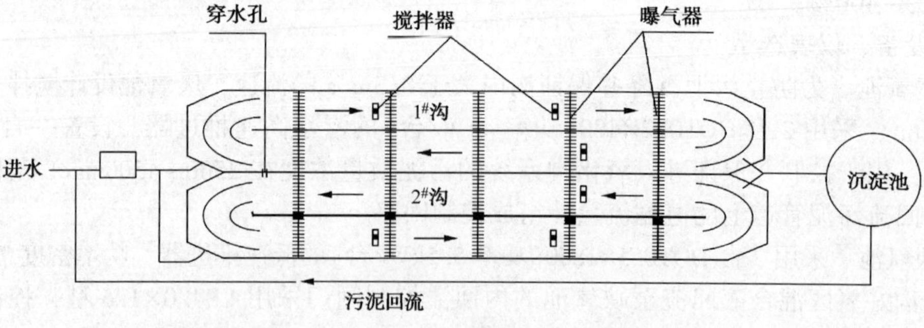

图 9-21 DE 型氧化沟处理系统工艺流程示意图

1. DE 型氧化沟生物脱氮除磷过程

西安北石桥污水处理厂 DE 型氧化沟生物脱氮除磷运行过程，如图 9-22 所示。整个过程分为 4 个阶段，运行一个周期为 240min，各阶段的情况如下：

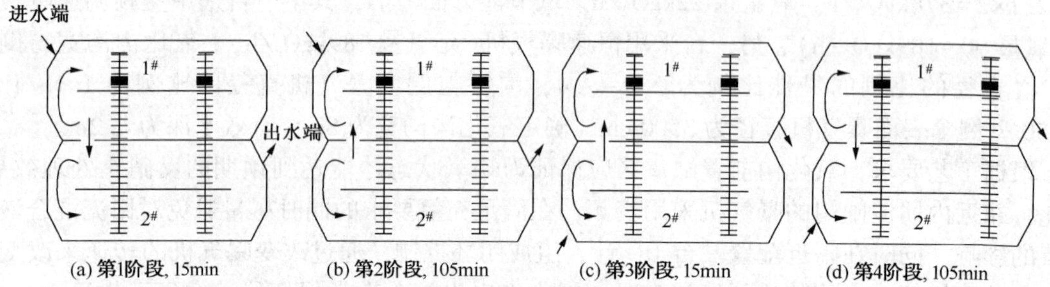

(a) 第1阶段, 15min (b) 第2阶段, 105min (c) 第3阶段, 15min (d) 第4阶段, 105min

图 9-22 DE 型氧化沟生物脱氮除磷运行的四个阶段

阶段 1：1#氧化沟进水，进水时间为 15min，不曝气。这时 1#氧化沟处于反硝化状态，而 2#氧化沟处于曝气硝化状态；

阶段 2：1#氧化沟不进水也不出水，而曝气器曝气开启。2#氧化沟既进水也排水，同时也进行曝气，这阶段，两沟同处于硝化状态。

阶段 3：2#氧化沟进水，进水时间为 15min，不曝气。2#氧化沟处于反硝化状态，而 1#氧化沟处于曝气硝化状态；

阶段 4：2#氧化沟不进水也不出水，曝气器曝气开启。1#氧化沟既进水也排水，同时也进行曝气。这阶段，两沟同处于硝化状态。

从上述运行过程来看，沟Ⅰ和沟Ⅱ交替出水，当沟中转刷低速运行时进行反硝化作用和磷的释放，高速运行时进行硝化作用和磷的吸收。通过适当调节处理过程的不同阶段，则可以得到低浓度的磷和低浓度硝酸盐、氨氮的排水，典型的生物脱氮除磷持续时间为 4~8h。

2. DE 型氧化沟生物脱氮、除磷工艺设计

氧化沟的处理能力取决于污水温度和沟内活性污泥的浓度。工艺设计通常是依据进水中污染物负荷、污泥龄、污泥负荷 *F/M* 和污水温度等。设计污泥龄、*F/M* 和水温三者之间有一定的关系，如表 9-14 所示。

表 9-14　氧化沟工艺中污水温度、泥龄、污泥负荷关系表

温度/℃	5	10	15	20
泥龄/d	20	12	8	4
污泥负荷(*F/M*)/[$kgBOD_5$/(kgVSS·d)]	0.06	0.10	0.15	0.20

从表 9-14 中可以看出，污水温度、泥龄、污泥负荷存在一定的关系，温度高，泥龄短，污泥负荷可以大一些选择。反之则泥龄长，污泥负荷需选择小一些。

DE 型氧化沟工艺适用范围广，不仅适用于大型污水处理厂，也可用于中小型城镇或居住区污水的处理。

3. 应用

（1）工程概况

西安北石桥污水处理厂一期工程设计规模 15 万 m^3/d，接纳的污水为工业企业生产污水和居住区生活污水，其比例为 7∶3 左右。

（2）水质设计要求

进、出厂水水质指标如下：

进水：BOD_5 = 180mg/L、SS = 255mg/L、COD = 400mg/L、NH_3 - N = 32mg/L；出水：BOD_5≤20mg/L、SS≤20mg/L、COD≤100 mg/L、NH_3-N≤15mg/L(T>12℃)。

（3）主要构筑物设计

① 污水提升泵房

污水提升泵房安装立式污水泵共计 8 台，单台流量分别为 2200m^3/h、3045m^3/h。泵前设有粗格栅一道两台，间隙 20mm。

② 细格栅

格栅间与沉砂池合建，长 9.6m，宽 11.3m，共二层，一层为鼓风机间(沉砂池曝气用)，二层安装 6 台 IK501 型弧型格栅，每台宽度 1.05m。栅条间隙 10mm，自动清渣。电机功率 0.55kW，二层设事故平板格栅 1 台，宽度 1.1m，手动清渣，间隙 50mm，设 U320 型无轴螺旋输送机 1 台，长度 10.5m，直径 285mm，电机功率 3kW，用于将格栅浮渣送出池外。

③ 曝气沉砂池

曝气沉砂池 1 座 2 格，长 57.3m，每格宽 5.5m。水力停留时间 7.8min，沉砂池上设有长度 11m 桥式除砂机 1 台；桥上配有淹没式砂泵 2 台，功率 2kW，将池底沉砂抽送入集砂槽，并经砂水分离器(40m^3/h)脱水后装入槽车运出。沉砂池表面浮渣由桥上刮渣板刮入浮渣井，井中浮渣由螺旋输送器送至池外容器。曝气沉砂池水气比 0.1～0.2，采用 RS101 型鼓风机，2 台，每台额定风量 1200m^3/h，功率 37kW。

④ 选择池与氧化沟

选择池 1 座 2 格，每格长 12m，宽 12m，有效水深 5m，设有 480 型混合搅器 2 套，功率 5.5kW，DC35 型出水调节堰 6 套，宽 5m，分别与氧化沟的 6 个池连通。堰板调节由控制室按运行阶段控制，电机功率 0.55kW。

氧化沟为 2 组容积相等交替运行的生物池，每组 3 共 3 座 6 池，每个池宽 22m，长 116.5m，有效水深 4.5m，设计污泥负荷为：0.09kgBOD_5/(kgMLSS·d)，MLSS = 4.5g/L，泥龄 11d；标准状态下需氧量为 3542kgO_2/h，设有 Maxi9 型转刷共 60 套，直径 1000mm，长度 9m，转速 73r/min，电机功率 45kW，标准状态下充氧能力 67kgO_2/h；氧化沟设有 SK4430 淹没式搅拌器 18 台，功率 4.0kW，以保证氧化沟在缺氧状态下（转刷停止运转）混合液将不致发生沉淀；氧化沟出水设有 DC35 型可调节堰板 12 套，宽 5m。全部设备由中心控制室按预定程序集中控制，以保证氧化沟系统始终处于良好的工作状况。

⑤ 二沉池

共 6 座，每座直径 40m，采用中心进水、周边出水辐流式沉淀池，每池设有 ϕ40 型刮泥机 1 台，设计水力负荷 1.02m^3/(m^2·h)，停留时间 4.7h，回流污泥量 6300m^3/h，回流比 80%。

⑥ 污泥泵房

活性污泥回流与剩余污泥排放分别采用 CP3300 型和 CP3085 型淹没式潜水泵各 6 台，每座二沉池两种型号的泵各 1 台，设计污泥泵房 3 座，分别建于两座二沉池之间，宽 4m，长 13.6m，采用地下式钢筋混凝土结构。回流污泥泵 $Q=1500m^3/h$，$H=6m$，电机功率 37kW；剩余污泥泵 $Q=35m^3/h$，$H=6m$，电机功率 2.2kW。

⑦ 消毒接触池与加氯间

处理水加液氯消毒，加氯量为 4~10mg/L，加氯间设有真空加氯机（美国 WT 公司生产）2 台及其他相应附属设备。接触池设计有效容积 2583m^3，池长 41m，宽 21m，分为 7 格，每格 3m 有效水深 3m。

⑧ 污泥浓缩池

项目二沉池排出的剩余污泥量为 2800m^3/h，含水率 99.1%。本项目设计污泥浓缩池 2 座，每座直径 21m，池中安装栅栏式污泥搅拌和刮泥机，配备 DP3085 潜水污泥提升泵 1 台，$Q=60m^3/h$，$H=4.5m$，功率 2kW。剩余污泥由二沉池排出后经污泥浓缩池浓缩，使其含水率由 99.1%浓缩至 96%~97%左右，经均质池后至污泥脱水机房机械脱水。

⑨ 均质池

浓缩污泥由提升泵送至匀质池贮存。均质池容积 250m^3，直径为 7m，深度 6.5m，为防止污泥沉淀配备 POP-Ⅰ型水下搅拌器 1 台，功率 5.5kW。

⑩ 污泥脱水机与配套设施

采用 2m 带宽带式压滤机 2 台，单台负荷 16~21m^3/h（含固率 2%~4%），其他附属设备如下：偏心螺杆式污泥投配泵 3 台，$Q=10\sim25m^3/h$，电机功率 4kW；SV 型自动聚合物投加设备 1 套，投加量 5~6kg/h；ϕ285 型无轴螺旋输送机 4 台，长度为 10m 与 5m 各 2 台；高压冲洗泵 3 台，$Q=10m^3/h$，功率 3.7kW。这些设备分别与压滤机配套。脱水后泥饼含水率 78%~80%左右，脱水泥饼约 120m^3/d 左右。

（三）VR 型氧化沟脱氮工艺

VR 型氧化沟是将曝气沟渠分为 A、B 两部分，其间有单向活拍门相连。VR 型氧化沟利用定时改变曝气转刷的旋转方向，以改变沟渠中的水流方向，使 A、B 两部分交替地作为曝气区和沉淀区，因此不需设二沉池和污泥回流系统，其示意图如图 9-23 所示。

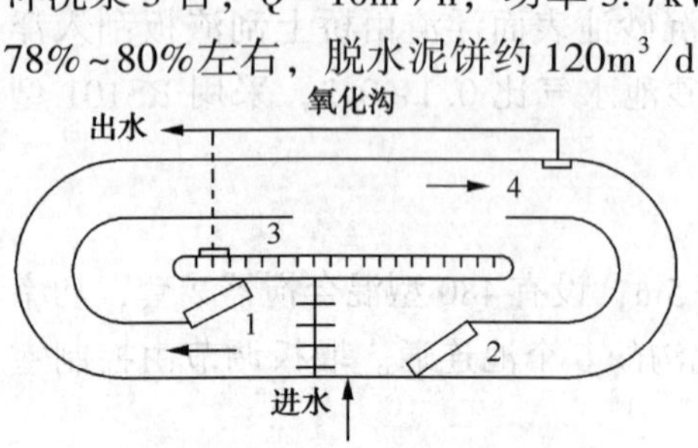

图 9-23　VR 型氧化沟示意图

1，2—单向活拍门；

3，4—可启闭的出水堰

当曝气器顺时针旋转时，拍门 1 通过水流压力自动关闭，拍门2会被水流冲开，外侧池体作为曝气池使用，内侧池体作为沉淀池使用，出水堰3工作；当曝气器逆时针旋转时，内侧池体作为曝气池使用，外侧池体作为沉淀池使用，出水堰4工作。

交替式氧化沟在脱氮效果上良好，为了达到除磷效果，通常在氧化沟前设置相应的厌氧区或构筑物或改变其运行方式。据国内外实际运行经验，VR型氧化沟工艺如果能控制好运行，也可以取得很好的脱氮除磷效果。

（四）T型

1. 运行方式

三沟交替的氧化沟系统（T型）是为克服D型系统的缺点而开发的，目前应用较广。在T型氧化沟运行时，两侧的A、C二池交替地用作曝气池，中间的B池则一直维持曝气，进水交替引入A池或C池，出水相应地从C池或A池引出，这样做提高了曝气转刷的利用率，达58%左右，还有利于生物脱氮。三沟交替的氧化沟系统运行方式见图9-24。

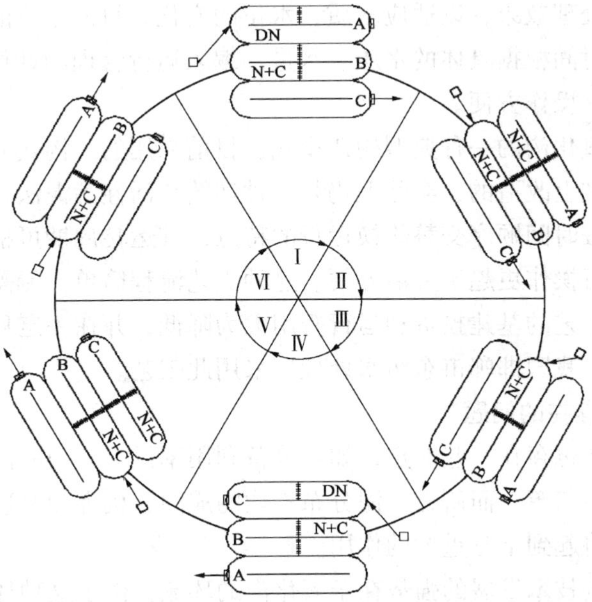

图9-24 三沟交替的氧化沟系统运行方式（N+C：硝化与去除有机物；DN反硝化）

阶段Ⅰ：污水经配水井进入沟A，沟内转刷以低速运转，转速控制在仅能维持水和污泥混合，并推动水流循环流动，但不足以供给微生物降解有机物所需的氧。此时，沟Ⅰ处于缺氧状态，沟内活性污泥利用水中的有机物作为碳源，活性污泥中的反硝化菌则利用前一段产生的硝酸盐中的氧来降解有机物，释放出氮气，完成反硝化过程。同时沟I的出水堰自动升起，污水和污泥混合液进入沟B，沟B内的转刷以高速运行，保证沟内有足够的溶解氧来降解有机物，并使氨氮转化为硝酸盐，完成硝化过程. 处理后的污水流入沟C，沟C中的转刷停止运转，起沉淀池的作用，进行泥水分离，由沟C处理后的水经自动降低的出水堰排出。

阶段Ⅱ：进水改从处于好氧状态的沟B流入，并经沟互C沉淀后排出。同时沟A中的转刷开始高速运转，使其从缺氧状态变为好氧状态，并使阶段Ⅰ进入沟A的有机物和氨氮得到好氧处理，待沟内的溶解氧上升到一定值后，该阶段结束。

阶段Ⅲ：进进水仍然从沟B流入，经沟C排出，但沟A中的转刷停止运转，开始进行泥水分离，待分离完成，该阶段结束。阶段Ⅰ、Ⅱ、Ⅲ组成了上半个工作循环。

阶段Ⅳ：进水改从沟C流入，沟C出水堰升高，沟A出水堰降低，并开始出水。同时，沟C中转刷开始低速运转，使其处于缺氧状态，沟B则仍然处于好氧状态，沟A起沉淀池作用。阶段Ⅳ与阶段Ⅰ的水淹方向恰好相反，沟C起反硝化作用，出水由沟A排出。

阶段Ⅴ：类似于阶段Ⅱ，进水又从沟B流入，沟A仍然起沉淀他作用，沟C中的转刷开始高速运转，并从缺氧状态变为好氧状态。

阶段Ⅵ：类似于阶段Ⅲ，沟B进水，沟A沉淀出水。沟C中的转刷停止运转，开始泥水分离。至此完成整个循环过程。

通常一个工作循环需4~8h，在整个循环过程中，中间的沟始终处于好氧状态，而外侧两沟中的转刷则处于交替运行状态，当转刷低速运转时，进行反稍化过程，转刷高速运转时，进行硝化过程，而转刷停止运转时，氧化沟起沉淀池作用。因此若调整各阶段的运行时间，就可达到不同的处理效果，以适应水质、水量的变化。目前运行的这种工艺，大部分是预先将各阶段的运行时间根据具体的水质、水量，编入运行管理的计算机程序中，从而使整个管理过程运行灵活、操作方便。

三沟式氧化沟是氧化沟的一种典型构造型式，目前采用的三沟式氧化沟工艺是丹麦在间歇式运行的氧化沟基础上改造的，实际上仍是一种连续流活性污泥法，只是将曝气、沉淀工序集于一体，并具有按时间顺序交替轮换运行的特点，其运转周期可根据处理水质的不同进行调整，从而使其运行操作更趋于灵活方便。这种工艺流程简单，无需设二次沉淀池和污泥回流装置，使氧化沟工艺的基建投资和运行费用大为降低，并在一定程度上解决了以往氧化沟占地面积大的缺点。我国邯郸市东污水处理厂采用此工艺。

2. 三沟式氧化沟存在的问题

三沟式氧化沟工艺也存在一些缺点，如：设备利用率低、三沟的污泥浓度相差大、容积利用率低、除磷效率不高等。而研究污泥分布不均的成因、机理和改进方法，对三沟式氧化沟的设计和运行管理将起到十分重要的作用。

综合以上，氧化沟技术发展的强势在于氧化沟的环流，由于这种环流，是造就氧化沟长久不衰的内在原因，外在原因则是其具有多功能性、污泥稳定、出水水质好和易于管理。氧化沟有别于其他活性污泥的主要特征是环形池型，或者说只要保持沟渠首尾相接，水流循环流动，选用的特定设计参数、沟型和运行方式，就会给运行者和设计者带来极大方便，其灵活性和适应性也非常强，有进一步研究、发展和应用的广阔空间。

（1）提高中小城市污水治理率是今后污水治理领域的重点，对于规模小于10万t/d的中小型污水处理厂来说，目前总体来说应用最多的是氧化沟工艺，在氧化沟各种工艺中，考虑其各自的特点及污水脱氮除磷的要求，推荐中小城市使用较成熟的卡鲁塞尔氧化沟。对于合建式一体化氧化沟，国内应用该工艺的污水厂已超过10余座，是未来氧化沟工艺发展的一个主要方向。

（2）在氧化沟中使用各种综合曝气装置，即采用曝气器与水下混合器独立运行，将氧化沟中的水流循环混合作用与曝气传氧作用区分开来，使氧化沟中交替出现缺氧与好氧状态，达到脱氮除磷目的，同时这种运行方式还能取得节能的效果。这种综合曝气系统已在国内外得到应用。

（3）微孔曝气氧化沟工艺即保留了氧化沟沿水流方向间断曝气和循环流动的特点，克服了氧化沟因采用表面曝气机而造成的占地面积大、充氧效率低、水流断面流速不均、池底易沉淀等不足，不失为一种可推广使用的工艺。

（4）在土地十分紧张的地区，在取得较准确的设计参数的基础上，可考虑使用立体式循环氧化沟。

（5）在氧化沟工艺设计中，沟深的设计是一个很重要的问题，尽管水下推进器的使用使沟深有所提高，但也并非越大越好，因为有效水深的增加会引起能量模式的改变，从而需增加动力设备就不同，引起投资和运行费用的提高。不同地质情况，不同进水水质及处理要求，有不同的沟深要求。因此，每一个选用氧化沟工艺的污水厂，都因根据各种因素综合分析以确定最佳的沟深。

第十章　膜生物反应器

第一节　膜生物反应器分类

膜生物反应器(MBR)是利用相关设施将生化工艺和膜过滤工艺组合在一起，用来处理污水的装置系统。在装置中，主要利用生化工艺降解和去除污水中的相关污染物，利用膜过滤工艺分离污水中的悬浮物等，以满足有关排水标准的要求。可以看出，一般所谈到的膜生物反应器主要由生化系统和膜过滤系统两部分组成。

久保田 MBR 设备在污水处理领域得到广泛的应用，在全世界范围内有着较大的影响力，其膜生物反应器商业资料中提供的一种模型示意图如图 10-1 所示。

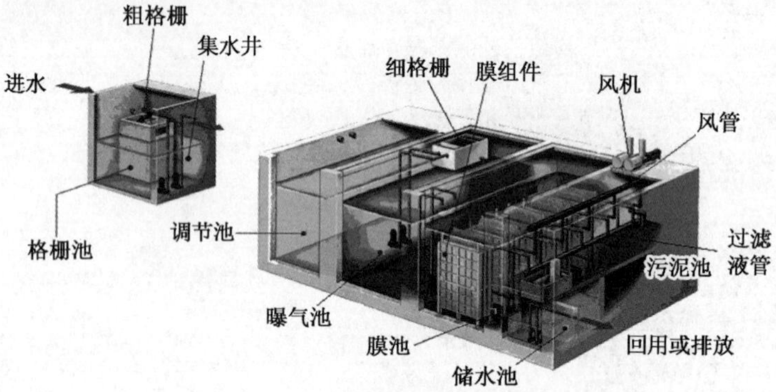

图 10-1　久保田膜生物反应器模型示意图

文献对膜生物反应器有多种分类方式，如按膜元件结构型式、按膜组件的作用、按系统是否需氧、按膜的类型等。不同的分类，膜生物反应器的结构与用途存在不同。

一、按膜元件结构型式

膜元件是构成膜组件的要素，按膜元件结构形式的分类主要针对的是膜组件。

膜生物反应器中的膜过滤系统单元为膜组件，膜组件由多个膜元件组合而成。按膜元件结构型式分类，膜组件型式有中空纤维膜组件、平板膜组件、管型组件及螺旋型组件等。目前污水处理工程应用较多的膜组件有中空纤维膜组件、平板膜组件、管型组件。

(一) 中空纤维型膜组件

浸没式组件中，中空纤维膜组件应用比较广泛。膜组件所使用的中空纤维膜丝一般为不对称(非均向)、自身支撑的滤膜。膜丝可根据工艺和相关的使用要求设计成帘式、束式等形式。中空纤维膜的这些几何设计形式能使膜丝的填充密度最大化，增大处理能力，同时又结构紧凑，有利于长时间的稳定运行。相关中空纤维型膜元件以及组件产品见图 10-2。

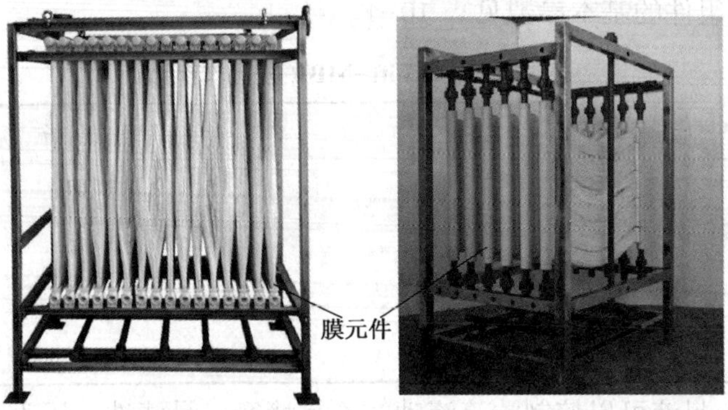

(a) 膜丝垂直型　　(b) 膜丝横式型

图 10-2　中空纤维型膜组件产品图

（二）平板型膜组件

平板型膜元件主要由过滤膜片和支撑板构成。一定数量平板型膜元件通过组合形成平板型膜组件。平板型膜元件以及组件产品见图 10-3。

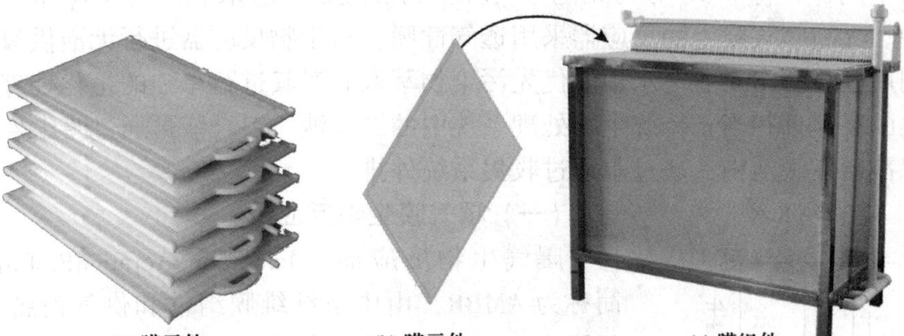

(a) 膜元件　　(b) 膜元件　　(c) 膜组件

图 10-3　平板型膜元件以及组件产品

平板型膜组件在污水处理工程中也有广泛的应用，相比于中空纤维膜，平板膜的膜通量大，没有断丝问题，具有较强的抗污染性，不易结垢，膜清洗周期长，运行中无需反冲洗，能长期稳定地运行。但平板膜的填充密度一般不大，容积利用率较低，在大型项目的应用中，需要对膜组件的填充方式进行改进，提高膜组件的填充密度。

（三）管式膜组件

管式膜元件是把滤膜和支撑体均制成管状，使二者组合；或将滤膜直接刮制在支撑管的内侧或外侧。将数根膜管元件（直径 10~20mm）组装在一起构成管式膜组件。

管式膜有内压型和外压型两种运行方式，实际中多采用内压型，即进水从膜管中流入，渗透液从管外流出。外置式 Airlift MBR 管式膜元件与膜组件见图 10-4。

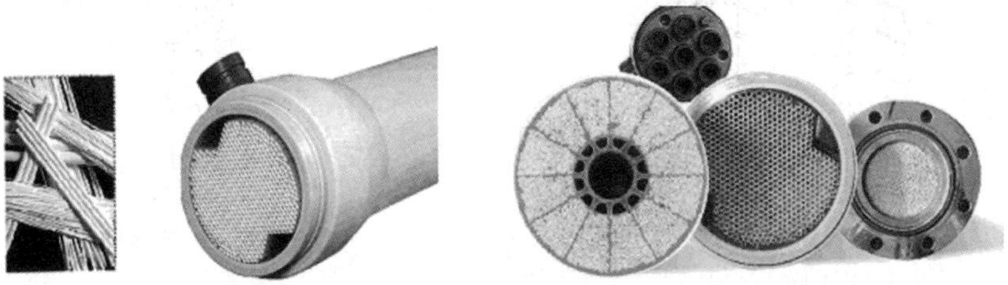

(a) 膜元件　　(b) 膜组件

图 10-4　Airlift MBR 管式膜元件与膜组件

AirLift-MBR 膜组件的基本参数见表 10-1。

表 10-1　AirLift-MBR 膜基本参数

项　目	规　格
材质	PVDF
膜孔径/μm	0.025
膜管内径/mm	5.2
单支膜组件尺寸/mm	$\Phi200\times H3000$

管式膜优点是：料液可以控制湍流流动，不易堵塞，易清洗，压力损失小。缺点是：装填密度小，能耗大。管型膜一般用于小型分散式污水处理厂。

二、按膜组件的作用

膜生物反应器主要由生化系统和膜过滤系统两部分组成。根据膜组件在膜生物反应器中所起作用的不同，可将 MBR 分为无泡曝气膜生物反应器、萃取膜生物反应器、分离膜生物反应器三种。无泡曝气膜生物反应器采用透气性膜，对生物反应器进行无泡供氧；萃取膜生物反应器利用膜将有毒工业污水中的优先污染物萃取后对其进行单独的生化处理；分离膜生物反应器中的膜组件相当于传统生物处理系统中的二沉池，混合液再通过膜组件进行固液分离，将污泥截留在膜池中，透过水通过收集系统外排。

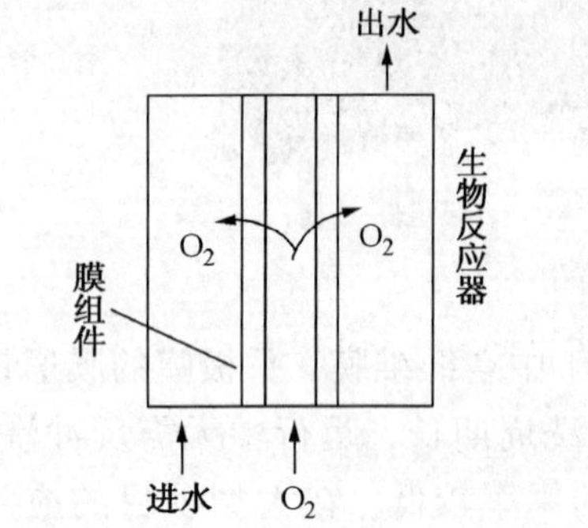

图 10-5　曝气膜生物反应器示意图

（一）曝气膜生物反应器

曝气生物反应器（Membrane AerationBiofilm Reactor），简称为 AMBR，由中空纤维膜组件和供气设备等组成。曝气膜生物反应器示意图见图 10-5。

在曝气膜生物反应器中，生物膜所需要氧气通过膜纤维束来供给和分配，中空纤维膜不仅起到供氧的作用，同时又是生物膜固着的载体。纯氧或空气通过中空纤维膜的微孔为固着的生物膜进行曝气供氧，而中空纤维膜外侧具有活性的生物膜与污水通过充分的接触，污水中所含的有机物被生物膜吸附和氧化降解，从而使污水得到净化。图 10-6 为曝气膜生物反应器处理污水原理示意图。

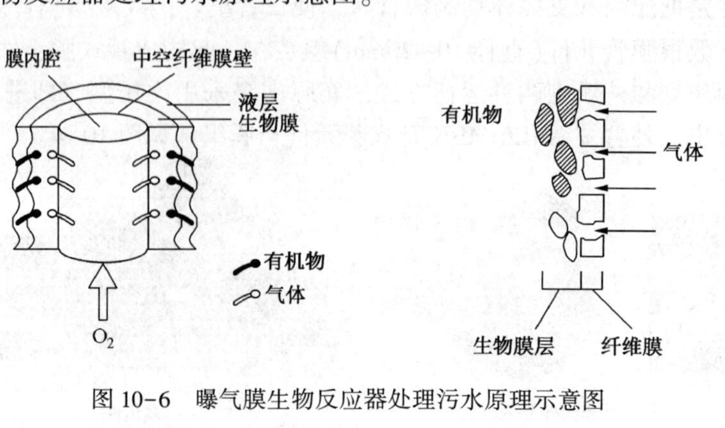

图 10-6　曝气膜生物反应器处理污水原理示意图

AMBR 主要适用于处理可生化性较高的污水，对高浓度污水处理效果良好，并可用于同时处理污水中的 NH_3-N。

1. 供氧方式

曝气膜生物反应器所使用的纤维膜微孔直径在 0.1~0.5μm，微孔直径小，气体通过纤维膜微孔后，产生的是肉眼难以观察到的气泡，因此称为无泡供氧。

中空纤维膜供氧方式有贯通式和闭端式两种。贯通式 AMBR 内中空纤维膜两端分别固定在与风管相连接的树脂槽中，气体由膜一端的风管持续通入膜丝内腔，一部分气体被生物膜消耗，剩余部分从另一端的风管排出，由于该方式中有气体剩余，适用于空气源供氧。闭端式 MABR 内中空纤维膜一端固定在与风管相连接的树脂槽中，膜丝的另一端密封，气体经风管从纤维膜开口端通入，在压力作用下全部进入反应器，该方式适用于纯氧源供氧；闭端式膜纤维束呈流化态，反应器不易堵塞。两种反应器结构如图 10-7。

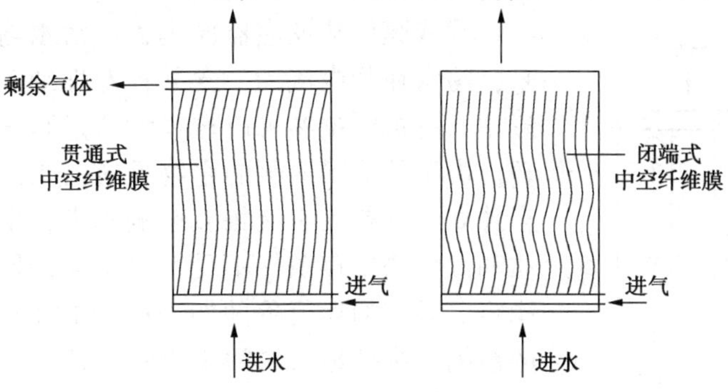

图 10-7　贯穿式与闭端式曝气膜生物反应器示意图

2. 影响 MABR 运行的因素

影响反应器正常运行的主要因素有膜污染、气源压力、液相流速等方面。

（1）膜污染

AMBR 反应器运行一段时间后，膜组件会被污染物堵塞，反应器处理效果下降，同时，膜使用寿命大大缩短。膜污染根据发生的位置可以分成两种类型：一种是外部堵塞，即污染物吸附沉积在膜的表面，增加了底物传递阻力；另一种是内部堵塞，即污染物在中空纤维膜壁上的微孔内吸附沉积，减小了膜孔径，从而降低了氧的传递速率。这两种膜污染都会严重影响 MABR 的正常运行，为了使 MABR 能够高效运行，经常需要对膜进行反冲洗。

（2）气源压力

透过中空纤维膜的气体在表面张力作用下而吸附在膜表面，此时如果气液两相压差较大，气体易在膜表面形成气泡，从而降低氧的传质效率，因此，为达到无泡曝气效果，气源压力必须低于起泡点气压。

（3）液相流速

工艺运行过程对液相流速在不同阶段有不同的要求。运行前期即挂膜阶段，液相流速不宜过高，否则生物膜受到较大的剪切力而很难生长。正常运行期间，为减小液相边界层厚度，加快基质的传递速率，同时控制生物膜的过度积累，应保持较高的液相流速，而维持较高流速所需能量在反应器中占相当大的比例。

3. 特点

（1）氧利用效率高；

（2）有机物去除率高；

（3）占地小，适合于污泥浓度大、对氧需求大的污水处理；

（4）操作复杂，基建费用高。

到目前为止，曝气膜生物反应器未有实际运行工程案例报道。

（二）萃取膜生物反应器

萃取膜生物反应器又称为 EMBR（Extractive Membrane Bioreactor）。为解决以下两个方面的污水处理技术难题，英国学者 Livingston 研究开发了 EMBR。

（1）高酸碱度或对生物有毒物质的存在，污水不宜采用与微生物直接接触的方法处理；

（2）当污水中含挥发性有毒物质时，若采用传统的好氧生物处理过程，污染物容易随曝气气流挥发，不仅处理效果很不稳定，还会造成大气污染。

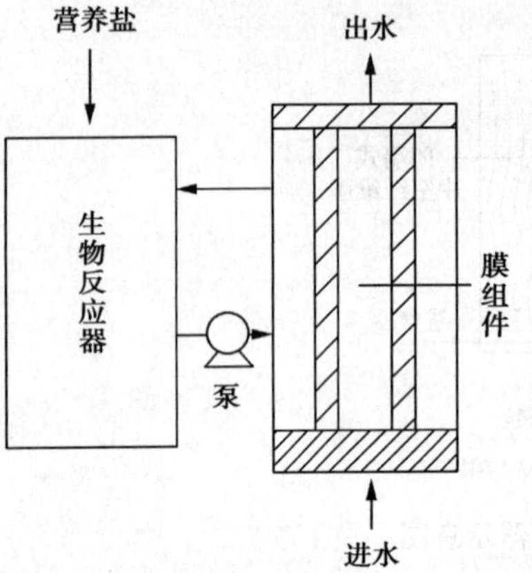

图 10-8　萃取膜生物反应器示意图

萃取膜生物反应器原理为：污水与活性污泥被膜隔开来，污水在膜内流动，含某种专性细菌的活性污泥在膜外流动，有机污染物可以选择性透过膜被膜外侧的微生物降解。由于萃取膜两侧的生物反应器单元和污水循环单元各自独立，各单元水流相互影响不大，生物反应器中营养物质和微生物生存条件不受污水水质的影响，使水处理效果稳定。系统的运行条件如 HRT 和 SRT 可分别控制在最优的范围，维持最大的污染物降解速率。萃取膜生物反应器示意图见图 10-8。

萃取膜生物反应器所用膜组件由硅胶或其他疏水性聚合物制成。这种反应器有两种运行方式：一种运行方式是污水流和生物膜被硅橡胶膜隔开，易挥发的有机污染物可很快通过硅橡胶膜，在生物反应器中进行生物降解，而污水中的无机质不能通过硅橡胶膜，因此污水中的有害离子组分对微生物的降解作用就没有影响。另一种运行方式是由一个传统的生物反应器连接一个具有萃取作用的管式膜组件组成，膜管外侧为生物介质流，管内为污水流，硅橡胶膜按束排列于管内，选择性地将有毒污染物从污水中转移至一个经过曝气的生物介质相，并在其中进行分解。在萃取式膜生物反应器中，污水中的污染物通过膜进入生物反应器，膜外侧流动的营养介质不受膜管内污水的影响，从而使生物降解速率保持在较高水平。另外，萃取膜生物反应器一般存在特征污染物，如果向反应器中投加降解特征污染物的专性细菌，可以提高污染物降解的针对性和效率，还可通过添加无机营养成分来促进降解。

（三）固液分离型膜生物反应器

固液分离型膜生物反应器即膜生物反应器（MBR）。MBR 工艺将分离工程中的膜分离技术与传统污水生物处理技术有机结合，提高了固液分离效率，并且由于曝气池中活性污泥浓度的增大，提高了生化反应速率。

表 10-2 列出了不同的膜生物反应器的主要优点和缺点，可以明显地看出：膜技术与生物污水处理工艺相结合来处理污水与单纯的污水生化处理工艺或者膜过滤工艺相比，有其独到之处，特别是占地面积小、设备集中、模块化，并且具有升级改造的潜力。

表 10-2 不同膜生物反应器的主要优点和缺点

反应器	优点	缺点
膜分离生物反应器	(1) 占地面积小； (2) 高负荷率； (3) 系统不受污泥膨胀的影响； (4)模块化、改造与升级容易	(1) 膜易污染； (2) 膜价格高
膜曝气生物反应器	(1)氧利用率高； (2)能量利用效率高； (3)占地面积小； (4)氧需要量可以在供氧时控制； (5)模块化、改造与升级容易	(1)膜易被污染； (2)基建投资大； (3)工艺复杂； (4)目前无实际工程实例
萃取膜生物反应器	(1)微生物与污水隔离，处理有毒工业污水； (2)出水流量小； (3)模块化、改造与升级容易	(1)基建投资大； (2)工艺复杂

三、其他分类

(1) 按膜材料

按照生物反应器系统中膜材料的不同可分为微滤膜 MBR、超滤膜 MBR 等，微滤膜一般在平板型膜器中使用较多，而真空纤维膜器既可使用超滤膜作为过滤膜，又可使用微滤膜作为过滤膜。

(2) 按是否需氧

按生物反应器是否需氧可分为好氧型 MBR 和厌氧型 MBR，其中厌氧型 MBR 主要用于高浓度有机污水的预处理。

第二节　膜生物反应器工艺类型

膜生物反应器工艺(简称 MBR 工艺)将生化降解和膜分离过程相结合，水中的污染物首先经过生化降解得到去除，活性污泥混合液在压力差的作用下，水和小于膜孔径的小分子溶质透过膜，即为处理出水，微生物及大分子溶质被膜截留，从而替代沉淀池完成污泥与处理出水的分离。MBR 工艺与生化工艺和膜过滤工艺的关系如图 10-9 所示。

污水处理中常用的膜生物反应器工艺分为两种，浸没式膜生物反应器工艺和外置式膜生物反应器工艺。

一、浸没式膜生物反应器工艺

浸没式膜生物反应器工艺简称 S-MBR，是把膜组件浸没在生化反应池或者单独的膜池中，污染物在系统中先进行生化反应得到降解去除，然后利用膜过滤进行固液分离。在浸没式 MBR 工艺里，微滤或超滤膜组件直接浸没

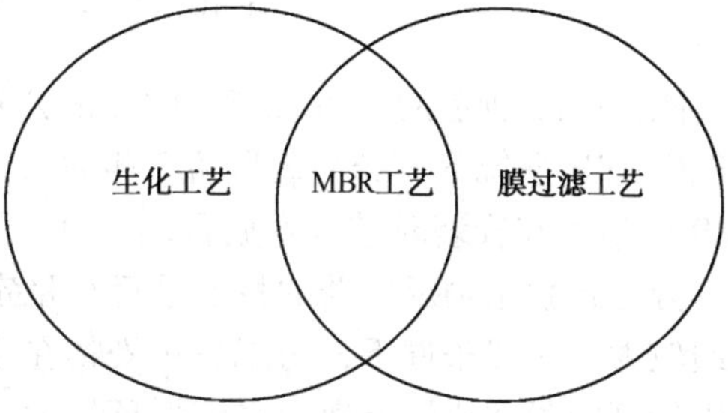

图 10-9　MBR 工艺与生化工艺和膜过滤工艺关系图

于生化反应池，并安置在曝气器的上方，借助曝气流引起的上升气水混合流擦洗膜表面以去除滤饼层。浸没式膜生物反应器工艺可采用负压产水，也可利用静水压力自流产水。其工艺示意图与相关工程图如图 10-10 所示。

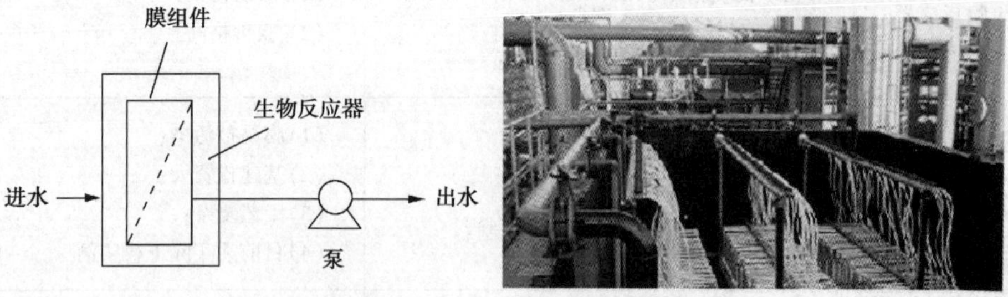

图 10-10　浸没式 MBR 工艺示意图与相关工程图

浸没式膜生物反应器工艺近年来在水处理领域应用较多，受到了越来越多的关注。其特点为出水水质好，系统耐冲击负荷，运行较稳定；但膜通量一般相对较低，容易发生膜污染，不容易清洗和更换；膜丝也容易发生断丝现象。浸没式工艺的能耗主要来自曝气，占运行总能耗的 90%以上。

二、外置式膜生物反应器工艺

外置式膜生物反应器工艺把膜组器和生物反应系统分开布置，污染物在系统中先进行生化处理得到降解去除，生物反应系统中的活性污泥混合液泵入膜组器，在压力作用下混合液中的液体透过膜，成为系统处理水；固形物、大分子物质等则被膜截留，随浓缩液回流到生物反应器内，简称 R-MBR。外置式 MBR 工艺工程与示意图如图 10-11 所示。

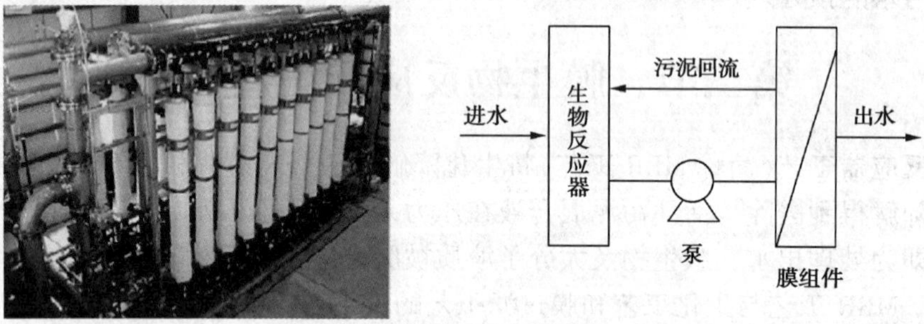

图 10-11　外置式 MBR 工艺工程与示意图

图 10-11 所示的工程图例为 Norit 公司的 MBR 膜组器（被命名为 AirLift MBR 系统）。AirLift MBR 系统的膜分离装置置于生物反应器之外，并与生物反应器组成一个回路，AirLift MBR 膜组器在安装时被垂直放置。

分置式膜生物反应器的特点是运行稳定可靠，易于膜的清洗、更换及增设，而且膜通量普遍较大。一般条件下，为减少污染物在膜表面的沉积，延长膜的清洗周期，需要用循环泵提供较高的膜面错流流速，水流循环量大、动力费用高，有人还认为泵的高速旋转产生的剪切力可能会导致某些微生物菌体产生失活现象。

外置式工艺需要较高的能耗，达 2~10kW·h/m^3 污水，其能耗主要产生在两方面：一方面是因为污染物容易在膜表面沉积，运行中需要较高的错流速度，因此在循环上需要消耗的能耗增大；另一方面，操作压力大，较高的操作压力也带来较大的能耗。外置式工艺中曝气仅占总能耗的20%左右。

三、浸没式与外置式膜系统的比较

浸没式与外置式膜系统的有关指标比较见表10-3。

表10-3 浸没式与外置式膜系统的比较

指 标	浸没式膜	外置式膜
系统	开放式系统设计	密闭式系统设计
过滤方式	外压式过滤设计，为直流式过滤	内压式或外压式设计，为直流式和错流式过滤
常用膜材料	PVDF、PVC	PES、PS、PVDF、PVC
预处理要求和抗污染能力	单根膜组件装填密度中等，过流通道宽，只要求简单的预处理，抗污堵能力强	单根内压式膜组件装填密度高，过流通道小，要求复杂的预处理，抗污堵能力差
操作压力	采用虹吸或低压真空抽吸（0.02～0.03MPa），能耗较低	采用较高压力过滤（0.2～0.4MPa），能耗高
膜寿命	膜的使用寿命相对较长，视不同膜材料和制造方法而定	膜的使用寿命相对较短，视不同膜材料和制造方法而定
安装方式	浸没式膜安装在构筑物中，只需要少量的连接件及阀门，方便增容或提标改造	压力式膜需要安装在密封的压力容器内，系统需要更多和复杂的连接件及阀门
占地面积	小	较大
适用处理规模	根据膜组件类型不同，适合各种规模的处理设施	适合中、小型处理规模的水厂。单套系统最多仅能达到4000～8000m^3/d的处理规模，对于大型水厂，系统会变得比较复杂

第三节 工艺设计的基本要求

一、设计需要解决的问题

MBR工艺一般包括生物处理系统和膜过滤系统两个主要单元，对应的设计应解决以下两个问题：一是根据所需处理污水的水质和有关出水水质的标准，选择合理的预处理以及生化处理工艺，保证膜系统的稳定运行；在水质和水量异常的条件下，系统能耐冲击负荷，受冲击负荷影响后能较快地恢复。二是选择合适的膜组件设备，满足过滤工艺的稳定运行。

二、设计原则

采取类比的原则进行设计。

(1) 对于生化系统，应根据有关设计规范合理放大处理能力；根据水质指标选取合理的工艺流程，设计参数可类比同类工程来选取。

(2) 对于膜系统，在膜供货商提供的设计参数基础上，选取一定合理的安全系数进行设计，以减少膜的污染，确保膜过滤系统能稳定运行。

三、工艺设计需要考虑的因素

MBR 工艺包含了生化、过滤膜、流体力学等三个方面的技术要求，因此工艺设计需要考虑的因素包括生化系统、过滤系统、其他配套设备三个方面。

（一）生化系统

通过设计选择合适的生化处理技术，以获得良好的微生物环境，提高污水中污染物的降解能力处理效果，生化系统设计需要考虑的具体因素如下。

1. 水量

污水设计处理量是污水管道系统及构筑物大小、设备选型与设计的依据，首先需要了解和掌握。

2. 水质条件

进水水质与排水水质涉及处理工艺的选择。

（1）进水水质

一般情况下，过滤膜上附有油脂成分（动植物油）时，油脂成分会覆盖膜表面，从而有可能堵塞微细孔；在含有矿物油的情况下，有可能对膜产生更恶劣的影响，因此原水中不要含有过多油脂成分，石油类物质应小于 3mg/L 以下。当进水中动植物油含量大于 50mg/L，或者石油类大于 3mg/L 时，应设置除油装置；除油装置（工艺）可采用隔油池或气浮。污水中的毛发、尖锐的固体物质对膜损伤大，需要采取预处理措施加以去除。

同时，C/N 与 C/P 是影响生物脱氮除磷的重要因素，一般来讲，C/N 值>4 时反硝化反应才能正常运行；而生物除磷要取得理想的效果，要求 C/P 值≥20。

（2）排水水质标准

当出水水质对氨氮或总氮、磷等指标有严格限制时，因膜系统氮、磷无去除作用，因此系统应具备脱氮功能或应考虑合适的脱氮除磷工艺；如生化系统采用 A^2/O、改良 A^2/O 等，使有机物、氮、磷等污染物在生化池中得到有效去除，同时在系统中还应设有化学除磷设施，辅助生物除磷，提高磷的去除率。有关污染物水质指标与对应的 MBR 系统设计见表 10-4。

表 10-4　污染物指标以及对应 MBR 系统设计要求

指标项目	对应设计的内容
日最大水量（一年的日最大水量）	对生化池、膜池容积、水泵、风机、膜组器的规格、数量确定必不可少
日设计处理能力	作为确定膜组器数量设计的参考
BOD、COD	用于确定生化池、膜池容积以及鼓风机、污泥处理系统
SS	超过 500mg/L 时可能需要进行预处理
N、P	确定是否需要脱氮除磷工序、回流系统，以及是否需要添加营养物质
动植物油、石油类	确定前处理是否有必要性
温度	确保过滤安全性
出水水质	确定处理工艺

不同的 TN 出水水质要求与脱氮工艺的选择见表 10-5。

表 10-5　不同 TN 出水水质要求与脱氮工艺的选择

出水对 TN 的要求	脱氮工艺
8~12mg/L	所有单级活性污泥系统
6~8mg/L	A^2/O、改良 A^2/O
≤6mg/L	多级生物脱氮系统

生物除磷工艺所需 BOD_5 或 COD 与 TP 之间有一定的比例要求，生物除磷工艺所需 BOD_5 或 COD 与 TP 的比例要求见表 10-6。

表 10-6　生物除磷工艺所需 BOD_5 或 COD 与 TP 的比例要求

生物除磷工艺		BOD_5/TP/(mgBOD_5/mgTP)	COD/TP/(mgCOD/mgTP)
高效除磷工艺	无硝化 A/O、改良 A^2/O	15~20	26~34
中效除磷工艺	硝化 A/O、A^2/O	20~25	34~43

(二) 过滤膜系统

通过选择合适的过滤膜、膜元件、膜组件，以达到提高过滤传递效率和处理能力的目的。

(1) 过滤膜

需要考虑的因素有：膜材料、膜孔径、孔隙大小分布、膜的亲/疏水性等。

(2) 膜元件、膜组件

需要考虑的因素有：过滤有效面积，膜元件、膜组件构型与数量，膜组件的布置。

(3) 配套设备

① 曝气系统。考虑的因素有曝气量大小。通过合适曝气系统的设计，给过滤膜提供适当的扰流操作、剪力作用，为膜过滤提供合适的流体环境，获得稳定的生物环境。

② 抽吸与清洗系统。抽吸与清洗系统考虑的因素包括抽吸与停止的时间、反冲洗的频率与反冲洗量、药剂清洗频率和药剂浓度等。通过合适抽吸与清洗系统的设计，获得最佳的透膜压力和膜通量，以达到降低膜污染、延长膜的寿命、系统能长时间地稳定运行、降低运行费用的目的。

四、工艺的选择

(一) 脱氮为主

以脱氮为主时，可以采用缺氧/好氧/膜过滤工艺，基本工艺流程如图 10-12。以除氮为主的混合液回流比应大于 300%。

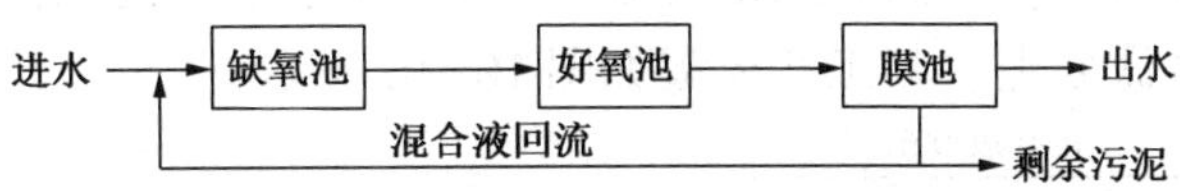

图 10-12　脱氮为主的缺氧/好氧/膜过滤工艺流程图

(二) 除磷为主

当以除磷为主时，可采用缺氧/厌氧/好氧/膜过滤工艺，基本工艺流程如图 10-13 所示。以除磷为主时混合液回流比应小于100%。

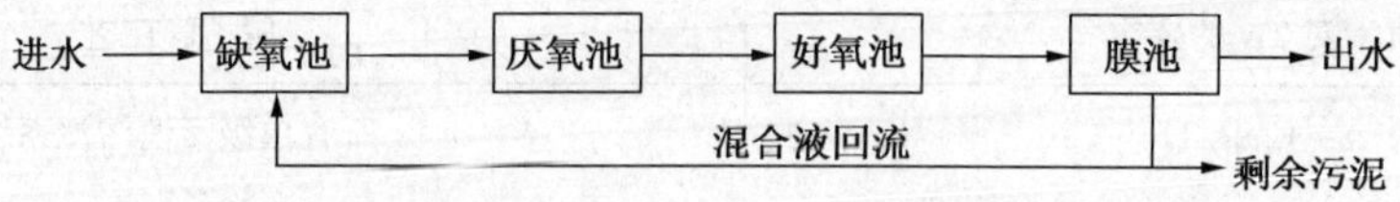

图 10-13　以除磷为主的缺氧/厌氧/好氧/膜过滤工艺流程

(三)脱氮除磷

需要同时脱氮除磷时，可采用 A^2/O/膜过滤工艺，基本工艺流程如图 10-14 所示。

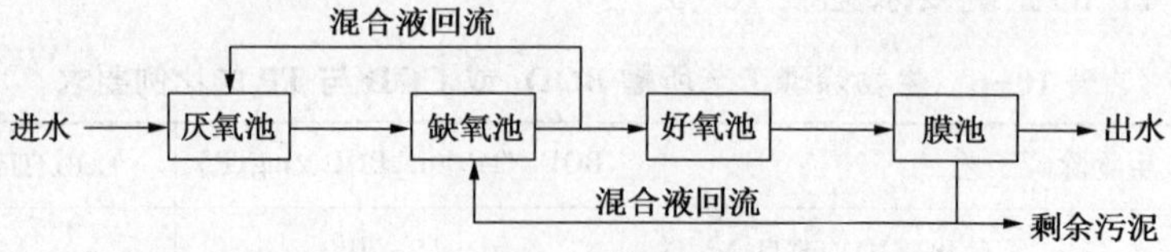

图 10-14　A^2/O/膜过滤工艺脱氮除磷工艺流程

其中缺氧池回流到厌氧池的回流比可控制 100%以下，膜池回流到缺氧池的回流比一般在 300%~400%，但应根据水中的氮进行调节。

生化处理段也可以进行工艺的改进，如可以单独设置一个缺氧段，将膜池回流的混合液在缺氧池中停留一段时间，进行脱氧反硝化后，进入厌氧池。A^2/O/膜过滤工艺脱氮除磷改进工艺流程见图 10-15。

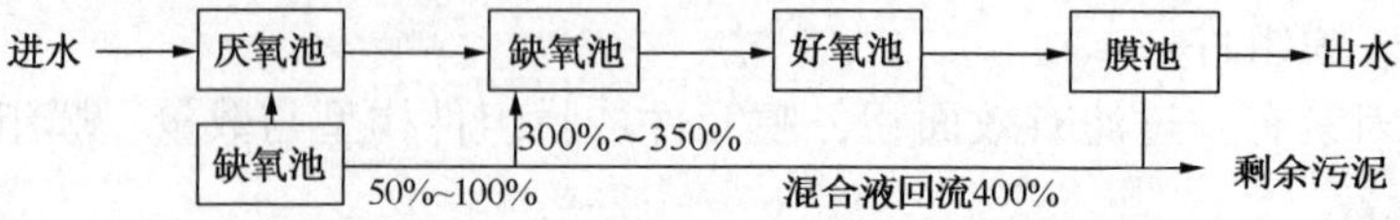

图 10-15　A^2/O/膜过滤脱氮除磷改进工艺流程

(四)其他脱氮除磷工艺

随着城镇污水处理厂对出水中 N、P 排放标准的越来越严，在 N、P 的去除工艺特别是 N 的处理工艺上，出现了有不少好的生化处理组合工艺，目前这些生化工艺中的一部分已与膜过滤工艺实现组合，应用到了实际的工程中。由于其中涉及的具体工艺参数有的并没有在 MBR 工艺中得到具体的应用与验证，给出的参数仅作为参考。

1. 厌氧/缺氧/缺氧/好氧活性污泥/膜过滤工艺(MUCT/膜过滤工艺)

(1) 工艺流程

MUCT 工艺是 A^2/O 工艺的改良工艺。MUCT 工艺将缺氧段一分为二，使之形成两套相对独立的混合液内回流系统，从而有效地克服了 A^2/O 工艺的上述缺点，经过 MUCT 处理后的水再进入膜池进行过滤处理。其工艺流程如图 10-16 所示。

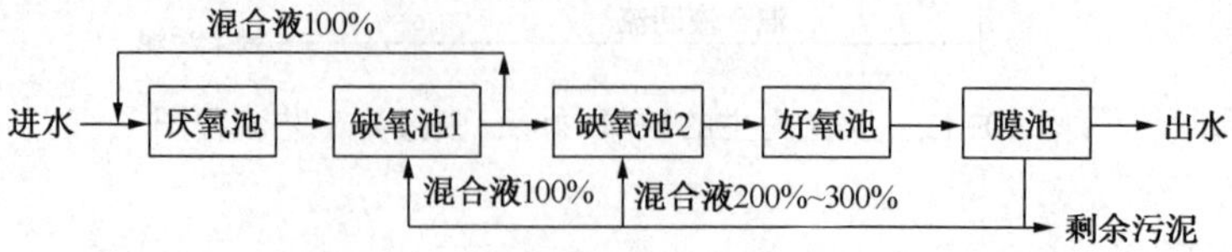

图 10-16　MUCT/膜过滤工艺流程

在 MUCT 工艺，缺氧池分为两段，第一段缺氧反应池接纳小部分膜池的混合液，然后由该反应池将混合液回流至厌氧池；而大部分硝化混合液回流到第二段缺氧池，使大部分 NO_x^- 回流至第二缺氧池进行反硝化。也有的 MUCT 工艺将好氧池分为两段，便于混合液回流的布置。MUCT 工艺工艺最大限度地消除了向厌氧段回流液中的硝酸盐量对聚磷菌所产生的不利影响。由于工艺增加了回流系统，使运行费和工程投资费比 A^2/O 工艺有所提高。

(2) 供参考的工艺参数

① 污泥负荷：0.05~0.15kgBOD_5/(kgMLVSS·d)；

② 污泥龄：10~16d；

③ 膜池混合液回流比为200%~400%，缺氧池混合液回流比为100%；

④ 厌氧池(区)水力停留时间：1~2h，缺氧池 1 的水力停留时间：0.5~1h，缺氧池 2 的水力停留时间：1~2h，好氧池水力停留时间：6~14h。

2. 缺氧/厌氧/缺氧/好氧活性污泥/膜过滤工艺(JHB/膜过滤工艺)

(1) 工艺流程

JHB 工艺在 A^2/O 工艺到厌氧区污泥回流线路中增加了一个缺氧池，来自二沉池的污泥可利用33%左右进水中的有机物作为反硝化碳源去除硝态氮，以消除硝酸盐对厌氧池厌氧环境的不利影响，好氧池硝化液进入膜系统过滤处理。缺氧/厌氧/缺氧/好氧活性污泥/膜过滤工艺流程见图 10-17。

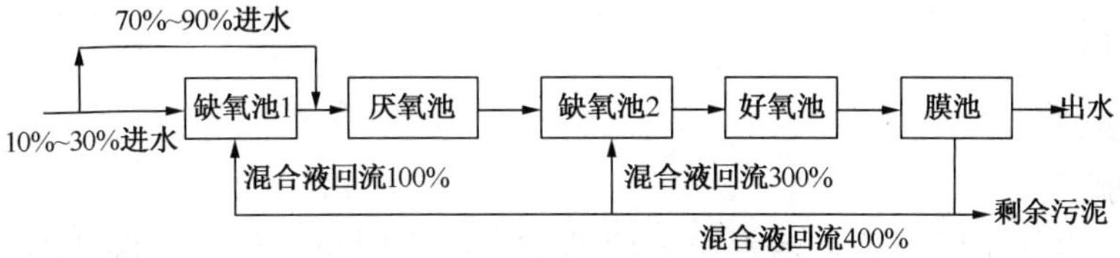

图 10-17 JHB/膜过滤工艺流程

(2) 工艺参数

① 污泥负荷：0.05~0.15kgBOD_5/(kgMLVSS·d)；

② 污泥龄：10~16d；

③ 混合液回流比为400%，其中回流到缺氧池 2 的为 300%，回流到缺氧池 1 为 100%；

④ 进水分配比例：进缺氧池(区)10%~30%，进厌氧池(区)70%~90%；

⑤ 缺氧池 1 的水力停留时间：0.5~1h，厌氧池水力停留时间为 1~2h，缺氧池 2 的水力停留时间为 2~4h，好氧池水力停留时间为 6~14h。

3. Bardenpho/膜过滤工艺

(1) Bardenpho 工艺

Bardenpho 工艺由两级 A/O 工艺共四段组成，各项反应都能在系统内反复进行了两次以上，在进行硝化、反硝化的同时，具有良好的除磷效果。与其他工艺相比，具有停留时间长，剩余污泥的含磷量高的特点，含磷量可达 4%~6%。

(2) Bardenpho/膜过滤工艺流程

Bardenpho/膜过滤工艺流程如图 10-18 所示。

(3) Bardenpho+膜过滤工艺的应用

澳大利亚 Magnetic 岛淡水回收处理厂采用 Bardenpho 与膜过滤结合处理生活污水，使用的膜组件为久保田平板式膜组件，膜孔径为 0.4μm。在运行中，由于 C/N 的比值不能满足

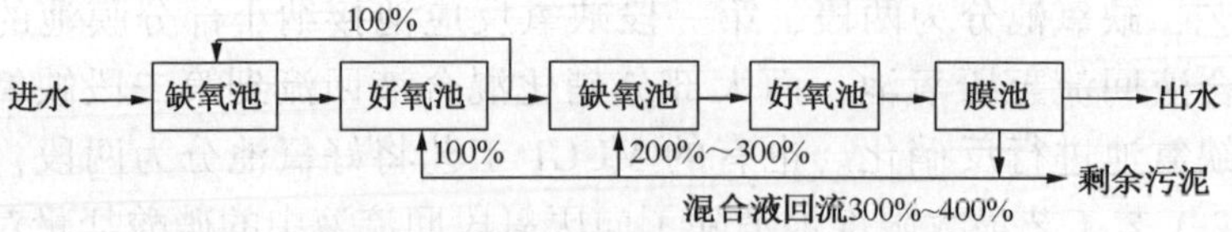

图 10-18 Bardenpho/膜过滤工艺流程

脱氮的要求，添加了多糖物质以增加微生物增殖所必需的碳源。

4. 其他组合工艺

为了满足不同工艺的需求，进一步提高产水的水质，更好地利用水资源，往往将膜过滤与其他传统生化工艺组合起来联用，形成新型的 MBR 集成工艺。如对出水臭味或色度有严格要求时，后处理装置可采用活性炭或化学氧化处理工艺，也可以采用 MBR+PAC(颗粒活性炭)工艺，该工艺能很好地降低运行过程中的膜污染；MBR+高效菌种工艺可以用于处理难降解有机污水；MBR 工艺+RO(NF)工艺或者其他除盐技术的工艺，可以从污水中直接生产高质量的纯水，提高水的重复利用率等，其中的 MBR 工艺在有效除去污水中有机物的同时，也能起到作为后续处理工艺的预处理作用。

第四节 工 艺 设 计

一、预处理

(一)基本要求

1. 设置格栅

所有的膜生物反应器工程在污水进入膜池前，应设置超细格栅，保证毛发、尖锐的固体悬浮物等体物质不进入膜池，给膜组件造成危害。

对于真空纤维膜，有的膜提供商要求原水先经过 8~10mm 的细格栅后，由进水提升泵提升到沉砂池；其出水需再经一道 1mm 的超细格栅过滤后进入膜池；对于平板膜，有的膜提供商要求原水先经过 8~10mm 的细格栅后，由进水提升泵提升到沉砂池，其出水需经 3mm 的膜格栅过滤后进入膜池。膜格栅的布置有两种方式，一种是直接布置在沟渠，一种是布置在沟渠中，格栅的一部分加上箱体。膜格栅的两种布置方式见图 10-19。

(a) 沟渠式　　(b) 箱体式

图 10-19 膜格栅布置方式

2. 设置沉砂池

城镇污水处理厂应设置沉砂池，沉砂池可以选择曝气沉砂池、旋流沉砂池等。

(二)预处理设计案例

设计处理规模为1.5万m^3/d。细格栅井与曝气沉砂池合建，细格栅井进水渠宽为1.3m。曝气沉砂池停留时间约为5min左右，需要空气量为6.1m^3/min。其主要设备及参数如下，供参考。

1. 细格栅

可设置回转格栅除污机2台(栅宽=1.2m，栅隙=5mm，高H=1.2m，$\alpha=75°$，功率N=2.2kW)。两条渠道前分别设置闸门并配套手电两用启闭机，格栅的启停通过时序控制。

2. 无轴螺旋输送机

细格栅配套无轴螺旋输送机1套(直径D=260mm，长L=4.2m，功率N=1.5kW)。输送机的运行与格栅联动，早于格栅开启前开启，迟于格栅停止。

3. 桥式吸砂机

沉砂池配套桥式吸砂机1套(包括桥架和吸砂泵等装置)。

4. 膜格栅池

设置膜格栅池目的是进一步去除污水中粒径大于1mm的悬浮物。膜格栅池按总变化系数1.46设计，为钢筋混凝土结构，1座2格，池的平面尺寸为$L \times B$=13m×4.1m。膜格栅池主要设备及参数如下：

(1) 膜格栅

设备数量：2套规格：直径D=1800mm、功率N=1.5kW、栅隙B=1mm；配套相应的高压冲洗设施；过栅流速：0.5m/s。

(2) 栅渣输送机(与转鼓格栅配套)

设备类型：螺旋输送机；设计数量：1套；设计参数：直径D=260mm，长L=5.0m，功率N=1.1kW；控制方式：与格栅除污机和螺旋输送机联锁，由PLC自动按顺序控制开停，亦可现场操作。

(3) 插板闸门

为便于设施的维修，在膜池前后分别设置插板闸门，其规格为$B \times L$=1800mm×1500mm，每格设两套，共4套。

二、生化系统

根据运行的污泥浓度、水质要求与有机物负荷等参数确定生化系统的设计。

(一)一般规定

进入系统的污水应符合下列要求：

(1) 脱氮、除磷时，污水中的五日生化需氧量(BOD_5)与总凯氏氮(TKN)之比宜大于4；污水中的BOD_5与总磷(TP)之比宜大于17。

(2) 好氧池(区)剩余碱度宜大于70mg/L(以碳酸钙$CaCO_3$计)。

(3) 当工业污水进水COD超过1000mg/L时，前处理可采用升流式厌氧污泥床反应器(UASB)等厌氧处理措施。

(4) 当工业污水进水的BOD_5/COD小于0.3时，前处理需采用水解酸化等预处理措施。

(5) MBR工艺中的好氧段污泥浓度一般控制在6~8g/L；膜池污泥浓度一般根据供货商

的要求定，真空纤维膜一般控制在8~10g/L，平板膜控制在10~15g/L。

（6）生物曝气池与膜池一体设计时，反应器的供气量必须满足按活性污泥法的需要量，并同时满足膜表面清洗所需空气量。

（7）生物曝气池与膜池分建设计时，生物曝气池的供气量需按照按活性污泥法的需要量设计；膜池则需要在满足膜表面清洗所需空气量的同时，满足池中的合适溶解氧。

（二）工艺设计

1. 设计参数

处理城镇污水或水质类似城镇污水的工业污水时主要设计参数，A^2/O/膜过滤工艺可参考表10-7取值。工业污水的水质与城镇污水水质差距较大时，设计参数应通过试验或参照类似工程确定。

表10-7　A^2/O/膜过滤工艺主要设计参数（水温20℃）

项　目		参　数　值
五日生化需氧量污泥负荷 Ls/[$kgBOD_5$/(kgTMLVSS · d)]		≤0.1
总氮负荷/[kgTKN/(kgMLSS · d)]		≤0.05
反硝化池 S-BOD_5/NO_x-N		≥4（反硝化池进水溶解性 BOD_5 浓度与 NO_x-N 浓度之比值）
污泥浓度 MLVSS/(g/L)		好氧生化池一般控制在6~8g/L
		膜池（真空纤维膜）一般控制在8~10g/L
		膜池（平板膜）控制在10~15g/L
污泥龄 θ_c/d		10~20
污泥产率 Y/($kgVSS/kgBOD_5$)		0.2~0.7
活性污泥需氧量 O_2/($kgO_2/kgBOD_5$)		1.0~1.8
膜擦洗供气量		按照供货商的要求设计，满足池中的合适溶解氧
水力停留时间 HRT/h		厌氧 1~2
		缺氧 1~3
		好氧 4~11
		膜池 2~3
回流比 R_i/%	膜池回流到缺氧区	300~500
	缺氧区回流到厌氧区	100~200
	好氧区回流到缺氧区	根据具体工艺定，一般不设回流
出水水质		生活污水 COD<50mg/L；工业污水<100mg/L
		SS<10mg/L
		NH_3-N<10mg/L
		TN<5mg/L

2. 反应池容积的计算

厌氧缺池（区）、氧池（区）容积、好氧区容积可以参考第章节生物脱氮除磷工艺中给出的有关计算公司与要求。

3. 曝气方式

可以采用曝气器、射流曝气、穿孔曝气管等各种形式。一般采用大孔径曝气管形式，孔径在 2~3mm，更有利于膜的清洗。

(1) 曝气方式的选择

① 曝气方式应结合供氧效率、能耗和维护检修等因素进行综合比选后确定；

② 大、中型污水处理厂宜选择鼓风式中、微孔曝气系统等水下曝气系统；

③ 鼓风式中微孔曝气系统宜选择共用鼓风机的供气方式。

(2) 鼓风机与鼓风机房

① 应根据风量和风压选择鼓风机。大、中型污水处理厂宜选择单级高速离心鼓风机、多级低速离心鼓风机、螺杆风机等，小型污水处理厂和工业污水处理站可选择罗茨鼓风机；

② 鼓风机房设置的常用鼓风机的供气总量应符合设计供气量(G_s)的要求，并保持 10%的富余供气能力，设计风机台数应考虑备用。

(3) 曝气器的数量与布置

① 曝气器的数量应根据曝气池的供气量和所选曝气器的参数要求确定；

② 曝气器一般布置均匀，不留有死角和空缺区域。

(4) 推流器

① 缺氧池(区)和厌氧池(区)应采用推流器，推流器功率宜采用 5~8W/m^3，应选用安装角度可调的推流器；

② 推流器器布置的间距、位置，应根据试验确定或由供货厂方提供；

③ 推流器应对称布置，搅拌器的轴向有效推动距离应大于反应池的池长；

④ 每个反应池内应设置 2 台以上的推流器，反应池若分割成若干廊道，每条廊道至少应设置 1 台推流器。

4. 加药系统

(1) 外加碳源

当进入反应池污水的 BOD_5/TKN 小于 4 时，或者 BOD_5/P 不足时，应在缺氧池中投加碳源。投加碳源量可按式(10-1)确定。

$$BOD_5 = 2.86 \times \Delta N \times Q \qquad (10-1)$$

式中 BOD_5——投加的碳源相当于 BOD_5 量，mg/L；

ΔN——硝态氮的脱除量，mg/L；

Q——设计污水流量，m^3/d。

有机营养物一般为甲醇、乙醇、醋酸、其他易溶解低碳有机物或多糖有机物。

(2) 碱度补充系统

当进水中碱度不能保证硝化的进行和氨氮、总氮的设计去除率，必须补充碱，一般投加碳酸钠或者碳酸氢钠、碳酸钙。其中 1mg 碳酸钠相当于 0.94mg 碳酸钙的碱度，1mg 碳酸氢钠相当于 1.19mg 碳酸钙的碱度。

(3) 除磷

对于除磷而言，MBR 和传统工艺是相同的，因为对于除磷来说，膜分离的优势很小。生物法处理的污水大部分都是碳源限制型的，对磷的去除不利。磷的去除主要依靠微生物的过量吸磷并通过排泥来实现。但对于一般污水，基于缺氧/好氧的 MBR 工艺可达到良好的除磷效果。对于含磷较高的污水，更常用的方法是通过投加化学品(如无机絮凝剂或石灰石)使磷形成不溶性的沉淀物而去除。

① 当出水总磷不能达到排放标准要求时，宜采用化学除磷作为辅助手段。

② 最佳药剂种类、投加量和投加点宜通过试验或参照类似工程确定。化学药剂储存罐容量应为理论加药量的4~7d投加量，加药系统应不少于2套，应采用计量泵投加。

③ 化学除磷时应考虑产生的污泥量，污泥增量可参照表10-8设计。

表10-8 化学除磷污泥增量

絮凝剂	投加位置	污泥增量/%
铝盐或铁盐作絮凝剂	前置投加	40~75
铝盐或铁盐作絮凝剂	后置投加	20~35
铝盐或铁盐作絮凝剂	同步投加	15~50

（4）接触铝盐和铁盐等腐蚀性物质的设备和管道应采取防腐措施。

5. 设计案例

设计处理规模为1.5万m^3/d。生物脱氮工艺采用倒置A^2/O工艺，其工艺流程为：进水→缺氧池→厌氧池→缺氧池→好氧池。倒置A^2/O工艺将传统A^2/O法的厌氧池和缺氧池倒置，采用多点进水的方式，可以根据需要对厌氧池和缺氧池的进水碳源分配进行优化调整，优化脱氮除磷效果，回流污泥采用双回流方式。该工艺自身变化调整的余地大，可以根据进出水水质优化运行方式。

（1）缺氧池

设计缺氧池2格；停留时间为2.56h；构筑物总体积1600m^3，出水边设计成椭圆弧形状。池内设潜水搅拌器2台，功率$N=6kW$；控制方式为连续运行，现场手动控制开停。

（2）厌氧池

设计厌氧池2格；停留时间为2.75h；构筑物总体积1692m^3，池子局部成椭圆弧的形状。设潜水搅拌器2台，功率$N=6kW$；控制方式：连续运行，现场手动控制开停。

（3）缺氧池

半地下式钢筋混凝土结构，2格；池内设置曝气管和搅拌机。停留时间为2.21h；构筑物总体积1380m^3，池局部做成椭圆弧的形状；混合液回流比为200%；池内设潜水搅拌器数量2台，$N=6.0kW$；控制方式：连续运行，现场手动控制开停。设潜水循环泵2台，功率$N=6.0kW$，流量$Q=625m^3/h$，扬程$H=1.0m$

（4）好氧池

好氧池设计水力停留时间为3.5h；BOD_5污泥负荷为0.12kg BOD_5/(kgMLSS·d)；混合液污泥浓度7.2g/L；产泥率0.6kgSS/kgBOD_5；构筑物尺寸：$L\times B\times H=15.0m\times12.8m\times6m$；采用微孔曝气，微孔曝气设备及参数如下：数量450m；通气量15m^3/h；阻损≤300mm。

三、膜组件（器）的选取与设计

（一）膜组件（器）选取原则

在MBR工艺中，通过膜组件过滤的是含较高污泥浓度的混合污水，膜易受到污染，因此，选择合适的抗污染性强的膜及膜组件成为膜生物反应器的关键因素。膜组件的选择主要依循以下要求：

（1）性能良好。足够的强度、通量、抗污染性、寿命；

(2) 稳定。清洗恢复性好，长期运行中能保持出水通量稳定；

(3) 膜组件结构、膜池的流态与曝气方式节能；

(4) 易维护。膜组器的结构应简单，便于安装、清洗和检修。膜组器的支撑材料应防腐，宜选用不锈钢或其他耐腐蚀材料。

(二) 膜组件所用膜材料要求

(1) 所用膜的机械强度好，延伸率小于10%；

(2) 所用膜的膜孔分布均匀，孔径范围窄；

(3) 所用膜的稳定性好，抗氧化，pH值范围越宽越好；

(4) 所用膜对被截留溶质的吸附性小；

(5) 膜材料宜选用聚偏氟乙烯(PVDF)或聚乙烯(PE)，也可选用聚丙烯(PP)、聚砜(PS)、聚醚砜(PES)、聚丙烯腈(PAN)以及聚氯乙烯(PVC)等；膜的孔径应在0.04~0.4μm之间。

(三) 膜通量的确定

(1) 应确定合适的膜通量。在具体的设计中，应兼顾膜系统的投资成本、工艺运行的稳定性、运行成本。

(2) 膜生物反应器生产厂家都会提供膜通量，一般以供货商提供的参数为依据。

(3) 在厂家提供的数据基础上，选择膜通量也可以参考以下数据：

① 中空纤维膜的膜通量设计参数一般选取15~50L/(m^2·h)，即360~1200L/(m^2·d)；

② 平板膜的膜通量设计参数一般选取14~20L/(m^2·h)，即376~480L/(m^2·d)。

③ 当污水生化性能较高时选取上限值，当污水难生化处理时，选取下限值。

(4) 最终的运行膜通量还需要根据实际工程的运行来进行调整和确定。

(四) 膜组件的设计

膜系统设计主要内容有：确定膜组件、计算所需膜面积。

1. 确定膜组件

(1) 确定膜组件构型

膜组件构型包括帘式、束式以及平板等；有业内人士认为在处理规模较大城镇污水处理与回用方面使用帘式、束式的真空纤维膜组件较好，因为城镇污水处理厂在运行管理方面会比一般的小规模处理单位有更好的条件；在分散型工业污水处理方面使用平板膜可能会更好，虽然一次投资较大，但需要的运行管理要求会相对要低一些。

(2) 确定膜组件品牌与型号

膜组件是MBR工艺的关键组成，其设计参数膜面积和处理能力决定投资成本。膜组件的来源有国产与进口的品牌，选择进口的有利于运行和管理，但投资成本较国内的大，需要从投资成本上考虑，也需要从工程用地、运行管理要求等条件确定膜组件。

2. 确定膜组件膜面积

根据工程处理规模和膜通量确定所需膜面积。

(1) 确定处理规模

根据目前处理设计与运行的污水处理厂来看，在设计的处理规模上采取按照变化系数的要求适当放大进行设计，预留部分处理能力以满足水质与水量的变化对系统的冲击。

(2) 根据处理规模和膜通量确定所需要的膜面积(A)

$$A = Q/F \tag{10-2}$$

式中　A——膜组件总有效面积，m^2；

Q——处理设计能力，m^3/d；

F——膜组件膜通量，$m^3/(m^2 \cdot h)$，或 $m^3/(m^2 \cdot d)$。

（3）根据单个膜组件膜面积来确定所需膜组件的数量（N）

若已知膜组件制造厂家给定的单个膜组件面积基本参数，所需的膜组件总数可根据式（10-3）计算。

$$N = A/A_0 \tag{10-3}$$

式中　N——膜组件总数量，组；

A——膜组件总有效面积，m^2；

A_0——单个膜组件有效面积，m^2。

3. 设计案例

阿曼污水处理厂污水处理量为76000t/d，2006年工程运行，阿曼污水处理厂膜组件设计参数见表10-9。

表10-9　阿曼污水处理厂膜元件和膜组件设计参数

项　目	参　数	项　目	参　数
处理水量/(m^3/d)	76000	总的膜有效面积/m^2	97920
膜组件型号	EK400	膜元件数/片	122400
设计膜通量/[$m^3/(m^2 \cdot d)$]	0.8	膜组总数/组	306（每组400片）

四、膜池

膜组件数量确定后，需要设计膜池和合理布置膜组件。

（一）膜池设计的基本要求

膜池为膜组件放置处，膜池的设计要求应满足以下条件：

（1）设计时要考虑处理能力的预留，使整个系统能有效缓冲负荷变化的冲击。

（2）膜池进水端能与曝气池有效连接，能均匀布水。

（3）满足膜组件的设计要求，便于膜组件以及配套设施的安装。

① 要求每个膜池单元选同类型膜组件；

② 双排布置时选择双数组件对称布置；

③ 单排布置时单排膜组件数不超过10组。

（4）要设计有混合液回流设施，要有排空设施。

（5）便于膜系统的运行与管理。

（6）膜组件单元在维护与保养时，整个系统能保证稳定的运行。

（二）膜池设计的内容

1. 膜组件的布置

一般根据膜组件的数量以及设备供货商对自己产品的布置要求，确定膜组件在膜池中合理的布置形式。

(1) 东丽膜组件

东丽膜组件在膜池中的布置要求如图 10-20、图 10-21 所示。

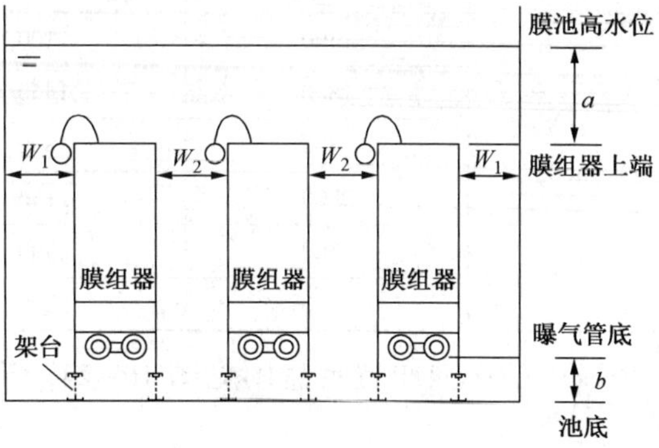

图 10-20 膜组器沿池深方向布置图

图 10-20 中，a 为池内膜组器上部水位淹没距离，最小要求为 500mm；b 为曝气管底距池底的距离，距离最小为 400mm。

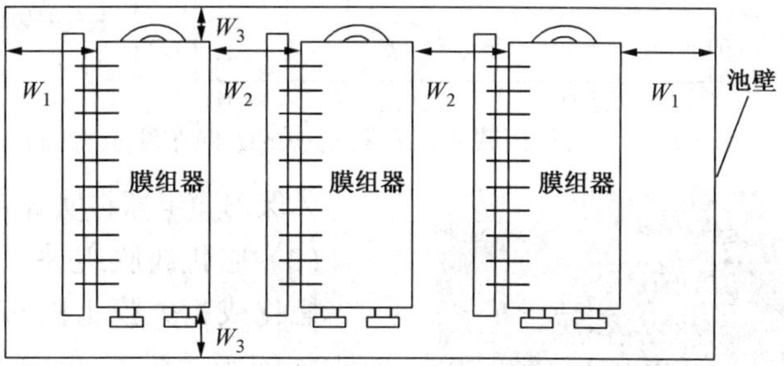

图 10-21 膜组器沿池平面方向布置图

图 10-21 中，W_1 为膜组件距膜池宽度一边的距离，要求在 380~680mm；W_2 为膜组件之间的间距，要求在 430 ~ 730mm；W_3 为膜组件距离膜池长度一边的距离，要求大于 400mm。

(2) 久保田膜组件

久保田膜组件在膜池中的平面布置要求如图 10-22 所示。

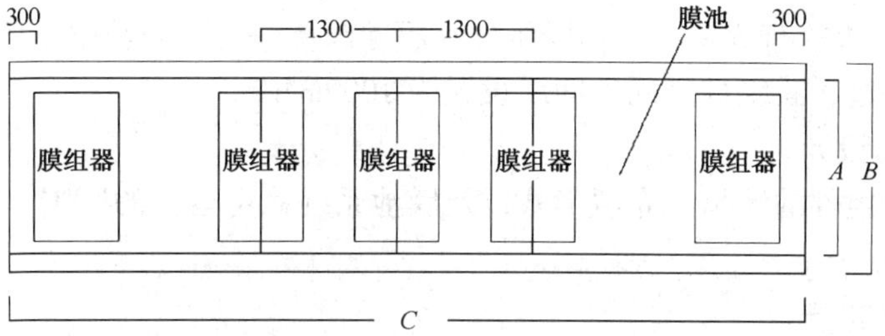

图 10-22 久保田膜组器在膜池中的平面布置尺寸要求图

久保田膜组件具体尺寸件见表 10-10。

表 10-10　久保田膜组件在膜池中的布置尺寸

膜组器型号	池长(C)/mm	池宽(B)/mm	池上部开口宽(A)/mm	膜组件膜距池宽度的距离/mm
FS50	1300n+300	1300	1100	≥300
ES75、FS75		1800	1450	
ES100		2300	1800	
ES125		2800	2150	
ES150、EK300		3300	2500	
ES150、EK300		4300	3200	

久保田相关膜组件在膜池中的纵向布置示意图见图 10-23。当鼓风机风压允许的条件下，还可以适当加大水深。

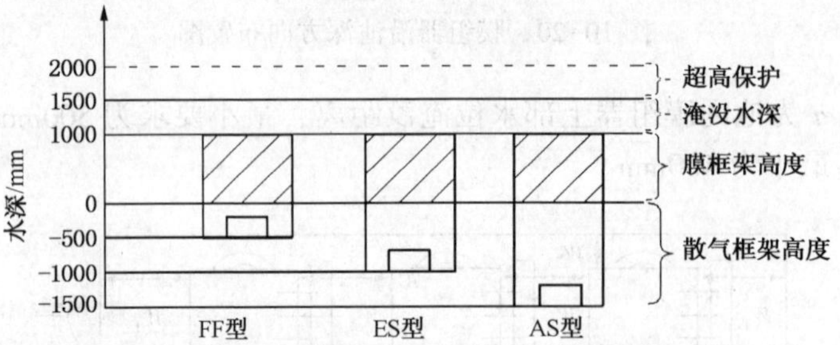

图 10-23　久保田膜组器在膜池中的纵向布置示意图

图 10-24　久保田膜组器在实际膜池布置图

久保田膜组器在实际膜池布置见图 10-24。

（3）旭化成膜组件

旭化成相关膜组件布置图见图 10-25。图中所示的膜组件型号为 MUNC-620 型，膜池中共设置有 35 套膜组件，分 5 个列布置，每列 7 套。

从该图中可以看出：

① 沿池宽度一边的布置要求为：膜组件在膜池宽度一边，与池壁的间距设置为 300mm；在膜池宽度一边，膜组件之间的间距设置为 300mm；

② 沿池长度一边的布置要求为：膜组件在膜池长度一边，与池壁的间距设置为 500mm；在膜池长度一边，膜组件之间的间距设置为 1000mm。

2. 膜池的数量设计

根据工程中膜组件的数量、布置形式以及膜池系统稳定运行的原则，确定膜池的组数或者膜池的单元格数。

3. 膜池尺寸的设计

根据布置的膜组件数量以及膜组器长、宽、高确定分格膜池的池体尺寸。

① 每格膜池中应布置同系列的膜组器，膜组器在池中的分布应均匀，不同池中膜组器分布应对称；

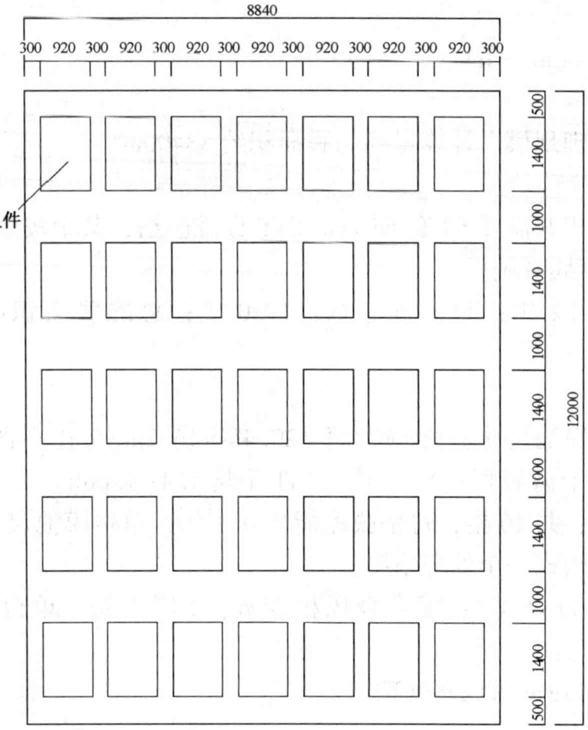

图 10-25　旭化成膜组件膜组器在膜池中平面布置

② 池体的尺寸有利于膜组器的维护与管理；

③ 膜组器之间的间隙应有利于旋回流的产生。

（三）膜池池容设计

1. 合建式

合建式即好氧池和膜池在一起的情况，池容采用的设计参数有：水力停留时间（T）和污泥有机物负荷。水力停留时间（T）一般为经验数据，可以根据相类似的工程类比取得，根据水力停留时间设计的池容还需要通过污泥有机物负荷来核算。

2. 分建式

好氧池和膜池分开的情况，一般采用水力停留时间（T）进行池容设计。选取膜池水力停留时间在 2~3h 左右，同时还需要根据膜组件布置要求最终确定有效的池容。

五、设计案例

（一）案例 1

设计处理规模为 30000m^3/d，考虑 20% 的设计余量，系统高峰设计流量为 36000m^3/d。工程采用 Saveyor SVS40-60-B 膜组件，单支膜元件有效膜面积为 45m^2，尺寸为宽×高 = 1m×1. 5m。Saveyor MBR 膜通常采用集成式标准化设计，即 32 支柱式膜元件构成 1 个标准膜组。其构造示意图见图 10-26。

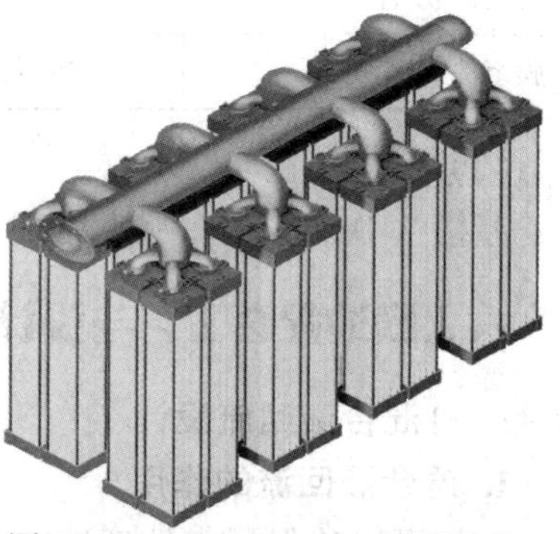

图 10-26　Saveyor MBR 膜组件集成式标准化示意图

其膜池设计如下：

(1) 膜通量

设计膜通量<18L/(m^2·h)。

(2) 膜面积

根据膜通量和处理规模，计算得到的膜面积约83400m^2。

(3) 膜组件

根据膜面积，工程共需要60套Saveyor SVS标准膜组，其中按照每3个标准膜组件构成一套膜系统，共20套膜系统。

每套膜元件数：32组；膜元件总数：1920支；总的膜面积：86400m^2；设计水温：10~30℃。

(4) 膜池

膜池2座；每座膜池尺寸：长×宽×深=20.4m×26.2m×5m（不含进出水及回流区）；有效水深：4.1m；池总有效容积：2100m^3；HRT平均1.4~1.68h。

每座膜池设5格，共10格；每格膜池能独立工作；单格膜池尺寸为20.4m×5.4m×5m，每格设2个膜组件，构成一个处理系统。

膜池气水比设计为16∶1；配套鼓风机参数：2用1备，单台风量168m^3/min，风压4.5m水柱。

(二) 苏格兰Daldowie污泥水处理

(1) 基本情况

Glasgrow污泥处理厂共安装有6台污泥干燥机和12台污泥脱水机。污泥污水主要包括脱水机的滤出液和干化的冷凝水。污水中的平均NH_3-N为280mg/L，BOD为1500mg/L，COD为2600mg/L。

其处理工艺流程为：污泥污水首先进入斜管沉淀池沉淀，然后进入缺氧池，再进入曝气池，再进入膜池。膜池的污泥回流液返回至缺氧池。膜池的出水直接排放。苏格兰Daldowie污泥水处理设计参数见表10-11。

表10-11 苏格兰Daldowie污泥处理设计参数

项目	参数	项目	参数
处理水量/(m^3/d)	最大12800，平均9000	总的膜有效面积/m^2	20480
膜组件型号	J200	曝气池数量/个	4
模元件数/片	25600	每个曝气池池容/m^3	2000
膜组件数/组	128(每组200片)		

(2) 工艺布置

苏格兰Daldowie污泥水处理工艺布置见图10-27。

六、膜池配套工艺与设计

(一) 混合液回流设计

1. 混合液回流的作用

(1) 可以确保污水处理池中有足够数量和稳定的污泥存在，增加池内的搅拌，可提高污水处理效率；

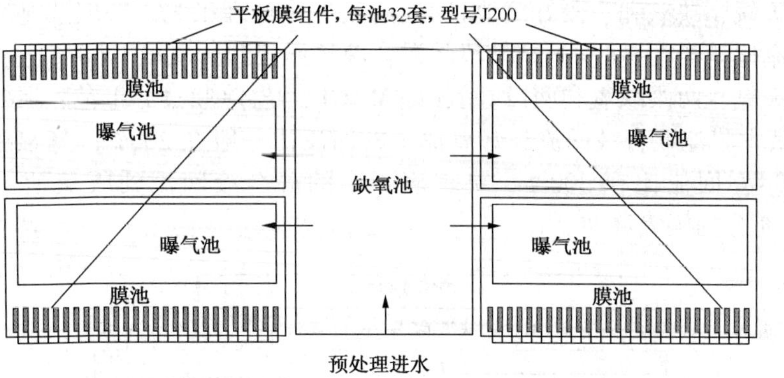

图 10-27 苏格兰 Daldowie 污泥水处理工程工艺布置示意图

(2) 混合液回流为反硝化提供足够的硝态氮底物，保证氮的脱除效率；

(3) 磷的处理需要进行污泥回流。

2. 回流设计主要考虑的因素

MBR 工艺的生化系统中，各反应器内的污泥浓度取决于混合液回流的比例和回流的分配方式，因此需要设置污泥回流系统，混合液回流设计主要考虑的因素有回流比以及回流的分配方式。

具有脱氮除磷功能的 MBR 工艺本质上与传统的脱氮除磷活性污泥工艺相同，且工艺设计原理差别不大，但 MBR 工艺由于省去二沉池，因此使得膜池的硝化液以及污泥回流比一般生化工艺复杂一些。如在膜系统中，各反应池中的污泥浓度不同，膜池中的污泥浓度最高。如果膜池的回流流量比进水流量高，则前面反应池中的污泥浓度接近于膜池的污泥浓度。此外，反应池中的污泥浓度随进水流量或回流比而变化。

MBR 工艺的回流设计必须考虑由于回流(污泥和混合液)和污水流量变化造成的污泥混合液浓度在不同反应器中的差别，以及不同反应器中 MLSS 分布的变化，以保证系统运行中污泥在厌氧池、缺氧池和好氧池的合理分配。

有学者建议膜系统的总回流比设计为 400%~600%。回流比越高，前端反应器的 MLSS 值就越高，越接近于膜池的污泥浓度，因此，高回流比系统的优点是采用较小的生物反应器容积就能满足要求的污泥量分配。回流比高也有其缺点，如膜系统中膜池的 DO 浓度高，如果将膜池中的混合液直接回流到非曝气段，高含量的 DO 及硝酸盐会降低脱氮除磷的效率，投资也大，运行和管理难度大。

3. 回流量与分配设计

膜池回流量可根据式(10-4)计算，计算值作为设计的参考。

$$Q_{\mathrm{Ri}} = \frac{1000 V_n K_{\mathrm{de(T)}} X}{N_1 - N_{\mathrm{ke}}} \tag{10-4}$$

式中 Q_{Ri}——混合液回流量，m^3/d；

V_n——缺氧池(区)容积，m^3；

$K_{\mathrm{de(T)}}$——T℃时的脱氮速率，kgNO_x-N/(kgMLSS · d)，根据试验资料确定；

X——好氧池内污泥平均浓度，gMLSS/L；

N_1——原水总氮浓度，mg/L；

N_{ke}——膜池出水总氮浓度，mg/L。

实际运行的工程有如下数据供参考。

(1) 设有厌氧、缺氧和一段好氧池+膜池的膜生化处理工艺，一般膜池中的混合液回流到缺氧池，回流比一般在300%；缺氧段的混合液将回流到厌氧段，回流比一般在100%；

(2) 设有厌氧、两段缺氧和两段好氧(即MUCT工艺)+膜过滤工艺，其回流的设计如图10-28所示。其中膜池混合液回流到好氧池1的回流比一般在200%；好氧池2中的硝化液回流到缺氧池1，回流比在300%。缺氧池2中的混合液回流到厌氧池，回流比应小于100%，以保证充分的厌氧释磷。

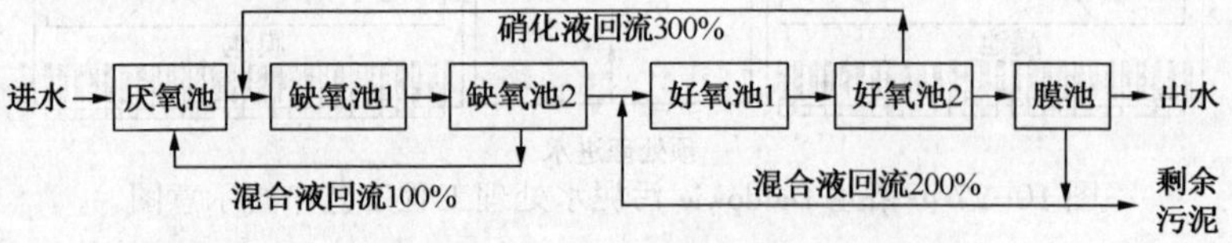

图10-28　MUCT/膜过滤工艺回流设计图

该例中设计的混合液流量是平均进水流量的6倍，增加额外了的混合液提升泵和提升管路成本。

(3) Zenon公司根据TN的出水水质要求与混合液回流，提供的总回流比数据如下：当进水TN=40mg/L，出水TN<10mg/L时，$R>4$；出水TN<6mg/L时，$R>8$；出水TN<3mg/L时，$R>20$。

(4) 工程案例

美国佐治亚州Cauley Creek回用水厂的污水处理工艺以及污泥回流图如图10-29所示。

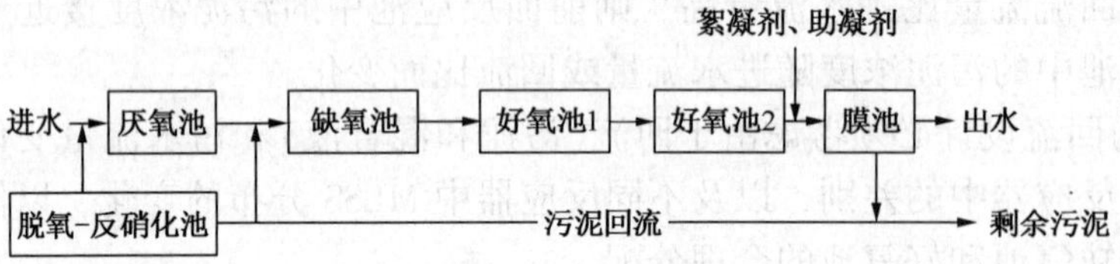

图10-29　Cauley Creek回用水厂的污水处理工艺以及污泥回流图

该工艺从膜池中回流的污泥比例为400%；其中85%回流到缺氧池，15%回流到脱氧-反硝化池后进入厌氧池。其各池的污泥浓度如图10-30所示。

图10-30　工艺运行中各池的污泥浓度

P. L. Dold等还在《脱氮除磷膜生物反应器设计和运行种种问题的分析》一文中，将Cauley Creek回用水厂的倒置A^2/O与MUCT工艺做了比较，如表10-12所示。

表 10-12 不同生化工艺的 MBR 参数比较

项目	倒置 A^2/O	MUCT 工艺
水量与进水指标		
进水量/(m^3/d)	5000	
进水 COD/(mg/L)	500	
进水 TKN/(mg/L)	40	
进水 TP/(mg/L)	8.9	
工艺参数		
脱氮-反硝化池/m^3	175	
厌氧池/m^3	500	725
1#缺氧池/m^3	450	500
2#缺氧池/m^3		500
1#好氧池/m^3	425	500
2#好氧池/m^3	425	500
膜池/m^3	225	500
总容积/m^3	2200	2900
膜池回流比/%	400(340 到缺氧池；60 到脱氧-反硝化池)	200
好氧池到缺氧池的回流比/%		300
缺氧池到厌氧池的回流比/%		100
出水指标		
出水 NH_3-N/(mg/L)	0.1	0.1
出水 NO_x-N/(mg/L)	8.4	7
出水 TP/(mg/L)	0.2	0.1

(二)膜池空气擦洗系统设计

1. 曝气装置

膜组件下方设置曝气管路，在保证污泥供氧的同时还会对膜表面进行充分的冲刷，减轻膜表面的污染，使其不易堵塞，延长膜清洗间隔。曝气装置设计要求如下：

(1) 对于合建式 MBR 工艺，曝气的风量应同时满足生物处理需氧量和减缓膜组器污染的要求；对于分建式 MBR 工艺，膜池曝气的风量主要用于满足减缓膜组器污染的要求。

(2) 设备选型原则：

① 中、小型污水处理厂风机选用：在日处理量低于 3 万 t 的中、小型污水处理厂的选型中，风机可选用罗茨风机、空气以及磁悬浮离心鼓风机等。

② 大、中型污水处理厂风机选用：对于日处理量 3 万~10 万 t 的城镇大、中型污水处理厂，随着污水处理厂设计规模的增加，价格因素可能不再是首要因素，需综合考虑风机性能、效率以及调控方式的选择，可选用高速离心鼓风机、螺杆风机、空气以及磁悬浮离心鼓风机等；

③ 曝气设备也可选根据具体工艺选用射流曝气、鼓风潜水曝气等。射流曝气器应符合 HJ/T 263 的规定；鼓风潜水曝气器应符合 HJ/T 260 的规定。

(3) 设计风机台数应考虑备用。

2. 曝气方式

可以采用大孔曝气器、射流曝气、穿孔曝气管等各种形式。孔径要求在 2~3mm，有利于膜的清洗。

3. 供气量

膜系统擦洗供气量按照供货商的要求设计。

（1）真空纤维膜

不同的供货商有不同的要求，设计时根据其所要求的值选取，如有的真空纤维膜系统冲洗气量要求曝气量为12~15L/(片·min)，折合气水比为(20~25)∶1。有的清洗膜的气量需求为100~150m^3/(m^2·h)，其中的面积以膜组件的投影面积计算。

① Zenon 系列膜，设计按照气水比，一般气水比在(15~20)∶1。

② 美能膜，吹扫最大空气流量一般通过实验确定大小的量不易使膜丝抖动，而太大的量会造成能耗太大。表10-13为建议的吹扫空气量。

表10-13 吹扫空气量

产品型号	建议气量/[m^3/(h·片膜)]	产品型号	建议气量/[m^3/(h·片膜)]
SMM1010	0.5~3	SMM1520	1~5
SMM1013	0.6~3	SMM1525	1~5

③ 三菱丽阳膜，三菱丽阳膜吹扫空气量要求见表10-14。

表10-14 三菱丽阳膜吹扫空气量

膜组件型号	SUN21034AAD7（SUN10534AD7）	SUN21034LAN（SUN21034LN）	SUN21034LAP（SUN10534LP）	SUNAAD7（SUNAD7）
膜元件型号	SUR334LA *（SUR34L）			
曝气量/(m^3/h)	66~99(57~84)			

④ 旭化成膜，旭化成MBR膜组器MNUC-620AⅡ的曝气量为7m^3/(h·组件)。

（2）平板膜

不同的供货商有不同的要求，设计时根据其所要求的值选取，一般按照每片膜设计曝气量。如高1m、宽0.5m的平板膜，其面积一般在0.8m^2（双面），有的膜提供商给出的量在7~10L/(min·片)。

① 久保田膜，久保田膜吹扫空气量要求见表10-15。

表10-15 久保田膜吹扫空气量

型号	供气量/[L/(min·片)]	
EK	7	最大10
ES	10	最大15
FS	12.5	最大20
FF	15	

② 东丽膜，东丽膜吹扫空气量要求见表10-16。

表10-16 东丽膜吹扫空气量

膜组件型号	TMR140-050S	TMR140-100S	TMR140-200W	TMR140-200D
曝气量/[L/(min·片)]	650~1000	1300~2000	2600~4000	1800~2000

③ 斯纳普膜，斯纳普膜吹扫空气量要求见表 10-17。

表 10-17　斯纳普膜吹扫空气量

膜　型　号	曝气量/[L/(min·片)]	膜　型　号	曝气量/[L/(min·片)]
SINAP150	>12	SINAP25	>9
SINAP80	>12		

④ Bio-Cel®膜，单个组件需要曝气量为 0.6~0.8m^3/(m^2·h)，如 BC-100-100 膜器的膜面积为 100m^2，需要的曝气量最高可达 80Nm^3/h。设计曝气泵流量时，应考虑组件曝气头所处的水深以及由此引起的水压。

4. 运行案例

(1)无锡硕放污水处理厂

污水处理规模为 2 万 m^3/d，过滤膜采用真空膜丝，膜有效面积 30000m^2，膜池配备鼓风机 3 台(2 用 1 备)，风量 $Q=75m^3/min$，风压 $H=55kPa$，功率 $N=110kW$；气水比约 10.8∶1，按照膜的有效面积计算，膜的曝气强度约为 300L/(m^2·h)。

(2) 无锡梅村污水处理厂

污水处理规模为 3 万 m^3/d，过滤膜采用真空膜丝，膜有效面积 59520m^2，膜池配备 3 台多级低速离心鼓风机，2 用 1 备，用于膜擦洗，单台风量 $Q=9343m^3/h$，风压 $H=4.9m$，气水比约 15∶1，按照膜的有效面积计算，膜的曝气强度约为 310L/(m^2·h)。Zenon 膜系统曝气管路布置见图 10-31。

图 10-31　Zenon 膜系统曝气管路布置图

(三)产水系统

膜组件可采用抽吸水泵负压出水，也可利用重力自流出水，但应保持出水流量相对稳定。采用抽吸水泵负压出水的方式时，产水系统一般包括产水产水泵、阀门、管道、其他控制件等。

1. 产水系统运行原理

在产水状态下，从生化池来的混合液首先进入膜池配水渠，再通过闸板阀进入各膜池，然后抽吸泵通过产水支管和总管将产水从膜组件中抽吸出来，送到产水收集母管中。每个膜列的流量设定值由主 PLC 根据进水流量计算，或者由操作员人工输入。产水流量根据生化池或膜池的液位进行调节，保持液位在设定的运行范围内。

产水期间，PLC 连续监控透膜压差的控制回路，流量和透膜压差的控制回路同步运行。PLC 同时采用这两个控制回路的输出值，来控制每个膜列透过液泵的转速。如果膜发生污堵或透膜压差太高，则 PLC 采用透膜压差控制输出，直至透膜压差值降低。这种控制方案能够使 PLC 在不超过透膜压差设定值的条件下调节抽吸泵的转速。

2. 产水泵

(1) 设计要求

① 应本着高效、节能的原则，选配产水泵；

② 产水泵可以选取任何形式的带吸程的泵，如离心泵、自吸泵等，但是需要考虑一定的保险系数；

③ 为了减缓污染，产水泵间歇运行，因此需要设定泵的运行频率，即泵间歇运行的开、停时间，开停比应通过调试设定，由此计算出膜组器每天实际运行小时数。不同厂家提供运行时间如下，供参考：

(a) 久保田：出水运行 9min，停 1min。

(b) GE 膜：一般一小时内过滤液抽吸时间运行 57min，反冲洗 3min。即每一个运行周期内，过滤运行时间为 12~15min，反冲洗的时间为 15~30s，反冲洗时抽吸停止运行。

(c) BIO-CEL 膜：过滤阶段 8.5min，间歇阶段 30s；反冲阶段 30s(<15kPa)，间歇阶段 30s。

(2) 流量设计

泵按膜池日均设计处理水量的 1.2~1.5 倍选型，即膜系统设计流量÷每天实际运行小时数×安全系数(取值 1.2~1.5)。

(3) 吸程设计

吸程根据产水泵的安装位置确定，吸程应包括最大工作膜压+管路损失+高位差(膜区水面到水泵轴线或管道最高点距离)+水泵系统损失(2~3m)。一般取吸程 5~8m，如泵高度低于 MBR 池液位，需注意停泵时的虹吸问题。

(4) 扬程

主要视设计排水的具体高度确定，同时考虑输水管长短、管道配件。

(5) 抽吸泵数量

每台抽吸泵应对应一格膜池里的全部膜组件(膜组器)。4 台抽吸泵及以下宜备用 1 台泵，4 台以上时宜备用 2 台泵。如一座处理规模为 20000t/d 的城市污水处理厂，水抽吸泵设计 4 台，流量 $Q=240m^3/h$，扬程 $H=10m$，功率 $N=11kW$。

(6) 泵型

小型 MBR 工程宜采用自吸泵；大、中型 MBR 工程宜采用真空泵、气水分离罐和离心泵。

3. 出水管路设计要求

出水管路主要考虑管路气密性。膜组器通过负压出水，集水管路存在一定的负压，因此出水装置需要有较好的气密性。就目前市场上所应用膜组器调研情况，其运行负压均不超过 60kPa。部分膜组器最大能够承受负压达到 80kPa。为保证系统在特殊情况下也能稳定运行，因此整体系统如果在 100kPa 压力条件下保持 3min，掉压不超过 3kPa，则可认为气密性达到要求。Zenon 膜系统出水管路布置见图 10-32。

图 10-32　Zenon 膜系统出水管路布置图

(四)真空纤维膜反洗系统

1. 反冲洗

(1) 设计要求

反冲洗可以单独设置反冲泵，一般较大规模的污水处理厂单独设置反冲洗泵，反冲洗管网与过滤水抽吸管网共用。也可以与过滤水共用一套设备，抽吸泵与反冲泵的设置方式见示意图 10-33。反冲泵的流量按照膜系统小时处理能力的 1.5 倍左右选取，系统一般设置 2 台反冲洗泵，1 用 1 备；反冲水压力选取 1.5~2atm。

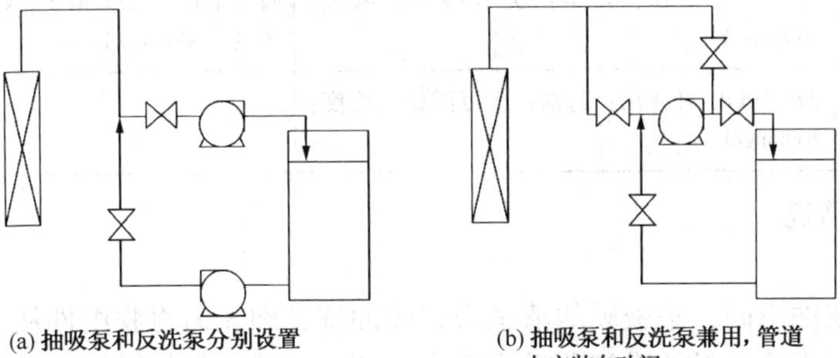

图 10-33　MBR 系统抽吸泵与反冲泵设置方式示意图

在实际中发现，每次清洗反冲洗，都可以使膜的抽吸压力下降 3~5kPa，且反冲洗方便可行，强度小，清洗水量对产水成本影响小。因此，既可以通过反冲洗增加膜的寿命与膜的通量，降低工程产水成本，又可以减少损害大的、不方便的化学清洗。

(2) 设计案例

① 无锡硕放污水处理厂：MBR 工艺处理规模为 2 万 m^3/d。离心反冲洗水泵 2 台，流量 $Q=280m^3/h$，扬程 $H=14m$，功率 $N=15kW$。反冲洗时的水流量约为膜系统设计过滤水流量的 1.2~1.4 倍。

② 北京北小河污水处理厂：设计处理能力为 6 万 m^3/d，MBR 池共设计 10 格，每格可单独运行。其 MBR 系统的反冲洗流量为 140L/s，反冲洗时的膜通量为 $22L/(m^2 \cdot h)$，约为膜系统设计过滤水流量的 1.5 倍。反冲洗频率为 12min 一次，整个反冲洗历时 40s，其中包括 15s 的松歇、20s 的反冲洗和 5s 的延迟。

2. 在线清洗

（1）设计要求

① 在线清洗系统包括加药泵、药液罐、管路系统、计量控制系统；

② 清洗频次：根据实际情况确定，每月不宜少于一次；

③ 在线清洗药剂：通常采用 NaClO 以及其他，药剂用量应根据供货商的要求选取，在调试和运行中进行修正。如有的供货商给出的 NaClO 量为 1～2L/(m^2·次)，药剂浓度为 1‰～3‰。

（2）案例

① 北京北小河污水处理厂：一般超滤膜运行 1～2 周，需进行一次维护性清洗(也称之为化学反冲洗)，采用含次氯酸的过滤液对膜组件进行反冲洗，耗时约 30min。维护性清洗在鼓风曝气且停止进混合液的状态下进行。

每隔 3 个月进行一次次氯酸钠在线清洗，每隔 6 个月进行一次柠檬酸在线清洗，分别去除有机与无机污染物。清洗过程：清空膜池后，在膜池内加入稀释的化学药剂进行循环和浸泡清洗。

② 三菱丽阳膜在线清洗案例：三菱丽阳膜清洗运行参数见表 10-18。

表 10-18　三菱丽阳膜清洗条件

清洗方式	SUR 膜	SADF 膜
在线清洗(低浓度)		每周一次；药剂：次氯酸钠，浓度：300mg/L
在线清洗(高浓度)	每三个月一次；药剂：次氯酸钠，浓度：3000mg/L	每三个月一次或 $\Delta P>15$kPa；药剂：次氯酸钠，浓度：3000mg/L
系统浸泡清洗	$\Delta P>20$kPa 时使用；药剂：次氯酸钠，浓度：3000mg/L	

(五) 平板膜清洗

1. 重力加药

与中空膜的清洗不同，平板膜的清洗为在线冲洗，即无需将膜组件从膜池中提出，直接在膜池内清洗。对于小数量的膜组器采用重力加药，久保田平板膜池内重力注入药液清洗示意图见图 10-34。

久保田平板膜对清洗加药的要求如下：

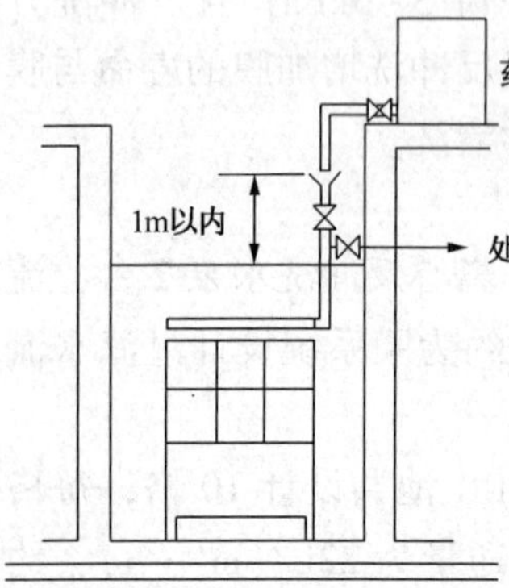

图 10-34　久保田平板膜池内重力注入药液清洗示意图

（1）清洗药剂

清洗时，一般采用 0.5%次氯酸钠和 0.5%草酸两种药液，分两次清洗。

（2）清洗程序

① 清洗前，首先关闭抽吸泵和鼓风机；

② 将药液通过安装在膜组件上部的进药口缓缓注入膜组件中，注入药液的量一般为：每片膜每种药剂的用量约 3L 左右；

③ 注入药液后，静止浸泡 1.5h 左右，然后用抽吸泵将药液排出，排出的药液视情况可回到调节池中；再注入另一种药剂，静止浸泡 1.5h 左右后，用抽吸泵将药

液排出，整个清洗过程持续4~5h，排出的药液视情况可回到调节池中。

对于微滤膜，由于生物膜层对过滤也有一定的作用，在线清洗时，由于清洗液会对膜表面的生物膜造成破坏，因此刚清洗后膜的过滤效果将降低，需要恢复6~12h。在恢复期间，膜的运行与正常运行时完全相同，只是流量需要控制。开始时的通量应降至正常运行的50%以下，以后逐渐升高，直至完全正常为止。

2. 加药泵加药

当膜组器数量较多时，需要采用泵加入的方式。久保田平板膜药液泵加入的方式见图10-35。

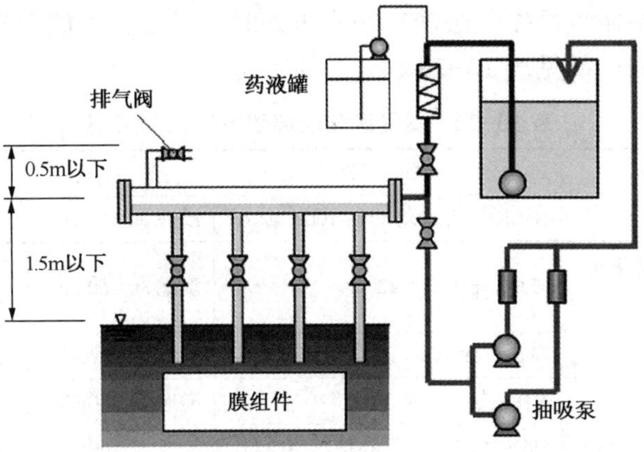

图10-35　久保田平板膜药液泵加入方式示意图

而斯纳普膜一般要求采用在线化学清洗的方式，清洗周期与清洗药液视膜污染情况确定。斯纳普膜清洗药液与使用量见表10-19。

表10-19　斯纳普膜清洗药液与使用量

膜　型　号	药剂量/(L/片)	清 洗 药 液	药 液 浓 度
SINAP150	3	碱液	2000~5000mg/L的次氯酸钠+1000mg/L的NaOH的混合液
SINAP80	2	草酸	1000mg/L
SINAP25	0.5		

清洗时，往膜中注入表10-19所示的药液量后，碱液浸泡的时间一般为2~5h，酸液的浸泡的时间一般为1h。清洗完毕后，开启抽吸泵将清洗剂排出，清洗剂视情况可进入调节池中，是否需要再次清洗视具体情况定。

(六)离线清洗

① 应根据膜的机械性能确定膜组器的离线清洗工艺；

② 离线清洗设备包括清洗槽、吊装设备、曝气系统；

③ 清洗频次：通常半年到一年一次；

④ 离线清洗药剂通常采用NaClO+NaOH(配合使用)、柠檬酸，药剂用量应根据供货商的要求选取，对于浓度，按厂商给出的药剂浓度配制。

（七）膜清洗案例

1. 美能膜清洗案例

（1）水反洗

水反洗时，用过滤水从反洗罐中泵入抽水管中，一般每 10min～24h 反洗一次。

（2）在线化学反洗

周期可通过在线检测跨膜压差确定，一般当跨膜压差增加量大于 20kPa 时，就需反洗。美能公司推荐以下化学反洗的程序为：先用 1000μg/g 有效氯的次氯酸钠溶液清洗，再用美能膜专用清洗剂（如 MOL），清洗用量为 $2L/m^2$ 膜+反洗管道体积。

（3）化学离线清洗

化学离线清洗只是在线操作无法恢复跨膜压差时才考虑，可能会在 3 个月到一年进行一次，离线化学清洗所用试剂见表 10-20。

表 10-20 美能膜化学离线清洗化学试剂

污染物	试剂	方法	其他配用药剂
微生物	NaClO，有效氯 500～1000μg/g	浸泡 30～60min	1.5% H_2O_2
无机结垢物（氧化物、氢氧化物、不溶盐）	草酸，pH 值 1～2	浸泡 30～60min	2% 柠檬酸、0.07mol 盐酸、酒石酸
酸不溶氧化物	草酸、亚硫酸氢钠	浸泡 30～60min	其他还原剂
油脂	MHO 专用试剂	浸泡 30～60min	功能试剂加助剂
不溶性离子（Fe、Ca、Mg、Ba 等）	1%～2%EDTA，pH 值约 10～11	浸泡 30～60min	其他络合剂
胶体，蛋白质	NaOH，pH 值 10～12	浸泡 30～60min	其他变性剂

表 10-21 总结了美能膜 SMM 膜件的一般清洗方式与参数。

表 10-21 SMM 膜清洗方式与参数

项目	周期	频率	方式
空气吹扫	每 10min 停止抽水泵 1min	一直	在线
水反洗	用泵抽过滤水 5～2min	30min～24h	在线
化学反洗	每一组件注入 20L 清洗药液	1～12 周	在线
化学离线清洗	浸入溶液 30～60min	3 个月到 1 年	离线

2. 旭化成膜清洗方式

表 10-22 总结了旭化成膜的一般清洗方式。

表 10-22 旭化成膜清洗参数

在线清洗	频率为每周一次，或者过滤压力超过限定值（与初始压力相比超过 20kPa	将 1000mg/L 的次氯酸钠水溶液 50L，从每个膜组器产水端注入，时间为 90min
		被无机盐污染时，将 1%草酸或者柠檬酸水溶液 50L 从每个膜组器产水端注入，时间为 5min
浸泡清洗	频率为 1 年 1 次	在 3000mg/L 的次氯酸钠水溶液+1%的 NaOH 中浸泡 8h；被无机盐污染时，将 1%草酸水溶液中浸泡 2h

（八）其他仪器仪表

MBR 设备必配仪器仪表主要包括出水真空压力表、出水流量计和液位计等。其他的如在线 pH 计、在线浊度仪等依需要配置。

（1）出水真空压力表

出水真空压力表量程为-0.1~0MPa，最好选用带报警的电接点压力表，主要用于监控膜组件的污堵情况。出水真空压力表一般安装在抽吸泵的入口，与液面的高度最好不要超过1m。如果管路比较长，最好在靠近膜生物反应器膜组件的地方再装一只就地出水真空压力表，以方便观察。膜生物反应器正常运行时出水真空压力表值为-20~-50kPa，当超过-50kPa时，需要进行化学清洗。

（2）出水流量计

出水流量计主要用于监测膜生物反应器的出水量，并按照恒流量设计，来调节抽吸泵的变频器或抽吸泵的回流阀开关大小。

（3）液位计

液位计主要用于监测膜生物反应器池内的液位状况，并控制原水泵和抽吸泵等的联动操作。液位计一般设计有高、中和低三个液位，具体联动控制为：水位低于低液位时抽吸泵停运，水位低于中液位时原水泵运行，水位高于中液位时抽吸泵运行，水位高于高液位时原水泵停运。

（4）浊度仪

在大型的污水处理厂，每个膜列应配备专用的在线浊度仪。通过连续监测透过液的浊度来在线检查膜的完整性。

（九）剩余污泥处理系统

1. 剩余污泥量的确定

可按式(10-5)计算污泥泥龄。

$$\Delta X = \frac{V \cdot X}{\theta_c} \tag{10-5}$$

式中：ΔX——剩余污泥量，kgSS/d；

V——好氧池的容积，m^3；

X——好氧池混合液悬浮固体平均浓度，gMLSS/L；

θ_c——污泥泥龄，d。

也可按式(10-6)中污泥产率系数、衰减系数及不可生物降解和惰性悬浮物计算剩余污泥量。

$$\Delta X = YQ(S_0 - S_e) - K_d V X_v + fQ(SS_0 - SS_e) \tag{10-6}$$

式中　ΔX——剩余污泥量，kgSS/d；

V——生物反应池的容积，m^3；

Y——污泥产率系数，kgVSS/kgBOD$_5$，20℃时取0.4~0.8；

Q——设计平均日污水量，m^3/d；

S_0——生物反应池进水 BOD$_5$ 量，kg/m^3；

S_e——生物反应池出水 BOD$_5$ 量，kg/m^3；

K_d——衰减系数，d^{-1}；

X_v——生物反应池内混合液挥发性悬浮固体平均浓度，gMLVSS/L；

f——SS的污泥转换率，gMLSS/gSS，宜根据试验资料确定，无试验资料时可取0.5~0.7；

SS_0——生物反应池进水悬浮物浓度，kg/m^3；

SS_e——生物反应池出水悬浮物浓度，kg/m^3。

当维护性清洗和恢复性清洗需要膜池排水时，剩余污泥泵应在最低转速下运行。

2. 污泥的处置

需要根据污泥产生量设置污泥浓缩池；污泥的脱水出了只需根据具体的脱水要求设计脱水设施，小型的污水处理厂根据污泥的具体情况，建议采用板框压滤机或者其他清洗水量的设备如离心过滤机、叠螺式污泥脱水机、隔膜式压滤机等；大型的污水处理厂采用带式压滤机或隔膜式压滤机。

第五节 膜生物反应器工艺的应用

一、大中型污水处理厂

（一）城市污水处理厂尾水深度处理

1. 工程规模及进出水水质

再生水建设规模为45000m^3/d，再生水厂水源为污水处理厂二级处理后的尾水，回用于景观用水补水。再生水厂的出水水质标准执行《城市污水再生利用城市杂用水水质》中的城市杂用以及《城市污水再生利用景观环境用水水质》中的观赏性环境景观用水河道类、水景类的水质要求。再生水厂设计进、出水水质指标见表10-23。

表10-23 再生水厂设计进、出水水质指标

指标	进水水质	排水水质
pH值	6~9	6~9
色度/倍	50	30
浊度/NTU		5
COD/(mg/L)	≤100	
BOD_5/(mg/L)	≤40	≤6
NH_3-N/(mg/L)	≤25	≤5
TP/(mg/L)	≤1.5	≤0.5
SS/(mg/L)	≤80	≤10
石油类/(mg/L)	≤5	≤1
阴离子表面活性剂/(mg/L)	≤5	≤0.5
总大肠杆菌/(个/L)		≤3

2. MBR工艺流程

MBR工艺制取再生水的工艺流程如图10-36所示。

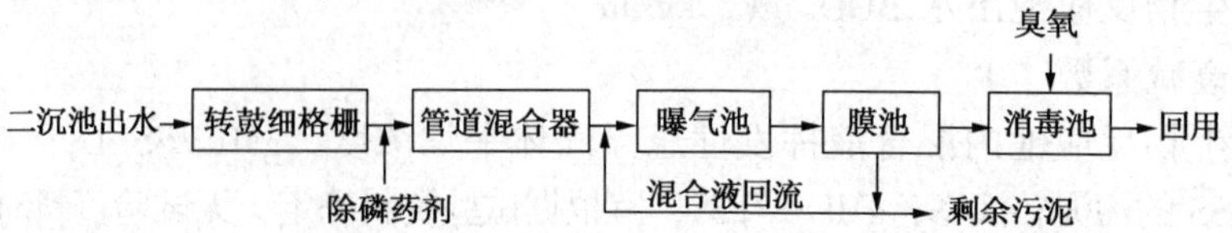

图10-36 再生水厂MBR工艺流程

具体工艺流程为：污水处理厂二级处理尾水接入提升泵房的集水池，经潜水泵提升后进入超细格栅间，通过0.5mm的转鼓网状细格栅过滤去除毛发等纤维状物质，细格栅过滤后的出水经管道混合器加药后，进入曝气池进行生化处理，再进入膜池，混合液在抽吸泵抽吸作用下经膜过滤形成出水，出水经臭氧消毒脱色后回用。

3. 工艺参数

（1）膜格栅

膜格栅采用转鼓式超细格栅。格栅间内设置两道超细格栅。流道宽度2000mm，膜格栅距0.5mm。膜格栅设置油脂泵和反冲洗泵，根据时间周期或栅前后水位自动控制反冲洗，反冲洗水源采用栅后出水。

（2）曝气池与膜池

曝气池与膜池工艺设计参数如表10-24所示。

表10-24　曝气池与膜池工艺设计参数

设施名称	设计指标	参数指标
好氧曝气池	水力停留时间/h	2.3
	有效容积/m^3	4320
膜池	水力停留时间/h	1.7
	膜池有效容积/m^3	3240
膜组件	膜组件号	三菱浸没式PVDF中空纤维膜组件
	膜孔径/μm	0.4
	膜组件数/套	42
	膜通量/[L/(m^2·d)]	714
	单个膜箱产水量/(m^3/d)	1071.4

（3）膜污染控制

① 间隙抽吸与曝气：抽吸出水泵连续运行7min，停止运行1min；停止抽吸运行的时间内，保持鼓风机继续运行。

② 维护性在线清洗：膜组件采用加药化学反冲洗清，一般每周一次，加药化学反冲洗设计成自动控制。

4. 运行效果

进水COD平均浓度226.3mg/L，约为设计进水的2.3倍，出水COD浓度平均值41.4mg/L；实际进水NH_3-N平均浓度值61.6mg/L，约为设计进水的2.5倍，实际出水NH_3-N平均值1.07mg/L。通过采用气、水二相紊流吹扫以及膜系统每周在线化学清洗等控制手段，MBR系统的膜污染可有效控制在一个比较稳定的水平，压差（TMP）平均值18.2kPa，平均膜通量28.3L/(m^2·h)；

（二）A^2/O/膜过滤工艺案例1

1. 设计指标

工程出水水质标准需满足《城镇污水处理厂污染物排放标准》（GB 18918）一级A标准和《水污染物排放限值》（DB 4426）二时段的一级标准的要求，具体水质指标设计见表10-25。

表 10-25　工程设计进、出水质指标　　mg/L

项　目	COD	BOD_5	SS	NH_3-N	TN	TP
进　水	≤270	≤160	≤220	≤30	≤40	≤4.5
出　水	≤20	≤10	≤10	≤5	15	≤0.5

2. 工艺流程与具体工艺

污水处理厂 A^2/O/膜过滤工艺工艺处理流程见图 10-37。

进水→细格栅→曝气沉砂池→细格栅→A^2/O膜过滤→紫外消毒池→出水

图 10-37　污水处理厂 A^2/O/膜过滤处理流程

3. 污水处理厂膜系统平面与工艺参数

污水处理厂 A^2/O/膜过滤工艺平面布置示意图与膜组件在膜池中的布置分别见图 10-38、图 10-39。

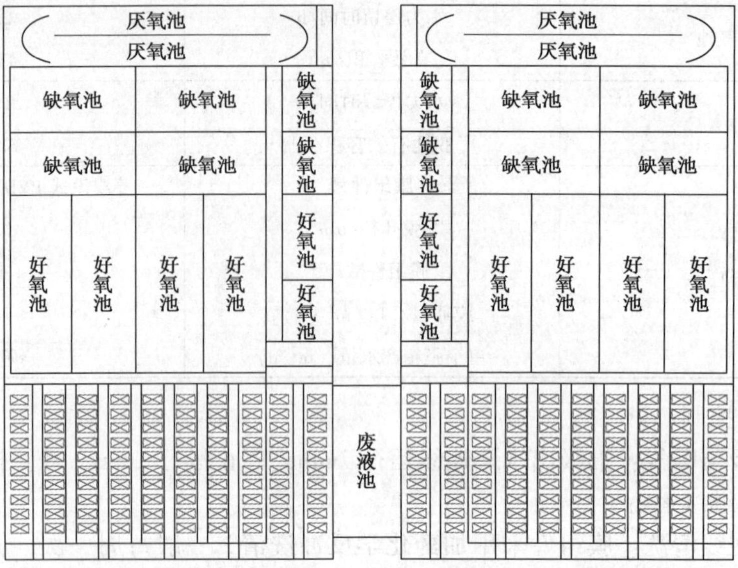

图 10-38　污水处理厂 A^2/O/膜过滤处理工艺平面布置示意图

图 10-39　膜组件在膜池中的布置图

（1）细格栅、曝气沉砂池与膜格栅

细格栅、曝气沉砂池与精细格栅合建，设计规模为 10 万 t/d；尺寸为 48.2m×2.35m×6.2m。

① 细格栅

在细格栅渠设 3 台转鼓式细格栅，鼓栅直径 2m，栅隙 5mm，栅前水深 1.3m，过流速 0.9m/s。

② 曝气沉砂

设曝气沉砂池 1 座，分 2 格，停留时间 3.75min，水平流速 0.1m/s；曝气量为气水比

0.2∶1，采用罗茨鼓风机 2 台，一用一备，单台气量 20m^3/min，H=35kPa。

③ 膜格栅

膜格栅设置六台，栅隙 1mm，鼓直径 2.4m。

(2) A^2/O/膜过滤工艺

A^2/O/膜过滤工艺设计与运行指标见表 10-26。

表 10-26　A^2/O/膜过滤工艺设计与运行指标

设计指标		设计值	实际运行值
流量变化系数 K_z		1.2	
设计最大处理流量/(m^3/d)		10×10^4	
污泥负荷/[$kgBOD_5$/(kgMLSS·d)]		0.07~0.1	
容积负荷/[kgCOD/(m^3·d)]		0.76	
污泥浓度/(g/L)	厌氧区	5~7	
	缺氧区	5~7	
	好氧区	6~8	
	膜池	8~10	8~10
污泥龄/d		15~20	20
水温/℃		12	
污泥产率系数		0.5	
水力停留时间/h	厌氧区	0.9	
	缺氧区	1.99	4
	好氧区	4.45	5.3
	膜池	1.6	
回流比/%	膜池至缺氧区	150~300	300
	缺氧区至厌氧区	150~400	100
膜　箱	型号	美能膜	
	膜组数量/个	200	
	每池膜箱数	10 个	
	平均孔径/μm	0.1	
	材质	PVDF	
	膜面积/m^2	14360	
	设计膜通量/[L/(m^2·h)]	平均通量 14.5	

4. 配套设备

MBR 生化系统配套设备见表 10-27。

表 10-27　A^2/O/膜过滤工艺配套设备表

设备名称	规格、型号	数量/台	备　注
转鼓细格栅	鼓直径=2m、栅隙=5mm	3	
超细格栅	鼓直径=2.4m、栅隙=1mm	6	
产水泵	流量 Q=320m^3/h、扬程 H=14m、功率 N=22kW	22	2 台备用

续表

设备名称	规格、型号	数量/台	备 注
反洗泵	流量 $Q=360m^3/h$、扬程 $H=12m$、功率 $N=18.5kW$	2	1 台备用
循环泵	流量 $Q=350m^3/h$、扬程 $H=10m$、$N=18.5kW$	2	
剩余污泥泵	流量 $Q=100m^3/h$、扬程 $H=15m$、功率 $N=7.5kW$	2	
真空泵	抽气量 $3.4m^3/min$、真空度 700mm 水柱		
好氧区鼓风机	离心鼓风机、风量 $Q=158m^3/min$、$H=59kPa$	4	3 用 1 备
膜池鼓风机	离心鼓风机、风量 $Q=171m^3/min$、$H=59kPa$	4	3 用 1 备
储药罐	$V=20m^3$	3 个	分别储备酸、碱、NaClO
在线清洗计量泵	流量 $Q=1m^3/h$、扬程 $H=40m$、功率 $N=0.37kW$	6	3 用 3 备
离线清洗泵	流量 $Q=20m^3/h$、扬程 $H=0.12Mpa$、功率 $N=4kW$	2	1 用 1 备

5. 经济指标

污水处理厂工程项目总投资 5.96 亿元，其中工程费用 3.27 亿元，单位总成本 1.705 元/m^3，经营成本 0.843 元/m^3，厂区用地面积 1.7hm^2，占地指标为 0.17m^2/m^3 水。

(三) A^2/O/膜过滤工艺案例 2

1. 项目基本情况

梅村污水处理厂二期工程 30000t/d 污水处理项目由北京市政设计研究院设计，采用 A^2/O/膜过滤工艺，设计出水指标达到《城镇污水处理厂污染物排放标准》(GB 18918)的一级 A 标准，膜组件采用 GE 公司的 ZeeWeed®500 型膜组件。

进水中，工业污水占 60%，生活污水为 40%，可生化性较差。调试过程中，通过分配碳源；改变厌氧池、缺氧池、好氧池水力停留时间；缩小回流比与减小曝气强度等方式，使出水水质优于 GB 18918 中一级 A 排放标准。运行过程中，通过控制清洗药剂浓度与清洗频率，优化曝气方式等手段，使系统运行稳定，运行成本得到降低。该项目主要出水指标平均值为：COD 26mg/L、TN 12mg/L、TP 0.3mg/L、NH_3-N 0.7mg/L，均达到国家一级 A 标准，出水已部分回用于工业冷却、绿化浇灌、道路冲洗。

2. 设计水质

出水水质达到《城镇污水处理厂污染物排放标准》(GB 18918)的一级 A 标准，设计进、出水质指标见表 10-28。

表 10-28 梅村水处理厂二期工程设计水质指标 mg/L

项 目	COD	BOD_5	SS	NH_3-N	TP	TN
进水水质	400	100	300	35	5.6	50
排水水质	50	10	10	5(8)	0.5	15

3. 工艺流程

工程工艺流程图见图 10-40。项目没有单独设置尾水消毒系统，大肠杆菌等指标一般为未检出，符合排放标准的要求，运行表明，大肠杆菌排放指标与膜孔径有关。

污水经粗格栅截留大的漂浮物和悬浮物后，进入进水泵房，由泵提升依次经细格栅、旋流沉沙池、超细格栅去除固体颗粒后，进入生化反应池(厌氧、缺氧、好氧)，进行脱氮除磷反应，然后进入膜池进行泥水分离，通过抽吸泵将产水抽吸排出，达标排放，活性污泥被截留在膜池中，再由污泥回流泵输送到生化反应池，剩余污泥输送至污泥脱水机房，污泥上清液及脱水残液回流至提升泵房继续处理。

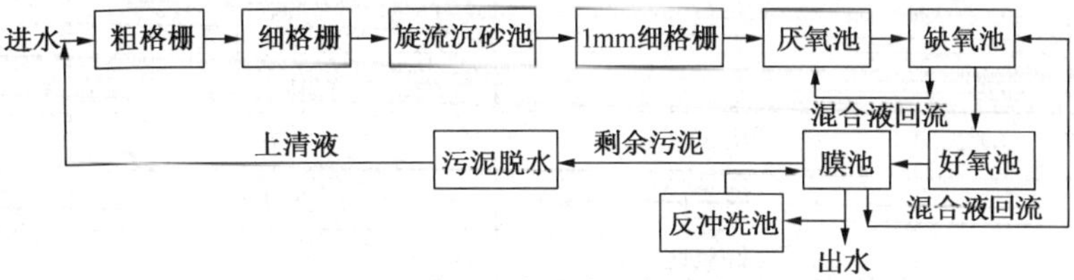

图 10-40　A^2/O/膜过滤工程工艺流程图

4. 工艺与构筑物设计

（1）膜格栅池

设膜格栅池 1 座，以降低进入膜池的尖锐物质对膜丝的损害。膜格栅池设计规模为 $3\times10^4m^3$，平面尺寸为 13.5m×4.7m。池内设置两道直径为 1.8m、滤孔孔径为 1mm 的膜格栅，膜格栅从德国进口，采用箱体安装方式。膜格栅配置中压、高压冲洗系统各一套。低压水泵冲刷附着在格栅上的颗粒物与污泥，压力 0.6～0.8MPa，每 6min 启动一次；高压泵能切割缠绕在格栅上的丝状物，压力 12MPa，每 12h 启动一次。膜格栅及安装见图 10-41。

图 10-41　膜格栅及安装图

（2）A^2/O/膜过滤工艺系统

A^2/O/膜过滤工艺系统设计规模 3 万 m^3/d，平面尺寸 66.75m×55.45m，集厌氧区、缺氧区、好氧区、膜池、设备间、化学除磷加药区、配电室、控制室于一体，工程设计与运行参数见表 10-29，布置形式参见图 10-42、图 10-43、图 10-44。

表 10-29　A^2/O/膜过滤工艺设计与运行参数

设计指标		设计值	实际运行值
流量变化系数 K_z		1.2	
设计最大处理流量/(m^3/d)		3.6×10^4	
污泥负荷/[$kgBOD_5$/(kgMLSS·d)]		0.038	
容积负荷/[kgCOD/(m^3·d)]		0.89	0.42
污泥浓度/(g/L)	厌氧区	6～7	
	缺氧区	7～8	
	好氧区	8～9	
	膜池	8～10	8～10

续表

设计指标		设计值	实际运行值
污泥龄/d		22.1	20
水温/℃		12	
污泥产率系数		0.5	
水力停留时间/h	厌氧区	1.6	1.6
	缺氧区	3.3	4
	好氧区	6	5.3
	膜池		
回流比/%	膜池至缺氧区	300	300
	缺氧区至厌氧区	100	100
膜箱	型号	ZeeWeed®500	
	膜箱数量/个	40	
	平均孔径/μm	0.04	
	材质	PVDF	
	膜面积/(m^2/膜箱)	1516.8	
	膜箱尺寸(长×宽×高)/m	3.2×1.4×2	
设计膜通量/[L/(m^2·h)]	最大通量	30	28
	平均通量	24	22.28

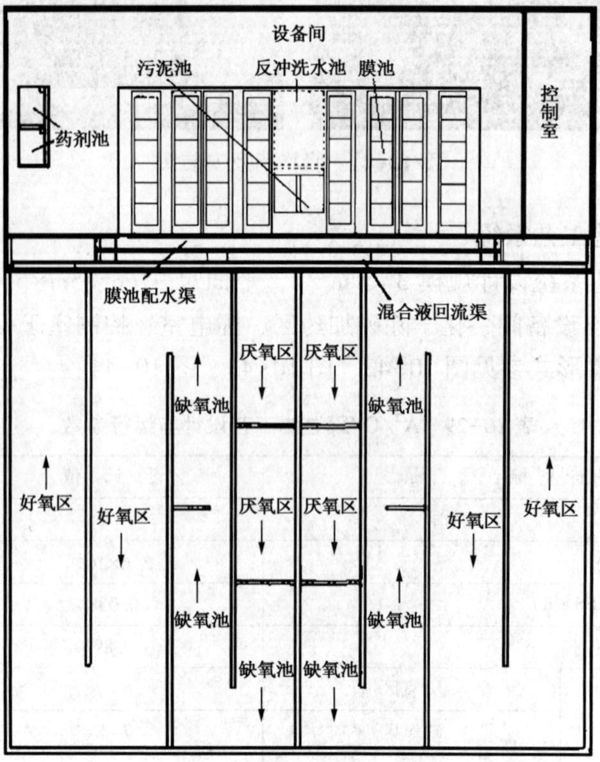

图 10-42 A^2/O/膜过滤工艺系统布置图

图 10-43　设备间主要设备布置现场

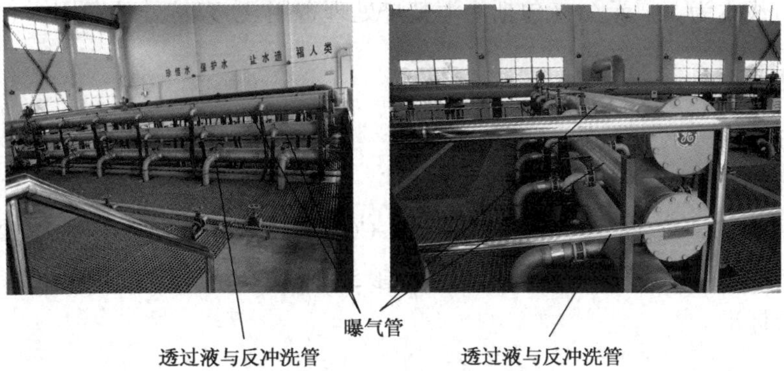

图 10-44　膜池曝气管、透过液及反冲洗管布置图

（3）生化池进水设计值与实际值

生化池的厌氧区和缺氧区可以灵活采用多点进水方式。其进水设计参数与运行参数见表 10-30。

表 10-30　生化池进水设计值与实际值　mg/L

指　标	COD	BOD_5	TP	NH_3-N	TN	SS
设计值	412	105	5.6	35	50	300
实际值	202	58	3.5	32	48	102

（4）膜丝的空气擦洗

膜丝是利用气泡的摩擦与膜丝的振动来破坏膜丝表面的浓差极化现象，达到清洗膜丝目的。不同曝气方式所需的空气量有较大差异，经反复调试，工程系统膜擦洗空气量为 200～300m^3/min，折合气水比约为(10～15)：1。

（5）反洗

反洗时，每次用储存在反洗水池中的透过液反洗半列膜箱。当系统在反洗模式下运行时，反洗频率为每 12min 进行一次，时间为 30s，反冲洗泵采用抽吸泵，反冲洗强度为 34L/(m^2·h)，不需加药。

（6）停歇操作

当系统在停歇方式下运行时，各抽吸泵每过 10～12min 按顺序停运 30～45s，停歇阶段只进行空气擦洗而不进行过滤。在停歇过程中不用透过液反洗，也不用加药。

（7）膜丝化学清洗

膜丝化学方式与清洗数据见表 10-31。

表 10-31　膜丝化学清洗方式与数据

清洗方式	所需药剂	药剂浓度/(mg/L)	清洗频次	清洗持续时间/h
维护性清洗	次氯酸钠	200	2 次/周	1(每格)
	柠檬酸	2000	2 次/周	1(每格)
恢复性清洗	次氯酸钠	1000	2 次/年	6(每格)
	柠檬酸	2000	2 次/年	6(每格)

5. 经济指标

本工程总投资为 9200 万元，其中工程直接费为 9144 万元，吨水投资额为 3074 元左右；污水处理厂总运行成本为 1.1 元/m^3(包括污泥焚烧处理费用)，直接处理费用为 0.74 元/m^3。

二、工业污水

(一)啤酒污水

1. 处理水量与水质

啤酒生产污水水量 500m^3/d，污水水质为：COD 2000~2300mg/L、BOD_5 1000~1200mg/L、NH_3-N 35~65mg/L、TN 30~70mg/L、pH 值 5.5~6，出水执行《污水综合排放标准》(GB 8978)一级标准。

2. 工艺

工程以 UASB+MBR 工艺为主体工艺，工艺流程为：污水→集水池→细格栅→曝气沉砂池→UASB 反应器→水解酸化池→MBR 系统→排水。

3. 构筑物以及参数设计

构筑物以及参数设计情况见表 10-32。

表 10-32　构筑物参数设计

工　艺	设计参数
细格栅	钢结构，圆形，尺寸 1.1m×2m
曝气调节池	1 座，钢筋混凝土结构，尺寸 15m×4m×3.7m，设有 2 台罗茨鼓风机(1 用 1 备)，采用微孔曝气器；旁边并设加药池，投加 NaOH 调节进水的 pH 值，UASB 进水对 pH 有严格要求，控制在 6.8~7.2
UASB 反应池	4 座，地上式钢筋混凝土结构，分 2 组串联；第一级 2 座，单池尺寸 4.2m×9m×6.75m，有效水深 6.25m，反应区容积为 236m^3；第二级 2 座，单池尺寸 4.2m×9m×5.3m，有效水深 4.8m，反应区容积为 182m^3，HRT 24h；三相分离器为碳钢材质；容积负荷为 6~15kgCOD/(m^3·d)。其集气室隙缝部分的面积占反应器总面积的 15%；集气室的高度为 1.5m；在集气室内应保持液界面以释放和收集气体，防止浮渣或泡沫层的形成；在集气室的上部设置消泡喷嘴，当处理污水有严重泡沫问题时进行消泡；反射板与隙缝之间的遮盖为 200mm，以避免上升的气体进入沉淀室
水解酸化池	1 座，地下式，3.4m×4m×4.5m，有效高度为 4m，HRT 13h，采用弹性组合填料，填料直径为 150mm，有效体积为 60%
MBR 反应池	COD 容积负荷为 0.625kg/(m^3·d)，HRT 21.6h MBR 反应池 2 座，尺寸 5m×4m×4.5m，有效水深 4m，由罗茨风机曝气膜组件为 PVDF 中空纤维膜，膜通量为 0.1m^3/(m^2·d)，MLSS 保持在 8~12g/L

4. 经济指标

工程总投资 150 万元，吨水投资 3000 元。其中土建 60 万元，设备 90 万元。污水处理运行成本为 2.05 元/m^3，药剂 0.85 元/m^3，电费 0.5 元/m^3，人工费 0.26 元/m^3。MBR 全套投资约 12 万元，其中膜为 10 万元，膜使用寿命约 3a，膜处理污水的费用约 0.7 元/m^3。

（二）印染污水

（1）水质、处理规模设计

水质指标见表 10-33。

表 10-33　工程设计进、出水水质指标

项　目	COD/(mg/L)	BOD_5/(mg/L)	SS/(mg/L)	色度/倍	pH 值	温度/℃
进水水质	1000~1500	250~375	300~500	300~500	10~12	大于 55
排水水质	100	20	70			

设计处理规模为 5000m^3/d。

（2）工艺流程

工艺流程为：污水→人工筛网→集水井沉砂池→调整池→水解酸化池→电解絮凝池→冷却塔→好氧池→接触氧化池→膜池→出水。

（3）工艺设计

处理工程主要工艺设计情况如表 10-34 所示。

表 10-34　处理工程主要工艺及其参数

工　艺		设计参数	池体尺寸
水解酸化		水力停留时间：5h；水力负荷：1m^3/(m^2·h)；水温：50~60℃	ϕ16m×6m
电解絮凝		电压：12V；电流：4500A	絮凝池尺寸长×宽×高为 14.2m×7.4m×2.3m，1 台电极为钢板、铝板
好氧池		水力停留时间：8h；污泥浓度：6g/L	好氧池长×宽×高 = 14.4m×16.4m×7.0m
接触氧化池		水力停留时间：3.5h	接触氧化池长×宽×高 = 15.6m×7.3m×6.0m
膜池	膜材质	PDVF 膜片	膜池长×宽×高 = 14.8m×7.3m×6.0m
	模组数	20 组	
	膜面积	18000m^2	
	设计膜通量/[L/(m^2·h)]	10	
	污泥浓度/(g/L)	8	
	膜擦洗曝气气水比	(20~30)：1	

（4）运行

抽吸泵采用卧式离心泵，Q=222m^3/h，扬程 H=16m，功率 N=15kW，1 用 1 备；抽真空采用真空泵，抽吸能力 Q=14.4m^3/h，极限真空-0.08MPa，功率 N=1.5kW

膜正常运行模式为出水 4min，停止出水 1min。每 10 天作为一个清洗周期，化学反洗 1 次化学药剂为柠檬酸(2000~4000mg/L)和次氯酸钠(200~400mg/L)。运行模式为交替运行，即每 3 个周期中 2 个周期用柠檬酸反洗，1 个周期用次氯酸钠反洗。

每半年将膜取出清洗，化学药剂为柠檬酸(2000~4000mg/L)和次氯酸钠(200~400mg/L)。

（三）化工污水

1. 某石化工业园污水处理与回用工程

（1）水量与水质

设计处理规模为25000m^3/d。项目由诺卫环境安全工程技术（广州）有限公司设计，污水经处理后水质需达到《广东省水污染物排放限值》（DB 4426）第二时段一级标准，并可根据需要直接排放或做进一步深度处理后回用，设计水质指标见表10-35。

表10-35　项目设计水质指标

项目	COD/（mg/L）	BOD_5/（mg/L）	SS/（mg/L）	石油类/（mg/L）	pH值	氨氮/（mg/L）	TP/（mg/L）
进水水质	≤1400	≤420	≤200	≤20	6~9	≤45	≤3
排水水质	60	20	60	5	6~9	10	0.5

（2）工艺流程

进水→格栅→曝气沉砂池→水解酸化池→生物选择区→A/O池→膜池→回用或排放。

（3）膜系统

膜池共设8个单元，每池内安装有共7套膜组件，每套膜组件有24根膜柱，每根膜柱有3000根膜丝；膜丝采用的是孔径为0.1mm的聚偏氟乙烯（PVDF）中空纤维膜。

（4）运行

由于运行期间水量偏小，达不到设计要求。为提高污水处理率、降低生产成本、减少资源浪费，污水处理厂对工艺进行了适当调整。

系统设有在线清水反洗、在线化学反洗及离线化学清洗装置。在线清水反洗是按一定周期、以膜组件为单位由PLC自控系统控制依次进行自动反洗。在线化学反洗根据跨膜压力（大于30kPa）或按一定周期（一般每月一次）进行，清洗药剂为0.3%~0.5%的NaClO溶液或1%~2%的柠檬酸溶液。当在线清洗无法恢复初始通量或运行半年以上时进行离线化学清洗，清洗药剂根据具体情况选择：有0.5%~1.5%的NaOH溶液，0.3%~0.5%的NaClO溶液以及1%~2%的柠檬酸溶液。

2. 广州小虎岛精细化工区工业污水

1）处理规模、工艺流程与水质

小虎岛污水处理厂设计规模为6000m^3/d，主要用于处理园区内的工业污水。其主体处理工艺为：进水→粗格栅→细格栅→曝气沉砂池→水解酸化→接触氧化池→中间沉淀池→膜池→活性炭吸附→排水，其中中间沉淀池和膜池的污泥或硝化液回流到水解酸化和接触氧化池，设计水质指标见表10-36。

表10-36　工程设计进、出水质指标

项　目	pH值	COD/（mg/L）	BOD_5/（mg/L）	SS/（mg/L）	石油类/（mg/L）	氨氮/（mg/L）	TP/（mg/L）
进水水质	6~9	600~800	320	200	20	25	7
排水水质	6~9	40	60	60	5	10	0.5

2）工艺流程与设计参数

（1）水解酸化及接触氧化池

水解酸化池与接触氧化池合建，每池分两组，以隔墙分开，呈对称布置。

① 水解酸化池设计停留时间为18.5h，每组水解酸化池分两格，单格尺寸为16.2m×12m×6.6m。水解酸化池设潜水搅拌机，潜水搅拌机(M471A1-6)共6套，不锈钢材质，潜水搅拌机直径为250mm，功率N=2.2kW，从德国进口。

② 接触氧化池容积负荷为0.65kgBOD_5/(m^3·d)；有效容积为4644m^3；每组接触氧化池分两格，单格尺寸为16.05m×12m×6.5m，有效水深6m；曝气风量Q=41m^3/min，风压H=7m；曝气器采用进口的膜片式曝气管系统(MS1000型)规格为70mm×100mm，共384套，材质为SILICOM，工作空气量为6.5m^3/(h·m曝气管)。

③ 填料

水解酸化池与接触氧化池设塑料半软性填料，填料直径为180mm，长为3000mm，共2250m^3。

(2) 膜池

① 设计参数：膜池污泥设计负荷为0.1kgBOD_5/(kgMLSS·d)，尺寸$L×B×H$=33.4m×32.7m×7m，有效水深6m。膜池设置放空管，用于调试及检修；设消泡系统。

② 膜组件：膜池设置48组型号为MUNC-620A旭化成膜组件，每组12支膜，共576支。

③ 抽吸泵与真空泵：抽吸泵流量Q=32m^3/h，扬程H=23m，功率N=4kW，共9台，1台备用。抽吸管路设真空泵2台，1用1备，流量Q=0.45m^3/min，功率N=1.1kW。

④ 管路阀门控制设备：管路阀门采用气动阀控制，其控制系统为空压机1台，流量Q=0.8m^3/min，压力H=1MPa，功率N=7.5kW；储气罐1座，V=1m^3。

⑤ 反洗泵：反洗泵1台，流量Q=32m^3/h，扬程H=23m，功率N=4kW。

⑥ 混合液回流泵：混合液回流泵3台(2用1备)，流量Q=96m^3/h，扬程H=13m，功率N=11kW。

⑦ 其他配套设备：设清洗循环泵1台，流量Q=25m^3/h，扬程H=5m，功率N=0.75kW；电动单梁悬挂起重机1套，T=2t，S=4.5m，H=15m，L=36m，功率N=4.2kW。

(3) 活性炭吸附罐与监测池

活性炭吸附罐采用固定床式。活性炭吸附可去除水中用常规处理工艺难以去除的某些有机或无机污染物。如果监测池监测的水质未达到排放标准，则需启动活性炭吸附罐，再进一步进行深度处理后排放。

设活性炭吸附罐4台，单台Q=62.5m^3/h，直径Φ3m；反洗水泵1台，流量Q=188m^3/h，扬程H=200kPa，P=18.5kW；碱储罐一套，V=6m^3；碱投加泵1台，流量Q=4m^3/h；冲洗水提升泵2台，1用1备，流量Q=25m^3/h，扬程H=10m，功率N=2.2kW。

监测池尺寸为10m×7m×4.5m；设回用水泵2台，1用1备，流量Q=20m^3/h，扬程H=30m，功率N=5.5kW。

(4) 鼓风机

接触氧化池、膜池及曝气沉砂池所需的空气均来自鼓风机。主要设备有D60-1.7多级离心式鼓风机2台，流量Q=60m^3/min，功率N=110kW，配变频器；D60-1.5多级离心式鼓风机，流量Q=60m^3/min，功率N=75kW，1台；D80-1.7多级离心式鼓风机，流量Q=80m^3/min，功率N=160kW，两台，1用1备。

第十一章　消毒(脱色)

第一节　臭氧消毒(脱色)

一、产生臭氧的方法

臭氧的利用与人类健康生活密切相关，与人类环境改善息息相关。臭氧的发生技术主要是通过自然界产生臭氧的方法模拟而来，伴随不断的研究和科技发展，臭氧的发生技术已具备相当高的水平，其方法不外乎以下几种：

(一) 光化学法

光波中的紫外光会使氧分子分解并聚合为臭氧，大气上空的臭氧层即是由此产生的。人工生产臭氧即采用光电法，产生出波长 $\lambda=185nm$ 的紫外光谱，这种光最容易被 O_2吸收而达到产生臭氧的效果。光化学法产生臭氧的优点是纯度高，对湿度温度不敏感，具有很好的重复性，这些特点对于臭氧用于人体治疗及作为仪器的臭氧标准源是非常合适的，缺点是能耗较高。

(二) 电化学法

利用直流电源电解含氧电解质产生臭氧气体的方法。20 世纪 80 年代以前，电解液多为水内添加酸盐类电解质，电解面积小，臭氧产量低，由于人们在电极材料、电解液与电解机理过程方面大量的研究，生产技术取得了很大进步，现在已经能够利用纯水电解得到高浓度臭氧。电解法产生臭氧具有浓度高、成分纯净、水中溶解度高的优势，将会有较好的应用前景。

(三) 电晕放电法

电晕放电法是模仿自然界雷电产生臭氧的方法，通过人为的交变高压电场在气体中产生电晕，电晕中的自由高能离子离解 O_2分子，经碰撞聚合为 O_3分子。

电晕放电型臭氧发生器是目前应用最广泛、相对能耗较低、单机臭氧产量最大、市场占有率最高的臭氧发生装置。世界上现在单机产气量达 500kg/h，就是使用电晕放电原理，这种方法的能耗一般为氧气源 6~7kW · h/kgO_3、空气源 14~16kW · h/kgO_3。

1. 沿面放电

沿面放电型发生器原理属于电晕放电，其放电区发生在高压电极边缘表面，由高压闪络形成。沿面放电区空气电晕能量集中，功率密度较高，需要良好的冷却。此类发生器有充惰性气体氖(Ne)或(Ar)的玻璃放电管和陶瓷片两种。

沿面放电器件作为医疗、家电产品微型发生器的臭氧源具有很大优势，其电耗在 40kW · h/kgO_3上下，由于产量在克级以下，电耗高。沿面放电器件产生臭氧浓度低，作水净化应用的臭氧源较为困难。

2. 气隙放电

气隙放电臭氧发生器是目前工业应用最多，单机产量最大，技术较成熟的臭氧产品，它分为板式结构和管式结构两种。

板式结构臭氧发生器以俄罗斯为代表，采用冲压盘式搪瓷技术，放电气隙小，加工精度高，臭氧浓度高，运行较稳定，工业已有规模应用。板式结构适合中小型臭氧产品，大型臭氧需要多个放电室串联和并联来实现，对系统要求较高。

管式结构臭氧发生器是目前臭氧市场广泛采用、最为成熟的技术，以奥宗尼亚和威德高两公司产品为代表，占据我国大部分大型机臭氧市场。

管式臭氧发生器一般采用玻璃和非玻璃两种介质，电源采用可控硅和 IGBT，频率 800 ~5000Hz。

臭氧发生器的气源有：空气、液态氧(LO_x)、气态氧。

(1) 空气制臭氧

设备投资高，臭氧浓度一般在 3%~4%，耗电量为 23~25kW · h/kgO_3。

(2) 液态氧制臭氧

设备投资低，臭氧发生浓度可达 18%甚至更高，耗电量为 10~13kW · h/kgO_3。试验表明，当氧气含量为 97.7%时臭氧产率最高。

(3) 气态氧制臭氧

设备投资比空气制臭氧低，但比液态氧制臭氧要高，臭氧发生浓度可达到 18%甚至更高，耗电量为 11~14kW · h/kgO_3。气态现场制取(VPSA、VSA 和 PSA 法)，氧气纯度为 90%~93%，能耗为 0.3~0.4kW · h/kgO_2。

二、大中型臭氧发生器基本组成

电晕放电法产生臭氧的装置包括高压电极、地电极、介电体与放电间隙四部分，高浓度的臭氧发生装置还要同时配备冷却、气源预处理等技术。

一般大中型臭氧发生器由四大系统组成，包括气源处理系统、冷却系统、电源系统、臭氧合成系统。

(一) 气源处理系统

根据原料气源的不同，气源处理系统一般有三种类型。

(1) 空气源系统

空气源臭氧发生器系统是指以空气为原料，经过简单的干燥处理后送入臭氧合成系统产生臭氧的装置。空气源技术指标要求如下：露点小于-45℃，粉尘浓度不大于 0.01mg/m^3。

(2) 臭氧发生器富氧源系统

富氧源系统是指空气经过压缩干燥等多道工序处理后，以高纯氧气的形态送入臭氧合成系统的装置。富氧源系统技术指标要求如下：气源露点小于-50℃，氧气纯度 60%~90%，粉尘浓度不大于 0.01mg/m^3。

(3) 臭氧发生器纯氧源系统

纯氧源系统是指用制作好的液态氧经汽化器汽化、气源处理系统处理后，送入臭氧合成系统的装置。

生产中选用何种形式的气源作为原料，应根据臭氧系统产量和臭氧浓度指标及系统运行条件来确定。

(二) 臭氧发生器冷却系统

臭氧合成过程中，大约 90%电功率被转换成热能，因此具有稳定高效的冷却系统是发生器长期运行的根本保障。冷却系统主要对放电单元外电极进行冷却和对进入放电单元的气体进行调节，以保证臭氧产量的稳定。

冷却的形式有水冷型和风冷型。风冷型冷却效果不够理想，臭氧衰减明显，风冷一般只用于臭氧产量较小的中低档臭氧发生器，而总体性能稳定的高性能臭氧发生器通常都是水冷式的。水冷型发生器冷却效果好，工作稳定，臭氧无衰减，并能长时间连续工作，但结构复杂，成本稍高。水冷型系统通用分为开路循环和闭路循环两种，通常情况下大型臭氧系统采用闭路循环冷却，中小型臭氧系统采用开路循环冷却。

（1）开路循环

开路循环是指冷却水经放电室进入交换器直接排放，如图 11-1 所示。

（2）闭路循环

是指冷却水经循环泵加压后通过放电室交换器闭路循环的系统，如图 11-2 所示。

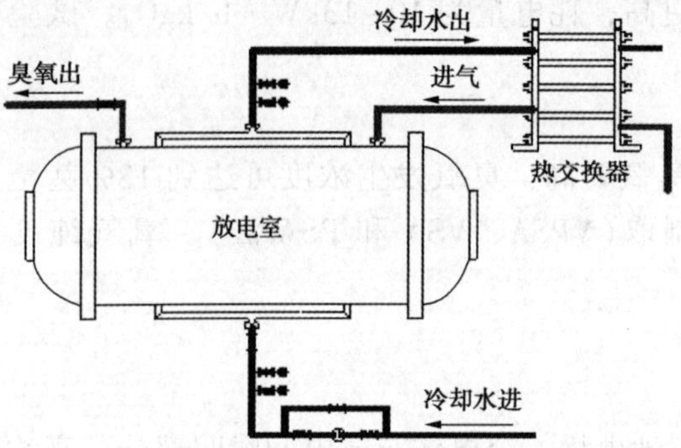

图 11-1　臭氧发生器开路循环冷却系统示意图

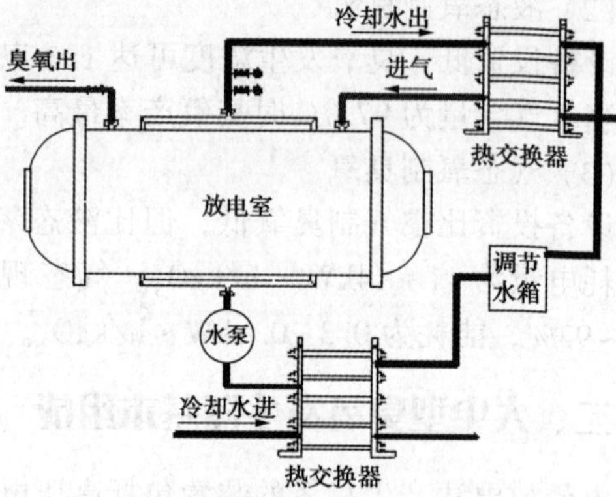

图 11-2　臭氧发生器闭路循环冷却系统示意图

（三）电源系统

1. 电源系统

电源系统是臭氧合成过程中最关键的部分，电源系统不仅与臭氧系统稳定可靠工作有关，而且与臭氧合成效率运行成本有关。臭氧电源有：工频电源、中频电源、高频电源三种。

（1）工频电源系统

工频电源系统工作流程为：电源→控制柜→电压调→高压变压器→高压。工频发生器由于体积大、功耗高等缺点，目前已基本退出市场。

（2）中频电源系统

中频电源系统工作流程为：电源→控制柜→整流器→变频器→电抗器→高压变压器→高压。中频电源频率般在 400~1000Hz 之间，分为固定中频和可调中频两种。

(3）高频电源系统

高频电源系统工作流程为：电源→控制柜→整流器→变频器→电抗器→高压变压器→高压。高频电源一般指频率在 1000Hz 以上，分为固定高频和可调高频两种。

中、高频发生器具有体积小、功耗低、臭氧产量大等优点，是目前最常用的产品。

2. 电源控制系统

臭氧电源控制是一项较为复杂、技术含量很高的系统，它既要保证电源主电路能够在任何情况下恒流恒压运行，又能实现系列化的在线检测控制，臭氧电源控制具体要求如下：

（1）可实现远近程控制；

（2）可实现臭氧气体浓度的在线检测和控制；

（3）可实现水溶度在线检测和控制；

（4）可实现气体流量压力自动检测和调节；

（5）可实现进气出气、进水出水温度在线检测和报警。

（四）放电室

在臭氧发生器中，臭氧放电室是一个非常重要的部件，它的性能决定于臭氧发生器总体性能。放电室工作时放电状态、热分布及放电间隙的选定；介电材料与性能；放电室工作条件与原料气的选择等，都是决定放电室臭氧发生效率的重要因素。放电室由放电管、筒体、进出水口、进出气口、视镜、蜂窝端板、连接件、高压保险、高压接线柱组成，臭氧合成发生器见图 11-3，放电室见图 11-4。

图 11-3　臭氧发生器

图 11-4　臭氧发生器放电室

放电单元是产生臭氧的最基本元件，包括电极、介质管、冷却系统。

（1）电极

是与具有不同电导率的媒质形成导电交接面的导电部分，在臭氧发生单元中系指分布高压电场的导电体。

（2）介质管

是基本电磁场性能受电场作用而极化的物质所构成的零部件，在臭氧发生单元中系指位于两电极间，造成稳定的辉光放电的绝缘体。多管并联可组成公斤级臭氧发生器。

（3）冷却系统

臭氧管工作时会产生很多热量，必需对其进行有效的冷却才能保证正常工作，冷却效果越好臭氧管的寿命越长性能也就越稳定。臭氧管的冷却方式可分为：风冷、水冷、单极冷却、双极冷却、风水双极冷却、双极液冷。

理想的放电式臭氧电介质应具有良好的绝缘和导热性能，但导热性和导电性常是物质兼有的性质，因此，一般按绝缘的要求选择。为了取得较好的散热功能，尽可能减薄电介质。臭氧放电按材料分类，常见的有石英、陶瓷、玻璃和搪瓷等几种类型。

(1) 石英

石英由于具有介电常数高、壁厚均匀、椭圆度好、耐高温、耐潮湿等特点而最常被一些高性能的臭氧发生器使用。石英放电管见图 11-5。

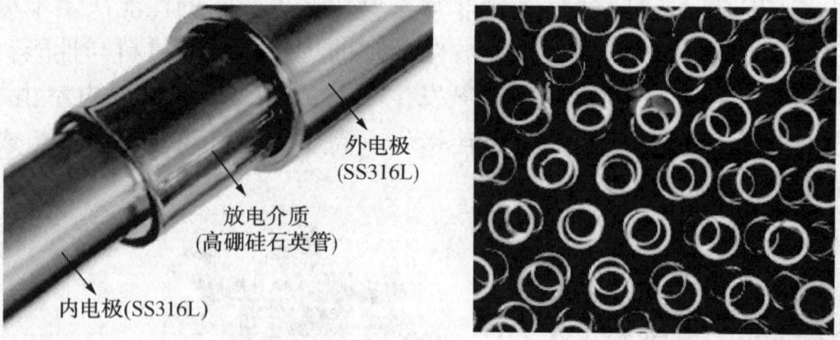

图 11-5　石英放电管

(2) 陶瓷

陶瓷类不易加工，陶瓷板易脆裂，在大型臭氧机中使用受到限制。只适用于一些小型发生器。陶瓷放电板图 11-6。

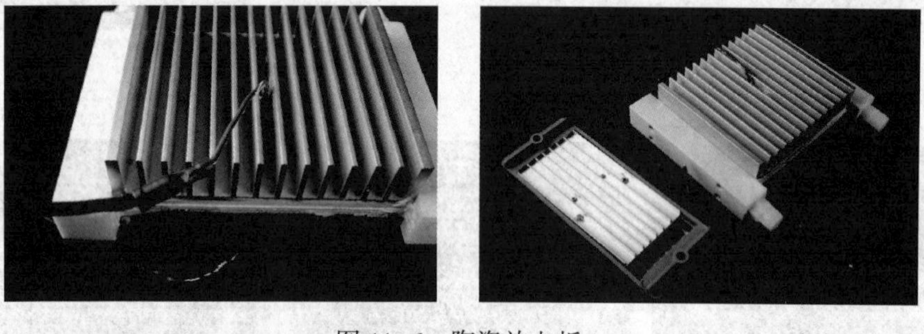

图 11-6　陶瓷放电板

(3) 玻璃

玻璃介电体成本低、性能稳定，是人工制造臭氧使用最早的材料之一，但机械强度差，主要用于空气消毒和一些要求浓度不高的小型臭氧发生器；据研究，玻璃管的厚度增加 1mm，臭氧产量将减少一半左右，但过薄的电介质易被高压击穿，因此必须根据使用电压考虑电介质的机械强度、绝缘性能和耐压性能以及导热性能等因素。玻璃放电管见图 11-7。

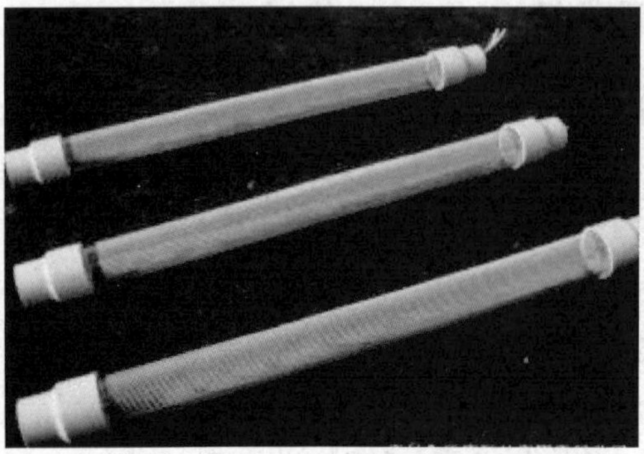

图 11-7　玻璃放电管

(4) 搪瓷

搪瓷是一种新型介电材料，一般介质和电极

于一体，机械强度高、可精密加工，精度较高，在大中型臭氧发生器中广泛使用，但制造成本较高。搪瓷放电管见图 11-8。

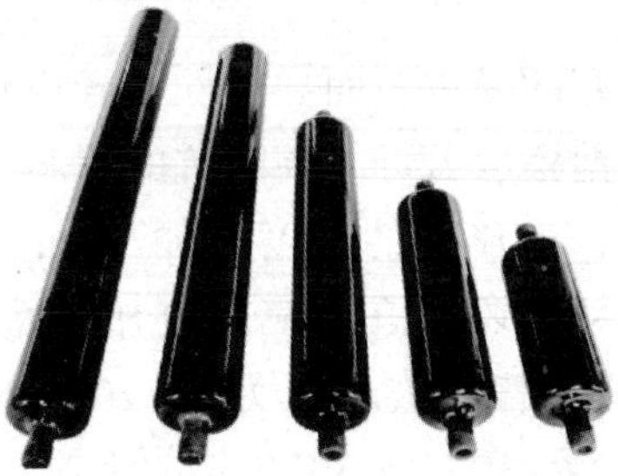

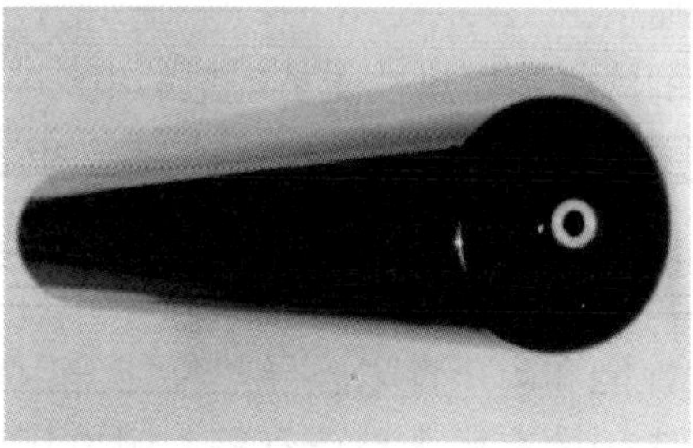

图 11-8　搪瓷放电管

（五）玻璃管、陶瓷片、搪瓷管臭氧发生器比较

1. 放电方式

均可制成沿面电晕放电方式。玻璃管、金属搪瓷管还可以制成气隙放电方式。

2. 制造工艺

（1）陶瓷片

是将金属粉末利用丝网漏印的方法，印在薄的陶瓷基片上，厚约 0.8～1.2mm，然后高温烧结，使金属熔化，相互密集，形成电极，并附着在陶瓷片的两个对面上，这样陶瓷就成了电介质。使用寿命短(一般为 2000h 以下)，产量低，功耗大。

（2）玻璃管

将一个电极置于玻璃管内，另一电极附着在玻璃管表层，就成为玻璃沿面放电的臭氧产生器，若另一电极为金属管，罩在玻璃管的外层间距 0.3～3mm 时就成为气隙放电的臭氧产生器。易碎，使用寿命较短(一般在 1 万小时以下)。

（3）搪瓷管

采用干粉静喷涂工艺，将电介质与纳米材料喷涂在金属管的外层，经高温烧结后，电介质的表层形成玻璃釉，内层牢牢地附着在金属管上，“融”为一体，耐冲击，永不脱落。这种金属搪瓷管有三个作用：一是一个电极；二是电介质的附着体；三是通冷却水冷却气的管道，是一个散热器。另一个电极用耐氧化的金属网紧固在搪瓷管的外层，配上高效的高频电路，使该臭氧发生器具有明显的特点，即臭氧产生量大，浓度高，寿命长。臭氧产生量单管可以做到 60g/h，搪瓷管本身不受限制，关键是与之配套的驱动电路。用氧气源臭氧浓度可达 130mg/L，用空气源臭氧浓度可达 22mg/L 以上，寿命长，为一般臭氧发生器的 5～6 倍以上，使用寿命高达 2 万小时以上。

3. 介电体

陶瓷片：导热系数 20～27W/(m·K)，散热较好；介电常数 7～60；

玻璃片：导热系数 0.52～1.01，散热不好；介电常数 3.7～3.9；

搪瓷片：导热系数 0.87～1.16W/(m·K)，散热不太好；介电常数 2～6。

4. 耐击穿电压

陶瓷片 0.8～1 万伏；玻璃片在 0.9～1.2 万伏；搪瓷管在 1～3 万伏。

5. 产生 1g/h 臭氧消耗的功耗

陶瓷片为 25W；玻璃管为 28W；搪瓷管为 15W。

（六）影响臭氧产量的有关因素

臭氧发生器的构造与臭氧产量及电耗关系密切，而臭氧的产量主要取决于以下条件。

（1）电介质

具有良好的绝缘和导热性能是理想的电介质应有的条件，而导热性和导电性常是兼有的性质。因此，主要按绝缘的要求选择玻璃、陶瓷、搪瓷、云母等高阻抗的材料。为了取得较好的散热功能，尽可能减薄电介质。根据有关文献，玻璃管的厚度增加1mm，臭氧产量将减少一半左右，但过薄的电介质易被高压击穿，因此必须根据使用电压考虑电介质的机械强度、绝缘性能和耐压性以及导热性能等因素。如普通玻璃仅为5~20kV/mm。中频管式臭氧发生器常用的有稀土玻璃管等，耐电压性能在30~150kV/mm；生产上常用的玻璃管厚度为2.5mm左右。高频管式臭氧发生器电介质一般采用陶瓷、搪瓷等介质，厚度一般在0.3~1mm。

电介质愈薄、放电间隙愈小，产生放电所需的电压愈小，故电耗量愈小，相对臭氧的产量就愈大。但电介质愈薄，对电介质的加工要求愈高(包括耐电压性能、电介质加工的致密程度、厚度的均匀性等)，因此一般的陶瓷电介质厚度在0.3~0.5mm，搪瓷电介质厚度在0.5~1.0mm，云母介质在0.5~1.0mm。

（2）放电间隙

一般情况下，放电间隙对臭氧量和耗电量起重要作用。放电间隙越小，产生放电的电压越小，耗电量越小，相对臭氧产量越高，然而放电间隙愈小导致气流通过放电区的阻力变大。所以工频-中频臭氧发生器一般采用2~3mm即可，高频沿面放电发生器一般线间距采用5mm左右，放电间隙小于1mm。

（3）温度

温度对于臭氧的形成和分解起着关键作用，故冷却方式必须根据使用情况选取；理论上臭氧的生成热为0.835kW·h/kgO_3。假设用氧气来制造2%臭氧(质量浓度)需要的热能是7kW·h/kgO_3，那么供给电晕电能的12%被用来生产臭氧，而88%最终从臭氧发生器内以热的形式排出被浪费，对于使用空气气源15.5kW·h/kgO_3的热能来说，电晕功率的95%必须以热予以排出。因此，发生器的冷却系统对于发生器的臭氧产量及其能否长期稳定运行是极其重要的因素。冷却系统设计时应考虑把电晕的能量全部作为废热来处理，这样才能确保发生器正常有效地运行使用。否则，由于空气和其他类似气体是不良热导体，电晕内的气体能达到足以使臭氧热分解的高温，从而会降低净臭氧产量。为此，在臭氧发生器构造设计时，必须把有利于电晕散热作为设计其结构的先决条件。

对于空气冷却的发生器来说，冷却剂通常是周围的空气。水冷却的或水/油冷却的装置，多余的热量最终消散到水中。据试验得知，随着冷却水温的升高，相对臭氧产率明显下降。因此，一般臭氧发生器所用的冷却水温均控制在15~25℃之间。由于水和油的吸热系数远远大于空气的吸热系数，因此大部分企业的工业臭氧发生器均优先选用油冷却和水冷却形式。

除冷却剂温度外，冷却剂的流量往往也是重要的。一般水冷式臭氧发生器，每生产1kg臭氧需要15~20℃的冷却水2500~4000L。提高冷却剂流量有助于减少因高功率密度(气体温度)引起的产量下降，以及由于介电体温度升高使电介体损坏这两方面的损失。

（七）臭氧发生器主机参数表

（1）大型空气源臭氧发生器

表 11-1　有关大型空气源臭氧发生器参数表

型　号	产量/（kg/h）	气量/（m^3/h）	臭氧浓度/（mg/L）	冷却水流量/（m^3/h）	能耗/（kW·h/kgO_3）	外形尺寸/mm	接管口径
HH-NY-1000B	1	42～56	18～24	2～3	18～20	2000×2200×1900	DN32
HH-NY-1500B	1.5	63～84	18～24	3～4	18～20	2100×2300×1900	DN40
HH-NY-2000B	2	84～111	18～24	4～6	18～20	2400×2600×2100	DN50
HH-NY-3000B	3	125～166	18～24	6～8	18～20	2500×2800×2200	DN65
HH-NY-4000B	4	167～222	18～24	8～12	18～20	3000×3000×2200	DN80
HH-NY-5000B	5	209～278	18～24	12～15	18～20	3000×3000×2200	DN80
HH-NY-6000B	6	250～333	18～24	15～18	18～20	3600×3000×2300	DN80
HH-NY-8000B	8	334～445	18～24	19～24	18～20	3600×3200×2300	DN100
HH-NY-10000B	10	417～556	18～24	25～30	18～20	3800×3200×2300	DN100
HH-NY-15000B	15	625～833	18～24	40～45	18～20	4000×3600×2500	DN100
HH-NY-20000B	20	834～1111	18～24	55～60	18～20	4600×3800×2800	DN100

（2）大型氧气源臭氧发生器

表 11-2　有关大型氧气源臭氧发生器参数表

型号	产量/（kg/h）	气量/（m^3/h）	浓度/（mg/L）	冷却水流量/（m^3/h）	能耗/（kW·h/kgO_3）	外形尺寸/mm	接管口径
HH-NY-1000A	1	8～13	80～120	1.5～2	7～9	1800×800×2000	DN32
HH-NY-2000A	2	16～25	80～120	2.2～3	7～9	2000×2200×1900	DN32
HH-NY-3000A	3	25～38	80～120	3.5～5.5	7～9	2100×2300×1900	DN40
HH-NY-4000A	4	34～50	80～120	6～7.5	7～9	2400×2600×2100	DN50
HH-NY-5000A	5	42～63	80～120	8～9	7～9	2400×2600×2100	DN65
HH-NY-6000A	6	50～75	80～120	9.5～11	7～9	2500×3000×2200	DN65
HH-NY-8000A	8	66～100	80～120	13～15	7～9	3000×3000×2200	DN80
HH-NY-10000A	10	84～125	80～120	16～19	7～9	3000×3100×2200	DN80
HH-NY-15000A	15	125～188	80～120	26～30	7～9	3600×3200×2300	DN100
HH-NY-20000A	20	166～250	80～120	35～39	7～9	3800×3200×2300	DN100
HH-NY-30000A	30	250～375	80～120	55～60	7～9	4000×3600×2500	DN100
HH-NY-40000A	40	333～500	80～120	65～90	7～9	4600×3800×2800	DN100

三、应用

（一）消毒与脱色

1. 消毒特点

主要靠·OH 的作用，它的氧化作用极强（$E_0=3.06$）。但作为消毒剂，由于臭氧在水中不稳定，易散失，因此在 O_3 消毒之后，往往需要投加少量的氯等以维持水中剩余消毒剂。臭氧消毒的副产物比氯消毒时少，但也有可能产生三卤甲烷、溴酸盐等副产物。此外臭氧消毒的生产设备复杂，投资较大，电耗也较高。

2. 影响因素

(1) 水质影响

主要是水中 pH 值、COD、氮氧化物、悬浮固体、色度对臭氧消毒的影响。

在水质呈酸性时，臭氧的存在时间要长于水质偏碱性的，因此水质显酸性时的消毒效果优于碱性条件。COD、氮氧化物、悬浮固体、色度等会消耗水中的臭氧，有时还出现污水臭氧消毒后 COD 增加的现象，因此在臭氧消毒之前，尽量去除残余污染物是必要的。

(2) 臭氧投加量和剩余臭氧量

剩余臭氧量像余氯一样在消毒中起着重要的作用，在饮用水消毒时要求剩余臭氧浓度为 0.4mg/L，此时饮用水中大肠菌可满足水质标准要求。在污水消毒时，剩余臭氧只能存在很短时间，如在二级出水臭氧消毒时臭氧存留时间只有 3~5min。所测得的剩余臭氧除少量的游离臭氧外，还包括臭氧化物、过氧化物和其他氧化剂，在水质好时游离的臭氧含量多，消毒效果最好。

(3) 接触时间

臭氧消毒所需要的接触时间是很短的，但这一过程也受水质因素的影响，研究发现在臭氧接触以后的停留时间内，消毒作用仍在继续，在最初停留时间 10min 内臭氧有持续消毒作用，30min 以后就不再产生持续消毒作用。

(4) 臭氧与污水的接触方式

臭氧与污水的接触方式对消毒效果也会产生影响，如采用鼓泡法，则气泡分散得愈小，臭氧的利用率愈高，消毒效果愈好。气泡大小取决于扩散孔径尺寸、水的压力和表面张力等因素。

通过多孔管鼓泡投加法是最广泛用于水臭氧化的接触装置，特别在净水处理中。扩散元件一般是多孔陶瓷管，不锈钢底板或塑料扩散头也可以用。扩散器装于喷射或接触池的底部，在池内必须保持充分的反应时间，如水力停留时间达到 20min 以上。其标准的布置是隔成一连串的四到六间径流室，采用此方法，扩散器能产生具有平均有效直径约 2mm 的气泡。实际应用中一般将孔径大小 50~100μm 的扩散器安装在水深 4~6m 的池底上，此种淹没式多孔扩散器的水头损失必须保持在 300~500mmH_2O，每座接触池内平均气体流量一般保持在水流量的 10%以下，1m^3 水气液交换总有效面积约等于 0.15m^2/m^3 水。

采用机械混合器、反向螺旋固定混合器和水射器均有很好的水气混合效果，可用于臭氧对污水的消毒。有关资料汇总的臭氧消毒接触器及其特性见表 11-3。

表 11-3　臭氧消毒接触器及其特性

类　型	运行方式	优　点	缺　点
填料塔	液体和气体相互逆流通过由填料形成的同一通道	能连续运行，处理运行范围广，耐强腐蚀	设施造价高，难以保持温度分布。易堵塞
板塔	液体和气体相互逆流通过板塔，连续运行	运行范围广，易清洗	设施造价高、设计复杂、易堵塞

续表

类　型	运行方式	优　点	缺　点
鼓泡塔	气体扩散成气泡，上升穿过液柱，能连续顺流或逆流，交替逆流，或反复逆流或顺流运行，可以是半批量的	低能耗	喷头可能堵塞，引起气泡的不均匀分布。混合差、接触时间长
喷淋塔	流体扩散到含 O_3 的气体内	气相均匀	高能耗，喷嘴易堵塞
搅拌塔	能连续，半批量或批量运行	高度灵活性，能处理悬浮物高的污水	搅拌需要动力
喷射器	气体和液体被加压或抽吸顺流通过小孔隙	混合好，接触时间短，接触室小	耗能
管道接触器	可顺流或逆流运行	低造价，易操作	耗能，为促进气液接触需要用固定混合器

3. 应用

(1) 医院污水

某医院污水臭氧消毒的主要工艺参数如表 11-4 所示。

表 11-4　医院污水臭氧消毒的主要工艺参数

项　目	一级处理出水	二级处理出水
臭氧投加量/(mg/L)	30~50	10~20
接触时间/min	30	5~15
大肠菌去除率/%	99.99	99.99

医院污水处理系统改造工程采用了臭氧消毒工艺，处理水量 $15m^3/h$。处理前水质为：COD≤250mg/L，BOD_5≤150mg/L，SS≤150mg/L，粪大肠菌群数≤3.5×10^3 个/L；污水经沉淀及臭氧消毒后，排放水质为：COD≤150mg/L，BOD_5≤80mg/L，SS≤70mg/L，粪大肠菌群数≤500 个/L。

臭氧发生装置设备配置：

① 普罗名特 BONa3A 臭氧发生器 1 台。臭氧总发生量为 240g/h；冷却水量为 $0.32m^3/h$。

② 臭氧氧化塔 1 台。ϕ2600×3000mm，用陶瓷鲍尔环为填料，填料容积 $4.5m^3$；填料塔的有效容积为 $5m^3$，接触时间为 15min。

(2) 游泳池水消毒

① 臭氧发生器产量

臭氧发生器产量(g/h)=循环水流量(m^3/h)×臭氧投加浓度(g/m^3)。例如容积为 $380m^3$ 的游泳池，臭氧投加量为 0.4mg/L，游泳池水循环周期采用 6h，循环水流量为 $380/6\approx63m^3/h$，则臭氧发生器的最小产量应为 63×0.4=25.2g/h。

② 反应罐

反应罐用来使水中污染物被溶解的臭氧氧化并进行消毒杀菌，因此设计反应罐时应消除水的短路，保证水在罐内有一定的停留时间。为了使臭氧在水中的溶解度高，含臭氧的水应从反应罐上侧进罐，下侧出水。反应罐上部的排气阀应与臭氧破坏装置连接，使未溶解的臭氧在进入大气前除去，反应罐的容积按以下计算方法确定：

反应罐容积(m^3)=循环水流量(m^3/h)×旁流水百分比(%)×反应时间(h)。例如 $380m^3$ 游泳池池水循环周期采用 6h，循环水流量为 $63m^3/h$，旁流水流量为循环水流量的 25%，接触时间 4min，则反应罐最小容积为 $63×0.25×0.067=1.05m^3$。

(3) 印染污水的脱色

臭氧用于印染污水处理中的作用主要是脱色，实际上水中 COD、BOD 均同时下降，由于链断裂、芳烃开环，B/C 比有所提高。

印染工厂使用的染料主要是活性染料、分散染料、还原染料、可溶性还原染料和涂料。其中，活性染料占 40%，分散染料占 15%。污水主要来源于退浆、煮练、染色、印花和整理工段。污水经生物处理后进行臭氧氧化法脱色处理，脱色处理水量为 $600m^3/d$。

臭氧发生器选 3 台，臭氧总产量 2kg/h，电压 15kV，变压器容量 50kVA。反应塔两座，填聚丙烯波纹板，填料层高 5m，底部进气，顶部进水，水力停留时间 20min，臭氧投加 $50g/m^3$ 水，塔径 1.5m，高 6.2m，采用硬聚氯乙烯板制成。尾气吸收塔两座，直径 1.0m，高 6.8m，硬聚氯乙烯板制，内装聚丙烯波纹板填料，层高 4m，活性炭层高 1m。

进水 pH 值 6.9、COD 201.5mg/L、色度 66.2 倍、悬浮物 157.9mg/L，经臭氧氧化处理后 COD、色度、悬浮物的去除率分别为 13.6%、80.9%和 33.9%。

臭氧氧化法对于含水溶性染料污水，如活性、直接、阳离子和酸性等染料，其脱色率很高，但对硫化、还原、涂料等不溶于水的染料脱色效果较差。该法脱色效果好，但耗电多，大规模推广应用有一定困难。

研究表明，臭氧用量为 $0.886gO_3/g$ 染料时，淡褐色染料污水脱色率达 80%；研究还发现，连续运转所需臭氧量高于间歇运行所需臭氧量，而反应器内安装隔板，可减少臭氧用量 16.7%。因此，利用臭氧氧化脱色，宜设计成间歇运行的反应器，并可考虑在其中安装隔板。

(4) 自来水

Ⅰ. 臭氧的投加方式

某自来水深度处理改造一期工 3 程设计供水能力为 20 万 m^3/d，臭氧需求量为 $40kgO_3/h$。其投加方式有预臭氧投加及后臭氧投加，其中预臭氧投加位于送水泵房与沉淀池之间，后臭氧投加在砂滤池之后。

① 预臭氧投加

预臭氧采用水射器及静态混合器投加方式，将臭氧投加入水中。预臭氧共 3 个投加点，一点最大加注量为 5.0kg/h，另两个点最大加注量为 2.5kg/h。

② 后臭氧投加

主臭氧扩散采用圆形扩散系统。接触系统设计为水流与臭氧气流逆流混合方式。臭氧系统按 CT 值 1.6(mg/L×min)、余留臭氧最低浓度值 0.4mg/L 设计。

CT 值是臭氧消毒系统的主要设计参数，其中 C 代表臭氧浓度，以 mg/L 计；T 代表接触时间，以 min 计；两者的积 CT 值表示消毒过程的有效性。例如臭氧浓度为 0.4mg/L，接触时间为 4min 时的 CT 值等于 1.6。水温越高，反应时间越短，所需的 CT 值越低。

设 1 座接触池，分 2 格，每格均可独立运行；每格 $L×B×H=27.1m×6.5m×7.89m$。臭氧分 3 段投加，第 1 段投加量为 50%(调节范围 45%~55%)，第 2 阶段投加比例为 30%(调节范围 25%~35%)；第 3 阶段投加比例为 20%(调节范围 15%~25%)。

Ⅱ. 臭氧发生器

按照 20 万 t/d 规模设计，共设计 2 套臭氧发生器，总发生量 40kg/h。臭氧发生器采用液氧汽化气源(LOX)。在发生浓度 10%，冷却水温度 25℃，按照单台 20kg/h O_3的生产规模布置。

① 臭氧发生器参数

产量：22kg/hO_3(10%)；

产量调节范围：10%~100%；

浓度调节范围：6%~13%；

运行方式：24h 连续运行；

尺寸规格：长×高×宽=3450mm×1550mm×1900mm。

② PSU 供电单元参数

供电条件：380VAC，50Hz；

装机功率：257kW；

最大功耗：209kW；

外形尺寸：长×宽×高=3000mm×1000mm×2000mm；

冷却方式：闭路循环冷却水系统。

Ⅲ. 尾气破坏系统

后臭氧尾气破坏器采用 IK-50，数量 2 台，1 用 1 备。臭氧车间故障冲洗管线(气体)接入后臭氧尾气破坏器。当存在二氧化锰(MnO_2)等催化剂时，即便在大气温度下，臭氧也会顷刻间分解。

第二节 紫外消毒设备

一、紫外线消毒的机理

紫外光(UV)是波长在 100~380nm 的电磁波谱的一部分。紫外光按照波长范围又可以分为 UV-A(315~380nm)、UV-B(280~315nm)、UV-C(200~280nm)和真空紫外线(100~200nm)4 部分，其中具有杀菌消毒功能的紫外波段为 200~300nm，即紫外 C 和紫外 B 中的部分。消毒使用的紫外线是 C 波紫外线，其波长范围是 200~275nm，杀菌作用最强的波段是 250~270nm。

紫外线具有杀菌作用主要是因为紫外线对微生物的核酸可以产生光化学危害的结果。微生物细胞核当中的核酸可以分为核糖核酸(RNA)和脱氧核糖核酸(DHA)2 大类，其共同点是由磷酸二酯键按嘌呤和嘧啶碱基配对原则而连接起来的多核苷酸链。细胞核中的这两种核酸能够吸收高能量的短波紫外辐射。对紫外光能的这种吸收可以使相邻的核苷酸之间产生新的键，从而形成双分子或二聚物。相邻嘧啶分子，尤其是胸腺嘧啶的二聚作用是紫外线引起的最普遍的光化学损害。细菌和病毒 DNA 中众多的胸腺嘧啶形成二聚物阻止了 DNA 的复制及蛋白质的合成，从而使细胞死亡，细胞损坏的数量取决于微生物吸收紫外光能的剂量以及微生物对紫外光的抵抗能力。大多数细菌和病毒仅需较低的紫外剂量就可失活。杀菌所需紫外光的剂量随着细胞内 DNA 或 DHA 的数量和细胞尺寸的增加而增加，例如，同样条件下原生动物胞囊对紫外光的耐受力要比肠侵袭性大肠杆菌高 10~15 倍。

二、紫外线消毒的特点

紫外线消毒具有以下有优点：

（1）物理消毒、无二次污染，对环境、生态和人类无害；

（2）运行、维护简单方便；使用安全，无需储存、运输及使用任何有毒、腐蚀性化学物品；

（3）与化学消毒相比，紫外消毒性能稳定不受环境条件（如温度和水中酸碱度变化）的影响，对微生物作用的广谱性，运行成本低；

（4）紫外消毒接触时间短，一般只要1~15s；

（5）开方式渠道、无需接触池，占地面积少；所有设备均可在室外安装运行、无需房屋建筑。

但紫外消毒应用于自来水厂中尚存在一些不足之处。由于紫外消毒不能像含氯消毒剂那样在管网当中提供持续的消毒作用，因而对于应用紫外线消毒的自来水而言，出厂之前还必须采取一些附加措施，如投加适量的新型消毒剂 ClO_2，来保证管网中水的生物稳定性，防止因滋生细菌而引起二次污染。

三、影响紫外线消毒的因素

1. 紫外透光率

紫外透光率是反映污水透过紫外光能力的参数，它是设计紫外消毒系统尺寸的重要依据。一般来说，随着消毒器深度的增加紫外透光率降低，另外，当溶液中存在着能够吸收或散射紫外光的化合物或粒子时，紫外透光率值也会降低，这就使得用于消毒的紫外光能量降低，由于紫外剂量是紫外辐射强度与接触时间的乘积（其单位为 $mW \cdot s/cm^2$），因而此时可以通过延长接触时间或增加紫外消毒系统中的紫外灯数目的方式来加以补偿。一般来说，活性污泥处理工艺出水透光率范围为60%~65%，生物膜工艺为50%~55%，三级处理出水的紫外透光率值较高，其范围为65%~85%。一些工艺过程也会影响水的紫外透光率，如纺织、印刷、纸浆造纸、食品工艺以及化学工艺等。当消毒前出水的浊度较高时，一般要在过滤工艺之前加絮凝剂进行混凝沉淀处理。通常采用石灰或铝盐絮凝剂能够增加水的紫外透光率，而铁盐能够吸收紫外光，从而使紫外透光率值降低。

2. 悬浮固体

悬浮固体是由数目、大小、结构、细菌密度和化学成分各异的粒子组成的，这些粒子通过吸收和散射紫外光使污水中的紫外光强度降低。由于悬浮固体浓度的增加同时伴随着粒子数目的增加，另外，有某些细菌还可吸附在粒子上，这种细菌不易受到紫外光的照射和化学消毒剂的影响，因而难被灭活，所以，用于紫外消毒的污水出水的悬浮固体浓度要严格控制，基于100mL水中含有100~200个粪大肠菌群的消毒要求，推荐TSS应不超过20mg/L。表11-5为污水处理工艺对紫外线处理出水水质的影响。

表11-5　污水处理工艺对紫外线处理出水水质的影响

工　艺	紫外线透光率/%	悬浮物含/(mg/L)	粒子尺寸分布/μm
初沉	5~25	50~150	20~30
铝盐强化一级处理	40~50	15~40	25~35

续表

工　艺	紫外线透光率/%	悬浮物含/(mg/L)	粒子尺寸分布/μm
铁盐强化一级处理	25~45	15~40	20~30
氧化塘	30~50	15~50	20~30
SBR	45~65	10~30	25~40
生物膜	30~55	10~30	25~45
二级处理+过滤	65~85	<50	15~25

3. 粒子尺寸分布

溶液中所含粒子的大小不同则杀菌所需的紫外光的剂量也不同，这是因为粒子尺寸对紫外光的穿透能力有影响。尺寸<10μm 的粒子容易被紫外光穿透，因而杀菌所需紫外光的剂量较低。尺寸在 10~40μm 之间的粒子可以被紫外光穿透，紫外需求量增加。而尺寸>40μm 的粒子则很难被紫外光穿透，紫外需求量比较高。在实际生产过程中为了提高紫外光的利用率，应对二级处理出水过滤，去除掉大粒子之后再进行消毒处理。

4. 无机化合物

在污水的处理过程中，为了提高处理效果，有时会在某些池子中投加金属盐，以降低污水中磷的含量并控制气味。比较常用的是铝盐或铁盐絮凝剂。一般来说溶解性铝盐不影响紫外透光率，而且含有铝的悬浮固体对于紫外杀菌也没有阻碍作用；而水中的铁可直接吸收紫外光使消毒套管结垢，另外，铁还可以吸附在悬浮体或细菌凝块上，形成保护膜，妨碍紫外线的穿透，这都不利于紫外光对细菌的灭活。

四、紫外消毒装置

1. 紫外消毒系统类型

紫外线消毒系统可以有两种方式：敞开重力式和封闭压力式。目前，以封闭压力式使用居多。这种设计是由外筒、紫外线灯管、石英套管及电气设施等部分组成。筒体常用不锈钢或铝合金制造，内壁多作抛光处理以提高对紫外线的反射能力和增强辐射强度，还可根据处理水量的大小调整紫外灯的数量。在这两种系统中，紫外线灯管都可以布置成同水流水平或垂直的方向上。这两种设计都适于装入现有典型的接触箱内。其中平行于水流的消毒系统的压头损失可能更小、水流形式更均匀，而垂直系统则可以使水流紊动，提高消毒效率。

有关紫外线消毒设备实物见图 11-9。

图 11-9　紫外线消毒设备实物图

2. 紫外消毒灯

紫外消毒灯有低压低强灯、低压高强灯和中压高强灯 3 种。低压低强灯和低压高强灯均发出单色光，输出波长为 253.7nm，灯管的寿命为 8000~12000h，而中压高强灯发出复色光，波长为 230~300nm，灯的寿命为 5000h。低压高强灯单根灯管紫外能输出功率为 90~100W，要比低压低强灯的输出功率（30~60W）高，但比中压高强灯的输出功率（420~25000W）低。在照射到微生物上的紫外剂量相同的条件下，三种类型紫外灯的消毒效果是相同的。但低压低强紫外灯的光强相对较弱，穿透力不高，对总悬浮固体大于 30mg/L 的二级处理出水消毒效果不好。而中压紫外灯的光强最强、穿透力高，比较适合低浓度污水的处理。处理相同的水量时，若采用中压高强灯系统则需要的灯管数最少，低压高强灯次之。灯管数量少，相应地设备占地也省，基建费用和灯管维护费用少。但中压高强灯的光电转换率低（只有 15%左右）、能耗大、电费高；低压低强灯和低压高强灯的光电转换率为 30%~40%。目前，污水处理厂多采用低压高强灯和中压高强灯系统，设计时需根据实际情况进行技术经济比较。三种紫外消毒灯的比较见表 11-6。

表 11-6 三种紫外消毒灯的比较

比较项目＼灯型	低压常规灯	低压高强灯	中压高强灯
定义	0.13~1.33Pa 的内压下工作，输入电功率约为每 0.5W/cm 弧长，杀菌紫外能输出水银蒸气灯在功率约为 0.2W/cm 弧长，杀菌紫外能在 253.7nm 波长单频谱输出	0.13~1.33Pa 的内压下工作，输入电功率约为 1.5W/cm 弧长，杀菌紫外能输出水银蒸气灯在功率约为 0.6W/cm 弧长，杀菌紫外能在 253.7nm 波长单频谱输出	中压灯的灯管中所有的汞以气体状态存在，一般在 10^4~10^6Pa 压力下运行，发出复色光。相对来说中压灯的能量转化率比低压灯要低得多，这是因为中压灯发出光的波长范围很宽，在其输入能量中大约有 30%~40% 可以转化成光，而这部分光中只有 25% 左右位于具有杀菌作用的 UV-C 范围内
特点	253.7nm 波长的比例 ≥90%；灯管运行温度小于 40℃；单根灯管紫外能输出为 30~50W	253.7nm 波长的比例≥90%；灯管运行温度小于 100℃；单根灯管紫外能输出小于 108W	200~300nm 消毒波段；灯管运行温度 600~800℃；单根灯管紫外能输出为 420W 以上
适用水质	SS≤20mg/L、UVT（穿透率）≥50%	SS≤20mg/L、UVT≥50%	SS>20mg/L、UVT<50%
清洗方式	人工清洗/机械清洗	人工清洗/机械加化学清洗	机械加化学清洗
电功率消耗	较低	较低	较高
灯管更换费用比较	较高	较高	较低
水力负荷/[m^3/(d·根紫外灯)]	100~200	250~500	1000~2000
应用	适用于小型污水处理厂	适用于中型污水处理厂	适用于大型或低质污水处理厂

3. 紫外消毒装置的维护

对于紫外消毒装置的维护而言，主要有两个问题需要考虑：紫外灯的寿命和石英套管结垢。

（1）寿命

紫外灯在使用过程中，随着时间的增加，紫外灯放出紫外线的强度会逐渐降低，因而在设计紫外消毒系统的过程中，就需要考虑在灯的使用末期能够保证足够的杀菌剂量。在国外的消毒系统中推荐使用的紫外灯替换时间大约是5000h，但在很多水厂中紫外灯的寿命超过了8000h，而我国国产的紫外灯的寿命比较短，一般为1000～3000h。在运行中当灯管的紫外线强度低于2500μW/cm^2时，就应该更换灯管，但由于测定紫外线强度较困难，实际上灯管的更换都以使用时间为标准，计数时除将连续使用时间累积之外，还需加上每次开关灯管对灯管的损耗，一般开关一次按使用3h计算。

（2）结垢

在紫外消毒的过程中，由于水中存在的许多无机杂质会沉淀黏附在石英套管外壁上，引起套管结垢，从而使经过套管进入水中的紫外光的强度降低，不利于消毒过程的进行，所以石英套管结垢也是一个需要特别考虑的问题。处理水的类型不同、处理工艺过程不同，则套管的结垢速率不同。当水中存在有高浓度的铁、钙或锰时，套管结垢非常迅速。因此，一般应每3个月对石英套管清洗一次，清洗时，先用纱布蘸酒精擦洗，然后用软布擦净。国外已经成功开发出石英套管自动清洗系统，可以采用化学和机械方法进行清洗，节省了大量的劳动力。

五、实际应用

1. 紫外线消毒技术标准

《城镇给排水紫外线消毒设备》（GB/T 19837—2019）规定：生活饮用水紫外线有效剂量不小于40mJ/cm^2；城镇污水不小于20mJ/cm^2（一级A）；城镇污水不小于15mJ/cm^2（一级B、二级标准）。《室外排水设计规范》（GB 50014—2021）规定：二级处理的出水宜为15～25mJ/cm^2；再生水宜为24～30mJ/cm^2。医院污水消毒常用紫外剂量为25～30mJ/cm^2。

2. 紫外线消毒系统及系统组成

紫外线消毒系统可采用明渠型或封闭型。相对而言，明渠型比封闭型更容易监测和维护，对水流阻力也小。

明渠水下照射式紫外线消毒系统如图11-10所示。紫外灯平行放置于支架上并浸没在水中。各模块之间彼此独立。每个模块可配置2、4、6、8或16支紫外灯管，紫外线消毒系统若采用自动清洗则还要安装有清洗设施。污水重力流经紫外灯，渠道下游设水位控制器。

图11-10　明渠紫外线消毒系统

3. 紫外剂量的确定

紫外线消毒系统的消毒性能是消毒器所能实现的有效紫外剂量，即由消毒器的生物验定剂量实验实际测得的紫外剂量而不是消毒器的理论计算剂量。

紫外灯数量取决于灭活微生物所需的紫外剂量。微生物的灭活与紫外照射剂量的关系可以用数学模型表达。若大肠杆菌数量在通常的消毒范围内，则灭活速率与紫外剂量的关系表达如式(11-1)。

$$\frac{dN}{dt} = -kN^2I \tag{11-1}$$

经积分，得到式(11-2)：

$$\frac{1}{N} - \frac{1}{N_0} = kIt \tag{11-2}$$

式中 N——某时刻 t 的大肠杆菌含量，最大可能数量/100mL；

N_0——初始大肠杆菌含量，最大可能数量/100mL；

k——速率常数，大肠杆菌数/s；

I——消毒反应器中紫外平均强度，mW/cm^2；

t——消毒时间，s。

大肠杆菌初始含量常常比消毒后大得多，以致 $1/N_0$ 项可以忽略不计，故式(11-2)可以简化为：

$$\frac{1}{N} = kIt \text{ 或 } N = \frac{1}{kIt} = \frac{1}{kD} \tag{11-3}$$

式中 D——紫外剂量，为紫外平均强度与消毒时间的乘积，mW·s/cm^2。

式(11-3)可以用于计算在已知速率常数下不同紫外强度与消毒时间时的大肠杆菌数。另外，Scheible 等的研究表明，紫外剂量和粪大肠菌群含量之间的关系符合经验公式(11-4)：

$$\text{消毒后粪大肠菌群含量} = (1.26 \times 10^{13})(It)^{-2.27} \tag{11-4}$$

此外，Loge 等研究得到可以用来计算粪大肠菌群在紫外光照下数量变化的经验公式(11-5)：

$$N = A(\mathrm{SS})^a(N_0)^b(\mathrm{UFT})^c(I)^n(t)^n \tag{11-5}$$

式中 N——在紫外辐射后的粪大肠菌群含量，最大可能数量/mL；

I——紫外平均强度，mW/cm^2；

t——消毒时间，s；

SS——水中悬浮固体浓度，mg/L；

N_0——粪大肠菌群的初始含量，最大可能数量/100mL；

UFT——在 253.7nm 处的紫外透射率,%；

A，a，b，c，n——经验系数，分别是 102.919、1.947、0.3233、0、-2.484。

式(11-3)~式(11-5)表达了紫外剂量与消毒后污水中的大肠杆菌或粪大肠菌群浓度的关系。其中式(11-5)考虑了悬浮固体、透射率等因素对紫外线消毒的影响，能较合理地预测达到一定的粪大肠菌群杀灭指标时所需的紫外剂量。例如，美国国家污染物排放系统(NPDES)的消毒标准要求粪大肠菌<200 个/100mL，对于总悬浮固体 TSS<20mg/L、65%透射率的二级处理出水，在通常的消毒范围内，用式(11-5)计算得到的紫外剂量与报道的 20~30mW·s/cm^2 基本一致。

确定紫外剂量时，应考虑紫外灯管老化和灯管的石英套管表面结垢问题。使用寿命周期终点时的紫外输出与新灯管紫外输出之比为灯管的老化系数，大多数灯管的老化系数在 0.5 左右。另外，污水中的某些成分会使灯管的石英套管表面结垢而影响紫外透射率，结垢系数与灯管的清洗方式有关，如人工清洗为 0.7，纯机械清洗为 0.8，机械加化学清洗为 1.0。因此，在确定紫外剂量时，通过上述方法求得的紫外剂量还应计入灯管老化系数以及结垢系数，才能得到在灯管寿命周期内达到微生物消毒标准所需要的紫外剂量。紫外剂量也可以采用经验计算公式计算，经验计算公式和剂量计算实例如下：

（1）参数

① 总处理流量 $Q = 130000m^3/d = 90278L/min$（按峰值流量计）；

② 设备灯管总数 $N = 144$；

③ 平均每根灯管处理流量 $q = 90278/N = 626.93L/min$。

（2）计算有效紫外剂量

有效紫外剂量 $D = 5320.2 \times q^{-0.9839} = 9.4134(mW \cdot s)/cm^2$。

（3）有效剂量修正

$$D_{老化} = 有效紫外剂量/(C_{老化} \times C_{结垢})$$

其中，$C_{老化}$取 0.5，采用机械加化学清洗时，$C_{结垢}$为 1。

根据以上参数得到 $D_{老化} = 9.4134(0.5 \times 1) = 18.8mW \cdot s/cm^2$。

4. 设计流量及光照时间

（1）设计流量

紫外消毒系统必须在紫外灯的寿命期内按最大流量设计，否则，当流量增大时将不能保证消毒要求；同时，也必须满足最小流量时的消毒要求。许多较小的污水处理厂在晚上流量接近于零，这期间在石英套管周围的污水会升温而在套管上产生沉积，也有可能使石英套管露出水面而暴露在空气中，留在套管上的物质会被烤干，从而形成沉积物。因而设计时必须确定最大与最小流量。

（2）光照时间

光照时间也是个重要的设计参数。在相同的紫外强度下灭活不同种类的微生物需要的光照时间不同，目前的设计是采用高强度的紫外能而取较短的光照时间，如光照时间为 6~10s。

5. 消毒明渠的设计

消毒明渠可根据紫外消毒系统的大小用混凝土或不锈钢建成。国外的经验是，16 根或更少灯管的紫外消毒系统应采用不锈钢渠道，但也可以采用混凝土渠道。每条渠道模块数不宜太多，比较多时，可将模块组并联或串联。

图 11-11 为 5 万 t/日城市污水处理紫外线消毒池设计图纸（按照每万吨的生活污水大约需要 14 根 250W 的低压高强灯确定）。

当渠道中有多个紫外灯组时，紫外灯组的最佳间距是 1.22m。如果渠道流量变化大，则渠道最好不少于 1 道，这样可根据流量变化开通或关闭某些渠道，以节省电耗和延长灯的寿命。渠道需用水位控制器来控制水位，以防灯管以上的水层厚度太大而影响消毒效果，或避免低于设定的流量范围时紫外灯暴露于空气中。在任何流量时，位置最高的紫外灯石英套管顶以上的水层厚度需维持在 1.9~2.54cm，污水不应超出这一高度，否则紫外强度太小，不能使所有的病原体灭活。

水位控制器可以采用锐顶堰或者水力自动控制翻板闸门。锐顶堰既可保持高峰流量时间的最高水位，也可保证在零流量时紫外灯浸没在水中，其缺点是在堰的上游底沉积固体，这可通过安装冲洗阀来解决。水力自动控制翻板闸门是通过重力和污水流过渠道的冲力进行工作的，以翻板闸门上放置的重锤来限制闸门的开启度，合理设计的翻板闸门将使水位保持在

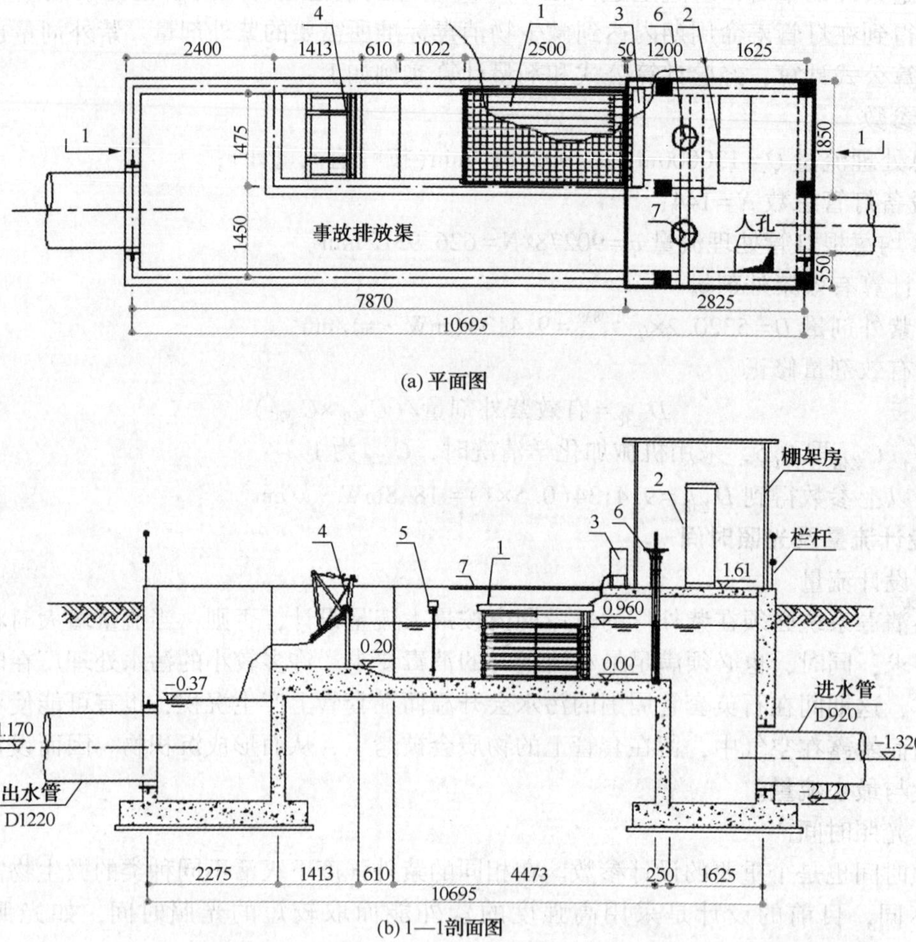

图 11-11　50000t/d 城市污水处理紫外线消毒池平面图以及剖面图

1—紫外线消毒模块（10 组，每组 8 跟）；2—电控及配电系统；3—接线箱；
4—水位控制拍门；5—水位传感器；6，7—闸门

一个较宽的流量变化范围内，其缺点是在零流量或接近零流量时会发生渗漏，以致紫外灯露出水面，影响消毒效果，翻板闸门与紫外灯组的最小距离一般为 2m。在两种水位控制器中，采用使紫外灯在零流量时仍能保持完全浸没的堰可能更好，一般地，锐顶堰用于小于 20 根紫外灯的小型消毒系统，而翻板闸门则用于大型的紫外消毒系统。

明渠水下照射式污水紫外线消毒系统的合理设计是紫外线消毒技术在污水处理中应用的关键，选择合适的紫外灯型式有利于节省投资和运行费用，正确确定紫外剂量、最大和最小流量以及合理设计水位控制器是保证消毒效果的重要方面。

6. 工程案例

（1）低压灯装置案例

项目规模：3.7 万 t/d；设备类型：低压灯系统；灯管数目：176 根；灯管功率输出：小于 40W/根；接触池尺寸：8m×1.2m×0.84m；运行成本：0.012 元/m^3 污水；投资成本：22 元/m^3 污水；消毒效果：粪大肠菌群≤10000 个/L。因此可以说明小规模污水处理厂使用低压灯系统（带入工清洗系统）在我国现阶段还具有较强的投资经济性。

（2）低压高强灯装置案例

项目规模：3.1 万 m^3/天；设备类型：低压高强灯系统；灯管数目：88 根；灯管功率输出：112W/根，尺寸：接触池 5m×1.47m×0.98m；运行成本：0.01 元/吨；投资成本：26 元/m^3 污水；消毒效果：粪大肠菌群≤10000 个/L。

（3）低压高强压灯装置案例

低压高强压灯应用情况见表 11-7。

表 11-7　低压高强压灯装置（26 万 m^3/d）应用情况

设计参数	一期平均流量为 20 万 m^3/d；一期峰值流量为 26 万 m^3/d；出水的紫外线透光率为>65%；排放标准/粪大肠菌群数≤10000 个/L	按生物验定剂量设计；排放标准为一级 B 标
设备选型	UV3000PlusTM 系统；低压高强灯系统（机械+化学自动清洗）；紫外线剂量同步系统；总装机容量 108kVA	紫外设备投资 25 元/m^3 污水
项目状况	一期 2 条渠道；每渠道各安装 1 个模块组；每模块组 26 个模块，共 52 个模块；每个模块 8 根灯管，合计 416 根灯管	占地面积约为 45m^2
运行成本	电费成本：0.0065 元/m^3 污水；灯管成本：0.0038 元/m^3 污水；合计运行成本：0.0103 元/m^3 污水	运行成本由电费和灯管更换费组成

第三节　氯系列消毒设备

一、次氯酸钠发生器

次氯酸钠消毒是利用商品次氯酸钠溶液或现场制备的次氯酸钠溶液作为消毒剂，利用其溶解后产生的次氯酸对水中的病原菌具有良好的杀灭效果，对污水进行消毒。氯酸钠因其易分解，常用次氯酸钠发生器现场制取，反应为：$NaCl+H_2O = NaOCl+H_2$。

（一）次氯酸钠来源

1. 利用商品次氯酸钠溶液

次氯酸钠是强氧化剂和消毒剂，商品次氯酸钠溶液有效氯含量为 10%~12%，为淡黄色透明液体，具有与氯气相同的特殊气味。次氯酸钠的消毒仍靠 HOCl。反应式为：$NaOCl+H_2O = HOCl+NaOH$，但消毒效果不如氯气。

2. 次氯酸钠发生器

次氯酸钠发生器的主要结构包括水软化装置、溶盐装置、电解装置、控制装置、储药装置和加药装置。其中，水软化装置负责将水质软化到适合电解的硬度，并减少主电解槽中的水垢输出。盐溶解装置负责将软化水与盐混合以产生低浓度盐水。电解装置负责将配制好的低浓度盐水电解成次氯酸钠消毒剂。控制装置、储药装置和加药装置是保证设备正常运行的重要部件，见图 11-12。

次氯酸钠发生器运行原理是：当设备启动时，动力水将通过水管流入水软化装置，水软化装置中的水质硬度将降低。达到理想的电解水硬度后，在盐水溶解装置中用食用盐溶解，制得低浓度盐水。这些制备的低浓度盐水将通过管道输送到电解槽，次氯酸钠消毒剂将在电解槽中电解生产。次氯酸钠发生器一般采用无隔膜电解法，制造成本低，药品生产效率高，

图 11-12　次氯酸钠发生器实物图

维护简便。在电解过程中电解槽发生的反应原理如下：

阳极反应：$2Cl^- - 2e \longrightarrow Cl_2 \uparrow$

阴极反应：$2Na^+ + 2H_2O + 2e \longrightarrow H_2 \uparrow + 2NaOH$

溶液反应：$Cl_2 + 2NaOH \longrightarrow NaCl + NaClO + H_2O$

总反应：$NaCl + H_2O \longrightarrow NaClO + H_2 \uparrow$

次氯酸钠发生器的生产和研制有 100 多年的历史。我国于 1990 年发布了 GB 12176《次氯酸钠发生器》标准，2006 年发布了行业标准 HJ/T 258《环境保护产品技术要求电解法次氯酸钠发生器》。理论上，每生成 1kg 有效氯，需 3. 5kg 精制盐、125L 水，耗 5kW · h 电。次氯酸钠发生器可用于中大型水厂、污水厂、医院消毒、畜牧养殖、泳池消毒等各种需要消毒的场合。

次氯酸钠发生器利用电解食盐水(或海水)制取次氯酸钠水溶液。这种发生器的优点是结构简单、自动化程度高、电耗低、耗盐量小，生产的次氯酸钠可达 10%~12%(有效氯含量)。其缺点是在电极表面易形成钙镁等沉积物，需要经常清洗电极。

(1) 配套建筑物及设备

采用次氯酸钠发生器消毒的污水处理站应根据次氯酸钠发生器的型号及其附属设备要求进行布置。一般要求需要有专用的盐液制备间和次氯酸钠发生器设备间。盐液制备间与次氯酸钠发生器设备间宜分为两个房间。

(2) 主要工艺参数

① 根据污水的水质水量、处理级别计算投氯量，按投氯量选择次氯酸钠发生器型号及台数，然后计算用盐量、贮盐量；

② 污水量按最高日污水量计算，盐水池按 12~24h 设计；

③ 次氯酸钠溶液贮槽按 8~16h 设计。

(3) 次氯酸钠的投配

次氯酸钠发生器所产生的次氯酸钠溶液贮存在贮槽内，可采用虹吸式自动投加或与污水泵连动投加，将溶液通过投加管、电磁阀、流量计将溶液投加到污水池或污水管中。

3. 适用范围

(1) 次氯酸钠消毒不宜用于人口稠密区内及大规模医院的污水消毒。可用于远离人口聚居区、规模较小的医院污水处理系统；

(2) 漂粉精、漂白粉适用于规模小于 300 床的经济欠发达地区医院污水处理消毒系统；

(3) 电解法次氯酸钠发生器适用于管理水平较高的医院污水处理消毒系统。目前也用于大型自来水厂以及污水处理厂等。

二、二氧化氯发生器

（一）制取方法

二氧化氯的制取方法主要有化学法和电解法。

1. 化学法

以氯酸盐为原料化学合成法生产 ClO_2 有十几种方法，基本上都是通过在强酸介质存在下还原氯酸盐这一途径制得的。

（1）亚氯酸钠法制备二氧化氯

$NaClO_2$ 具有氧化性，它在弱碱性溶液中是非常稳定的，然而在强碱性中加热，它会分解成 ClO_3^- 和 Cl^-，酸性条件下，ClO_2^- 可分解成 ClO_2、ClO_3^- 和 Cl^-。盐酸-亚氯酸钠反应原理为：$5NaClO_2+4HCl \xlongequal{} 4ClO_2+5NaCl+2H_2O$。

（2）氯酸钠法制备二氧化氯

氯酸钠-盐酸反应原理为：$2NaClO_3+4HCl \xlongequal{} 2ClO_2+Cl_2+2NaCl+2H_2O$。

（3）化学法二氧化氯发生器的组成

二氧化氯发生器由反应系统、吸收系统、温控系统、原料供给系统、安全系统及投加系统等组成。将氯酸钠溶液与盐酸按一定比例通过原料投加系统输送到发生系统中，在特定温度条件下，反应生成二氧化氯和氯气的混合气体，经收集系统收集后，通过抽取系统直接进入消毒系统，投加比例可根据水质的不同，调整投加量。

二氧化氯发生器由反应系统、温度系统、欠压系统、安全系统、缺药保护系统及残液分离系统构成。

运行时，两台计量泵分别将事先配制好的原料罐中的氯酸钠溶液和稀硫酸溶液按一定比例输送到发生器反应器中，在一定温度和负压下进行反应，生成的二氧化氯气体，在水射器抽吸作用下与水充分混合形成杀菌、消毒液后，通过出药管投加至被消毒水中。反应生成的二氧化氯气体被水射器抽走后，反应器内形成一定的负压，在大气作用下，空气随进气管吸入反应室底部，再从底部向上透过反应液形成鼓泡，使两种原料充分混合、反应。为了维持一定的负压，水射器动力水压力要维持在 0.35MPa 以上。在发生器工作过程中，水射器由于停水、动力水压力不够或水射器堵塞时，发生器将由负压变为正压，为了防止发生器爆炸或二氧化氯从发生器漏出造成事故，装置设置了欠压保护装置，即当水射器动力水压力低于 0.3MPa 时，装置发出报警声并停止计量泵运行，当水射器动力水压力低于 0.2MPa 时，自动控制系统将自动打开电磁阀，使高位水箱水流入反应器内立即阻止反应。在反应器上腔内还装设了安全塞，在异常情况下，当发生器反应器内压力升高时，安全塞被冲开，多余的气体通过排气管排到室外，以避免引起人身伤亡事故的发生。反应器放在由电加热管加热的水浴中，温度控制器自动控制电加热管的启停，以保证反应温度在 70℃左右。没有完全反应的残液通过分离器排出。二氧化氯发生器见图 11-13。

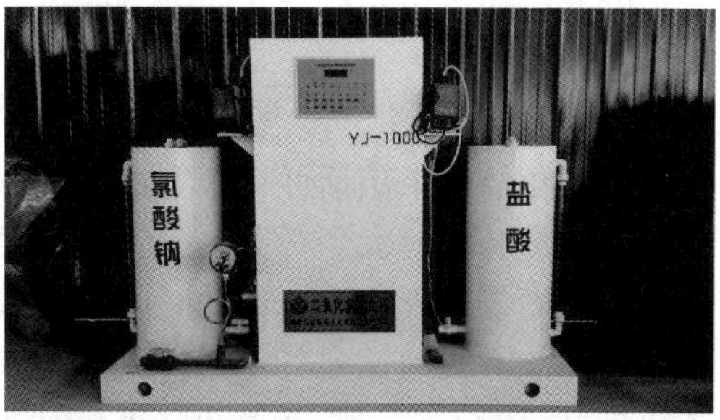

图 11-13　二氧化氯发生器实物图

（4）化学法制备二氧化氯应注意的问题

① 二氧化氯消毒系统设计和发生器选型应根据污水的水质水量和处理要求确定，并考虑备用；

② 因原料为强氧化性或强酸性化学品，储存间必须考虑分开安全储放；储存量为 10~30d 的用量；

③ 二氧化氯溶液浓度应小于 0.4%，其投加量应与污水定比或用余氯量自动控制；

④ 应设计二氧化氯监测报警和通风设备。

2. 电解法

(1) 工作原理

将一定浓度或饱和盐液加入电解槽阳极室，同时将清水加入电解槽阴极室，接通 12V 直流电源开始电解，即可产生 ClO_2、Cl_2、O_3、H_2O_2 等混合消毒剂，气体经水射器负压管路吸入水中消毒。其反应原理为：$4NaCl+8H_2O = 2ClO_2+Cl_2+4NaOH+6H_2$。

电解产生的上述混合气体，是一种氧化能力很强的气体。但这种气体中二氧化氯的含量很低，而氯气的含量仍很高，会导致很多问题，例如产生三卤甲烷，影响饮用水处理的质量问题。

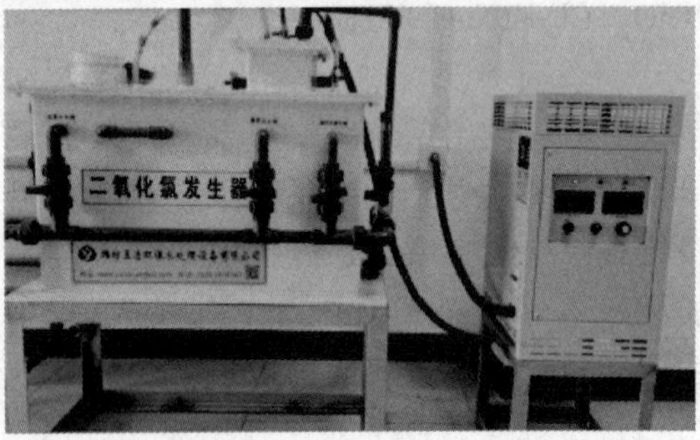

图 11-14 电解二氧化氯反应器实物图

(2) 设备组成

由电解槽、直流电源、盐溶解槽及配套管道、阀门、仪表等组成，见图 11-14。

(3) 电解法制备二氧化氯应注意的问题

① 电解法制备二氧化氯设备的溶盐装置一般与发生器一体化，但因二氧化氯为混合消毒气体，为了能定比投氯，必须设置溶液箱；

② 二氧化氯是由水射器带出并溶于水的，所以设备间必须有足够的压力自来水，如水压不够 0.2MPa，需加设管道泵；

③ 应注意设计排氢管，及时排除运行过程中产生的可爆炸气体。

（二）二氧化氯消毒的特点

(1) 二氧化氯能直接氧化水中的腐殖酸(HA)或黄腐酸(FA)等天然有机物，不与其形成三卤甲烷等氯化物，能大大降低消毒后水中三卤甲烷等氯化消毒副产物的含量。

(2) 二氧化氯与氯气消毒不同，二氧化氯一般只起氧化作用，不起氯化作用，也不与氨起反应，在 pH=6~10 范围内的杀菌效果几乎不受 pH 值影响。

(3) 二氧化氯能有效地氧化去除水中的藻类、酚类及硫化物等有害物质，对这些物质造成的水的色、嗅和味，具有比氯气更佳的处理效果，出水水质更好。

(4) 二氧化氯能有效杀灭水中用氯消毒效果较差的病毒和孢子等。

(5) 能在水中维持较长时间的持续杀菌能力，具有可检出的残余量。

（三）应用

1. 水的消毒剂

二氧化氯的杀菌活性在很宽的 pH 值范围内部比较稳定。当 pH 值为 6.5 时，0.25mg/L 的二氧化氯和氯对大肠杆菌一分钟的灭杀率相似。pH 值为 8.5 时，二氧化氯保持相同的灭杀效率，而氯气则需要 5 倍的时间，故二氧化氯对于高 pH 值水无疑是合适的消毒剂；二氧化氯同样能有效地杀死其他的传染性细菌，如葡萄球菌和沙门氏菌。在处理脊髓灰质炎病毒和厚生杆菌时，2mg/L 剂量的二氧化氯产生的存活率比 10mg/L 剂量的氯低得多。作为消毒剂，二氧化氯具有足够的稳定性。

2. 对三卤甲烷的控制

三卤甲烷(THMs)可能致癌，它是在用氯气进行饮用水消毒时，水中溶解的有机物的氯化形成的有机衍生物。其原理是氯气与THMs前体如腐殖物和灰黄霉素发生氧化反应，同时发生亲电取代反应。产生易挥发的和不易挥发的氯化有机物(THMs)。而氧化氯不会产生氯化反应，二氧化氯对THMs控制是其在被氯取代前就被氧化，THMs的前体能被二氧化氯氧化分解成小的分子，可以防止THMs的形成，从而保持水中THMs处于最低浓度。二氧化氯加入原水主要是为了消毒和氧化，然后自由氯或化合氯或二氧化氯作为消毒剂在过滤后加入，经过这样的氯化过程组合，THMs可减少50%~70%。

3. 对水中酚类化合物的破坏

用氯气消毒时，生成氯化酚，导致有异味产生。二氧化氯能经济而有效地破坏水中的酚类，而且不形成副产物。当pH值小于10时，1份重量的苯酚可被1.5份的二氧化氯氧化成对苯醌；当pH值>10时，3.3份重量的二氧化氯能将1份重量的苯酚氧化成小分子量的二元脂肪酸；二氧化氯能彻底破坏氯酚，完全作用是1份氯酚要求7份二氧化氯，当pH值为7时，所有的酚都反应完全。

4. 氧化饮用水中的铁离子和锰离子

在pH值大于7.0条件下，二氧化氯能迅速氧化水中的铁离子和锰离子，形成不溶解的化合物。

5. 藻类的控制

二氧化氯对藻类的控制主要是因为它对苯环有一定的亲和性，能使苯环发生变化。叶绿素中的吡咯环与苯环类似，二氧化氯也同样能作用于吡咯环，这样，植物新陈代谢终止，使得蛋白质的合成中断，这个过程不可逆，最终导致藻类死亡。

6. 二氧化氯在其他领域的应用

二氧化氯的化学性质非常活泼，一般在酸性条件下具有很强的氧化性。可氧化水中多种无机物和有机物。

(1) 二氧化氯是唯一可以在较弱的碱性pH条件下氧化氰化物的氧化剂。二氧化氯可用于含氰废水的破氰处理，将氰化物(游离的氰化物和不稳定的金属-氰化物的络合物)氧化成为二氧化碳和氮气。用氯气来氧化氰化物时，易于形成极毒的易挥发的氯化氰气体(CNCl)，而用二氧化氯对氰化物进行处理时，不会形成氯化氰气体。

(2) 二氧化氯可用于对硫化物、有机硫气味的控制。硫化物、硫化氢以及硫醇在许多工业生产中形成，它们都能产生出令人厌恶的气味，这些气体都可以被二氧化氯氧化去除。

三、氯消毒

氯气是传统的水处理用消毒剂，但氯气消毒具有如下缺点：

(1) 氯会与水中腐殖酸类物反应形成致癌的卤代烃(THMs)；

(2) 氯会与酚类反应形成具有怪味的氯酚；

(3) 氯与水中的氨反应形成消毒效力低的氯胺，排入水体后对鱼类有危害；

(4) 氯在pH值较高时消毒效力大幅度下降；

(5) 长期使用氯会引起某些微生物的抗药性；

(6) 氯气为受压的液化气体，一般用罐瓶、槽车、罐车、驳船等压力容器装运，存在一定的事故风险。

（一）氯消毒系统的组成

液氯消毒系统主要是由贮氯钢瓶、加氯机、水射器、电磁阀、加氯管道及加氯间和液氯贮藏室等组成。

1. 氯瓶

（1）充装量为500kg和1000kg的重瓶，应横向卧放，防止滚动。存放高度不应超过两层。空瓶和重瓶应分开放置，不应与其他气瓶混放，不应同室存放其他危险物品。重瓶存放期不应超过三个月。

（2）对于医院的废水，一般情况下，宜采用小容量的氯瓶。单位时间内每个氯瓶的氯气最大排出量应符合下述规定：容积为40L的氯瓶，750g/h；500kg的氯瓶，3000g/h。

2. 加氯机

采用液氯消毒时，必须采用真空加氯机，并将投氯管出口淹没在污水中。

（1）真空式加氯机原理

压力水流经水射器喉管形成一个真空，从而开启水射器中的止回阀。真空通过真空管路到真空调节器，形成压差使真空调节器上的进气阀打开，促使气体流动，真空调节器中的弹簧膜片调节真空度。气体在真空作用下经流量管、流量控制阀和真空管路到达水射器，在水射器里与水安全混合，形成氯水溶液。

① 差压稳压器调节类

水流经水射器喉管形成一个真空，从而开启水射器中的单向阀。真空通过负压管路传至真空调节器，负压使真空调节器上的进气阀打开，压力气源的气体流入。真空调节器中弹簧作用的膜片调节真空度。气体在负压抽吸下经过流量计和调节阀。差压稳压器控制流过调节阀的压差，在一定范围内保持稳定。通过负压管路，气体被送至水射器，与水完全混合后形成氯水溶液。从水射器到真空调节器上的进气阀整个系统完全处于负压状态。不论什么原因水射器的给水停止或负压条件被破坏，真空调节器中弹簧支承的进气阀就会立刻关闭，隔断压力气体供给。差压稳压器调节的真空加氯机原理图见图11-15。

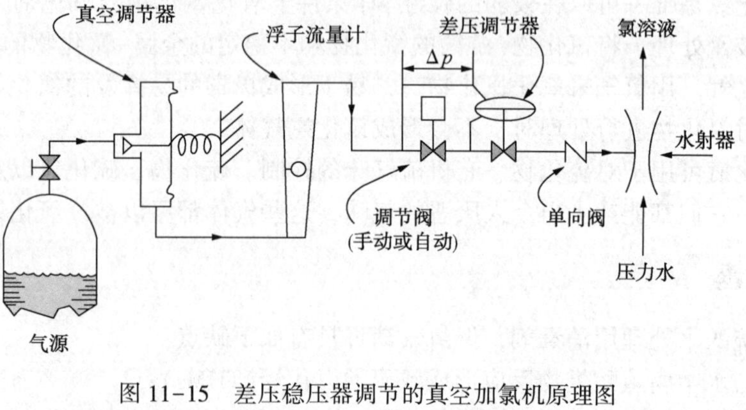

图11-15　差压稳压器调节的真空加氯机原理图

② 音速流原理调节类

当气体流速达到或接近声音的传输速度时，可压缩的气体流体特性变成了不可压缩流体；同时，要使其流速超过音速，也存在一个耗能很大的音障区。因此一旦加氯机水射器抽吸力将气体流过调节阀口的流速达到音速，则此时流过调节阀口的气体流量等同阀口开度成比例（音速喷嘴原理，可用来测量气体质量流量），即使水射器抽吸力进一步增大（即系统压力变化），流经调节阀口的气体流速也不会变化。当调节阀口开度同气体流量完全成比例时，其阀位开度输出信号准确代表气体流量，音速流原理调节的真空加氯机示意图见图 11-16。

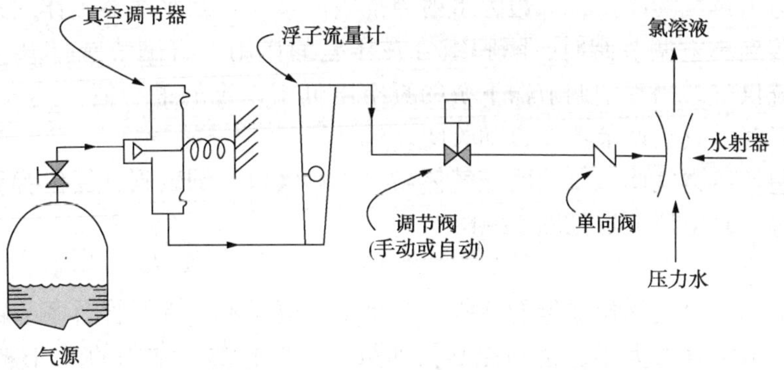

图 11-16　音速流原理调节的真空加氯机示意图

在运行中，从水射器到真空调节器上的进气阀系统完全处于负压状态，不论什么原因导致水射器的给水停止或负压条件被破坏，真空调节器中弹簧支承的进气阀就会立刻关闭，隔断压力气体供给。采用音速流原理的系统机械结构简化，系统可靠性得到提高，目前加氯机的最大投加量已达到 300kg/h。

（2）真空加氯机

真空加氯机系统是由真空调节器、流量调节器和水射器三大主要部件组成，实现对气体压力和流量两个参数的调节控制。加氯机系统结构图见图 11-17。

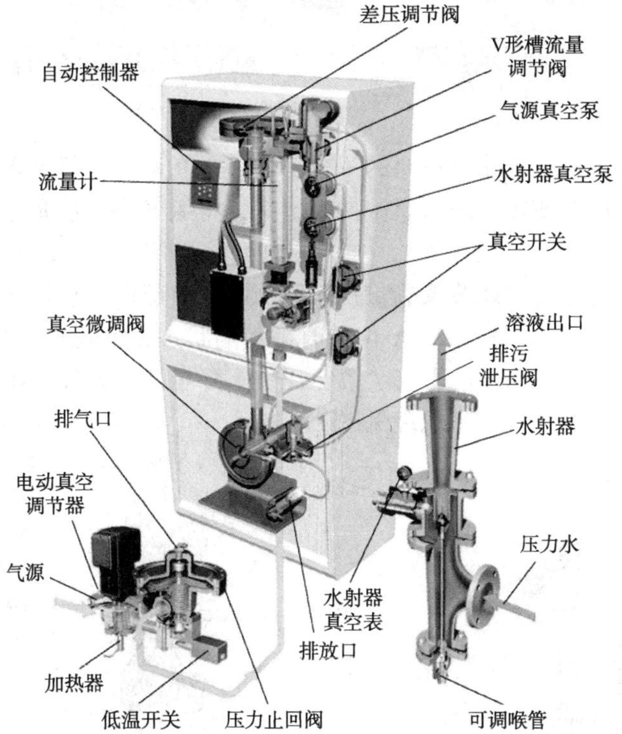

图 11-17　加氯机系统结构图

① 真空调节器

真空调节器是将正压转变成负压的执行机构。倒装阀与隔膜组合相连，隔膜两边承受不同的压力，一边为氯气的压力，一边为水射器抽吸的负压，当水射器工作时产生负压通过加氯机的控制器传到真空调节阀时，隔膜组合在压差的作用下将倒装阀打开，氯气成工作负压，为整个系统供气。当真空调节器下游的真空度低于设定的最小值，其入口阀自动关闭。若气源供气不足时，真空调节器能自动关闭。

基本结构包括压力气体入口、负压气体出口、排气口、倒装阀、复位弹簧、“O”形密封圈、隔膜组合等，真空调节器见图 11-18。

② 流量调节器

流量调节器用于对气体投加量的控制，它是由抗腐材料的流量管及调节针阀构成，能稳定准确连续地调节加气量大小，达到控制投加量大小的目的。常用的 V 形槽流量控制装置见图 11-19。

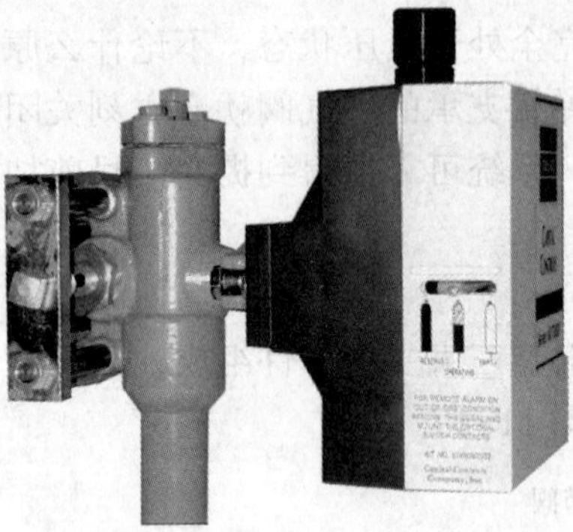

图 11-18　加氯机真空调节器图

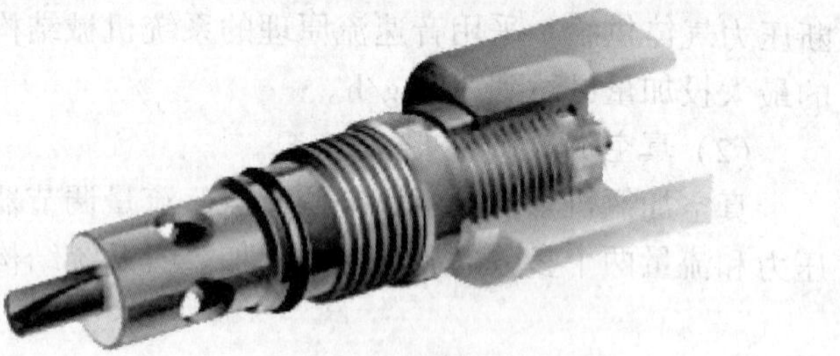

图 11-19　V 形槽流量控制装置

③ 水射器

水射器是真空加氯系统中非常重要的一个部件，它在系统中起重要作用：为整个真空加氯系统创造真空源，从而使氯气从氯瓶中抽吸出来，将氯气等与水充分混合，保护系统不使水倒流进入该系统内部。

水射器是加氯机气体流量调节及测量控制系统的动力部件。水射器基本工作原理是根据能量守恒，采用文丘利喷嘴结构。在 A 位置时，水的状态为低流速、高水压；在喉部 B 位置时，流速增大，动能提高而压能下降，以至压力下降至低于大气压而产生抽吸作用，将气体抽入同水混合，水射器及其工作原理见图 11-20。

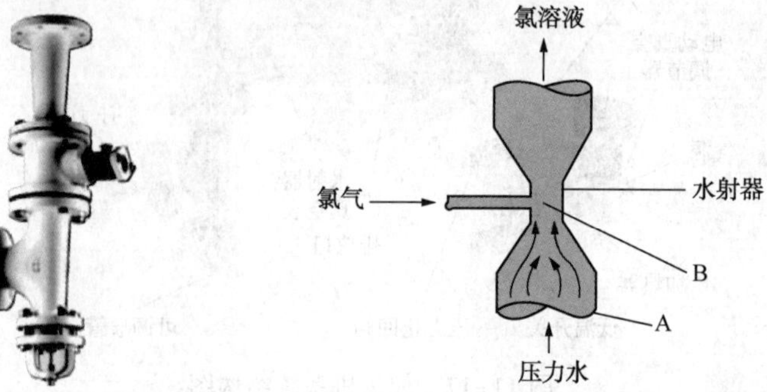

图 11-20　水射器及工作原理图

3. 加氯系统管材

(1) 输送氯气的管道应使用紫铜管；输送氯溶液的管道宜采用硬聚氯乙烯管，阀门采用塑料隔膜阀。

(2) 加氯系统的管路应设耐腐蚀的压力表，水射器的给水管上应设压力表。

(3) 加氯系统的管道应明装，埋地管道应设在管沟内，管道应有一定的支撑和坡度。

(二) 氯消毒设计要点

当污水采用氯消毒工艺时，其设计加氯量可按下列要求来确定：

(1) 液氯消毒系统参照《室外排水设计规范》有关章节进行设计。

(2) 只采用一级处理工艺的出水，加氯量(以有效氯计)一般为30~50mg/L。

(3) 二级处理出水的参考加氯量一般为10~15mg(有效氯)/L。

(4) 当污水采用其他方法消毒时，其设计投加量应根据具体水质确定。

(5) 加药设备一般为2套，1用1备。

(6) 确定氯气投加量，确定氯气调节系统的配置。

(7) 确定加氯机的控制方式(流量配比控制：即根据流量信号自动前馈控制，适用于流量变化大、水质相对稳定、对余氯控制值要求不高的场合；直接余氯控制：根据余氯反馈信号控制，适合流量稳定、对余氯控制要求高的场合；复合环路控制：根据流量前馈信号和余氯反馈信号同时控制，适合流量变化大、水质不稳定、余氯控制要求高的场合)。

(8) 加氯机的选取。可以根据要求，选择加氯机型号，包括加氯机的运行原理(声速、差压调节)、结构(一体式、分体式)、最大投加量、设备的控制方式、价格等各方面要求来选择合适的加氯机。

(9) 确定气源供应系统的配置，包括确定氯瓶的配置、确定是否使用蒸发器、确定真空调节器的数据与规格。其中氯瓶设置2组，1用1备；氯瓶的数量根据以下要求确定：每个小时的总氯气需要量、每个氯瓶的蒸发量、换瓶周期。

(10) 确定氯气投加系统。确定水射器的规格与数量；确定升压水泵的规格与数量；确定投加点扩散器的数量与规格(管道式、明渠式)。

四、常用消毒技术比较

常用消毒技术的比较见表11-8。

表11-8 常用消毒技术的比较

消毒方式	优 点	缺 点	适用条件
紫外线消毒	符合环境保护要求，不会产生三卤甲烷等“三致”物质；杀菌迅速，无化学反应，接触时间短，土建费用少；运行成本低，占地面积小	杀菌效果受出水水质影响较大，没有持续杀菌能力	大、中、小型污水处理厂二级生化处理后的污水
液氯消毒	效果可靠，成本较低；投配设备简单，投量准确	易产生“三致”物质，氧化形成的余氯及某些含氧化合物对水生物有毒害；有安全隐患	大、中、小型污水处理厂二级生化处理后的污水、再生水
二氧化氯消毒	具有较好的消毒效果	不能储存，现制现用，制取设备复杂，成本较高	中、小型污水处理厂常规段二级生化处理后的污水、再生水
臭氧消毒	消毒效率高，不产生难处理的或生物积累性余物	设备复杂，投资大，成本高	常规二级生化处理后的污水、再生水

第十二章　其他污水处理技术

本章主要介绍了电化学技术的几种常用工艺及设备、超临界水氧化技术及设备、湿式氧化技术及设备、湿式催化氧化技术等高级氧化技术的基本情况。高级氧化技术又称深度氧化技术，一般是利用活性很强的自由基(如·OH)在一定的条件下氧化分解水中有机污染物的新型氧化除污染技术。该技术一般针对难降解有机污水如医药、化工、染料工业污水以及含有难处理的有毒物质的污水，如重金属污水等。

第一节　电化学处理设施

电化学水处理技术就是利用外加电场作用，在特定的电化学反应器内，通过一系列设计的化学反应、电化学过程或物理过程，达到预期的去除污水中污染物或回收有用物质的目的。根据电极反应发生方式的不同，电化学法可分为铁炭内电解、电絮凝、电解浮选、电催化氧化等。

一、基本原理与特点

电化学水处理技术的基本原理是使污染物在电极上发生直接电化学反应或间接电化学反应把水中污染物去除，或把有毒物质变成无毒或低毒物质，包括直接电解和间接电解。

1. 直接电解

直接电解是指污染物在电极上直接被氧化或还原而从污水中去除。直接电解可分为阳极过程和阴极过程。阳极过程就是污染物在阳极表面氧化而转化成毒性较小的物质或易生物降解的物质，甚至发生有机物无机化，从而达到削减、去除污染物的目的，如在生物难降解污染物(如苯酚、含氟有机染料、氰化物等污染物)的处理中，直接阳极氧化能发挥有效的降解作用。阴极过程就是污染物在阴极表面还原而得以去除，主要用于卤代烃的还原脱卤和重金属的回收。

2. 间接电解

间接电解是指利用电化学产生的氧化还原物质作为反应剂或催化剂，使污染物转化成毒性小的物质。间接电解分为可逆过程和不可逆过程。可逆过程(媒介电化学氧化)是指氧化还原物在电解过程中可电化学再生和循环使用。不可逆过程是指利用不可逆电化学反应产生的物质，如具有强氧化性的氯酸盐、次氯酸盐、H_2O_2和O_3等氧化有机物的过程，还可以利用电化学反应产生强氧化性的中间体，包括溶剂化电子、·HO、·HO_2、O_2^-等自由基。阳极直接和间接氧化反应示意图见图12-1。

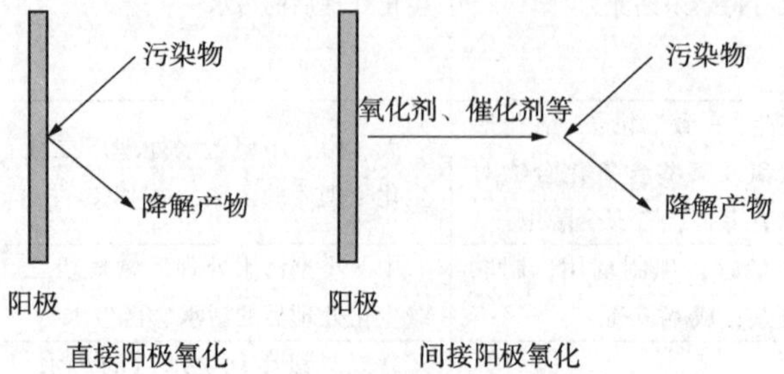

图12-1　阳极直接和间接氧化反应示意图

3. 电化学水处理技术的特点

(1) 电化学方法既可以单独使用，又可以与其他处理方法结合使用，如作为前处理方法，可以提高污水的生物降解性；

(2) 一般电化学处理工艺只能针对特定的污水，处理规模小，且处理效率不高；

(3) 有的电化学水处理工艺需消耗电能，增大运行成本。

二、电化学反应器分类与电极类型

按照反应器去除对象以及产生的电化学作用来区分，可分为电化学氧化、电化学还原、电气浮、电凝聚等方法。

按反应器结构可分为箱式、筒式、板框式、特殊结构等形式。

按反应器的工作方式分类可分为间歇式电化学反应器、置换流式电化学反应器、连续搅拌箱式电化学反应器。

按反应器中工作电极的形状分类可分为二维电极反应器和三维电极反应器。二维电极呈平面或曲面状，电极的形状比较简单，如平板、圆柱、棒等形状；二维电极反应发生于电极表面上，其电极表面积有限，比表面积小，但电势和电流在表面上分布比较均匀。

三维电极有多孔材料、纤维网、粒子等。在二维或者三维电化学反应器中，填充的粒子或者纤维处于流动状态时，则称为流化床电极；填充的粒子或者纤维处于固定状态时，则称为固定床电极。在三维电极中，常用的填充材料主要有金属导体、铁氧体、镀有金属的玻璃球或塑料球、石墨以及活性炭等，其中以活性炭效果最佳。实际应用中，仅填充以上这些物质，很难达到理想的工作条件，去除效果受到限制，因此，常采用添加绝缘物质的方法，如填充石英砂、玻璃珠、有机玻璃片等。

用于三维电极的新型炭电极材料包括有高孔隙率的炭-气凝胶电极(固体基质由相互连接的胶体炭组成，比表面积为400~1000m^2/g，正常孔尺寸小于50nm)；金属-碳复合电极(由金属纤维和碳纤维组成，比表面积达750m^2/g)；碳泡沫复合材料、网状玻碳材料、导电陶瓷电极材料等。导电陶瓷电极材料的导电性能与石墨相当，化学惰性优异，可作为阳极或阴极材料。三维电极技术的特点有：

(1) 三维电极的结构复杂，通常是多孔状；比表面积大，床层结构紧密，但电势和电流分布不均匀。

(2) 电极反应发生于电极内部，整个三维空间都有反应发生。与二维电极相比，三维电极的面体比大幅度增加，且因粒子间距小，物质传质效果得到改善，因此它具有较高电流效率与处理效率。三维电极电化学反应器的反应区域不再局限于电极的简单几何表面上，而是在整个床层的三维空间表面上进行，尤其适用于降解反应速率低或系统中极限电流密度小的反应体系。

(3) 不使用或较少量使用化学药品，后处理简单，占地面积小，处理能力大；

(4) 易于实现连续操作，可以在不同电流密度下进行操作。

表12-1列出了常见电化学反应器的电极类型。

表 12-1 常见电化学反应器的电极类型

电极	二维电极反应器		三维电极反应器	
固定电极	平行板电极	容器（板式）	多孔电极	网式
		压滤式		布式
		堆积式		泡沫式
	同心圆筒	容器（柱式）	固定床电极	糊状/片状
		流通式		纤维/金属毛
				球状
				棒状
移动电极	平行板电极	互给式	活性流动床电极	金属颗粒
		振动式		炭颗粒
	旋转电极	旋转圆筒式电极		浆状电极
		旋转圆盘式电极	流动床电极	倾斜床
		旋转棒		滚动床
				旋转颗粒床

三、电絮凝反应器

电絮凝器主要由电源、极板、后续分离装置等组成；其中电源可以分为直流电源和交流电源两种形式；极板主要为铁板和铝板，其连接方式包括单极式、双极式和组合式三类。电絮凝具有凝聚、吸附、氧化还原、气浮等作用，可以有效地用于脱色、杀菌、除重金属离子、去除有机物以及放射性物质和其他污染物，电絮凝设备结构紧凑，可以小型化，占地面积小，无需设置复杂的加药系统，易于实现自动化。

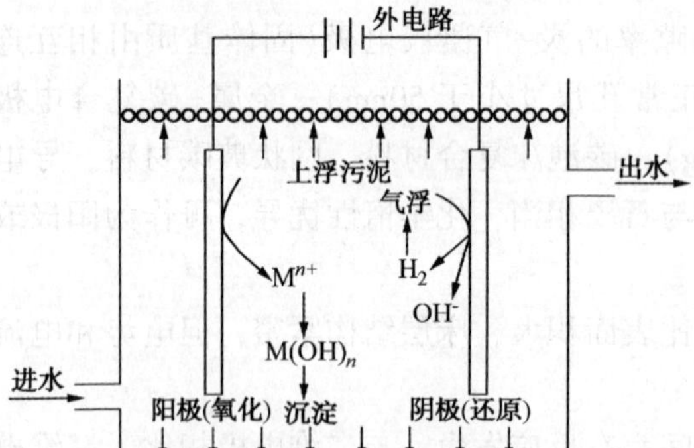

图 12-2 电絮凝反应原理示意图

1. 原理

电絮凝技术去除污染物的过程较复杂，其反应机理如图 12-2 所示。包括以下几个方面的作用：

（1）絮凝作用

阳极溶解产生的金属离子在水中水解、聚合，生成一系列多核水解产物，这类新生态氢氧化物活性高、吸附能力强，是很好的絮凝剂，能与原水中的胶体、悬浮物、可溶性污染物、细菌、病毒等结合生成较大絮状体，经沉淀或气浮被去除。

（2）气浮作用

电解过程中生成的气体以微小气泡的形式出现，与原水中的胶体、乳状油等污染物黏附在一起浮升至水面而被去除。

（3）氧化、还原作用

在电流作用下，原水中的部分有机物可被氧化为低分子有机物。同时，阴极产生的新生态氢还原能力很强，可与污水中的污染物发生还原反应，从而使污染物得到降解。

2. 电解槽与电极

1）电解槽

（1）电解槽形式

电解法处理污水所用电解槽，按水流方向可分为翻腾式、回流式及竖流式三种。

回流式电解槽：水流沿极板水平折流前进。

翻腾式电解槽：用隔板将电解槽分成数段，在每段中水流顺着板面前进，并以上下翻腾方式流过各段隔板。污水处理中最常采用的是翻腾式电解槽。

（2）电解槽设计

① 电解槽有效容积 V：有效容积用式(12-1)计算。

$$V = \frac{QT}{60} \tag{12-1}$$

式中 V——电解槽有效容积，m^3；

Q——设计流量，m^3/h；

T——电解历时，min。

② 阳极面积 F：阳极面积根据水板比 n 确定。

$$F = 1000Vn \tag{12-2}$$

式中 F——阳极面积，dm^2；

V——电解槽有效容积，m^3；

n——水板比，dm^2/L；对含氰铬污水可取 2~3dm^2/L。

③ 电流强度 I：按电流密度 i 与 F 计算。

$$I = iF \tag{12-3}$$

式中 I——电流强度，A；

i——电流密度，A/dm^2；处理含铜废水，当废水含铜浓度大于 700mg/L 时，阴极电流密度为 0.5~1.0A/dm^2；废水含铜浓度小于 700mg/L 时，阴极电流密度为 0.1~0.5A/dm^2。破氰电流密度 10~13A/dm^2；

F——阳极面积，dm^2。

④ 食盐投加量：当污水的电阻率大于 1200Ω·cm 时，应投食盐使污水电阻率下降到 1200Ω·cm 以下。

⑤ 电压 V：电压按污水的电阻 R(Ω)和 I(A)计算，公式如下：

$$V = RI \tag{12-4}$$

⑥ 配套电器设备选择：根据污水 I、V 计算值选择电器设备。电器设备的额定工作电压应大于槽端电压和汇流排压损失之和，汇流排电压损失按式(12-5)计算。

$$V_1 = 2 \times 1.1 \times ILKF \tag{12-5}$$

式中 V_1——汇流排电压降，V；

1.1——汇流母线温升线引起的电导下降系数。

I——线路计算电流强度，A；

L——线路长度，m；

K——导线导电系数，铜线 K 取 53，铝线 K 取 32；

F——汇流母线截面积，mm^2。

⑦ 电能消耗量：电能消耗量可按式(12-6)计算。

$$N=\frac{IV}{1000Q} \tag{12-6}$$

式中　N——电能消耗量，kW·h/m³；

I——电流强度，A；

V——工作电压，V；

Q——设计流量，m³/h。

⑧ 压缩空气量 q：

$$q=q_0T \tag{12-7}$$

式中　q——压缩空气量，m³(气)/m³(水)；

q_0——搅拌 1m³ 污水所需的空气量，一般 q_0 取 0.2~0.3m³/min；

T——电解历时，min。

⑨ 翻腾式电解槽

其平面尺寸应满足 $L/B=4\sim6$，$H/B=1$；

式中　L——槽长，m；

B——槽宽，m；

H——有效水深，m。

⑩ 其他：导线与极板焊接，接线电阻就较小，耐腐蚀较好；螺栓联接和活动搭接，易松动，接线电阻大，耐腐蚀差。布置直流电源要尽量靠近电解槽，母线短，线路电压降就小，同时要设置转向开关。

2）电极与电极连接方式

（1）电极材料

电解过程与电极材料见表 12-2。

表 12-2　电解过程与电极材料

电解过程	电极材料与布置方式
电凝聚	选用可溶性铝或铁作阳极，电极布置应充满整个电解槽。其电流密度较小，电解以电凝聚为主导过程，同时也发生电气浮和氧化还原过程
电气浮	选用可溶性石墨为阳极。石墨电极布置在电解槽底部，不产生电凝聚过程
电凝聚+电气浮	电凝聚选用可溶性铝或铁为阳极。电极部分布置在电解槽底部，不但产生过程电凝聚，电气浮过程也较为明显
电解氧化	选用不溶性石墨为阳极。其电流密度要求较大，主要表现为阳极氧化过程
电解还原	选用铁板为阴极。当处理物质在阴极析出时，阴极总是发生还原过程

（2）电极形式

电絮凝电极除球形、片状、棒状等传统的形式外，还有絮凝床、絮凝槽、同轴电絮凝极板在使用。电极形式如图 12-3 所示。

（3）电极连接方式

在电絮凝器中，按照电极板两侧的电极极性，电絮凝器可分为单极式、双极式和组合式三类，电絮凝器电极连接方式见图 12-4。对于单极式电絮凝器，电势高低交错，电流总是从某一阳极流向相邻的阴极，而不可能绕过几块极板流向其他阴极，每块极板表现出一种电性且相邻的电极表现为不同的电性，这类电絮凝器不存在电流的泄漏问题；双极式与组合式

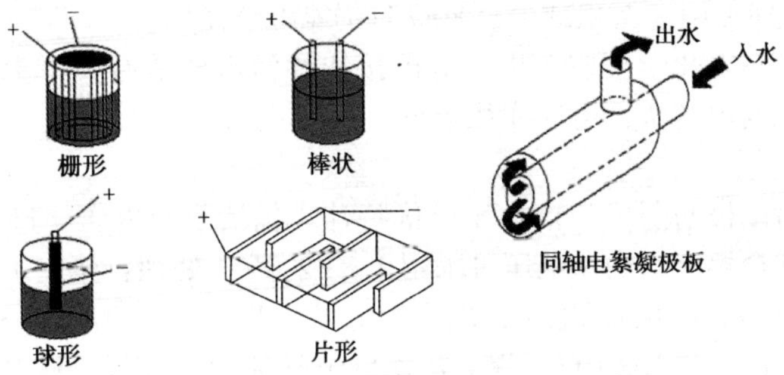

图 12-3 电絮凝极板的几何形状

的情况则有所不同，部分电流可以绕过几块极板，从靠近电源正极的一些极板直接流向靠近电源负极的一些极板，除了与电源两极相连的极板外，每块极板表现出不同的电性，双极式和组合式都存在着电流泄漏的现象。实际应用中双极板较普遍，双极板电路极板腐蚀较均匀，相邻极板接触的机会少，即使接触也不会因短路而发生事故，因此双极板电路便于缩小极板间距，提高极板利用率，减少投资和节省运行费用。

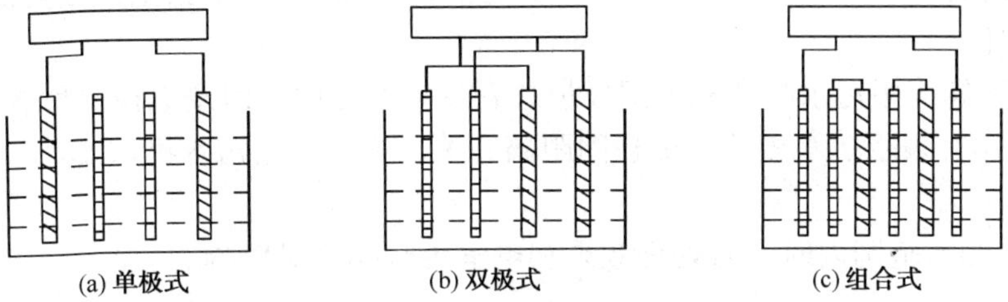

图 12-4 电絮凝器电极连接方式

3. 影响电解的因素

(1) 极板材料

对于印染污水，主要利用电凝聚和电气浮过程，应选择可溶性铝或铁作阳极、铁板作阴极。对含氰污水，以石墨为阳极，铁板为阴极。含铬污水以铁板作阳极和阴极。

(2) 极板间距

极板间距的大小直接影响电解消耗和电解历时。间距过大，电解历时、电压和电解消耗都要增大，而且处理效果也会受影响；间距小，电解消耗低，电解历时也相应缩短，但所需电极板组数太多，一次投资大，且安装与维护管理都较困难。对于含氰、含铬污水极板净距一般为 30~50mm，对印染污水极板净距应采用大些为宜。

(3) 阳极电流密度

阳极电流密度即阳极工作面积上通过的电流，单位为 A/dm^2。阳极工作面是指阳极和阴极相对应之面。如两块阴极间的阳极，则工作面以二面计，电解槽二侧的阳极工作面以一面计，在双电极极组上，阳极工作面是指接阳极导线与阴极相对应的工作面数计算。

$$I_F = \frac{I}{0.8F} \tag{12-8}$$

式中 I_F——电流密度，A/dm^2；

I——用电安培数，A；

F——阳极工作面积，dm^2；

0.8——系数，即在阳极面积减少至80%时仍能继续使用。

电流密度的大小与电化学反应要求、电极接线和污水性质有关，常用0.2~0.5A/dm^2，一般来说采用低电流的电解法，电耗往往较少。

（4）电压

电压是指电解时阳极与阴极间槽电压以伏特计。包括平衡电压，过电位和导线、极板和溶液电压降。处理含银废水的槽电压可采用1.8~2.2V；处理含氰废水的槽电压可采用3~4V。电解时投加少量NaCl可降低电压，减少用电量，但污水中增加Cl^-和Na^+是否会影响水的重复使用应加以考虑。加NaCl可以提高污水的电导能力，降低电压和电能消耗，一般当污水电阻率大于1200Ω·cm时，就必须投加NaCl，投加量一般为1~2g/L。

（5）搅拌

多采用压缩空气搅拌，搅拌强度一般为0.2~0.3m^3(气)/[m^3(水)·min]。

（6）电解历时

电解历时指污水进入电解槽到污水排出电解槽停留的时间，由几分钟到几十分钟。极距、电流密度和电解时间三者互为影响。极距愈小，电流密度愈大，电解历时就愈大，但很不经济。一般认为较低的电流密度和较长的电解历时是较合理的，一般控制在10~30min之间。

（7）水板比

水板比指电解槽中污水的容积与阳极板总有效面积之比，即浸泡在单位容积污水内的阳极面积，以dm^2/L表示。水板比与极板间距离有关，含氰、铬污水可取2~3。

（8）温度

温度在5~35℃范围内时，对处理效果和电解历时无明显影响。

（9）pH值

pH值要求控制在5~6之间，pH值过大，会使阳极发生钝化，阻止金属电极的溶解。

（10）电耗

电解时要析出物质消耗电能。理论值按法拉第电解定律计算：

$$W=\frac{q\varepsilon}{F} \tag{12-9}$$

式中 W——电解析出的物质，g；

q——通过的电量，A·h；

ε——电解析出物质的克当量；

F——法拉第电解常数，26.8A·h。

由于电解过程中存在着其他副反应的情况，所以实际电耗比理论值大，电解除铬的电量一般取3.8~4A·h/g(Cr^{6+})；电解除氰化物的电量一般取10~15 A·h/g(氰)；电解处理毛废染整污水取40~100A·h/m^3 污水的电量。

4. 特点

由于电絮凝过程中电解反应的产物只是离子，不需要投加任何氧化剂或还原剂，对环境不产生或很少产生污染，被称为是一种环境友好水处理技术。电絮凝法具有很多的优点，如：

（1）设备简单，占地面积少，设备维护简单；

（2）电絮凝过程中不需要添加任何化学药剂，产生的污泥量少，且污泥的含水率低，易于处理；

（3）操作简单，只需要改变电场的外加电压就能控制运行条件的改变，很容易实现自动化控制。

5. 存在的问题

电絮凝可以一次完成氧化、还原、絮凝、气浮的过程，是污水处理的一个很好的选择。但是一般电絮凝还存在以下几个问题：

（1）处理污水时，若要达到较好的处理效果，则需要较长的停留时间，这对于水量比较大的污水处理工程难以适用，而且水样本身的理化性质对电絮凝处理效果有明显的影响；

（2）极板易形成氧化膜而钝化，影响电絮凝的处理效率；

（3）对高浓度的有机污水进行处理时，电极消耗比较大，造成运行成本较高；

（4）该技术在很大程度上依赖水溶液的化学特性，尤其是传导性；

（5）与其相关的诸多理论还不成熟，尤其缺乏对电絮凝反应器成型设计的理论，因此对于某一特定水质，采用何种结构的反应器、工艺参数、如何优化等，仍凭经验或试验来确定，不能完全从理论上推断。上述这些局限性在一定程度上制约了电絮凝技术的广泛应用。

6. 应用情况

电絮凝水处理系统主要用于去除污水中的重金属、悬浮固体、乳化有机物等，现已被广泛用于石油石化行业、电镀业、有色金属冶炼行业、船底污水处理。工艺对污染物的处理效果如表12-3所示。

表12-3　电絮凝水处理系统对污染物的处理效果

污染物种类	入水水质/(mg/L)	出水水质/(mg/L)	去除率/%
输油管污水			
石油烃	2900	31.7	99
油脂	2180	<5.0	99.78
船底水			
浊度	455	12	97.36
钢材涂料			
铬	36.63	<0.005	99.98
冷却塔循环水			
铜	1.96	<0.005	
锌	6.921	<0.005	
压铸污水			
铁	1520	1.5	90.13
镍	>25	0.12	99.52
锌	12	未检出	100
锰	200	未检出	100
电镀污水			
磷酸盐	135	25	81.48
铜	14.1	0.2	98.59
铅	377.6	0.8	99.79
浊度	2737	57	97.92

（1）处理高浓度有机污水

用传统的工艺处理高浓度的可生化、不可生化的有机污水，流程长，运行成本高，负荷高，效果不明显；如屠宰业和养殖业的高浓度有机废水、食品厂高浓度污水、石油业含烷烃污水、纺织印染污水等。某毛巾厂采用高压脉冲电絮凝装置处理印染污水，COD 和 BOD_5 的去除率均在 80%以上，色度的去除率高。

（2）处理高氨氮污水

有关资料报道，在处理高 NH_3-N 污水中，电絮凝也有很好的处理效果，已经将其应用在垃圾渗漏液的处理中，日处理 150t 垃圾渗滤液处理工程的运行效果见表 12-4。

表 12-4　电絮凝处理垃圾渗滤液效果

序　　号	污　染　物	处理前/(mg/L)	处理后/(mg/L)
1	COD	6430	<25
2	BOD	540	<18
3	SS	1980	<10
4	NH_3-N	1070	<10
5	重金属	高含量，多种	达排放要求

（3）处理电镀污水

水口山有色集团第四冶炼厂锌冶炼污水电絮凝深度处理工程，工程设计处理规模为 4000t/d，工程采用美国 ETIG 公司的电絮凝处理装置，两个电絮凝反应器串联使用，以钢板为阳极。其总停留时间为 64min，输出电压为 12~19V，输出电流为 4500A。

（4）除氟

在一些发展中国家，如中国、埃及、印度等，氟中毒是一种比较常见的地方病。因此，饮用水的除氟问题便成为一个流行的方向，除氟的方法包括：石灰沉淀法、混凝沉降法、吸附与离子交换法及电凝聚法、电渗析法、反渗透法等。其中电凝聚法是比较有竞争力的一种方法。

7. 电絮凝设备的有关参数

根据有关文献，对其中的 CJH 型含铬污水处理装置以及 CURE 装置（进口）进行了有关参数的比对，为设计和应用提供参考，分别见表 12-5、表 12-6、表 12-7。

表 12-5　电絮凝设备处理污水参数比对

设备	处理污水类型	处理规模/[m^3/(h·台)]	污染物/(mg/L)		去除率/%	pH 值		电解时间/s	处理成本/(元/m^3)
			处理前	处理后		适应值	出水值		
CJH 型含铬污水处理装置	含铬污水	小于 6	Cr^{6+}≤60	≤0.5	99.16	4~6.5	7~8	300~600	0.404(1989 年数据)
			Cr^{6+}≤100		99.5			600~1200	
CURE 装置	含多种重金属污水处理	3.42	Pb<1000	≤0.1	99.99	1~10	中性	80	0.84
			Cu<1000	≤1	99.9				
			Zn<1000	≤2	99.8				
			Cr^{6+}<2000	≤0.1	99.995				
	含铬污水	13.63	Cr^{6+}<400	≤0.5	99.87	1~10	6~9	80	0.94

表 12-6　电絮凝设备耗电参数对照表

设备	处理污水类型	电源		容量/kW		电解电压/V	电解电流/A	电流效率/%	电流换向时间
		电压/V	电流/A	装机	运行				
CJH 型含铬污水处理装置	含铬污水	380				36	300	80(整流效率)	15min
						实际极板间电压 30~50	实际 0.15~0.35A/dm^2		实际 30~60min
CURE 装置	含多种重金属污水处理	380	70	6.5	5.6	10	36	86	20ms
	含铬污水	380	200	19.11	17.51	10	144	86	20ms

表 12-7　极板参数对照表

设备	处理污水类型	电极型式	电极材质	电极间距/mm	电极板(管)厚/mm	电极板(管)数	年消耗电极板数
CJH 型含铬污水处理装置	含铬污水	板型	碳素钢板	10(设计规范要求的极板) 实际 5~20	3~5(设计规范要求的极板)	按计算	还原 1gCr^{6+}消耗极板 4~5
CURE 装置	含多种重金属污水处理	管型	钛、铝、镍、铁、锑、石墨	按计算		8(二组)	36
	含铬污水	管型	钛、铝、镍、铁、锑、石墨	按计算		8(二组)	18

第二节　超临界水氧化装置

一、超临界水氧化技术机理及工艺流程

(一) 机理

超临界(SCW)是指流体物质的一种特殊状态。当把处于气、液平衡的流体升温升压时，热膨胀引起液体密度减小，而压力的升高又使汽液两相的相界面消失，成为均相体系，这就是临界点。当流体的温度、压力分别高于临界温度和临界压力时就称为处于超临界状态，水的超临界状态如图 12-5 所示。超临界流体具有类似气体的良好流动性，但密度又远大于气体，因此具有许多独特的理化性质。

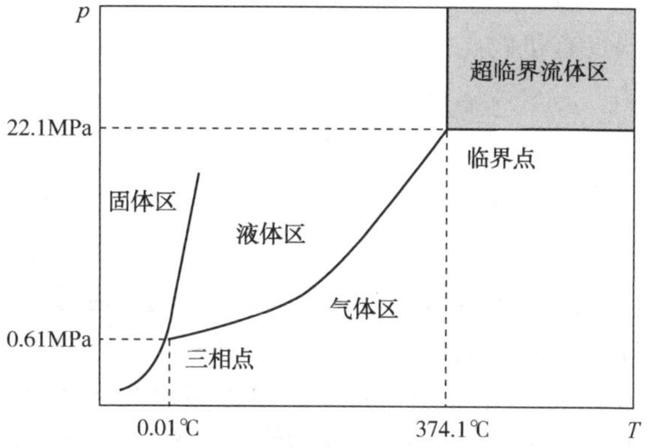

图 12-5　水的各种状态图

水是一种最普通和最重要的溶剂，水的临界点温度 374.3℃、压力 22.1MPa，临界密度是 0.322g/cm^3。如果将水的温度、压力升高到临界点以上，即为超临界水，其密度、黏度、电导率、介电常数等基本性能均与常态下的水有很大差异，表现出类似于非极性有机化合物的性质，因此超临界水能与非极物质(如烃类)和其他有机物完全互溶。

而无机物特别是盐类，在超临界水中的电常数和溶解度较小，也可以和空气、氧气、氮气和二氧化碳等气态物质互溶。

超临界水氧化反应是基于自由基反应机理，该理论认为·HO_2是反应过程中重要的自由基，在没有引发物的情况下，自由基由氧气攻击最弱的C—H而产生，有机自由基与氧气生成过氧自由基，进一步反应生成的过氧化物不稳定，有机物则进一步断裂生成甲酸或乙酸。其中含有一个碳的甲酸有机物经自由基氧化过程一般生成CO中间产物，在超临界水中CO被氧化为CO_2，其途径主要为：$CO+O_2 \longrightarrow 2CO_2$，$CO+H_2O \longrightarrow H_2+CO_2$。在温度<430℃时，$CO+H_2O \longrightarrow H_2+CO_2$起主要作用，产生大量的氢经氧化后成为$H_2O$。

（二）基本工艺流程

超临界水氧化处理污水工艺最早是由美国的Modell提出的，基本工艺流程如图12-6所示。

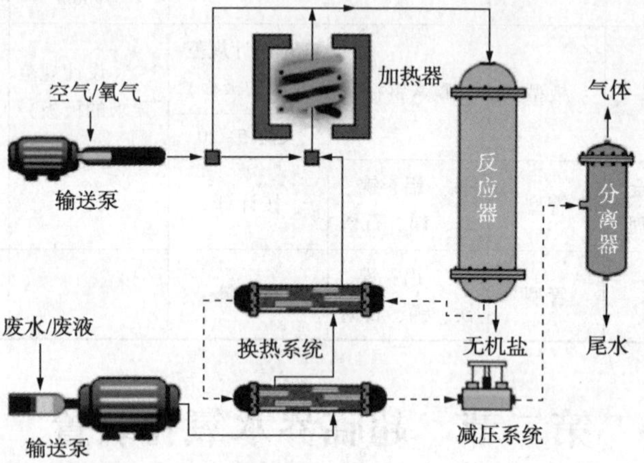

图12-6　超临界水氧化处理污水流程示意图

其工艺流程如下：

（1）用高压泵将污水压入反应器，污水在反应器里与一般循环反应物直接混合加热，提高温度。目前，工程上使用的超临界水氧化反应器基本上有三类：管式反应器、蒸发壁和罐式反应器(MODAR罐式反应器)。

（2）用压缩机将空气/氧气增压，并通过循环用喷射器把反应物(污水)一并带入反应器。有机物与氧在超临界水相中迅速反应而被氧化，氧化释放出的热量被利用为反应器加热。污水及氧化剂进入反应器之前，需要在加热器中预热到一定温度(300~450℃)，以确保超临界水氧化反应能够顺利进行。

（3）离开反应器的物料进入分离器，在此将反应中生成的无机盐等固体物料从液相中沉淀析出。

（4）离开分离器的高温高压流体通过换热器后，再经阀减压排出，进入低压气液分离器，分离出的气体(主要是CO_2)进行排放，液体则为洁净水。减压系统一般需要把容器的压力从23MPa降至常压。可以采用降压组件和闪蒸降压相结合的方法，如利用降压组件将系统压力从23MPa先降低到2.7MPa，降压后产物流体进入气液分离罐，系统压力降低到0.3MPa。

目前，根据此工艺流程设计了各种规模的反应系统，反应系统基本上分成7个主要步骤完成反应：①进料及加压；②预热；③反应；④盐的形成和分离；⑤淬冷，冷却和能量/热循环；⑥减压和相分离；⑦如果有必要，处理后出水需要进一步处理。

采用超临界水氧化法处理有机污水，实现无需系统外供热和自热是有条件的，当处理的有机物的浓度高于20%时，有盈余的热量可以回收和利用，但是要实现热量的回收和利用是需要更多技术支持的；如果有机物含量低于1%，则要加入辅助燃料。

（三）氧化剂来源

一切富含且较易释放氧的物质均可作为氧化剂，应用较多的是纯氧和空气，H_2O_2 与 $KMnO_4$ 也被用作氧化剂。

（四）特点

超临界水氧化反应具有如下特点：

（1）水中几乎所有的有机物在较短时间内与氧气或空气中的氧进行氧化、分解，被转化成无害的 CO_2、水、氮气等；

（2）无机盐类溶解度小，以固体形式被分离出来或回收利用，例如造纸黑液经处理后可回收碱；

（3）当被处理的污水或废液中的有机物浓度在3%~10%及以上时，就可以依靠反应过程中释放的反应热来维持反应所需的热量平衡，不需外界加热。

表12-8为超临界水氧化法与其他处理方法的对比。

表12-8　超临界水氧化法与其他处理方法的对比

参　　数	超临界水氧化	湿法氧化	焚烧法
温度/℃	400~650	150~350	≥1000
压力/MPa	30~40	2~20	不需要
催化剂	可不添加	需要	不需要
停留时间/min	≤5	15~20	≥10
去除率/%	≥99	7~90	≥99
自热	是	是	不是
后续处理	不需要	需要	需要
排出物	无毒、无色	有毒、有色	二噁英、NO_x 等
适用性	普适	有限制	普适

（五）存在的问题

1. 催化剂问题

研究表明，催化剂的使用可以提高反应速度，减少反应时间，降低反应温度，控制反应路线及反应产物。表12-9是不同的有机物在使用催化剂与不使用催化剂的超临界水中氧化反应速率的比较。

表 12-9 在超临界水氧化工艺中有无催化剂对不同有机物反应速度的影响

催化物	化合物	反应温度/℃	反应压力/MPa	反应速度/[mg/(kg·s)]	
				无催化物	有催化物
Al_2O_3	乙酸	418	27.6	7.3	116.7
	吡啶	418	27.6	1.9	4.3
	2.4-二氯苯酚	418	27.6	3.0	449.7
Pt/Al_2O_3	乙酸	418	27.6	7.3	326
	吡啶	418	27.6	1.9	7
Cr_2O_3	苯	390	24.1	148.0	499.0
	苯酚	390	24.1	94.8	76.7
	1，3-二氯苯	390	24.1	233.5	47.3
MnO_2/CeO_2	乙酸	418	27.6	7.3	503.5
	氨	450	27.6	0	23.2
	苯	390	24.1	148.0	600
TiO_2	乙酸	418	27.6	7.3	462.4
	吡啶	418	27.6	1.9	223.3
Pt/TiO_2	乙酸	418	27.6	7.3	98.3
	吡啶	418	27.6	1.9	326.6
ZrO_2	乙酸	418	27.6	7.3	499.0
	吡啶	418	27.6	1.9	253
V_2O_5	苯	390	24.1	148.0	26.3
	苯酚	390	24.1	94.8	263.6
	1，3-二氯苯	390	24.1	233.5	465.3

现在超临界水氧化法采用的绝大部分催化剂是湿法氧化法使用的。但超临界水这一剧烈的反应环境对这些催化剂的稳定性和活性的影响正逐渐引起人们的注意。研究发现，在超临界水氧化处理后的流出液中，V_2O_5/Al_2O_3 和 Cr_2O_3/Al_2O_3 的溶出离子有增多的现象，Pt/Al_2O_3 在多数实验中失活，其部分原因是 Pt 粒子晶体长大引起的，另外还发现在超临界水中，由于表面张力变化导致催化剂 Ni/Al_2O_3 发生膨胀和变得松散。因此在该技术中对所采用催化剂的研究，应朝优化催化剂方向发展，以降低反应压力和温度，并控制反应产物。

2. 腐蚀问题

由于超临界水氧化需较高的温度（>374℃，实际反应温度≥500℃）和较高的压力（>22MPa，实际反应压力≥25MPa），因而在反应过程中对普通耐腐蚀金属如不锈钢及非金属碳化硅、氮化硅等有很强的腐蚀性，造成对反应设备材质要求过高；另外对于某些化学性质较稳定的物质，反应需要时间较长，超临界水氧化技术的运行费用也较高。以上原因，特别是反应器防腐问题的存在限制了该技术的大规模工业化。

3. 盐沉积

污水中的无机盐类在超临界水中的溶解度极小，其中某些黏度大的盐类沉积下来，可能会引起反应器或管路的堵塞。解决堵塞的途径除了优化反应器（采用蒸发壁反应器）外，还可以采用加压（如加压到 110MPa）来改善无机盐在超临界水中的溶解性；也通过向反应器中加入某种盐与反应器中生成的易沉积的盐共熔，从而保持了流体状态，避免反应器的堵塞。

二、装置

1. 蒸发壁反应器(Transpiring-Wall SCWO Reactor)

蒸发壁反应器是借鉴蒸汽轮机的原理设计的，一般由承压外壳和多孔内壳组成，如图12-7所示。

其外壳一般采用无孔的合金钢材料；蒸发壁能让清洗水通过圆柱形反应器多孔壁进入，在反应器内壁表面形成一个气膜以避免内壁接触到腐蚀性物质和防止盐的沉积。内壳主要有两种结构：一种是层板衬里结构，这种结构通过蚀刻技术在多层不锈钢板上蚀刻出具有一定规则的小孔，每一层薄板上小孔形状都不相同；另一种是多孔材料，如多孔烧结不锈钢多孔陶瓷。

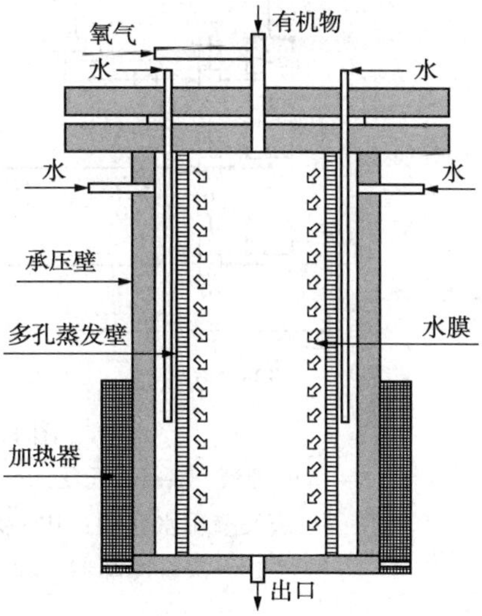

图 12-7　蒸发壁反应器示意图

实际操作时，有机物和氧化剂从反应器顶部注入，进行氧化反应，产生高温流体；低温蒸发水从反应器侧面注入外壳与内壳的空隙，平衡反应流体对内壳的压力，同时通过内壳渗入到反应器并在内壳壁形成一层临界水膜。该水膜能阻止无机酸与壁面的接触，并能溶解在超临界温度反应区析出的无机盐，从而减轻反应器内壁的腐蚀与盐分的沉积。蒸发壁反应器采用双壳结构，可以实现反应器内承压和承温部分的分离，即内壳承温不承压，外壳承压不承温，从而可以减少反应器的制造成本。

有关试验用蒸发壁反应器的结构及操作特点见表12-10。

表 12-10　有关试验用蒸发壁反应器结构及操作条件

反应器	处理物及效果	操作条件	
Aerojet 衬里：AISISS304	直径：27.9mm； 长度：914mm； 氧化剂：空气	异丙醇、军工烟雾及燃料；TOC 去除率>99.9%，无 Na_2SO_4 沉淀在蒸发壁	废液：36kg/h； 蒸发水：37.8kg/h； 压力：25.5MP； 反应温度：450~550℃； 蒸发水温度：450℃
Aerojet 衬里：AISISS304	直径：121mm； 长度：3000mm； 氧化剂：氧气	异丙醇、糖、Na_2SO_4 溶液、军事烟雾及染料；TOC 去除率>99.9%	废液：150kg/h； 压力：24.8MPa； 反应温度：400~725℃； 蒸发水温度：450℃
多孔材料：烧结不锈钢(30μm 孔径)	直径：60mm； 长度：950mm； 氧化剂：空气	乙醇、Na_2SO_4、造纸污水；TOC 去除率>99.9%	废液：5~20kg/h； 空气：40kg/h； 蒸发水：80kg/h； 压力：32MPa； 反应温度：630℃； 蒸发水温度：550℃

蒸发壁反应器工艺流程示意图见图 12-8。

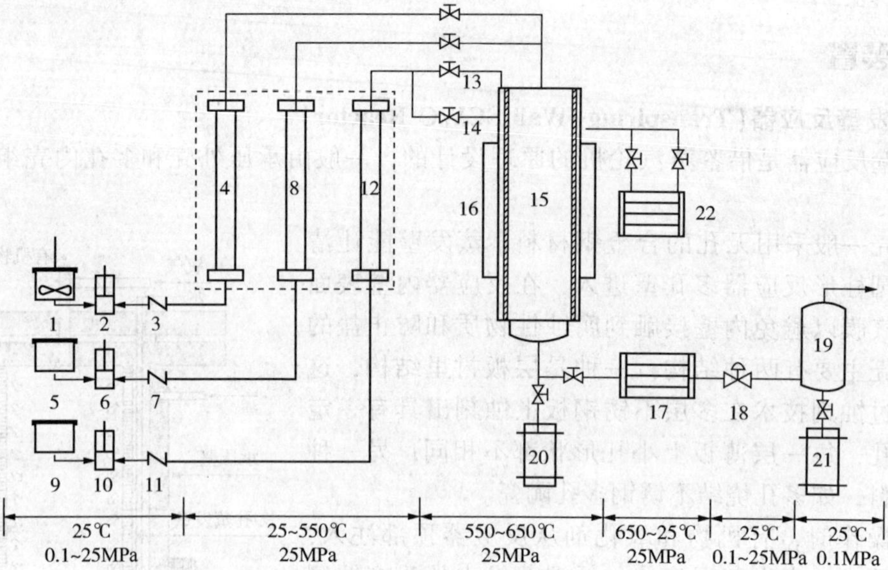

图 12-8 蒸发壁反应器工艺流程示意图

1—待处理液；2—高压泵；3，7，11—止回阀；4，8，12—加热器；5—氧化剂罐；6—泵；9—蒸发壁用水储罐；10—泵；13，14—冷却水进口管道；15—反应器；16—加热器；17，22—冷却器；18—减压阀；19—气液分离器；20，21—尾水收集设备

有机废液及氧化剂在进入蒸发壁反应器之前，需要预热到 300~450℃，以确保超临界水氧化反应能够顺利进行。物料在预热过程中，会发生初步的热解及氧化反应。对于一些含有黏度大、易热分解的有机物污水，物料在经过换热器或电加热器等加热元件时，有机物极易发生热解，在预热阶段热解结焦，生成焦炭及焦油等。此外，实际污水中一般会含有无机盐，无机盐也会在预热段中发生盐沉积现象。因此物料在流速较低或管径较小的情况下，容易造成管路的堵塞。针对物料在预热过程中存在阻塞的问题，国外开发了一种以热液火焰作为内热源的蒸发壁反应器，如图 12-9 所示。辅助燃料预热到反应温度后，和相应的氧化剂一起从反应器中心喷嘴注入反应器，并快速进行氧化反应，从而产生高温热液火焰，热液火焰将中心喷嘴外环注入的低温有机废液预热到超临界水氧化温度，从而可以在反应器中上部完成超临界水氧化降解反应。蒸发水从反应器侧面注入形成保护膜保护反应器。

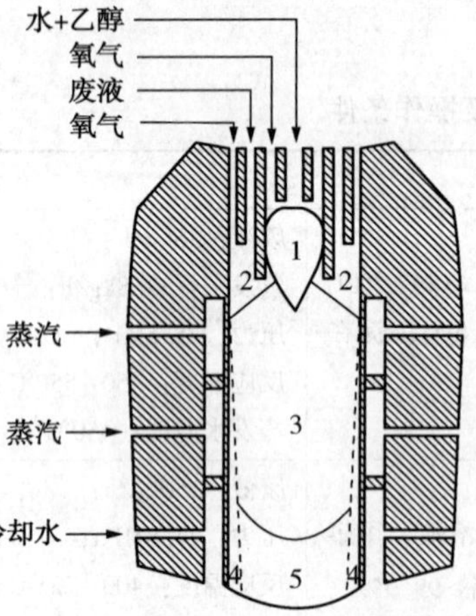

图 12-9 热液火焰作为内热源的蒸发壁反应器示意图

1—辅助燃料产生热液火焰区；2—污水和氧气混合预热区；3—氧化反应区；4—水膜保护区；5—降温区

2. 管式反应器

管式反应器是较为常见的连续式超临界水氧化系统所采用的工艺，形式有单管或多管串并联。1994 年，Huntsman 公司在 Texas 建立了第一套利用 SCWO 技术的污水处理措施，采用非特种合金材料的管式反应器，管长 200m；操作参数为温度 540~600℃，压力 25~28MPa，进

料量 1100kg/h。污水中主要含有醇和胺类，总有机碳量(TOC)>50g/L。反应后排出水中的 TOC 可降到 3~10mg/L。排出废气中各组分的体积分数分别为：NO_x 0.6μL/L，CO 60μL/L，CH_4 200μL/L，SO_2 0.12μL/L。ShinkoPantec(SP)反应器见图 12-10。

Aquacritox 超临界水氧化装置见图 12-11，用于回收废弃的铂族催化剂。国外超临界管式反应器应用情况见表 12-11。

图 12-10 Shinko Pantec(SP)反应器图

图 12-11 Aquacritox 超临界水氧化装置

表 12-11 国外超临界管式反应器应用情况

国家(地区)	公司名称	工艺特点	处理规模及运行情况
韩国	韩华石油化学株式会社	管式反应器及容器式反应器兼用	20t/d2，4-二异氰酸甲苯酯残留物处理装置
美国	通用原子公司	管式反应器	为美国军方建设 3 套 10t/d 装置，用于处理军用化学废弃物
	Super Water Solutions	管式反应器	完成奥兰多 60t/d 污泥处理装置建设；计划进行 120t/d 商业装置建设
欧盟	英国 SCFI	管式反应器	6t/d 装置用于市政污泥处理及重金属回收；与 Parsons Rockwell Automation、Air Products 形成联盟，进行技术推广；在爱尔兰建成 60t/d 废弃物处理联产发电设备
	法国 Innovoex	管式反应器	24t/d 商业装置

三、技术的应用

1. 技术应用的主要国家

（1）美国

美国已有多家公司从事 SCWO 技术开发研究，如 Modar、MODEC(Modell Environmental Corp)、General Atomics、EWT(ECO Waste Technologies)、Foster Wheeler 等公司。

（2）德国

德国是除美国外最主要的研究国家之一，研究方向为工业污水与废弃物的处理，如纸浆厂与制药厂的污水以及电子工厂的下脚料等。目前已开发出多种具抗腐蚀的反应器。如 Forschungszentrum Karlsruhe 公司。

(3) 法国

主要研究放射性污水及油墨污水，如 CEA 公司与 CNRS 公司。

(4) 瑞典

工业应用于处理含胺污水，如 Chematur Engineering AB 公司等。

(5) 瑞士、西班牙

相关机构已开发出抗腐蚀反应器。

(6) 日本

主要研究危险性废弃物或污水，以 PCBs、Dioxin 的去除研究为主。为目前少数拥有工业化技术与经验的国家之一。有 Shinko Pantec(SP)公司、Kobe Steel 公司、Organo 公司、Mitsubishi HeavyInd 公司、Hitachi 公司等。

2. 应用的主要方面

(1) 军事方面

美国 Sandia、Los Alamos 等国家实验室以及 MIT、Texas-Austin、Delaware 等大学，最先对 SCWO 技术进行了大量基础性研究与应用，处理的废物主要来自国防领域，包括推进剂、炸药、有色毒烟、化学毒品、核废料等。SCWO 技术在处理航空、航海领域空间工作站和核潜艇污水、废物时，能实现闭路循环，可以解决因载荷限制导致的资源不足问题。General Atomics 公司已与美国国防研究规划局和美国空军签订合同，采用 SCWO 技术处理海军舰艇废物以及战争化学品。Modar 公司向美国国家航空和宇宙航行局(NASA)提交了用于空间站应用的 SCWO 装置，用于处理人体排泄物等，得到美国能源部(DOE)授权。当前，超临界水氧化技术已不限于最初的国防领域应用，在其他方面也有大量的应用。

(2) 环保方面

在环保方面的应用主要为降解有害废弃物。如处置含卤素塑胶、火焰抑制剂、塑化剂等塑胶及其衍生物；处置杀虫剂、医药、容积、染料等有机物质；处置炸药、烟雾弹药、气体推进剂等高能量物；处理纺织或纸浆工厂废水、漂白废水、切削废液、皮革废液等污水，尤其是有机污染物浓度在 3%~10%的污水处理。处理城市污泥、工业污泥；处置受污染土壤等。也可应用于食品工业、化学工业、半导体清洗等。

1985 年，美国的 Modar 公司建成了第一个 SCWO 中试装置，用来分解胺、长链醇等有机物，该装置能处理 950L/d 含 10%有机物的污水或 190L/d 有机物，处理效果良好。Modar 公司 SCWO 超临界水中试装置流程如图 12-12 所示。

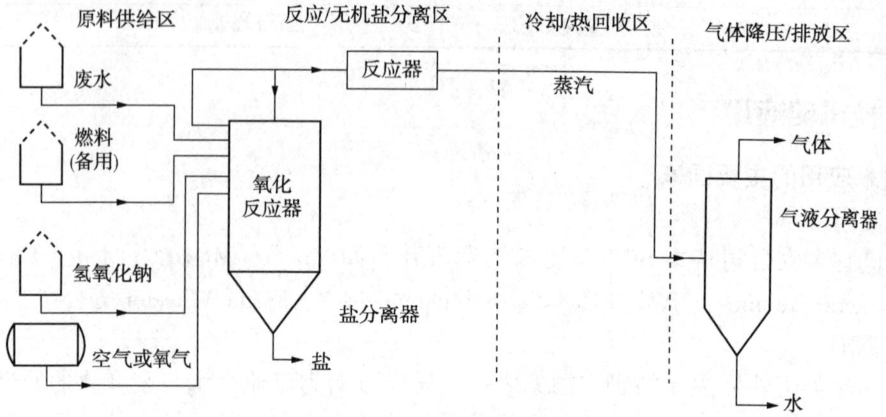

图 12-12　Modar 公司 SCWO 超临界水中试装置流程图

美国在1993年建造商业化的企业处理废纸浆，其设计处理量为5t/d，比焚烧少1/3操作成本。日本神钢的SCWO系统是于1997年引进美国技术，并与瑞典合作开发，于2000年建成，最大处理量为1.1t/h。日本污水处理部门建造一座处理量为10t/d的实验工厂，针对处理含有1%的污泥，用此种方式处理活性污泥可以减少20%~30%的成本。瑞典1998年在国内完成一套SCWO设备，处理量为0.4t/h。英国2002年开始运转SCWO设备，设计处理量3t/h，用来处理触媒、回收金属、破坏有机物，其排放水COD<20mg/L。台湾于2001年开始实验室研究，并于2005年7月投产第一套SCWO设备，最大处理量72t/d。

目前已经处理的物质有：二噁英、多氯联苯、苯、硝苯、尿素、氰化物、酚类、醋酸、醇类、氨等，已证实的超临界水氧化法对一些有机物质的去除率如表12-12所示。

表12-12　超临界水氧化法对一些有机物质的去除率

污染物	温度/℃	停留时间/min	去除率/%
二噁英	574	3.7	99.9995
氯甲苯	600	0.5	99.998
2，4-二硝基甲苯	457	0.5	99.7
三氯乙烷	495	3.6	99.99
二氯化物	495	3.6	99.99
4-氯乙烯	495	3.6	99.99
6-氯环戊二烯	488	3.5	99.99
邻氯甲苯	495	3.6	99.99
多氯代联苯	550	0.05	99.99
2-氯，2-苯-三氯乙烷	505	3.7	99.997

（3）能源领域的应用

①超临界水中生物质的水解

生物质是重要的可再生原料，主要包括纤维素、木质素、淀粉等，它们在一定条件下可转化为能源、化工原料、食品、饲料等，因此进行生物质转化的研究具有重要意义。近年来，利用高温的超临界水进行生物质转化的研究受到了人们的广泛重视。开展了许多有意义的工作，研究了玉米秆、淀粉、木头粉末等生物质在超临界水中的分解反应，在高温的超临界水中生物质的有机成分分解为氢气、二氧化碳、一氧化碳、甲烷等气体。通过这些研究可知，在超临界水中由生物质转化产生H_2能源是一条环境友好的制氢途径。

②超临界水中聚合物的降解

在塑料回收中，以废旧塑料为原料回收得到燃料和化学物质是重要的研究领域。很多聚合物在高温水中可以降解为液体物质甚至是它们的单体，而这种转化在超临界水中则更为有效。迄今为止，已经研究PET、尼龙、聚苯乙烯、聚乙烯等在超临界水中的降解，在一些条件下可以完全转化为有用的化学原料，因此超临界水中废旧塑料的降解为废旧塑料的回收利用提供了新方法。同时，超临界水氧化技术和超临界二氧化碳萃取以及亚临界水萃取等技术结合，为发展有机废物和生物质废物回收，然后部分氧化合成有机化学品开辟了新的途径。

（4）国内情况

2009年，国内首台3t/d城市污泥超临界水氧化处理示范装置运行由西安交通大学研制，如图12-13所示。该装置采用撬装式结构形式，系统集有机物去除、脱盐除渣、余热利用、制取氢气、防堵塞、防腐蚀等功能于一体。城市污泥经过示范装置处理后出水的 COD 为 25mg/L，氨氮为 2mg/L，能实现达标排放；反应后的清洁液体作为装置的蒸发壁水进行循环利用。装置能实现脱盐处理和泥渣分离。

2014 年，某农药厂建成了日处理量 100t 的农药污水超临界水氧化处理装置，如图 12-14 所示。经过装置处理后，污水污染物能达到《太湖地区城镇污水处理厂及重点工业行业主要污染物排放限值》(DB 32/1072) 标准。装置实现了高有机物浓度、高含盐量和难降解农药污水的无害化处理。

图 12-13　3t/d 城市污泥超临界水氧化处理示范装置图

图 12-14　农药污水(100t/d)超临界水氧化处理装置图

廊坊的 240t/d 超临界污泥处理项目已实现稳定运行。其基本的操作流程是：污泥首先进行预处理，配置成泥浆并将浓度调整至设计值(含固量在 10%左右)。配置好的泥浆经过高效预热系统与来自高温反应后物料进行换热，达到反应温度后进入超临界反应装置。在超临界水状态下物料与氧气充分接触，物料中有机质与氧气在短时间内完成氧化反应。反应后产物作为热源给冷物料换热，多余热量可通过蒸汽回收，整个反应过程可实现自热平衡。

四、成本

SCWO 应用于处理不同废弃物，处理成本随处理量增大而有所减少，其中氧气是重要的成本之一，如果工艺使用空气作为氧源，成本将比纯氧高 10%～20%。运行中的收入部分主要是产生的蒸汽。

荷兰某 SCWO 实验工厂处理量为 $1m^3/h$，设备占地面积为 $100m^2$($10m×10m$)，设备投资成本估计 120 万英镑，操作成本 200～500 英镑/m^3 废液。

美国德州 GNI 集团公司在德州 DeerPark 建造一座 SCWO 工厂，1995 年 1 月完工，设计处理量为 5000gal 废液/d，主要处理污水中的含氯物质，使用 Modar 公司技术，造价 600 万美元；当 SCWO 处理量为 5000～100000gal/d，其处理成本为 0.75 美元/gal。(1gal = 3.7854L)

日本 Organo 公司与日本户田市污水局合作，设计并建造一座处理量为 $10m^3/d$ 的污泥处理设施(含泥率为 1%)，用此方式处理活性污泥可以减少 20%～30%的成本。表 12-13 为国外其他超临界水氧化工艺处理不同污染物的成本情况。

表 12-13　国外超临界水氧化处理装置成本

应用项目	处理量/(t/h)	收入/(英镑/t)	运行成本/(英镑/t)
污泥处理	6	4	20
胺类污水处理	3	4	31
化学污水处理	2.5	2	25
脱墨污泥处理	6	16	6
工业污泥处理	1	3	53
油墨污水处理	2	4	30

第三节　湿式氧化技术与应用

湿式氧化(WAO)是指在高温(150~320℃)和高压(0.5~20MPa)条件下，以空气中的氧气或臭氧、过氧化氢等为氧化剂，在液相中将有机污染物氧化为二氧化碳和水等无机物或小分子有机物的化学过程。

一、湿式氧化技术作用机理

主要包括传质和化学反应两个过程，目前的研究结果普遍认为 WAO 反应属于自由基反应，通常分为三个阶段即链的引发、链的发展或传递、链的终止。

(1) 链的引发

为反应物分子生成自由基的过程。主要反应有：

$$RH+O_2 \longrightarrow R\cdot + \cdot HO_2 \text{(RH 为有机物)}$$

$$2RH + O_2 \longrightarrow 2R\cdot + H_2O_2$$

$$H_2O_2 \longrightarrow 2\cdot OH$$

(2) 链的发展与传递

自由基与分子相互作用，交替进行使自由基数量迅速增加的过程。主要反应有：

$$RH + \cdot OH \longrightarrow R\cdot + H_2O$$

$$R\cdot + O_2 \longrightarrow ROO\cdot$$

$$ROO\cdot + RH \longrightarrow ROOH + R\cdot$$

(3) 链的终止

若自由基之间相互碰撞生成稳定的分子，则链的增长过程终止。主要反应有：

$$R\cdot + R\cdot \longrightarrow R-R$$

$$ROO\cdot + R\cdot \longrightarrow ROOR$$

$$ROO\cdot + ROO\cdot \longrightarrow ROH + R_1COR_2 + O_2$$

二、保证湿式氧化过程的必要条件

湿式氧化反应过程主要包括传质和化学反应两个过程，前段受氧的传质控制，后段受反应动力学控制，包括高温、高压及液相条件。

(1) 温度

WAO 过程的关键影响因素，温度越高，化学反应速率越快；温度升高可以增加氧气的传质速度，减小液体的黏度。

（2）压力

主要作用是保证氧的分压维持在一定的范围内，确保液相中有较高的溶解氧浓度。

（3）液相（水）

液相保证有机物和氧能良好地混溶。

三、湿式氧化技术的特点

与常规的处理方法相比，湿式氧化技术的特点如下：

（1）应用范围广，可以有效氧化各类高浓度有机污水，特别是毒性大、常规方法难降解的污水；

（2）处理效率高，在合适的温度和压力条件下，其对 COD 的处理效率可达到90%以上；

（3）氧化速度快；

（4）C 被转化为 CO_2，N 被转化为 NH_3、NO_3^-、N_2，卤化物和硫化物被氧化为相应的无机卤化物和硫化物，二次污染较少；

（5）能耗少，可以回收能量和有用物料。系统的反应热可以用来加热进料，系统中排出的热量可以用来产生蒸汽或加热水，反应放出的气体可以用来产生机械能或电能等。

四、影响处理效果的主要因素

1. 污水中有机物的结构

研究表明：有机物氧化与物质的电荷特征和空间结构有很大的关系，不同的污水有各自的反应活化能和不同的氧化反应过程，因此湿式氧化的难易程度不同。

2. 温度

温度为决定性因素。

（1）反应温度低，即使延长反应时间，反应物的去除率也不会显著提高；

（2）当温度 $T<100$℃时，氧的溶解度随着温度的升高而降低；温度 $T>150$℃时，有机物的溶解度随着温度的升高而增大，氧在水中的传质系数也随着温度的升高而增大；

（3）温度升高使液体的黏度减小，因此温度升高有利于氧在液体中的传质和有机物氧化。温度越高，有机物的氧化越完全。

但是，温度升高，总压力增大，动力消耗增加，且对反应器的要求越高，因此，从经济的角度考虑，应选择合适的温度，既要满足氧化的效率，又要合理地设计能量消耗等费用。

3. 压力

有研究认为：系统压力的主要作用是保持反应系统内液相的存在，对氧化反应的影响并不显著。如果压力过低，大量的反应热会消耗在水的蒸发上，这样不但反应温度得不到保证，而且反应器有蒸干的危险。因此，在一定温度下，总压不应低于该温度下水的饱和蒸气压。表 12-14 给出了湿式氧化装置内反应温度与压力的经验数据。

表 12-14　湿式氧化装置内反应温度与压力的经验数据表

反应温度/℃	230	250	280	300	320
反应压力/MPa	4.5~6	7~8.5	10.5~12	14~16	20~21

4. 污水 pH 值

污水的 pH 值对湿式氧化的影响有三种情况：

（1）pH 值越低，氧化效果越好，例如有机磷农药污水。

（2）pH 值对 COD 去除率的影响存在极值点。如含酚污水在 pH 值为 3.5~4.0 时，COD 的去除率最大。

（3）pH 值越高，处理效果越好，例如酒厂污水。

调节污水到适宜的 pH 值，有利于加快反应的速度和有机物的降解。低 pH 值对反应设备腐蚀会增加，对反应设备的材质要求高，材料使用费用增加；低 pH 值也易使催化剂活性组分溶出和流失，造成二次污染。

5. 停留时间

（1）达到处理效果所需要的时间随反应温度的升高而缩短。

（2）去除率越高，所需的反应温度越高或反应时间越长。

（3）氧分压越高，所需的温度越低或反应时间越短。

根据污染物被氧化的难易程度以及处理的要求，可确定最佳反应温度和反应时间。一般而言，湿式氧化处理装置的停留时间在 0.1~2h 之间。

6. 搅拌强度

在高压反应釜内进行反应时，氧气从气相向液相中传质与搅拌强度有关。搅拌强度影响传质速率，搅拌强度越大，液体的湍流程度越大，氧气在液相中的停留时间越长，传质速率就越大；但当搅拌强度增大到一定程度时，搅拌强度对传质速率的影响很小。

7. 反应产物

一般条件下，大分子有机物经湿式氧化处理后，大分子断裂，然后进一步被氧化为小分子有机物。如乙酸是一种常见的中间产物，由于其进一步氧化较困难，往往会积累下来，因此需要进一步提高反应温度或选择适宜的催化剂和优化工艺条件，才能将乙酸等中间产物氧化为 CO_2 和 H_2O 等最终产物。

五、主要工艺与设备

1. 主要工艺

目前应用的主要工艺有：美国 Zimpro 公司开发的 Zimpro 工艺（高温、高压）；日本石化公司（NPC）开发的仅氧化硫化物而不氧化烃类有机物为处理目标的 NPC 工艺；德国 Bayer 公司开发的 LOPROX 工艺（低温、低压）；美国 MODAR 公司开发的超临界湿式氧化工艺、NKT/RISO 工艺（温度、压力比 Zimpro 工艺稍低）。

在各种湿式空气氧化工艺中首推 Zimpro 工艺，其技术最为成熟，应用最广。目前在欧美各国已运行的多套处理废碱液的 WAO 处理装置中，采用 Zimpro 工艺的占了大多数。但 Zimpro 工艺反应过程需要高温高压，工程造价昂贵，阻碍了其进一步推广。

NPC 工艺是专门为废碱液处理而开发的，经济上较为合理，但出水中有机污染物基本上保留，需进一步后续处理。

德国 Bayer 公司开发的 LOPROX 工艺目前已在化工、印染、制药等行业得到应用，处理量 7~75m^3/h，工作压力 5~30MPa、温度在 120~220℃。其在西班牙的装置见图 12-15。

图 12-15 LOPROX 工艺装置图

2. 基本流程

(1) 将被处理废物用高压泵送入反应系统中，与空气(或纯氧)混合后，进入热交换器，换热后的液体经预热器预热后送入反应器内。

(2) 在氧化反应器中进行氧化反应，反应器是湿式氧化的核心设备。随着反应器内氧化反应的进行，释放出来的反应热使混合物的温度升高，达到氧化所需的最高温度。

(3) 氧化后的反应混合物经过控制阀减压后送入换热器，与进水换热后进入冷凝器。液体在分离器分离后，分别排放。

(4) 反应尾气处理。

WAO 系统排出的氧化气体成分，随着燃烧物质和工艺条件的变化而不同。WAO 氧化气体的主要组成成分见表 12-15。

表 12-15 湿式氧化技术氧化气体的主要组成成分

成　分	烃	H_2	N_2	O_2	Ar	CO_2
含量/%	≤0.02	0.02	82.8	2.0	0.9	13.9

WAO 氧化气体的主要成分是 N_2 和 CO_2，但氧化气体一般具有刺激性臭味，需进行脱臭处理。

(5) 尾水的处理

各种湿式空气氧化工艺未能完全去除污染物，仍然需要用其他方法处理尾水。

3. 主要设备组成

(1) 反应器

湿式氧化技术设备中的核心部分。由于工作条件是高温、高压，且所处理的废物通常有一定的腐蚀性，因此对反应器的材质要求较高，需有良好的抗压耐腐蚀。

(2) 热交换器

废物进入反应器之前，需要通过热交换器与出水的液体进行热交换，因此要求热交换器需要有较高的传热系数，较大的传热面积和较好的耐腐蚀性，且保温良好。悬浮物较多的废水采用立式逆流管套式热交换器，悬浮物少的废水采用多管式热交换器。

(3) 空气压缩机

为了减少费用，常采用空气作为氧化剂，当空气进入高温、高压的反应器之前，需要使空气通过热交换器升温和通过压缩机提高空气压力，以达到需要的温度和压力。通常使用复式压缩机，根据压力要求选定段数，一般选 3~4 段。

(4) 气液分离器

使用的气液分离器为压力容器。氧化后的液体经过热交换器后温度降低，使液相中的 O_2、CO_2、易挥发的有机物从液相进入气相分离，分离器内的液体再经过生物处理或直接排放。

第四节　湿式催化氧化技术与应用

一、基本原理与工艺流程

应用催化剂的湿式氧化工艺能显著降低温度与压力，便于推广应用，是目前的研究热点。湿式催化氧化法主要原理是在一定压力(2~8MPa)和温度(200~280℃)下，将污水通过装有高效氧化性能催化剂的反应器，可将其中的有机物及含 N、S 等物质催化氧化成 CO_2、H_2O 及 N_2、SO_4^{2-} 等无害物排放。催化湿式氧化系统工艺流程如图 12-16 所示。

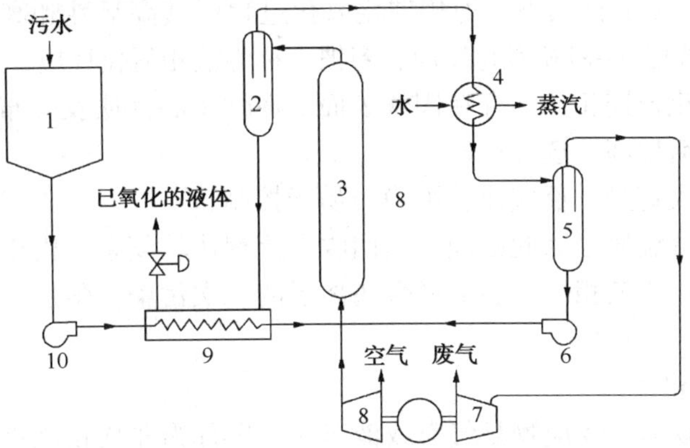

图 12-16　CWAO 法工艺流程示意图

1—贮存罐；2—分离器；3—催化反应器；4—再沸器；5—分离器；6—循环泵；7—透平机；8—空压机；9—热交换器；10—高压泵

其工艺过程为：污水通过贮存罐由高压泵打入热交换器，与反应后的高温氧化液体换热，使温度上升到接近于反应温度后进入反应器。反应所需的氧由压缩机打入反应器。在反应器内，污水中的有机物与氧发生放热反应。在较高温度下将污水中的有机物氧化成二氧化碳和水，或低级有机酸等中间产物。反应后气液混合物经分离器分离，液相经热交换器预热进料，回收热能。高温高压的尾气首先通过再沸器(如废热锅炉)产生蒸汽或经热交换器预热锅炉进水。其冷凝水由第二分离器分离后通过循环泵再打入反应器，分离后的高压尾气送入透平机产生机械能或电能。催化湿式氧化技术(CWAO)具有以下特点：

(1) 在传统的湿式氧化处理体系中加入催化剂，降低反应的活化能，从而在不降低处理效果的情况下，降低反应的温度和压力，提高氧化分解的能力，缩短反应的时间，提高反应效率，并减少了设备的腐蚀和降低了成本；

(2) 具有净化效率高、无二次污染、流程简单、占地面积小等优点；

(3) 催化剂有选择性，并且污水中含有许多种类和结构不同的有机物，需要对催化剂进行筛选。

二、主要工艺类型与设备

根据湿式催化氧化技术中使用的催化剂在反应中存在的状态，可将湿式氧化分为两类：均相湿式氧化和非均相湿式氧化。

催化湿式氧化(CWAO)研究的重点是开发高活性和高稳定性的催化剂。催化反应通常根据体系中催化剂和反应物相分类，当催化剂与反应物形成均一相时，为均相催化反应，反之则为多相催化或非均相催化。虽然多相催化有其更为复杂的特点，但均相和多相的催化本质是相同的。均相催化可作为多相催化的模型反应，是研制负载型多相催化剂的基础。

1. 均相湿式氧化

如果催化剂和反应物同处于气态或液态，即为均相催化。均相催化剂为可溶性的催化剂，以分子或离子水平对反应过程起催化作用。例如：Cu、Co、Ni、Fe、Mn、V、Zn、Cr、Mo 等可溶性盐催化剂以及 Fenton 试剂等。

在金属有机化学发展的推动下，均相催化氧化过程以其高活性和高选择性引起人们的关注。均相催化氧化通常指气-液相氧化反应，习惯上称为液相氧化反应，一般具有以下特点：

(1) 反应物与催化剂同相，不存在固体表面上活性中心性质及分布不均匀的问题，作为活性中心的过渡金属活性高，选择性好；

(2) 反应条件不太苛刻，反应比较平稳，易于控制；

(3) 催化剂多为贵金属，因此必须分离回收，流程比较复杂，由于均相催化湿式氧化的催化剂以离子状态存在于液相中，会造成金属离子的二次污染，附加催化剂回收装置则需额外的费用。

2. 非均相湿式氧化

若催化剂为固态物质，反应物是气态或液态时，即称为非均相催化。

3. 设备

湿式催化氧化工艺按设备结构来分，主要有固定床和流动床两类，固定床又分为气相固定床和液相固定床两种，而流动床要考虑解决催化剂分离和回收的问题。

(1) 气相固定床

气相固定床催化氧化工艺系在反应器中进行气液分离。该工艺的优点是：反应压力低、可减少高压容器费用、可避免设备堵塞、增加反应物同催化剂的接触，转化率一般可达90%以上。处理废气的固定床工艺主要有：常规 Claus 工艺、Scot 工艺、Clinsuft 工艺、Superclaus 工艺、MCRC 工艺。

(2) 液相固定床

液相固定床催化氧化工艺是常见的处理污水的反应装置。液相流动床的催化氧化工艺能使催化剂与污水均匀混合，设备利用率高，催化剂的分离回收可得到解决。对流动床而言，最好将催化剂负载到载体上，在污水中呈浆状，便于形成流动床。用于固定床载体上的催化剂粒径为 3~50mm，最好为 2~25 mm；催化剂使用量为 50~1000mg/L，质量分数为 0.1%~20%。操作压力为 0.5~10MPa，温度 T 为 50~300℃，反应时间 t 在 80~120min。液相催化氧化工艺的关键是催化剂的分离回收，通常采用离子交换树脂可以较好地解决这个问题。用固定床处理污水时，污水在塔内的停留时间一般为 15~90min。其优点主要是工艺简单、操作简便。

三、催化剂

1. 催化剂种类与形状

催化剂是湿式催化氧化技术的核心，湿式氧化工艺常用的催化剂可分为可溶性和不溶性两类，可溶性催化剂以分子或离子形式对反应过程起催化作用；不溶性固体催化剂通过催化剂表面对有机物进行氧化分解。催化剂可采用 TiO_2、LaO 和 Mn、Fe、Co、Ni、W、Cu、Ag、Au、Pt、Pd、Rh、Ru、Ir 等金属及金属氧化物或其水溶液化合物。这些金属和金属化合物一般附载在氧化铝、二氧化硅、硅-铝分子筛等载体上，催化剂活性成分质量分数常为 0.05%~25%，最好是 0.5%。目前投入工业化应用的催化剂主要是贵金属类，但是贵金属的价格昂贵、耗量较大、易发生中毒，使催化剂的使用成本太高而不易推广。催化剂的形状有球形、网状、矩形、圆柱形、蜂窝状、粉末状等。湿式催化氧化技术具体使用的催化剂见图 12-17。

图 12-17　湿式氧化催化剂（BBEC-WL001 型催化剂）

2. 影响催化剂的因素

（1）待处理物

有机物的氧化效果因催化剂的种类不同而异，也与不同的有机物密切相关。在同类催化剂的作用下，不同有机物的氧化难易程度不同，就苯酚、丙烯腈、丙烯醛、丁酮、醋酸、醋酸联苯胺、对硝基酚、吡啶等八种有机物而言，酚最易氧化，吡啶最难。

（2）其他

影响催化剂催化作用的其他因素主要有 pH 值、反应周期、反应温度、进料速度和压力等，其中温度是主要影响因素，进料速度与压力次之，而进料速度与压力又受温度影响。在相同的反应周期下，每一种催化体系都存在 COD 去除率随温度上升而陡增的现象，并存在其最后接近完全去除的温度范围，因此，在利用湿式催化氧化法处理高浓度有机污水时，应通过试验，选择出高活性催化剂，并确定最佳反应条件。

3. 催化剂的回收

（1）离子交换法

该工艺是把催化剂和污水均匀地混合在一起，通过泵连同空气一起送入反应器，在高温高压下进行催化氧化，反应混合物经相分离得到液相，液相经冷却后，进入离子交换塔进行催化剂的分离回收。

（2）水力旋流分离法

水力旋流法是把催化剂制成颗粒状，采用液-固分离的方法回收催化剂，回收的催化剂可循环使用 。

四、催化剂载体

由于催化剂使用的都是较贵重的金属，为了减少其使用量并使其有很好的分散性，一般需要将催化剂附载于一定的载体上。可以使用的催化剂载体有陶瓷、活性炭、沸石、分子筛以及其组合等。

(1) 陶瓷

国内外几乎都采用陶瓷作为催化剂的载体材料，常见的有 TiO_2、CeO_2、ZrO_2、Al_2O_3、Al_2O_3 与 TiO_2 组合等，这些材料作为催化剂载体虽然具有机械强度好、能经受反应过程中温度、压力、相变等变化的影响、本身也具有一定催化作用等优点，但在制备催化剂过程中，活性金属在陶瓷载体上分散不佳。

(2) 活性炭

活性炭既是优良的吸附剂，也是良好的催化剂载体。由于活性炭本身具有较高的比表面、丰富的孔结构、特殊的电子性能和耐酸耐碱的性质，用来作为贵金属催化剂的载体，可使活性金属在载体上充分地分散，不仅能节省贵金属用量，还能防止金属粒子烧结。但是活性炭本身也存在机械强度低、磨耗率高、表面易掉粉末的缺点，一般很少用活性炭作催化剂载体。

(3) 陶瓷-活性炭材料

以多孔陶瓷为骨架，活性炭以涂层形式存在于多孔陶瓷内表面，以增强机械强度和提高活性炭分布。陶瓷-活性炭材料中活性炭含量为总质量的5%~15%左右，可满足流体介质与活性炭之间的传质要求，有效发挥活性炭材料的功能。

五、应用

湿式催化氧化技术适用于治理焦化、染料、农药、印染、石化、皮革等工业中含高COD(COD大于5000mg/L)或含生化法难处理以及不能降解的化合物(如氨氮、多环芳烃、Bap等)的各种工业有机污水，对这类污水的处理结果见表12-16。而对一些排放量较大的有机污水，可以在低温、低压、大空速下进料，先采用此工艺对污水进行预处理，然后结合生化法处理。

表12-16　湿式催化氧化技术处理效果情况

污水种类	反应条件			污染物	处理前/(mg/L)	处理后/(mg/L)	去除率/%
	温度/℃	压力/MPa	气量/(m^3/h)				
焦化污水	280	8.0	1	COD	6305	32	99.5
				NH_3-N	3775	5	99.9
				BaP	29.4	0.7	97.6
石化污水	275	7.0	2	COD	320000	24000	92.5
炼油污水	260	6.0	2	COD	91274	8800	90.4
印染污水	280	8.0	2	COD	1293	65	95.0
农药污水	245	4.2	2	COD	14352	1245	91.3
化肥厂污水	220	3.0	2	COD	2452	262	89.3
				NH_3-N	1265	41	96.8
染料污水	250	5.0	2	COD	14735	1005	93.2
机械加工污水	250	5.0	2	COD	26082	915	96.5

湿式催化氧化法处理超高浓度难生化降解有机污水技术目前被列入国家《先进污染治理技术示范名录》(第一批)，适合于小水量的超高浓度有机污水和含氮污水的处理，可以有效解决超高浓度有机污水和超高浓度氨氮污水的处理难题。

湿式催化氧化(CWO)技术已应用于城市危险废弃物处理中心和排放含高浓度氰化物污水的处理，具有成本低、流程短、运行稳定、处理过程中对操作车间以及周边环境无污染、安全可靠等特点。

(一) 废碱渣处理

1. 条件

使用湿式催化氧化(CWO)法处理污水时，污水中不得含有大量的可导致污染催化剂的物质(如金属)以及易造成设备或管道堵塞的物质(加高浓度盐类)，如果存在此类物质，在进行反应前需做相应的处理(如脱盐、蒸馏等)。

2. 碱渣处理

中国石化广州分公司电精制及脱硫醇装置中每年排出碱渣约7000t(其中催汽碱渣为3000t，混合碱渣为4000t)，碱渣中含有一定量的游离碱、酚钠盐、环烷酸盐及多种硫化物，企业采用了高温湿式催化氧化工艺对催化裂化汽油碱渣和混合碱渣污水进行处理，使污水中的酚、有机物和硫化物等得到充分的降解，排放的污水达到厂内现有生化污水处理站的要求后，排放进入全厂生化污水处理站一同生化处理，达标外排。

其碱渣污水处理工程的工艺过程由空塔系统和催化塔系统组成。整个项目共有60多台设备，其中2台反应器为空塔系反应器及催化系反应器。在两个系统的整个工艺过程中，反应器均起至关重要的作用。其主要工艺过程如下：

(1) 升温

系统启动时，先在反应器中通入3.5MPa的高压过饱和蒸汽，待系统温度升高到230℃时，再利用已加热的高温导热油在加热器内将气液混合物升温至所需的反应温度(反应器底部为240℃)；系统正常运行时，污水和空气的混合物在预热器内由从反应器顶部流出的高温气液混合物加热至氧化分解反应所需的温度(240℃)后，进入反应器。

(2) 反应

当气液混合物被加热到起始反应温度时，在反应器内污染物被氧化分解，污水中的COD、NH_3-N污染物被氧化分解，最终生成CO_2、N_2及H_2O等，同时分解反应放出热，致使反应器顶部的温度升高至275℃。

(3) 热回收

将反应器顶部排出的气液混合物引入预热器，利用分解反应放出的热对进入系统的气液混合物进行加热。

3. BGAO技术

(1) 基本情况

从20世纪80年代中期开始，英国天然气公司一直致力于催化湿式氧化技术及其催化剂的开发、设备的更新和制造上，开发出了专门处理高浓度炼油废碱渣油的湿式氧化和催化湿式氧化技术(BGAO)，这项技术常被用在化工和军事上。目前BGAO设备的处理范围已达到100L/h~30m^3/h，设备能长期连续运行。

(2) 工艺参数

BGAO工艺和设备是根据相似组分的废碱渣油的运行参数设计的，或者根据中试实验结果获取参数。设计参数可以通过处理要求和出水参数优化。废碱渣油的有机物和碱的含量、它的 pH 缓冲能力、HS^-/S^{2-} 和 HCO_3^-/CO_3^{2-} 的平衡以及 H_2S 气体的分压对工艺和设备的优化尤其重要。主要工艺参数有：温度、压力、停留时间、气量和催化剂用量。有关废碱渣油处理的工艺条件如下：

① 反应釜温度：200~270℃；

② 压力：35~80 大气压；

③ 停留时间：10~60min；

④ 气流速度：0.05~2.5m^3/h（处理能力为 1m^3/h）；4~12m^3/h（处理能力为 10m^3/h）。

（3）预处理对于特种废碱渣油，需要定量加酸（H_2SO_4 或 HNO_3）或者碱（NaOH）预处理。

（4）设备与工艺控制

BGAO 设备主要由反应釜、开机设施、控制关机设施和紧急关机设施构成。设备的大小可按照用户的要求变化，一般设备都安装在室外的硬质地面上运行。其设备见图 12-18。

BGAO 设备一般为全自动控制，能对处理后尾水组分的变化进行自动调节，也能对尾气组分的变化进行自动调节，无需专人照看和管理。

（二）高浓度工艺污水的处理

糖精生产过程中原料种类多、工艺复杂，其排出的污水成分复杂，COD 高、色度深，属于高浓度难降解有机工业污水。催化湿式氧化装置针对北方食品有限公司的高浓度难降解糖精生产污水（COD 1~30000mg/L）开发，处理能力为 3 万 t/a，设施主要由储送单元、换热单元、反应单元、尾气吸收单元组成。其中催化剂及工艺技术由中国科学院大连化学物理研究所开发，工艺设计由大连大化工程设计有限公司承担，是目前国内最大的采用自主研发催化剂处理高浓度难降解有机工业污水的装置。运行效果表明 COD 去除率高达 90%~95%。其催化湿式氧化装置见图 12-19。

图 12-18　BGAO 废碱液处理设备

图 12-19　高浓度工艺污水催化湿式氧化装置

1. 储送单元

储送单元主要功能为污水与空气的储存及输送、反应后液体和气体的分离及输送。储送单元将高浓度污水收集、预处理，经检测达到处理条件后，进入废液储罐中储存，储罐出水经过滤后经计量泵增压至反应压力。空气经空压机增压与污水混合器混合后送入换热单元。储送单元同时将反应后的气液混合物进行气液分离后，气体送往尾气吸收单元。

2. 换热单元

换热单元是催化湿式氧化反应的关键单元，是反应器出口热物料与进口冷物料的换热设备，其换热效果影响反应器内的 COD 转化率。换热单元中的换热器采用适用于高压反应的套管式换热器，其主要功能为开车时的物料预热及反应阶段的热能利用。开车时，通过导热油系统给物料进行预热，物料达到反应条件后进入反应器进行放热反应；反应阶段，导热油系统停止加热，反应器出口的热物料与储送单元来的冷物料在换热器中进行换热，达到热物料的冷却及冷物料的加热双重功能，实现高效的能量回收利用。

3. 反应单元

反应单元是催化湿式氧化降解工业污水的主要单元，在反应器内催化剂作用下将高温污水中的COD氧化，转化为低浓度的污水。污水中的有机物在催化剂作用下经空气中的氧气氧化分解为小分子酸、CO_2和H_2O，降低污水的COD，并使有机氮转化为氮气。

4. 尾气吸收单元

尾气吸收单元采用喷淋塔吸收尾气，塔顶加入碱液，吸收塔底通入的反应器尾气中的小分子物质，碱液通过泵进行循环利用。

该装置已成功运用在深圳市危险废物处理站有限公司作为预处理工艺(处理规模：0.8万t/a，具体工艺为：脱气+紫外催化湿式氧化+脱重金属离子交换+絮凝沉淀+活性炭吸附)。万华化学集团股份有限公司在进行高附加值新产品开发时，产生了大量含氨氮、高盐量的高浓度污水，无法直接生化处理。万华与中科院大连化学物理研究所合作，开发出了具有自主知识产权的、稀土Ce改性的$Ru/TiZrO_4$CWAO催化剂及高浓污水处理成套技术，建成了年处理能力达16000t的工业化装置，用于处理其TPU、水性涂料、特种胺、高吸水丙烯酸树脂等生产过程的污水(COD含量最高达40000mg/L)，COD去除率达90%以上，处理后污水可直接生物降解，且通过系统能量集成换热，整个污水处理系统达到能量自给，吨污水处理装置运行成本约为78元，具有较强的竞争力。该装置适用于炼焦、石油、化工和化学合成等工业园区的高浓度污水处理。

六、湿式氧化工艺的性能比较

有关湿式氧化工艺的性能比较见表12-17。

表12-17 湿式氧化工艺的性能比较

指　标	BGAO工艺(英国)	Zimpro (Siemens)	云南高科 (日本大阪煤气)	Loprox工艺 (瑞士Bertrams)
COD去除率/%	99	75	80	80
氨氮去除情况	80%~90%转化为氮气，10%~20%转化为硝酸盐	不能去除氨氮	不能去除氨氮	
硫化物去除率/%	99.99	99.9	91.2	99
温度/℃	200~270	150~320	200~300	
压力/(kg/cm^2)	35~80	10~207	15~100	
停留时间/min	10~60	10~120	10~120	10~120
运行成本	较高	较高(没有使用催化剂，反应釜内压力较高，致使运行成本提高)，碱用量大	较高	较高(纯氧作氧化剂，危险性大)
运行稳定性	好	较好	差，管容易被堵塞	设备腐蚀较为严重

第五节　电子束污水处理设备

一、原理

电子束辐照技术就是利用被加速的电子束流轰击或照射被处理对象，使之发生常规方法难以引发的物理化学及生物学反应，从而达到优化产品质量、提高产品性能、净化物质等目的。污水处理则是利用加速后的电子束流对污水进行辐照，使水中的污染物发生分解或降解等，来达到净化污水的目的。

由于电子束流的辐照能量大部分会沉积在水分子中，在电子束流作用下，当电子束辐照能量超过水分子化学键的键能和分子的电离势能时，化学键和分子的结合能就会被破坏，污水便被辐照分解生成较强的氧化物质(如·OH、H_2O_2、O_2^-、·O等)，这些氧化物质与水中的污染物相互作用，氧化分解。

电子加速器装置由一系列高精度的机械电子设备系统和复杂的控制系统组成，是电子束处理污水的核心设备。涉及多个学科领域，如高真空、高气压、电子学、高频与微波技术、计算机与自动控制、机械设计与制造、材料学、束流测量、辐射防护等。辐照加速器的主要组成有：电子枪；加速器主机，包括加速高频系统、控制磁场系统、真空系统；电子束流的约束、引出及应用装置；控制系统。其模型见图12-20。

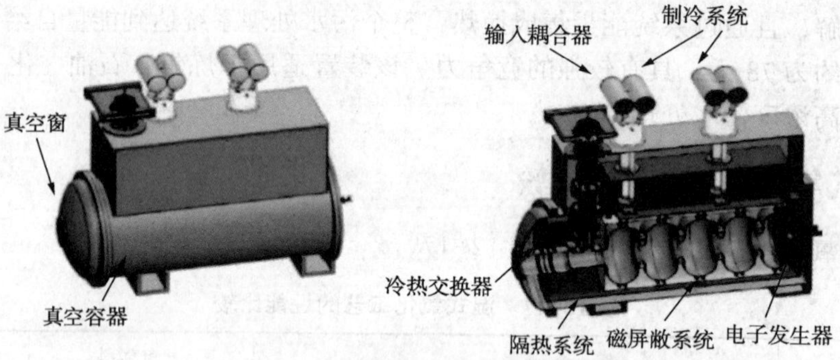

图12-20　电子加速器模型图

目前作为辐照源的加速器主要分为低能段(0.15~0.5MeV)、中能段(0.5~5.0MeV)、高能段(5.0~10.0MeV)等3类加速器。随着加速器技术的不断发展，研制的加速器在结构上将更加紧凑、操作简便，可根据需要进行参数的调整，易于维护。目前，许多国家，如澳大利亚、匈牙利、印度、日本、约旦、波兰、葡萄牙、土耳其、美国，正在使用电子束辐射(EB)进行污水处理，用于各种用途，如污水和城市垃圾的去污，减少有毒农药的浓度，非生物降解材料，微生物污染的饮用水的消毒等。

二、应用

(一) 韩国

韩国在大邱建设了一个电子束和生化法结合的污水处理厂，将初步沉淀处理后的重度纺织业污水经电子辐照和生化降解后，可使水的污染物含量降低一半左右，处理流程为进水→电子束→物化处理→生化处理→沉淀→达标排放。该厂为一个每天处理1000m^3染色污水的试验工厂，试验工厂使用能量为1MeV的加速器，产生400kW的光束功率。为了均匀照射水，使用宽度为1.5m的喷嘴型喷射器。污水通过喷射器在电子束照射区域下注入，以获得足够的穿透深度，并可以改变注射速度以达到一定的应用效果。该系统与生化技术相结合，证明了在化学试剂消耗减少以及水力保留时间减少的情形下，污染物的去除效率提高了30~40倍，污水中总有机碳、化学需氧量、生化需氧量等污染物排放值指标都比普通工艺的处理方法降低一半左右。

（二）美国

由于城市污水中包括可以回收利用的有机物，所以芝加哥城市污水回收局（MWRD）的电子束处理工厂不光包括污水处理设备，还包括大量的回收设备，以将这些有机物转化为农作物肥料等可用副产品。美国芝加哥城市污水回收局（MWRD）在电子束处理城市污水方面做了许多基础性的研究，研制出了可工业应用的电子束加速器，并与军方和一些商业部门开展合作，以期将这一技术大规模商业化应用。

利用这些技术，美国在迈阿密建成了全球最大的城市污水电子束处理装置，总功率1MW，每天处理12亿加仑污水，处理成本为每加仑1.5~2美分。该处理厂不仅可以对污水进行净化，还可以将部分污染物转化为生产肥料。在处理城市污水和有机废料消毒方面取得了好的效果。

（三）国内

国内首个使用电离辐射技术处理工业污水的示范工程于2017年在浙江金华启动运行，每日可处理印染企业排放污水1500~2000m³。辐照处理的水样比原处理技术化学需氧量（COD）和透明度都有显著改善。金华示范项目在二次沉淀池中将难以通过传统手段降解的污水引入调节池利用电子束辐照技术进行处理，通过与传统的物化、生物、膜处理等工艺有机结合，电子束技术可以形成技术可行、经济成本合理的解决方案，并颁布了《电子束处理印染和造纸工业废水技术规范》（T/CNS 8—2018）。

2020年，江门市新会区冠华针织厂建成投运电子束处理工业污水项目，实现了7台电子加速器联机运行，日处理污水量达3万吨。在电子束厂房中建设7间电子加速器机房，并在每间机房内各安装使用1台DD2.0LHD/50-00型电子加速器（最大电子线能量为2兆电子伏特）。

目前电子束辐照技术在印染污水、医疗污水、医疗固废、抗生素菌渣、制药污水等污染治理领域广泛应用，并在浙江金华、广东江门、湖北十堰、新疆伊宁、山东鄄城和巨野等地区建设有示范项目。同时“电子束辐照难降解工业废水处理装备”已入选《国家鼓励发展的重大环保技术装备目录（2020年版）》

（四）移动式处理设备

除了固定式污水处理厂外，电子束辐照污水处理技术还可以安装在移动设备上，以满足多样化和灵活性的小型污水处理需求。如将电子束实验装置安装在集装箱内，可以对污水和烟气进行净化处理，液体处理能力为每天500m³。

第六节　芬顿氧化工艺

芬顿氧化指芬顿试剂（指由亚铁离子作为催化剂与过氧化氢作为氧化剂组成的均相液体体系）在酸性条件下生成羟基自由基，破坏有机物结构、最终氧化分解有机物的过程。

一、一般规定

(1) 芬顿氧化法可作为污水生化处理前的预处理工艺，也可作为污水生化处理后的深度处理工艺。

(2) 芬顿氧化法主要适用于含难降解有机物污水的处理，如造纸工业污水、染整工业污水、煤化工污水、石油化工污水、精细化工污水、发酵工业污水、垃圾渗滤液等污水及工业园区集中污水处理厂污水等的处理。

(3) 芬顿氧化法对污染物的去除率应通过试验或参考同行业类似案例确定。

(4) 设计水量要求：

① 设计水量应按最高日最高时污水量设计。当芬顿氧化工艺之前设置调节池时，应按经调节池均量后进入芬顿氧化工艺的最大时水量设计。

② 当无法获得实测水量数据时，可参照国家现行行业用水量的有关规定折算确定，或根据同行业同规模同生产工艺现有企业排水数据类比确定。

(5) 设计水质及进水水质要求：

设计水质应根据实际测定数据确定，其测定方法和数据处理方法应符合 HJ/T 91 的规定。无实际测定数据时，可参照同行业同规模同工艺现有企业数据类比确定。

芬顿氧化法的进水应符合以下条件：

① 在酸性条件下易产生有毒有害气体的污染物（如硫离子、氰根离子等）不应进入芬顿氧化工艺单元；

② 进水中悬浮物含量宜小于 200mg/L；

③ 应控制进水中 Cl^-、$H_2PO_4^-$、HCO_3^-、油类和其他影响芬顿氧化反应的无机离子或污染物浓度，其限制浓度应根据试验结果确定。

芬顿氧化法进水不符合以上规定的条件时，应根据进水水质采取相应的预处理措施：

① 芬顿氧化法用于生化处理预处理时，可设置粗格栅、细格栅、沉砂池、沉淀池或混凝沉淀池，去除漂浮物、砂砾和悬浮物等易去除污染物；芬顿氧化法用于污水深度处理时，宜设置混凝沉淀或/和过滤工序进行预处理；

② 进水中溶解性磷酸盐浓度过高时，宜投加熟石灰，通过混凝沉淀去除部分溶解性磷酸盐；

③ 进水中含油类时，宜设置隔油池除油；

④ 进水中含硫离子时，应采取化学沉淀或化学氧化法去除；进水中含氰离子时，应采取化学氧化法去除；

⑤ 进水中含有其他影响芬顿氧化反应的物质时，应根据水质采取相应的去除措施，以消除对芬顿氧化反应的影响。

芬顿氧化法用于生化处理的预处理时，若进水水质水量变化较大，芬顿氧化工艺前应设置调节池。

二、工艺设计

1. 一般要求

(1) 芬顿氧化法污水处理工程工艺流程主要包括调酸、催化剂混合、氧化反应、中和、固液分离、药剂投配及污泥处理系统。

（2）芬顿氧化法的运行方式宜采用连续式，当污水水量较小时，可采用间歇式。

（3）氧化反应池、中和池和固液分离设施（如混凝沉淀或气浮池）宜按各不少于2个（格）并联设计。氧化反应池、中和池宜设置水喷淋或消泡喷淋；固液分离设施宜设置撇渣设施。

（4）芬顿氧化法作为污水生化处理预处理工艺时，应增设脱气池、缓冲池或投加还原剂等去除污水中残余的过氧化氢，避免影响后续生化处理系统运行的稳定性。

2. 调酸

（1）根据氧化反应池最佳pH值条件要求，应通过投加浓硫酸或稀硫酸来调整污水的pH值，pH值宜控制在3.0~4.0。

（2）调酸池宜采用水力搅拌、机械搅拌或空气搅拌，混合时间不宜小于2min。

（3）浓硫酸或稀硫酸宜采用计量泵投加，采用在线pH值控制仪等自控系统自动调节投加量。

3. 催化剂混合

（1）催化剂可采用硫酸亚铁，在催化剂混合池完成混合过程。

（2）催化剂混合池宜采用水力搅拌、机械搅拌或空气搅拌，混合时间不宜小于2min。

（3）硫酸亚铁溶液质量百分浓度宜小于30%，宜采用计量泵定量投加。

4. 氧化反应

（1）应投加过氧化氢溶液，在氧化反应池中完成氧化反应。

（2）氧化反应池可采用完全混合式或推流式，完全混合式氧化反应池不宜少于2段，通过溢流或穿孔墙连接。

（3）氧化反应池池型应根据污水处理规模、占地面积和经济性等因素综合确定。

（4）氧化反应池采用塔式时，宜采用升流式反应器，钢结构塔体应采用不锈钢316L材质和涂衬玻璃鳞片防腐处理。塔式反应器包含芬顿试剂混合区、布水区和反应区。混合区混合速度梯度G值应不小于$500s^{-1}$，布水区应配水均匀，配水孔出口流速应为1.0~1.5m/s，回流比应不低于100%。塔式反应器高径比宜在1.0~5.0之间，高度应不高于15m。

（5）氧化反应池池体有效容积可按式（12-10）计算：

$$V=Qt \tag{12-10}$$

式中 V——池体有效容积，m^3；

Q——设计水量，m^3/h；

t——水力停留时间，h。

（6）氧化反应池有效面积可按式（12-11）计算：

$$F=V/H \tag{12-11}$$

式中 V——池体有效容积，m^3；

F——池体有效面积，m^2；

H——池体有效水深，m，完全混合式宜为2.5~6.0m。

（7）氧化反应池水力停留时间应根据进水水质、组成以及出水要求，通过试验确定。用于预处理时，氧化反应池水力停留时间宜为2.0~8.0h；用于深度处理时，氧化反应池水力停留时间宜为2.0~6.0h。

（8）混合可采用水力搅拌、机械搅拌或空气搅拌，确保混合均匀，防止出现短流和死水区。

（9）芬顿氧化反应中药剂投加量与投加比例应经试验确定，在缺乏试验数据的情况下投加比例 $c(H_2O_2, mg/L)$: COD(mg/L)宜为(1~2) : 1；$c(H_2O_2, mg/L)$: $c(Fe^{2+}, mg/L)$为(1~10) : 1。

5. 中和

（1）中和池投加碱液调整pH值至中性，碱液宜采用氢氧化钠溶液、碳酸钠溶液，不宜采用氢氧化钙溶液。当芬顿氧化法出水直接排放时，pH值应调整至满足固液分离要求和排放要求；当芬顿氧化法出水进入后续处理工艺时，pH值应调整至满足固液分离要求和后续处理工艺要求。

（2）中和池可采用水力搅拌、机械搅拌或空气搅拌，混合时间不宜小于2min。

（3）氧化反应和中和工序未采用空气搅拌时，应设空气搅拌脱气池，水力停留时间不宜小于15min，气水比不宜小于5 : 1。

6. 药剂投配

(1)一般要求

① 芬顿试剂、酸碱试剂、混凝剂、助凝剂等药剂的用量，应根据污水特性，经试验后确定。

② 芬顿试剂和助凝剂的投加方式宜选择计量泵投加，并安装流量计。

③ 芬顿试剂和助凝剂投加系统应包括药剂的储存、调制、输送、计量和投加设施(备)。

④ 投药混合采用水力搅拌、机械搅拌或空气搅拌等方式时，要求搅拌的速度梯度G值应控制在1000~500s^{-1}之间。

⑤ 采用水力搅拌、机械搅拌或空气搅拌等方式进行化学反应或凝聚反应时，搅拌的速度梯度G值应控制在70~50s^{-1}之间，逐段减低。

(2)药剂调制

① 药剂(如硫酸亚铁、氢氧化钠、PAC和PAM等)的溶解和稀释方式应按投加量大小、药剂性质确定。溶解和稀释宜采用机械搅拌方式，也可采用水力或空气搅拌等方式。

② 应依据不同溶解度、凝固点合理选择溶药浓度；硫酸亚铁溶药浓度宜按质量百分浓度≤30%配制，水温较低时宜按质量百分浓度≤20%配制；过氧化氢质量百分浓度宜≤30%；液碱浓度宜≤30%。若调制药品用水碱度较大导致硫酸亚铁结晶，可在溶解时加入适量硫酸以减少溶解池和投配池中的硫酸亚铁结晶沉淀。

第七节　微电解技术

一、基本原理

微电解技术是利用微电池腐蚀原理所引起的电化学、化学反应和物理反应(包括氧化-还原、置换、絮凝、吸附、共沉、过滤等诸多原理)综合作用，去除水中污染物的一门技术，又称腐蚀电池法。其基本原理是两种电位不同的物质(如铁-炭)在电解质溶液中接触浸泡就会有微电流流动，形成了无数个微小电池，产生“内电解”，发生腐蚀，也就是氧化还原反应，并在周围空间形成电场。在电场力作用下，水中带电的污染物分子移向相反电荷的电极，并吸附在电极表面上发生氧化还原反应，降解成小分子物质或使胶体电中和脱稳。同时，电极反应生成的产物也能与溶液中的污染物发生氧化还原反应。微电解系统中也可发生一系列化学物理过程，并产生络合、置换、吸附、絮凝沉淀等作用，可进一步去除污染物。氧化－还原主反应是微电解技术的核心。

铁炭微电解工艺在污水处理中应用最普遍，其电极发生的原电池反应如下：

阳极：$Fe-2e \longrightarrow Fe^{2+}$　　　$E(Fe^{2+}/Fe)=0.44V$；

阴极：$2H^{+}+2e \longrightarrow H_2$　　　$E(H^{+}/H_2)=0.00V$

当有氧存在时，阴极反应如下：

$O_2+4H^{+}+4e \longrightarrow 2H_2O$（酸性溶液）　　　$E(O_2/H_2O)=-1.23V$

$O_2+2H_2O+4e \longrightarrow 4OH^{-}$（中性或碱性溶液）　　$E(O_2/OH^{-})=-0.41V$

由上述电极反应的电极电位可知，在酸性充氧情况下，理论的电极电位差为1.67V，此时系统的氧化还原能力最强；而无氧时为0.85V，因此通常情况下，用于污水处理时微电解过程在酸性充氧条件下进行。

（1）电场作用

污水中的污染物一般都带有电荷，在微电场的作用下产生电泳，向相反电荷的电极移动，在电极上交换电子发生氧化还原和电中和等反应，并使胶体脱稳。例如利用铁屑处理卤代烃的原理主要是依据下列反应（卤代烃以R—X表示）：

阳极过程：$Fe-2e \longrightarrow Fe^{2+}$

阴极过程：$[R—X]+2e+H_2O \longrightarrow [R—H]+X^{-}+OH^{-}$

脱卤过程中会有大量OH^{-}产生，使系统的pH上升，若溶液偏碱性，则在阳极铁表面形成$Fe(OH)_2$、$Fe(OH)_3$等沉淀物。研究结果表明铁屑能与多种卤代烃（12种氯代烃）发生反应。研究还表明：其降解速度与铁屑含量和铁屑比表容积（单位体积的溶液所接触到的铁屑表面积）有关，即铁屑含量越多，比表容积越大，其降解速率就越快。污水中的氯代烃不仅难于生物降阶，而且对微生物的毒性也很大，微电解系统中，铁对氯代烃的转化与脱氯作用可以大大提高污水的可生化性。

（2）氢、铁、Fe^{2+}的还原作用

铁是活泼金属，有较强还原能力，因而在酸性水溶液中能够发生如下反应：

$$Fe+2H^{+} \longrightarrow Fe^{2+}+2[H]$$

电极反应和化学反应中得到的新生态氢[H]以及Fe和Fe^{2+}都具有很高的化学活性，能与印染污水中的许多污染物发生氧化还原反应。如使偶氮基断裂而破坏发色基团，使大分子降解为小分子，具有脱色和提高污水可生化性的作用，反应式为：

$$R—N=NR'+4Fe^{2+}+4H_2O \longrightarrow RNH_2+R'NH_2+4Fe^{3+}+4OH$$

Fe和Fe^{2+}也可将硝基类化合物为氨基化合物等，同时提高了污水的可生化性。反应式为：

$$C_6H_5NO_2+3Fe+6H^{+} \longrightarrow C_6H_5NH_2+3Fe^{2+}+2H_2O$$

有研究认为Fe在上述还原过程中具有反应物和由[H]诱发的还原反应催化剂的作用。铁被氧化生成的Fe^{2+}也具有较高的还原性，可将氧化性较强的离子或化合物及某些有机物还原，如Cr^{6+}等，因此可以用于电镀污水的处理。

Fe^{2+}也具有较强还原性，$E(Fe^{3+}/Fe^{2+})=0.771V$，因而当水中有强氧化剂存在时，$Fe^{2+}$可进一步氧化成$Fe^{3+}$。

（3）铁离子的络合和混凝作用

在酸性条件下，用铁-炭微电解处理污水时，会产生Fe^{2+}和Fe^{3+}离子。Fe^{2+}和Fe^{3+}具有

很好的絮凝作用，溶液在碱性条件下且有 O_2存在时，会形成 $Fe(OH)_2$和 $Fe(OH)_3$，反应式为：

$$Fe^{2+}+2OH^- \longrightarrow Fe(OH)_2$$

$$4Fe^{2+}+8OH^-+O_2+2H_2O \longrightarrow 4Fe(OH)_3$$

系统中生成的 $Fe(OH)_3$和 $Fe(OH)_2$有吸附能力。同时铁离子能与许多有机物形成络合物。这样，污水中原有的悬浮物、胶体和油类等及通过微电解反应产生的不溶物和构成色度的染料及相当一部分水溶性有机物均可被其络合、吸附凝聚而从污水中分离去除。污水中具有负电位的油珠在外电场作用下，很快完成电泳沉积和聚结而去除。

(4) 铁的置换作用

铁是活泼金属，电极电位 $E(Fe^{2+}/Fe)=-0.44V$，具有还原能力，可将在金属活动顺序表中排于其后的金属置换出来而沉积在铁的表面，如镍、锡、铅、铜、银等。这些微小的沉积金属粉粒一起随污水流出而在后续的碱中和絮凝沉淀时一同被分离去除。

(5) 过滤

由于铁屑本身是过滤介质，被吸附、凝聚在一起的微絮体通过铁屑层的过滤而除去。

(6) 沉淀与共沉淀作用

微电解床出水加碱中和絮凝沉淀是微电解工艺中必不可少的组成部分，通常用石灰 $Ca(OH)_2$作为中和用碱液，石灰乳本身就是一个助凝剂，能与许多污染物反应形成沉淀物而被分离除去。

二、微电解处理电镀污水的影响因素

影响铁炭微电解工艺处理污水效果的因素有许多，如 pH 值、停留时间、铁屑粒径、铁炭比、曝气量等。

1. pH 值

污水中的 pH 值不仅决定了污染物的存在形式，同时根据微电解反应原理，pH 值直接决定了微电解的机理，是铁炭微电解工艺比较关键的控制因素之一。根据微电解原理，在酸性条件下的原电池电极电位差最大，从而使得处理效果最理想。一般低 pH 值时，因有大量的 H^+，而会使反应快速地进行，但也不是 pH 值越低越好，否则铁溶出较多，带来污泥处理的难度；而 pH 值在中性或碱性条件下，许多实际运行表明其反应不理想或根本不反应。因此一般控制在 pH 值为偏酸性条件下，当然这也应根据实际污水性质而改变，建议 pH 值 3~6.5。当然，需要根据污水水质条件，再通过实验确定最优 pH 值。

在酸性条件下，炭电极上可发生 $O_2+4H^++4e \longrightarrow 2H_2O$，电动势 $E(O_2/H_2O)=-1.23V$，电极之间的电动势差较大，有利于氧化还原反应的实现。但 pH 越低，铁耗量将加大，水中溶解铁含量增高、出水色度偏大；若原水需加酸调整 pH 时，过低的 pH 实际上会增大加酸量、增加运行成本。

2. 停留时间

为使氧化还原等作用进行得完全，微电解反应需要一定的停留时间以提高污染物去除率。但停留时间过长，出水中含铁量增加、色度偏高，事实上不同污水所需的停留时间差异较大，短则 10~15min，长则达 7~8h，因此，最佳停留时间应通过试验确定。停留时间的长短决定了氧化还原等作用时间的长短。停留时间越长，氧化还原等作用也进行得越彻底，但由于停留时间过长，会使铁的消耗量增加，从而使溶出的铁离子大量增加，为后续污泥处理带来难度。所以停留时间并非越长越好，而且对各种不同的污水，因其成分不同，其停留时间也不一样，最佳停留时间应通过试验确定。停留时间还取决于进水的初始 pH 值，进水的初始 pH 值低时，则停留时间可以相对短一点；相反，进水的初始 pH 值高时，停留时间相对的长一点。停留时间还反映了填料的消耗用量，停留时间长，单位污水的铁屑消耗大，对于使用铁粉作为填料的反应器，需要权衡处理效果和铁离子的溶出带来的铁泥产量。对于现在使用的固体颗粒状铁炭填料来说，铁泥的问题与堵塞的问题可以得到一定程度的解决，铁泥导致的板结影响得到减轻。

3. 曝气量

根据铁炭微电解去除有机物原理，需要曝气的工段在铁炭微电解阶段和混凝阶段。在铁炭微电解阶段，提供氧气条件下，阴极和阳极的电极电位差比无氧条件下的要高出 1. 22V，氧气量越充足，则高电位差原电池反应也越多，对有机污染物的降解更有利；同时曝气量大小还决定了对铁炭床的搅拌程度，促进铁炭表面更新，减缓铁炭床结块堵塞等问题。但是如果曝气量过大，气泡就将铁屑和炭屑包裹，减少有机污染物与铁炭床的接触，反而对处理不利。在微电解阶段曝气情况下，COD 去除率由不曝气情况下的 23%上升到 52%。在混凝阶段，曝气量决定了 $Fe(OH)_2$氧化为 $Fe(OH)_3$的氧化程度，影响着絮体的混凝吸附效果；同时，在混凝阶段曝气，发生的氧化还原作用更进一步降解有机污染物，为后续处理奠定基础。当然，各曝气工艺段的选择，以及曝气工艺段曝气量的选择，需要根据具体的工艺操作条件和污水水质条件，通过实验进行确定。

对于使用铁屑和炭混合作为填料的反应器，还有铁屑粒径、铁屑种类、铁炭比等影响因素。

4. 铁屑粒径

铁屑中外加炭粒，既可加剧电化学反应、提高处理效果，还能维持填料层一定的空隙率、防止铁屑结块、保持良好的水力条件、延长填料的再生周期；铁炭体积比一般为(1~3)：1，过量时，反而抑制原电池的电极反应，更多表现为吸附。

一般使用的铁屑有铸铁屑和钢铁屑两种，炭可以采用活性炭或焦炭，使用时可以根据材料采购的方便程度进行选择。铁屑、炭屑的粒度越小，颗粒的比表面积越大，颗粒间的接触更加紧密，延长了过柱时间，也提高了去除率，但粒度太小单位时间内处理的水量就太小，且易产生堵塞和板结，故一般的粒度为 30~40mm 为佳。粒径一般选择在 60~80 目以上。

5. 铁屑种类

一般使用的铁屑有铸铁屑、铁刨花、钢铁屑等。其中铸铁屑含碳量高，根据原电池反应原理，其形成的微原电池更多，处理效果更好，但材料来源不易，强度低，易压碎结块；铁刨花、钢铁屑含碳量稍低而效果差，但材料易得。在流动水体中，能与污水接触均匀，不易短流或结块，表面钝化物也易被带走，自然更新力强，且增大停留时间，效果也能接近铸铁屑。因此需要根据当地试剂情况确定，确定铁屑种类，确定操作条件，实现最优工艺处理效果。

6. 铁炭比

在铁炭床中，用炭的目的就是与铁形成宏观原电池，与铁屑的微观原电池的协调作用来促进污水中污染物的降解。当铁中碳量低时，增加炭屑，可使体系中的原电池数量增多，提高对有机物等的去除效果。当炭屑过量时，会抑制原电池的电极反应，更多表现为吸附，所以 Fe/C 比也应有一个适当值，一般来说 Fe/C(体积比)约为 2∶(1~6)，范围较宽。炭粒种类对有机物等去除率影响不是很大，炭粒的种类可以为活性炭、焦炭或其他可利用的炭废料，因此按经济因素考虑应选炭粒种类，目前焦炭选择较多。具体水质和炭粒种类条件下，最优 Fe/C 还是需要通过实验来确定。

7. 温度和进水浓度的影响

微电解反应通常在进水水温下进行，不做温度的调整；水温的提高会改善某些污水的微电解处理效果。污染物种类多、成分复杂，不同污水的进水浓度与处理效果之间的关系差异很大，有的污水低浓度时处理效果好，有的则相反。实际工作中，应通过试验确定合适的进水浓度以保证微电解的处理效果。

三、微电解系统的组成及技术参数

1. 系统组成

微电解系统的组成包括反应器(可以是池以及反应塔)、布水系统、曝气系统等，当使用铁屑与炭的混合物作为填料时需要考虑设置填料的承托层反冲洗系统。

2. 反应器常用的型式

包括固定床(过滤床)以及转鼓式反应器等。转鼓式微电解方法的技术要点是：由反应池和转鼓组成处理装置，把铁屑、活性炭混合装入开孔的转鼓内，转鼓内壁衬有 16~40 目的尼龙网，转鼓转动带动铁炭滚动，使铁屑和活性炭之间的位置和铁炭之间形成的微电解电场发生位移，防止铁炭床的阻塞结块。

3. 设计参数

相关项目提供的具体设计参数见表 12-18。

表 12-18　相关项目提供的具体设计参数

污水类型	污水水质	微电解反应器型式与设计参数
电镀污水	—	处理污水量大于或等于 5m^3/h 时，可采用连续式处理；小于 5m^3/h 时，宜采用间歇式处理；进水 pH 值宜控制在 2~4。 (1)微电解处理设备的材质宜选用不锈钢或碳钢，内壁应做防腐处理； (2)铸铁屑粒径宜大于 5mm；装填高度不宜小于 1.5m； (3)污水与铁屑填料的接触时间不宜少于 20min； (4)处理系统在运行期间，应定时向微电解设备自动通入压缩空气。空气通入量为 0.1~0.13m^3/(min·m^2)；压力为 0.3~0.7MPa；通气时间为 1~3min；脉冲频率宜为 2s~5s；周期宜为 1h~2h。如采用溶气水，溶气水与原水的比例可为 30%~50%，或视溶气水对反应器填料层冲击强度确定。溶气罐的水力停留时间宜设置为 3min 左右； (5)微电解设备出水应用碱(或石灰乳)调 pH 值为 8~11 进行固液分离，为加快污泥沉淀，可适当投加助凝剂

污水类型	污水水质	微电解反应器型式与设计参数
医药污水	污水量 600m^3/d；pH 值2~3	微电解池池体尺寸：10m×11m×4m，池体数量：2 座，微电解池采用钢砼结构，池内壁做防腐处理。池底部设有进水管和曝气管，上部设溢流口。铁炭床体积 50m^3，设计进水 pH 值为 1，出水 pH 值为 4，水力停留时间为 2h
	污水量 370m^3/d；污水水质：COD 5000 ~ 7000mg/L，NH_3-N 200 ~ 400mg/L，pH 值 1~2	微电解池池体尺寸：46.5m^3×2 座。铁粉与炭粉体积填充比 1∶1；设搅拌机功率 5.5kW；气水比 15∶4，曝气量 1.04m^3/min。为保证铁炭微电解设备的正常运行，防止填料床板结、铁粉钝化及失活，设计中采用了上流反冲型式及机械强制搅拌的方法，并采取添加内氧化活性剂的措施
	污水量 400m^3/d；污水水质：COD 20000mg/L，色度 920 倍，NH_3-N 100mg/L，pH 值 1.12	铁炭反应池尺寸为 10.5m×7.m×4.m，钢砼结构，有效容积为 250m^3，污水停留时间为 15h。池内壁防腐。投加废铸铁粉，调节污水 pH 值至 3~4，气水比为(4~5)∶1。铁炭反应池中曝气的主要目的是提高微电解反应速率和防止铁炭结块。曝气设备采用散流曝气器，利用其气泡的切割作用和散流罩的扩散作用共同完成了液体的剧烈混合，并且具有耐腐蚀和不易堵塞的优点
木薯酒糟污水	污水量为 300m^3/d；pH 值 4.5 左右	铁、炭滤料采用工程塑料框架装填，框架顶部设有吊环以便升降；铁、炭混合物的湿填充容积为 25m^3，污水与铁、炭的接触停留时间为 2h；铁、炭比为 2∶1
铜酞菁颜料生产污水	COD 1600mg/L，$NH_3-N \leq$ 1000mg/L，$Cu^{2+} \leq$ 100mg/L，pH 值 1~2，色度 1000 倍	微电解塔内填充铁屑和焦炭。分别作为微电池的阴阳两极。微电解塔设计水力停留时间为 6h，回流率为 200%，铁屑和焦炭的质量比为 1∶1。微电解塔 2 座(采用碳钢并做防腐)。配备循环泵、空压机各 2 台。COD 去除率 20%；Cu^{2+} 去除率 80%；NH_3-N 去除率 20%；色度去除率 60%
印染污水	污水量为 3000m^3/d；COD 3000~4000mg/L，色度 500~600 倍，pH 值 6~10	设计水力停留时间 30 分钟；滤料层(铁屑和石墨，粒径为 0.5~2.0mm)厚度为 1.5m，采用气水反冲洗方式，气冲洗强度为 18L/(m^2·s)，水冲洗强度为 4L/(m^2·s)。共 2 座滤池，单池面积为 9m^2，工作周期为 8h，反冲洗时间为 8min
苎麻污水	污水量为 300m^3/d；COD 8000mg/L，色度 600 倍	电解池为柱形体，用钢筋混凝土建造。有效容积为 12.5m^3，停留时间为 1h。池子直径 2.4m，高度为 3.5m。距池底部 0.6m 处内设置一层厚度为 5cm 的承托层，承托层上部为厚度为 2.0m 填料层，填料层为活性炭、铁屑以及添加金属氧化物(如 CuO、MnO_2、Al_2O_3)的均匀混合物，活性炭与其他填料的体积比约为 2∶1，承托层底部设曝气装置
宾馆住宿用品洗涤污水	—	微电解池池体尺寸：ϕ1.5×5m，1 座，有效容积 8m^3，有效停留时间 8h，填料：铸铁屑/活性炭，装填高度共 2m，分两层，供气量 0.75m^3/min
制革污水	污水量为 100m^3/d 左右；因含有较高的有机物、硫化物、悬浮物等，而具有较深的颜色，强烈的臭味和较大的毒性	微电解塔有效尺寸为 ϕ1.2×3.5(m)，进水 pH 值 2.2~2.5，反应时间 4h，内置铁、炭填料，铁屑是由铁屑与辅料按一定比例(1.5∶1)所组成(定期补充时也按比例)

四、工艺存在的问题与前景

微电解法是近20年发展起来的一种有效的污水处理方法，该方法利用铁屑中铁和炭组分构成微小的原电池，以充入的污水为电解质，以电化学反应为主，对污水进行有效处理，该方法集氧化还原、絮凝、吸附作用于一身，具有作用机制多、协同性强、综合效果好、操作简便、投资少、运行费用低的特点。

目前微电解法在电极上实际发生的氧化还原过程、反应机理、反应产物和反应动力学等研究仍有待深入，以形成系统的理论基础，并利用其指导应用。在应用方面还存在一些问题：由于微电解装置经一段时间的运行后，易出现钝化、板结、沟流和偏流等现象，大大降低了处理效果，必须开发新型的处理装置以弥补这一缺陷。

（1）填料钝化问题。铁炭床经过一段时间的运行后，填料表面会形成钝化膜，污水中的悬浮颗粒也会部分沉积在填料表面上，这样就阻隔了填料与污水的有效接触，导致铁床处理效果降低。铁床的运行周期应通过实际运行确定，一般为20d左右，浸洗活化时间可采用2~3h。

（2）填料板结问题。铁炭床填料的板结除了导致铁床内部污水流态恶化致使处理效果降低外，还会使填料更换的难度大大增加。通过在铁床填料中加入适当的辅料可以有效避免填料出现板结现象，同时也有利于气、液、固相充分接触，提高处理效果。辅料可选用聚乙烯多面空心球。采用流化床装置也能较好地解决铁床填料的板结问题，但高的投资费用、运行费用及操作管理要求使此种装置的应用受到一定限制。

（3）铁炭内电解柱运行一段时间后，铁屑易结块，出现沟流等现象，采用铁屑高频结孔技术可有效防止铁屑结块现象的发生，但此技术有待进一步的研究和完善。采用铁炭流化床反应器对染料污水进行预处理，克服了固定床铁炭反应器表面易钝化、填料易结块及运行效果随运行时间的延长而逐步降低的不足。还有的采取合金催化微电解填料形式，合金催化微电解填料是把高纯度氧化铁粉、石墨粉、催化剂、稀土元素浸渍提纯后均匀混合，通过模具造球后再采用1350℃的高温工艺“熔融”而成，属投加式无板结微电解填料。

（4）在运行过程中的表面沉积物易使电极钝化，导致处理效果降低，操作条件的优化和各种助剂、催化剂的研制、选用、配比是解决该问题的关键。